“十三五”国家重点出版物出版规划项目

伯克利物理学教程（SI 版）

**Berkeley Physics Course**

**第 3 卷**

# 波动学（翻译版）

Waves


［美］F. S. 克劳福德（Frank S. Crawford，Jr.）著
（*University of California*，*Berkeley*）

复旦大学　卢鹤绂　等译

汤家镛　补正



机 械 工 业 出 版 社

本书为“十三五”国家重点出版物出版规划项目（世界名校名家基础教育系列）．全书强调不同波动现象之间的相似性和类比性，着重阐述波动的基本概念以及这些概念之间的相互联系．书中还介绍了许多重要波动现象的实例，各章末附有大量习题和课外实验，有助于读者对有关概念深入理解．

本书由卢鹤绂主持翻译，参加翻译工作的有史福庭、汤家镛、朱梦熊、任炽刚、苏汝铿、吴治华、倪光炯、顾国庆、殷鹏程、钱毓敏、裘志洪等，卢鹤绂负责全书总校工作．汤家镛对 SI 版做了补译和更正．

本书可作为高等院校物理学、应用物理学专业或其他理工科专业的教材或参考书，也可供相关科技人员参考．

Frank S. Crawford, Jr.
Waves, Berkeley Physics Course-Volume3
ISBN 978-0-07-004860-7


北京市版权局著作权合同登记　图字：01-2013-6384 号．

# 中译本再版前言

“伯克利物理学教程”的中译本自20世纪70年代在我国印行以来已过去三十多年. 在此期间，国内陆续出版了许多大学理工科基础物理教材，也翻译出版了多套国外基础物理教程. 这在相当大的程度上对大学基础物理教学，特别是新世纪理工科基础物理教学的改革发挥了积极作用.

然而，即便如此，时至今日，国内高校从事物理教学的教师和选修基础物理课程的学生乃至研究生仍然感觉，无论是对基础物理的教、学还是应用，以及对从事相关的研究工作而言，“伯克利物理学教程”依旧不失为一套极有阅读和参考价值的优秀教程. 令人遗憾的是，由于诸多历史原因，曾经风靡一时的“伯克利物理学教程”如今在市面上已难觅其踪影，加之原版本以英制单位为主，使其进一步的普及受到一定制约. 而近几年，国外陆续推出了该套教程的最新版本——SI版(国际单位制版). 在此背景下，机械工业出版社决定重新正式引进本套教程，并再次委托复旦大学、北京大学和南开大学的教授承担翻译修订工作.

新版中译本“伯克利物理学教程”仍为一套5卷.《电磁学》卷因新版本内容更新较大，基本上是抛开原译文的重译；《量子物理学》卷和《统计物理学》卷也做了相当部分内容的重译；《力学》卷和《波动学》卷则修正了少量原译文欠妥之处，其余改动不多. 除此之外，本套教程统一做的工作有：用SI单位全部替换原英制单位；按照《英汉物理学词汇》（赵凯华主编，北京大学出版社，2002年7月）更换、调整了部分物理学名词的汉译；增补了原译文未收入的部分物理学家的照片和传略；此外，增译全部各卷索引，以便给读者更为切实的帮助.

**复旦大学　蒋平**

# “伯克利物理学教程”序

赵凯华　陆　果

20 世纪是科学技术空前迅猛发展的世纪，人类社会在科技进步上经历了一个又一个划时代的变革．继 19 世纪的物理学把人类社会带进“电气化时代”以后，20 世纪 40 年代物理学又使人类掌握了核能的奥秘，把人类社会带进“原子时代”．今天核技术的应用远不止于为社会提供长久可靠的能源，放射性与核磁共振在医学上的诊断和治疗作用，已几乎家喻户晓．20 世纪五六十年代物理学家又发明了激光，现在激光已广泛应用于尖端科学研究、工业、农业、医学、通信、计算、军事和家庭生活．20 世纪科学技术给人类社会所带来的最大冲击，莫过于以现代计算机为基础发展起来的电子信息技术，号称“信息时代”的到来，被誉为“第三次产业革命”．的确，计算机给人类社会带来如此深刻的变化，是二三十年前任何有远见的科学家都不可能预见到的．现代计算机的硬件基础是半导体集成电路，PN 结是核心．1947 年晶体管的发明，标志着信息时代的发端．所有上述一切，无不建立在量子物理的基础上，或是在量子物理的概念中衍生出来的．此外，众多交叉学科的领域，像量子化学、量子生物学、量子宇宙学，也都立足于量子物理这块奠基石上．我们可以毫不夸大地说，没有量子物理，就没有我们今天的生活方式．

普朗克量子论的诞生已经有 114 年了，从 1925 年或 1926 年算起量子力学的建立也已经将近 90 年了．像量子物理这样重要的内容，在基础物理课程中理应占有重要的地位．然而时至今日，我们的基础物理课程中量子物理的内容在许多地方只是一带而过，人们所说的“近代物理”早已不“近代”了．

美国的一些重点大学，为了解决基础物理教材内容与现代科学技术蓬勃发展的要求不相适应的矛盾，早在 20 世纪五六十年代起就开始对大学基础物理课程试行改革．20 世纪 60 年代出版的“伯克利物理学教程”就是这种尝试之一，它一共包括 5 卷：《力学》《电磁学》《波动学》《量子物理学》《统计物理学》．该教程编写的意图，是尽可能地反映近百年来物理学的巨大进展，按照当前物理学工作者在各个前沿领域所使用的方式来介绍物理学．该教程引入狭义相对论、量子物理学和统计物理学的概念，从较新的统一的观点来阐明物理学的基本原理，以适应现代科学技术发展对物理教学提出的要求．

当年“伯克利物理学教程”的作者们以巨大的勇气和扎实深厚的学识做出了杰出的工作，直到今天，回顾“伯克利物理学教程”，我们仍然可以从中得到许多非常有益的启示．

首先，这5卷的安排就很好地体现了现代科学技术发展对物理教学提出的要求，其次各卷作者对具体内容也都做出了精心的选择和安排．特别是，第4卷《量子物理学》的作者威切曼（Eyvind H. Wichmann）早在半个世纪前就提出："我不相信学习量子物理学比学习物理学其他分科在实质上会更困难．……当然，确曾有一个时期，所有量子现象被认为是非常神秘和错综复杂的．在最初探索这个领域的时期，物理学工作者确曾遇到一些非常实际的心理上的困难，这些困难一部分来自可以理解的偏爱对世界的经典观点的成见，另一部分则来自于实验图像的不连续性．但是，对于今天的初学者，没有理由一定要重新制造这些同样的困难．"我们不能不为他的勇气和真知灼见所折服．第5卷《统计物理学》的作者瑞夫（F. Reif）提出："我所遵循的方法，既不是按照这些学科进展的历史顺序，也不是沿袭传统的方式．我的目标是宁可采用现代的观点，用尽可能系统和简洁的方法阐明：原子论的基本概念如何导致明晰的理论框架，能够描述和预言宏观体系的性质．……我选择的叙述次序就是要对这样的读者有启发作用，他打算自己去发现如何获得宏观体系的知识．"的确，他的《统计物理学》以其深刻而清晰的物理分析，令人回味无穷．

感谢机械工业出版社，正是由于他们的辛勤工作，才为广大教师和学生提供了这套优秀的教材和参考书．

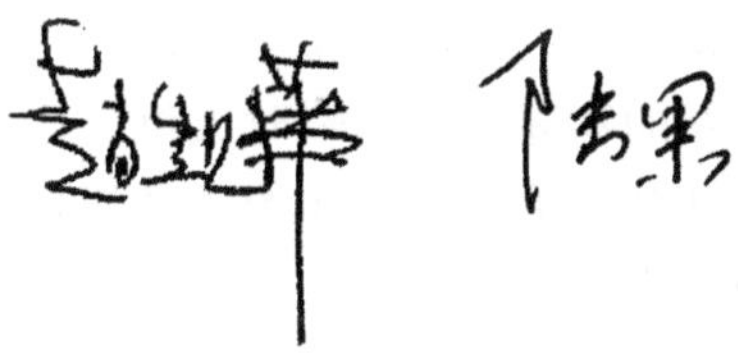

于北京大学

# “伯克利物理学教程”原序（一）

本教程为一套两年期的初等大学物理教程，对象为主修科学和工程的学生. 我们想尽可能以在领域前沿工作的物理学家所应用的方式介绍初等物理. 我们旨在编写一套严格强调物理学基础的教材. 我们更特别想将狭义相对论、量子物理和统计物理的思想有机地引入初等物理课程.

选修本课程的学生都应在高中学过物理. 而且，在修读本课程的同时还应修读包括微积分在内的数学课.

现在美国另外有好几套大学物理的新教材在编写. 由于受科技进步和中、小学日益强调科学这两方面需要的影响，不少物理学家都有编写新教材的想法. 我们这套教材发端于 1961 年末康奈尔大学的 Philip Morrison 和 C. Kittel 两人之间的一次交谈. 我们还受到国家科学基金会的 John Mays 和他的同事们的鼓励，也受到时任大学物理委员会主席的 Walter C. Michels 的支持. 我们在开始阶段成立了一个非正式委员会来指导本教程. 委员会一开始由 Luis Alvarez、William B. Fretter、Charles Kittel、Walter D. Knight、Philip Morrison、Edward M. Purcell、Malvin A. Ruderman 和 Jerrold R. Zacharias 组成. 1962 年 5 月委员会第一次在伯克利开会，会上确定了一套全新的物理教程的临时大纲. 因为有几位委员工作繁忙，1964 年 1 月委员会调整了部分成员，而现在的成员就是在本序言末签名的各位. 其他人的贡献则在各分卷的前言中致谢.

临时大纲及其体现的精神对最终编成的教程内容有重大影响. 大纲全面涵盖了我们认为既应该又可能教给刚进大学主修科学与工程的学生的具体内容以及应有的学习态度. 我们从未设想编一套专门面向优等生、尖子生的教材. 但我们着意以独具创新性的、统一的观点表达物理原理，因而教材的许多部分不仅对学生，恐怕对老师来说都一样是新的.

根据计划，五卷教程包括：

Ⅰ. 力学（Kittel，Knight，Ruderman）

Ⅱ. 电磁学（Purcell）

Ⅲ. 波动学（Crawford）

Ⅳ. 量子物理学（Wichmann）

Ⅴ. 统计物理学（Reif）

每一卷都由作者自行选择以最适合其本人分支学科的风格和方法写作.

因为教材本身强调物理原理，令有的老师觉得实验物理不足. 使用教材初期的教学活动促使 Alan M. Portis 提出组建基础物理实验室，这就是现在所熟知的伯克利物理实验室. 这所实验室里重要的实验相当完善，而且设计得与教材很匹配，相辅相成.

编写教材的财政资助来自国家科学基金会，加州大学也给予了巨大的间接支持. 财务由教育服务公司 (ESI) 管理，这是一家非营利性组织，专门管理各项课程改进项目. 我们特别感谢 Gilbert Oakley、James Aldrich 和 William Jones 积极而贴心的支持，他们全部来自 ESI. ESI 在伯克利设立了一个办公室以协助教材编写和实验室建设，办公室由 Mary R. Maloney 夫人负责，她极其称职. 加州大学同我们的教材项目虽无正式的联系，但却在很多重要的方面帮助了我们. 在这一方面我们特别感谢相继两任物理系主任 August C. Helmholz 和 Bulton J. Moyer、系里的全体教职员工、Donald Coney 以及大学里的许多其他人. 在前期许多组织工作中 Abraham Olshen 也给了我们许多帮助.

Eugene D. Commins　　Edward M. Purcell
Frank S. Crawford，Jr.　　Frederick Reif
Walter D. Knight　　Malvin A. Ruderman
Philip Morrison　　Eyvind H. Wichmann
Alan M. Portis　　Charles Kittel，主席

**1965 年 1 月**

附注

第 1 卷、第 2 卷和第 5 卷于 1965 年 1 月至 1967 年 6 月之间出版. 在第 3 卷和第 4 卷付诸出版之前有一些机构性变更. 教育发展中心接替教育服务公司成为管理机构. 委员会自身也有一些变化，调整了委员会成员的职责. 委员会特别感谢所有在课堂上试用本教程以及根据各自的经验提出批评和改进建议的我们的同事.

同此前出版的各卷教程一样，欢迎各位提出更正和建议.

Frank S. Crawford，Jr.　　Frederick Reif
Charles Kittel　　Malvin A. Ruderman
Walter D. Knight　　Eyvind H. Wichmann
Alan M. Portis　　A. Carl Helmholz, Edward M. Purcell (主席)

**1968 年 6 月**
**伯克利，加利福尼亚**

# “伯克利物理学教程”原序（二）

本科生教学是综合性大学现在所面临的紧迫问题之一．随着研究工作对教师越来越具有吸引力，“教学过程的隐晦贬损”（摘引自哲学家悉尼·胡克 Sidney Hook）已太过常见了．此外，在许多领域中，研究的进展所导致的知识内容和结构的日益变化使得课程修订的需求变得格外迫切．自然，这对物理科学尤为真实．

因此，我很高兴为这套“伯克利物理学教程”作序，这是一项旨在反映过去百年来物理学巨大变革的本科阶段课程改革的大项目．这套教程得益于许多在前沿研究领域工作的物理学家的努力，也有幸得到了国家科学基金会（National Science Foundation）通过对教育服务公司（Educational Services Incorporated）拨款的形式给予的资助．这套教程已经在加州大学伯克利分校的低年级物理课上成功试用了好几个学期，它象征着教育方面的显著进展，我希望今后能被极广泛地采用．

加州大学乐于成为负责编写这套新教程和建立实验室的校际合作组的东道主，也很高兴有许多伯克利分校的学生志愿协助试用这套教程．非常感谢国家科学基金会的资助以及教育服务公司的合作．但也许最让人满意的是大量参与课程改革项目的加州大学的教职员工所表现出来的对本科生教学的盎然的兴趣．学者型教师的传统是古老的，也是光荣的；而致力于这部新教程和实验室的工作也正展示了这一传统依旧在加州大学发扬光大．

**克拉克·克尔（Clark Kerr）**

注：Clark Kerr 系加州大学伯克利分校前校长．

# 出 版 说 明

**为何要采用 SI（国际单位制）?**

在印度次大陆所有的使用者都认为 SI（Système Internationale）单位更方便，也更受欢迎．因此，为使这套经典的伯克利教材对读者更适用，有必要将原著中的单位改用 SI 单位．

**致谢**

我们要对承担将伯克利教材单位制更改为 SI 单位这一工作的德里大学圣·斯蒂芬学院（新德里）的退休副教授 D. L. Katyal 表示诚挚的谢忱.

同样必须提及的是巴罗达 M. S. 大学（古吉拉特邦瓦多达拉市）物理系的副教授 Surjit Mukherjee 的精准校核.

**征求反馈和建议**

Tata McGraw-Hill 公司欢迎读者的评论、建议和反馈．请将邮件发送至 tmh. sciencemathsfeedback@ gmail. com，并请举报和侵权、盗版相关的问题.

# 前　　言

这一卷专门研究波动学．这是一个广泛的课题．人人都知道许多涉及波动的自然现象，诸如水波、声波、光波、无线电波、地震波、德布罗意波以及其他各种波．而且仔细查阅一下任何物理学图书室的书架都会发现，对波动现象某一个方面的研究（譬如说水中的超声波）就可以占用整本的书或期刊，甚至可能吸引某个科学家的全部注意力．令人惊异的是，在这些狭窄研究领域之一工作的“专家”，通常能够相当容易地同其他一些被认为在与此无关的也被认为是狭窄的领域内工作的专家进行交流，为此他首先只需要学会对方的行话，学会他们所使用的单位（譬如，秒差距是什么意思?）以及哪些物理量是重要的，等等．的确，一旦他发现自己的兴趣有了改变，他就可以迅速地改行而成为新领域里的“专家”．这种情况之所以可能，是由于有一个明显的事实，即许多完全不一样的和表面上互不相干的物理现象，都可以用一系列共同的概念来描述，因而科学家之间具有共同的语言．在这些共同使用的概念中，有许多就暗含在波动这个词内．

本书的主要目的是阐述波动学的一些基本概念以及这些概念之间的相互联系．为了达到这个目的，本书是按照这些概念，而不是按照诸如声、光等可观察的自然现象来组织编写的．

另一个目的是要使读者熟悉许多重要而有趣的波动例子，从而具体地认识这些基本概念的普遍性及其广泛应用．所以，每当引进一个新概念后，就把它立即应用到许多不同的物理体系上加以说明，例如弦线、玩具弹簧、传输线、硬纸板管、光束等．与之相并列的另一种方法，是先用一个简单例子（例如拉紧的弦）引出这些有用的概念，然后再考虑其他有意义的物理体系．

通过选择彼此之间具有相似几何“外貌”的不同示例，我希望能鼓励学生去寻求不同的波动现象之间的相似性和类比性．我也希望能激发学生的勇气，当他们面对一些新现象时能够利用这些类比来“妄测”．类比法的利用常常会有众所周知的危险性，也可能隐藏着错误．但是，什么事情都会是这样．（把光猜测为可能“像是”类似果冻的“以太”中的机械波，曾经是一种非常有效的类比．它曾经帮助麦克斯韦得出他的著名方程组，并导出了一些重要的预言．有一些实验——特别是迈克耳孙-莫雷实验证明这种机械模型不可能完全正确，爱因斯坦于是指出了如何放弃这个模型而仍然保留下麦克斯韦方程组．爱因斯坦宁愿直接去推测这些方程组，这可以称为“纯粹的”导出法．现在大多数物理学家虽然仍然在利用类比法和模型来帮助导出一些新的方程，但他们在发表结果时通常只给出方程，而不给出利用类比和模型导出这些方程的过程．）

课外实验是本卷的重要组成部分，它们能够给学生带来乐趣和培养他们的洞察力，而这是从普通课堂演示和实验室实验得不到的，尽管课堂演示和实验室实验也同等重要. 这些课外实验全都是“家庭物理学”类型的实验，只需要很少的甚至不需要特殊的设备.（只需要有一个光学工具箱. 虽然手头可能没有音叉、玩具弹簧和硬纸板管等，但它们十分便宜，并不“特殊”.）这些实验确实是让学生在家里做的，不是在实验室里做的. 其中的许多实验，叫作演示可能比叫作实验更确切些.

本书中讨论的每一个主要概念，都至少有一个课外实验加以演示. 除了引用例子来说明概念外，课外实验还使学生有机会与一些物理现象直接“接触”. 由于这些实验是在家里做的，这种接触是十分密切的，是从容不迫的. 这一点很重要. 在家里做实验没有伙伴帮忙，一切都必须自己动手；也没有指导教师向你解释演示的意义和结果，一切都要依靠自己. 你可以按照自己的速度进行演示，想做多少次就可以做多少次.

课外实验有一个很宝贵的特点，那就是，如果你在晚上才想起你上星期做过的一个实验有不清楚的地方，那么 15min 以后，你就能安排妥当重做一次实验. 这一点很重要，因为在真正的实验工作中，从来没有一个人头一次就“把它搞对了”. 事后的思考是成功的秘诀（还有一些别的因素）. 对于学习来说，有害和有碍的事情，莫过于由于“实验设备已经拆掉了”或者由于“实验室已经关门”（或别的莫明其妙的理由）而不善于在实验以后继续进行思考.

最后，我还希望通过课外实验去培养学生具有我称之为的“对现象的鉴赏力”. 我希望学生用自己的双手去创造出一个场面，能使他的眼睛、耳朵和头脑既感到新鲜、惊奇，又感到十分愉快……

# 致　　谢

第 3 卷的初始版本曾用于伯克利的几个班级中. 对初稿有价值的批评和评论来自伯克利的学生；来自伯克利的教授——L. Alvarez 教授、S. Parker 教授、A. Portis 教授，特别是 C. Kittel 教授；来自得克萨斯大学的 J. C. Thompson 和他的学生；来自加州大学圣塔芭芭拉分校的 W. Walker 和他的学生. 极其有用的具体评价是 S. Pasternack 专心阅读初稿后告诉我的. W. Walker 的详尽的意见是在阅读了接近完成的手稿后给出的，对我特别有帮助和影响. Luis Alvarez 还提供了他发表的第一篇有关实验的论文《测定光的波长的简单方法》，《School Science and Mathematics》32, 89 (1932)，这是课外实验 9.10 的基础. 我特别感谢 Joseph Doyle，他阅读了全部最终的手稿. 他深思熟虑的批评和建议促使我进行了许多重要的修改. 他和另一个研究生 Robert Fisher 还为课外实验给出了许多好的创意. 我的女儿 Sarah（4 岁半）和儿子 Matthew（2 岁半）不但贡献了他们的玩具弹簧，而且向我显示了弹簧体系具有的别人想象不到的自由度. 我的妻子 Bevalyn 在她的厨艺以及许多其他方面做了贡献.

最初本书的出版工作是由 Mary R. Maloney 指导的，Lila Lowell 则指导了最后阶段的出版工作，并录入了大部分最终手稿. 插图的最终形式应归功于 Felix Cooper.

在此，也向其他人所做的许多贡献表示衷心感谢，但对稿件负最终责任的是我. 欢迎对本书的修订提出任何进一步的更正、投诉、夸奖、建议和意见，欢迎对新的课外实验提出创意. 我的通信地址是 the Physics Department, University of California, Berkeley, California, 94720. 任何用于新版本的课外实验都将注明提供者的姓名，尽管它可能最早已经由瑞利勋爵（Lord Rayleigh）或某人做过了.

**F. S. Crawford, Jr.**

# 教 学 说 明

## 课程组织

行波有很大的美学上的魅力，从它开始似乎是很自然的．然而，尽管波动在美学和数学上是很美的，但是它在物理上却是相当复杂的，因为它涉及大量粒子之间的相互作用．既然我强调的是物理体系而不是数学，那么，我就先从最简单的物理体系开始，而不先讲最简单的波．

**第1章　简单体系的自由振动**　首先，我们回顾一下一维谐振子的自由振动，强调惯性和回复力的物理特点，$\omega^2$ 的物理意义，以及对于一个实际体系，要得到简谐运动，振动的振幅不能太大．其次，我们考虑两个耦合振子的自由振动，并引入简正模式的概念．我们强调简正模式就像一个"扩展"的谐振子，它的所有部分都以相同频率和相位振动，并强调对于一个给定的简正模式，$\omega^2$ 的物理意义与一维振子的相同．

可省略的内容　在全书中，有一些物理体系反复出现，教师不必全都讨论，学生也不必全学．本章例2和例8都是质量和弹簧的纵向振动，分别是一个自由度（例2）和两个自由度（例8）的情况．在以后各章里，我们把这种体系推广到许多自由度和连续体系中去（经受纵向振动的橡皮绳和玩具弹簧），并把这种体系当作一个模型，以帮助理解声波．如果教师想省略声音这一部分，那么也可以从一开始略去一切纵向振动部分．同样，例4和例10分别为一个自由度与两个自由度的 $LC$ 电路．在以后各章中，我们还要把这种电路推广到 $LC$ 网络和连续传输线上去．因此，如果教师想省略传输线中电磁波的讨论，他可以从一开始就略去所有 $LC$ 电路的例子．（他可以这样做而仍然能够透彻讨论电磁波，即从第7章起，用麦克斯韦方程讨论电磁波．）不要省略横向振动（例3和例9）．

课外实验　我们极力推荐课外实验1.24（盆水晃动模式）和有关的习题1.25（湖面波动），其目的是要让学生开始"自己动手"．课外实验1.8（耦合的肉汁罐头）可以用来做一次很好的课堂演示．当然，你们也许已经有条件可以做一个这类的示范实验（耦合摆）．然而，甚至作为课堂示范，我仍然主张用玩具弹簧和肉汁罐头来做演示，虽然它们是简陋的，但这样做可以鼓励学生自己动手．

**第2章　多自由度体系的自由振动**　我们把自由度数目从两个推广到很大数目，并求出在一根连续弦上的横向振动模式——驻波．我们定义 $k$，并引进色散关系的概念，给出 $\omega$ 与 $k$ 的函数关系．在2.3节中，我们利用弦的各种振动模式来导出周期函数的傅里叶分析．在2.4节中，我们给出了各种串有珠子的弹簧的严格色散关系.

可省略的内容　2.3 节是可以不讲的，特别是，假如学生已经知道一些傅里叶分析. 2.4 节的例 5 是多个耦合摆的一个线性排列，即具有一个低频截止的最简单体系，以后将用它来帮助解释具有一个低频截止频率的其他体系的行为. 如果教师不想在以后讨论在截止频率以下驱动的体系（波导、电离层、光在玻璃内的全反射、德布罗意波的势垒贯穿、高通滤波器等），就可以不考虑例 5.

**第 3 章　受迫振荡**　第 1 章和第 2 章从讨论谐振子的自由振动开始，而以讨论闭合体系的自由驻波结束. 第 3 章和第 4 章考虑受迫振荡. 先讨论闭合体系（第 3 章），这里我们发现有共振；然后讨论开放体系（第 4 章），这里我们发现有行波. 在 3.2 节中，我们讨论受阻尼的受迫一维谐振子，讨论了它的瞬态行为和稳态行为. 之后，再进而讨论两个或多个自由度的情况，发现相应于每个自由振动的模式都有共振. 我们还考虑了在它们的最低模式频率之下（或最高模式频率之上）驱动的闭合体系，发现了指数波和“滤波”行为.

可省略的内容　3.2 节中的瞬态现象可以省略. 有些教师也可以省去在截止以外驱动的体系的各种情况.

课外实验　课外实验 3.8（两瓶耦合肉汁罐头的受迫振动）和课外实验 3.16（机械带通滤波器）需要留声机转盘. 特别对于在截止范围以外驱动的体系的指数波，这两个课堂演示实验的效果都非常好.

**第 4 章　行波**　这里我们介绍由开放体系的受迫振荡所产生的行波（不同于第 3 章中曾讨论过的闭合体系的受迫振荡所产生的驻波）. 第 4 章余下部分专门研究行波中的相速度（包括色散）和阻抗. 我们把“行波的两个概念”相速度与阻抗同“驻波的两个概念”惯性和回复力加以对照. 也对比了驻波与行波相位关系的基本差别.

课外实验　我们推荐课外实验 4.12（水棱镜）. 这是用光学工具箱做的第一个实验，它要用到紫色滤色片（能通过红光和蓝光，但滤去绿光）. 我们特别推荐用你的脸作为探测器进行课外实验 4.18（测量地球表面处的太阳常数）.

**第 5 章　反射**　至第 4 章末尾，我们已掌握了驻波和行波（一维的）. 在本章中我们研究驻波和行波的一般叠加. 在导出反射系数时，我们用十分“物理”的方式使用了叠加原理，而不是强调边界条件（在习题中强调了使用边界条件）.

可省略的内容　本章有很多例子涉及声、传输线和光，不必都讲. 第 5 章基本上是从第 1 到第 4 章所讲内容的应用，因此它的任何一部分，甚至整个部分都可略去.

课外实验　每个人都应该做课外实验 5.3（玩具弹簧上短暂的驻波）. 课外实验 5.17 与 5.18 是特别有趣的.

**第 6 章　调制、脉冲和波包**　第 1 章到第 5 章，我们主要研究单个频率 $\omega$ 的情况（除 2.3 节傅里叶分析外）. 在第 6 章里我们研究包含由不同频率叠加的脉冲和波包，并推广傅里叶分析的概念（已在第 2 章中对周期函数做了介绍），以便包括非周期函数.

可省略的内容　大部分物理内容在前三节. 如果教师已在 2.3 节略去了傅里叶分析，现在无疑也要略去 6.4 节和 6.5 节，这两节中引入了傅里叶积分及其应用.

课外实验　在没有看到水波的波包以前，不会有人相信存在群速度（见课外实验 6.11）. 每一个人还应该做课外实验 6.12 和 6.13.

习题　频率调制和相位调制是在习题中讨论的，而不是在课文中讨论的. 有一些很有意义的近代进展也在习题中讨论，例如激光器的锁模（习题 6.23）、多频（习题 6.32）、多道干涉仪傅里叶频谱学（习题 6.33）等.

**第 7 章　二维和三维的波**　第 1 章至第 6 章讨论的全是一维波. 在本章中我们讨论三维波. 引进了波矢 $\boldsymbol{k}$. 用麦克斯韦方程组作为研究电磁波的出发点（在前几章已有很多传输线上电磁波的例子，它们是以 $LC$ 电路为例子讲的），也研究了水波.

可省略的内容　7.3 节（水波）可以略去，但是不管是否学习 7.3 节，我们推荐有关水波的那些课外实验. 如果教师主要对光学感兴趣，他实际上可以从 7.4 节（电磁波）开始讲起，继续讲第 7、8、9 章.

**第 8 章　偏振**　这一章专门研究电磁波偏振和在玩具弹簧上的波的偏振，重点在于部分偏振和相干性之间的物理关系.

课外实验　每个人至少应做课外实验 8.12、8.14、8.16 和 8.18（课外实验 8.14 需要玩具弹簧，其他要用光学工具箱）.

**第 9 章　干涉和衍射**　这里我们研究从波源到探测器经过不同路程的波动的叠加. 我们强调相干性的物理意义. 我们把几何光学作为一种波现象来讨论，并讨论一个受衍射限制的光束打在各种反射和折射表面上的行为.

课外实验　在有关干涉、衍射、相干性和几何光学的许多课外实验中，每人应该至少各做一个. 我们也特别推荐课外实验 9.50（音叉的辐射图样——四极辐射）.

习题 有些论题是在习题中讲的，如测星干涉仪，包括近来发展起来的“长基线干涉量度学”（习题 9.57）；在习题 9.59 中讨论了相衬显微镜和无线电调幅波变成调频波的转换之间的类似性问题.

## 课外实验

**一般说明**　每星期至少要布置一个课外实验. 为了方便，我们将所有包括水波、玩具弹簧上的波和声波的实验列示于下. 之后我们还要描述光具箱.

**水波**　在第 7 章里讨论，此外，这个课题在下述一组容易的课外实验中还反复出现：

1.24　盆水晃动模式

1.25 湖面波动
2.31 锯齿浅水驻波
2.33 表面张力模式
3.33 锯齿浅水驻波
3.34 水上矩形二维表面驻波
3.35 水面驻波
6.11 水波包
6.12 浅水波包——潮浪
6.19 深水波的相速度和群速度
6.25 潮浪中的共振
7.11 水波的色散律
9.29 水波的衍射

**玩具弹簧** 每个学生都应该有一个玩具弹簧（任何玩具店都有售）. 下述实验中有四个需要一架唱机的转盘，因此，费用超过了“家庭物理”范围. 然而，很多学生都有唱机.（涉及唱机的一些实验可以作为很好的课堂演示.）

1.8 耦合的肉汁罐头
2.1 玩具弹簧——长度对频率的影响
2.2 作为一个连续体系的玩具弹簧
2.4 玩具弹簧的“音品”
3.7 有阻尼的玩具弹簧中的共振（需要转盘）
3.8 两瓶耦合肉汁罐头的受迫振动（需要转盘）
3.16 机械带通滤波器（需要转盘）
3.23 波抗性区域的指数穿透（需要转盘）
4.4 玩具弹簧上波的相速度
5.3 玩具弹簧上短暂的驻波
8.14 玩具弹簧的偏振

**声音** 许多关于声学的课外实验，需要用到两个相同的音叉，最好用C523.3或A440. 最便宜的一种已经足够好了，可在音乐商店里买到. 硬纸板管可在文具店或艺术品商店购得. 下述一些课外实验涉及声学的内容：

1.4 测量振动频率
1.7 耦合的弓锯锯条
1.12 两个音叉构成的拍
1.13 你的耳朵的非线性——组合音调
1.18 吉他的不同弦线之间弱耦合所形成的拍
2.4 玩具弹簧的“音品”
2.5 作为傅里叶分析器的钢琴——耳朵对相位的不敏感性

2.6 钢琴谐音——等调律音阶
3.27 硬纸板管的共振频率宽度
4.6 用波包测定声速
4.15 威士忌酒瓶共振腔（亥姆霍兹共振腔）
4.16 空气、氦气和天然气中的声速
4.26 声阻抗
5.15 开管对驻波的有效长度
5.16 硬纸板管的共振
5.17 你的声音探测系统（鼓膜、神经和脑）是相位灵敏的探测器吗？
5.18 测量开管两端的相对相位
5.19 音叉的泛音
5.31 玩具气球中的共振
6.13 音乐颤音和带宽
9.50 音叉的辐射图样——四极辐射

## 光学工具箱

**部件** 四个线偏振器，一个圆偏振器，一块四分之一波片，一块半波片，一个衍射光栅和四个滤色片（红、绿、蓝、紫）. 这些部件在课文里都有介绍（线起偏振镜、圆起偏振镜、四分之一波片、半波片、衍射光栅在第 8 章）. 正如课外实验 4.12 所述，有些实验还需要几块显微镜承物片、一个指示灯线光源或一个手电灯泡点光源. 除了实验 4.12 以外，所有需要光学工具箱的实验都在第 8、9 章里，因为太多，这里就不一一列出了.

**课外实验** 涉及全部光学工具的第一个实验应当是让学生们认识所有这些部件.（各部件的一览表贴在包装容器盖的内侧.）为了将来使用方便，可在各部件上做出标记. 例如，对于圆起偏振镜，可以用剪刀把四个角稍许剪圆，然后在输入面靠近边缘处刻下“进入”字样，或在这个面上贴一小条胶带. 对于四分之一波长延迟器，可剪去一个角；对半波长延迟器，剪去两个角. 在各种线偏振器上，可以沿着最易通过的轴刻一条线.（这个轴平行于偏振器的一条边.）

应该指出，“四分之一波片”给出 (1 400 ± 200) Å 的空间延迟，近似地与波长无关（对可见光而言）. 因此，它作为一个四分之一波长的延迟器，所适用的波长为 (5 600 ± 800) Å. ± 200Å 是制造厂的偏差. 一批给出 1 400Å 空间延迟的波片产品，对绿光 (5 600Å) 来说是一种四分之一波长的延迟器，但是它对较长波长的光（红光）则延迟得比四分之一波长少一些，而对较短波长的光（蓝光），则延迟得比四分之一波长多一些. 另外一批产品如果给出的空间延迟为 (1 400 + 200) Å = 1 600 Å，那么它只对一种红光 (6 400 Å) 是四分之一波长延迟器. 而延迟为 (1 400 − 200) Å = 1 200 Å 的一批产品，只对一种蓝光 (4 800 Å) 是四分之一波长的延迟器. 同样的论述也可应用到一个圆起偏振镜上去，因为一个圆起偏振镜是由多层的四分之一波片和与其成45°的线起偏振镜叠起来制成的，而该四分之一波片是一种（1 400±200）Å的延迟器. 因此，当使用白光时，也许会有颜色稍为分散的效应. 必须事先告诉学生，在任何实验中原来预料会得到“黑色”也即“消光”的地方，事实上他总会看到有某些“没有消光”的光，会有“错误”的颜色透过来. 举例来说，我是按实际情况写课外实验8.12的. 当你读到“你看到在绿色处的暗带吗?”这些句子的时候，或许会因为“在绿色处”几个字而吃惊，而那其实指的就是5 600 Å的那种颜色!

## 复数的使用

当正弦振动或正弦波叠加时，使用复数可以简化代数运算，但这也可能会使物理意义变得模糊. 为此，我已经避免使用它们，特别是在本书第一部分. 在第6章里，我使用了复数表示 $\exp(i\omega t)$，以便利用熟知的振动叠加的图解法或“相位矢量图”法. 在第8章（偏振）里，我大量地使用了复数. 在第9章里（干涉和衍射），即使复数有时会使代数推导简化，但我还是没有过多地使用它. 特别是在第9章里，许多教师也许比我更愿意大量使用复数. 在关于傅里叶级数（2.3节）和傅里叶积分（6.4节和6.5节）的章节里，我没有使用复数.（我特别想要避免含有负频率的傅里叶积分.）

# 目　录

# 第 1 章　简单体系的自由振动

# 第1章　简单体系的自由振动

## 1.1　引言

世界充满了运动的事物. 这些事物的运动按照它们是在一个地点附近运动，还是从一个地点运动到另一个地点，可以粗略分为两大类. 第一类例子有：单摆的摆动，提琴弦的振动，杯子里水的晃动，电子在原子内的振动（不管它怎么运动），光在激光器两块镜面之间的来回反射等. 另一类例子有：冰球的滑动，一根拉紧长绳在弹其一端时所引起的脉冲的传播，海浪向着海岸的滚进，电视显像管中的电子束，恒星发出的肉眼观察到的光线等. 有时候，同一种现象究竟是属于哪一类运动（平均地讲，究竟是停在那儿运动还是在前进），这要取决于你的观点，例如海浪向着海岸前进，但是水（和水面上的海鸟）却只是一上一下（和向前向后）地运动，而没有前进. 一个位移脉冲沿着绳子传播，但这绳子的材料却只有振动，而没有前进.

我们首先研究物体在平衡位置附近的振动. 在第1章和第2章里，我们将研究一个闭合体系运动的各种实例. 这个体系先受到一个初始激发（某种外界扰动），随后自由振动，而不再受到任何扰动. 这样的振动称为自由振动或自然振动. 在第1章里，我们研究仅由一个或两个运动部分组成的简单体系，这是第2章里研究由许多个运动部分组成的自由振动体系的基础. 在第2章里我们会看到，由许多个运动部分组成的复杂体系的运动，总可以看成是由许多同时发生的称为模式的更简单的运动的合成. 我们还将看到，不管怎样复杂的体系，它的每一个振动模式的性质都十分类似于一个简单的谐振子. 因此，对于处于某一个振动模式的任何体系的运动来说，我们将会看到，它的每一个运动部分，每单位质量在每单位位移中都受到同样大小的回复力；同时，所有运动部分的振动都以 $\cos(\omega t+\varphi)$ 的方式依赖于时间，这就是说，它们具有相同的频率 $\omega$ 和相同的相位常数 $\varphi$.

对于每一个我们所研究的体系，我们都用某一个物理量来描述它；该物理量偏离平衡值的位移在这个体系中的不同位置和不同时间是不同的. 在力学例子中（有关的各运动部分都是点质量或质点，它们受到回复力作用），这个物理量就是位于空间点 $x$、$y$、$z$ 处的质量偏离平衡位置的位移. 这个位移用矢量 $\boldsymbol{\psi}(x, y, z, t)$ 描述. 有时我们把这个含有 $x$、$y$、$z$、$t$ 的矢量函数称为波函数.（当我们能采用连续近似，即能把非常靠近的各点看成基本上具有相同运动时，这个矢量函数不过是位置 $x$、$y$、$z$ 的连续函数.）在某些电学例子中，这个物理量可以是线圈中的电流或电容器上的电荷．在其他一些例子中，它可以是电场 $\boldsymbol{E}(x, y, z, t)$ 或磁场 $\boldsymbol{B}(x, y, z, t)$．在后一类情况中，这些波称为电磁波．

## 1.2　一个自由度体系的自由振动

我们首先着手研究在平衡位置附近振荡或振动的物体．这种简单的体系有：在平面上摆动的摆，接在弹簧上的物体以及 *LC* 电路等，它们在任何时刻的位形只用一个量来标定就足够了．这时我们就说，这些体系具有一个自由度，或者不太严格地说，它们只有一个运动部分（见图 1.1）．例如，摆动的摆可以用悬线偏离垂线的角度来描述，*LC* 电路可以用电容器上的电荷来描述．（一个可以在任何方向自由摆动的摆，譬如线下挂着的一个重锤，就不是有一个自由度，而是有两个自由度；重锤的位置要用两个坐标来确定．旧式挂钟的摆被限制在一个平面内摆动，因此只有一个自由度．）

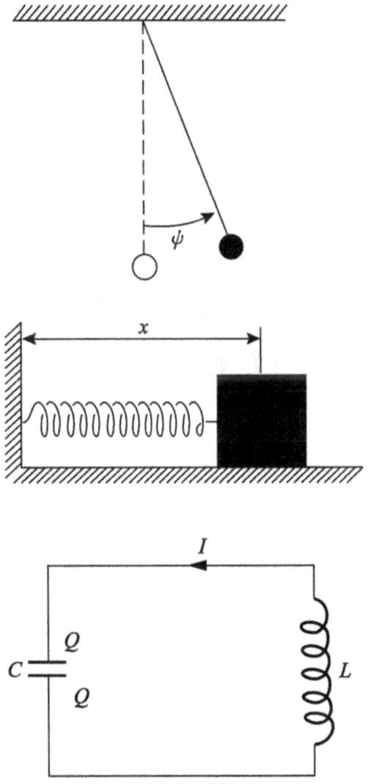


图 1.1　一个自由度的体系
（单摆限于在一个平面上摆动）

对于只有一个自由度的所有体系，我们将会看到，“运动部分”离开其平衡值的位移都具有相同的简单的时间依赖关系（叫作简谐振动）：

$$\varphi(t) = A\cos(\omega t + \varphi). \tag{1}$$

对于振动的物体，$\varphi$ 可以代表该物体离开其平衡位置的位移；对于 *LC* 振荡电路，它可以代表电感中的电流或者电容器上的电荷．更精确地说，我们会发现，只是在运动部分离开平衡位置不太远的条件下，式（1）才给出位移的时间依赖关系．［对于大角度的摆动，式（1）是个很粗糙的近似；当真实弹簧拉得很长时，式（1）就不能用来描述这种运动了，因为这时回复力已不再正比于弹簧的伸长量；倘若电容器上的电荷足够多，由于电容器两板之间的火花能引起“击穿”，电荷将不再满足式（1）．］

**术语**　关于式（1），我们将采用以下术语：$A$ 是一个正的常数，称为振幅；$\omega$ 是角频率，单位为 rad/s；$\nu = \omega/2\pi$ 是频率，单位为 $s^{-1}$ 即 Hz．$\nu$ 的倒数叫作周期 $T$，其单位是 s：

$$T = \frac{1}{\nu}. \tag{2}$$

相位常数 $\varphi$ 取决于时间零点的选择．通常，我们对相位常数的值并无特别兴趣；在这些场合，我们常常选择适当的时间零点使得 $\varphi$ 等于零，于是 $\psi = A\cos\omega t$，或者

$\psi = A\sin\omega t$. 而不用更一般的式（1）.

**回复力和惯性**　式（1）所表示的振动行为总是由物理体系的两个内在性质交互作用造成的，这是两个具有相反倾向的内在性质：回复力和惯性．“回复力”赋予运动部分以适当速度 $d\psi/dt$，“力图”使 $\psi$ 返回到零点．$\psi$ 越大，回复力也越大．对于 $LC$ 振荡电路，这个回复力来源于电子之间的斥力，它使得电子“不愿意”挤在电容器的一个极板上，而倾向于平均分布于电容器的两个极板上，使电容器上的电荷为零．第二个性质是“惯性”，它“反对” $d\psi/dt$ 做任何改变．对于 $LC$ 振荡电路，这种惯性来自电感 $L$，它反对电流 $d\psi/dt$（这时 $\psi$ 代表电容器上的电荷）做任何改变．

**振动的行为**　如果我们从 $\psi$ 为正和 $d\psi/dt=0$ 开始，则回复力给出一个加速度，从而引起一个负速度．在 $\psi$ 返回到零时，负速度达到最大值．在 $\psi=0$ 时，回复力是零，但是这个负速度会引起一个负位移．这时，回复力变成正，但是它现在必须克服负速度的惯性．最后，速度 $d\psi/dt$ 为零，这时位移为最大且方向是负的，上述过程将逆转进行．整个过程就这样继续循环下去：回复力力图使 $\psi$ 恢复到零，从而引起一个速度；惯性要保持速度不变，因此使 $\psi$“走过头”．于是，系统就这样振动着．

**$\omega^2$的物理意义**　振动的角频率 $\omega$ 与体系的物理性质有关，（以后我们会证明）在任何情况下其关系式都是

$$\boxed{\omega^2 = \text{单位位移时单位质量上的回复力.}} \tag{3}$$

有时候，例如在电学例子（$LC$ 电路）的场合，“惯性质量”并不一定是质量．

**阻尼振动**　如果一个振动体系保持不受干扰，按照式（1），它将永远振动下去．然而，在任何实际的物理条件下，总有“摩擦”或“阻尼”过程，会使运动“衰减”下来．因此，用“阻尼振动”来描述一个振动体系更为切合实际．如果该体系在 $t=0$ 时“被激发”（冲撞一下，或者合上电键以及用其他办法）而进入振动，我们就有（见《力学》卷，第7章）

$$\psi(t) = Ae^{-t/2\tau}\cos(\omega t+\varphi), \tag{4}$$

式中，$t \geqslant 0$．当 $t<0$ 时，上式应理解为 $\psi$ 等于零．在下述几个例子中，为了简化起见，我们将用式（1）来代替更符合实际的式（4）．这样，我们就是把衰减时间 $\tau$ 取为无穷大，而忽略了摩擦（或 $LC$ 电路中的电阻）．

**例1：单摆**

一个单摆是一根没有质量的长度为 $l$ 的细绳或细棒，其顶端悬挂在一个固定的支架上，底端系上一个质量为 $M$ 的“点”状重锤（见图1.2）．令 $\psi$ 表示悬线偏离垂线的角度（以 rad 计）．（单摆在一个平面内摆动，它的位形单独由 $\psi$ 给出．）摆锤的位移用它的路径的圆弧长度来量度，为 $l\psi$．相应的瞬时切向速度是 $l\dfrac{d\psi}{dt}$，切向

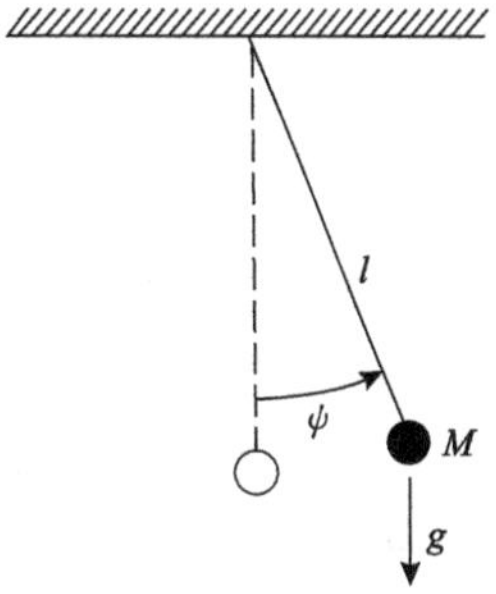

图 1.2　单摆

加速度是 $l\dfrac{d^2\psi}{dt^2}$. 回复力是力的切向分量. 细绳对这个力分量没有贡献，而重量 $Mg$ 对此切向分量的贡献是 $Mg\sin\psi$. 于是，由牛顿第二定律（质量乘以加速度等于力）可得

$$Ml\frac{d^2\psi}{dt^2} = -Mg\sin\psi(t). \tag{5}$$

我们现在用泰勒级数展开［附录，式（4）］：

$$\sin\psi = \psi - \frac{\psi^3}{3!} + \frac{\psi^5}{5!} - \cdots, \tag{6}$$

式中，省略号（…）代表无穷级数的剩余项. 对于足够小的 $\psi$（记住单位是 rad），我们看出，式（6）中除去第一项 $\psi$ 而外，其余的项全都可以忽略. 你可能会问，要多少才算“足够小”呢？这个问题没有一个统一的答案，它要取决于在你考虑的实验中你能够测量到的函数 $\psi(t)$ 的精确度（要记住，这里物理学，绝对精确的测量是不存在的），以及你认真的程度. 例如，当 $\psi = 0.10$rad（5.7°）时，$\sin\psi = 0.0998$；在某些问题中，取近似“0.0998 = 0.1000”尚嫌粗糙. 当 $\psi = 1.0$rad（57.3°）时，$\sin\psi = 0.841$；在某些问题中，取近似“0.8 = 1.0”就已经足够好了.

如果我们只保留式（6）的第一项，式（5）就取如下形式：

$$\frac{d^2\psi}{dt^2} = -\omega^2\psi, \tag{7}$$

式中，

$$\omega^2 = \frac{g}{l}. \tag{8}$$

式（7）的一般解是简谐振动，可表示为

$$\psi(t) = A\cos(\omega t + \varphi).$$

我们注意到，由式（8）表示的振动角频率可以写成

$$\omega^2 = \text{单位位移时单位质量上的回复力},$$

即

$$\omega^2 = \frac{Mg\psi}{(l\psi)M} = \frac{g}{l};$$

这里用到了 $\sin\psi = \psi$ 的近似.

两个常数 $A$ 和 $\varphi$ 均由初始条件确定，也就是说，由 $t = 0$ 时的位移和速度确定.（因为 $\psi$ 是角位移，所以相应的“速度”是角速度 $d\psi/dt$.）于是我们有

$$\psi(t) = A\cos(\omega t + \varphi),$$

$$\dot\psi(t) = \frac{d\psi(t)}{dt} = -\omega A\sin(\omega t + \varphi);$$

而且

$$\psi(0) = A\cos\varphi,$$

$$\dot{\psi}(0) = -\omega A\sin\varphi.$$

正的常数 $A$ 和 $\sin\varphi$ 及 $\cos\varphi$（它们决定 $\varphi$）的值可以由求解上面最后两式得到.

**例 2：有质量的物体和弹簧——纵向振动**

一个质量为 $M$ 的物体在没有摩擦的平面上滑动，它被两根完全相同的弹簧连接到左右两面固定的墙上. 每根弹簧的质量都为零，弹簧常量为 $K$，弹簧松弛时的长度为 $a_0$. 在平衡位置时，每根弹簧都拉长到 $a$，因而在平衡位置处每根弹簧都有一个大小为 $K(a-a_0)$ 的张力（见图 1.3a、b）. 设质量为 $M$ 的这个物体离左面墙壁的距离为 $z$，于是，它离右面墙壁的距离就是 $2a-z$（见图 1.3c）. 左边弹簧对该物体施加一个沿 $-z$ 方向的大小为 $K(z-a_0)$ 的力. 右边弹簧对该物体施加一个沿 $+z$ 方向的大小为 $K(2a-z-a_0)$ 的力. 在 $+z$ 方向的合力 $F_z$ 就是这两个力的叠加（和）：

$$F_z = -K(z-a_0) + K(2a-z-a_0) = -2K(z-a).$$

于是，根据牛顿第二定律有

$$M\frac{d^2z}{dt^2} = F_z = -2K(z-a). \tag{9}$$

离开平衡位置的位移是 $z-a$，我们记它为 $\psi(t)$：

$$\psi(t) \equiv z(t) - a;$$

从而

$$\frac{d^2\psi}{dt^2} = \frac{d^2z}{dt^2}.$$

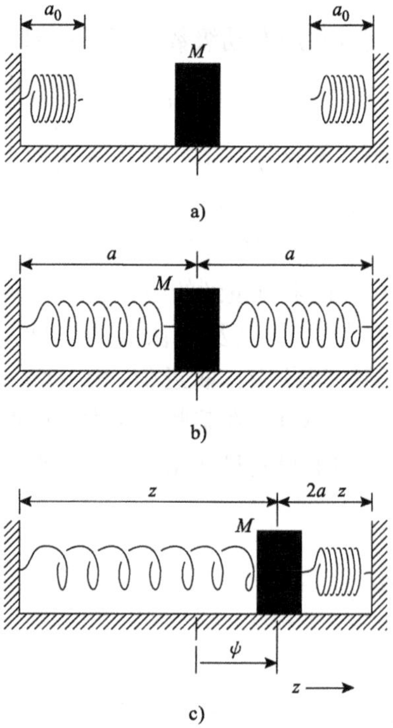


图 1.3　纵向振动

a）弹簧松弛不和 $M$ 相连接　b）连接上弹簧，$M$ 在平衡位置　c）一般位形

这样，我们可以把方程（9）改写成

$$\frac{d^2\psi}{dt^2} = -\omega^2\psi, \tag{10}$$

式中，

$$\omega^2 = \frac{2K}{M}. \tag{11}$$

方程（10）的一般解是

$$\psi = A\cos(\omega t + \varphi),$$

仍是一个简谐振动. 请注意式（11）中的 $\omega^2$ = 单位位移时作用在单位质量上的力，因为回复力在位移为 $\psi$ 时是 $2K\psi$.

**例 3：有质量的物体和弹簧——横向振动**

这样的体系如图 1.4 所示．一个质量为 $M$ 的物体，由两根完全相同的弹簧悬挂在两个固定的支架之间．每根弹簧的质量都为零，弹簧常量为 $K$，未拉伸时的长度为 $a_0$．物体 $M$ 在平衡位置时，每根弹簧的长度为 $a$，我们忽略重力的作用．（在这个问题中，重力不产生任何回复力，它虽然引起系统的“下垂”，但在我们所感兴趣的近似程度内，并不影响结果．）质量为 $M$ 的物体现在有三个自由度．它能够沿 $z$ 方向运动（沿着弹簧的轴）而表现为纵向振动．这就是我们上面已经考虑过的运动，这里不必重述．它也能沿 $x$ 方向或 $y$ 方向运动而表现为“横向”振动．为简单起见，让我们只考虑沿 $x$ 方向的运动．我们可以设想有一种无摩擦的约束，使得物体沿 $x$ 方向（横向）可以完全自由运动，而在 $y$ 或 $z$ 方向上不能运动．（例如，我们可以在 $M$ 上钻一个孔，从这个孔穿过一根没有摩擦的长棒，并让这根棒固定在墙上沿 $x$ 方向取向．然而，通过下面的叙述你自己就能够很容易确信，这种约束是不必要的．从图 1.4 的对称性可以看出，如果在某一给定的时刻，体系沿着 $x$ 方向振动，那它在 $y$ 或 $z$ 方向上就不会有运动的趋势．对于其他两个自由度也是这样：$z$ 方向的振动不会在 $x$ 或 $y$ 方向上产生不平衡力；$y$ 方向的振动也不会在 $x$ 或 $z$ 方向上产生不平衡力．）

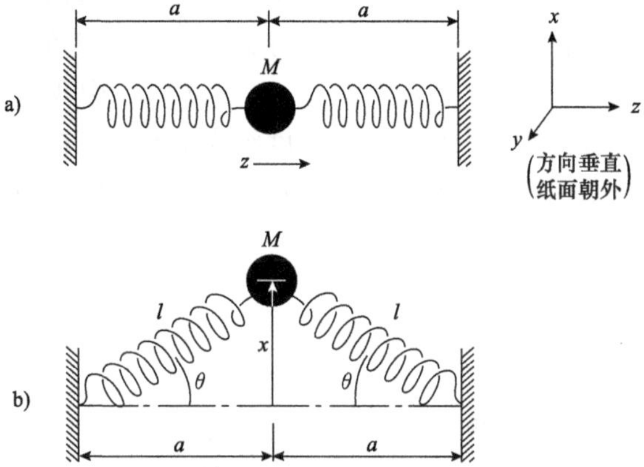


图 1.4　横向振动

a）平衡位形　b）一般位形（沿 $x$ 运动）

在平衡位形时（图 1.4a），每根弹簧的长度为 $a$，张力为

$$T_0 = K(a - a_0). \tag{12}$$

在一般位形时（图 1.4b），每根弹簧的长度为 $l$，张力为

$$T = K(l - a_0). \tag{13}$$

这个张力是沿着弹簧的轴向作用的．取这个力的 $x$ 方向的分量，每根弹簧所提供的回复力大小为 $T\sin\theta$，方向沿着 $-x$．利用牛顿第二定律和 $\sin\theta = x/l$，得到

$$M\frac{\mathrm{d}^2x}{\mathrm{d}t^2} = F_x = -2T\sin\theta = -2K(l - a_0)\frac{x}{l}$$

$$= -2Kx\left(1 - \frac{a_0}{l}\right). \tag{14}$$

在我们的假定下［包括式（13）所包含的假定，即弹簧是“线性的”或弹簧

服从“胡克定律”]，式（14）是严格正确的. 不过要注意的是，在式（14）右边出现的弹簧长度 $l$ 是 $x$ 的函数，所以式（14）与简谐振动的表达式并不完全一样；这是因为，作用于 $M$ 上的回复力并不严格正比于离开平衡位置的偏离 $x$.

**玩具弹簧近似**　有两种十分有意思的方法，可以使我们得到具有线性回复力的近似方程. 第一种方法我们称为玩具弹簧近似，在这种近似中，$a_0/a$ 与1相比可以忽略. 由于 $l$ 总是大于 $a$，在式（14）中我们就可以忽略 $a_0/l$. [玩具弹簧是一根螺旋弹簧，未拉伸时的长度约为7.5cm. 在弹性限度之内，它可伸长到4.5m左右. 采用这种弹簧时，式（14）中的 $a_0/l<1/60$.] 利用这种近似，我们可以把式（14）写为

$$\frac{d^2x}{dt^2}=-\omega^2x, \tag{15}$$

式中，

$$\omega^2=\frac{2K}{M}=\frac{2T_0}{Ma}\quad（取\ a_0=0）. \tag{16}$$

上式的解为 $x=A\cos(\omega t+\varphi)$，即为简谐振动. 请注意，这里对振幅 $A$ 没有限制，也就是说，即使振动“很大”，我们仍有理想的线性回复力. 还应注意，式（16）所给出的横向振动的频率和式（11）所给出的纵向振动的频率是相同的. 一般地说，这个结论是不符合事实的，它仅适合于实际上已经取了 $a_0=0$ 的玩具弹簧近似.

**小振动近似**　如果 $a_0$ 相对于 $a$ 不能忽略（例如，在通常课堂演示中采用橡皮绳时就是这样），玩具弹簧近似就不适用了. 这时式（14）中的 $F_x$ 与 $x$ 之间就不是线性关系. 然而，我们可以证明，如果位移 $x$ 比长度 $a$ 小得多，则 $l$ 与 $a$ 只相差一个数量级为 $a(x/a)^2$ 的量. 在小振动近似下，我们在 $F_x$ 中忽略对 $x/a$ 为非线性的各项. 现在我们就来做这样的代数演算：我们希望在式（14）中以“$l=a+$某个量”来描述 $l$，这样一个“某个量”在 $x=0$ 时应为零. 由于 $x$ 不论是正还是负，$l$ 总是大于 $a$，因此，这样一个“某个量”就必须是 $x$ 的偶函数. 事实上，从图1.4我们立即得到

$$l^2=a^2+x^2=a^2(1+\varepsilon),$$

$$\varepsilon\equiv\frac{x^2}{a^2}.$$

因此，

$$\begin{aligned}\frac{1}{l}&=\frac{1}{a}(1+\varepsilon)^{-\frac{1}{2}}\\&=\frac{1}{a}\left[1-\left(\frac{1}{2}\varepsilon\right)+\left(\frac{3}{8}\varepsilon^2\right)-\cdots\right];\end{aligned} \tag{17}$$

这里我们利用了 $(1+x)^n$ 的泰勒级数展开式［见附录式（20）］，其中 $x=\varepsilon$，$n=$

$-\frac{1}{2}$. 下面我们就可以作小振动近似了. 我们假定 $\varepsilon \ll 1$，并舍去式（17）中无穷级数的高次项. 于是我们有

$$\frac{1}{l} \approx \frac{1}{a}\left[1-\left(\frac{1}{2}\varepsilon\right)\right]$$

$$=\frac{1}{a}\left[1-\left(\frac{1}{2}\frac{x^2}{a^2}\right)\right]. \tag{18}$$

把式（17）代入式（14），就得到

$$\frac{\mathrm{d}^2 x}{\mathrm{d}t^2}=-\frac{2Kx}{M}\left(1-\frac{a_0}{l}\right)$$

$$=-\frac{2Kx}{M}\left\{1-\frac{a_0}{a}\left[1-\left(\frac{1}{2}\frac{x^2}{a^2}\right)+\cdots\right]\right\}$$

$$=-\frac{2K}{Ma}(a-a_0)x-\frac{K}{M}a_0\left(\frac{x}{a}\right)^3+\cdots. \tag{19}$$

舍去三次项和更高次项后，得到

$$\frac{\mathrm{d}^2 x}{\mathrm{d}t^2}\approx-\frac{2K}{Ma}(a-a_0)x=-\frac{2T_0 x}{Ma}. \tag{20}$$

[在式（20）的第二个等式中，我们采用了式（12）给出的 $T_0$.] 现在式（20）具有如下形式：

$$\frac{\mathrm{d}^2 x}{\mathrm{d}t^2}=-\omega^2 x,$$

式中，

$$\omega^2=\frac{2T_0}{Ma}. \tag{21}$$

因此 $x(t)$ 是简谐振动：

$$x(t)=A\cos(\omega t+\varphi).$$

请注意，式（21）所给出的 $\omega^2$ 是单位位移上单位质量的回复力. 因为，对于小振动来说，回复力是张力 $T_0$ 乘以 $\sin\theta$（即 $x/a$），再乘上 2（两根弹簧）；而位移为 $x$；质量为 $M$，因此单位位移上单位质量的回复力是 $2T_0(x/a)/xM$.

值得注意的是，无论在玩具弹簧近似（$a_0=0$）中还是在小振动近似（$x/a\ll 1$）中，横向振动频率都是 $\omega^2=2T_0/Ma$，这一点从式（16）和式（21）的比较中就可以看出来. 正如我们从式（11）和式（16）中所看到的那样，在玩具弹簧近似中，纵向振动也有同样的频率. 如果玩具弹簧近似不成立（即 $a_0/a$ 不能忽略），则纵向振动和（小的）横向振动就不会有相同的频率，这可以从式（11）~式（13）中看出. 在这种情况下，

$$(\omega^2)_{纵}=\frac{2Ka}{Ma}, \tag{22}$$

$$(\omega^2)_{横}=\frac{2T_0}{Ma},\ T_0=K(a-a_0). \tag{23}$$

因此，对于一根橡皮绳的小振动（$a_0/a$ 不能忽略），它的纵向振动要比横向振动快些：

$$\frac{\omega_{纵}}{\omega_{横}}=\frac{1}{\left(1-\frac{a_0}{a}\right)^{1/2}}.$$

**例4：*LC* 电路**

（*LC* 电路的更全面讨论见《电磁学》卷第8章.）考虑如图1.5所示的一个 *LC* 电路，在左边电容器里，从下极板移到上极板的电荷为 $Q_1$. 在右边电容器里，从下极板移到上极板的电荷为 $Q_2$. 电感两端的电动势等于“反电动势” $L\frac{dI}{dt}$. 电荷 $Q_1$ 提供一个电动势 $C^{-1}Q_1$，使得沿图中箭头方向产生一个由正 $Q_1$ 驱动的电流，因此该正电荷 $Q_1$ 引起一个正的 $L\frac{dI}{dt}$. 类似地，正电荷 $Q_2$ 给出一个负的 $L\frac{dI}{dt}$. 于是有

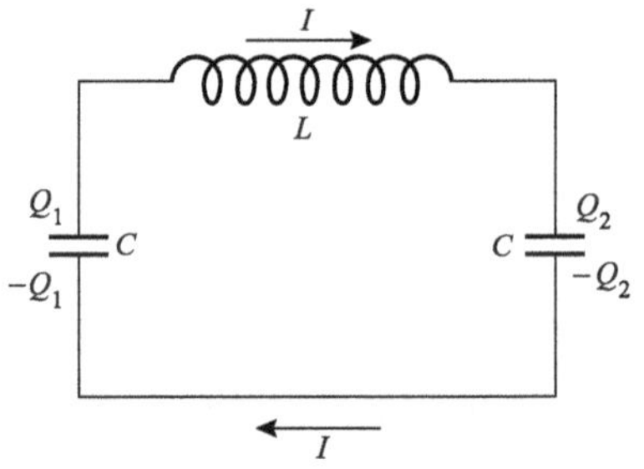


图1.5　串联 *LC* 电路. *Q* 和 *I* 正负号的规定如图所示. 如果上极板相对于下极板是正的，则 $Q_1$（或 $Q_2$）就是正的；如果正电荷按箭头方向流动，则 *I* 就是正的

$$L\frac{dI}{dt}=C^{-1}Q_1-C^{-1}Q_2. \tag{24}$$

平衡时，每一个电容器上都没有电荷. $Q_1$ 减少所形成的电流 *I* 使电荷 $Q_2$ 增加. 因此，利用电荷守恒定律和图1.5所示的正负号规定，可以得到

$$Q_1=-Q_2, \tag{25}$$

$$\frac{dQ_2}{dt}=I. \tag{26}$$

由式（25）和式（26）可知，这种电路只有一个自由度. 我们只要给出 $Q_1$，$Q_2$ 或 *I* 中任何一个，就能描述电路的瞬时状态. 由于在我们以后的工作中（当我们深入到多于一个自由度的体系时）使用电流 *I* 这个量最方便，我们现在就采用它. 先利用式（25）消去式（24）中的 $Q_1$，然后对 *t* 求导，再利用式（26）消去 $Q_2$，我们得到

$$L\frac{dI}{dt}=C^{-1}Q_1-C^{-1}Q_2=-2C^{-1}Q_2;$$

$$L\frac{d^2I}{dt^2}=-2C^{-1}\frac{dQ_2}{dt}=-2C^{-1}I.$$

于是，电流 $I(t)$ 所遵从的方程是

$$\frac{\mathrm{d}^2 I}{\mathrm{d}t^2} = -\omega^2 I,$$

式中，

$$\omega^2 = \frac{2C^{-1}}{L}; \tag{27}$$

因而 $I(t)$ 也呈简谐振动：

$$I(t) = A\cos(\omega t + \varphi).$$

$\omega^2$ 总是单位“位移”上单位“惯性”的“回复力”，式（27）就可以看作是这句话的一个例证. 我们可以取“回复力”为电动势 $2C^{-1}Q$，这里 $Q$ 是“电荷位移”$Q_2$. 然后，我们取自感 $L$ 为“电荷惯性”. 于是单位位移上单位惯性的回复力就是 $(2C^{-1}Q)/QL$.

你们可能已经注意到，例 2、例 3 和例 4 之间有一种数学上的相似性. 我们有意识地在安排这些例子时使它们具有相同的空间对称性（“惯性”在中间，“驱动力”对称地位于左右两边），以便得到这种相似性. 这种相似性常常有助于记忆.

## 1.3　线性和叠加原理

在 1.2 节中，我们仅仅在能够假定回复力正比于 $-\psi$，而（比方说）不依赖于 $\psi^2$，$\psi^3$ 等的情形下解决了单摆以及有质量的物体及弹簧的振动问题. 如果一个微分方程中不包含 $\psi$，$\frac{\mathrm{d}\psi}{\mathrm{d}t}$，$\frac{\mathrm{d}\psi^2}{\mathrm{d}t^2}$等的高于一次的项，我们就把这个微分方程说成对于 $\psi$ 和 $\psi$ 的时间导数是线性的. 另外，如果微分方程中没有与 $\psi$ 无关的项出现，这个微分方程就称为齐次的. 如果在微分方程中有 $\psi$ 或 $\psi$ 的导数的高次项出现，这个微分方程就叫作非线性的. 例如，我们从式（6）所给出的 $\sin\psi$ 的展开式中就可以看出方程（5）是非线性的. 只有在忽略 $\psi$ 的高次项时，我们才能得到一个线性方程.

非线性方程常常是很难求解的.（非线性单摆方程的精确解见于《力学》卷.）很幸运，有许多有趣的物理现象，用线性方程就可给出一个很好的近似. 我们常常遇到的方程大都是线性方程.

**线性齐次方程**　线性齐次微分方程具有下述很有趣和重要的性质：任何两个解的和本身也是方程的一个解. 非线性方程就没有这种性质，非线性方程的两个解的和并不是这个方程的解.

我们下面就来证明关于这两种情况（线性和非线性）的上述性质. 假定我们已经找到具有一个自由度的某一体系运动的微分方程具有如下形式：

$$\frac{\mathrm{d}^2\psi(t)}{\mathrm{d}t^2} = -C\psi + \alpha\psi^2 + \beta\psi^3 + \gamma\psi^4 + \cdots; \tag{28}$$

这就是我们在单摆的例子中［式（5）和式（6）］或在由两根弹簧悬挂一个具有质量的物体的横向振动的例子中［式（19）］所看到的方程. 如果常数 $\alpha$、$\beta$、$\gamma$ 等全是零，或者在一种足够好的近似下可以看作是零，则方程（28）就是线性齐次的；否则，它就是非线性的. 现在假定方程（28）有两个不同的解 $\psi_1(t)$ 和 $\psi_2(t)$. 例如，$\psi_1$ 可以是一个对应于摆锤在某一特定初始位移和具有某一特定初速度的解，而 $\psi_2$ 可以是一个对应于另一初始位移和具有另一初速度的解. 由于假定 $\psi_1$ 和 $\psi_2$ 各自都满足方程（28），所以我们有

$$\frac{d^2\psi_1}{dt^2} = -C\psi_1 + \alpha\psi_1^2 + \beta\psi_1^3 + \gamma\psi_1^4 + \cdots \tag{29}$$

和

$$\frac{d^2\psi_2}{dt^2} = -C\psi_2 + \alpha\psi_2^2 + \beta\psi_2^3 + \gamma\psi_2^4 + \cdots. \tag{30}$$

我们感兴趣的问题是，$\psi_1$ 和 $\psi_2$ 的叠加即 $\psi = \psi_1(t) + \psi_2(t)$ 是否仍然满足这同一个运动方程（28）；也就是，我们是否有下列等式：

$$\frac{d^2(\psi_1 + \psi_2)}{dt^2} = -C(\psi_1 + \psi_2) + \alpha(\psi_1 + \psi_2)^2 + \beta(\psi_1 + \psi_2)^3 + \cdots. \tag{31}$$

当且仅当常数 $\alpha$，$\beta$ 等为零时，上述问题的答案才是肯定的. 证明这一点很容易. 因为，当且仅当下列条件得到满足时，式（29）和式（30）相加才能给出式（31）：

$$\frac{d^2\psi_1}{dt^2} + \frac{d^2\psi_2}{dt^2} = \frac{d^2(\psi_1 + \psi_2)}{dt^2}, \tag{32}$$

$$-C\psi_1 - C\psi_2 = -C(\psi_1 + \psi_2), \tag{33}$$

$$\alpha\psi_1^2 + \alpha\psi_2^2 = \alpha(\psi_1 + \psi_2)^2, \tag{34}$$

$$\beta\psi_1^3 + \beta\psi_2^3 = \beta(\psi_1 + \psi_2)^3, \text{等}. \tag{35}$$

式（32）和式（33）总是成立的，而式（34）和式（35）只有当 $\alpha$，$\beta$ 为零时才成立. 由此我们看到：当且仅当方程是线性时，两个解的叠加才是方程的一个解.

不同解的叠加本身也是方程的一个解，这个性质是线性齐次方程所独有的. 满足这种方程的振动称为满足**叠加原理**的振动. 我们以后将不研究其他任何类型的振动.

**初始条件的叠加**　作为应用叠加概念的一个例子，我们来考虑小振动情况下的单摆运动. 假定我们已经找到一个对应于某一组初始条件（位移和速度）的解 $\psi_1$，以及对应于另一组不同初始条件的解 $\psi_2$. 现在我们就规定第三组初始条件为：把对应于 $\psi_1$ 和 $\psi_2$ 的**初始条件叠加起来**. 这就意味着，我们给出了摆锤的一个初位移，它是对应于运动 $\psi_1(t)$ 和 $\psi_2(t)$ 的两个初位移的代数和；又给出了摆锤的一个初速度，它是对应于 $\psi_1$ 和 $\psi_2$ 的两个初速度的代数和. 这样，我们就不需要做更

多的工作去寻找新的运动 $\psi_3(t)$ 了，解 $\psi_3(t)$ 就是原来两组解的叠加 $\psi_1+\psi_2$. 请你们自己去完成这个证明. 这个结果只有当单摆的摆动足够小，以致回复力中的非线性项可以忽略时才成立.

**线性非齐次方程**　线性非齐次方程（即方程中包含有与 $\psi$ 无关的项）也给出了一个叠加原理，虽然情况稍有些不同. 有许多类似于受迫简谐振子的物理情况都满足方程

$$\frac{M\mathrm{d}^2\psi(t)}{\mathrm{d}t^2}=-C\psi(t)+F(t);\tag{36}$$

式中，$F(t)$ 是"外界的"驱动力，与 $\psi(t)$ 无关. 相应的叠加原理为：假定一个驱动力 $F_1(t)$ 产生一个振动 $\psi_1(t)$（当 $F_1$ 是唯一的驱动力时），还假定另一个驱动力 $F_2(t)$ 产生另一个振动 $\psi_2(t)$ [当 $F_2(t)$ 是唯一的驱动力时]，于是，如果这两个驱动力同时存在 [结果总的驱动力为 $F_1(t)+F_2(t)$]，相应的振动 [即式 (36) 所对应的解] 便是 $\psi(t)=\psi_1(t)+\psi_2(t)$. 这个结论对于线性非齐次方程 (36) 是正确的，而对于非线性方程是不正确的. 这一点留给你们自己去证明.（见习题 1.16）

在 1.2 节中所处理的那些体系和这一节中有关叠加原理的说明，都是只有一个自由度的体系. 然而，叠加原理适用于任意多个自由度的体系（当方程是线性时）. 我们今后要经常用到它，而又总是不大提到它的名称.

**例 5：球面摆**

为了说明有两个自由度时叠加原理的应用，我们来考虑由一根长度为 $l$ 的细绳系上一个质量为 $M$ 的摆锤所组成的一个摆的运动. 这个摆可以在任何方向上自由摆动，称为球面摆. 平衡时，摆绳是垂直的，沿着 $z$ 轴，而摆锤位置为 $x=y=0$. 当位移 $x$ 和 $y$ 足够小时，很容易证明 $x(t)$ 和 $y(t)$ 满足微分方程

$$M\frac{\mathrm{d}^2x}{\mathrm{d}t^2}=-\frac{Mg}{l}x,\tag{37}$$

$$M\frac{\mathrm{d}^2y}{\mathrm{d}t^2}=-\frac{Mg}{l}y.\tag{38}$$

这两个方程是"不耦合"的. 这句话的意思是：力沿 $x$ 方向的分量只依赖于 $x$，而不依赖于 $y$；反之亦然. 因此，式 (37) 不含有 $y$，同样，式 (38) 也不含有 $x$. 对式 (37) 和式 (38) 可以独立地求解而得到

$$x(t)=A_1\cos(\omega t+\varphi_1),\tag{39}$$

$$y(t)=A_2\cos(\omega t+\varphi_2),\tag{40}$$

这里

$$\omega^2=\frac{g}{l}.$$

式中，常数 $A_1$、$A_2$、$\varphi_1$ 和 $\varphi_2$ 都是由 $x$ 和 $y$ 方向上的位移和速度的初始条件确定的. 整个运动可以认为是运动 $\hat{\boldsymbol{x}}x(t)$ 和运动 $\hat{\boldsymbol{y}}y(t)$ 的叠加. 此处 $\hat{\boldsymbol{x}}$ 和 $\hat{\boldsymbol{y}}$ 都是单位矢

量. 叠加原理的优点在于：我们能够独立地求解 $x$ 和 $y$ 的运动，然后只要把这两个运动叠加起来就能得到含有两个自由度的整个运动.

## 1.4 两个自由度体系的自由振动

在自然界里有许多具有两个自由度的体系的非常好的例子. 最完美的例子涉及分子和基本粒子（特别是中性K介子），研究它们需要用到量子力学. 另一些比较简单的例子有双摆（一只摆挂在顶棚上，另一只摆悬挂在第一只摆的摆锤上），由一根弹簧耦合的两个摆，串有两颗珠子的细绳，以及两个彼此耦合的 $LC$ 电路（见图1.6）. 描述这样一种体系的位形需要两个变量，譬如说 $\psi_a$ 和 $\psi_b$. 例如，对于在任何方向自由摆动的单摆的场合，这两个"运动部分" $\psi_a$ 和 $\psi_b$ 将是单摆在两个彼此垂直的水平方向上的位置；在耦合摆的情况下，这两个运动部分 $\psi_a$ 和 $\psi_b$ 将是各个摆的位置；在两个耦合的 $LC$ 电路中，这两个"运动部分" $\psi_a$ 和 $\psi_b$ 就是在两个电容器上的电荷或是在两个电路中的电流.

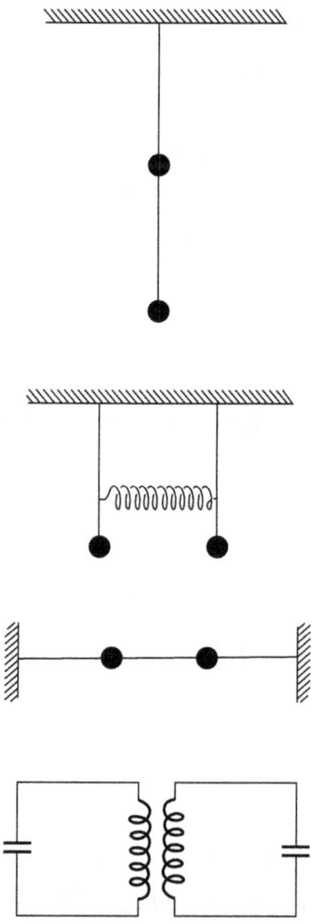

图1.6 两个自由度的体系（物体被限制在图平面中）

具有两个自由度的一个体系的一般运动，表现非常复杂：没有一个部分的运动是简谐运动. 然而，我们就要证明，若运动带有两个自由度，且其运动方程是线性的，则该体系的最一般的运动就是两个同时发生的独立的简谐运动的叠加. 我们把这两个简谐运动（在下面叙述）称为简正模式或简称为模式. 选取适当的初始条件（$\psi_a$、$\psi_b$、$\mathrm{d}\psi_a/\mathrm{d}t$ 和 $\mathrm{d}\psi_b/\mathrm{d}t$ 的适当的初始值），我们能够使该体系仅按照其中一种模式振动. 因此，尽管这个体系的各"运动部分"是耦合的，这些模式却是"不耦合"的.

**一个模式的性质** 当只有一个模式出现时，每一个运动部分都作简谐运动. 所有的运动部分都以同一个频率振动，并同时通过它们的平衡位置（$\psi=0$）. 因此，举例来说，在单一模式的情况下，我们绝不会有 $\psi_a(t)=A\cos\omega t$ 和 $\psi_b(t)=B\sin\omega t$（相位常数不同），或者 $\psi_a(t)=A\mathrm{cso}\omega_1 t$ 和 $\psi_b(t)=B\cos\omega_2 t$（频率不相同）. 事实上，对于一种模式（我们称模式1），我们只能有

$$\begin{cases}\psi_a(t)=A_1\cos(\omega_1 t+\varphi_1),\\ \psi_b(t)=B_1\cos(\omega_1 t+\varphi_1)=\dfrac{B_1}{A_1}\varphi_a(t).\end{cases}\tag{41}$$

即两个自由度（运动部分）都具有相同的频率和相位常数. 与此类似，对于模式 2，两个自由度 $a$ 和 $b$ 的运动为

$$\begin{cases}\psi_a(t)=A_2\cos(\omega_2 t+\varphi_2),\\ \psi_b(t)=B_2\cos(\omega_2 t+\varphi_2)=\dfrac{B_2}{A_2}\psi_a(t).\end{cases} \tag{42}$$

每一个模式都有它自己的特征频率：模式 1 为 $\omega_1$，模式 2 为 $\omega_2$，在每一个模式里，该体系也有一种特征的“位形”或“形状”，它是由运动部分的运动振幅之比（模式 1 为 $A_1/B_1$，模式 2 为 $A_2/B_2$）决定的. 请记住，在一个模式里，$\psi_a(t)/\psi_b(t)$ 的比值是一个常数，与时间无关. 这个比值可以由适当的 $A_1/B_1$ 或 $A_2/B_2$ 给出，它既可以是正的，也可以是负的.

这种体系的最一般的运动（下面就要证明）就是同一时刻的两个振动模式的叠加：

$$\begin{cases}\psi_a(t)=A_1\cos(\omega_1 t+\varphi_1)+A_2\cos(\omega_2 t+\varphi_2),\\ \psi_b(t)=B_1\cos(\omega_1 t+\varphi_1)+B_2\cos(\omega_2 t+\varphi_2).\end{cases} \tag{43}$$

让我们考虑一些特殊的例子.

**例 6：简单的球面摆**

这个例子很简单，它不能揭示出式（43）所描述的一般运动的复杂程度，因为在这个例子中，各自对应于 $x$ 方向振动和 $y$ 方向振动的两个模式具有相同的频率 $\omega^2=g/l$. 我们用不着把式（43）所表示的两个相应于不同频率的振动叠加起来，从式（39）和式（40）就可获得较为简单的结果：

$$\begin{cases}x(t)=\psi_a(t)=A_1\cos(\omega_1 t+\varphi_1),\ \omega_1=\omega;\\ y(t)=\psi_b(t)=B_2\cos(\omega_2 t+\varphi_2),\ \omega_2=\omega_1=\omega.\end{cases} \tag{44}$$

这里我们故意把式（44）写成类似于式（43）的样子. 由于两个模式具有相同频率是不常见的，因此这两个模式被称为是“简并的”.

**例 7：二维谐振子**

图 1.7 中画出的是一个质量为 $M$ 的物体，它可以在 $xy$ 平面内自由运动. 该物体用两对没有拉伸的、无质量的弹簧连接在四面墙上. 其中一对的弹性常数为 $K_1$，沿 $x$ 取向；另一对的弹性常数为 $K_2$，沿 $y$ 取向. 我们现在来证明，在小振动近似下（忽略 $x^2/a^2$、$y^2/a^2$ 和 $xy/a^2$），回复力沿 $x$ 方向的分量完全取决于弹性常数为 $K_1$ 的两根弹簧；同样，回复力沿 $y$ 方向的分量完全取决于弹性常数为 $K_2$ 的两根弹簧. 你可以通过写出精确的 $F_x$ 和 $F_y$，然后舍去非线性项来证明这一点. 但是，这里我们用一个比较容易的办法来推出这个结果. 设开始时的平衡位置如图 1.7a 所示. 设想物体 $M$ 在 $+x$ 方向上移动一个小的位移 $x$. 在这一论证阶段，通过观察图 1.7 就可以立即看出，回复力为

$$F_x=-2K_1x,\quad F_y=0.$$

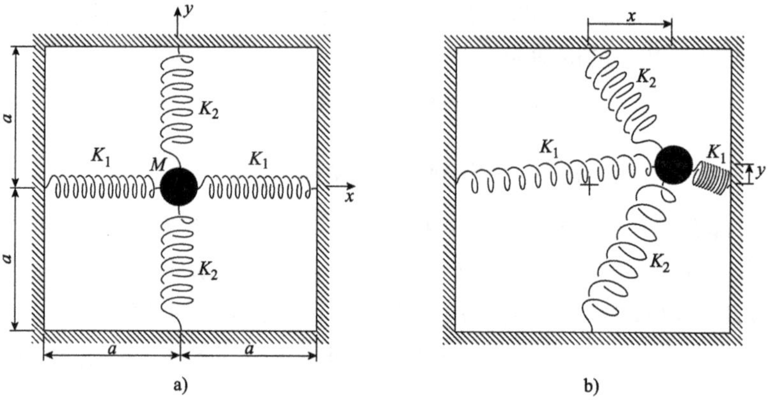


图 1.7　二维谐振子

a）平衡态　b）一般位形

然后，再让物体移动第二个小位移 $y$（在第一个位移之后），这次是发生在 $+y$ 方向上. 我们现在感兴趣的问题是，$F_x$ 是否因此而发生变化？弹簧常量为 $K_1$ 的两根弹簧此时有一个很小的正比于 $y^2$ 的伸长量，它可以忽略. 弹簧常量为 $K_2$ 的两根弹簧此时虽然改变了一个正比于 $y$ 的长度（一根缩短，另一根伸长），但是它们的力在 $x$ 方向的投影也正比于 $x$. 我们略去乘积 $xy$，因此 $F_x$ 是不变的. 类似的论证也适用于 $F_y$. 于是，我们得到两个线性方程

$$M\frac{d^2x}{dt^2} = -2K_1x \quad 和 \quad M\frac{d^2y}{dt^2} = -2K_2y, \tag{45}$$

它们的解分别是

$$\begin{cases} x = A_1\cos(\omega_1 t + \varphi_1),\ \omega_1^2 = \dfrac{2K_1}{M}; \\ y = B_2\cos(\omega_2 t + \varphi_2),\ \omega_2^2 = \dfrac{2K_2}{M}. \end{cases} \tag{46}$$

由此我们看到，$x$ 方向上的运动和 $y$ 方向上的运动是“不耦合”的，每个运动都是一个以它自己的频率进行的简谐振动. 因而，$x$ 方向上的运动对应于一种简正振动模式，而 $y$ 方向上的运动则对应于另一种简正振动模式. $x$ 方向上的振动模式有振幅 $A_1$ 和相位常数 $\varphi_1$，它们只依赖于初值 $x(0)$ 和 $\dot{x}(0)$，即在时间 $t=0$ 时 $x$ 方向上的位移和速度. 与此类似，$y$ 方向上的振动模式有振幅 $B_2$ 和相位常数 $\varphi_2$，它们仅依赖于初值 $y(0)$ 和 $\dot{y}(0)$.

**简正坐标**　注意式（46）完全是一般的，然而它看起来还没有式（43）那样一般. 这是我们的幸运！由于我们自然地选取 $x$ 和 $y$ 各自沿着一对弹簧，所以才得到“不耦合”的方程（45），其中每一个方程对应于一个模式. 这样，在式（43）中，我们就是幸运地选取了 $\psi_a$ 中的 $A_2$ 为零，选取了 $\psi_b$ 中的 $B_1$ 为零. 这样幸运地选择出来的坐标称为简正坐标；在本例中，简正坐标为 $x$ 和 $y$.

假定我们不那么幸运或者不够聪明，而是选用了一个相对于 $x$ 和 $y$ 坐标系转过一个角度 $\alpha$ 的 $x'$和 $y'$这样一个坐标系，如图 1.8 所示. 那么，仔细检查图 1.8 以后，我们就会明白，简正坐标 $x$ 是坐标 $x'$ 和 $y'$的线性组合，另一个简正坐标 $y$ 也是如此. 如果我们用了“笨”坐标 $x'$和 $y'$来代替“精明”坐标 $x$ 和 $y$，我们就会得到两个“耦合的”微分方程，使 $x'$和 $y'$都出现在每一个方程中，这时就不会是无耦合的方程（45）了.

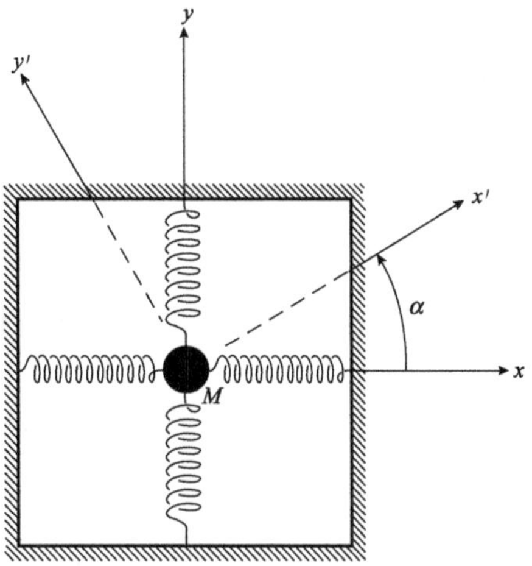

图 1.8　坐标旋转

在含有两个自由度的大部分问题中，像目前这个例子中只靠“看”的办法是很难找到简正坐标的. 因此，具有不同的两个自由度的运动方程通常是耦合方程. 求解这两个耦合微分方程的一个方法，就是去寻找出新的变量，让它们是原来“笨”坐标的线性组合，使得这些新的变量满足“不耦合的”方程. 这时，这些新的变量就称为“简正坐标”. 在现在的例子中，我们是知道如何从“笨”坐标 $x'$和 $y'$去寻找简正坐标的. 只要简单地转动坐标系就可以得到 $x$ 和 $y$，这时 $x$ 或 $y$ 中的每一个都是 $x'$和 $y'$的线性组合. 在更一般的问题中，我们应当使用一种比简单地转动坐标更为一般的线性变换. 例如，倘若图 1.7 中所示的那两对弹簧相互不垂直，就会发生这种情况.

**振动模式的系统求解法**　不考虑任何特定的物理体系，假定我们在“笨”坐标系 $x$ 和 $y$ 中已找到了两个“耦合的”一阶线性齐次方程：

$$\frac{d^2x}{dt^2} = -a_{11}x - a_{12}y, \tag{47}$$

$$\frac{d^2y}{dt^2} = -a_{21}x - a_{22}y. \tag{48}$$

现在我们直接假定这里有一个单一的简正模式振动. 这意味着，我们已假定两个自由度 $x$ 和 $y$ 都以相同频率和相同相位常数作简谐运动. 也就是，我们假定有

$$x = A\cos(\omega t + \varphi), \quad y = B\cos(\omega t + \varphi); \tag{49}$$

在这一步，$\omega$ 和 $B/A$ 都是未知的，于是我们有

$$\frac{d^2x}{dt^2} = -\omega^2 x, \quad \frac{d^2y}{dt^2} = -\omega^2 y. \tag{50}$$

将式（50）代入式（47）和式（48），整理后就得到含有 $x$ 和 $y$ 的两个线性齐次方程：

$$(a_{11}-\omega^2)x+a_{12}y=0, \tag{51}$$

$$a_{21}x+(a_{22}-\omega^2)y=0. \tag{52}$$

式（51）和式（52）的每一个都给出 $y/x$ 之比：

$$\frac{y}{x}=\frac{\omega^2-a_{11}}{a_{12}}, \tag{53}$$

$$\frac{y}{x}=\frac{a_{21}}{\omega^2-a_{22}}. \tag{54}$$

为了二者不矛盾，我们要求式（53）和式（54）给出的结果相同，因此就要满足条件

$$\frac{\omega^2-a_{11}}{a_{12}}=\frac{a_{21}}{\omega^2-a_{22}},$$

即

$$(a_{11}-\omega^2)(a_{22}-\omega^2)-a_{21}a_{12}=0. \tag{55}$$

寻出式（55）的另一种办法，是要求式（51）和式（52）这两个线性齐次方程的系数行列式必须为零：

$$\begin{vmatrix} a_{11}-\omega^2 & a_{12} \\ a_{21} & a_{22}-\omega^2 \end{vmatrix}=(a_{11}-\omega^2)(a_{22}-\omega^2)-a_{21}a_{12}=0. \tag{56}$$

式（55）或式（56）是变量 $\omega^2$ 的二次方程，它有两个解，我们称之为 $\omega_1^2$ 和 $\omega_2^2$. 于是我们发现，如果我们假定振动是单一模式的话，确实可以通过两个方法来实现这个假定. $\omega_1$ 是模式 1 的频率，$\omega_2$ 是模式 2 的频率. 在模式 1 中 $x$ 和 $y$ 的位形，可以把 $\omega^2=\omega_1^2$ 代回到式（53）和式（54）中随便哪一个而得到［由于存在式(56)，两者是等价的］. 于是

$$\left(\frac{y}{x}\right)_{模式1}=\left(\frac{B}{A}\right)_{模式1}=\frac{B_1}{A_1}=\frac{\omega_1^2-a_{11}}{a_{12}}. \tag{57a}$$

同样，

$$\left(\frac{y}{x}\right)_{模式2}=\left(\frac{B}{A}\right)_{模式2}=\frac{B_2}{A_2}=\frac{\omega_2^2-a_{11}}{a_{12}}. \tag{57b}$$

一旦找到了模式频率 $\omega_1$ 和 $\omega_2$ 以及振幅比 $B_1/A_1$ 和 $B_2/A_2$，我们就能够把这两个模式的最一般的叠加结果写出如下：

$$\begin{aligned} x(t)&=x_1(t)+x_2(t) \\ &=A_1\cos(\omega_1t+\varphi_1)+A_2\cos(\omega_2t+\varphi_2), \end{aligned} \tag{58}$$

$$\begin{aligned} y(t)&=\frac{B_1}{A_1}A_1\cos(\omega_1t+\varphi_1)+\frac{B_2}{A_2}A_2\cos(\omega_2t+\varphi_2) \\ &=B_1\cos(\omega_1t+\varphi_1)+B_2\cos(\omega_2t+\varphi_2). \end{aligned} \tag{59}$$

注意，既然在式（58）中我们是完全自由地选取 $A_1$，$\varphi_1$ 和 $A_2$，$\varphi_2$，那么，在式

(59) 中所写出的各个常数就不再有随便选取的自由了；这是因为 $\varphi_1$ 和 $\varphi_2$ 都已经确定，并且我们还必须满足式 (57).

方程 (47) 和方程 (48) 的最一般解是任何两个独立解的叠加，并要满足所给定的四个初始条件：$x(0)$，$\dot{x}(0)$，$y(0)$ 和 $\dot{y}(0)$. 两个简正模式的叠加就是这样的一个解，它的四个常数 $A_1$，$\varphi_1$，$A_2$ 和 $\varphi_2$ 由四个初始条件确定. 因此，一般解总能（虽然并不必须）写成两个模式的叠加.

**例 8：两个耦合的有质量物体的纵向振动**

这个体系如图 1.9 所示. 两个质量均为 $M$ 的物体在没有摩擦的桌面上滑动. 三根弹簧质量均为零，且性质完全相同，每根弹簧的弹簧常量均为 $K$. 我们让读者自己去系统地求解这个问题（习题 1.23），在这里我们只是试着猜测它的简正模式. 我们知道，因为该体系有两个自由度，所以必定有两个模式. 在一个模式中，每个运动部分（每一个物体）都按简谐运动做振动. 这意味着，每个运动部分都以同样的频率振动，因此，对于这两个有质量的物体来说，每单位位移和每单位质量均受到相同的回复力.（我们在 1.2 节中已经学过，$\omega^2$ 是单位位移和单位质量的回复力. 这适用于每一运动部分，不论它是具有一个自由度的单一孤立体系还是某个较大体系中的一部分. 唯一的要求是运动为单一频率的简谐运动.）

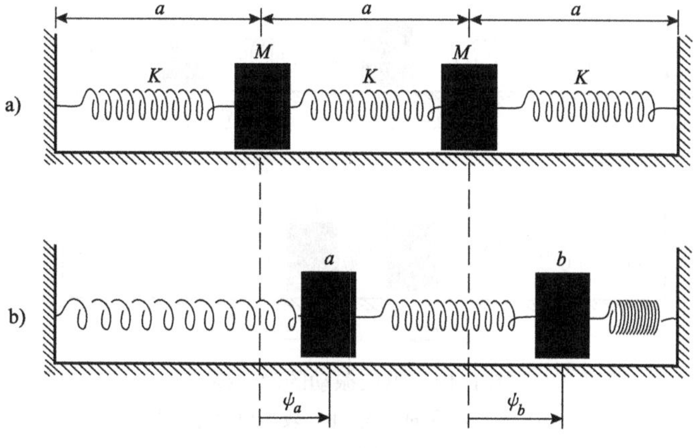


图 1.9　纵向振动

a）平衡态　b）一般位形

在现在这个例子中，两个质量是相等的，因此我们只要寻找对这两个有质量的物体的每单位位移都有相同回复力的位形就可以了. 让我们猜测两个物体的位移相同，看看是否行得通：从平衡位置开始，将这两个物体都向右移动相同的距离，那么，作用在每一物体上的回复力会相同吗？注意，中间这根弹簧具有像在平衡位置时一样的长度，结果它对两边的物体都没有力的作用. 由于左边那根弹簧伸长，这根弹簧就把左边的这个物体拉向左边；由于右边那根弹簧被压缩一个相同的距离，因此这根弹簧就用相同的力把右边的这个物体推向左边. 这样，我们就找到了一个模式!

$$\text{模式 1：}\psi_a(t)=\psi_b(t),\quad \omega_1^2=\frac{K}{M}. \tag{60}$$

式中，频率 $\omega_1^2=K/M$ 是从下列的事实得到的：每一个物体就像中间那根弹簧被拿走那样在振动.

现在让我们试着去猜测第二个模式. 从对称性来看，我们可以猜想，如果 $a$ 与 $b$ 作相反方向的运动，也许能得到一种模式. 如果 $a$ 向右移动一个距离 $\psi_a$，$b$ 向左边移动一个相等距离 $\psi_b$，它们各自就有相同的回复力. 因此，第二种模式就有 $\psi_b=-\psi_a$. 我们只要考虑一个物体，找到它单位位移单位质量所受的回复力，就可以求出频率 $\omega_2$. 考虑左边这个物体 $a$. 它左边那根弹簧以力 $F_z=-K\psi_a$ 将它拉向左边，而中间这根弹簧以力 $F_z=-2K\psi_a$ 也将它推向左边（因子 2 的出现是由于中间这根弹簧受到的压缩量为 $2\psi_a$），从而对于位移 $\psi_a$ 的净力是 $-3K\psi_a$，而单位位移单位质量的回复力是 $3K/M$：

$$\text{模式 2：}\psi_a=-\psi_b;\quad \omega_2^2=\frac{3K}{M}. \tag{61}$$

这两种模式如图 1.10 所示.

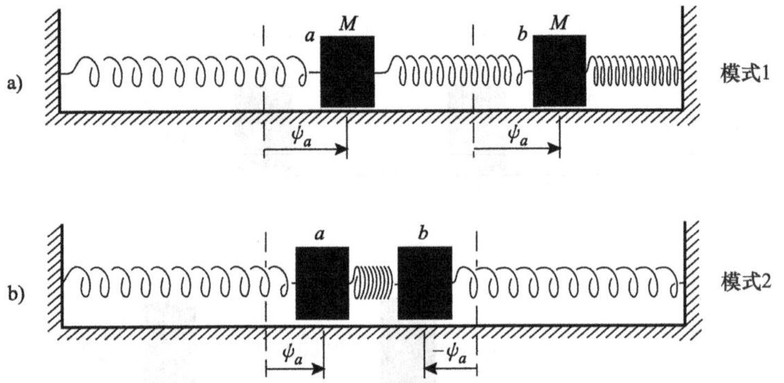


图 1.10　纵向振动的简正模式

a）较低频率的模式　b）较高频率的模式

我们下面再利用寻找简正坐标（即“精明”坐标）的方法来求解这个问题. 这种“精明”坐标总是普通“笨”坐标的这样一种线性组合，它使我们得到两个“不耦合的”方程来代替原来两个“耦合的”线性方程. 从图 1.9b 我们很容易看到，一般位形下的运动方程是

$$M\frac{\mathrm{d}^2\psi_a}{\mathrm{d}t^2}=-K\psi_a+K(\psi_b-\psi_a), \tag{62}$$

$$M\frac{\mathrm{d}^2\psi_b}{\mathrm{d}t^2}=-K(\psi_b-\psi_a)-K\psi_b. \tag{63}$$

考察这两个运动方程，我们会看出：交替地相加和相减这两个方程，就可以得到所

需要的“不耦合的”方程. 将式（62）和式（63）相加，得到

$$M\frac{\mathrm{d}^2}{\mathrm{d}t^2}(\psi_a+\psi_b)=-K(\psi_a+\psi_b). \tag{64}$$

将式（62）减去式（63），得到

$$M\frac{\mathrm{d}^2(\psi_a-\psi_b)}{\mathrm{d}t^2}=-3K(\psi_a-\psi_b). \tag{65}$$

式（64）和式（65）是对于变量 $\psi_a+\psi_b$ 和 $\psi_a-\psi_b$ 为不耦合的方程，它们的解是

$$\psi_a+\psi_b\equiv\psi_1(t)=A_1\cos(\omega_1t+\varphi_1),\quad \omega_1^2=\frac{K}{M}, \tag{66}$$

$$\psi_a-\psi_b\equiv\psi_2(t)=A_2\cos(\omega_2t+\varphi_2),\quad \omega_2^2=\frac{3K}{M}; \tag{67}$$

式中，$A_1$ 和 $\varphi_1$ 是模式 1 的振幅和相位常数；而 $A_2$ 和 $\varphi_2$ 是模式 2 的振幅和相位常数. 我们看出，$\psi_1(t)$ 对应于质量中心（质心）的运动，因为 $\frac{1}{2}$（$\psi_a+\psi_b$）是质量中心的位置. [我们本来可以将式（64）除以 2，并规定 $\psi_1$ 是质量中心的位置，不过比例因子 1/2 无关紧要.] 我们还看出，$\psi_2$ 是中间那根弹簧的压缩量，或换句话说（这是一回事），是两个物体之间的相对位移. 如果我们足够聪明的话，那么我们也许一开始就选择的是 $\psi_1$ 和 $\psi_2$，因为质量中心的运动和“内部运动”（两个物体的相对运动）在物理上都是使人感兴趣的变量. 在许多情况下，是不容易找到简正坐标的简单物理意义的. 我们甚至在找到了模式之后通常还坚持使用原先的“笨”坐标，这仅仅是因为我们对原先的坐标最了解.

对于现在的问题，我们已经找到了简正坐标 $\psi_1$ 和 $\psi_2$. 让我们回到更为熟悉的坐标 $\psi_a$ 和 $\psi_b$ 中去. 解方程（66）和方程（67），得到

$$2\psi_a=A_1\cos(\omega_1t+\varphi_1)+A_2\cos(\omega_2t+\varphi_2), \tag{68}$$

$$2\psi_b=A_1\cos(\omega_1t+\varphi_1)-A_2\cos(\omega_2t+\varphi_2). \tag{69}$$

注意，如果运动纯是模式 1，则 $A_2$ 为零，根据式（68）和式（69）就可以得到 $\psi_a=\psi_b$. 与此类似，若仅是模式 2，$A_1$ 为零，则可以得到 $\psi_b=-\psi_a$. 这就是我们前面已经知道的情况 [式（60）和式（61）].

**例 9：两个耦合的有质量物体的横向振动**

该体系如图 1.11 所示. 假定振动被限于纸面上，因此只有两个自由度. 三根完全相同的没有质量的弹簧，松弛时的长度为 $a_0$，它小于两个有质量物体间的平衡距离 $a$. 因此，三根弹簧全都被拉伸. 当该体系处于平衡位置时（图 1.11a），每根弹簧的张力都为 $T_0$.

由于体系的对称性，两种模式是很容易猜到的. 它们如图 1.11 所示. 较低的模式（具有较低频率的模式，即每个物体在单位位移和单位质量上具有较小回复力的模式.）具有这样的一种位形（见图 1.11c）：中间那根弹簧始终不被压缩或拉伸. 这样，我们就可以单独只考虑其中一个物体来求出频率，而作用于这个物体的

回复力仅由把它同墙壁相连接的弹簧来提供．我们现在来证明：在玩具弹簧近似下（未伸长的弹簧长度为零）或者在小振动近似下（比起距离 $a$ 来，位移很小），左边那个物体的位移 $\psi_a$ 引起左边那根弹簧施加一个回复力 $T_0(\psi_a/a)$，因此，在这种模式里，单位位移和单位质量的回复力 $\omega_1^2$ 由下式给出：

$$\text{模式 1：} \omega_1^2 = \frac{T_0}{Ma}, \frac{\psi_b}{\psi_a} = +1. \tag{70}$$

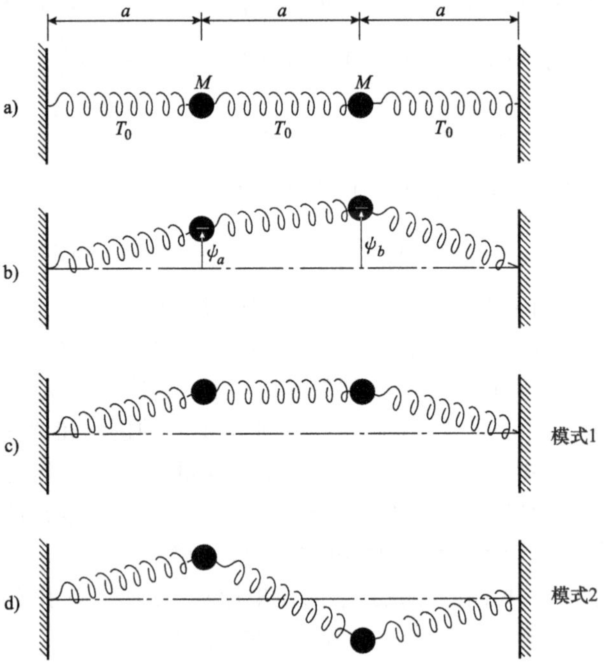


图 1.11　横向振动

a）平衡位置　b）一般位形　c）较低频模式　d）较高频模式

这个结论的证明如下．首先考虑玩具弹簧近似（1.2 节）．在这种近似下，张力 $T$ 是 $T_0$ 的 $l/a$ 倍；这里 $l$ 是弹簧的长度，$a$ 是平衡位置时的长度（图 1.11a）．弹簧给出一个横向回复力，它等于张力 $T$ 乘以该弹簧与三根弹簧平衡时轴线之间的夹角的正弦，即回复力为 $T(\psi_a/l)$．由于 $T=T_0(l/a)$，因此回复力就是 $T_0(\psi_a/a)$，这就给出了式（70）．下面我们再考虑小振动近似（1.2 节）．在这种近似下，弹簧长度的增加被忽略，因为它与平衡长度 $a$ 只相差一个数量级为 $a(\psi_a/a)^2$ 的小量；这样，张力的增加也被忽略了．这时，当位移为 $\psi_a$ 时，张力仍为 $T_0$．回复力等于张力 $T_0$ 乘以弹簧与平衡轴之间的夹角的正弦．由于是小振动，这个角很小，因此这个角（以 rad 为单位）就等于它的正弦值，两者都是 $\psi_a/a$．所以回复力等于 $T_0(\psi_a/a)$，这也给出了式（70）．

与此类似，我们也能够得到模式 2（见图 1.11d）的频率．考虑左边的物体．

就像我们刚才在讨论模式 1 时所看到的那样，左边的弹簧提供一个单位位移和单位质量的回复力 $T_0/Ma$. 在模式 2 中，中间的弹簧是“帮助”左边的弹簧的，事实上它提供了一个两倍于左边的弹簧的回复力. 在小振动近似下这很容易看出：这两根弹簧的张力均为 $T_0$，但是中间的弹簧对轴所倾斜的角度为左边（或右边）的弹簧与轴所倾斜的角度的两倍，结果它就给出了一个两倍大的横向力分量. 因此，单位位移单位质量的总的回复力 $\omega_2^2$ 为

$$\text{模式 2：}\omega_2^2=\frac{T_0}{Ma}+\frac{2T_0}{Ma}=\frac{3T_0}{Ma},\ \frac{\psi_b}{\psi_a}=-1. \tag{71}$$

注意，在玩具弹簧近似下关系式 $T_0=K(a-a_0)$ 变成 $T_0=Ka$，横向振动模式的频率［式（70）和式（71）］与纵向振动模式的频率［式（60）和式（61）］相同. 因而我们有了一个简并的形式. 这种简并并不发生于小振动近似，因为那里 $a_0$ 与 $a$ 相比不能忽略.

如果这些模式不是这样容易猜测到，那么，我们就应当写出两个物体 $a$ 和 $b$ 的运动方程，并着手去解这些方程，而不是去处理该物理体系本身的直观图像. 这些将留给读者去做（习题 1.20）.

**例 10：两个耦合的 $LC$ 电路**

考虑图 1.12 所示的体系. 让我们来寻求“运动”方程——这里是指电荷的运动. 左边电感两端的电动势为 $L\frac{dI_a}{dt}$. 左边电容器上正电荷 $Q_1$ 所给出的电动势为 $C^{-1}Q_1$，它倾向于增加 $I_a$（按我们规定的正负号）. 中间那个电容器上的正电荷 $Q_2$ 给出一个电动势 $C^{-1}Q_2$，它倾向于减少 $I_a$. 于是，我们得到 $L\frac{dI_a}{dt}$的表达式为

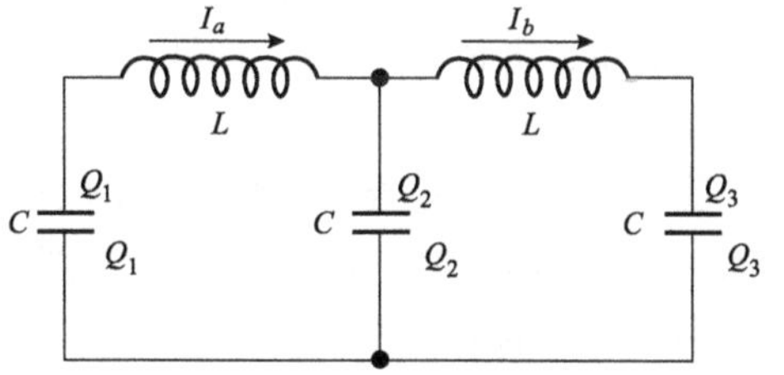

图 1.12　两个互相耦合的 $LC$ 电路. 电流与电荷的一般位形. 箭头表示正电流方向

$$L\frac{dI_a}{dt}=C^{-1}Q_1-C^{-1}Q_2. \tag{72}$$

类似地，

$$L\frac{dI_b}{dt}=C^{-1}Q_2-C^{-1}Q_3. \tag{73}$$

如同 1.2 节所述，我们用电流而不用电荷来表示体系的位形. 为了做到这一点，我们将式（72）和式（73）对时间求导数，并利用电荷守恒定律，得

$$L\frac{d^2I_a}{dt^2}=C^{-1}\frac{dQ_1}{dt}-C^{-1}\frac{dQ_2}{dt}, \tag{74}$$

$$L\frac{\mathrm{d}^2I_b}{\mathrm{d}t^2}=C^{-1}\frac{\mathrm{d}Q_2}{\mathrm{d}t}-C^{-1}\frac{\mathrm{d}Q_3}{\mathrm{d}t}. \tag{75}$$

由电荷守恒得

$$\frac{\mathrm{d}Q_1}{\mathrm{d}t}=-I_a,\quad \frac{\mathrm{d}Q_2}{\mathrm{d}t}=I_a-I_b,\quad \frac{\mathrm{d}Q_3}{\mathrm{d}t}=I_b. \tag{76}$$

把式（76）代入式（74）和式（75），我们就得到一组耦合的运动方程：

$$L\frac{\mathrm{d}^2I_a}{\mathrm{d}t^2}=-C^{-1}I_a+C^{-1}(I_b-I_a), \tag{77}$$

$$L\frac{\mathrm{d}^2I_b}{\mathrm{d}t^2}=-C^{-1}(I_b-I_a)-C^{-1}I_b. \tag{78}$$

现在我们既然有了两个运动方程，我们需要去求出两个简正模式．这可以通过寻找简正坐标，通过猜测或者用系统求解的方法（见习题1.21）来得到．结果是

$$\begin{cases}\text{模式 }1: I_a=I_b,\ \omega_1^2=\dfrac{C^{-1}}{L}.\\[2ex] \text{模式 }2: I_a=-I_b,\ \omega_2^2=\dfrac{3C^{-1}}{L}.\end{cases} \tag{79}$$

注意，在模式1里，中间那个电容器永远得不到任何电荷，它可以被撤掉而不影响电荷的运动．也就是说，在模式1里，电荷 $Q_1$ 和 $Q_3$ 总是大小相等，符号相反．在模式2里，电荷 $Q_1$ 和 $Q_3$ 总是大小和符号都相等，而 $Q_2$ 大小为 $Q_1$ 的两倍，但符号相反．

我们有目的地选择了这样三个例子（例8～例10）：纵向振动（图1.9）、横向振动（图1.11）和耦合的 $LC$ 电路（图1.12），它们有同样的空间对称性，并且有数学形式相同的运动方程和简正模式．同时，我们选择这三个例子也是为了把前面关于一个自由度的类似体系自然地加以推广（推广到两个自由度）；在1.2节的例2～例4中（图1.3～图1.5），我们曾考虑过这些一个自由度的例子．在第2章里，我们还将把这三个同样的例子推广到任意多个自由度的体系中去．

## 1.5　拍

在很多物理现象中，一个给定的运动部分的运动是具有两个不同角频率 $\omega_1$ 和 $\omega_2$ 的简谐振动的叠加．例如，这两个简谐振动可以对应于具有两个自由度的一个体系的两个简正模式．作为一个对比的例子，这两个简谐振动也可以是由两个独立地振动着的“非耦合”体系所产生的驱动力引起的．这类情况可以用两个频率不同的音叉来说明．每一个音叉都引起它附近的空气作简谐振荡式的压强变化而产生有自己的“音调”．这种压强变化通过空气辐射出去就是声波．在你耳膜上所引起的运动就是这样两个简谐振动的叠加．

在所有这些例子中，其数学表达形式是相同的. 为了简单起见，我们假定这样两个简谐振动具有相同的振幅，同时还假定这两个振动有相同的相位常数，取它为零. 于是我们就可以写出这两个谐振动 $\psi_1$ 和 $\psi_2$ 及它们叠加 $\psi$：

$$\psi_1 = A\cos\omega_1 t,\ \psi_2 = A\cos\omega_2 t, \tag{80}$$

$$\psi = \psi_1 + \psi_2 = A\cos\omega_1 t + A\cos\omega_2 t. \tag{81}$$

**调制** 现在我们把式（81）改写成一种有趣的形式. 我们引进一个“平均”角频率 $\omega_{平均}$ 和一个“调制”角频率 $\omega_{调制}$，其定义式分别为

$$\begin{cases} \omega_{平均} \equiv \dfrac{1}{2}(\omega_1 + \omega_2), \\ \omega_{调制} \equiv \dfrac{1}{2}(\omega_1 - \omega_2). \end{cases} \tag{82}$$

它们的和及差分别为

$$\omega_1 = \omega_{平均} + \omega_{调制}, \tag{83a}$$

$$\omega_2 = \omega_{平均} - \omega_{调制}. \tag{83b}$$

于是用 $\omega_{平均}$ 和 $\omega_{调制}$ 可以把式（81）改写为

$$\begin{aligned} \psi &= A\cos\omega_1 t + A\cos\omega_2 t \\ &= A\cos(\omega_{平均} t + \omega_{调制} t) + A\cos(\omega_{平均} t - \omega_{调制} t) \\ &= [2A\cos\omega_{调制} t]\cos\omega_{平均} t, \end{aligned}$$

即

$$\psi = A_{调制}(t)\cos\omega_{平均} t; \tag{84}$$

式中，

$$A_{调制}(t) = 2A\cos\omega_{调制} t. \tag{85}$$

我们可以把式（84）和式（85）看成是代表一种角频率为 $\omega_{平均}$、振幅为 $A_{调制}$ 的振动，而在这里 $A_{调制}$ 不是一个常数，而是按照式（85）随时间而变化的. 式（84）和式（85）都是严格的. 然而，当 $\omega_1$ 和 $\omega_2$ 的大小可相比拟时，以式（84）和式（85）的形式来写出叠加式（81）是十分有用的. 这时，调制频率比平均频率要小得多：

$$\omega_1 \approx \omega_2; \quad \omega_{调制} \ll \omega_{平均}.$$

在这样的情况下，调制振幅 $A_{调制}$（$t$）在 $\cos\omega_{平均} t$ 的几次所谓“快”振动内，只稍许有些变化，因此，式（84）对应于一个频率为 $\omega_{平均}$ 的“准谐振动”. 当然，如果 $A_{调制}$ 确实是一个常数，则式（84）就代表一个角频率为 $\omega_{平均}$ 的严格的简谐振动. 那时 $\omega_{平均} = \omega_1 = \omega_2$，因为只有 $\omega_{调制}$ 为零，$A_{调制}$ 才为常数. 如果 $\omega_1$ 与 $\omega_2$ 只稍微有些不同，那么角频率分别为 $\omega_1$ 和 $\omega_2$ 的这样两个振动（严格的简谐振动）的叠加就称为“准谐”振动或“准单色的”振动，其振动频率为 $\omega_{平均}$，它的振幅有一个缓慢的变化.

**准谐振动** 这是我们今后经常会遇到的一个很重要的和很一般的结果的第一个

例子：所有频率都处于一个相对狭窄范围（或“频带”）内的两个或多个不同频率的真正简谐振动（且有不同的振幅和相位常数）的线性叠加，给出一个“准”谐振动的合成振动，这种合成振动的频率 $\omega_{平均}$ 处于构成这种叠加的分振动的频带的某一位置上. 这个合成的运动不是真正的简谐振动，因为振幅和相位常数仅仅是“准常数”，而不是严格的常数. 假如这些分简谐振动的频率范围或“频带宽度”比起 $\omega_{平均}$ 来小得多的话，那么，在一个平均“快”频率 $\omega_{平均}$ 的周期内，这些准常数的变化是可以忽略的.（在第6章里将证明这些论述.）

下面举一些拍的物理实例.

**例11：两个音叉产生的拍**

当一列声波到达你的耳朵时，它在耳膜处使空气压强产生变化. 令 $\psi_1$ 和 $\psi_2$ 分别代表这两个音叉（分别记为1号和2号）在你的耳膜外侧所产生的计示压强.（这个计示压强正好是你耳膜外表面的压强减去耳膜内表面的压强，而内表面的压强是正常的大气压强，这两者之间的压强差提供了鼓动耳膜的驱动力.）

如果这两个音叉离耳膜的距离相等，且在同一时刻受到强度相等的敲击，那么，计示压强 $\psi_1$ 和 $\psi_2$ 就有相同的振幅和相位常数，因此式（80）正确地代表这两个压强的贡献. 不论是式（81）还是式（84）或式（85），给出的都是总的压强（作用在鼓膜上的总的力），它是这两个音叉所做的贡献的叠加 $\psi=\psi_1+\psi_2$. 如果这两个音叉的频率 $\nu_1$ 和 $\nu_2$ 的差值大约大于它们平均值的6%的话，那么，你的耳朵和大脑通常就倾向于式（81）. 那就是说，你“听”到的这个总的声音是音调略有不同的两个分开的音符. 若 $\nu_2$ 是 $\nu_1$ 的5/4倍，那么，你听到的就是两个间隔为“大三度”音程的音符. 如果 $\nu_2$ 是 $1.06\nu_1$，你就会听到 $\nu_2$ 的音符，其调子比 $\nu_1$“高半度”. 然而，如果 $\nu_1$ 和 $\nu_2$ 之差小于 $10\mathrm{s}^{-1}$，那么你的耳朵（加上大脑）就不再能识别它们为不同的音符了.（经常训练的音乐家的耳朵也许能分辨出来.）于是，这两个音符的叠加听起来就不像是由两个音调 $\nu_1$ 和 $\nu_2$ 所组成的“和音”，而更像是一个单音，其音调为 $\nu_{平均}$，而其振幅 $A_{调制}$ 有缓慢的变化，正如式（84）和式（85）所给出的那样.

**平方律探测器**　调制振幅 $A_{调制}$ 以调制角频率 $\omega_{调制}$ 振动着. 每当 $\omega_{调制}t$ 增加 $2\pi$（相位的弧度数），振幅 $A_{调制}$ 就通过一个完整的振动周期（即在调制频率下的“慢”振动），而回到了它的原数值. 在一个周期里，$A_{调制}$ 有两次为零. 在这两个时刻，耳朵什么也听不见——没有声音. 在两次无声之间，你听到的是一种平均音调的声音. 由于 $\cos\omega_{调制}t$ 从零变到 $+1$，到零，到 $-1$，再变到零，到 $+1$ 等，可以看出，在接连发出两次响声时 $A_{调制}$ 有相反的符号. 尽管如此，正如你自己用音叉做实验可以发现的那样，你的耳朵并不能分辨这是“两种”响声发生时刻. 因此，你的耳朵（加上大脑）并不能区分 $A_{调制}$ 是正值还是负值，仅能区别 $A_{调制}$ 是大（响）还是小（轻），即 $A_{调制}$ 的平方是大还是小. 正由于这个原因，有时就把你的耳朵（加上大脑）说成是一个平方律探测器. 因为在每一个调制周期里（$\omega_{调制}t$ 每

增加 $2\pi$ 所花的时间）$A^2_{调制}$ 有两个最大值，因此序列为“响，轻，响，轻，响，轻，…”的重复率为调制频率的两倍. $A^2_{调制}$ 的最大值的这种重复频率称为拍频率：

$$\omega_{拍} = 2\omega_{调制} = \omega_1 - \omega_2. \tag{86}$$

我们可以通过下述代数运算看出这一点：

$$A_{调制}(t) = 2A\cos\omega_{调制} t,$$

$$[A_{调制}(t)]^2 = 4A^2\cos^2\omega_{调制} t.$$

但是

$$\cos^2\theta = \frac{1}{2}[\cos^2\theta + \sin^2\theta + \cos^2\theta - \sin^2\theta]$$

$$= \frac{1}{2}(1 + \cos 2\theta),$$

于是

$$[A_{调制}(t)]^2 = 2A^2[1 + \cos 2\omega_{调制} t],$$

即

$$(A_{调制})^2 = 2A^2(1 + \cos\omega_{拍} t). \tag{87}$$

这就是，$(A_{调制})^2$ 在其平均值附近以两倍于调制频率（即拍频 $\omega_1 - \omega_2$）做振动.

两个频率几乎相等的简谐振动叠加而产生拍，如图 1.13 所示.

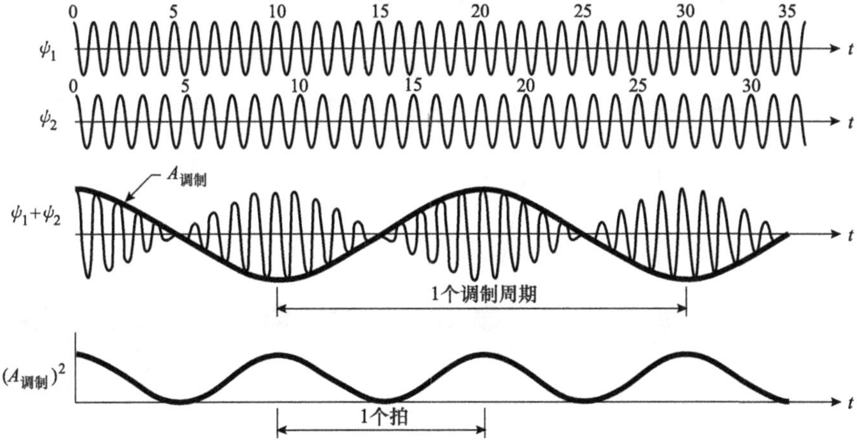


图 1.13　拍. $\psi_1$ 和 $\psi_2$ 是频率比为 $\nu_1/\nu_2 = 10/9$ 的两个音叉在你耳朵里产生的压强变化. 总压强为叠加 $\psi_1 + \psi_2$，它是一个频率为 $\nu_{平均}$ 的“准谐振动”，其振幅 $A_{调制}$（$t$）有缓慢的变化. 响度正比于 $(A_{调制})^2$，它等于一个常数（平均值）加上一个频率为拍频的正弦变量. 拍频是调制频率的两倍

**例 12：两个可见光源之间的拍**

在1955年，福雷斯特、古德芒德逊和约逊做过一个漂亮的实验㊀，演示了两个频率几乎相等的独立可见光源之间的拍．这两个光源都是含有自由衰变汞原子的气体放电管，其平均频率为 $\nu_{平均}=5.49\times10^{14}\,\mathrm{s}^{-1}$，相当于水银光谱的明亮“绿线”．这些汞原子处于磁场中，能使绿色光谱线分裂为两条相邻频率的光谱线，其频率之差正比于磁场．拍频是 $\nu_1-\nu_2\approx10^{10}\,\mathrm{s}^{-1}$，它是典型的“雷达”频率或“微波”频率．他们的探测器利用光电效应给出一个输出电流，正比于光波中合成电场的调制振幅的平方．所以，这个探测器也是一个平方律探测器．他们的探测器的输出所呈现的时间变化，类似于图1.13的“响度”$(A_{调制})^2$ 变化．

**例 13：两个弱耦合的等同振子的简正模式之间的拍**

如图1.14所示，我们考虑用一根弹簧把两个等同单摆耦合起来的一个体系，同1.4节中两个质量等同的物体的纵向振动做类比，很容易猜出这个体系的简正模式．在模式1中，我们有 $\psi_a=\psi_b$；这根耦合弹簧就好像完全可以去掉，回复力完全是由于重力引起的．单位位移和单位质量的回复力（假定是小振动，这时有线性回复力）是 $Mg\theta/(l\theta)M=g/l$：

$$\text{模式 1：}\omega_1^2=\frac{g}{l},\quad \psi_a=\psi_b. \tag{88}$$

在模式2中，我们有 $\psi_a=-\psi_b$．现在来看左边那个重锤．弹簧的回复力是 $2K\psi_a$．（在这个模式里，当重锤 $a$ 被移动了一个量 $\psi_a$ 后，弹簧就被压缩 $2\psi_a$ 的量，因而产生一个因子2.）重力所产生的回复力是 $Mg\theta=Mg\psi_a/l$．弹簧力和重力总是有同样的符号．因此，每单位位移和单位质量的总回复力是

$$\text{模式 2：}\omega_2^2=\frac{g}{l}+\frac{2K}{M},\quad \psi_a=-\psi_b. \tag{89}$$

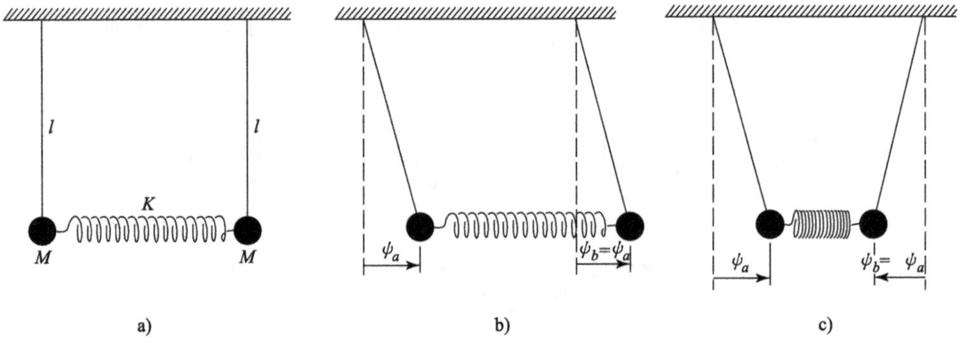


图1.14　互相耦合的两个等同的摆

a）平衡位置　b）较低频模式　c）较高频模式

㊀ A. T. Forrcster, R. A. Gudmundscn, and P. O. Johnson, “Photoelectric mixing of incoherent light”, *Phys. Rev.*, 99, 1691 (1955).

现在我们来研究这个体系的“两个模式之间的拍”．这是什么意思呢？每一个模式都是一个给定频率的简谐振动．摆 $a$ 的一般运动是由这两个模式叠加给出的：

$$\psi_a(t)=\psi_1(t)+\psi_2(t).$$

如果这两个模式的频率接近相同的话（再假定这两个模式振幅相同），那么，$\psi_a(t)$看起来就像是图 1.13 中的叠加 $\psi_1+\psi_2$．于是我们就说，摆 $a$ 的运动呈现为拍．（正如我们将看到的那样，摆 $b$ 也呈现为拍．）任何一个具有两个自由度的体系都能呈现为拍，但是，我们选取这个体系比较方便．这是因为，只要用一个足够弱的弹簧或者取一个足够大的质量 $M$，我们就很容易使拍频 $\nu_1-\nu_2$ 比平均频率小很多．［比较式（88）和式（89）就能看出这一点．］

这些拍看起来像什么呢？按照 1.4 节的讨论，重锤的位移 $\psi_a$ 和 $\psi_b$ 可用简正坐标 $\psi_1$ 和 $\psi_2$ 由一般的叠加来描述：

$$\begin{cases}\psi_a=\psi_1+\psi_2\\ \quad=A_1\cos(\omega_1t+\varphi_1)+A_2\cos(\omega_2t+\varphi_2),\\ \psi_b=\psi_1-\psi_2\\ \quad=A_1\cos(\omega_1t+\varphi_1)-A_2\cos(\omega_2t+\varphi_2).\end{cases}\tag{90}$$

通过与音叉的类比可以看出，如果这两个模式是以相等的振幅出现的话，那就可得到最大的拍效应．［只要 $A_1$（或 $A_2$）比起 $A_2$（或 $A_1$）来接近于零，实际上就没有拍效应，因为这时只呈现一个简谐振动（近似地）．为了产生强拍，两个振动应该近似地有相等的振幅．］为此我们选取 $A_1=A_2=A$．正如我们将看到的那样，相位常数 $\varphi_1$ 和 $\varphi_2$ 的选取对应于初始条件．与音叉例子类比，选取 $\varphi_1=\varphi_2=0$．用这样选取的 $A_1$，$A_2$ 和 $\varphi_1$，$\varphi_2$，式（90）就变为

$$\begin{cases}\psi_a(t)=A\cos\omega_1t+A\cos\omega_2t,\\ \psi_b(t)=A\cos\omega_1t-A\cos\omega_2t.\end{cases}\tag{91}$$

两个重锤的速度为

$$\begin{cases}\dot{\psi}_a(t)\equiv\dfrac{\mathrm{d}\psi_a}{\mathrm{d}t}=-\omega_1A\sin\omega_1t-\omega_2A\sin\omega_2t,\\ \dot{\psi}_b(t)\equiv\dfrac{\mathrm{d}\psi_b}{\mathrm{d}t}=-\omega_1A\sin\omega_1t+\omega_2A\sin\omega_2t.\end{cases}\tag{92}$$

为了明白如何去激发这两种模式才能得到相当于式（91）的振动，让我们考虑 $t=0$ 时的**初始条件**．根据式（91）和式（92），重锤的初始位移和初始速度分别为

$$\psi_a(0)=2A,\quad \psi_b(0)=0;\quad \dot{\psi}_a(0)=0,\quad \dot{\psi}_b(0)=0.$$

因此，在 $t=0$ 时，我们把重锤 $a$ 放在位移 $2A$ 处，$b$ 放在零处，并同时把这两个重锤从静止状态放开．

随后，我们就一直观察着．（你应该自己做这个实验．需要两瓶肉汁罐头，一根玩具弹簧，几根绳子，见课外实验 1.8）．一个奇妙的过程出现了：摆 $a$ 的振幅

渐渐地减小，而摆 $b$ 的振幅却渐渐地增大，直到摆 $a$ 静止，摆 $b$ 以与摆 $a$ 起动时一样的振幅和能量振动.（我们忽略了摩擦力.）振动能量完全从一个摆转移到另一个摆. 由于体系的对称性，我们看出这个过程会一直继续下去. 振动能量缓慢地在 $a$ 和 $b$ 之间来回地流动. 能量从 $a$ 到 $b$，再回到 $a$ 往返一次称为一个拍. 这个拍的周期为往返一次的时间，是拍频的倒数.

式（91）和式（92）预言了所有这些性质. 把 $\omega_1=\omega_{平均}+\omega_{调制}$ 与 $\omega_2=\omega_{平均}-\omega_{调制}$ 代入式（91），就得到这两个"准谐振动"：

$$\begin{aligned}\psi_a(t)&=A\cos(\omega_{平均}+\omega_{调制})t+A\cos(\omega_{平均}-\omega_{调制})t\\&=(2A\cos_{调制}t)\cos_{平均}t\\&=A_{调制}(t)\cos\omega_{平均}t\end{aligned}\tag{93}$$

和

$$\begin{aligned}\psi_b(t)&=A\cos(\omega_{平均}+\omega_{调制})t-A\cos(\omega_{平均}-\omega_{调制})t\\&=(2A\sin\omega_{调制}t)\sin\omega_{平均}t\\&=B_{调制}(t)\sin\omega_{平均}t.\end{aligned}\tag{94}$$

让我们来寻求每一个摆的能量（动能加势能）的表达式. 在一个"快"振动的周期里，我们把振幅 $A_{调制}$（$t$）基本上看成是一个常数，也忽略那根弱耦合的弹簧和摆之间的能量转移.（倘若这根弹簧非常弱，它永远不会储藏明显的能量.）因此在一个快振动周期里，我们把摆 $a$ 看成是频率为 $\omega_{平均}$、振幅 $A_{调制}$ 不变的一个谐振子. 于是很容易看出，能量是动能平均值（在一个"快"周期内平均）的两倍. 这就给出

$$E_a=\frac{1}{2}M\omega_{平均}^2A_{调制}^2=2MA^2\omega_{平均}^2\cos^2\omega_{调制}t.\tag{95}$$

同样，

$$E_b=\frac{1}{2}M\omega_{平均}^2B_{调制}^2=2MA^2\omega_{平均}^2\sin^2\omega_{调制}t.\tag{96}$$

把式（95）和式（96）相加，可以看出这两个摆的总能量是一个常数：

$$E_a+E_b=(2MA^2\omega_{平均}^2)=E.\tag{97}$$

这两个摆之间的能量差是

$$\begin{aligned}E_a-E_b&=E(\cos^2\omega_{调制}t-\sin^2\omega_{调制}t)\\&=E\cos2\omega_{调制}t\\&=E\cos(\omega_1-\omega_2)t.\end{aligned}\tag{98}$$

合并式（98）和式（97），得

$$E_a=\frac{1}{2}E[1+\cos(\omega_1-\omega_2)t],\tag{99a}$$

$$E_b=\frac{1}{2}E[1-\cos(\omega_1-\omega_2)t].\tag{99b}$$

式（99）表明：总能量 $E$ 为一常数，在两个摆之间以拍频来回地流动. 在图 1.15

中，我们画出了 $\psi_a(t)$，$\psi_b(t)$，$E_a$ 和 $E_b$.

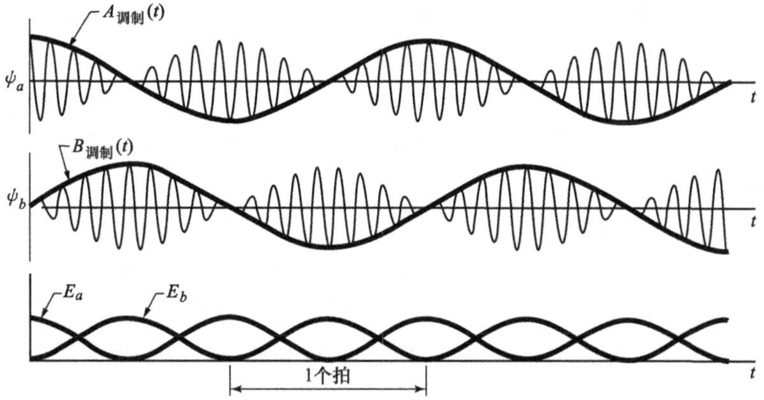


图 1.15　弱耦合的两个等同摆之间的能量转移．能量从 $a$ 到 $b$ 来回地流动，其流动频率为 $|\nu_1-\nu_2|$　(即两个模式的拍频)

## 特殊例子

在微观体系——分子、基本粒子——的研究中，人们会遇到一些很好的例子，它们在数学上类似于上述弱耦合的两个等同摆的力学问题．需要用量子力学才能理解这些体系．类似于两个弱耦合摆之间的能量转换在两个自由度之间来回“流动”的“东西”不是能量而是概率．这时能量是“量子化”的——不能“再细分”去流动．因而，不是这个“运动部分”就是那个“运动部分”将占有全部能量．“流动”着的东西是拥有这一激发能的概率．有两个例子，氨分子（它是氨分子钟的“发条”）及中性 K 介子，在补充论题 1 中讨论．

# 习题与课外实验

1.1　在图 1.12 的 $LC$ 电路中，$L=10\text{H}$，$C=6\mu\text{F}$，求出两个振动模式的频率为多少（$\text{s}^{-1}$）．并画出每一模式的电流位形图．(答：$\nu_1\approx20\text{s}^{-1}$，$\nu_2\approx35\text{s}^{-1}$.)

1.2　如果在一个唱机的转盘上放一个小木块，当转盘转动时，你从旁边用一只眼睛（这样可以避免你的景深感觉）去看这个木块，它表现的运动（即投射在垂直于你视线方向上的运动）是一个简谐振动，即其运动形式为 $x=x_0\cos\omega t$．(a) 证明上面的叙述．(b) 在椅子背上以细绳悬挂一个小重物（如核桃或螺钉）做成一个单摆，当转盘的转速是 45r/min 时，调整细绳的长度使单摆的摆动与转盘上木块的运动投影同步．这就给你一个很好的示范实验，证明匀速圆周运动的投影是简谐振动．这也是测定 $g$ 的一个很好的方法．如果 $g$ 是标准的“教科书数值”，即 $980\text{cm/s}^2$，试证明 $\nu$ 为 $45\text{s}^{-1}$时，$l\approx45\text{cm}$．这应该是很容易记牢的！

1.3　电视机作为频闪观测器（课外实验）．电视机所发射的光可用作很好的频闪观测器．在荧光屏上某一个固定点，大部分时间实际上是暗的；它在有规则的重复率下，只有很少一部分时间是被照亮的．（在屏前快速地挥动你的手指就可以看到这一现象.）让我们把这个规则的重复率称为$\nu_{电视机}$，这个实验的目的就是测量$\nu_{电视机}$．可以先告诉你，它不是$30s^{-1}$就是$60s^{-1}$．（为了要使这个频率精确地落在它的一个适当的值上，电视机应该调谐到一个电视台，并锁住在一个稳定的图像上，没有跳动或飘移.）

（a）作为一个很粗略的测量，在屏前以不变的节奏（比如说大约$4s^{-1}$）挥动你的手指．当屏闪亮时，无论你的手指在什么地方，它总是挡住从屏上发出来的光线．测量你的手指振动的振幅．测量在最大速度点上相继两个手指阴影之间间隔．假定这个运动是正弦曲线运动．由所给定的振幅和频率计算手指的最大速度．把这些结果综合起来就得到$\nu_{电视机}$．

（b）拿一张报纸或其他东西将电视屏掩盖起来，只在水平方向上留下一条几厘米宽的带．你背对电视机坐着，手拿一面镜子从中看电视机．现在摇动镜子，使其绕着水平轴转动．你能得出什么结论？现在改为除在垂直方向上留下一条带子外，把荧光屏全部掩盖起来．绕着垂直轴来回摇动镜子．你又能得出什么结论？（一个结论应该是，如果把电视机屏掩盖起来只留下一条水平带，该电视机将是一架较好的频闪观测器.）现在移开掩盖物，绕着水平轴摇动镜子，看到“许多电视机”．你能否注意到：在摇动的镜面里所看到的反射的电视机屏上，单位垂直距离上的水平线数目只有你停止摇动镜面时所看到静止电视机屏上水平线数目的一半．

（c）这是一个用唱机转盘来测量$\nu_{电视机}$的精确方法．在一张白纸上用一个量角器的边画出一个圆，用它作为频闪观测器的圆盘．在圆上隔一定角间隔用铅笔做出标记，这将产生相继铅笔标记的频闪叠加．圆的1/3的标记对应于$120s^{-1}$的频闪；第二个1/3的标记对应于$60s^{-1}$的频闪；最后的1/3的标记对应于$30s^{-1}$的频闪．在圆纸片的中心挖一个孔，然后把它像唱片一样放在转盘上．用电视机的光来照亮它，并看看圆的哪一个扇形上看起来同原先的铅等标记完全一样．

1.4　测量振动频率（课外实验）．

（a）钢琴的弦．你已经知道了$\nu_{电视机}$（课外实验1.3），现在就可以用电视机来测量钢琴弦的振动频率．用电视机来照明最低两个八度音阶的那些弦（在晚上，没有任何外来的光）．压牢阻尼板，并用手乱弹所有这些弦的中间部分．（如果像演奏时用琴键来弹，振动的振幅就太小了.）你会很快地看出哪一根弦线“停住”了．注意这根确定的弦；然后将比它低八度的弦再拨动一下，如果你没有拨错位置，这根较低音阶的弦也应该停住，但是这根弦比刚才的弦要长“一倍”．（为什么？）现在你已经找到了具有频率为$\nu_{电视机}$的这根琴弦（以及它在键盘上所对应的键）．乘以2你能得到每一个相继八度的频率．查阅理化手册的答案（索引在“音阶”项中）来核查你的钢琴是否音准．（平调A440的等调律音阶是标准音调）

（b）吉他的弦．用吉他也可以做类似的实验．把最低调的那根弦调准到E调，用电视机来做频闪，这根弦并不停住. 将它调松，降低四度音程，即低于 E 的 B，它就会停住. 再降一个音阶去寻找是否有“双倍”长的弦.（注意，这个最低音调的弦是很松的，但它仍能很好地适用于频闪.）最后用你的结果来告诉我，吉他的这根低 E 弦的音调，是 E82 还是 E164?

（c）手锯条. 另外一个很好的实验是用电视机的光去照一个振动着的手锯条. 用一个 C 形夹具将手锯条夹在台子上，改变锯条的长度来改变音调.

1.5 考虑弱耦合的两个等同振子之间的能量转移（1.5 节）. 在 $t=0$，即当振子 $a$ 具有全部的振动能量而 $b$ 一点也没有时，我们很容易看出哪一个是“被驱动”的振子（是 $b$），哪一个是“驱动力”（是 $a$）. 现在考虑在 $t=0$ 之后 1/4 拍周期，即 $t=\frac{1}{4}T_{拍}$ 时的情况. 在这个时候，摆 $a$ 损失了它的一半能量，而 $b$ 却得到了这份能量，这两个摆有相同的振动振幅. 它们如何“知道”哪一个摆是驱动者，哪一个摆是被驱动者呢？能量应该按照哪一种方式流动呢？换句话说，假定允许你这样地观察这个体系：从这两个振子有相同能量的某一时刻起，跟随它通过一个全振动（一个角频率约为 $\omega_1$ 或 $\omega_2$ 的快振动），你怎样才能预测能量的分配是：（a）保持原来的值不变；（b）发生的变化使 $b$ 的能量增加；（c）使 $a$ 的能量增加，不必用公式，这是很容易的. 请观察体系本身：哪一个拉哪一个，什么时候拉，等等.（提示：相位关系是关键.）

1.6 设计一个阻尼机构（“摩擦”），它仅对图 1.14 中耦合摆的模式 1 有阻尼. 设计另一种机构，它只阻尼模式 2. 注意，各（悬线）支架上的摩擦对这两种模式都引起阻尼，空气阻力也如此，它们都不符合要求. 见补充论题 1.

1.7 耦合的弓锯锯条（课外实验）. 用 C 形夹具把两条锯条夹在桌子上，留出 10 cm 左右可以自由振动. 把它们调整到有相同频率的方法之一是：先缩短一根锯条的伸出部分，直到它有可以听出声音的振动；然后再去调整另外一根锯条，使它以同样的调子发出声音. 另一个方法是“频闪”每根锯条，用电视机的光线作为方便的频闪观测器来照明每一根锯条（见课外实验 1.3）. 当两根锯条调到相当接近于同一音调时，用一根橡皮筋将它们连起来. 拨动一根锯条观察这两种模式之间的拍. 沿着锯条朝里朝外移动橡皮筋来改变它们之间的耦合. 如果这两根锯条不是处于同一个音调，你能得到拍吗?

这里还有一些能给出很好的拍的把等同振子耦合起来的例子：（ⅰ）将两个等同磁体悬挂起来，使它们能够在一块铁上面摆动：这两个磁体通过它们的磁场相互耦合.（ⅱ）两根晒衣服的绳子，或两根细绳，它们的一头都扎在一根柔软的立杆上，另一头各自分开扎在别的固定地方.（ⅲ）一个吉他上的两根以相同音调振动的弦.

1.8 耦合的肉汁罐头. 肉汁罐头的标准尺寸之一是外径约为 6.7 cm，它完全适合于连在一个玩具弹簧的一端. 取一根玩具弹簧和两瓶肉汁罐头. 把罐头作为摆锤，用约 50 cm 长的细绳挂起来，再用玩具弹簧把这两个摆锤连接起来（借助于胶带）．测量两个纵向模式振动的频率和能量转移频率．（开始时一个摆在平衡位置，而另一个摆有位移.）你的实验能证明这个频率是拍频 $\nu_1 - \nu_2$ 吗？从最低模式的频率、拍频和你使用的那根玩具弹簧的圈数，计算这根玩具弹簧每圈的弹性常数的倒数 $K^{-1}/a$.

这个体系实际上具有四个自由度．除了上面介绍过的两个纵向自由度和相应振动模式以外，还有摆锤的振动垂直于弹簧的两个横向模式．寻找这两个横向模式并测量它们的频率．把这两个频率与纵向振动的频率作比较，并解释之.

1.9　假定第一摆是由一根 1 m 长的细绳和一个直径 5.0 cm 的铝球组成。第二个摆是由一根 1 m 长的细绳和一个直径 5.0 cm 的黄铜球组成．令这两个摆同时起振并有相同的振幅 $A$．在不受扰动地振动 5 min 之后，铝摆以原先振幅的 1/2 的振幅作振动．试问：铜摆的振幅如何？假定摩擦是由于重锤与空气的相对速度引起的，还假定瞬时能量损失率正比于摆锤速度的平方，试证明能量是按指数衰减的.[并证明，对于任意其他速度依赖关系来说（比如说 $v^4$），能量就不是按指数衰减了.] 对于所假定的指数衰减，证明平均衰减时间正比于摆锤的质量．最后的回答是黄铜摆的振幅为 $0.81A$.

1.10　在顶棚上悬挂一根不计质量的弹簧，其长度为 20 cm，并将一个质量为 $M$ 的物体挂在这根弹簧的下端．先用手托住弹簧，使其维持松弛状态，然后突然松手．这时弹簧和物体 $M$ 就开始振动．在振动过程中，物体 $M$ 的最低位置是在原来托住时的位置下面 10 cm 处．（a）振动频率是多少？（b）当这个质量为 $M$ 的物体位于原先静止位置下面 5 cm 处时，其速度是多少？[答：（a）$2.2\ \mathrm{s}^{-1}$；（b）70 cm/s.]

再将一个质量为 300 g 的物体加到物体 $M$ 上，总的质量达到 $(M+300)$g．当这个体系振动时，它的频率只有原先的一半．试求：（c）$M$ 是多少克？（d）新的平衡位置在哪里？[答：（c）100 g；（d）比原先的位置低 15 cm.]

1.11　如图 1.16 所示，在没有摩擦的平面上，互相耦合的弹簧和具有质量的物体滑动着，试找出它们的模式和频率．在平衡位置时，所有弹簧都是松弛的．取 $M_1 = M_2 = M$.

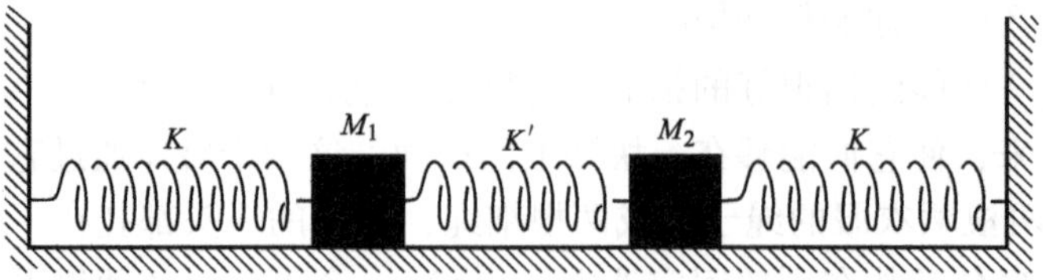


图　1.16

1.12　两个音叉构成的拍（课外实验）．取两个标有相同频率的音叉，使它们在离叉端等距离处相互敲击，然后把这两个音叉拿近一只耳朵．仔细地调节音叉的位置，直到你听到拍为止．在一个音叉的一只叉上缠一根橡皮筋，给它加上“负载”．改变这根橡皮筋离叉端的距离，以改变拍频．

有些通常的餐叉也可当作好的音叉来使用，有些切肉的叉也如此（如果叉柄并不阻尼叉的振动）．你应该能够找到两把音调接近的餐叉，它们可以产生拍．有些玻璃酒杯也能产生清晰的音调（通常它们同时以几种模式振动）．当你在倾听许多铃（或者酒杯，或者壶盖）之间的拍时，你将会听到竟有来自单独一只铃的拍！这是因为这个铃有两个频率很接近的模式．当你在它的一条边上敲它时，会同时激发起这两个模式．

1.13　你的耳朵的非线性——组合音调（课外实验）．为了做这个实验，你要有一个 A440 和一个 C523 音叉（其他组合也能很好地做这个实验），还需要一个安静的环境．相互碰撞这两个音叉．先将音叉 C523 放到耳边，然后再将音叉 A440 放到耳边（同时移开音叉 C523）并保持不动，再把音叉 C523 拿回来．这时不要把注意力集中在 C523 或 A440 中的任何一个上．你会听到一个低于 A440 的大三度音符．（用先听 C，再听 A，然后一起听的方法，会帮助你把注意力集中到越来越低的音调上．）在试几次后，当 A 和 C 同时出现时，可以听到低于 A440 的 F 调．（很多人听不到，但大部分提琴演奏者可以立即听到．如果你不知道怎样去听，可在钢琴上试一试找到这些音符．）这样合起来你就听到了令人愉快的 F 大调的三和音，即 F，A，C．为了证明这个现象是发生在你的耳膜上（或者说也许发生在你内耳的耳底膜上），而不是在你的脑子中（也就是为了证明并不是因为仅仅是你的头脑中恰好喜欢去听大调三和音而补上了这个失去的部分 F 音），可在每一耳朵旁各放一个音叉．（这也帮助你使你确信是真正地听到了 F 音．）如果这一现象是“心理上”的，就是说是你脑子喜欢填上这个和音，它应该仍旧可以听到．是这样的吗？（实验上做做看．）

下面至少是部分的说明：令 $p(t)$ 是紧靠你耳膜外边的计示压强．令 $q(t)$ 为耳膜的响应（即它的位移）．也许 $q(t)$ 应该是内耳底膜的响应——我们对此没有把握．无论如何，我们正在寻找对不满足叠加原理的响应的一个解释．因此，当频率 $\nu_1$（A440）和 $\nu_2$（C523）在耳朵里叠加时，响应不仅包括 $\nu_1$ 和 $\nu_2$，而且还包括第三个频率 $\nu_3$（≈F349）．这意味着一种非线性．（我们早已知道，线性响应服从叠加原理，这一点下面会再看到．）假定 $q(t)$ 是 $p(t)$ 的非线性函数：

$$q(t)=\alpha p(t)+\beta p^2(t)+\gamma p^3(t).$$

现在让 $p(t)$ 是两个不同谐振动的叠加（由两个音叉产生）．为简单起见，我们取振幅相等和相位常数为零．让我们采用使每一振幅为 1 的单位，这样我们就可以写得简略些．因此我们有

$$p(t)=\cos\omega_1 t+\cos\omega_2 t.$$

耳膜（或内耳底膜）的响应为

$$q(t)=\alpha(\cos\omega_1 t+\cos\omega_2 t)+\beta(\cos\omega_1 t+\cos\omega_2 t)^2+\gamma(\cos\omega_1 t+\cos\omega_2 t)^3.$$

如果$\beta$和$\gamma$为零，则$q(t)$可以说成对响应是线性的.（它的响应完全像在外力作用下服从线性胡克定律的一根弹簧那样.）在这种情况下，$q(t)$只是频率为$\omega_1$和$\omega_2$的谐振动的叠加.（于是你听不到$F$!）含$\beta$的项是非线性的二次方项；含$\gamma$的项是非线性的三次方项.

我们现在要把$q(t)$表达成简谐振动的叠加. 为此需利用一些三角恒等式；现在来推导它们. 令$f(x)\equiv\cos x$. 已知恒等式

$$\cos(x+y)+\cos(x-y)=2\cos x\cos y,$$

即

$$f(x)f(y)=\frac{1}{2}f(x+y)+\frac{1}{2}f(x-y).$$

用这个结果来推导出（三次方非线性项需要的）恒等式：

$$\begin{aligned}[f(x)f(y)]f(z)&=\left[\frac{1}{2}f(x+y)+\frac{1}{2}f(x-y)\right]f(z)\\&=\frac{1}{2}f(x+y)f(x)+\frac{1}{2}f(x-y)f(x)\\&=\frac{1}{4}f(x+y+z)+\frac{1}{4}f(x+y-z)+\\&\quad\frac{1}{4}f(x-y+z)+\frac{1}{4}f(x-y-z).\end{aligned}$$

现在让我们来求出二次方响应项. 令$\theta_1\equiv\omega_1 t$，$\theta_2\equiv\omega_2 t$，得到（二次方的非线性项）

$$\begin{aligned}(\cos\omega_1 t+\cos\omega_2 t)^2&\equiv[f(\theta_1)+f(\theta_2)]^2\\&=[f(\theta_1)f(\theta_1)]+[2f(\theta_1)f(\theta_2)]+[f(\theta_2)f(\theta_2)]\\&=\left[\frac{1}{2}f(\theta_1+\theta_1)+\frac{1}{2}f(\theta_1-\theta_1)\right]+\\&\quad[f(\theta_1+\theta_2)+f(\theta_1-\theta_2)]+\\&\quad\left[\frac{1}{2}f(\theta_2+\theta_2)+\frac{1}{2}f(\theta_2-\theta_2)\right].\end{aligned}$$

因此二次方响应项包括频率$2\omega_1$，$\theta$，$\omega_1+\omega_2$，$\omega_1-\omega_2$和$2\omega_2$，我们称它们为**组合音调**或**组合频率**.

非线性的三次方项有

$$\begin{aligned}(\cos\omega_1 t+\cos\omega_2 t)^3&=[f(\theta_1)+f(\theta_2)]^3\\&=f^3(\theta_1)+3f^2(\theta_1)f(\theta_2)+3f(\theta_1)f^2(\theta_2)+f^3(\theta_2).\end{aligned}$$

利用$f(x)\ f(y)\ f(z)$的恒等式，我们可得到$f^3(\theta_1)$项为频率$3\omega_1$和$\omega_1$的谐振动的叠加；$f^2(\theta_1)\ f(\theta_2)$项为$2\omega_1+\omega_2$，$2\omega_1-\omega_2$和$\omega_2$的叠加；$f(\theta_1)\ f^2(\theta_2)$为$2\omega_2+\omega_1$，$2\omega_2-\omega_1$和$\omega_1$的叠加；$f^3(\theta_2)$为$3\omega_2$和$\omega_2$的叠加. 于是三次方响应项是$3\omega_1$，$\omega_1$，$2\omega_1\pm\omega_2$，$2\omega_2\pm\omega_1$，$\omega_2$和$3\omega_2$这些组合频率的谐振动的叠加.

现在回到音叉实验！稍许做一些算术运算就可证明 F 调并不是由非线性二次方项造成的. 事实上，它是由三次方项的贡献 $2\omega_1-\omega_2$ 给出的：

$$\nu_1 = \text{A}440,$$
$$\nu_2 = \text{C}523,$$
$$2\nu_1-\nu_2 = 880-523 = 357.$$

根据手册，F 是 349 和 $\text{F}^{\#}$是 370，因此 $2\nu_1-\nu_2$ 是相当“尖”的 F；它在 F 到 $\text{F}^{\#}$之间距离的 8/21 位置上.（声音听起来也有点尖.）（如果你用的音叉已调到科学音阶或“自然”音阶上，于是你得到准确的 F，它听起来也就完全对了.）

现在我们讨论到最有趣的部分了. 三次方非线性项在耳膜上发生吗？或许是在共振的内耳底膜上发生的吗？我相信它不是在耳膜上，理由如下：当我从我的耳朵移开这两个音叉，以使来自每一个音叉的声音强度都减弱时，我仍旧听到非线性项. 如果是由于我的耳膜的非线性响应产生的，它的声音降下来应该比 $\nu_1$ 和 $\nu_2$ 项更快，但它并不是这样. 还有，非线性贡献 $2\nu_2-\nu_1=1046-440=606\approx$ 介于 D 和 $\text{D}^{\#}$中间一半位置也应该出现，但是我没有听到它. 这都不能证明内耳底膜是有非线性响应的，但是正好证明外耳膜似乎并不产生非线性响应. 难道剩下的就只能是内耳底膜或其神经末梢吗？我无法回答.（当我设计课外实验时，偶然发现了这个效应，也许这是早已被人熟知和明了的事情.）

借助于透明物质介电常数的微小非线性贡献，有可能产生光学谐波（以及频率的和与差，即频率的组合）.《科学美国人》杂志 1963 年 7 月的封面上有一幅漂亮的照片，照的是波长 6940Å（$1\text{Å}=10^{-8}\text{cm}$）的红光射到晶体上，而在晶体的另一边却射出一束波长为 3470Å 的蓝光. 波长减小一半相当于频率增加一倍. 因此，这个非线性必定是二次方项. [可参看“光与光的相互作用”，J. A. Giordmaine, *Scienlific American*（1964 年 4 月）.]

1.14　初始条件的叠加给出对应运动的叠加. 假定 $a$ 和 $b$ 是两个相耦合的振子. 考虑三个不同的初始条件：

（ⅰ）$a$ 和 $b$ 从静止状态起振，其振幅分别为 1 和 −1；

（ⅱ）它们从静止状态起振，其振幅均为 1；

（ⅲ）它们从静止状态起振，其振幅分别为 2 和 0. 这第（ⅲ）种情况下的初始条件是（ⅰ）和（ⅱ）两种情况下初始条件的叠加.

试证实情况（ⅲ）的运动是情况（ⅰ）和（ⅱ）运动的叠加.

1.15　证明对应于习题 1.14 的例子的一般情况.（在初始条件中除位移外还包括速度.）

1.16　证明式（36）以后所给出的非齐次线性运动方程的叠加原理. 且证明它不能用于非线性的非齐次方程.

1.17　类似于一般方程（47）和（48），写出有三个自由度体系的三个方程. 试证明：如果假定了一个振动模式，我们将得到类似于式（56）的一个行列式方程，不过它是一个 $3\times3$ 的行列式. 证明这是一个以 $\omega^2$ 为变量的三次方程. 因为三次方程有三个解，所以有三个振动模式. 再推广到有 $N$ 个自由度. 这就证明了 $N$ 个自由度的体系有 $N$ 个振动模式. 它们是必定存在的，因为你在这里已有了找到它们的办法.

1.18　吉他的不同弦线之间弱耦合所形成的拍（课外实验）. 借用一个吉他，将两根最低的弦线调谐到相同频率. 拨弄一条弦线并仔细地看着另一条. （它们应该尽可能调谐到同一个频率. 事实上，最正确的调谐可以从看到最大的拍来得到. ）再拨弄另一条弦并观察它们. 在拍的过程中，能量是否完全从这一条传到另一条呢？你能靠改善调谐而使能量完全转移吗？把你观察到的现象写出来，并加以解释. 见习题1.19.

1.19　不同的两个单摆的耦合. 考虑两个摆 $a$ 和 $b$，其悬线长度都是 $l$，但重锤的质量是不同的，各为 $M_a$ 和 $M_b$. 用一个弹性常数为 $K$ 的弹簧把它们耦合起来. 试证明运动方程（小振动）是

$$M_a\frac{\mathrm{d}^2\psi_a}{\mathrm{d}t^2}=-M_a\frac{g}{l}\psi_a+K(\psi_b-\psi_a),$$

$$M_b\frac{\mathrm{d}^2\psi_b}{\mathrm{d}t^2}=-M_b\frac{g}{l}\psi_b-K(\psi_b-\psi_a).$$

用找简正坐标的方法来解这两个方程，以得到两个振动模式. 证明

$$\psi_1\equiv(M_a\psi_a+M_b\psi_b)/(M_a+M_b)$$

和

$$\psi_2=\psi_a-\psi_b$$

是简正坐标. 求出这两个振动模式的频率和位形. $\psi_1$ 和 $\psi_2$ 的物理意义是什么呢？找出对应于当初始条件 $t=0$ 时两个摆具有零速度、摆 $a$ 的振幅为 $A$、摆 $b$ 的振幅为零的两个振动模式的叠加. 令 $E$ 为在 $t=0$ 时摆 $a$ 的总能量. 在假设弱耦合的条件下，求 $E_a(t)$ 和 $E_b(t)$ 的表达式. 在一次拍的过程中，摆 $a$ 的能量是否完全转移到摆 $b$ 呢？是否有这样的情况：当较重的一个摆起始时占有全部能量，能量不完全转移；而当较轻的一个摆起始时占有全部能量，能量就全部转移？

$$\left\{\text{答}:\omega_1^2=\frac{g}{l},\quad \omega_2^2=\frac{g}{l}+K\left(\frac{1}{M_a}+\frac{1}{M_b}\right).\right.$$

$$\psi_a=A\left(\frac{M_a}{M}\cos\omega_1 t+\frac{M_b}{M}\cos\omega_2 t\right),$$

$$\psi_b=A\frac{M_a}{M}(\cos\omega_1 t-\cos\omega_2 t),$$

这里 $M=M_a+M_b$.

在引进定义 $\omega_{调制}=\frac{1}{2}(\omega_2-\omega_1)$ 和 $\omega_{平均}=\frac{1}{2}(\omega_2+\omega_1)$ 之后，可得到

$$\psi_a = (A\cos\omega_{调制}t)\cos\omega_{平均}t + \left(A\frac{M_a - M_b}{M}\sin\omega_{调制}t\right)\sin\omega_{平均}t,$$

$$\psi_b = \left(2A\frac{M_a}{M}\sin\omega_{调制}t\right)\sin\omega_{平均}t.$$

在弱耦合近似下，很容易求得每个摆的能量. 在这个近似下，在频率为 $\omega_{平均}$ 的快振动周期内，我们忽略 $\omega_{调制}t$ 的正弦和余弦随时间的变化，因为我们已假定了 $\omega_{调制} \ll \omega_{平均}$. 我们还忽略在任何瞬间弹簧所储存的能量. 于是应该得到

$$E_b = E\left(\frac{2M_aM_b}{M^2}\right)[1 - \cos(\omega_2 - \omega_1)t],$$

$$E_a = E\left[\frac{M_a^2 + M_b^2 + 2M_aM_b\cos(\omega_2 - \omega_1)t}{M^2}\right].$$

因此摆 $a$ 的能量（在时间为零时，它带有全部能量）以拍频随时间作正弦变化，在最大值 $E$ 和最小值 $[(M_a - M_b)/M]^2E$ 之间振动.

摆 $b$ 的能量在极大值（$4M_aM_b/M^2$）$E$ 和极小值零之间以拍频作振动. 这个总能量 $E_a + E_b$ 是常数（因为我们忽略了阻尼）. 请看课外实验 1.18，并请定性地解释一下：当两个质量不等时，为何能量不能全部转移过去. [提示：考虑两种极端情况：(ⅰ) $M_a$ 比 $M_b$ 大得多，(ⅱ) $M_a$ 比 $M_b$ 小得多.]}

1.20　两个耦合质量的横向振动，不论是采用玩具弹簧近似还是小振动近似，对图 1.11 所示的横向位移 $\psi_a$ 和 $\psi_b$，试写出两个耦合运动方程. (a) 利用系统求解的方法来寻找两个简正模式的频率和振幅比. (b) 求 $\psi_a$ 和 $\psi_b$ 的线性组合以给出非耦合方程，即求简正坐标和两个振动模式的频率和振幅比. [答：见式 (70) 和式 (71).]

1.21　两个耦合的 $LC$ 电路的振荡. 求出图 1.12 所示的两个耦合的 $LC$ 电路的简正振荡模式，它们的运动方程已由式 (77) 和式 (78) 给出. (a) 使用系统的方法. (b) 使用求简正坐标的方法. [答：见式 (79).]

1.22　一个重物放在用作冲击吸收器的橡皮衬垫上，使这个衬垫压缩了 1cm. 如果在重物上垂直地敲一下，它就振动起来了. (这个振动将受阻尼，可是我们忽略它.) 试估计振动频率. (提示：假定这个衬垫像一个满足胡克定律的弹簧.) [答：其频率约为 $5\mathrm{s}^{-1}$.]

1.23　两个耦合物体的纵向振动. 这个体系如图 1.9 所示. 运动方程由式 (62) 和式 (63) 给出. 用由式 (47) ~ 式 (59) 所给出的系统方法去求这两个振动模式. 可是，你不应该只是套用这些方程，而是应该通过类似的步骤 ["不翻书"] 来得到它们. [答：见式 (60) 和式 (61).]

1.24　盆水晃动模式.（课外实验）在一个封闭容器里放着液体，其最低的振动模式可称为"晃动"模式. 这是很容易起振的；大家都知道，谁能够端一盆水而没有晃动呢？

在一个长方形盘子里装一部分水，轻轻推一下盆子，它就晃动了. 更好的办法

是将盆子放在平坦的水平面上，将水装到盆子的边缘，然后再多装一些，使水面鼓出盆的边缘．缓慢地推一下盆子，则当较高的振动模式被阻尼之后，你就看到那个晃动模式了，因为这个振动的阻尼很小．（虽然你是用表面张力来使水“高于壁”，但这是重力型的振动模式；我们这样做是为了使阻尼尽可能小．）这时水面实际上保持平坦．（这个平坦是在较高振动模式已阻尼掉以后才实现的．）假定在整个运动中水面保持平坦，在平衡位置时它是水平的；而在振动的两端，它是倾斜的．设 $x$ 沿着水平的振动方向，$y$ 沿着垂直方向朝上．设 $\bar{x}$ 和 $\bar{y}$ 是水的重心在水平方向和垂直方向的坐标．设 $\bar{x}_0$ 和 $\bar{y}_0$ 是 $\bar{x}$ 和 $\bar{y}$ 在平衡位置时的坐标．求一个使 $\bar{y}-\bar{y}_0$ 为 $\bar{x}-\bar{x}_0$ 的函数的公式．（一个方便的参数是盆子一端的水面相对于平衡位置的变化．）整个水的势能的增加为 $mg(\bar{y}-\bar{y}_0)$．你将发现 $\bar{y}-\bar{y}_0$ 正比于 $(\bar{x}-\bar{x}_0)^2$．因此重心有一个像谐振子那样的势能．就好像全部质量 $m$ 都在重心，利用牛顿第二定律可求得频率公式．［答：$\omega^2=3gh_0/L^2$；$h_0$ 是水在平衡位置时的深度，$g=980\ \text{cm/s}^2$，$L$ 是沿着波动方向（即 $x$ 方向）盆的半长度．通过水盆实验检验这个公式，就是说，测量 $\omega$，$h_0$ 和 $L$，看着它们是否符合这个公式．现在请看习题 1.25.］

1.25　湖面波动．根据百科全书叙述：日内瓦湖的平均深度约为 150 m，长度约为 60 km（包括狭窄的西端）．如果我们近似地把湖看成一个长方形盘子，就可以使用课外实验 1.24 中所得的 $\omega^2$ 公式．在那些假定下，在湖的狭长方向上能预料到湖面波动（晃动模式）的周期吗？（所观察到的周期是 1h 左右．）这个湖面波动的产生可能是由于湖的一边相对于另一边有大气压的突然变化．观察到的振幅可高达 150 cm.

1954 年 6 月，美国的密执安湖发生的湖面波动其振幅度达 3 m，冲走了堤岸上的一些钓鱼人.

据《时代》(Time) 杂志（1967 年 11 月 17 日）报道：在 1964 年耶稣受难日发生的激烈的阿拉斯加地震造成的冲击波，引起了沿美国墨西哥海岸一带的河、湖与港口的水面波动现象，甚至使新泽西州的大西洋城饭店的游泳池中的水晃出池子.

# 第 2 章　多自由度体系的自由振动

# 第 2 章　多自由度体系的自由振动

## 2.1　引言

在第 1 章里，我们研究了一个或两个自由度体系的振动．在这一章里，我们将要研究具有 $N$ 个自由度的体系．$N$ 的数值可以很大，大到我们可以不严格地称为“无穷大”．

一个有 $N$ 个自由度的体系总是正好有 $N$ 个模式（见习题 1.17）．各个模式有它自己的频率 $\omega$ 及它自己的“形状”，这种“形状”由相应于各自由度 $a$、$b$、$c$、$d$、…的振幅比 $A$:$B$:$C$:$D$:…给出．在每个模式中，所有运动部分都同时经过它们的平衡位置，即各个自由度的振动模式的相位常数相同．于是，整个模式只有一个相位常数，它由初始条件决定．因为各个自由度在给定模式中振动的频率相同，因此对单位位移、单位质量来说，各运动部分经受的回复力相同，即 $\omega^2$．

举一个例子，假设体系有四个自由度 $a$、$b$、$c$、$d$，于是有四个模式．设在模式 1 中，各自由度的振幅比为

$$A:B:C:D=1:0:(-2):7.$$

于是，$a$、$b$、$c$ 和 $d$ 的运动（如果只有模式 1 被激发）分别为

$$\psi_a=A_1\cos(\omega_1 t+\varphi_1),\ \psi_b=0,$$
$$\psi_c=-2\psi_a,\ \psi_d=7\psi_a.$$

这里 $A_1$ 和 $\varphi_1$ 依赖于初始条件.

如果一个体系含有非常多的运动部分，并且这些运动部分分布在有限的空间内，那么，相邻运动部分之间的平均距离就变得非常小．作为一种近似，可把运动部分的总数看作无穷大，相邻的间距趋于零．这样，我们就说这个体系的行为像是“连续的”．这种观点隐含了相邻部分的运动几乎相同的假设．这个假设允许我们只用一个矢量 $\boldsymbol{\psi}(x, y, z, t)$ 来描写那些位于点 $(x, y, z)$ 附近所有运动部分的矢量位移．因此，“位移” $\boldsymbol{\psi}(x, y, z, t)$ 是位置 $x$、$y$、$z$ 和时间 $t$ 的连续函数．它代替了只用 $\psi_a(t)$、$\psi_b(t)$ 等对个别部分位移进行描述．因此我们说，我们是在和波打交道.

**驻波即简正模式**　连续体系的模式称为驻波或简正模式，或者简称模式．按照上面的讨论，真正连续的体系虽然只占据有限的空间，却具有无穷多独立的运动部分，即有无穷多个自由度，因而它有无穷多模式．对于一个真正的物质体系，这种说法并不严格．1 L 空气并没有无穷多的运动部分，而只有 $2.7\times10^{22}$ 个分子，每个

分子有三个自由度（沿 $x$、$y$、$z$ 方向运动）. 所以，一个装有 1 L 空气的瓶子，其中的空气并没有无穷多个振动模式，而是最多只有 $8\times10^{22}$ 个. 吹过瓶子或笛子的人都知道，要激发比最初几个模式更多的模式是不容易的.（通常我们用编号来区别各个模式，把频率最低的称作 1 号，下一个较高的称作 2 号，等等.）实际上，我们往往只考虑最低的几个（或几十个、几千个）模式. 我们将看到，最低模式的行为就仿佛体系是连续的.

体系的最一般运动可以写成它的所有各个模式的叠加，每一模式的振幅和相位常数都由初始条件决定. 处于这种一般状态下的振动体系的样子是非常复杂的，这是因为眼睛与大脑不能够一下子观察与思考几件事情而不紊乱. 当许多模式存在时，观察完整的运动并分别地“看清”每个模式是不容易的.

**串珠弦的模式** 我们先研究串珠弦的横振动. 我们所说的“弦”，其实是指弹簧. 假定这是一根线性的（即服从胡克定律的）质量为零的弹簧，连接有质量为 $M$ 的点状物体.（图中弹簧画为直线，而没有画成螺旋线.）

在图 2.1 中，我们画出一系列串珠弦体系. 第一个体系的 $N=1$（一个自由度），第二个 $N=2$，等等. 对每一种情况，我们不加证明地列出了简正模式的位形. 以后我们将严格推导每一个模式的位形和频率.

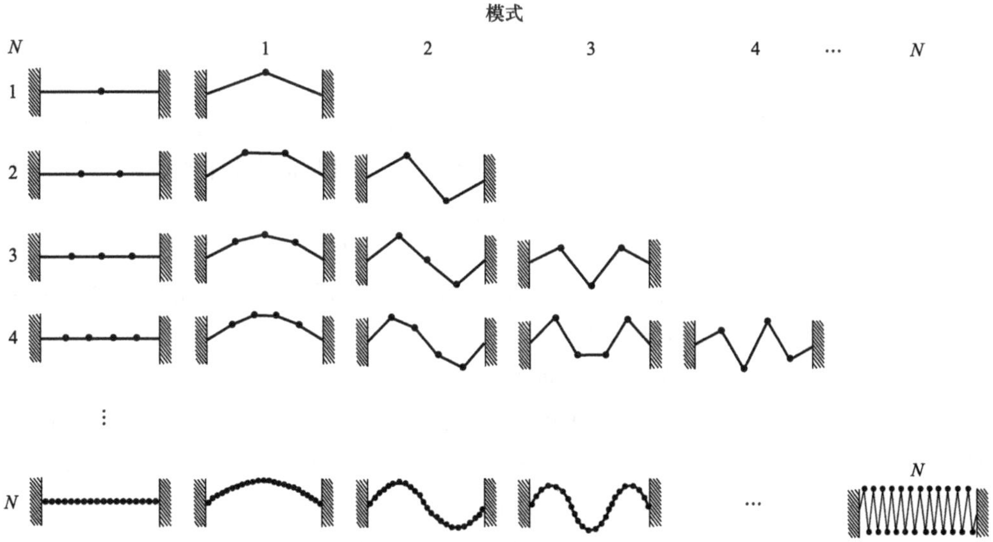


图 2.1 串珠弦的横振动模式. 具有 $N$ 粒串珠的弦有 $N$ 种模式. 在模式 $m$ 中，弦穿过平衡轴 $m-1$ 次，有 $m$ 个半波长. 频率最高的模式的位形是锯齿状位形

你们可能已经看出（假设所示位形就是各模式的那些位形），我们已按照模式频率的上升秩序正确地排列好位形. 这是因为，随着模式编号的增大，弦与其平衡轴的夹角增大（设某一给定串珠的位移不变）. 因此，从一个位形到下一个位形，对于给定体系中某一串珠，单位位移、单位质量的回复力将随着增大，因而模式频

率也随之增大.

另一件事也是明显的，这就是我们假定的一系列模式形状总是给出正好 $N$ 个位形：第一模式总是没有"节点"（节点指弦与轴的交点，两头除外），第二模式有一个节点，等等. 最高的模式总是节点数最多，即有 $N-1$ 个节点，这是由于弦上下呈"锯齿状"，每两个连续的物体之间都要跨过轴线一次.

## 2.2　连续弦的横向模式

现在我们来考虑 $N$ 非常大的情况，譬如 $N$ 为 1 000 000 左右. 这时，对于最低的那些模式（例如，起初的几千个），各节点之间有大量串珠. 相邻两珠的位移相差很少. [这里不考虑最高的模式，因为它们接近"锯齿形极限"，不能用连续函数 $\boldsymbol{\psi}(x, y, z, t)$ 描述.] 所以，按照上述的考虑，我们将不用各珠的位移 $\psi_a(t)$，$\psi_b(t)$，$\psi_c(t)$，$\psi_d(t)$ 等来描述瞬时位移，而认为平衡位置处于点 $(x, y, z)$ 附近（邻域是边长为 $\Delta x$、$\Delta y$、$\Delta z$ 的无穷小立方体）的所有粒子都具有相同的瞬时矢量位移 $\boldsymbol{\psi}(x, y, z, t)$：

$$\boldsymbol{\psi}(x,y,z,t)=\hat{\boldsymbol{x}}\psi_x(x,y,z,t)+\hat{\boldsymbol{y}}\psi_y(x,y,z,t)+\hat{\boldsymbol{z}}\psi_z(x,y,z,t). \tag{1}$$

式中，$\hat{\boldsymbol{x}}$、$\hat{\boldsymbol{y}}$、$\hat{\boldsymbol{z}}$ 为单位矢量；$\psi_x$、$\psi_y$ 和 $\psi_z$ 为矢量位移 $\boldsymbol{\psi}$ 的分量. 重要的是要认识到，在这里，$x$、$y$、$z$ 标记的是在该邻域内粒子的平衡位置. 因此，$x$、$y$、$z$ 不是时间的函数.

**纵振动与横振动**　对研究弦振动来说，比起需要来，式（1）未免太一般化了. 设弦平衡时，弦沿 $z$ 方向拉紧. 这时，坐标 $z$ 便足以标记各珠的平衡位置（精确到 $\Delta z$），方程（1）可改写成比较简单的形式：

$$\boldsymbol{\psi}(z,t)=\hat{\boldsymbol{x}}\psi_x(z,t)+\hat{\boldsymbol{y}}\psi_y(z,t)+\hat{\boldsymbol{z}}\psi_z(z,t). \tag{2}$$

沿 $z$ 方向的振动称为纵振动. 沿 $x$ 和 $y$ 方向的振动称为横振动. 现在我们只考虑弦的横振动. 因此，我们假定 $\psi_z$ 为零：

$$\boldsymbol{\psi}(z,t)=\hat{\boldsymbol{x}}\psi_x(z,t)+\hat{\boldsymbol{y}}\psi_y(z,t). \tag{3}$$

**线偏振**　作为进一步简化，我们假设振动完全沿 $\hat{\boldsymbol{x}}$ 方向（即 $\psi_y=0$）. 这种振动称为沿 $\hat{\boldsymbol{x}}$ 的线性偏振.（在第 8 章里我们将研究偏振的一般状态.）现在我们可以在记号中省掉单位矢量 $\hat{\boldsymbol{x}}$ 和 $\psi_x$ 的下标：

$$\psi(z,t)=\text{平衡位置为 } z \text{ 的粒子的瞬时横向位移}. \tag{4}$$

现在来考虑连续弦上的某一小段. 平衡时，这一小段长 $\Delta z$，其中心位置在 $z$. 这小段的质量 $\Delta M$ 被其长度 $\Delta z$ 除后得到的商定义为质量密度 $\rho_0$，量纲是单位长度的质量：

$$\Delta M=\rho_0\Delta z. \tag{5}$$

假定弦上各处的质量密度是均匀的. 平衡时弦的张力用 $T_0$ 表示，假定它也是均匀的.

在一般（非平衡）情况下，这一小段弦平均说来整体有一个横向位移 $\psi(z, t)$（见图 2.2）. 这一小段也不再是严格的直线，而是（一般）具有微小的曲率. 这一事实在图 2.2 上表现为 $\theta_1$ 不等于 $\theta_2$. 这一小段上的张力不再是 $T_0$，因为这段弦比它在平衡时的长度 $\Delta z$ 更长. 让我们求出此时刻作用在这一小段上的净力 $F_x$. 在它的左端，有力 $T_1\sin\theta_1$ 向下拉. 在它的右端，有力 $T_2\sin\theta_2$ 向上拉. 于是向上的净力为

$$F_x(t) = T_2\sin\theta_2 - T_1\sin\theta_1. \tag{6}$$

我们用 $\psi(z, t)$ 和它的空间导数

$$\frac{\partial\psi(z,t)}{\partial z} = \text{在时刻 } t \text{ 弦在 } z \text{ 处的斜率} \tag{7}$$

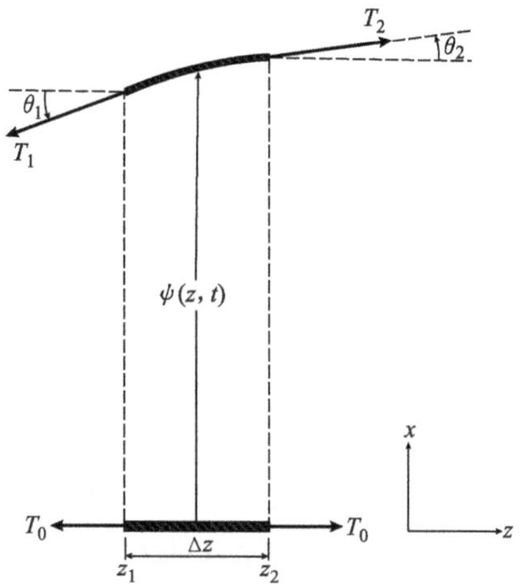


图 2.2　连续弦的横振动. 底部为无穷小的沿 $z$ 轴的一小段的平衡位置. 上部为同一小段的一般位置及位形

来表示 $F_x(t)$. 按照图 2.2，弦在 $z_1$ 处的斜率为 $\tan\theta_1$，在 $z_2$ 处的斜率为 $\tan\theta_2$. 而且，$T_1\cos\theta_1$ 是 $z_1$ 处弦张力的水平分量，$T_2\cos\theta_2$ 是 $z_2$ 处的水平分量. 现在，我们希望得到运动的线性微分方程. 为此目的，我们将假定或者可以采用玩具弹簧近似，或者可以采用小振动近似. 在玩具弹簧近似下，因为这个小段比 $\Delta z$ 乘以因数 $1/\cos\theta$ 长，所以 $T$ 比 $T_0$ 乘以因数 $1/\cos\theta$ 大. 因此，$T\cos\theta = T_0$. 在小振动近似下，我们忽略这一小段的伸长，近似地取 $\cos\theta$ 为 1. 于是，在小振动近似下也是 $T\cos\theta = T_0$. 于是由式（6）得到

$$\begin{aligned} F_x(t) &= T_2\sin\theta_2 - T_1\sin\theta_1 \\ &= T_2\cos\theta_2\tan\theta_2 - T_1\cos\theta_1\tan\theta_1 \\ &= T_0\tan\theta_2 - T_0\tan\theta_1 \\ &= T_0\left(\frac{\partial\psi}{\partial z}\right)_2 - T_0\left(\frac{\partial\psi}{\partial z}\right)_1. \end{aligned} \tag{8}$$

现在考虑将函数 $f(z)$ 定义为

$$f(z) = \frac{\partial\psi(z,t)}{\partial z}. \tag{9}$$

这里我们隐藏了变量 $t$，因为我们指定 $t$ 为常数. 我们把 $f(z)$ 在 $z_1$ 的邻域内展开成泰勒级数，然后令 $z = z_2$［见附录式（3）］：

$$f(z_2) = f(z_1) + (z_2 - z_1)\left(\frac{\mathrm{d}f}{\mathrm{d}z}\right)_1 + \frac{1}{2}(z_2 - z_1)^2\left(\frac{\mathrm{d}^2 f}{\mathrm{d}z^2}\right)_1 + \cdots, \tag{10}$$

按照图 2.2，这里 $z_2 - z_1 = \Delta z$. 我们现在过渡到 $\Delta z$ 足够小的极限情况，使得式

（10）中的平方项及更高次项可以忽略．于是可写出

$$
\begin{aligned}
f(z_2)-f(z_1) &= \Delta z\left(\frac{\mathrm{d}f}{\mathrm{d}z}\right)_1 \\
&= \Delta z\,\frac{\mathrm{d}}{\mathrm{d}z}\left(\frac{\partial\psi(z,t)}{\partial z}\right) \\
&= \Delta z\,\frac{\partial}{\partial z}\left(\frac{\partial\psi(z,t)}{\partial z}\right) \\
&= \Delta z\,\frac{\partial^2\varphi(z,t)}{\partial z^2}.
\end{aligned}
\tag{11}
$$

注意，在得出式（11）时，我们丢掉了下标 1．这是由于，在区间 $\Delta z$ 内无论哪一点去计算对 $z$ 的导数都无关紧要，因为我们已忽略泰勒级数即式（10）中的平方项及更高次项．还要注意，一旦采用符号 $\psi(z,\ t)$，就必须把空间导数写成偏导数．

现在可以在式（8）中应用式（9）和式（11）得出作用在小段弦上的净力为

$$F_x(t)=T_0\Delta z\,\frac{\partial^2\psi(z,t)}{\partial z^2}. \tag{12}$$

现在我们用牛顿第二定律．力 $F_x$ 由式（12）给出，它应等于小段的质量 $\Delta M$ 与加速度的乘积．平衡位置为 $z$ 的那一小段弦的速度和加速度由 $\psi(z,\ t)$ 及其导数表示如下：

$$
\begin{cases}
\psi(z,t)=\text{位移}, \\
\dfrac{\partial\psi(z,t)}{\partial t}=\text{速度}, \\
\dfrac{\partial^2\psi(z,t)}{\partial t^2}=\text{加速度}.
\end{cases}
\tag{13}
$$

于是由牛顿定律（取 $\Delta M=\rho_0\Delta z$）得到

$$\rho_0\Delta z\,\frac{\partial^2\psi}{\partial t^2}=F_x=T_0\Delta z\,\frac{\partial^2\psi}{\partial z^2},$$

即

$$\boxed{\frac{\partial^2\psi(z,t)}{\partial t^2}=\frac{T_0}{\rho_0}\,\frac{\partial^2\psi(z,t)}{\partial z^2}.} \tag{14}$$

**经典波动方程**　式（14）是一个很著名的二阶线性偏微分方程，称为经典波动方程．我们今后会常常遇到它，并且会逐渐知道它的解的许多性质以及该方程出现的物理条件．（当然，只是对于弦才出现正的常数 $T_0/\rho_0$，在别的物理问题中，在这个波动方程里会有别的正的常数来代替它．）

**驻波**　我们现在来求连续弦的简正模式——驻波. 为此，我们假定只有一种模式. 假定弦的各部分都以同样的角频率 $\omega$ 和同样的相位常数 $\varphi$ 做简谐振动. 于是，平衡位置为 $z$ 的那些弦上的粒子的位移 $\psi(z,\ t)$，对于所有的粒子即对于所有的 $z$，都应该有相同的时间依赖关系 $\cos(\omega t+\varphi)$. 通常，相位常数 $\varphi$ 对应于模式的“起振时刻”. 由分立自由度 $a$、$b$、$c$ 等组成的模式，其模式“形状”由相对振动振幅 $A$、$B$、$C$ 等给出. 在现在连续弦的场合，自由度（无穷多）用参量 $z$ 标记，在 $z$ 处（即在 $z$ 附近的小区域内）自由度的振幅可写成 $z$ 的连续函数，记为 $A(z)$. $A(z)$ 是 $z$ 的函数，其形状依赖于模式，即不同模式有不同的 $A(z)$. 于是，我们可以把驻波的一般表示式写成

$$\psi(z,t)=A(z)\cos(\omega t+\varphi). \tag{15}$$

对应于式（15）的加速度为

$$\frac{\partial^2\psi}{\partial t^2}=-\omega^2\psi=-\omega^2A(z)\cos(\omega t+\varphi). \tag{16}$$

式（15）对 $z$ 的二阶偏导数为

$$\frac{\partial^2\psi}{\partial z^2}=\frac{\partial^2[A(z)\cos(\omega t+\varphi)]}{\partial z^2}=\cos(\omega t+\varphi)\frac{\mathrm{d}^2A(z)}{\mathrm{d}z^2}, \tag{17}$$

这里对 $z$ 的导数是常导数而非偏导数，因为 $A(z)$ 不依赖于时间. 把式（16）及式（17）代入式（14），并消去公共因子 $\cos(\omega t+\varphi)$，我们得到

$$\frac{\mathrm{d}^2A(z)}{\mathrm{d}z^2}=-\omega^2\frac{\rho_0}{T_0}A(z). \tag{18}$$

式（18）决定了模式的形状. 因为各模式有不同的角频率 $\omega$，又因为 $\omega^2$ 出现在式（18）中，可见不同模式的形状不同，就像预期的那样.

式（18）在形式上属于简谐振动微分方程，但是，它不是随时间的振动，而是随空间的振动. 空间上的简谐振动的一般形式可写成

$$A(z)=A\sin\left(2\pi\frac{z}{\lambda}\right)+B\cos\left(2\pi\frac{z}{\lambda}\right), \tag{19}$$

式中，$\lambda$ 代表发生一个完全振动的距离，被称作波长. 它是空间上振动的参量，类似于随时间振动的周期 $T$. 波长 $\lambda$ 的单位为 cm/周（即沿 $z$ 做空间振动一周），或者简单地就用 cm 做单位.

为了看出怎样使这个解适合式（18），可把式（19）微分两次：

$$\frac{\mathrm{d}^2A(z)}{\mathrm{d}z^2}=-\left(\frac{2\pi}{\lambda}\right)^2A(z). \tag{20}$$

然后，比较式（18）与式（20），可看出需要有

$$\left(\frac{2\pi}{\lambda}\right)^2=\omega^2\frac{\rho_0}{T_0}=(2\pi\nu)^2\frac{\rho_0}{T_0}, \tag{21}$$

即

$$\lambda\nu=\sqrt{\frac{T_0}{\rho_0}}\equiv v_0=\text{常数}. \tag{22}$$

**波速**　式（22）给出了连续均匀弦的横向驻波的波长与频率之间的关系. 因为 $\lambda\nu$ 具有长度/时间的量纲，常数 $(T_0/\rho_0)^{\frac{1}{2}}$ 具有速度的量纲. 速度 $v_0\equiv(T_0/\rho_0)^{\frac{1}{2}}$ 被称为该体系的“行波的相速度”.（我们将在第4章里研究行波.）在目前研究驻波的这一阶段，并不需要相速度的概念，因为驻波不会向任何方向移动，仅在平衡位置振动，就像一个大的“被散开”的谐振子. 在本章后面部分，我们将避免称 $(T_0/\rho_0)^{\frac{1}{2}}$ 为速度，因为我们要求你们头脑里建立起驻波的图像.

联立求解式（15）与式（19），可以得到处于单一模式（驻波）情况下的弦位移 $\psi(z,\ t)$ 的一般解：

$$\psi(z,t)=\cos(\omega t+\varphi)[A\sin(2\pi z/\lambda)+B\cos(2\pi z/\lambda)]. \tag{23}$$

**边界条件**　式（23）太一般化了些，它没有表示出重要的边界条件. 振动弦在两端是固定的，但是我们还没有把这一点并入到解里去. 把这一条件并入到解中去的过程具体如下. 设弦总长 $L$. 适当选择坐标轴的原点，使弦的左端位于 $z=0$. 于是弦的右端位于 $z=L$. 考虑 $z=0$ 处. 弦被固定在那里，所以 $\psi(0,\ t)$ 对所有的 $t$ 恒为零. 这个条件要求 $B=0$，因为对所有的时间 $t$ 来说，

$$\psi(0,t)=\cos(\omega t+\varphi)[0+B]=0. \tag{24}$$

于是有

$$\psi(z,t)=A\cos(\omega t+\varphi)\sin\frac{2\pi z}{\lambda}. \tag{25}$$

还有另一个边界条件，即弦被固定在 $z=L$ 处，因此，$\psi(L,\ t)$ 必须对所有的 $t$ 恒为零. 我们当然不希望选择式（25）的 $A=0$，因为它相当于毫无意义的弦永远静止的情况. 要满足 $z=L$ 处的边界条件的唯一办法，是令

$$\sin\frac{2\pi L}{\lambda}=0. \tag{26}$$

只有那些半波长的整数倍正好等于 $L$ 的波长 $\lambda$ 才能满足这个边界条件. 于是，合适的波长必须是下列可能性之一：

$$\frac{2\pi L}{\lambda}=\pi,2\pi,3\pi,4\pi,5\pi,\cdots. \tag{27}$$

（我们为什么排除 $2\pi L/\lambda=0$ 这一情况呢?）这一系列满足边界条件的可能值对应于所有可能出现的弦模式. 我们按照这个序列对各模式编号，从序列的第一项开始，把它编号为1. 于是，按照式（27），各模式的波长为

$$\lambda_1=2L,\ \lambda_2=\frac{1}{2}\lambda_1,\ \lambda_3=\frac{1}{3}\lambda_1,\ \lambda_4=\frac{1}{4}\lambda_1,\ \cdots. \tag{28}$$

**谐频比**　利用式（22）可以求出各模式相应的频率：

$$\nu_1 = \frac{v_0}{\lambda_1}, \nu_2 = 2\nu_1, \nu_3 = 3\nu_1, \nu_4 = 4\nu_1, \cdots. \quad (29)$$

频率 $2\nu_1$、$3\nu_1$ 等分别称作基频 $\nu_1$ 的第二谐频、第三谐频等. 模式频率 $\nu_2$、$\nu_3$ 等之所以是一系列最低模式频率 $\nu_1$ 的谐频，是因为我们曾假设弦是完全均匀的和柔软的缘故. 多数实际物理系统所具有的模式频率并不遵从这种序列的谐频比例. 例如，质量密度不均匀的弦所具有的模式频率并不形成基频的谐频序列. 譬如说，我们可能有 $\nu_2 = 2.78\nu_1$，$\nu_3 = 4.62\nu_1$，等等. 对于实际的钢琴弦或小提琴弦，其模式频率近似但并不严格地遵照上述谐频序列，因为它们不是理想的柔软弦.（关于这种谐频比是由于弦的均匀性所引起的，其定性论据见习题 2.7.）

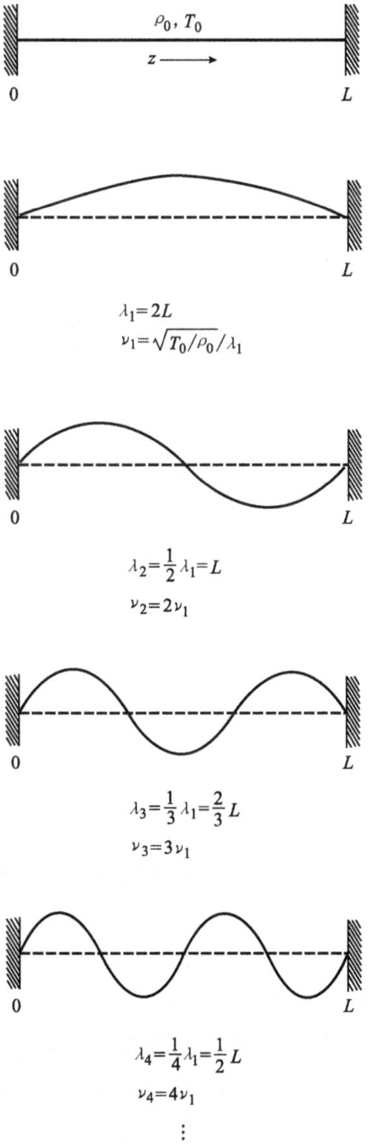

图 2.3　两端固定的连续均匀弦的模式

弦的各种模式如图 2.3 所示. 平衡位形应该对应于式（27）中被舍弃的第一项，$2\pi L/\lambda = 0$. 相应的频率为零. 弦没有运动，因而平衡状态不称作模式.

**波数**　波长的倒数叫作波数 $\sigma$，它的单位是周/cm，或者更常用的 $cm^{-1}$. 它是描写各种振动的空间特性的一个参量，类似于频率 $\nu$ 是一个描写振动的时间参量.

$$\sigma = \frac{1}{\lambda} = 波数(周/cm). \quad (30)$$

波数的 $2\pi$ 倍称为角波数 $k$，它的单位是 rad/cm. $k$ 这个量之于空间上的振动犹如角频率 $\omega$ 之于时间上的振动.

$$k = 2\pi/\lambda = 角波数(rad/cm). \quad (31)$$

把同一驻波写成几种等价的形式，可以看出这些量的用处：

$$\begin{aligned}\psi(z,t) &= A\sin 2\pi\frac{t}{T}\sin 2\pi\frac{z}{\lambda} \\ &= A\sin 2\pi\nu t\sin 2\pi\sigma z \\ &= A\sin\omega t\sin kz. \end{aligned} \quad (32)$$

作为另一种示例，我们可把式（27）~式（29）给出的简正模式序列描写如下：

$$\begin{cases} k_1 L = \pi \text{rad}, \\ k_2 L = 2\pi \text{rad}, \\ k_3 L = 3\pi \text{rad}, \cdots. \end{cases} \quad (33)$$

$$\begin{cases}\sigma_1 L=\dfrac{1}{2}\text{周},\\ \sigma_2 L=1\ \text{周},\\ \sigma_3 L=\dfrac{3}{2}\text{周},\cdots.\end{cases} \tag{34}$$

**色散关系**　式（22）给出均匀柔软弦的简正模式的频率与波长之间的关系：

$$\begin{aligned}\nu &= \sqrt{\frac{T_0}{\rho_0}}\cdot\frac{1}{\lambda}\\ &= \sqrt{\frac{T_0}{\rho_0}}\cdot\sigma,\end{aligned}$$

或者（乘以 $2\pi$）

$$\omega = \sqrt{\frac{T_0}{\rho_0}}k. \tag{35}$$

式（35）给出弦的简正模式的频率与波数之间的关系.（注意，我们已从“角频率”和“角波数”等名称中省掉了形容词“角”，通常习惯就是这样，但符号与单位是明确的，不会搞错.）这种给出 $\omega$ 为$k$的函数的关系称为色散关系. 这是一种标志体系的波动特性的简便方法.

**实际钢琴弦的色散关系**　式（35）给出的色散关系是极其简单的，以后我们会看到更复杂的情况. 对于更复杂的色散关系，$\lambda\nu=\omega/k$这个量不是常数，也就是，它不是与波长无关的量. 例如，事实表明，实际钢琴弦的色散关系近似地由下式给出：

$$\frac{\omega^2}{k^2}=\frac{T_0}{\rho_0}+\alpha k^2. \tag{36}$$

这里 $\alpha$ 是一个小的正数，如果弦是理想的柔软弦，这个常数应当是零.［那时，式（36）约化为式（35）.］实际钢琴弦的模式的空间关系与理想柔软弦的相同，即 $\lambda_1=2L$，$\lambda_2=\frac{1}{2}\lambda_1$，$\lambda_3=\frac{1}{3}\lambda_1$，…，因为边界条件相同. 但它的模式频率并不满足“谐和”序列 $\nu_2=2\nu_1$，$\nu_3=3\nu_1$，…，因为色散关系式（36）并不给出那种序列. 只有在理想极限 $\alpha=0$ 的情况下，即 $\lambda\nu=$ 常数，才会得到谐和序列. 对于实际钢琴弦，较高的模式频率比谐和序列给出的频率更“尖”一些（即具有稍高的频率）.

**非色散波与色散波**　满足简单色散关系式 $\omega/k=$ 常数的波称为“非色散波”. 若 $\omega/k$依赖于波长（因而也依赖于频率），则称这种波为“色散的”. 对于色散波，通常是作出 $\omega$-$k$图. 在现在柔软弦这个例子中，如图 2.4 所示，这图形正好是一条直

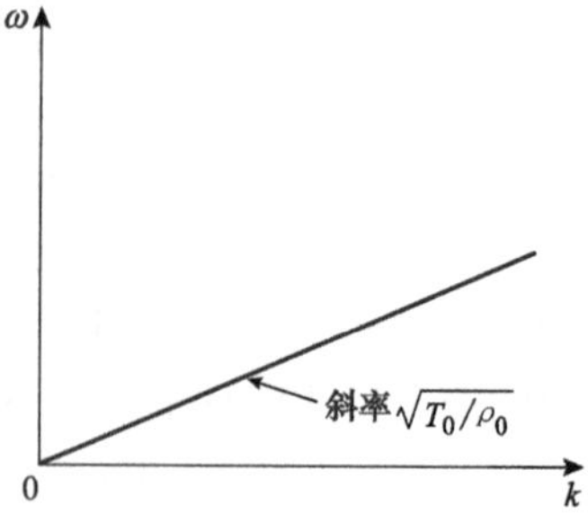

图 2.4　连续、均匀、柔软弦的色散关系

线，通过 $\omega = k = 0$ 这一点，斜率为 $(T_0/\rho_0)^{\frac{1}{2}}$.

## 2.3　连续弦的一般运动和傅里叶分析

连续弦（两端固定，沿 $x$ 方向做横振动）的最一般运动状态可表述为各种模式（与编号 1，2，3，…对应的振幅为 $A_1$，$A_2$，$A_3$，…；相位常数为 $\varphi_1$，$\varphi_2$，$\varphi_3$，…）的叠加：

$$\psi(z,t) = A_1 \sin k_1 z\cos(\omega_1 t + \varphi_1) + A_2 \sin k_2 z\cos(\omega_2 t + \varphi_2) + \cdots; \tag{37}$$

这里 $k_n$ 的选择，如上节所述，要满足 $z = 0$ 及 $z = L$ 处的边界条件，而 $\omega_n$ 由色散关系 $\omega(k)$ 与 $k_n$ 相联系. 振幅 $A_n$ 及相位常数 $\varphi_n$ 由指定的初始条件决定，即由 $t = 0$ 时每一点上的瞬时位移 $\psi(z,\ t)$ 及瞬时速度 $v(z,\ t) = \partial\psi(z,\ t)/\partial t$ 决定，这样就完成了对运动全过程（所有位置与时间）的描述.

**两端固定的弦的运动**　假设 $t < 0$ 时，借助于某种模板强制弦具有某种形状 $f(z)$. 然后，在 $t = 0$ 时，突然移掉模板让弦运动. 于是，在 $t = 0$ 时，弦上各部分的位移 $\psi(z,\ 0)$ 等于 $f(z)$，而速度 $v(z,\ 0)$ 等于零. 速度［即式（37）对时间的导数］中的第 $n$ 项正比于 $\sin(\omega_n t + \varphi_n)$，它在 $t = 0$ 时简化为 $\sin\varphi_n$. 于是，只要令各相位常数 $\varphi_n$ 为零或 $\pi$，对于所有的 $z$ 来说就可以使 $v(z,\ 0) = 0$. 不过，若相位常数 $\varphi_1 = \pi$，这相当于在 $A_1$ 前加一负号. 所以，如果令所有相位常数为零，但允许振幅 $A_1$，$A_2$，…为正或为负，则上述初始条件总可以满足. 于是，对于 $v(z,\ 0) = 0$，我们有

$$\psi(z,t) = A_1 \sin k_1 z\cos\omega_1 t + A_2 \sin k_2 z\cos\omega_2 t + \cdots, \tag{38}$$

并且，当 $t = 0$ 时，

$$\psi(z,0) = f(z) = A_1 \sin k_1 z + A_2 \sin k_2 z + \cdots. \tag{39}$$

下面我们会知道，式（39）决定了振幅 $A_1$，$A_2$，….

**两端为零的函数的傅里叶级数**　现在，函数 $f(z)$ 可以是 $z$ 的很一般的函数. 我们规定的唯一条件，是要用它来约束这根弦. 所以，实质上，我们只不过要求 $f(z)$ 在 $z = 0$ 及 $z = L$ 处等于零，即 $f(z) = 0$. 此外，我们还要求 $f(z)$ 在“小”尺度范围不呈锯齿状，因为假定波函数 $\psi(z,\ t)$ 为 $z$ 的慢变函数. 所以，$f(z)$ 必须足够光滑，以便能用来约束弦，并使弦仍能服从在“连续”近似下得到的微分方程. 于是，我们看出，在 $z = 0$ 及 $z = L$ 处为零的任何合理的函数 $f(z)$ 都可以展开成式（39）那样的级数，即正弦振动之和. 式（39）叫作傅里叶级数或傅里叶展开. 它是傅里叶级数的特例，因为它只能用来展开在 $z = 0$ 及 $z = L$ 处为零的函数 $f(z)$. 然而，存在着更广泛的一类函数可以用相应的傅里叶展开来表示. 下面我们就来求这一类更广泛的函数。

函数 $f(z)$ 是用来约束弦的，所以它只是在 $z = 0$ 与 $z = L$ 之间有定义. 然而，组成无穷级数式（39）的函数 $\sin k_1 z$，$\sin k_2 z$，$\sin k_3 z$，…，对于 $-\infty$ 与 $+\infty$ 之间的

所有 $z$ 都有定义．而且，我们注意到 $\sin k_1z$ 是周期性的，对于 $z$ 的周期是 $\lambda_1$．这意味着它满足周期性条件，也就是，对于任一指定的 $z$，它在 $z+\lambda_1$ 处的数值和在 $z$ 处的一样．（在我们的例子中，周期 $\lambda_1$ 是 $2L$．）我们还注意到，$\sin 2k_1z$ 对于 $z$ 也有周期为 $\lambda_1$ 的周期性．（当然，它在距离 $\lambda_1$ 内经历两周，所以它不仅有 $\lambda_1$ 的周期，也有 $\frac{1}{2}\lambda_1$ 的周期．）事实上，展开式（39）中的所有正弦函数，对变量 $z$ 来说，都具有周期为 $\lambda_1$ 的周期性．所以，展开式本身是周期性的，周期为 $\lambda_1$．于是，我们可以把展开式为式（39）的一类函数的范围扩大：周期为 $\lambda_1$，在 $z=0$ 及 $z=\frac{1}{2}\lambda_1$ 处为零的所有周期函数都可展开成式（39）那样的傅里叶级数．如果给定一个函数 $f(z)$，它只在 $z=0$ 与 $z=L$ 之间有定义，并在这两点上为零，则我们能够构造出一个与 $f(z)$ 有相同的傅里叶展开式的周期函数 $F(z)$．其构造步骤如下：在 $z=0$ 与 $z=L$ 之间，令 $F(z)$ 与 $f(z)$ 重合；在 $L$ 与 $2L$ 之间，$F(z)$ 为 $f(z)$ 的"倒镜像"，而镜子位于 $z=L$ 处．现在，在 $z=0$ 与 $z=2L$ 之间 $F(z)$ 已经有了定义，于是，我们每次都在下一个 $2L$ 简单重复一次上述定义，就可对所有的 $z$ 规定出 $F(z)$．构造出来的函数如图 2.5 所示．

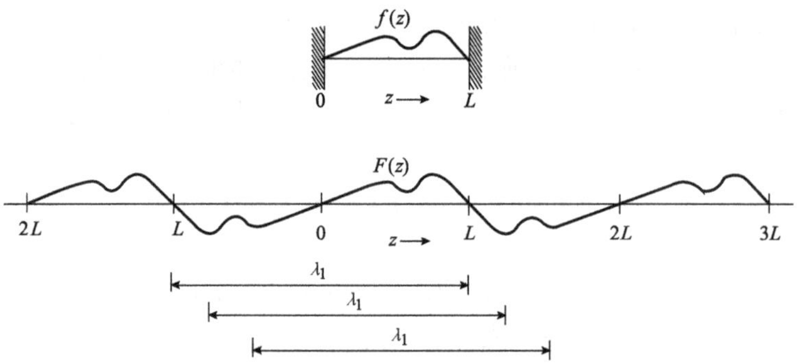


图 2.5　由函数 $f(z)$（它在 $z=0$ 及 $z=L$ 处为零）建立周期函数 $F(z)$，其周期为 $\lambda_1=2L$．注意，$F(z)$ 满足周期性条件

**$z$ 的周期函数的傅里叶分析**　我们现在来把可以写成傅里叶展开式的那一类函数的范围进一步扩大．式（39）只对应了周期为 $\lambda_1$，在 $z=0$ 及 $z=\frac{1}{2}\lambda_1$ 处为零的那些周期函数．但是，函数在 $z=0$ 及 $z=\frac{1}{2}\lambda_1$ 处为零的条件是由于我们选择了特殊的边界条件，即弦的两端固定的结果．如果没有那些特殊的边界条件，我们得出的振动弦的解就不仅含有 $\sin mk_1z$ 的项，而且含有 $\cos mk_1z$ 的项．这样的函数也是 $z$ 的周期函数，周期为 $\lambda_1$，但是它们在 $z=0$ 及 $z=\frac{1}{2}\lambda_1$ 处不为零．（它们对应于有一端或两端是自由的弦的振动．）把它们包括在级数中，我们终于得到了一类十分

广泛的可写成傅里叶级数的函数：所有周期为 $\lambda_1$ 的（合理的）周期函数 $F(z)$，即对于所有的 $z$ 满足 $F(z+\lambda_1)=F(z)$ 的函数，都可以展开成如下的傅里叶级数：

$$\begin{aligned}F(z) &= \sum_{n=0}^{\infty}\left(A_n \sin n\frac{2\pi}{\lambda_1}z + B_n \cos n\frac{2\pi}{\lambda_1}z\right)\\ &= B_0 + \sum_{n=1}^{\infty}A_n \sin n\frac{2\pi}{\lambda_1}z + \sum_{n=1}^{\infty}B_n \cos n\frac{2\pi}{\lambda_1}z\\ &= B_0 + \sum_{n=1}^{\infty}A_n \sin n k_1 z + \sum_{n=1}^{\infty}B_n \cos n k_1 z. \end{aligned} \tag{40}$$

**求傅里叶系数**　求某一周期函数 $F(z)$ 的振幅或傅里叶系数 $B_0$、$A_n$ 及 $B_n$（对所有的 $n$）的过程叫作傅里叶分析．现在我们就来说明怎样去确定这些系数．

我们先来求 $B_0$．对式（40）两边求积分，积分区间是 $F(z)$ 的任何一个全周期，即从 $z=z_1$ 积分到 $z=z_2$．这里 $z_1$ 是任意值，而 $z_2=z_1+\lambda_1$．假设函数 $F(z)$ 是已知的，我们就可以求出它从 $z_1$ 到 $z_2$ 的积分，也就是式（40）左边的积分．现在考虑式（40）右边的积分．这里有无穷多项，因此要考虑无穷多个积分．第一项是 $B_0$，它产生积分

$$\int_{z_1}^{z_2} B_0 \mathrm{d}z = B_0(z_2 - z_1) = B_0\lambda_1. \tag{41}$$

其余各项在一个周期内的积分都是零．这是因为，$\sin n k_1 z$ 和 $\cos n k_1 z$ 在任一完整的周期内，有多少负值就有多少正值，所以它们的积分为零：

$$\int_{z_1}^{z_2} \sin n k_1 z \mathrm{d}z = 0; \qquad \int_{z_1}^{z_2} \cos n k_1 z \mathrm{d}z = 0.$$

这样，我们就求出了 $B_0$．它由下式给出：

$$B_0\lambda_1 = \int_{z_1}^{z_2} F(z)\,\mathrm{d}z. \tag{42}$$

下面，我们再说明如何求 $A_m$．这里 $m$ 是式（40）中 $n$ 的任何一个特定值，可以从 1 到无穷大．这里的诀窍，是用 $\sin m k_1 z$ 乘式（40）的两边，再做积分．积分区间为 $F(z)$ 的一个全周期．因为 $F(z)$ 是已知的，左边的积分可以算出．现在考虑右边的积分．第一项是 $B_0$ 乘 $\sin m k_1 z$ 的积分，其值为零，因为它包含 $\sin m k_1 z$ 的 $m$ 个全周期．留下来尚有 $\sin n k_1 z \sin m k_1 z$ 和 $\cos n k_1 z \sin m k_1 z$ 的积分，这里 $n=1$，2，…．考虑 $n=m$ 的特定项．$\sin m k_1 z$ 的平方在 $F(z)$ 的周期 $\lambda_1$（这是 $\sin m k_1 z$ 的 $m$ 个全周期）内的平均值为 1/2．它对式（40）右边的积分值的贡献是 $\frac{1}{2}A_n\lambda_1$．其余项都没有贡献．这一点可证明如下：例如，考虑 $m$ 不等于 $n$ 时的被积函数 $\sin n k_1 z \sin m k_1 z$，它可改写成

$$\sin n k_1 z \sin m k_1 z = \frac{1}{2}\cos(n-m)k_1 z - \frac{1}{2}\cos(n+m)k_1 z. \tag{43}$$

因为 $n-m$ 和 $n+m$ 都是整数，式（43）右边每一项在 $F(z)$ 的任何一个长度为

$\lambda_1$ 的全周期内有多少正值，就有多少负值．所以，这两项的积分都是零（除了已经考虑过的 $n=m$ 的情况以外）．与此类似，$\cos nk_1z\ \sin mk_1z$ 项的积分也为零，因为

$$\cos nk_1z\ \sin mk_1z=\frac{1}{2}\sin(m+n)k_1z+\frac{1}{2}\sin(m-n)k_1z.$$

于是我们求得

$$\frac{1}{2}A_m\lambda_1=\int_{z_1}^{z_2}\sin mk_1zF(z)\,\mathrm{d}z. \tag{44}$$

同样地，只要式（40）两边乘以 $\cos mk_1z$，并在长度为 $\lambda_1$ 的一个周期内积分，就可以求得系数 $B_m$．右边积分只有一项不为零，它的系数为 $B_m$．于是，我们得到

$$\frac{1}{2}B_m\lambda_1=\int_{z_1}^{z_2}\cos mk_1zF(z)\,\mathrm{d}z. \tag{45}$$

**傅里叶系数**　傅里叶系数已由式（40）、式（42）、式（44）及式（45）给出，我们把它们汇集在一起，以便将来查阅．

$$\boxed{\begin{aligned}F(z)&=B_0+\sum_{m=1}^{\infty}A_m\sin mk_1z+\sum_{m=1}^{\infty}B_m\cos mk_1z,\\B_0&=\frac{1}{\lambda_1}\int_{z_1}^{z_1+\lambda_1}F(z)\,\mathrm{d}z,\\A_m&=\frac{2}{\lambda_1}\int_{z_1}^{z_1+\lambda_1}F(z)\sin mk_1z\mathrm{d}z,\\B_m&=\frac{2}{\lambda_1}\int_{z_1}^{z_1+\lambda_1}F(z)\cos mk_1z\mathrm{d}z.\end{aligned}} \tag{46}$$

这里 $z_1$ 是 $z$ 的任何一个值．式（46）告诉我们，如何对周期为 $\lambda_1$ 的 $z$ 的任意周期函数 $F(z)$ 做傅里叶分析．

**方波**　方波的傅里叶分析是一个颇能说明问题的例子．令 $f(z)$ 在 $z=0$ 及 $z=L$ 处为零，而在 $0<z<L$ 的区间内为1．（这个函数在 $z=0$ 处不连续，在 $z=L$ 处也不连续．可见，它并不满足上述到处“光滑”的假设．所以，我们不能指望能用傅里叶级数分毫不差地代表方波．结果是，级数的每一部分和都在 $z=0$ 及 $z=L$ 处有个尖锐的“钉尖戳出”．相加的项数越多，“钉尖”越尖锐，但其高度不会变为零．）

按照图2.5的规定构造出来的这样的周期函数 $F(z)$ 如下：当 $z=0$ 时，$F(z)=0$；当 $0<z<L$ 时，$F(z)=+1$；当 $z=L$ 时，$F(z)=0$；当 $L<z<2L$ 时，$F(z)=-1$；等等，如图2.6所示．

利用式（46），不难得到如下结果（习题2.11）：$B_0=0$；对于所有的 $m$，$B_m=0$；对于 $m=2，4，6，8，\cdots$（偶数），$A_m=0$；对于 $m=1，3，5，\cdots$（奇数），$A=4/m\pi$．于是 $F(z)$ 由下式给出：

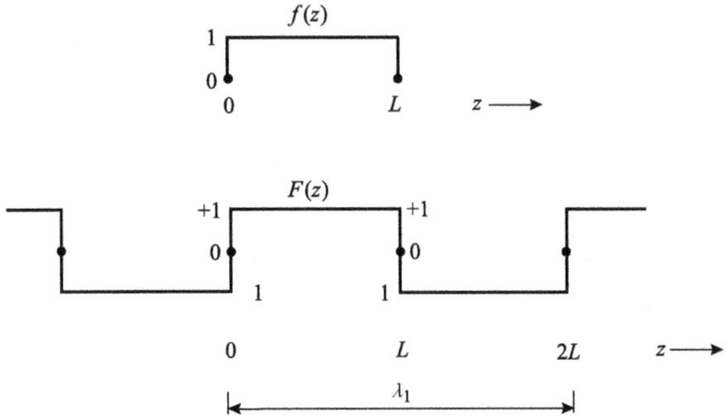


图 2.6　方波 $f(z)$ 和周期性方波 $F(z)$

$$
\begin{aligned}
F(z) &= B_0 + \sum_{m=1}^{\infty} B_m \cos m k_1 z + \sum_{m=1}^{\infty} A_m \sin m k_1 z \\
&= \frac{4}{\pi}\left\{\sin k_1 z + \frac{1}{3}\sin 3 k_1 z + \frac{1}{5}\sin 5 k_1 z + \cdots\right\} \\
&= 1.273\sin\frac{\pi z}{L} + 0.424\sin\frac{3\pi z}{L} + 0.255\sin\frac{5\pi z}{L} + \cdots. \qquad (47)
\end{aligned}
$$

图 2.7 所示为方波 $f(z)$ 由式 (47) 给出的前三项各自的图形，以及前三项图形的叠加图形.

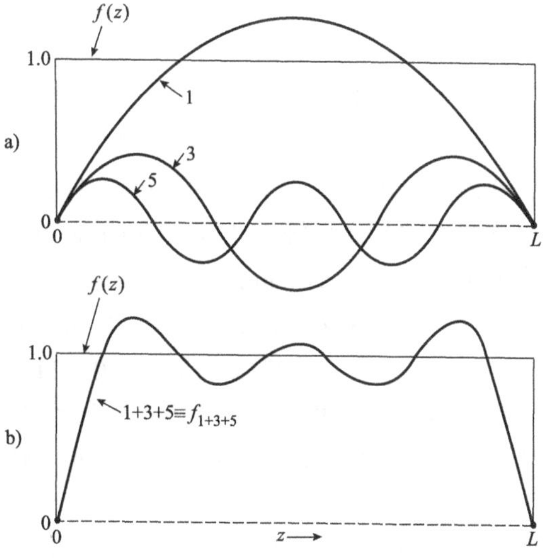


图 2.7　方波 $f(z)$ 的傅里叶分析

a）方波 $f(z)$ 与傅里叶分析的前三项. 编号 1，3，5 指的是简正模式 1，3，5

b）方波 $f(z)$ 与前三项傅里叶分量的叠加 $f_{1+3+5}$

倘若我们不把玩具弹簧强迫弯成刚才说过的尖角函数 $f(z)$ 的形状，而是在 $t=0$ 时，让它严格地受到下列函数所规定的约束：

$$
g(z) = 1.273\sin\frac{\pi z}{L} + 0.424\sin\frac{3\pi z}{L} + 0.255\sin\frac{5\pi z}{L}. \qquad (48)
$$

这对应于式 (47) 的前三项，如图 2.7b 所示. 现在我们在 $t=0$ 时让玩具弹簧开始运动. 这时 $\psi(z, t)$ 会是什么样子？$t$ 增加时形状能保持不变吗？(见习题 2.16)

**时间的周期函数的傅里叶分析**

设已知一个对于所有的 $t$ 都有定义的函数 $F(t)$，而且它是 $t$ 的周期函数，周期为 $T_1$，即对于任意 $t$ 都有

$$
F(t + T_1) = F(t). \qquad (49)
$$

我们假定 $F(t)$ 可以展开成傅里叶级数：

$$F(t)=B_0+\sum_{n=1}^{\infty}A_n\sin n\omega_1 t+\sum_{n=1}^{\infty}B_n\cos n\omega_1 t,\tag{50}$$

式中，

$$\omega_1=2\pi\nu_1=\frac{2\pi}{T_1}.\tag{51}$$

这些傅里叶系数，可以从前面研究过的空间周期函数的傅里叶分析结果直接得到．对于数学分析来说，变量 $\theta=k_1z$ 与变量 $\theta=\omega_1 t$ 是没有区别的．于是，我们从式（46）直接得到式（50）的系数：

$$\begin{cases}B_0=\dfrac{1}{T_1}\displaystyle\int_{t_1}^{t_1+T_1}F(t)\,\mathrm{d}t,\\ B_n=\dfrac{2}{T_1}\displaystyle\int_{t_1}^{t_1+T_1}F(t)\cos n\omega_1 t\,\mathrm{d}t,\\ A_n=\dfrac{2}{T_1}\displaystyle\int_{t_1}^{t_1+T_1}F(t)\sin n\omega_1 t\,\mathrm{d}t.\end{cases}\tag{52}$$

这里时刻 $t_1$ 是任意的.

**钢琴的和音**　我们说明这个问题，不是通过已知函数的傅里叶分析，而是通过已知成分的叠加．假设你有一架钢琴，它的音调已校至与“科学音阶”一致．（若要进一步了解乐音的音阶，见课外实验 2.6.）令 $\nu_1=128\mathrm{s}^{-1}$．这个音是比中央 C 低八度的 C 音（即频率差一个因子 2)．现在令 $\nu_3=3\nu_1=384\mathrm{s}^{-1}$．这是比中央 C 高的 G 音．令 $\nu_5=5\nu_1=640\mathrm{s}^{-1}$，这是 E 音，它比中央 C 高的那个 G 音还要高．那么，在同一时刻弹这三个音，你就可以听到悦耳的“开放的”和音．如果严格地同时弹奏，并且弹得轻重适度，使 C128 弦在你耳朵里产生的空气的计示压强（用适当的单位）为 $1.273\sin 2\pi\nu_1 t$，G384 弦产生的压强为 $0.424\sin 2\pi\nu_3 t$，E640 弦产生的压强为 $0.255\sin 2\pi\nu_5 t$，那么，耳朵里的空气的总压强 $p(t)$ 就是三者的叠加：

$$p(t)=1.273\sin 2\pi\nu_1 t+0.424\sin 2\pi\nu_3 t+0.255\sin 2\pi\nu_5 t.\tag{53}$$

式（53）很像式（48)，而式（48）已在图 2.7b 中表示．要得到 $p(t)$ 的图示，只要把变量 $k_1z$ 换成 $\omega_1 t$，并把图 2.7b 向外延拓，结果如图 2.8 所示.

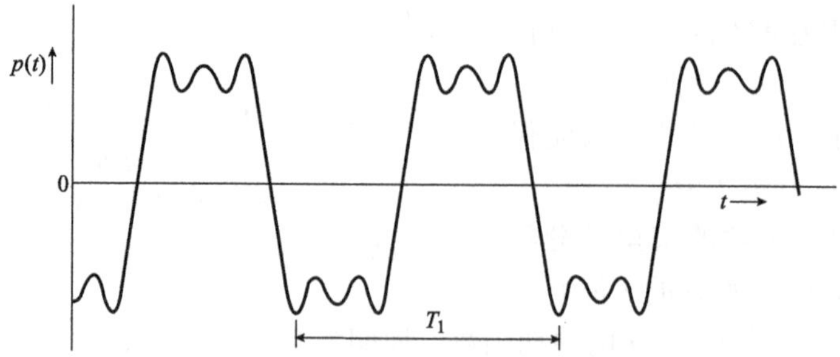


图 2.8　音 C128、G384 和 E640 按式（53）的相对振幅和相位叠加在耳朵里产生的计示压强．周期 $T_1$ 为 1/128s

如果三个琴键不是严格地同时（即精确到远小于 1/128s 的时间内）按下去，三个音的相对相位便与式（53）中的不同，叠加出来的样子就不像图 2.8．但你的耳朵觉察不出来！你的耳朵（加上大脑）对总压强做了傅里叶分析．肯定会是这样，因为你“听到”的是和音的各个音，能够把它们识别出来．但与各音调的相对相位有关的信息，看来已被舍弃掉或者根本没有得到．否则，你应当感觉到相对相位不同的声音是有差异的．

耳朵里感觉声音的部分叫作基底膜，它被包在内耳充满液体的螺旋状结构即所谓耳蜗内．耳蜗与鼓膜机械组合．基底膜贴近鼓膜的那一端的共振频率约为 20 000 $s^{-1}$，基底膜离鼓膜远的一端的共振频率约为 20 $s^{-1}$．于是，耳朵能听到的声频在 20 $s^{-1}$ 与 20 000 $s^{-1}$ 之间．耳蜗神经在基底膜上有感觉细胞，并把机械振动“转换”为电信号传输到大脑，在那里经过某种过程成为我们的听觉．一次又一次地反复敲打弦，而我们的感觉始终一样［即使 $p(t)$ 由于相对相位的不同具有很不相同的形状］．这样的实验告诉我们，与基底膜各部分的振动相位有关的信息已在某处丢失．或许是因为这种信息从来也没有得到过；或许是因为转换结构是一个平方律探测器，即输出电信号正比于振动膜的振幅的平方；或许是因为神经确实传输了相位信息［即也许信号是 $\psi(z, t)$ 而非 $\psi^2(z, t)$］，但大脑没有利用这种相位信息，即它没有把来自各神经的信号 $\psi(z, t)$ 叠加起来．显然，相位信息并没有很大的保留价值，否则在进化过程中我们一定会获得某种能探测出相位的结构．

**其他边界条件** 在连续弦横向振动的一般问题中，弦的两端不一定都是固定的．至少就横向振动而言，弦的一端或两端可以是“自由的”．弦的平衡位形和张力，可借助于无质量的、无摩擦的滑环套在固定的杆上所提供的约束来维持．杆沿 $x$ 方向，即垂直于弦的平衡轴（它总是取在 $z$ 方向）．这时的简正模式具有的位形将不同于两端固定的弦．简正模式的形状仍为 $z$ 的正弦函数，如式（19）所给出．频率与波长之间的色散关系仍由式（22）给出．其实，在式（23）之前，关于在单一模式中弦位移的一般解的全部讨论，都与边界条件无关．只是在式（23）之后的讨论，才局限于弦在 $z=0$ 及 $z=L$ 处固定的情况．

在振动弦的自由端，（按定义）没有横向力作用，即无摩擦的杆没有横向力作用在无摩擦的环上．那么，（按牛顿第三定律）弦和无摩擦的环也没有横向力作用在无摩擦的杆上．这意味着弦必须是水平的．弦在自由端的斜率在所有时刻恒为零．如果设法将一横向力作用于弦的自由端，则即使在有力作用的时候，弦也会以某种方式运动，使这个力减到零．作用力永远不会变成不等于零，而且弦总是保持水平，不过，弦当然不是静止的．（其含义是，你不能用力推在拒绝反推的东西上，但是你可随便移动它．）

图 2.9 表示的是一端固定、另一端自由的弦的模式．对相继的模式的编号，是按在弦长 $L$ 内有几个 $\lambda/4$ 做出的．注意，不存在频率为 $2\nu_1$，$4\nu_1$，…的偶数倍谐波．在 $z=0$ 处函数值为零而在 $z=L$ 处斜率值为零的函数 $f(z)$ 的傅里叶分析，将

在习题2.29中加以讨论.

**激发方式对音品的影响**　当钢琴弦被琴槌敲击时，基音（$\nu_1$）、第二谐音即八度音（$2\nu_1$）、八度加五度音（$3\nu_1$）、第二个八度音（$4\nu_1$）、第二个八度加大三度音（$5\nu_1$）和第二个八度加五度音（$6\nu_1$），以及基音 $\nu_1$ 的更高的谐音，它们都有不同程度的激发. 各傅里叶分量（各谐音）的大小及相位依赖于刚被琴槌敲击过那个时刻的弦的初始位形及各部分的初始速度，而这些又在很大程度上依赖于琴槌敲击的位置，即敲击点与弦端的距离. 琴槌不激发那些敲击点为节点（永远不动的点）的模式，因为琴槌给弦的被敲部分以一个初速度. 举例来说，如果拨动的是弦的中点，就激发不出中点为节点的那些模式. 从图2.3可以看出，在这种情况下，所有偶数倍谐音都不激发. 于是，当我们为奏C128而拨动弦的中点时，可以预料，它的振动是C128、G384、E640等的叠加. 如果在弦的靠近某一个端点处敲击，弦振动是C128、C256、G384、C512、E640、G768等的叠加. “音品”显然是不一样的.

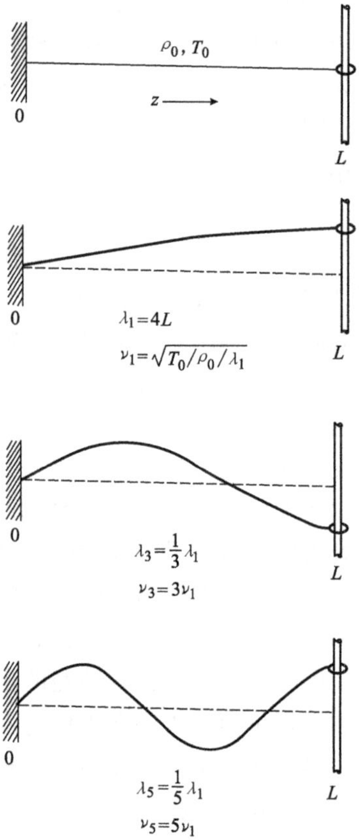


图2.9　一端固定、一端自由的连续弦的模式

**均匀弦模式形成完备函数系**　我们从两端固定的弦出发，已经发现，在 $z=0$ 与 $z=L$ 之间定义的，而且当 $z=0$ 和 $z=L$ 时其值为零的任何合理的函数 $f(z)$，都可以展开成傅里叶级数：

$$f(z) = \sum_{n=1}^{\infty} A_n \sin n k_1 z, \quad k_1 L = \pi. \tag{54}$$

因此，函数 $\sin n k_1 z$（其中 $n=1, 2, 3, \cdots$）被称为完备函数系［对在 $z=0$ 与 $z=L$ 处为零的函数 $f(z)$ 而言］. 完备函数系是这样一组函数，只要选取适当的常系数，任何（合理）函数 $f(z)$ 都可以写成这组函数的叠加.

**非均匀弦**　除组成傅里叶级数的正弦函数而外，还有别的完备函数系吗？有，有无穷多组完备系！这一点可从下述论证看出. 假定弦是不均匀的，即它的质量密度和张力之中有一个（或两者）是位置 $z$ 的连续函数.（垂直悬挂的、顶端与底端固定的玩具弹簧，可作为有可变密度与张力的“弦”的例子. 底端的张力比顶端的小，差值即重量 $Mg$，$M$ 为玩具弹簧的总质量.）那么，一小段弦的运动方程就不再会是下述经典的波动方程了：

$$\frac{\partial^2\psi(z,t)}{\partial t^2}=\frac{T_0}{\rho_0}\frac{\partial^2\psi(z,t)}{\partial z^2}.$$

代替它的方程是容易求得的（习题 2.10）. 如果平衡张力为 $T_0(z)$，密度为 $\rho_0(z)$，我们得到

$$\frac{\partial^2\psi(z,t)}{\partial t^2}=\frac{1}{\rho_0(z)}\frac{\partial}{\partial z}\left[T_0(z)\frac{\partial\psi(z,t)}{\partial z}\right]. \tag{55}$$

只有当 $T_0(z)$ 和 $\rho_0(z)$ 为常数，即与 $z$ 无关时，这个方程才简化为经典的波动方程. 非均匀弦处于一个简正模式的情况，就和均匀弦处于一个简正模式的情况一样，弦各部分都以同一频率和相同的相位常数做简谐振动：

$$\psi(z,t)=A(z)\cos(\omega t+\varphi). \tag{56}$$

于是

$$\frac{\partial^2\psi}{\partial t^2}=-\omega^2A(z)\cos(\omega t+\varphi), \tag{57}$$

$$\frac{\partial\psi}{\partial z}=\cos(\omega t+\varphi)\frac{\mathrm{d}A(z)}{\mathrm{d}z}. \tag{58}$$

把这些代入式（55），消去公因数 $\cos(\omega t+\varphi)$，就得到关于模式形状的方程：

$$\frac{1}{\rho_0(z)}\frac{\mathrm{d}}{\mathrm{d}z}\left[T_0(z)\frac{\mathrm{d}A(z)}{\mathrm{d}z}\right]=-\omega^2A(z). \tag{59}$$

**驻波的正弦形状是均匀体系的标志**　模式的形状由 $A(z)$ 给出，它是在一定的边界条件下，即根据在 $z=0$ 及 $z=L$ 处 $A(z)=0$，求解微分方程（59）得到的. 除非 $T_0$ 和 $\rho_0$ 为常数，否则函数 $A(z)$ 的形状不是正弦曲线. 所以，空间上的正弦振荡是均匀体系的简正模式的独特形状.

**非均匀弦的模式形成完备函数系**　我们在下面将告诉你们（不予证明），两端固定在 $z=0$ 及 $z=L$ 处的非均匀弦的简正模式有哪些特征. 与方程（59）的一个解相对应的最低模式 $A_1(z)$ 只有 $z=0$ 及 $z=L$ 处为零.（像半个波长的“变形正弦波”，它在 0 与 $L$ 之间没有节点.）这个模式的频率为 $\omega_1$. 下一个模式在 $z=0$ 与 $z=L$ 之间有一个节点，像一个全波长的变形正弦波，其特征频率为 $\omega_2$. 第 $m$ 模式有 $m-1$ 个节点，位于 $z=0$ 与 $z=L$ 之间，像变形正弦波的 $m$ 个半波长. 存在着（对连续弦来说）无穷多个模式. 函数 $A_1(z)$，$A_2(z)$，$A_3(z)$，…给出了这些模式的空间关系，对于那些在 $z=0$ 及 $z=L$ 处为零的任意合理函数 $f(z)$ 来说，它们组成了完备系. 合理函数 $f(z)$ 被定义为这样一种函数，它具有弦或玩具弹簧在不违反我们假设的情况下可能具有的形状. 这样，我们就可以做一块形状为 $f(z)$ 的模板，使非均匀弦与这个模板贴合，并在 $t=0$ 时让它从静止开始运动. 弦将按照其模式的无穷叠加进行振动：

$$\psi(z,t)=\sum_{m=1}^{\infty}c_mA_m(z)\cos\omega_mt. \tag{60}$$

那么，在 $t=0$ 时就有

$$\psi(z,0)=f(z)=\sum_{m=1}^{\infty}c_mA_m(z). \tag{61}$$

式（61）表明 $f(z)$（在服从我们假设的条件下）可以用函数系 $A_m(z)$ 展开. 所以 $A_m(z)$ 形成完备函数系. 这里的论证，与证明傅里叶级数的正弦函数组成关于函数 $f(z)$（在 $z=0$ 及 $z=L$ 处为零）的完备系的论证极其相似.

**本征函数**　我们有无穷多种方法制造质量密度与张力不均匀的弦，所以也有无穷多种不同的完备系 $A_m(z)$. $z$ 的正弦函数对于展开函数 $f(z)$ 并不是唯一的完备系，但却是一个很重要的完备系，因为它们很简单，且易于理解. 并且，只要我们有一个空间上均匀的体系，它们总能给出那些简正模式的形状. 当在空间上不均匀时，正弦函数便不是很有用的了，我们就得设法找出并使用那些与体系的简正模式相对应的函数 $A_m(z)$. 这些函数 $A_m(z)$，或更一般地，三维体系的 $A_m(x, y, z)$ 叫作本征函数，它们给出简正模式的空间依赖关系.

对每一位置 $(x, y, z)$，模式与时间的关系总是由 $\cos(\omega t+\varphi)$ 给出. 于是，模式在本质上不是别的，而是各运动部分同时发生的微小振动（微小到满足线性方程），各部分以同一频率、同一相位振荡. 如果整个体系处于单一模式上，它就像一个大振荡器那样振动着和跳动着. 每种模式有它自己的"形状"，即有它自己的本征函数. 当本征函数的形状是正弦函数时，模式的频率与形状之间的关系称为色散关系，$\omega(k)$. 如果它们不是正弦函数，当然，就没有波长或波数 $k$ 这样的东西. 这时，模式频率与形状之间的关系通常就不用"色散关系"这个名称.

我们不打算再进一步研究不均匀体系. 当你们学习量子物理时，你们将学习德布罗意驻波在势能不是常数的体系中的本征函数（形状）. 它们与一根非均匀弦上的驻波相似. 见补充论题 2.

## 2.4　具有 $N$ 个自由度的不连续体系的模式

在 2.2 节中，我们考虑过连续弦，那是具有无穷多自由度的体系. 没有一个实际的力学体系具有无穷多自由度，而我们却对实际体系感兴趣. 在这一节里，我们将求出两端固定，并均匀地串有 $N$ 个珠子的弦的模式的严格解. 在极限情况下，令珠数 $N$ 趋于无穷大（并保持长度 $L$ 有限），我们将求得在 2.2 节中研究过的驻波. 但是，我们的目的不仅是这一点. 说得更恰当些，我们将会看到，在过渡到连续弦的极限过程中某些极有趣的特性被丢掉了. 我们知道，在 $N$ 很大但不是无限的情况下，为了用光滑的函数 $\psi(z, t)$ 来描述位移，我们只得不考虑那些最高的模式，即 $m=N, N-1, N-2, \cdots$ 的模式. 我们必须限制 $m$ 的数值比 $N$ 小得多，这是因为模式 $N$ 具有锯齿状的位形，如图 2.1 所示，于是相邻两珠不能具有差不多大的位移.

在这一节里，我们将得到的最有趣的新结果，是关于连续弦的色散律，即“$\omega$ 等于常数乘 $k$”，不是普遍成立的. 这种频率与波长之间的联系，即当波长减小一半时，频率增加一倍（它给出谐振频率比），只是柔软弦在连续的极限情况下的一个近似关系. 它对于“有结块的”（然而除此而外是均匀的）弦不能成立这一事实，为一种称为色散的有趣的物理现象提供了一个例子. 满足上述简单色散关系“$\omega$ 等于常数乘 $k$”的介质称为非色散的（对相应的波段而言）. 如果满足任何别的色散关系，这种介质就称为色散的. 现在来看看具体的例子：

**例 1：串珠弦的横振动**

这个体系如图 2.10 所示. 弦上串有 $N$ 粒珠. 弦端固定在 $z=0$ 及 $z=L$ 处. $N$ 粒珠分别位于 $z=a$，$2a$，…，$Na$. 弦总长 $L$，它等于 $(N+1)a$. 每粒珠有质量 $M$. 弦（或弹簧）的各分段是一样的，它们都没有质量并且是服从胡克定律的理想弹簧. 平衡张力为 $T_0$. 如果弹簧（弦）满足玩具弹簧近似（张力正比于长度），振幅可任意大，而振动仍服从线性运动方程. 如果弹簧不满足玩具弹簧近似，则我们只考虑限于小幅度的微小振动的情况，以便得到线性方程.

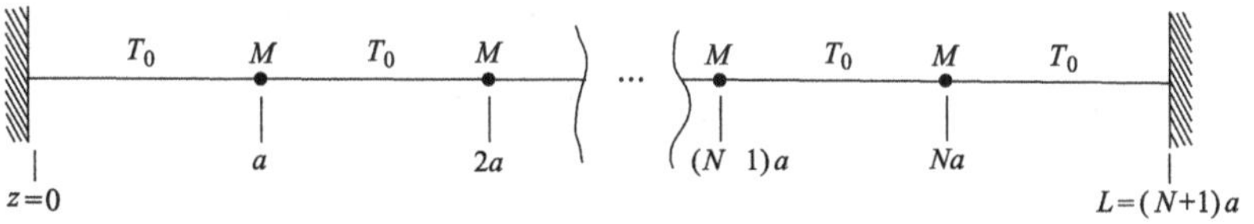


图 2.10　串珠弦的平衡位形

现在我们来考虑振荡的一般位形，如图 2.11 所示.（这还不是完全的一般性，因为我们暂且只考虑沿 $x$ 方向的横振荡. 下面我们还要考虑沿 $z$ 方向的纵振荡. 一般的振荡，当然是沿 $z$ 的纵振动与沿 $x$ 及 $y$ 的横振动的叠加.）设第 $n$ 粒珠向上（在图中）离开平衡位置的位移为 $\psi_n(t)$，$n=1, 2, 3, \cdots, N-1, N$. 我们把注意力集中在某一粒珠 $n$ 和它的近邻第 $n-1$（向左）及第 $n+1$（向右）粒珠上.

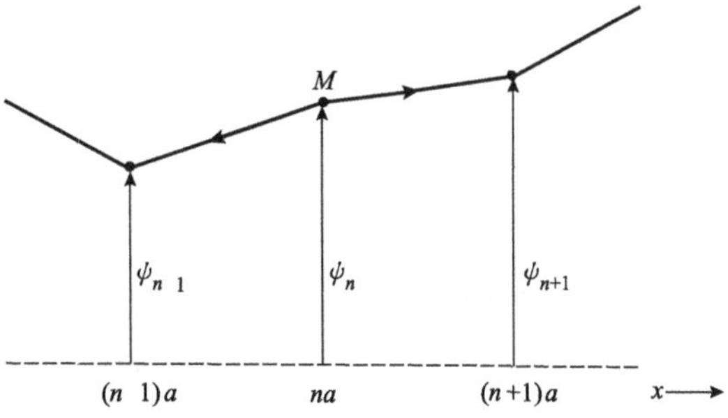


图 2.11　串珠弦沿 $x$ 方向横振荡的一般位形

**运动方程**　我们要求出第 $n$ 个珠的运动方程. 我们以前已经求解过类似的问题（在 1.2 节，一个自由度的；在 1.4 节，两个自由度的），因此，这里留给读者自己去推导. 无论用玩具弹簧近似还是用微小振动近似，应用牛顿定律即得第 $n$ 个珠的运动方程为

$$M\frac{d^2\psi_n(t)}{dt^2}=T_0\left[\frac{\psi_{n+1}(t)-\psi_n(t)}{a}\right]-T_0\left[\frac{\psi_n(t)-\psi_{n-1}(t)}{a}\right]. \tag{62}$$

式（62）是完全普遍的，它适用于自由振荡体系的任意运动，即适用于 $N$ 种不同模式的任意叠加.

**简正模式**　我们打算求出各个模式的频率和位形. 因此，我们假设有一频率为 $\omega$ 的单一模式，即各珠以相同的频率 $\omega$ 及相同的相位常数 $\varphi$ 作简谐振荡. 模式的形状由各珠的振幅比给出. 在我们考虑的模式中，设 $A_n$ 为珠 $n$ 的振动振幅，于是在这个单一的模式中，我们有

$$\begin{cases}\psi_1(t)=A_1\cos(\omega t+\varphi);\\ \psi_2(t)=A_2\cos(\omega t+\varphi);\\ \psi_{n-1}(t)=A_{n-1}\cos(\omega t+\varphi);\\ \psi_n(t)=A_n\cos(\omega t+\varphi);\\ \psi_{n+1}(t)=A_{n+1}\cos(\omega t+\varphi);\end{cases} \tag{63}$$

由式（63），我们有

$$\frac{d^2\psi_n(t)}{dt^2}=-\omega^2\psi_n(t)=-\omega^2A_n\cos(\omega t+\varphi). \tag{64}$$

现在分别把式（62）和式（63）代入式（64）的左边与右边，然后消去与时间有关的公共因子 $\cos(\omega t+\varphi)$，即得

$$-M\omega^2A_n=\frac{T_0}{a}(A_{n+1}-2A_n+A_{n-1});$$

亦即，

$$A_{n+1}+A_{n-1}=A_n\left(2-\frac{Ma}{T_0}\omega^2\right). \tag{65}$$

式（65）的解给出角频率为 $\omega$ 的模式的形式，但是看来求解是比较棘手的，让我们靠大胆猜测来解出它. 凭连续弦（两端固定于 $z=0$ 及 $z=L$ 处）的解来猜测. 在那个问题中，我们知道模式的形状为

$$A(z)=A\sin\frac{2\pi z}{\lambda}=A\sin kz. \tag{66}$$

我们欲求的解 $A_n$，在无穷多个珠的极限（连续极限）情况下必然简化为式（66）. 让我们简单地令式（66）中的 $z=na$，得到试解：

$$A_n=A\sin\frac{2\pi na}{\lambda}=A\sin kna. \tag{67}$$

于是

$$\begin{aligned}A_{n+1}&=A\sin k(n+1)a=A\sin(kna+ka)\\&=A(\sin kna\cos ka+\cos kna\sin ka).\\A_{n-1}&=A\sin k(n-1)a=A\sin(kna-ka)\end{aligned}$$

$$=A(\sin kna\cos ka-\cos kna\sin ka).$$

$$A_{n+1}+A_{n-1}=2A\sin kna\cos ka=2A_n\cos ka. \tag{68}$$

把式（68）代入式（65），得

$$2A_n\cos ka=A_n\left(2-\frac{Ma}{T_0}\omega^2\right). \tag{69}$$

**串珠弦的严格色散关系**　不管 $A_n$ 是否为零（可能对某一粒特别的珠它是零），假设式（69）对每一粒珠都适用. 因此，我们可取 $n$ 所对应的珠不在节点，即它的 $A_n$ 不等于零. 于是可消去 $A_n$，得到猜测的解为实际解时必须满足的条件：

$$2\cos ka=2-\frac{Ma}{T_0}\omega^2,$$

即

$$\begin{aligned}\omega^2&=\frac{2T_0}{Ma}(1-\cos ka)\\&=\frac{2T_0}{Ma}\left[1-\left(\cos^2\frac{ka}{2}-\sin^2\frac{ka}{2}\right)\right]\\&=\frac{4T_0}{Ma}\sin^2\frac{ka}{2}\\&=\frac{4T_0}{Ma}\sin^2\frac{\pi a}{\lambda}.\end{aligned} \tag{70}$$

式（70）把一个模式振荡的角频率 $\omega$ 与波长（或波数）联系起来了，这就是串珠弦的色散关系.

**边界条件**　我们猜测的解的边界条件尚未完全规定. 我们没有把它写成更一般的表示式

$$A_n=A\sin kna+B\cos kna, \tag{71}$$

而是写成式（67），这样便已满足 $z=0$ 处的边界条件，即对于任一模式来说，弦在该点的位移为零. 在式（71）中令 $z=na=0$，并要求 $A_0=0$，就给出 $B=0$. 我们还必须满足 $z=L$ 处的边界条件，即弦在那里的位移也为零. 在 $z=L$ 处的墙可看作“固定的第 $N+1$ 颗珠”，于是要求 $A_{N+1}=0$：

$$A_{N+1}=A\sin k(N+1)a=A\sin kL=0. \tag{72}$$

式（72）有 $N$ 个可能的解，每一个解对应于一种模式 $m$，而 $m=1$，2，…，$N$. 我们还约定最小编码 $m=1$ 对应于波长最长的模式. 于是，我们得到

$$k_1L=\pi,k_2L=2\pi,\cdots,k_mL=m\pi,\cdots,k_NL=N\pi. \tag{73}$$

只有这样 $N$ 个解［由式（73）规定的模式］，是因为式（73）的最后一项已经对应于完全的“锯齿状”位形：从 $z=0$ 起，弦的第一分段曲折向上，直到第一粒珠；第二分段曲折向下，直到第二粒珠；…；第（$N+1$）分段从第 $N$ 粒珠曲折到墙. 虽然式（72）还可有更多的解，如 $k_{N+1}L=(N+1)\pi$，$k_{N+2}L=(N+2)\pi$，…，但是要构成这些解所对应的完整锯齿状，我们已经没有更多的弦分段了.

在推导描述模式形状的方程（65）时，并没有考虑到边界条件（图2.11不包含边界条件）. 这个方程的最一般的解由式（71）给出，其中的比值 $B/A$ 及波数 $k$ 应由边界条件决定. 如果把式（71）代入式（65），就会发现色散关系式（70）与边界条件毫无关系，即与 $A$，$B$ 及 $k$ 的数值无关. 证明这一点是很方便的（习题2.19）. 对于我们的特殊边界条件（弦固定在 $z=0$ 及 $L$ 处），我们求得式（72）的模式位形，其中 $k_m$ 由式（73）给出. 于是频率 $\omega_m$ 可从式（70）得到.

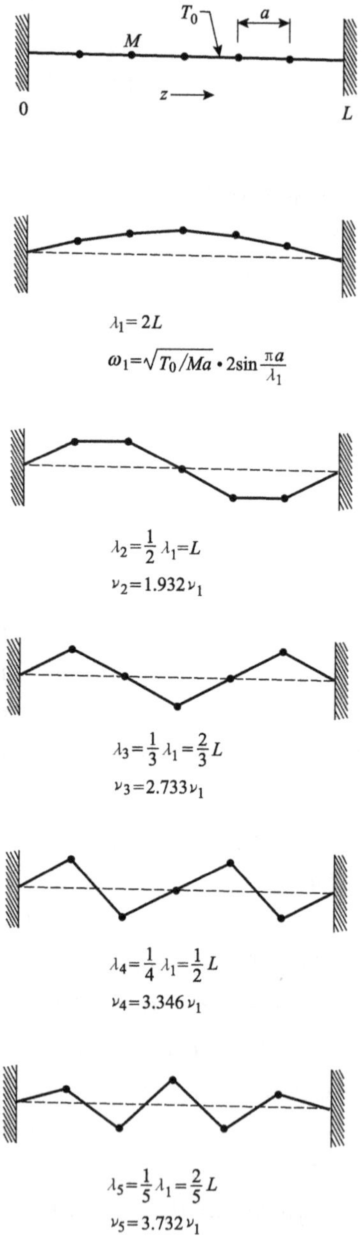

注意，式（73）的模式位形与以前得到的连续弦的模式位形严格相同，唯一的差别是连续弦的 $N \to \infty$，从而没有最高模式. 而且，对于串珠弦来说，各弦分段都是直线，并不随着通过各珠的光滑的正弦曲线 $A_m$ 那样弯曲. 在图2.12上，我们列举了 $N=5$ 的模式. 在图2.13上，描绘了色散关系式（70）：

$$\omega(k) = 2\sqrt{\frac{T_0}{Ma}}\sin\frac{ka}{2}. \tag{74}$$

图上标出的五个黑点给出了五珠弦两端固定时的五种模式的 $k$ 与 $\omega$. 如果珠数不同或边界条件不同（例如在 $z=L$ 处为自由端），模式的代表点将处于同一曲线 $\omega(k)$ 上的不同位置. 于是，图2.13对任何一根串珠弦都可以适用.

**连续或长波长极限** 在连续近似中，我们假设在 $z=0$ 与 $z=L$ 之间有无穷多珠，于是珠的间距 $a$ 趋于零. 为了弄清楚色散关系趋于连续弦极限的情形，我们有意于考察在珠间距 $a$ "非常小"但不是零的情况下严格的色散关系式（74）有哪些性质. 我们必须懂得 "小" 意味着什么，"小" 是相对于什么而言的？当珠间距 $a$ 比波长 $\lambda$ 小得很多时，即

$$a \ll \lambda; \quad ka = 2\pi\frac{a}{\lambda} \ll 1$$

时，连续近似就是一种好的近似. 现在我们利用泰勒级数展开［附录式（4）］：

$\lambda_1 = 2L$

$\omega_1 = \sqrt{T_0/Ma} \cdot 2\sin\frac{\pi a}{\lambda_1}$

$\lambda_2 = \frac{1}{2}\lambda_1 = L$

$\nu_2 = 1.932\nu_1$

$\lambda_3 = \frac{1}{3}\lambda_1 = \frac{2}{3}L$

$\nu_3 = 2.733\nu_1$

$\lambda_4 = \frac{1}{4}\lambda_1 = \frac{1}{2}L$

$\nu_4 = 3.346\nu_1$

$\lambda_5 = \frac{1}{5}\lambda_1 = \frac{2}{5}L$

$\nu_5 = 3.732\nu_1$

图2.12 一根五珠弦的各种模式

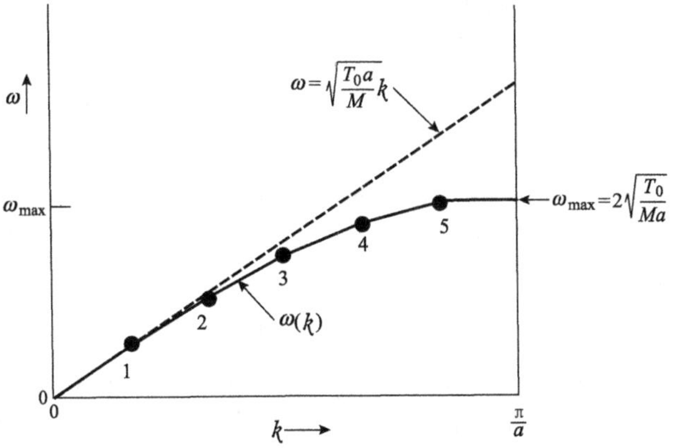


图 2.13　串珠弦的色散关系．图上标出的五个黑点对应于五珠弦两端固定时的五种模式．如边界条件不同或珠数不同，将在同一图上给出不同的黑点

$$\sin x = x - \frac{1}{6}x^3 + \cdots.$$

我们令这级数中的 $x = \frac{1}{2}ka$，并把它代入式（74）：

$$\omega(k) = 2\sqrt{\frac{T_0}{Ma}}\left[\frac{1}{2}ka - \frac{1}{48}(ka)^3 + \cdots\right]$$
$$= \sqrt{\frac{T_0a}{M}}k\left[1 - \frac{1}{24}(ka)^2 + \cdots\right],$$

即

$$\omega(k) \approx \sqrt{\frac{T_0a}{M}}k. \tag{75}$$

式（75）就是我们在 2.3 节得到过的连续弦（$M/a = \rho_0$）的“非色散”的色散关系．

**实际钢琴弦的色散关系**　我们已经看到，一根不连续弦的模式并不满足非色散波的色散关系式（75）．所以，我们预期钢琴弦的泛音，例如对基音为 C128 的弦来说，并不严格地是高八度 C256，高十二度 G384，高两个八度 C512，等等．这是对的，它们的确不如此．按照式（74），或从它在图 2.13 上的曲线更容易看出，随着$k$增加，频率并不按比例增加，而是稍微慢一些．因此，你或许会预料，钢琴弦的泛音比连续弦理论所预定的稍微“平”一些，即你可能期待第二谐音 $\nu_2 < 256$，第三谐音 $\nu_3 < 384$，等等．那是错误的！钢琴弦的泛音并不平，它们比式（75）所预定的简单的“谐和泛音”更尖．这是因为，虽然理想连续和理想柔软弦的模型不能很好地描述钢琴弦，串珠弦模型也是不行的．事实上，串珠弦模型比连续弦模

型更糟，因为它对后者的“修正”方向错了．对钢琴弦来说，连续弦模型的缺点不是它缺几粒珠，而是实际钢琴弦并非理想柔软的．当你把它弯曲时，即使没有拉直的张力帮助，弦也要重新挺直．因此，作用在弯曲弦分段上的回复力（即把弦拉直的力：弦在平衡时是直的）要比“理想柔软”模型所预期的稍大．模式频率当然由 $\omega^2$ 等于每单位质量、每单位位移的回复力所决定．模式越高，波长越短，弯曲得越厉害．刚性对较高模式的重要性比低模式为大．所以，频率的增加比柔软弦模型所预期的更快．

这种解释有一个有趣的“细节”．由于张力而产生的回复力和由于刚性而产生的回复力两者都随着 $k$ 增加．因此，如果刚性在 $k$ 较大时比在 $k$ 较小时有更大的影响，那么，随着 $k$ 的增加，由于刚性而产生的回复力的增加必定比由于张力而产生的回复力的增加来得快．事实上，张力造成的回复力与 $k^2$ 成正比，刚性造成的回复力则与 $k^4$ 成正比．于是，实际钢琴弦的色散关系为

$$\omega^2 \approx \frac{T_0}{\rho_0}k^2 + \alpha k^4; \tag{76}$$

这里 $\alpha$ 为大于零的常数，由弦的刚性造成．如果刚性项也正比于 $k^2$，我们依然得出“非色散”的色散关系式（75），只不过以 $T_0/\rho_0+\alpha$ 代替了 $T_0/\rho_0$ 而已．那么，频率比也依然是“简谐”的，即 $\nu_2=2\nu_1$，$\nu_3=3\nu_1$，…．现在我们不妨再看几个例子．

**例 2：弹簧与有质量物体组成的体系的纵振动**

这个例子十分重要，因为它提供了一个很简单的模型，可以帮助我们了解声波（声波由纵振动，即垂直于“波阵面”的振动组成）．

我们已在 1.2 节和 1.4 节中分别研究过 $N=1$ 和 $N=2$ 的情况．现在我们考虑由弹簧耦合起来的 $N$ 个有质量物体的一般情况，如图 2.14 所示．

第 $n$ 粒珠的运动方程很容易推导．（如果你有困难，可复习 1.4 节关于 $N=2$

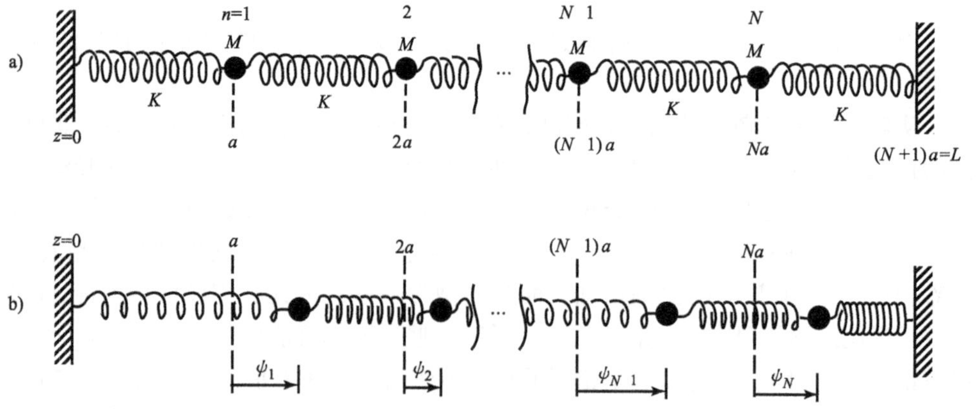


图 2.14 $N$ 个有质量物体和 $N+1$ 只弹簧组成的纵振动

a）平衡位形 b）一般位形

情形的推导.）结果是

$$M\frac{d^2\psi_n}{dt^2}=K(\psi_{n+1}-\psi_n)-K(\psi_n-\psi_{n-1}). \tag{77}$$

式（77）的数学形式，除常数 $T_0/a$ 换成弹簧常量 $K$ 以外，与横向位移的运动方程（62）一样．因此，以前的数学步骤可照搬．于是，我们可得到色散关系［把式（74）中的 $T_0/a$ 换成 $K$ 即得］

$$\omega(k)=2\sqrt{K/M}\sin\frac{ka}{2}=2\sqrt{K/M}\sin\frac{\pi a}{\lambda}. \tag{78}$$

在波数为$k$的模式中，质量 $n$ 的运动为

$$\psi_n(t)=A\sin nka\cos[\omega(k)t+\varphi], \tag{79}$$

$k$的 $N$ 个不同的可能值是

$$k_1L=\pi,\ k_2L=2\pi,\ \cdots,\ k_NL=N\pi. \tag{80}$$

图 2.13 中画出的色散关系曲线，只要适当地重新标注一下，就可以代表式（78）.

**集总参量和分布参量**　在我们考虑串珠弦横振动时，通过令珠间距离 $a$ 趋于零（保持 $L$ 不变）而得到连续极限．在 $a/\lambda$ 已经变得足够小，以致连续近似是一个好的近似时，我们还可以对系统采用另一种不同的物理模型．这时，我们不是在头脑中保持一些无质量的弹簧与一些点状质量交替相间的图像的同时而要求 $a$ 趋向于零，而是把质量均匀地分布到弹簧上．于是，不再存在一块块的集中质量和一根根无质量的弹簧（集总弹簧常量）了，代替它的是一根长且质量均匀分布的弹簧．玩具弹簧就是一个好的例子．螺旋弹簧沿 $z$ 方向的每匝长度可作为“重复长度” $a$．参量 $M$ 和 $K$ 的含义分别变成螺旋弹簧的每匝质量和每匝弹簧常量．如果总共有 $N$ 匝（这里 $N$ 不是自由度的数目），于是总质量为 $NM$．总弹簧常量（即长度为 $L$ 的整根弹簧的弹簧常量）是 $K/N$．（这是因为两根相同的弹簧串成一根更长的弹簧，其弹簧常量为分弹簧的一半.）

为了消去重复长度 $a$（螺旋弹簧一匝的长度），我们用单位长度的质量（线质量密度）$\rho_0$ 来代替 $M/a$，于是我们就能（在连续近似中）把它消去．同样地，我们可以引进一个反映弹簧的材料与结构的参量来代替一匝的弹簧常量 $K$．这个参量就是单位长度的弹簧常量的倒数 $K^{-1}/a$．这一点不难从如下讨论看出．总长度为 $L=Na$ 的弹簧，其弹簧常量 $K_L$ 是 $K$ 的 $N$ 分之一：

$$K_L=\frac{1}{N}K=\frac{a}{L}K. \tag{81}$$

于是有 $K_LL=Ka$，它与 $L$ 无关，即 $Ka$ 是材料的“弹性”特征，而与弹簧的长度无关．因为我们喜欢和量纲为“每单位长度的某物”的量打交道，所以把关系式

$$K_LL=Ka$$

改写成

$$\frac{K^{-1}}{a}=\frac{K_L^{-1}}{L}. \tag{82}$$

现在可把结果表述为：每单位长度的弹簧常量的倒数是弹簧的特征，与其长度无关.

**例3：玩具弹簧**

玩具弹簧是一个螺旋弹簧，匝数 $N\approx 100$，每匝的直径约7 cm，不拉伸时的长度约6 cm．当拉伸后的长度 $L$ 约为1 m时，仍很好地满足玩具弹簧近似．“重复长度” $a$ 就是每匝长度 $a=L/N$．$K$ 为每匝弹簧常量，而 $K^{-1}/a$ 与长度 $L$ 无关．（质量当然是均匀分布的，而不是集中在间隔为 $a$ 的一些点上.）从式（78）出发，过渡到连续极限，可得纵振荡的色散关系：

$$\begin{aligned}\omega(k) &= 2\sqrt{\frac{K}{M}}\sin\frac{ka}{2}\\ &= 2\sqrt{\frac{K}{M}}\left[\frac{ka}{2}-\frac{1}{6}\left(\frac{ka}{2}\right)^3+\cdots\right]\\ &\approx \sqrt{\frac{Ka^2}{M}}k\\ &= \sqrt{\frac{Ka}{(M/a)}}k. \end{aligned} \tag{83}$$

横振荡的色散关系［见式（75）］是

$$\begin{aligned}\omega(k) &\approx \sqrt{\frac{T_0}{M/a}}k\\ &\approx \sqrt{\frac{Ka}{M/a}}k,\end{aligned} \tag{84}$$

因为在玩具弹簧近似中 $T_0=Ka$．于是，对玩具弹簧来说，不管是纵振动或横振动，其色散关系是相同的．因此，只要边界条件相同（例如，对沿 $x$，$y$ 或 $z$ 方向的振动来说两端固定），沿 $x$，$y$ 和 $z$ 方向的振动模式就都具有一系列相同的波长和频率．你很容易自己去证明纵振动模式和横振动模式具有相同的频率．我们极力建议你去做一些要用到玩具弹簧的课外实验．认识波的最好方法是自己动手做一做.

**例4：*LC* 网络**

考虑一连串耦合起来的电感与电容，如图2.15所示．从图2.15b（以及1.4节中关于同样的网络在 $N=2$ 情况的讨论）我们可以写出第 $n$ 个电感两端的电动势方程：

$$L\frac{dI_n}{dt}=-C^{-1}Q'+C^{-1}Q.$$

于是

$$L\frac{d^2I_n}{dt^2}=-C^{-1}\frac{dQ'}{dt}+C^{-1}\frac{dQ}{dt}.$$

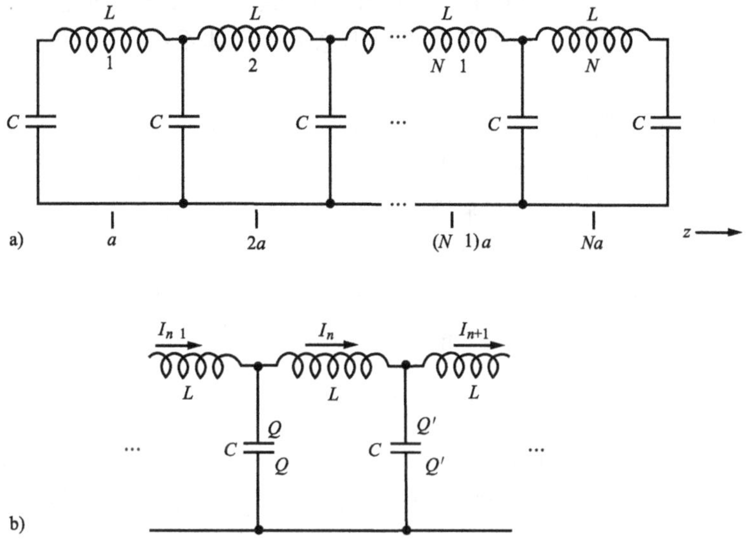


图 2.15　电感和电容的耦合网络

a）集总参量　b）第 $n$ 个电感上的电流与电荷的位形

利用电荷守恒消去 $\mathrm{d}Q'/\mathrm{d}t$ 和 $\mathrm{d}Q/\mathrm{d}t$，即得

$$L\frac{\mathrm{d}^2 I_n}{\mathrm{d}t^2} = -C^{-1}[I_n - I_{n+1}] + C^{-1}[I_{n-1} - I_n]$$
$$= C^{-1}[I_{n+1} - I_n] - C^{-1}[I_n - I_{n-1}]. \tag{85}$$

式（85）的数学形式与式（77）相同. 式（77）是关于一串质量与弹簧相耦合的纵振荡方程. 因此，在尚未牵涉到边界条件的情况下，我们可以写出电感中电流的一般解及色散关系. 在式（78）中以 $C^{-1}/L$ 代替 $K/M$，即得色散关系：

$$\omega(k) = 2\sqrt{\frac{C^{-1}}{L}}\sin\frac{ka}{2}. \tag{86}$$

不考虑边界条件，式（85）关于单一模式的一般解为

$$I_n(t) = [A\sin nka + B\cos nka]\cos[\omega(k)t + \varphi], \tag{87}$$

这里的常数 $A$ 和 $B$ 以及与模式相对应的一系列 $k$ 值，依赖于体系两端的边界条件.

**$ka$ 的意义**　或许你们已注意到，决定 $LC$ 电路状态的方程（85）中并不含有间距 $a$. 虽然在图 2.15 中我们标出了这样的间距，但实际上并没有这样做的必要，因为电路图不是一个空间图，并且电路的行为并不依赖于它的空间位形. 那么，在色散关系式（86）中以及电流的一般解式（87）中，$ka$ 有什么意义呢？例如在振荡弦中，沿 $z$ 的长度确实具有重要的物理意义. 我们知道 $k$ 是表示沿 $z$ 方向每移动单位长度函数 $A\sin kz + B\cos kz$（这个函数给出模式的形状）的相位的增加. 在集总参量的情况，例如在串珠弦中，我们写出 $z = na$，这里 $n = 1, 2, \cdots$ 代表珠子的号码. 于是，在形状函数 $A\sin nka + B\cos nka$ 中出现的量 $ka$ 是每单位长度的（形状

函数的）相位的弧度数与质量间距的乘积．于是$k a$是从集总质量 $n$ 到集总质量 $n+1$的相位增加的弧度数．在集总电感与集总电容的体系中，$k a$ 这个量也与前类似，代表形状函数 $A\sin nka+B\cos nka$ 的相位从某一个集总电感到下一个集总电感的增加量．实际上我们并不需要规定电感被隔开的距离 $a$．我们本可以用某一个符号，例如 $\theta$ 来代替$k a$，这里 $\theta$ 代表形状函数 $A\sin n\theta+B\cos n\theta$ 中相应于 $n$ 增加 1 时所增加的相位．但那种概念对我们来说太抽象了，而且失去了与力学例子在数学上的相似性，所以我们仍将保留集总电感相隔距离 $a$ 这样的概念．

**色散关系的其他形式**　或许你们已经注意到，在本节中我们已经讨论过的每一种集总参量体系都具有如下形式严格的色散关系式（如图 2. 13 所示）：

$$\omega(k)=\omega_{\max}\sin\frac{ka}{2},\tag{88}$$

这里 $\omega_{\max}$是一个依赖于物理体系的常数．之所以这样，只是由于我们对体系的选择．在我们考虑过的每一种体系情况中，我们选择的都是这样一种体系，作用在具有质量物体（或电感）上的回复力完全是由于它与相邻有质量物体间的耦合而引起的，并且这力的大小正比于该物体与其近邻物体的相对位移．这类体系是很多的，但是还有许多有趣的而且重要的其他形式的色散关系．例如，某些体系中作用在某运动部分上的回复力有两个独立的来源．其一来源于同样的相邻运动部分与它耦合所产生的力．如果这是唯一的来源，色散关系应当是式（88）．另一种来源则是由于它与某些“外力”的耦合．外力的贡献只依赖于运动部分相对于平衡位置的位移，而与相邻部分的位移无关．如果这是唯一的力的来源，那么运动部分之间将没有耦合，它们的位移就应当是这整个体系的简正坐标．下一个例子可以用来说明这类体系．

**例 5：耦合摆**

这个体系如图 2. 16 所示．每一个有质量的物体的回复力具有两个来源．“外来”的贡献由重力产生，它正比于该物体相对于平衡位置的位移而与相邻物体的位移无关．第二个贡献是由于那些弹簧把相邻有质量物体的运动耦合起来了．这个贡献依赖于相邻有质量物体的位移．

让我们来猜测色散关系．如果仅有物体之间的耦合，即 $g$ 为零，那么，我们应当得到耦合物体纵振荡的色散关系．于是，每单位质量、单位位移的回复力 $\omega^2$ 应当由式（78）给出：

$$\omega^2=4\frac{K}{M}\sin^2\frac{ka}{2},\quad 若\ g=0.\tag{89}$$

现在假设，体系（当 $g=0$）以单一模式振荡，其确定的形状由边界条件给出的确定的$k$值决定．假想 $g$ 可利用一个“重力调节器”逐渐使它从零增加到最后的 980（CGS 制单位）．（可以发明一种更实际的方法．你还能改变别的什么吗?）当我们把 $g$ 从零增加到很小数值 $g'$，则每单位质量单位位移的回复力的增加，对每个粒

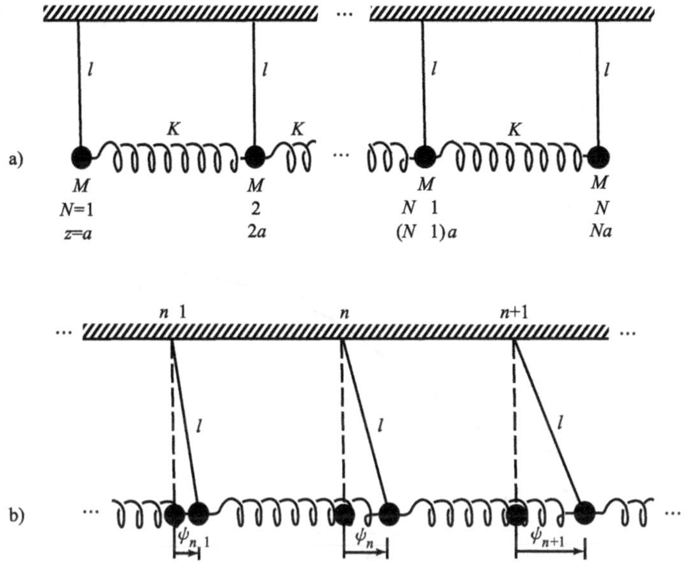


图 2.16　耦合摆

a）平衡位形　b）一般位形

子来说，是相同的：

对每个粒子来说，$g'$对 $\omega^2$ 的贡献为 $g'/l$.

这意味着，各物体将继续以同样的位形、同样的$k$以及同样的 $\sin kz$ 和 $\cos kz$ 的线性组合而运动，只不过振荡得快一些而已．这是因为，当 $g'$为零时，每单位位移、单位质量上的回复力 $\omega^2$ 原来都是相同的，而现在我们不过是对每个物体的频率的平方增加了同一个数量．所以，全部物体仍有相同的 $\omega^2$，因此仍处在单一模式中．于是，逐渐增加 $g$，可保持各模式之间不相混淆．振荡的形状和波长跟 $g=0$ 的情况一样，但每单位位移、单位质量的总回复力则变为

$$\omega^2(k)=\frac{g}{l}+\frac{4K}{M}\sin^2\left(\frac{ka}{2}\right). \tag{90}$$

如果你喜欢定量地推导出这一关系，请见习题 2.26；在那里，你将求出质点 $n$ 的运动方程，证明色散关系式（90），并求出模式的形状．（对于图 2.16 所示的边界条件，你是否已看出最低模式有$k=0$?）

以后我们将会碰到更多的例子，其色散关系具有式（90）的形状，我们不妨把它写成一般的形式：

$$\omega^2(k)=\omega_0^2+\omega_1^2\sin^2\frac{ka}{2}. \tag{91}$$

在连续极限的情况下，$ka\ll 1$，这关系变成

$$\omega^2(k)=\omega_0^2+\nu_0^2k^2 \tag{92}$$

这里 $\nu_0^2$ 代表常数 $\omega_1^2 a^2/4$.

当我们研究波导中的电磁辐射及地球电离层中的电磁波时，我们会碰到像式(92）那样的色散关系.（在粒子的量子描述中，相对论性德布罗意波的色散关系也有同样的形式.）我们把式（91）画在图 2. 17 上.

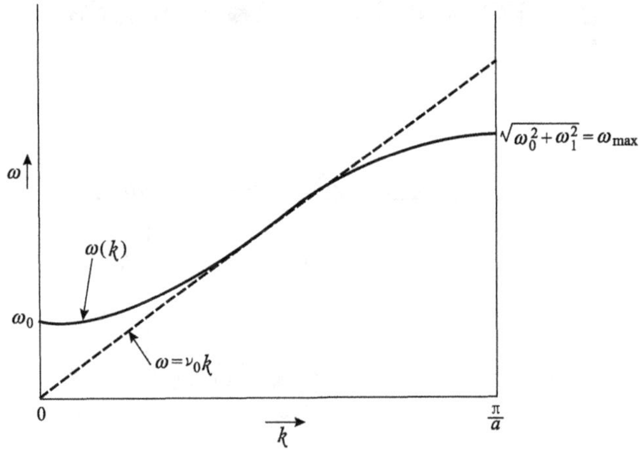


图 2. 17　耦合摆的色散关系

**例 6：等离子体振荡**

这是一个有趣的例子，它具有像耦合摆那样的色散关系. 在第 4 章里，我们将导出电磁波在地球电离层中的色散关系，其形式与式（92）相同：

$$\omega^2(k)=\omega_p^2+c^2k^2, \tag{93}$$

式中，$c$ 是光速；$\omega_p$ 称作“等离子体振荡频率”，由下式给出：

$$\omega_p^2=\frac{4\pi Ne^2}{m}; \tag{94}$$

式中，$N$ 是电子数密度（每立方厘米中的电子数）；$e$ 是电子电荷量；$m$ 是电子的质量. 从图 2. 17 可知，色散关系如式（91）或式（92）的体系，其最低频率的模式为$k=0$，即是波长为无穷大的模式. 这恰好意味着，所有的摆都以相同的相位常数和相同的振幅振荡. 摆的频率为 $\omega^2=g/l$. 在这个例子中，令式（93）的$k=0$，可看出最低模式频率就是等离子体振荡频率 $\omega_p$，我们将考虑那个模式，并导出式(94)，即它的频率.

中性等离子体由带有一些电离分子的中性分子气体所组成. 每个一价电离分子就是失去一个负电子的正离子. 地球的电离层是一层空气（实际上是性质略异的几层），它含有许多电离的空气分子（$N_2$ 和 $O_2$ 分子）. 空气分子的电离往往是由于吸收了太阳发射的紫外光量子. 大约在离地面 200 ~ 400 km 处，离子和自由电子的密度最大. 比这更高处，由于可供电离用的中性空气分子减少，电子（和离子）的密度随之减少. 比这更低处，电子密度的减少则是因为紫外辐射的大部分已被吸收掉了.（如果没有空气层在上面保护，我们就会很快地被太阳烧死.）

因为等离子体（平均说来）是中性的，它不能作为产生静电场的源. 可是，等离子体在任何一瞬间，可能在某一个区域电荷稍许过剩，而在相邻的另一区域电荷相应地过少，这样就在等离子体中产生电场. 在电场作用下，离子沿一个方向（电场方向）加速，电子则沿相反方向加速. 电荷运动的方向，趋向于去中和那些产生电场的电荷的过剩或过少. 于是这里有一种"回复力". 当电荷过剩的数量被抵消为零时，相应的电场也变为零，这时离子和电子已获得了速度. 惯性使得它们"冲过头"，造成新的电荷过剩和不足，正负号与原来的相反. 这样，我们便获得了一种典型的情况，一旦振荡激发起来，就能够保持下去.

如果我们只注意电荷从这里到那里来回的净运动时，可以忘掉正离子，把全部电荷运动都看作由电子引起的. 这是因为，作用在电子或离子上的电力是一样的，而按照它们相应的质量比，电子的加速度比一价电离的离子的加速度要大得多（约 $3\times10^4$ 倍）.

让我们来研究一个简化了的情况：等离子体被限制在两壁之间（图 2.18）. 与电子的运动相比较，离子运动可忽略不计. 在任何瞬间，一面壁上有过剩的电荷 $Q$，另一面壁上的电荷则有相应的不足，这就在等离子体（《电磁学》3.5 节）中产生空间上均匀的电场：

$$E_x = -4\pi\frac{Q}{A};\tag{95}$$

这里 $A$ 是壁的面积，负号表示 $E_x$ 的方向是倾向于使 $Q$ 恢复到零. 这里再没有其他的电场源.（两壁间的等离子体是中性的，因为从某处右边跑出的电子被从它左边跑入的电子所代替.）单个电子的质量为 $m$，电荷量为 $q$. 牛顿第二定律给出每个电子在等离子体中的运动方程为

$$\frac{m\mathrm{d}^2x}{\mathrm{d}t^2} = qE_x.\tag{96}$$

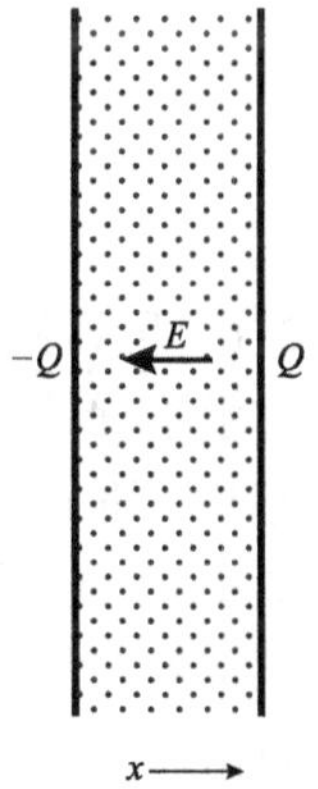


图 2.18 受约束等离子体中的振荡

（我们忽略了作用在电子上的其他力，这种力来自电子与离子的碰撞，这些力在平均上为零，不会引起电荷的净运动.）现在假设每立方厘米中有 $N$ 个自由电子，每个电子离开平均（平衡）位置的距离为 $x$. 于是淀积在一面壁上的净电荷（从另一面移过来）为

$$Q = NqAx.\tag{97}$$

将式（97）对 $t$ 微分两次，并把式（96）和式（95）代入，得

$$\frac{\mathrm{d}^2Q}{\mathrm{d}t^2} = -\frac{4\pi Nq^2}{m}Q.\tag{98}$$

它的解为

$$Q = Q_0\cos(\omega t+\varphi),$$

式中，

$$\omega^2=\frac{4\pi Ne^2}{m}\equiv\omega_p^2. \tag{99}$$

$\omega_p$ 被称为等离子体振荡频率.

在地球电离层中，自由电子密度 $N$ 随高度和时间变化. 太阳落山后，电子与离子复合为中性分子的过程继续进行，但产生新离子的过程停止了. 所以，电子密度在夜间减少. 典型的白天等离子体振荡频率 $\nu_p(=\omega_p/2\pi)$ 为

$$\nu_p=10\sim30\ \mathrm{Ms^{-1}}, \tag{100}$$

这对应于电子密度 $N\approx10^6\sim10^7$ 个自由电子/$\mathrm{cm^3}$.

### 特殊例子

如果把德布罗意假设（这个假设说，动量为 $p$ 的粒子，波数$k$由 $p=\hbar k$给出）与“玻尔频率条件”（这个条件说，能量为 $E$ 的粒子具有由 $E=\hbar\omega$ 给出的频率 $\omega$）结合起来，按照 $E$ 与 $p$ 之间的关系，可求出粒子的 $\omega$ 与$k$之间的色散关系. 有关例子见补充论题2.

## 习题与课外实验

2.1　玩具弹簧——长度对频率的影响（课外实验）. 左手拿玩具弹簧的第一圈，右手拿玩具弹簧的最后一圈，两手分开约1 m，测量垂直横振动的频率（不必担心它会下垂）. 其次，把玩具弹簧尽量拉开，测其频率. 然后把两端固定起来，相隔2.4～3 m，测量其频率. 请解释实验结果. 根据你的频率测量结果定出每匝的弹性常数的倒数. 设 $N_0$ 为玩具弹簧的总匝数，握住或缚住玩具弹簧使得只有 $N$ 匝是自由的. 在做实验以前，先估计频率对 $N/N_0$ 的依赖性，然后再做实验.

2.2　作为一个连续体系的玩具弹簧（课外实验）. 设法把玩具弹簧的两端固定. [胶带、绳索、“眼子”（如风纪扣上的眼子）和C形钳可能是有用的.] 合适的长度约2.4～3 m. 下垂也不要紧. 在每个横方向上激发横向的最低模式. 测量这两个模式的频率. 再激发最低的纵向模式并测量它的频率.（激发所需模式有两种好办法. 一种是用适当的方式约束玩具弹簧，然后放开让它运动；另一种是在一端附近用手捏住并以适当频率轻轻摇动，直至建立适当的振幅，然后放开. 两种方法都应该用一下.）接着练习如何激发第二模式，此时 $L$ 为其半波长的两倍. 对 $x$、$y$、$z$ 三个方向都做一下. 测量频率. 练习几次，你应该也能够激发第三模式.

现在同时激发最低垂直模式及第二纵向模式.（借助适当的初始约束，这并不难办到.）盯住体系并测量纵向（第二）模式与两倍最低垂直模式之间的拍频. 这是容易的，只要你掌握概念，并练习几分钟就行. 靠观察来了解从“基音”频率至“第一八度音”频率要乘上一个准确的2的因子，这是一个好方法. 类似地，

同时激发最低垂直模式和第二水平模式也是容易的.

2.3　零位测量. 读一读课外实验 2.2（虽然做这个习题不一定要做那个实验）. 假设你测量玩具弹簧频率的办法是这样的，先数一数约在 10 s 内的振荡数，然后用时间去除完整振荡的个数. 假设你读表的精确度达 ±1 s，而估计一个"完整"振荡的精确度约 ±1/4 周期. 最低模式的频率 $\nu_1$ 约为 1 $s^{-1}$. 第二模式的频率 $\nu_2$ 约为 2 $s^{-1}$.

(a) 大致估计在你的测量中，$\nu_1$ 和 $\nu_2$ 的误差百分数各为多少？（我们要求作出类似"$\nu_1 = 1.0 \pm 0.1$，$\nu_2 = 2.0 \pm 0.2$"这样的答案，反正是多少就是多少.）

(b) 其次，如课外实验 2.2 所述，把两种模式同时激发，并测量 $2\nu_1$ 与 $\nu_2$ 之间的拍频. 观察拍频的时间约 10 s，即大约 $\nu_1$ 的 10 个周期，就可以办到这一点. 假使在这段时间内，以 1/4 拍的精确度测量不到 $2\nu_1$ 与 $\nu_2$ 之间的拍频. 那么，你的实验结果是 $\nu_2 - 2\nu_1 = 0$. 问实验精确度是多少？（请作出类似"$\nu_2 - 2\nu_1 = 0 \pm 0.10\nu_1$"的答案，反正是多少就是多少.）又问，把（a）中对 $\nu_1$ 与 $\nu_2$ 独立地进行测量的结果结合起来以后，所得到的（$\nu_2 - 2\nu_1$）的估计值（用同样的方式表示）的精确度是多少？能否看出数拍法在实验上的优越性？并说明这个方法为什么会好得多，并由此引申出关于"可能的话，如何进行测量"的论述.

2.4　玩具弹簧的"音品"（课外实验）. 乐器的音品决定于它那些被激发的谐音. [例如，单簧管激发不出（几乎没有）偶次谐音；只有 $\nu_1$，$3\nu_1$，$5\nu_1$ 等奇次谐音存在.] 定出你的玩具弹簧的中点（悬挂办法见课外实验 2.2）. 用手在玩具弹簧中点突然一击，使它激发. 试以各种不同的强度敲击. 不久就可发现，偶次谐音一直没有被激发，而且打击越凶，模式（奇次）数目就被激发得越多. 你能设计一种只激发偶次模式的方法吗？

试在不同部位弹拨吉他或钢琴弦（在中部或靠近一端），看看你是否能听出音品的区别.

2.5　作为傅里叶分析器的钢琴——耳朵对相位的不敏感性（课外实验）. 找来一架钢琴，踏下制振板. 对着弦区和共振板高喊一声"嗨"，细听其声. 再高喊"嗬". 继续用一个个元音做试验. 钢琴弦拾取你的喊声（多少有些失真），再对你的喊声做傅里叶分析！注意，那些可辨认的元音会持续数秒钟之久. 这个实验就组成声音的各傅里叶分量的相对相位对你的耳和脑的重要性告诉了你些什么？

2.6　钢琴谐音——等调律音阶（课外实验）. 查阅物理化学手册，在"音乐音阶"项下有三种常见音阶的音调一览表.

美国标准音调（A440）等调律半音音阶

国际音调（A435）等调律半音音阶

科学音阶或自然音阶（基于 C256，给出 A426.67）

我们首先来说明科学音阶. 令 256 $s^{-1}$ 为频率的单位，$\nu = 1$. 这个基音的谐音则为 $\nu = 2, 3, 4$ 等，而它的次谐音则定为 1/2，1/3，1/4 等. 钢琴上的中央 C 为 C256

（设钢琴依照它校了音），这叫作 $C_4$.（下标表示八度音. C 每升高八度，下标增加 1.）假设钢琴弦严格服从“连续理想柔软弦”的色散关系. 于是，一根给定弦的模式频率应为谐音组 $\nu_1$，$2\nu_1$，$3\nu_1$，等等. 下面列出弦 $C_4$ 的前 16 个谐音的频率及其名称，以及它的前两个次谐音（我们在 $C_4$ 及其八度音的下面画一短线）：

名称：$F_3$ $C_3$ $C_4$ $C_5$ $G_5$ $C_6$ $E_6$ $G_6$ $B_6^b$ $C_7$ $D_7$ $E_7$ $F_7^\#$ $G_7$ $G_7^\#$ $B_7^b$ $B_7$ $C_8$

$\nu$：$\frac{1}{3}$ $\underline{\frac{1}{2}}$ $\underline{1}$ $\underline{2}$ 3 $\underline{4}$ 5 6 7 $\underline{8}$ 9 10 11 12 13 14 15 $\underline{16}$

一个八度音总是频率高到 2 倍（比较 $G_6$ 与 $G_7$）. 现在让我们在一个八度音 $C_4$ 与 $C_5$ 之间构造一个音阶，这只要让 $C_4$ 的谐音和次谐音除以或乘以 2 的适当次幂就能得到. 于是我们就有了科学的或自然的 C 大调全音音阶（全音意味着我们只有钢琴键盘上的“白键”而无“黑键”）：

名称：C　D　E　F　G　A　B　C

$\nu$：1　$\frac{9}{8}$　$\frac{5}{4}$　$\frac{4}{3}$　$\frac{3}{2}$　$\frac{5}{3}$　$\frac{15}{8}$　2

（我们将 A 塞入，它是 5/4F.）音调 C 被称作这音阶的主调音.

在这全音音阶中的最小音程叫作小二度. 小二度的频率比是 F/E = C/B = 16/15 = 1.067. 下一较大的频率比叫作大二度. 大二度有两类：D/C = G/F = B/A = 9/8 = 1.125；E/D = A/G = 10/9 = 1.111. 再下面较大的频率比，是小三度，也有二类：F/D = 32/27 = 1.185；C/E = C/A = 6/5 = 1.200. 大三度只有一类：E/C = A/F = B/G = 5/4 = 1.250. 这样就出现了音乐上的困难. 假设你在为钢琴谱曲过程中本来以这一音阶校音，突然决定要改变到新的“调号”，即变到主音不同的全音音阶. 例如，你可能要从 C 大调变到 D 大调. 你需要同一类音阶，也就是要求频率比与前面一样. 那么，在新的音阶里就需要第一大二度 E/D 为“D/C 型的大二度”，其比值为 1.125. 不幸的是，你不能使用原有的 E，因为它使 E/D = 1.111. 因此，你需要有一根新弦 E′，使 E′/C = (1.125)(D/C) = 1.265，而 E/C = 1.250. E′后面的一个音也需要有一根新弦，称为 $F^\#$，其比值 $F^\#/D = E/C$，以便有 $F^\# = \left(\frac{5}{4}\right)\left(\frac{9}{8}\right) = 1.407$.（这就是在钢琴上的一个“黑键”.）注意，这架钢琴现在已具有一类新的小二度：$F^\#/F = 1.0555$. 由此可见，要使音阶完备，便需增加越来越多的键. 那么，如果你还要弹奏其他的音调，情况就越来越糟.（请试试配全 D 音阶.）为了得到与 C 音阶的 B 相当的音调，你必须增加“黑键”$C^\#$. 但是，另外你还需要哪些“带撇”的弦呢？

这一切困难，用等调律音阶就解决了，办法是使各音调在对数标度上有相等的间隔. 把八度音划分为 12 个小二度（“半音”），其中每一个的频率比为 $2^{1/12} = 1.059$. 因此，所有大二度的比为 $2^{2/12} = 1.122$；所有小三度的比为 $2^{3/12}$，等等. 除八度音外，没有一个是“自然”的，但所有音程都接近于以任意音调为主音的全音音阶的自然值.

试做下列实验：

（1）轻轻按下某琴键，例如 $B_6^b$，使其制振板提起而不发音. 再猛弹另一较低的音键，维持数秒钟后放开这个较低音键，以便抑制较低音. 如果这时你听到 $B_6^b$ 弦发音，它必定是由音调较低的振动弦的模式型中的某一个谐音所激发的. 对各种音调较低的弦做试验，那么那个低八度的音调可激发它；低 12 度的 $E^b$ 也能激发它，因为 $B^b$ 是 $E_6^b$ 的第三谐音. 如果在振动弦 C 中具有 $B_6^b$ 这个谐音作为它的第七谐音，则 C 弦也能激发 $B_6^b$ 弦. 做这个实验的另一种方法，是弹击同一个音调较低的键，例如 $C_4$，同时轻轻地按下各种音调较高的键，看看它们是否被激发. 当你发现有某个音被激发后，再试验相邻的小二度. 它被激发了吗？

（2）轻轻地按下音调较低的琴键，再猛弹音调较高的键. 如果较高音是较低弦的一个泛音，你就会激发音调较低的弦的那个泛音，而不激发其最低模式（基音）. 于是，在没有被响亮的基音所覆盖的情况下，你可以听出音调较低的弦的泛音是怎样的.

（3）用（2）的方法听出 $C_4$（或较低的 C）的前六个或七个谐音是怎样的. 然后练习当音调较低的键是以正常方式弹击时，怎样从音型中听出某一种特殊的谐音. 例如，当弹击 $C_4$ 时，为了练习听出第七谐音 $B_6^b$ 是怎样的，可以轻轻按下 $C_4$ 并猛弹 $B_6^b$，它会使你知道当 $B_6^b$ 为 $C_4$ 的第七谐音时听起来是怎样的. 然后，趁记忆犹新，弹击弦 $C_4$ 并集中注意从声音（主要是 $C_4$ 的基音）中听出 $B_6^b$. 注意，当 $B_6^b$ 作为 $C_4$ 的第七谐音出现时，即发生在 $C_4$ 弦上时，这音调的频率与 $B_6^b$ 弦的基调频率并不严格相等. 很可能前者足够接近后者，以致可被后者激发，但只要当 $B_6^b$ 弦被抑制达数秒钟，弦 $C_4$ 已忘记它是怎样被激发的之后，它便会以自己的（第 7 谐音）频率而不以激发它的频率振动. 于是，它发出的音调与激发它的音调稍有差别.（当然，如果钢琴校音不准，发音差别可更大.）由于这小小的频率差，你可以用下述的办法听到拍：

（4）轻轻按下 $C_4$，猛弹 $C_5$，这将激发起弦 $C_4$ 的第二模式. 在它消失之前，先抑制 $C_5$ 弦，然后重复弹击 $C_5$ 弦，但这次是轻轻地弹，使得它的响度与 $C_4$ 留下的第二谐音彼此配得上. 注意听拍.（这实验在有些钢琴上做比较好，在有些钢琴上做不好. 这实验应该在一个安静的房间里做.）

（5）钢琴上最低的两个音调是 $A_0$27.5 和 $A_0^\#$29.1. 它们之间的拍频为1.6 $s^{-1}$. 这是很容易察觉的. 缓缓地同时弹击这两个音调，当你一听到拍，就放掉一只键，但不放掉另一只键. 拍消失了吗？（这钢琴校准了吗？）

2.7 为什么理想连续弦具有严格的“谐音”频率比，而串珠弦则没有. 设两端固定的弦上串有许多珠子（譬如 100 粒）. 我们把这根弦看成是基本上连续的. 假定使它最低模式振动，于是弦长 $L$ 等于正弦波的半波长. 现在考虑第二模式：弦

长 $L$ 为两个半波长，$L$ 的前半部为一个半波长．现在把第二模式中前半根弦上的 50 粒珠子与最低模式中的整根弦上的 100 粒珠子进行比较．在每一情况中，这些珠子都构成了正弦波的半波长的曲线．比较珠 1（在模式 2 中）与珠 1 和珠 2（在模式 1 中）两者的平均；比较珠 2（在模式 2 中）与珠 3 和珠 4（在模式 1 中）两者的平均，等等．于是，在模式 2 中，珠 17 的振幅与在模式 1 中珠 33 和珠 34 的平均振幅相等（假设两正弦波的振幅相等）．但在模式 2 中，在珠 17 处，弦的切线与平衡轴所夹的角为模式 1 中弦在珠 33 和珠 34 处夹角的两倍（采用小角度近似）．于是，作用在珠 17 上的每单位位移的回复力是作用在珠 33 和珠 34 两粒珠上力的两倍，而珠 17 的质量只有珠 33 和珠 34 两珠的一半．于是，在模式 2 中珠 17 上每单位位移、单位质量的回复力是模式 1 中珠 33 和珠 34 两珠组合情况下这种回复力的四倍．由此可见，在"接近连续"的近似下（由于"珠数很大"），$\omega^2 = 2\omega_1$．

这个结论对于珠数很小的情况是不适用的．请说明为什么不适用．这样你就可以看出，为什么在连续极限情况中"谐音"比为 $\nu_2 = 2\nu_1$，$\nu_2 = 3\nu_1$，等等．但是，在只有几粒珠的情况，例如图 2.12 中所示的情况，"谐音比"就不是这样了．

2.8　如果储蓄的年利率为 5.9%（复年利率），问多少年以后你的存款可加倍？[提示：考虑等调律音阶（课外实验 2.6）.]

2.9　把在课外实验 2.6 中已开始的使 D 大调的"自然"全音阶完备的工作做完．我们在那里发现，必须添加一根新的 E 弦，叫作 E′．我们已需要第一个"黑键"$F^{\#}$．我们还需要另一个黑键 $C^{\#}$．关于 G，F，A 和 B 又如何？可否利用已有的键，还是需要新的 G′，F′，A′和 B′键？

2.10　导出非均匀弦的波动方程（55）．

2.11　对画在图 2.6 上的函数 $F(z)$ 的傅里叶系数求出方程（47）．

2.12　设连续弦的张力为 $T_0$，质量密度为 $\rho_0$，长度为 $L$，其边界条件为两端自由（弦两端用无质量的环套在无摩擦的杆上滑动），求出前三个横向振动模式的位形和频率．证明最低模式具有波长无穷大及频率为零的特性．在此模式中，弦以均匀速度平移．（也包括移动一段距离后停止不动的可能性．）

2.13　有三粒珠子均匀分布在弦上把弦分隔为四段，其边界条件为两端自由．（两端各有无质量的环套在无摩擦的杆上滑动．）求出横向振动的三个模式的位形和频率，并把最低模式与习题 2.12 中的最低模式相比较．

2.14　设有三个电感、四个电容组成的 $LC$ 网络连接成如图 2.15 中 $N=3$ 的情况，只是外面的两个电容短路．求出这三个模式，即它们的电流位形和频率．比较习题 2.13 与本题中"独有"的最低模式的物理意义，并比较二者的边界条件．

2.15　考虑某根音调为中央 C 即 C256（科学音阶）的钢琴弦．弦钢的密度约为 9 g/cm$^3$．（这不是线质量密度 $\rho_0$．为什么不是？）设此弦的直径为 1/2 mm，长度为 100 cm．问此弦的张力是多少牛？是多少千克力？（9.8 N = 1 kgf）（答：$T_0 \approx$ 460 N.）

2.16　在 $t=0$ 时按照式（48）给出的 $g(z)$ 函数约束玩具弹簧的形状，求其 $\psi(z, t)$. 画出 $\omega_1 t_0=\pi/3$ 时的 $\psi(z, t_0)$. 比较 $\psi(z, t_0)$ 与图 2.7 所示的 $\psi(z, 0)$ 的形状.

2.17　比较吉他钢弦与羊肠线的张力，假定它们的长度、直径及最低模式的音调是一样的. 钢的密度约为 9 g/cm$^3$，羊肠线的密度稍大于 1 g/cm$^3$. 钢弦吉他和羊肠线吉他的琴弦直径实际上是否相等？观察这两种吉他，找出差别来. 一旦看出并估计出它们的直径比，再重新计算它们的张力比.

2.18　按照下列步骤导出经典波动方程［式（14）］：从严格的式（62）出发，然后过渡到连续近似. 考虑到珠子的间距为 $a$，可以把下标 $n$ 换成位置坐标 $z$. 利用式（62）右边的泰勒级数展开，保留的项数要比得到经典波动方程所必需的还多一项. 给出一个为忽略这一项及更高次项的判据.

2.19　试证明，把式（71）作为串珠弦横振动运动方程（65）的解，可得到色散关系式（70）. 并说明上述结论与常数 $A$，$B$ 及 $k$（它们只依赖于初始条件和边界条件）的选择无关.

2.20　利用式（73）及式（70）求出如图 2.12 所示的 $N=5$ 情形下的频率比.

2.21　某弦串有五粒珠子，一端固定，一端自由. 求其横振动的模式位形与频率. 像图 2.13 那样，在色散关系 $\omega(k)$ 曲线上画出相应的五个点.

2.22　凭观察图 2.13 及这个系统的简图，说明在图 2.13 上添加 6 个点子的简便方法，以便给出两端固定而串有 11 粒珠子的弦的模式.

2.23　对于 $N=1$ 及 $N=2$ 的情形，证明式（73）和式（74）给出的频率与 1.2 节及 1.4 节得到的相同.

2.24　画出串有五粒珠子的弦的与式（78）~式（80）相对应的五种模式位形.

2.25　画出如图 2.15 所示的体系的色散关系.

2.26　试证如图 2.16 所示的耦合摆体系中，第 $n$ 个摆锤的运动方程（对小振荡而言）为

$$\frac{d^2\psi_n}{dt^2}=-\frac{g}{l}\psi_n+\frac{aK}{M}\left(\frac{\psi_{n+1}-\psi_n}{a}\right)-\frac{aK}{M}\left(\frac{\psi_n-\psi_{n-1}}{a}\right).$$

证明不考虑边界条件时此方程的一般解为

$$\psi_n(t)=\cos(\omega t+\varphi)(A\sin nka+B\cos nka).$$

证明色散关系为

$$\omega^2=\frac{g}{l}+\frac{4K}{M}\sin^2\frac{ka}{2}.$$

证明对于如图 2.16 所示的边界条件（即两端的摆锤与墙壁之间无弹簧耦合起来），位于 $z=(n-1/2)a$ 处的第 $n$ 个摆锤的上述解简化为

$$\psi_n(t)=\cos(\omega t+\varphi)B\cos nka,$$

而且其最低模式为$k=0$. 画出它的位形. 假如重力常数逐渐减小为零，该体系在这个位形的行为会怎样呢？画出$N=3$的位形并给出三个模式的频率.

2.27　找出一个与图2.16的耦合摆体系“类似”的电感和电容耦合的体系，这意思就是说，第$n$个电感的运动方程与习题2.26中的第$n$个摆锤的运动方程在形式上相同. 求出色散关系.

2.28　把耦合摆问题（习题2.26）过渡到连续极限. 证明运动方程变为波动方程，其形式为

$$\frac{\partial^2\psi}{\partial z^2}=-\omega_0^2\psi+\nu_0^2\frac{\partial^2\psi}{\partial z^2}.$$

2.29　用两种方法：(a)“物理”方法，就是应用连续弦在适当边界条件下的简正模式；(b) 周期函数（宗量为$z$）的傅里叶分析法；证明下述各点.

(1) 在$z=0$与$z=L$之间定出的在$z=0$处为零、在$z=L$处其斜率为零的任何（合理）函数$f(z)$，可展开为如下形式的傅里叶级数：

$$f(z)=\sum_n A_n\sin nk_1z,\quad n=1,3,5,7,\cdots;$$

$$k_1L=\frac{\pi}{2}.$$

（注：用傅里叶分析法时，必须先建立周期函数$f(z)$，才能用傅里叶分析的公式.）

(2) 在区域$z=0$与$z=L$之间定出的在$z=0$处的斜率为零、在$z=L$处的斜率也为零的任何（合理）函数，可展开为如下形式的傅里叶级数：

$$f(z)=B_0+\sum_n B_n\cos nk_1z;\quad n=1,2,3,4,\cdots;\quad k_1L=\pi.$$

(3) 在区域$z=0$与$z=L$之间定出的$z=0$处的斜率为零、在$z=L$处的数值为零的任何（合理）函数，可展开为如下形式的傅里叶级数：

$$f(z)=\sum_n B_n\cos nk_1z;\quad n=1,3,5,7,\cdots;\quad k_1L=\frac{\pi}{2}.$$

2.30　周期性方脉冲的傅里叶分析. 当你周期性地拍手时，在你耳朵上产生的空气压强可以近似地用周期性出现的方脉冲来表示. 令$F(t)$代表在你耳朵上的计示压强. 在短时间间隔$\Delta t$内取$F(t)$为$+1$单位，在$\Delta t$前后，取$F(t)$为零. 这种高度为1单位、宽度为$\Delta t$［在$F(t)$对$t$的图上］的“方脉冲”，每隔时间$T_1$周期性地重复一次. 短时间间隔$\Delta t$为每次拍手声的持续时间. 周期$T_1$是相继的两次拍手之间的时间间隔，拍手频率$\nu_1=T_1^{-1}$. 请你对$F(t)$做傅里叶分析.

(a) 证明你能够适当选择时间原点使得只有$\cos n\omega_1t$出现，即

$$F(t)=B_0+\sum_{n=1}^{\infty}B_n\cos n\omega_1t.$$

(b) 证明$B_0=\Delta t/T_1$，这正好是“起作用”时间的百分比. 再证明

$$B_n=\frac{2}{n\pi}\sin(n\pi\nu_1\Delta t),\quad n=1,2,\cdots.$$

(c) 证明在 $\Delta t \ll T_1$ 的情况下，“基”音 $\nu_1$ 及低谐音 $2\nu_1$，$3\nu_1$，$4\nu_1$ 等的傅里叶振幅 $B_n$ 基本上都相等.

(d) 用 $B_n$ 对 $n\nu_1$ 作图，让 $n$ 增加列足够大，以使 $B_n$ 经过零值两三次.

(e) 试从 (d) 证明那些“最重要的”频率（即其 $B_n$ 值比较大的那些频率）是从基音 $\nu_1$ 起直至数量级为 $1/\Delta t$ 的频率. 于是，可把 $1/\Delta t$ 叫作 $\nu_{max}$. 实际上，当然，不存在最大频率，因为傅里叶级数一直延伸到 $n=\infty$. 然而，最重要的那些频率位于 $\nu=0$ 和 $\nu=\nu_{max}$之间. 这些主要频率的“频带”具有约等于 $\nu_{max}=1/\Delta t$ 的带宽. 于是那些重要的频率为

$$\nu=0,\ \nu_1,\ 2\nu_1,\ 3\nu_1,\ 4\nu_1,\ \cdots,\ \nu_{max}=\frac{1}{\Delta t}.$$

主要频率的带宽可记为 $\Delta\nu$. 于是可把上述结果写成

$$\Delta\nu\Delta t\approx 1.$$

这个关系非常重要，它不仅适用于我们所假设的 $F(t)$，即一个宽度为 $\Delta t$ 周期出现的“方”脉冲，而且适用于任何形状的脉冲，只要它的特征是在大部分时间为零，而不为零的持续时间约为 $\Delta t$. 如果脉冲重复的间隔为 $T_1$（如在我们的例子中），则主要频率为 0，$\nu_1$、$2\nu_1$、$3\nu_1$ 等直至 $1/\Delta t$. 如果脉冲不重演，而只出现一次，则其结果是（将在第 6 章证明），主要频率的“傅里叶谱”仍占有 0 至 $1/\Delta t$ 的频带，但它是连续谱，包括了频带内的所有频率而不仅是只包括基音 $\nu_1$ 及其谐音.

这里所讨论的这个问题有助于理解所谓同步加速器辐射的电磁辐射频谱，同步加速器辐射是相对论性电子作匀速圆周运动时发射出来的. 可以证明（第 7 章），非相对论性电子以频率 $\nu_1$ 作匀速圆周运动时，发射单一频率 $\nu_1$ 的电磁辐射. 这是因为，非相对论性电子辐射的电场正好正比于电荷加速度的垂直分量（垂直于从电荷到观察者的视线）. 对圆周运动来说，此投影加速度为简谐运动. 因此，对非相对论性电子来说，其辐射场正比于 $\cos\omega_1 t$（或 $\sin\omega_1 t$）. 但对相对论性电子来说，辐射场对时间的依赖关系就不是 $\cos\omega_1 t$ 了，其辐射场强度强烈地集中在电荷速度的瞬时方向. 当电子直朝着观察者前进时，它所发出的辐射能被观察者探测到；而在所有其他时间发出的辐射，将不能到达观察者. 于是，在每一个周期 $T_1$ 内，观察者测量到的电场只有在一个短时间间隔 $\Delta t$ 内是强烈的，而在其他时间几乎为零. 于是观察到的频谱包括 $\nu_1=1/T_1$ 及其谐波 $2\nu_1$，$3\nu_1$，…，直至约为 $1/\Delta t$ 的最大（重要）频率. 证明时间间隔 $\Delta t\approx\dfrac{\Delta\theta}{2\pi}T_1$，其中 $\Delta\theta$ 为该辐射分布的“角全宽度”.

2.31 锯齿浅水驻波. 浅水波是这样的波，它在盆、湖或海洋的底部的水的运动振幅与表面上的水的运动振幅的大小差不多. 晃动模式（课外实验 1.24）是一种浅水波，这一点可用实验证明：把一些咖啡粒拌入水中，使有些粒子靠近底部；激发晃动模式（其表面基本上是平坦的），观察在盆心附近的盆底及表面的咖啡粒子的运动；也观察一下边部附近的情况.

现在考虑如下理想化的锯齿浅水驻波．假设有两个相互无关的水盆，形状一样，盆内的水以晃动模式振荡，它们的平衡深度 $h$ 是一样的．这两个水盆放得如此毗邻，如果没有隔板，它们会沿水平振荡方向形成一个长的水盆．假设它们的振荡相位是这样的，一个盆中的水与另一个盆中的水在水平方向上总是做相反的运动，使得两盆中的水在隔板处同时堆积到最高．现在设想把两盆的隔墙拆掉．当隔墙存在时，水在界面上无水平方向的运动．拆掉隔墙后，因为水在两边的运动是对称的（现在两边的水已连合为一整体了），位于隔墙处的水仍无水平运动．运动情况应当照旧不变！如果我们愿意的话，可以继续多拼接上些水盆，这样我们就获得了一个具有锯齿形状的驻波．让我们用正弦波来近似地描述它的形状．可以看出，一只盆的长度等于半波长．（注：如果对这个依赖于 $z$ 的周期函数做傅里叶分析，傅里叶展开中的首项即最主要的项将是我们取来逼近锯齿波的那一项．）把那个近似应用到晃动模式（见课外实验 1.24）的频率公式中，请证明

$$\lambda\nu=\frac{2\sqrt{3}}{\pi}\sqrt{gh}=1.10\sqrt{gh}.$$

我们看到，这些波是非色散的．（注：可以证明，正弦浅水波的严格色散关系式为 $\lambda\nu=\sqrt{gh}$．这里的锯齿近似给出的传播速度偏高了10%．）

对于深水波（即平衡水深远大于波长的波），振幅在水面以上随着深度的增加而指数地下降，深度每增加 $\lambda\!\!\!^{-}=\lambda/2\pi$（$\lambda\!\!\!^{-}$ 叫作约化波长）振幅减小 e（$=2.718\cdots$）倍．作为一种粗略的近似，可以说：深水波从水面到有效深度 $h=\lambda\!\!\!^{-}$ 处，有些像浅水波，因为在此区域内振幅比较大而且大致不变，而在深度远大于 $\lambda\!\!\!^{-}$ 处，振幅很小．于是我们猜到，深水波的色散关系可以从浅水波的色散关系得到，只要把浅水波的平衡深度 $h$ 用深水波的平均衰减长度 $\lambda\!\!\!^{-}$ 来代替即可．我们将在第 7 章中证明，这一猜测居然是正确的．于是深水波的色散关系为 $\lambda\nu=\sqrt{g\lambda\!\!\!^{-}}$．

2.32　对称锯齿波的傅里叶分析．所谓对称锯齿是指每一锯齿的前刃与后刃的倾斜率相等．设 $z=0$ 位于某一齿尖上．试证明周期性锯齿 $f(z)$ 的傅里叶级数为

$$f(z)=0.82A\left(\cos k_1z+\frac{1}{4}\cos 2k_1z+\frac{1}{9}\cos 3k_1z+\cdots\right);$$

这里 $k_1=2\pi/\lambda_1$，$\lambda_1$ 为齿间距（从一个齿尖到下一个齿尖），$A$ 为齿振幅，即 $2A$ 为最低点（齿凹）与最高点（齿尖）之间的垂直距离．可见，级数中第 $n$ 项贡献的振幅正比于 $1/n^2$．这就告诉你，习题 2.31 中的近似到底有多好，在那里我们用了傅里叶第一分量作为锯齿形波的近似，得到色散关系 $\lambda\nu=1.10\sqrt{gh}$．

2.33　表面张力模式．圆形表面张力驻波可清楚地演示如下：用水灌满纸杯或塑料杯，再加上一点，使水面鼓出杯口．轻轻地拍杯子，仔细观察水面对天空的反光，便很容易看到波．另一种办法，是在离表面数分米处挂一盏明亮的灯，观察杯底的花样，这是由波的透镜作用引起的．试在水中加一滴去垢剂，以显示表面张力是起作用的．

2.34　在弦的自由端的边界条件. 考虑四个如图 2.19 所示的不同体系.

(1) 证明在所示模式中四个体系都具有相同的频率.

(2) 假设你想把用于情况 (a) 的对波数限制的公式也用于情况 (c) 及 (d). 那么, 证明对这些情况来说, 公式中的 $L$ 必须等于 $\frac{3}{2}a$, 并请给出公式.

2.35　在两个固定支架上用平衡张力 $T$ 绷起一个长度为 $L$ 的柔软弦. 它的单位长度的质量为 $\rho$, 其总质量为 $M=\rho L$. 用锤击弦, 使处于中央的一小段长度为 $a$ 的弦突然得到一个横向速度 $v_0$, 弦就开始振动起来. 计算其三个最低谐音的振幅.

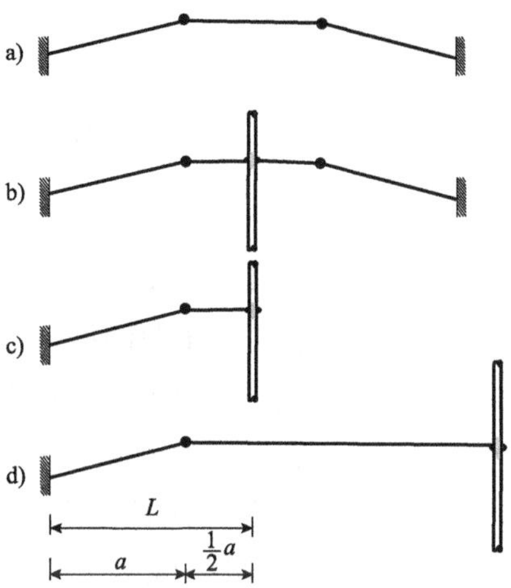


图　2.19

# 第 3 章　受迫振荡

# 第3章　受迫振荡

## 3.1　引言

在第1、2章中我们学习了各种体系的自由振荡，在这一章中，将要学习这些体系的受迫振荡．也就是说，我们将要研究当一个确定的、与时间有关的外力以某种方式作用于体系时，这些体系的行为如何，我们将专门研究做谐振的驱动力，并且考察体系的响应如何随频率而变化；这样做是不会失去普遍性的．

3.2节先回顾有阻尼的一维振子的自由振荡，然后考虑阻尼振子从静止开始受谐振力驱动时的瞬态响应．我们将会发现，在驱动力和自由振荡“瞬态”之间出现一种有趣的现象：“瞬态拍”，然后，我们再来学习瞬态部分衰减到零以后所剩下来的稳态振荡．我们还要考察慢慢地改变驱动频率时，由外力驱动的振子的共振响应．3.3节将研究一个有两个自由度的体系．我们将会看到，每一种自由振荡模式对于各运动部分的受迫运动都是有所贡献的．事实上，导出的结果非常简单：某个运动部分的运动是一些独立贡献的叠加，每种模式各贡献一项．3.4节讨论多自由度体系．我们将会发现，如果驱动频率高于它的最高模式频率或者低于它的最低模式频率㊀，体系的行为是值得注意的．最后在3.5节中，我们来学习由许多耦合摆组成的驱动体系的行为，通过这个问题，我们会发现指数波．

这一章中讨论的所有现象都可以在简单的课外实验中做耦合摆的实验来研究：用玩具弹簧作为耦合弹簧，标准大小（300g）的肉汁罐头（恰好能放进玩具弹簧内）作为摆锤，并以唱机的转盘作为驱动力．

## 3.2　有阻尼的、由外力驱动的一维谐振子

这一节有些内容是《力学》卷第7章的复习，那里学习了阻尼振子的自由振荡和稳态受迫振荡．现在，我们还要考虑振子原先静止在平衡位置上时受到谐振驱动力的“瞬态响应”．

考虑一个质点 $M$ 在 $x$ 方向上的振动．它离开平衡位置的位移为 $x(t)$．由于弹簧（弹簧常量 $K=M\omega_0^2$）的作用，质量 $M$ 受到的回复力为 $-M\omega_0^2x(t)$．如果不再有别的力，则质量将以角频率 $\omega_0$ 作谐振荡．但是质量还受到摩擦曳力 $-M\Gamma\dot{x}(t)$

㊀ 原文有遗漏，已改正．——译者注

的作用，此处 $\Gamma$ 是常数，可以称之为单位质量的阻尼常数，或简称为阻尼常数. 最后，质量还受有外力 $F(t)$ 的作用. 于是，由牛顿第二定律得到 $M$ 的运动方程为一非齐次的两阶线性微分方程：

$$M\ddot{x}(t) = -M\omega_0^2 x(t) - M\Gamma\dot{x}(t) + F(t). \tag{1}$$

首先，我们来考虑外力为零的特殊情况.

**自由振荡的瞬态衰减** 如果外力 $F(t)=0$，则运动方程［式（1）］成为

$$\ddot{x}(t) + \Gamma\dot{x}(t) + \omega_0^2 x(t) = 0. \tag{2}$$

我们以下列形式的 $x_1(t)$ 作为试解：

$$x_1(t) = e^{-t/2\tau}\cos(\omega_1 t + \theta), \tag{3}$$

其中 $\tau$，$\omega_1$ 和 $\theta$ 待定. 直接代入即可发现，相位常数 $\theta$ 可以取任何值. 只要选取

$$\tau = \frac{1}{\Gamma}, \tag{4}$$

和

$$\omega_1^2 = \omega_0^2 - \frac{1}{4}\Gamma^2, \tag{5}$$

式（3）就是方程（2）的解. 方程（2）的最一般的解是两个线性独立解的叠加，其中包含两个“任意”常数，常数要选得使解能够满足初始位移 $x_1(0)$ 和初始速度 $\dot{x}_1(0)$. 让 $\theta$ 等于（譬如说）零或 $-\frac{1}{2}\pi$，就能得到这样两个独立的解. 因此一般解可以写成

$$x_1(t) = e^{-\frac{\Gamma}{2}t}(A_1\sin\omega_1 t + B_1\cos\omega_1 t). \tag{6}$$

容易看出，常数 $A_1$ 和 $B_1$ 可由 $B_1 = x_1(0)$ 和 $\omega_1 A_1 = \dot{x}_1(0) + \frac{1}{2}\Gamma x_1(0)$ 得到. 于是式（6）给出

$$x_1(t) = e^{-\frac{\Gamma}{2}t}\left\{x_1(0)\cos\omega_1 t + \left[\dot{x}_1(0) + \frac{1}{2}\Gamma x_1(0)\right]\frac{\sin\omega_1 t}{\omega_1}\right\}. \tag{7}$$

当 $\frac{1}{2}\Gamma$ 比 $\omega_0$ 小得多时，振荡是所谓弱阻尼的. 当 $\frac{1}{2}\Gamma$ 等于 $\omega_0$ 时，运动叫作是临界阻尼的. 这时，由式（5）知 $\omega_1$ 为零. 所以解［式(7)］中的 $\cos\omega_1 t$ 为 1，而 $\frac{1}{\omega_1}\sin\omega_1 t$ 为 $t$，因为当 $\omega_1$ 趋向于零时，$\frac{1}{\omega_1}\sin\omega_1 t$ 的极限恰好是 $t$.

当 $\frac{1}{2}\Gamma$ 大于 $\omega_0$ 时，振子是所谓过阻尼的. 这时，由式（5）知 $\omega_1^2$ 为负值. 这就是说，$\omega_1$ 由下式给出：

$$\omega_1 = \pm i|\omega_1|, \quad |\omega_1| = \sqrt{\frac{1}{4}\Gamma^2 - \omega_0^2}, \tag{8}$$

此处 i 是 $-1$ 的平方根. 这时方程的解［式（7）］仍然有效，并能写成如下形式

（习题 3.25）：

$$x_1(t)=\mathrm{e}^{-\frac{\Gamma}{2}t}\left\{x_1(0)\cosh|\omega_1|t+\left[\dot{x}_1(0)+\frac{1}{2}\Gamma x_1(0)\right]\frac{\sinh|\omega_1|t}{|\omega_1|}\right\}. \tag{9}$$

我们将只关心$\frac{1}{2}\Gamma$小于$\omega_0$的情况．在这种情况下，振子是所谓欠阻尼的．弱阻尼的情况（指$\frac{1}{2}\Gamma\ll\omega_0$）包括在欠阻尼内．在弱阻尼的情况下，可以认为指数因子$\mathrm{e}^{-\frac{\Gamma}{2}t}$在振荡的任何一个周期内基本上保持不变．因此，作为足够好的近似，取式（6）对时间的导数计算速度时可将$\mathrm{e}^{-\frac{\Gamma}{2}t}$作为常数看待．因而容易看出，能量（动能加势能）任何一个周期内基本上是常数，但在一个包含着许多周期的时间间隔里却呈指数式地衰减：

$$E(t)=\frac{1}{2}M\dot{x}_1^2(t)+\frac{1}{2}M\omega_0^2x_1^2(t)=E_0\mathrm{e}^{-\Gamma t}=E_0\mathrm{e}^{-t/\tau}, \tag{10}$$

式中，

$$E_0=\frac{1}{2}M(\omega_1^2+\omega_0^2)\left(\frac{1}{2}A_1^2+\frac{1}{2}B_1^2\right). \tag{11}$$

现在，我们转而讨论所受外力$F(t)$不等于零的欠阻尼振子的情况．

**谐驱动力作用下的稳态振荡**　很大一类函数$F(t)$可以对各种频率做傅里叶展开：

$$F(t)=\sum_{\omega}f(\omega)\cos[\omega t+\varphi(\omega)]. \tag{12}$$

例如，如我们在 2.3 节中所见，任何（合理的）周期函数$F(t)$都可以这样展开．此外，我们在第 6 章中将会看到，许多非周期函数也可以展开成傅里叶级数或傅里叶积分．让我们考虑这种力的某一个傅里叶成分：

$$F(t)=F_0\cos\omega t, \tag{13}$$

这里我们已经选择时间的零点使得相位常数为零．只要我们知道对于式（13）那样的谐振力如何解出$x(t)$，那么对于式（12）那样的谐振力的叠加也能解得$x(t)$．这是因为，按照我们在 1.3 节中的讨论，非齐次线性方程满足一个叠加原理：同各种外力的叠加相对应的解正好就是各个解的叠加．所以我们只需要考虑具有单一谐成分外力的非齐次方程：

$$M\ddot{x}(t)+M\Gamma\dot{x}(t)+M\omega_0^2x(t)=F_0\cos\omega t. \tag{14}$$

我们希望找到方程（14）的稳态解．稳态解所给的是，振子在谐振驱动力已经加上了一段很长的时间（同衰减时间$\tau$相比较）以后的运动．因此“瞬态的振荡”（那是描述振子在起始驱动力加上之后最初几个平均衰减时间期间的行为）那时已经衰减为零了．振子因而以驱动频率$\omega$做谐振荡．解中不再含有可调节的或“任意的”常数．振荡的振幅正比于驱动力的振幅$F_0$，其相位常数相对于驱动力的相位常数也有确定的关系.

**吸收振幅和弹性振幅**　与其用振幅和相位常数来描述振荡，我们不如用两个振幅 $A$ 和 $B$ 来描述它，其中一个给出同驱动力 $F_0\cos\omega t$ 相位差90°的振荡成分 $A\sin\omega t$，另一个给出与驱动力同相位的振荡成分 $B\cos\omega t$. 因此稳态解 $x_s(t)$ 可以写成含有可适当选择的 $A$ 和 $B$ 的下述形式：

$$x_s(t)=A\sin\omega t+B\cos\omega t. \tag{15}$$

直接 代入以后可以证实，当且仅当 $A$ 和 $B$ 取下列数值时：

$$A=\frac{F_0}{M}\ \frac{\Gamma\omega}{[(\omega_0^2-\omega^2)^2+\Gamma^2\omega^2]}\equiv A_{吸收}, \tag{16}$$

$$B=\frac{F_0}{M}\ \frac{\omega_0^2-\omega^2}{[(\omega_0^2-\omega^2)^2+\Gamma^2\omega^2]}\equiv A_{弹性}, \tag{17}$$

$x_s(t)$ 才能满足方程（14）. 常数 $A_{吸收}$ 称为吸收振幅，常数 $A_{弹性}$ 称为弹性振幅（弹性振幅有时改称"色散"振幅）. 之所以这样取名，是因为对时间平均的输入功率吸收完全起因于 $A_{吸收}\sin\omega t$ 项，$A_{弹性}\cos\omega t$ 项对瞬时功率吸收 $P(t)$ 虽有贡献，但对稳态振荡一周的时间平均值却为零. 这些结果来自瞬时功率 $P(t)$ 等于力 $F_0\cos\omega t$ 与速度 $\dot{x}(t)$ 的乘积. 瞬时速度有两项，一项和力同相位，一项和力相位差90°. 只有和力同相位的那一项才对时间平均的功率 $P$ 有所贡献. 这个"同相"速度是由"异相"位移 $A_{吸收}\sin\omega t$ 贡献的. 用代数式子表示出来，这些关系式为

$$F(t)=F_0\cos\omega t,$$

$$x_s(t)=A_{吸收}\sin\omega t+A_{弹性}\cos\omega t,$$

$$\dot{x}_s(t)=\omega A_{吸收}\cos\omega t-\omega A_{弹性}\sin\omega t.$$

因此稳态的瞬时输入功率是

$$\begin{aligned}P(t)&=F(t)\dot{x}_s(t)\\&=F_0\cos\omega t\ (\omega A_{吸收}\cos\omega t-\omega A_{弹性}\sin\omega t).\end{aligned} \tag{18}$$

用括号〈〉表示一周的时间平均值，我们发现

$$P=F_0\omega A_{吸收}\langle\cos^2\omega t\rangle-F_0\omega A_{弹性}\langle\cos\omega t\sin\omega t\rangle.$$

但是

$$\langle\cos^2\omega t\rangle\equiv\frac{1}{T}\int_{t_0}^{t_0+T}\cos^2\omega t\mathrm{d}t=\frac{1}{2}, \tag{19}$$

此外 $T$ 是振荡周期. 类似地，有

$$\langle\cos\omega t\sin\omega t\rangle=\frac{1}{2}\langle\sin2\omega t\rangle=0. \tag{20}$$

因而我们得到对时间平均的稳态输入功率为

$$p=\frac{1}{2}F_0\omega A_{吸收}. \tag{21}$$

这样，我们就在式（21）中证实了，对时间平均的输入功率正比于稳态位移 $x_s(t)$

中同驱动力相位差90°的那部分的振幅 $A_{吸收}$. 这一结果同我们约定选取相位以使力正比于 $\cos\omega t$，而不是正比于更一般的 $\cos(\omega t+\varphi)$ 毫无关系.

在稳态情况下，对时间平均的输入功率必须等于摩擦耗散功率的时间平均值. 瞬时的摩擦力是 $-M\Gamma\dot{x}(t)$. 瞬时的摩擦功率是摩擦力乘以速度. 你们能够很容易算出，由摩擦引起的功率损失的时间平均值为

$$P_{摩擦}=M\Gamma\langle\dot{x}_s^2\rangle=\frac{1}{2}M\Gamma\omega^2(A_{吸收}^2+A_{弹性}^2), \tag{22}$$

还能够算出，它事实上就等于式（21）所表示的对时间平均的输入功率 $P$（参见习题3.6）.

在稳态情况下，储存在振子中的能量不完全是常数，因为式（18）所给的瞬时功率输入 $F(t)\dot{x}_s(t)$ 并不等于瞬时的摩擦功率损失 $M\Gamma\dot{x}_s^2(t)$. 只有当我们对一周求平均时，功率输入同摩擦引起的功率损失才会相等. 我们只对储存能量的时间平均值感兴趣. 你们能够很容易算出，对于稳态振荡，时间平均的储存能量 $E$ 由下式给出（参见习题3.10）：

$$\begin{aligned}E&=\frac{1}{2}M\langle\dot{x}_s\rangle^2+\frac{1}{2}M\omega_0^2\langle x_s^2\rangle\\&=\frac{1}{2}M(\omega^2+\omega_0^2)\left(\frac{1}{2}A_{吸收}^2+\frac{1}{2}A_{弹性}^2\right).\end{aligned} \tag{23}$$

注意，同 $\omega^2$ 相联系的项是对时间平均的动能，同 $\omega_0^2$ 相联系的则是对时间平均的势能. 仅当 $\omega=\omega_0$ 时，它们才会相等（回忆一下，对于弱阻尼的自由振子，对时间平均的动能和势能是相等的）. 这件事可以定性地理解如下：如果 $\omega$ 比 $\omega_0$ 大得多，则 $M$ 在有机会获得大位移以前，亦即在它能够有大势能储存在弹簧中以前，它的速度已经反转了. 另一方面，如果 $\omega$ 比 $\omega_0$ 小得多，则速度不会变得很大，因而以对时间平均的势能为主.

注意，当 $\omega=\omega_0$ 时，式（23）所给的储存能量 $E$ 等于稳态功率耗散［式(22)］同自由振荡衰减时间 $\tau$ 的乘积. 这在定性上是可以理解的：假使我们撤掉驱动力，摩擦将使振子能量以平均衰减时间 $\tau$ 指数式地“衰减”，如式（10）所示. 当我们用它的自然频率 $\omega_1$ 驱动振子时（对于弱阻尼，$\omega_1\approx\omega_0$），振荡的振幅连续地升高，直到稳态情况下功率输入为摩擦引起的功率损失所匹配. 由于摩擦损失的能量大部分是在时间 $\tau$ 内耗散的，稳态情况下的储存能量同驱动力“最近”在时间 $\tau$ 内所供给的能量相等. 因而我们预期，达到平衡以后，储存的能量将近似等于输入功率乘以 $\tau$，它也等于摩擦功率乘以 $\tau$. 我们已经见到，当 $\omega=\omega_0$ 时，情况正是这样.（如果 $\omega$ 不等于 $\omega_0$，输入功率和储存能量之间的关系就不那么容易猜测了.）

**共振** 接下来要讨论的是，当我们慢慢地改变驱动频率时，振子的响应怎样变化；我们总是使频率在任何一段相当于许多个衰减时间 $\tau$ 的时间间隔内基本上保持不变，以致我们总是基本上处在稳态条件下. 对时间平均的输入功率 $P$，由式

(21）和式（16）得出为

$$P=P_0\frac{\Gamma^2\omega^2}{(\omega_0^2-\omega^2)^2+\Gamma^2\omega^2},\tag{24}$$

此处 $P_0$ 是 $P$ “在共振”处（即 $\omega=\omega_0$ 处）的值，$P$ 的极大值出现在共振处，而使 $P$ 取半极大值的那些 $\omega$ 值则被定义为“半功率点”．你们可以证明，那些半功率点由下式给出（习题3.11）：

$$\omega^2=\omega_0^2\pm\Gamma\omega,\tag{25}$$

它等效于

$$\omega=\sqrt{\omega_0^2+\frac{1}{4}\Gamma^2}\pm\frac{1}{2}\Gamma.\tag{26}$$

［注意，式（25）是两个分开的 $\omega$ 的二次方程，每一个二次方程有一正一负两个解，式（26）是两个正解．］两个半功率点之间的频率间隔叫作半极大功率处的全频宽，或简称共振全宽度，写成 $(\Delta\omega)_{全频宽}$，或简记为 $\Delta\omega$．按照式（26），

$$(\Delta\omega)_{全频宽}=\Gamma.\tag{27}$$

另一方面，我们早已知道［式（4）］，自由振荡的平均衰减寿命为 $\tau=1/\Gamma$．因此我们在受迫振荡的共振全宽度和自由振荡的平均衰减时间之间找到一个非常重要的关系式：

$$\boxed{(\Delta\omega)_{共振}\tau_{自由}=1.}\tag{28}$$

换言之，驱使振荡共振曲线的频率宽度等于自由振荡衰减寿命的倒数．这个结果具有很大的普遍性，它不仅适用于一个自由度的体系．如我们在后面还要证明的，对于许多个自由度的体系它也适用．在多自由度的情况下，结果表明，共振出现在非阻尼自由振荡简正模式的那些频率处，正如一维振子时的情况一样．（共振频率总是等于 $\omega_0$．只有阻尼常数 $\Gamma$ 等于零，$\omega_0$ 才同自由振荡的振荡频率 $\omega_1$ 相等．在有阻尼的自由振荡中，由于阻尼因子，$e^{-\frac{\Gamma}{2}t}$ 的存在，振荡频率将从 $\omega_0$ 被“拉”到 $\omega_1$．在受迫振荡中，振幅是常数，共振频率是没有阻尼时的自由振荡频率．）当有几个自由度时，每一种模式的共振宽度和自由衰减时间都满足式（28），只要那些共振在频率上足够分开，相互之间没有“重叠”．

式（28）在实验上有非常重要的应用．实验观察一个体系的共振响应，通常比观察它的自由衰减来得容易．在那种情况下，要得到自由振荡的平均衰减时间，可以改而研究共振响应以得到 $\Delta\omega$，然后再从式（28）计算衰减时间．

**例1：硬纸板管的衰减时间**

现在举例说明式（28）的应用，用它来讨论一个多自由度的体系．取一个硬纸板管[㊀]．突然地激发它，然后让它自由地衰减．做法是：只要把管子在你的头上轻轻地敲一下．这样激发起来的主要是最低的模式，管子的长度是半个波长．体系

㊀ 原文 Mailing tube，是国外邮寄用盛放印刷品或易脆物品的一种硬纸板圆筒．——译者注

振荡起来了，它在管子的两端辐射出声能．当空气擦过粗糙的管壁时出因为“摩擦”而损失掉一些声能（亦即声能转换成为“热”），因而这是阻尼振荡．问题是，平均衰减时间等于多少？你的耳朵容易辨认出存在有一个主要的频率．当你对着管子的末端平稳地横吹时，耳朵听到的就是同这一样的主要频率．然而衰减时间太快了，光用耳朵听是测量不出来的．你可以有两种选择．一是使用传声器、音频放大器和示波器；当你激发振荡时，同时触发示波器扫描，并且把放大器的输出接在垂直偏转板上．（用一架有“内触发”的性能良好的示波器，做起来还要容易得多，因为放大器输出的起端可以用来触发扫描．）最后把示波器的扫迹拍照下来就可以直接量出 $\tau$ 来．第二种办法是间接的，它使用一架音频信号发生器．用它激励在管子入口处的一只小扬声器，驱使管子在信号频率处作稳态振荡．再用传声器在管子的另一端把管子的输出辐射收集起来，在示波器上测量波的振幅．然后，改变驱动频率，［在做实验时，保持驱动频率不变，用一个长号以改变管子的长度，做起来可能较容易些．用振幅的平方相对于管子长度的倒数（为什么要用倒数？）作图．］找出半输出功率点，给出 $\Delta\omega$．然后再利用式（28）求 $\tau$.

没有这些设备，这个实验还是可以做得相当好．用一个音叉和五、六根管子，这些管子除了长度不同以外别的都一样．沿着这排管子迅速地移动音叉，试着决定“半极大功率输出处的全宽度”．你也许可以想出一个办法，在给定的音调上，能把强度相差两倍的声音辨认出来．无论如何，你这样估计出来的 $\Delta\omega$（因而衰减时间）不会相差两倍．我发现，对于硬纸板管，典型的衰减时间约为 20～50ms（参见课外实验 3.27）.

**弹性振幅的频率依赖性** 稳态振荡 $x_s(t)$ 中的 $A_{弹性}\cos\omega t$ 项是 $x_s(t)$ 中与驱动力 $F_0\cos\omega t$ 同相位的部分．这一“弹性”项对时间平均后的能量吸收没有贡献，已如前述．再者，在共振处（即在 $\omega=\omega_0$ 处），$A_{弹性}$ 为零．这是否意味着 $A_{弹性}$ 不重要呢？不！事实上，在远离共振的那些驱动频率处，弹性项是主要的项．我们可以这样来看：弹性振幅已经由式（17）给出：

$$A_{弹性}=\frac{F_0}{M}\frac{\omega_0^2-\omega^2}{(\omega_0^2-\omega^2)^2+\Gamma^2\omega^2}. \tag{29}$$

弹性振幅和吸收振幅之比则为［参见式（16）和式（17）］

$$\frac{A_{弹性}}{A_{吸收}}=\frac{\omega_0^2-\omega^2}{\Gamma\omega}. \tag{30}$$

当 $\omega$ 小于 $\omega_0$ 时，$A_{弹性}/A_{吸收}$ 是正的，而且只要你把 $\omega$ 选得足够小，比值就要多大有多大．当 $\omega$ 大于 $\omega_0$ 时，只要把 $\omega$ 选得足够大，$A_{弹性}/A_{吸收}$ 是负的，在数值上你愿它多大就有多大．无论是哪一种情况，我们都有 $\Gamma\omega\ll|\omega_0^2-\omega^2|$，并且只要我们愿意忽略非常小的对时间平均的功率，$A_{吸收}\sin\omega t$ 对 $x_s(t)$ 的贡献就可以忽略．（当我们远离共振时，功率吸收同共振处相比要小得多．）因此，在远离共振处，稳态解表示为 $A_{弹性}\cos\omega t$，而 $A_{弹性}$ 则由式（29）的分母中略去 $\Gamma^2\omega^2$ 项而得到

$$x_s(t) \approx A_{弹性}\cos\omega t \approx \frac{F_0\cos\omega t}{M(\omega_0^2-\omega^2)}. \tag{31}$$

注意，在这个结果［式（31）］中，不含阻尼常数 $\Gamma$. 事实上容易看出，式（31）就是运动方程［式（14）］的精确稳态解，假使我们在式（14）中含 $\Gamma=0$（习题 3.13）.

在图 3.1 中，我们画出的是共振附近的吸收振幅和弹性振幅.

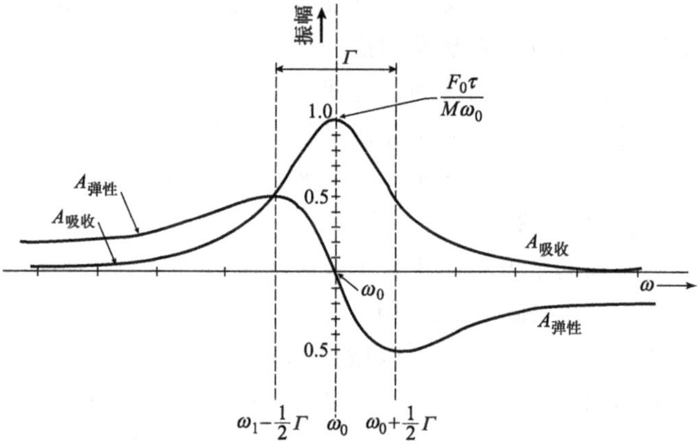


图 3.1　驱动振子中的共振. 当振子受到外力 $F_0\cos\omega t$ 作用时，稳态振荡是 $x_s(t)=A_{吸收}\sin\omega t+A_{弹性}\cos\omega t$

**其他"共振曲线"**　受迫谐振子的行为由好几个不同的量来描述. 用它们相对于频率作图时，它们全都显示出类似的（但不是全同的）"共振形状". 这些量是吸收振幅 $A_{吸收}$、振幅的平方 $|A|^2\equiv A_{弹性}^2+A_{吸收}^2$、输入功率 $P$（它也等于耗散功率），以及贮存的能量 $E$. 在这一节中，为了比较起见，我们再把它们全部写下来. 从式（16）、式（17）式（22）和式（23），我们有

$$A_{吸收}(\omega)=A_{吸收}(\omega_0)\frac{\Gamma^2\omega_0\omega}{(\omega_0^2-\omega^2)^2+\Gamma^2\omega^2}, \tag{32}$$

$$|A(\omega)|^2=|A(\omega_0)|^2\frac{\Gamma^2\omega_0^2}{(\omega_0^2-\omega^2)^2+\Gamma^2\omega^2}, \tag{33}$$

$$P(\omega)=P(\omega_0)\frac{\Gamma^2\omega^2}{(\omega_0^2-\omega^2)^2+\Gamma^2\omega^2}, \tag{34}$$

$$E(\omega)=E(\omega_0)\frac{\frac{1}{2}\Gamma^2(\omega^2+\omega_0^2)}{(\omega_0^2-\omega^2)^2+\Gamma^2\omega^2}. \tag{35}$$

所有这些量都有一个共同的"共振分母" $D$，它是

$$D\equiv(\omega_0^2-\omega^2)^2+\Gamma^2\omega^2=(\omega_0-\omega)^2(\omega_0+\omega)^2+\Gamma^2\omega^2.$$

近共振处（即 $\omega=\omega_0$ 附近），$D$ 随 $\omega$ 的迅速变化几乎完全是由于第一项中的因子

$(\omega_0-\omega)^2$ 产生的. 出现在 $D$ 的其他地方以及上述四个量的分子中的 $\omega$ 只引起慢得多的变化. 然而，吸收振幅以及上面所给的其他几个量只在"近"共振处才相对比较重要.（我们可以泛泛地规定"近"的意思是，譬如说，处在 $\omega_0-10\Gamma<\omega<\omega_0+10\Gamma$ 范围内.）在近共振区域，对于弱阻尼，即 $\Gamma \ll \omega_0$，作为很好的近似，在 $D$ 中，除了第一项内的灵敏因子 $(\omega_0-\omega)^2$ 以外，其他那些 $\omega$ 可以让它们等于 $\omega_0$. 于是 $D$ 成为

$$D \approx (\omega_0-\omega)^2(\omega_0+\omega_0)^2+\Gamma^2\omega_0^2$$
$$=4\omega_0^2\left[(\omega_0-\omega)^2+\left(\frac{1}{2}\Gamma\right)^2\right].$$

在同样的近似程度内，我们可以在所有四个共振量的分子中记 $\omega=\omega_0$. 这样一来，所有四个量都有相同的形状，我们可以把它记为 $R$(共振)：

$$R(\omega) \equiv \frac{\left(\frac{1}{2}\Gamma\right)^2}{(\omega_0-\omega)^2+\left(\frac{1}{2\Gamma}\right)^2}. \tag{36}$$

（我们这样选择比例常数，使得 $R(\omega_0)=1$.）注意，$R(\omega)$ 是 $\omega_0-\omega$ 的偶函数，即它在共振频率左右是对称的. 容易看出，$R(\omega)$ 的半极大处全宽度是 $\Gamma$，在功率的精确表达式［式 (34)］中，半极大处的全宽度也是 $\Gamma$.

在光学中，$R(\omega)$ 所表示的频率依赖性通常称为"洛伦兹谱线形状". 在核物理学中，用 $E_0=\hbar\omega_0$ 替代 $\omega_0$，用 $E=\hbar\omega$ 替代 $\omega$ 以后的 $R(\omega)$ 称为"布赖特-魏格纳共振曲线". 精确的共振曲线总是要比 $R(\omega)$ 复杂得多，谐振子的情况是这样，在光学和在核物理学中的情况也是这样.

**瞬态受迫振荡** 式 (14) 是谐驱动的、阻尼谐振子的微分方程. 对于任意的初始条件 $x(0)$ 和 $\dot{x}(0)$，我们希望找到这方程的解. 为此，我们需要的一般解. 这个有一般解由稳态解 $x_s(t)$ 和齐次运动方程（自由振荡的方程）的一般解 $x_1(t)$ 叠加而成：

$$x(t)=x_s(t)+x_1(t)$$
$$=A_{吸收}\sin\omega t+A_{弹性}\cos\omega t+e^{-\frac{\Gamma}{2}t}(A_1\sin\omega_1 t+B_1\cos\omega_1 t), \tag{37}$$

其中 $A_1$ 和 $B_1$ 是任意常数. 应这样来选择 $A_1$ 和 $B_1$，使得位移和速度的初始条件能够满足. 我们可以看出，式 (37) 确实是一般解：首先，它满足所给的二阶微分方程；其次，只要适当地选择 $A_1$ 和 $B_1$，就可以使它满足任意的初始条件 $x(0)$ 和 $\dot{x}(0)$. 按照微分方程理论，这就是使它成为唯一解所需要的全部条件了.

**原先没有扰动的振子** 我们的一般解可专门用来研究一种有趣的情况：$t=0$ 时，振子事实上静止在它的平衡位置上. 我们选择 $B_1=-A_{弹性}$，因为这可以给出初始条件 $x(0)=0$. 然后尽可能简单地选择 $A_1$，但要能使初始速度 $\dot{x}(0)$ 几乎为

零. 因为我们只对弱阻尼感兴趣，所以在任何确定的一周内都可把 $e^{-\frac{\Gamma}{2}t}$基本上看作常数. 作此近似以后，可以得出 $\dot{x}(0)\approx\omega A_{吸收}+\omega_1 A_1$. 由于我们感兴趣的是驱动频率离开共振并不太远的情况，所以我们简单地取 $A_1=-A_{吸收}$. 于是

$$\dot{x}(0)\approx(\omega-\omega_1)A_{吸收};\tag{38}$$

对于 $\omega=\omega_1$ 或 $A_{吸收}=0$（它意味着 $\Gamma=0$），$\dot{x}(0)$ 为零. 做了这样一些选择以后，我们有 $x(0)=0$ 和 $\dot{x}(0)\approx0$. 因此式（37）变成

$$x(t)=A_{吸收}(\sin\omega t-e^{-\frac{\Gamma}{2}t}\sin\omega_1 t)+A_{弹性}(\cos\omega t-e^{-\frac{\Gamma}{2}t}\cos\omega_1 t).\tag{39}$$

几种有趣的特殊情况如下.

**情况1：驱动频率等于自然振荡频率**

在式（39）中令 $\omega=\omega_1$，我们得到

$$\begin{aligned}x(t)&=(1-e^{-\frac{\Gamma}{2}t})(A_{吸收}\sin\omega t+A_{弹性}\cos\omega t)\\&=[1-e^{-\frac{\Gamma}{2}t}]\ x_s(t),\end{aligned}\tag{40}$$

此处，$x_s(t)$ 是稳态解. 因而，当驱动频率精确地等于自然振荡频率 $\omega_1$ 时，稳态解是“一开始就出现”的. 它的振荡幅度从零平滑地渐升到它最终的稳态值.

**情况2：零阻尼和无休止的拍**

令 $\Gamma=0$，就给出 $A_{吸收}=0$ 和

$$A_{弹性}=\frac{F_0/M}{\omega_0^2-\omega^2}.$$

于是由式（39）得到

$$x(t)=\frac{F_0}{M}\ \frac{\cos\omega t-\cos\omega_0 t}{\omega_0^2-\omega^2}.\tag{41}$$

式（41）类似于两个谐振荡的叠加，我们在1.5节中研究两个音叉间的那些拍的现象时已经碰到过了. 我们记得，我们可以把 $x(t)$ 写成两个精确的谐振荡的线性叠加，就像式（41）那样；或者换一种写法，把它写成以“快”平均频率

$$\omega_{平均}=\frac{1}{2}(\omega_0+\omega)$$

振荡的“准谐”振荡. 准谐振荡有一个“慢变化”的振幅. 它以“慢”调制频率 $\omega_{调制}=\frac{1}{2}(\omega_0-\omega)$ 做谐振荡. 如果按后一种写法，则有（习题3.22）

$$x(t)=A_{调制}(t)\sin\omega_{平均}t,\tag{42}$$

式中，

$$A_{调制}(t)=\frac{F_0}{M}\frac{2\sin\frac{1}{2}(\omega_0-\omega)t}{\omega_0^2-\omega^2}.\tag{43}$$

因此，振荡幅度永远以调制频率$\frac{1}{2}(\omega_0-\omega)$振荡. 储存的能量围绕着它的平均值振荡，从零开始，按照下述关系式趋向它的极大值$E_0$：

$$E(t)=E_0\sin^2\frac{1}{2}(\omega_0-\omega)t$$

$$=\frac{1}{2}E_0[1-\cos(\omega_0-\omega)\ t], \tag{44}$$

也就是说，能量永远是以驱动频率和自然振荡频率间的拍频振荡的.

为了观察那些几乎无休止的拍，你们可以把肉汁罐头或者别的什么东西挂在一根长度约为45 cm的悬线上，再用若干分米的橡皮带把这个摆耦合在转速为45r/min的电唱机上.

对于特殊情况$\omega=\omega_0$，式（43）意味着快振荡的振幅永远随时间线性增长，这相当于拍的周期为无限长：

$$x(t)=\left[\frac{1}{2}\ \frac{F_0t}{M\omega_0}\right]\sin\omega_0t. \tag{45}$$

经过无限长时间以后，振幅为无限大.

**情况3：瞬态拍**

对于弱阻尼，而且$\omega$接近$\omega_1$，不难（但计算相当烦琐）证明，储存的能量近似地可由下式给出（习题3.24）：

$$E(t)=E[1+e^{-\Gamma t}-2e^{-\frac{\Gamma}{2}t}\cos(\omega-\omega_1)t], \tag{46}$$

其中$E$是稳态能量.（如取$\omega=\omega_1$，就是上述第一种情况；如取$\Gamma=0$，则为上述第二种情况.）由此可见，如果在$t=0$开始时振子内没有能量储存，则能量$E(t)$不是平滑地渐升到它的稳态值，除非驱动频率$\omega$精确地等于自由振荡频率$\omega_1$. 实际上，能量以拍频$\omega-\omega_1$振荡. 这些拍的产生是由于，振子"喜欢"以它的自然频率$\omega_1$振荡，而推动它的频率却是$\omega$. 所以驱动力有时以帮助增强振荡幅度的相对相位推它，有时（半个拍周期以后）又以减弱振荡的相反相位推它. 如果没有阻尼，这些拍将像第二种情况中那样永远进行下去. 然而，由于阻尼，振子的相位将按照驱动力的相位逐渐调整. 经过足够长的时间以后，振子进入稳定的振动态：它没有拍了，而是精确地以驱动频率$\omega$振荡. 振子和驱动力间的相对相位是如此地稳定，以致在驱动力的每一次推动（每一周）中，给予振子的能量都同振子在每一周中由于摩擦曳力而损失的能量完全相等. 于是振子的能量保持不变，振子和驱动力的相对相位也保持不变. 能量的瞬态储存情况示于图3.2中.

**共振形状的定性探讨** 现在让我们用研究振子的瞬态响应所取得的认识去猜测精确的共振频率处的稳态振荡幅度同其他一些频率处的振幅之比. 先假定振子静止，然后准确地在它的共振频率处驱动它. 如果没有阻尼，振荡幅度将随时间线性地永远增长上去［参见式（45）］. 实际上，开始时的增长的确是线性的，因为这

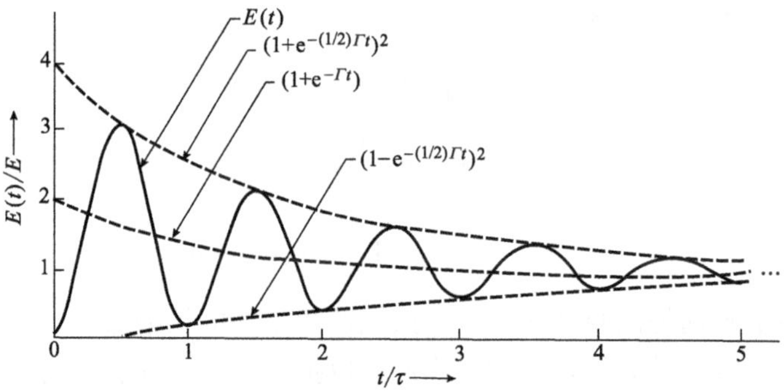


图 3.2　瞬态拍.（我们选择拍周期等于衰减时间 $\tau$.）储存的能量 $E(t)$ 从零开始上升，以驱动频率和自然振荡频率间的拍频进行阻尼振荡，最后停留在稳态值 $E$ 上

时平均速率小，阻尼可以忽略．但是由于阻尼，振幅终于稳定在一个数值上，这个数值就是振子在数量级为 $\tau$ 的时间内所能"获得"的振幅．换言之，由于阻尼，振子只能保留它"最近"（即数量级为 $\tau$ 的时间内）刚获得的那部分运动．要猜测这个振幅的大小，可以设想用最大的力 $F_0$ 推动它一段时间 $\tau$，这样就给予有质量物体以最大动量 $F_0\tau$．但是振荡的有质量物体的最大动量是 $M$ 乘以最大速度，它等于 $\omega_0 A(\omega_0)$，因此 $F_0\tau \approx M\omega_0 A(\omega_0)$，即有

$$A(\omega_0) \approx \frac{F_0\tau}{M\omega_0}. \tag{47}$$

它就是我们猜测的 $\omega=\omega_0$ 处的稳态振幅.

现在我们在频率 $\omega$ 处来驱动振子，并令 $\omega$ 与共振频率 $\omega_0$ 相差很远．如果没有阻尼，振幅将永远以调制频率 $\frac{1}{2}(\omega_0-\omega)$ 振荡，而振子的能量则以拍频 $\omega_0-\omega$ 振荡．现在"加上"阻尼．因阻尼而损失的能量依照速度的平方而变化．因而，在能量达极大的那些时刻阻尼最大，在能量为零的那些时刻阻尼亦为零．因此，在能量相对于时间所作的图上，阻尼倾向于"削平山头"．（阻尼也倾向于"填满山谷".）结果，那些拍就被抑制掉了．我们可以猜测，振幅会降到约为一开始那些拍还存在的时候它曾经达到过的极大值的一半左右．所以我们把式（43）中的 $\sin\frac{1}{2}(\omega_0-\omega)t$，换成 $\frac{1}{2}$．这样，对于远离 $\omega_0$ 的 $\omega$，我们从式（43）得到

$$A(\omega) \approx \frac{F_0}{M}\ \frac{1}{\omega_0^2-\omega^2}. \tag{48}$$

或者换一种不同的说法：我们可以猜测，$A(\omega)$ 相应于用最大的力 $F_0$ 在一个拍周期的一部分（$f$）时间内推动振子时能传递给它的最大动量．这个动量是 $M$ 乘以振幅 $A(\omega)$，再乘以平均角频率 $\frac{1}{2}(\omega_0+\omega)$．拍的周期 $T_{拍}$ 等于 $\frac{2\pi}{(\omega_0-\omega)}$．因而我们

可以猜到

$$\frac{F_0 f 2\pi}{(\omega_0-\omega)} \approx MA(\omega)\frac{1}{2}(\omega_0-\omega).$$

只要我们足够精明，猜出 $f=1/4\pi$，从它也能得到式（48）.

我们从精确解知道，刚好在共振处，振荡的幅度是 $A_{吸收}(\omega_0)$，因为在共振处的 $A_{弹性}$ 为零. 的确，我们猜到的振幅 $A(\omega_0)$ 等于 $A_{吸收}(\omega_0)$，你们只要比较一下式（47）和式（16）就可以证实这一点. 我们还知道，在远离共振处，由精确解给出的振荡幅度基本上是 $A_{弹性}(\omega)$. 我们对于远离 $\omega_0$ 的 $\omega$ 猜到的振幅 $A(\omega)$ 也的确等于远离共振的 $A_{弹性}(\omega)$，你们比较一下式（48）和式（17）就知道了.

## 3.3　两个自由度体系的共振

我们在第 1 章中看到，具有一个以上自由度的自由振荡体系的每一种模式，其行为非常类似于一个简谐振子. 其主要差别在于体系占据着一个有限的空间区域，因而"谐振子"扩展在体系所占据的整个区域，而不是局限在一个点质量上. 因此，每一种模式有一个特征"形状"，而形状这个概念对于一维振子是不需要的.

在第 1 章中研究自由振荡体系的模式时，我们曾忽略阻尼. 如果把阻尼考虑进去，我们将会发现（下面就要谈到），每一种模式类似于一有阻尼的一维振子. 因此每一种模式都有它自己的特征阻尼机制和阻尼常数 $\Gamma$，因而也有自己的特征衰减时间 $\tau$. 对于有些体系，阻尼机制可能联系于个别的"运动部分"，因而粗略地说，所有的模式都有相同的阻尼常数和衰减时间. 例如，两个全同的摆之间用一弹簧相耦合，就是这样的体系. 在这个体系中，阻尼来源于两根挂弦的每一根或者每一个摆锤受到某些东西的摩擦. 由于两个摆锤在每一种模式中的运动是一样的，所以两种模式具有相同的衰减时间. 对于其他体系，阻尼机制与模式有关. 例如，把两个摆耦合起来的那根弹簧可能会有一块有弹性的带子粘贴在上面，这样当它伸长或压缩时，就会受到一种摩擦阻尼. 如果基本上只有这种阻尼机制，则模式 2（在这种模式中，弹簧有伸长和压缩）的阻尼常数要比模式 1 的大得多，即有 $\Gamma_2 \gg \Gamma_1$，而模式 2 的衰减时间则比模式 1 的小得多，即有 $\tau_2 \ll \tau_1$.

当我们驱动一个具有好几种模式的体系时，一旦驱动频率接近一种模式频率，我们就会发现一个共振. 而且，对于一个确定的运动部分，它的吸收振幅和弹性振幅简单地就是每一个共振（即非驱动体系的每一种模式）所贡献的那些振幅的叠加. 这些贡献的每一项，在形式上都与我们在 3.2 节中对于一个自由度的体系所求得的相类似.

如果我们（慢慢地）改变驱动频率，并且画出一个确定的运动部分的能量吸收率与驱动频率 $\omega$ 的函数关系，那么，每当 $\omega$ 通过一种模式频率的附近时，我们都会看到共振.（我们将通用"共振频率"和"模式频率"这两种说法，虽然前者

是指受迫振荡，而后者是指自由振荡.）每一个共振显示出来的频率全宽度为［参见式（28）］

$$\Delta\omega = \Gamma = \frac{1}{\tau},$$

此处 $\Delta\omega$ 是半极大功率吸收的全宽度，而 $\Gamma$ 和 $\tau$ 是这种特定模式的自由振荡的阻尼常数和衰减时间. 如果阻尼足够弱，而各个共振之间的频率间隔又比它们的半宽度大得多，上面这个关系式就是成立的. 在那种情况下，在频率图的任何给定点上，至多只有一种模式对于吸收振幅有所贡献. 但另一方面，结果又表明，那些弹性振幅的贡献，通常是任何一种也不能忽略的.（参见习题3.20.）

**例2：双耦合摆的受迫振荡**

耦合摆的体系如图3.3所示，且在课外实验3.8中描述（做实验时那些摆锤用肉汁罐头，弹簧用一根玩具弹簧，驱动力由唱机的转盘提供，办法是用约3m的橡皮带把转盘和体系耦合起来. 阻尼是由悬线同某物相摩擦而产生的）. 为了简单起见，我们假设每个摆的阻尼常数 $\Gamma$ 相同. 容易看出，它们的运动方程是

$$M\ddot{\psi}_a = -\frac{Mg}{l}\psi_a - K(\psi_a - \psi_b) - M\Gamma\dot{\psi}_a + F_0\cos\omega t, \tag{49}$$

$$M\ddot{\psi}_b = -\frac{Mg}{l}\psi_b + K(\psi_a - \psi_b) - M\Gamma\dot{\psi}_b. \tag{50}$$

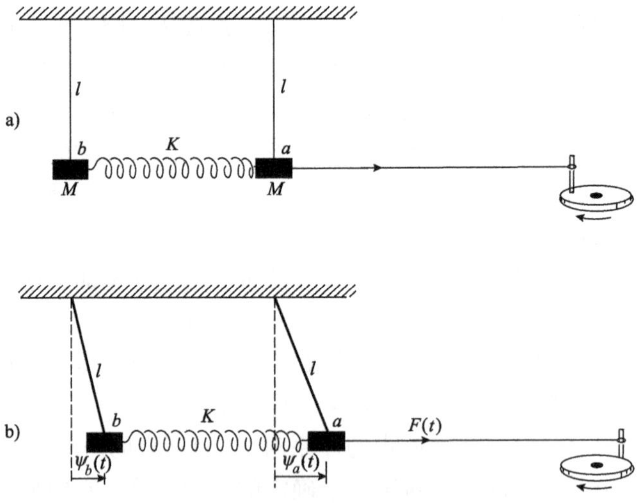


图3.3　耦合摆的受迫振荡

a）平衡状态　b）一般位形

我们早已研究过这个体系在没有阻尼情况下的自由振荡. 因此我们知道，如果 $F_0$ 和 $\Gamma$ 都等于零，两种模式为

模式1：　$\psi_a = \psi_b$，$\omega_1^2 = \dfrac{g}{l}$，$\psi_1 = \dfrac{1}{2}(\psi_a + \psi_b)$；　(51)

模式 2：　　$\psi_a=-\psi_b,\ \omega_2^2=\frac{g}{l}+\frac{2K}{M},\ \psi_2=\frac{1}{2}(\psi_a-\psi_b),$　　(52)

此处由 $\psi_a$ 和 $\psi_b$ 叠加得到的 $\psi_1$ 和 $\psi_2$ 是简正坐标.

**每一种模式的行为都像一个被驱动的振子**　让我们变换到简正坐 $\psi_1$ 和 $\psi_2$. 只要把方程（49）和方程（50）相加，就可得到

$$M\ddot{\psi}_1=-\frac{Mg}{l}\psi_1-M\Gamma\dot{\psi}_1+\frac{1}{2}F_0\cos\omega t. \tag{53}$$

从方程（49）减去方程（50），则有

$$M\ddot{\psi}_2=-M\left(\frac{g}{l}+\frac{2K}{M}\right)\psi_2-M\Gamma\dot{\psi}_2+\frac{1}{2}F_0\cos\omega t. \tag{54}$$

注意方程（53）和方程（54）是不耦合的. 同方程（1）相比较，我们看到方程（53）和方程（54）的每一个在形式上都相当于受外力驱动的阻尼谐振子. 因此简正坐标 $\psi_1$ 的行为像一个简谐振子，其质量为 $M$，弹簧常量为 $M\omega_1^2$，阻尼常数为 $\Gamma$，驱动力为 $\frac{1}{2}F_0\cos\omega t$. 简正坐标 $\psi_2$ 的行为也类似，其质量为 $M$，弹性常数为 $M\omega_2^2$，阻尼常数为 $\Gamma$，驱动力为 $\frac{1}{2}F_0\cos\omega t$. 这两种振荡是独立的，所以我们可以分开写下 $\psi_1$ 和 $\psi_2$ 的稳态解. 每一种模式的行为犹如一个一维受迫振子. 因此，每一种模式都有它自己的吸收振幅和它自己的弹性振幅，共振频率相应于模式频率，与一个一维振子没有什么两样.

**每一部分的运动都看作各种驱动模式的叠加**　现在让我们考虑两个运动部分 $a$ 和 $b$ 的运动. 按式（51）和式（52），我们有

$$\psi_a=\psi_1+\psi_2,\quad \psi_b=\psi_1-\psi_2. \tag{55}$$

按照式（55），部分 $a$ 的吸收振幅恰好就是两种模式贡献的吸收振幅之和；部分 $b$ 的吸收振幅则为两种模式的吸收振幅之差. 与此类似，部分 $a$ 的弹性振幅是两种模式的弹性振幅之和，而部分 $b$ 的则为其差.

因此，当驱动频率等于两种模式频率之一时，$a$ 和 $b$ 的运动同该种模式（自由振荡的模式）的运动基本上一样.

在图 3.4 中，我们画出了 $\psi_a$ 和 $\psi_b$ 的吸收振幅和弹性振幅.

通过这个例子，我们得到的一般结论是：每一个运动部分的稳态振幅，都可以写成由每个共振（即自由振荡体系的每一种模式）贡献的那些振幅的叠加，其中每一项贡献在形式上相当于该种模式的驱动振子. 每一种模式的贡献由驱动力同体系如何耦合来决定. 我们已经看到，对于图 3.3 所示的位形，每一个运动部分从两种模式中的每一种得到的贡献是一样的（除正负号外）. 然而，如果我们是把橡皮带缚在弹簧的中间，而不是缚在两个摆锤之一上面，那么，两种模式的相对贡献就将非常不一样了. 因此，来自每一种模式的相对贡献取决于驱动力怎样加到体系上去的细节.

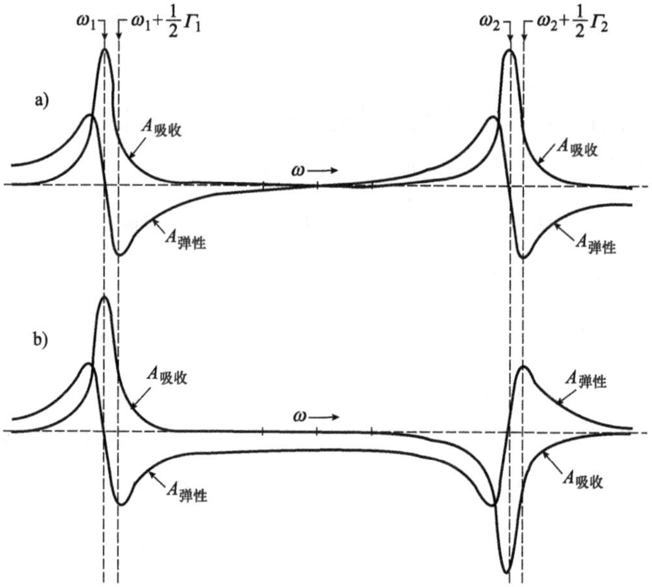


图 3.4　一个两自由度体系的共振．吸收振幅和弹性振幅随频率的变化：a）直接耦合于驱动力的摆画，b）离驱动力较远的摆画．角频率间隔 $\omega_2-\omega_1$，取为 $\frac{1}{2}\Gamma$ 的 30 倍，$\frac{1}{2}\Gamma$ 是每一种模式的共振宽度的一半

**多个耦合摆体系的受迫振荡**　假使不仅是两个摆，而是由许多个摆排成线阵地耦合起来．如果我们对体系加上一个谐驱动力，并且改变驱动频率（但是改变得足够慢，使体系总是处在“稳态”），则每当驱动频率通过那些模式频率中的某一

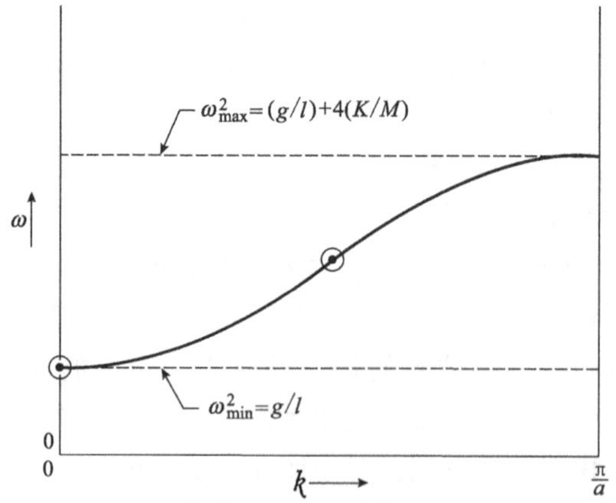


图 3.5　耦合摆的色散关系．两个点子相应于双耦合摆的两个共振．多于两个摆耦合起来的类似体系中的那些共振都可以在同一张图上用相应的点子表示出来．点子的数目等于共振的数目，共振的数目又等于自由振荡模式的数目

个时，我们就会得到一个共振.（当然，如上所述，驱动力可能以这样一种方式耦合于体系，以致某些模式没有受到激发，那么在那些模式的频率处就没有共振.）正如我们对于两个自由度的体系已经看到过的那样，每一个运动部分的稳态振幅将是来自体系的每一种模式的贡献的叠加.

留意跟踪共振频率和相应的波数的一个好方法，是画出色散关系（它和边界条件以及自由度的数目都无关），再在曲线上在所讨论的特定体系的每一个共振上点一个点子. 耦合摆的色散关系已画在图 2.18 中. 现在重画在图 3.5 中，加上的两个点子相应于由体系的边界条件所决定的两种模式，这个体系就是我们刚才讨论的双耦合摆体系.

## 3.4 滤波器

当我们用某种频率 $\omega$ 驱动体系时，每一个运动部分的稳态运动都是来自所有共振的那些贡献的叠加. 具体说来，每单位位移单位质量的回复力，也就是 $\omega^2$（它对于做稳态运动的所有运动部分都是一样的），是由相应于各种模式的那些位形的某种叠加所产生. 让我们定性地考虑一下改变 $\omega^2$ 时会发生什么情况. 先假定 $\omega$ 处于最小和最大的模式频率之间，但是并不靠近任何一个共振. 于是给定的运动部分的振幅基本上就是来自所有模式的各个弹性贡献. 不同模式贡献的振幅具有不同的正负号，这取决于我们考虑的是哪个运动部分. ［参看式（55），注意比较模式 2 对 $\psi_a$ 和 $\psi_b$ 的贡献.］当我们增大 $\omega^2$ 时，我们可能接近一个共振频率. 而当我们从低到高地通过这个共振时，由这种模式贡献的弹性振幅的正负号就反转，如果我们继续增大频率，当我们一个接着一个地通过模式频率时，各个运动部分的振幅以多少有点复杂的方式增大或者减小. 最后，我们通过了最高模式频率. 从此以后，在各种贡献中不再有正负号变化；也就是说，当我们过了最高共振再增大频率时，在一个给定的运动部分的弹性振幅中，每一种贡献的正负号都保持不变. 所以，那些运动部分多少保持着最高模式的形状（当然不是完全保持）. 某些非常有趣的事情发生了. 如果体系为一线阵，而我们从一端以高于最高模式频率的某种频率来驱动它，则最接近驱动端的运动部分有最大的振幅，与它相邻的部分的振幅小些，第三个运动部分振幅更要小些，依次类推. 随着离开体系输入端的距离逐渐增大，振幅渐次衰减下来，这样的体系因而称为滤波器.

**例 3：用双耦合摆作为机械滤波器**

譬如说，考虑图 3.3 中所示的双耦合摆. 假使我们用高于模式频率 $\omega_2$ 的某种频率来驱动输入端（摆 $a$）. 现在，摆 $a$ 是直接耦合于驱动力的. 所以，在稳态时，作用于摆 $a$ 的回复力部分地由驱动力提供. 摆 $b$ 的情况就不是这样了. 它的回复力仅仅由弹簧和重力提供，正如自由振荡的情况一样. 现在，在一种自由振荡的模式中，弹簧（和重力）所能提供的每单位位移的最大回复力属于最高模式位形；在

这种位形中，两个摆锤做相互反向的运动．但是即使位形恰好是在最高模式位形，那时摆 $b$ 的振荡幅度 $|B|$ 同摆 $a$ 的振荡幅度 $|A|$ 一样，这个回复力仍不足以等于 $\omega^2$．要使摆 $b$ 能有同摆 $a$ 一样的每单位质量单位位移的回复力，唯一的办法是使摆 $b$ 的位移小一些：$|B|<|A|$．$\omega$ 比 $\omega_2$ 高得越多，摆 $b$ 的相应位移相对于摆 $a$ 的来说，就必须越小．换句话说，除非摆 $b$ 摆动得少些，否则它就跟不上 $a$.

如果不是两个，而是三个或更多个耦合摆列成线阵．我们在一端以高于最高模式频率的某种频率来驱动它们．也将发生类似的情况．达到稳态的位形接近于最高模式位形．即每一个摆锤的运动相位同它左右两侧的那些摆锤的相位相反．这样，每一个摆锤得到的每单位质量单位位移的回复力最大．但是它仍不足以等于 $\omega^2$，除非每一个相继的摆锤同它旁边那个比较接近输入端（驱动端）的摆锤相比，位移比较小一些．因此，当我们逐渐远离体系的驱动端时，那些相继摆锤的运动幅度也不断地减小.

**高频截止**　这样，我们就有了一个机械滤波器的例子．如果你用力 $F_o\cos\omega t$ 推动输入端，假设频率 $\omega$ 比体系的最高模式频率大得多，输出端（离开驱动力最远的那一端）处的运动幅度要比输入端处的小得多．体系的位形像是最高模式的位形，只是当我们从驱动端向前移时，看到的振幅是逐渐减小的．最高的模式频率（它是自由振荡的）称为截止频率（它是受迫振荡的)．驱动力在一端用高于截止频率的某种频率引起的运动是不会从滤波器“通过”去的，它被“截止”了．我们说这个体系是“在截止以上驱动”．在图3.6中，我们画出的是一个在截止以上驱动的三耦合摆体系．（这套装置很容易用一根玩具弹簧和三个肉汁罐头搭起来，参见课外实验3.16.）

**低频截止**　现在让我们考虑，如果我们用低于最低自然频率（即自由振荡的最低模式频率）的某种频率来驱动体系，情况会怎么样？我们将会看到，如果驱动频率比最低的自然频率小得多，则输出振幅（即离开驱动力最远的那个摆锤的振幅）要比输入振幅（被驱动的那个摆锤的振幅）小得多．因此，最低的模式频率也是一种截止频率.

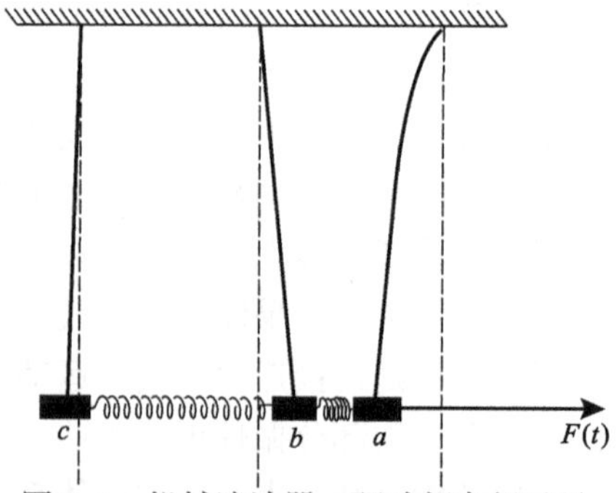


图3.6　机械滤波器．驱动频率超过最高模式频率．位形是这样的：三个摆锤的相对相位同最高模式中的相位一样．“输出”振幅（摆锤 $c$ 的振幅）小于“输入”振幅（摆锤 $a$ 的振幅）

考虑我们的双耦合摆体系（图3.3)．最低的模式相应于这样的位形：所有的摆以相同相位振荡，而且振幅也相同．弹簧既不伸长也不压缩，回复力完全由重力提供．因此频率为 $\omega_1=\sqrt{g/l}$．现在假定我们用小于 $\omega_1$ 的频率 $\omega$ 来驱动体系．那么，在稳态时，对于每个摆锤来说，每单位位移单位质量的回复力 $\omega^2$ 都必然小于 $g/l$. 在输入端的那个摆锤，它有一部分回复力是由直接耦合于驱动力而提供的. 第二个摆锤就只能依靠由重力和弹簧所提供的力了. 要使它的每单位位移单位质量的回复力能够低于 $g/l$，唯一的办法是使弹簧贡献出一个力，这个力同重力所提供的力方向相反. 容易看出，摆锤 $b$ 的位移因而必然小于摆锤 $a$ 的位移，但是在同一个方向上.（弹簧因此而伸长了.）因此，相对的相位是同最低模式中的一样的，但是相对的振幅则不一样.（摆锤 $b$ 的振幅比摆锤 $a$ 的小些.）

如果我们有三个或更多个耦合起来的摆，并且在最低模式频率之下驱动，结果也一样. 相对的相位同最低模式的一样，但是随着离开输入端越来越远，那些振幅也越来越小. 这种情况画在图 3.7 中. 要理解图 3.7，最容易的办法是想象驱动频率为零. 这样你所加的只是一种稳恒力了，那些摆是不动的，而你的直觉立刻告诉你：摆的位形的确是像图 3.7 那样的.

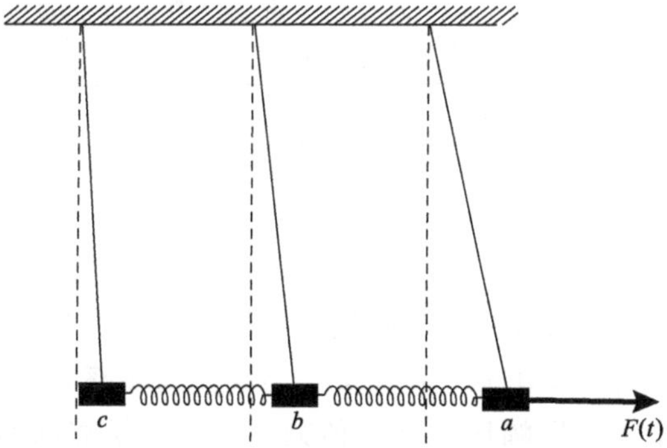


图 3.7 机械滤波器. 驱动频率小于最低模式频率. 位形是这样的：相对的相位同最低模式中的一样. 输出振幅（摆锤 $c$ 的振幅）小于输入振幅（摆锤 $a$ 的振幅）

**术语** 低截止频率和高截止频率之间的频带称为滤波器的通带. 对于落在通带中的那些驱动频率，输出端的振幅同输入端的振幅差不多大. 对于落在通带外面的那些驱动频率，输出振幅小于输入振幅. 因而这样的体系称为带通滤波器. 如果低频截止频率是零（亦即最低模式的频率为零），则体系称为低通滤波器. 例如，在耦合摆的体系中，如果我们允许那些摆线的长度变得无限长，那些悬线就总是垂直的，决不会提供任何回复力（悬线所起的作用相当于把那些摆锤支撑在一张“无摩擦的桌子”上）. 因而，最低的模式频率为零（它相应于平移运动）. 如果我们在一端驱动体系，它就是一个允许从零到高频截止间的那些频率通过去的低通滤波器.

如果最低的模式频率大于零，但是最高的模式频率为“无限大”，则体系称为高通滤波器. 例如，在耦合摆的体系中，如果我们让 $K/M$ 趋向无限大，它就是一个高通滤波器. 那时候，那些弹簧是如此之硬（或那些质量是如此之小），不论驱动频率有多么高，弹簧总是能够提供出足够的每单位质量单位位移的回复力，而不要求相继地减小那些振幅.

用玩具弹簧相耦合的、由两个或三个（或更多个）肉汁罐头作成摆锤的体系，并在一端用一个唱机驱动，能够极好地演示带通滤波器的许多性质（参看课外实验3.16）.

**例4：机械带通滤波器**

图3.3中的那个在一端驱动的双耦合摆构成了一个简单的机械带通滤波器. 请读者自己证明（习题3.28），输出振幅与输入振幅之比（忽略阻尼）由下式给出：

$$\frac{\psi_b}{\psi_a} \approx \frac{\omega_2^2-\omega_1^2}{\omega_2^2+\omega_1^2-2\omega^2}, \tag{56}$$

式中，

$$\omega_1^2=\frac{g}{l}, \quad \omega_2^2=\frac{g}{l}+2\frac{K}{M}. \tag{57}$$

注意，当 $\omega$ 等于每一个共振值 $\omega_1$ 或 $\omega_2$ 时，振幅比是同相应模式中所取的值一样的：

$$\text{对 } \omega=\omega_1, \quad \frac{\psi_b}{\psi_a}=+1; \quad \text{对 } \omega=\omega_2, \quad \frac{\psi_b}{\psi_a}=-1.$$

随着 $\omega$ 在最低模式频率 $\omega_1$ 之下减小，振幅比保持为正，从 $\omega=\omega_1$ 时所取的值 $+1$ 减小到 $\omega=0$ 时所取的值 $(\omega_2^2-\omega_1^2)/(\omega_2^2+\omega_1^2)$. 因此，假使通带的频率范围比通带中的平均频率小得多，那么，比低频截止低得多的那些驱动频率所引起的振荡，在通过滤波器时会强烈地被衰减. 随着 $\omega$ 在最高模式频率 $\omega_2$ 之上增大，振幅比保持为负. 随着 $\omega$ 的增大，振幅比的绝对值减小，对于足够高的那些频率，它等于 $-(\omega_2^2-\omega_1^2)/2\omega^2$. 因此，比高频截止高得多的那些频率，它们所引起的振荡也会强烈地被衰减.

**例5：机械低通滤波器**

让我们从图3.3所示的双耦合摆出发. 现在，把悬线的支架升高，使悬线增长（以致那些摆锤都留在它们原来的地方）. 当悬线变得“无限长”时，不论那些摆锤的有限位移多大，悬线都保持垂直. 所以重力不施加回复力，悬线只起支持作用，等效于一张无摩擦的桌子. 最低的模式频率 $\omega_1$ 因而趋向于零（$\omega_1^2=g/l$）. 因此它是一个低通滤波器，能够通过零与高频截止 $\omega_2$ 之间的那些频率$\left(\omega_2^2=2\dfrac{K}{M}\right)$.（用弹簧耦合的两个质量静止在一张无摩擦的桌子上，当一端用一谐驱动力驱动时，结果也是这样.）振幅衰减比可令式（56）中的 $\omega_1$ 等于零而得到

$$\frac{\psi_b}{\psi_a}=\frac{\omega_2^2}{\omega_2^2-2\omega^2}=\frac{K/M}{(K/M)-\omega^2}. \tag{58}$$

我们看出，当 $\omega=0$ 时，衰减比等于 $+1$. 在 $\omega^2=\dfrac{1}{2}\omega_2^2$ 时，它是无限大（意味着

$\psi_a$ 是零). 在高频截止处，它是 -1. 对于那些非常高的频率，衰减比变得非常小(而且是负的).

现在来讨论式 (58) 的一个应用. 假使我们有一台精致的仪器，当它受到水平方向的抖动，它就不能工作了；然而垂直方向的抖动却是无妨的. 所以我们把它装在一块平板上，再把平板放在一张平的、无摩擦的水平桌上 (或许，无摩擦的支承是由一层空气薄膜提供的). 为了不让平板从桌面飘走，我们必须提供某些水平方向的支持. 假定墙壁、地板和顶棚都正在以 20 $s^{-1}$ 或更高的频率成分做振动，而危害最大的则是 20 $s^{-1}$. 再假定如果平板通过刚性的支持物紧附在墙壁上，则振动将比我们能够允许的大 100 倍 (指振幅). 仪器加上平板的总质量假定是 10kg. 我们该怎么办呢? 让我们把仪器和平板通过低通滤波器同墙壁耦合起来. 这个滤波器由一个放在 $x$ 方向的弹簧和另外一个放在 $y$ 方向的弹簧组成. 每一个弹簧的弹簧常量为 $K$ (待定). $x$ 和 $y$ 的自由度是独立的，所以我们只需要考虑 $x$ 方向的运动. 我们把弹簧连接处的那块墙壁看作是 "运动部分 $a$"，仪器则是 "运动部分 $b$". 但是，在导得式 (58) 时我们考虑的是用弹簧耦合起来的两个质量，其中质量 $a$ 受到力 $F_0\cos\omega t$ 的驱动. 当然，对于正在推动质量 $a$ 的是什么东西，质量 $b$ 是不知道的；它所知道的只是，它是通过弹簧 $K$ 同一个运动部分相耦合的，在稳态时，在它的运动和 $a$ 的运动之间具有某种关系，这个关系就是式 (58). 所以，即使质量 $a$ 换成抖动的墙壁，式 (58) 仍可适用，这时 $\psi_a$ 表示弹簧缚在墙上的那一端的运动. 对于 20 $s^{-1}$ 或较高的频率，我们希望 $\psi_b/\psi_a$ 小于 $10^{-2}$：

$$\frac{\psi_a}{\psi_b}=1-\frac{\omega^2}{K/M}=-100,$$

亦即

$$\frac{K}{M}=\frac{\omega^2}{101},\quad \sqrt{\frac{K}{M}}\approx\frac{\omega}{10}.$$

对于不动的墙壁，仪器和平板的自然振荡角频率为 $\sqrt{K/M}$. 我们看出，如果我们希望把等于或超过 $v$ 的频率衰减一个因子 $f=10^{-2}$，弹簧常量 $K$ 必须足够小，使得仪器的自然振荡频率小于 $f^{1/2}v$. 在我们的例子中，自然频率必须小于 (20/10) $s^{-1}=2s^{-1}$.

再举一个例子. 假定你坐在地板上感到不舒服，因为地板正以 20 $s^{-1}$ 做垂直振动 (或许这是飞机的或者什么东西的地板). 所以你坐在一个软垫上. 这个软垫使垂直抖动的幅度衰减掉 100 倍 (你感到舒服了). 当你坐上去的时候，软垫的顶端将会沉下去多少呢 (习题 3.12)?

**例 6：电学带通滤波器**

对于图 3.3 所示的双耦合摆的机械体系，可以找到一个与之相当的电学体系. 对每一个质量 $M$，我们用电感 $L$ 来替换. 对于弹簧常量为 $K$ 的耦合弹簧，则用电容来替换 (电容量的倒数 $C^{-1}$ 相当于 $K$). 作用在每一个摆的重力回复力依赖于那个摆的位移，而同它与其他摆的耦合无关．与此相似，我们希望提供一种电动势来驱动每一个电感，它同电感和电感之间的耦合无关．为此，我们把电感分成两半，并在两半之间串接进去一个电容 $C_0$．最后，我们再忽略每一个电感有电阻 $R$ 的事实（来自组成电感的线圈）．所有其他的电阻也都忽略不计．这样的体系画在图 3.8 中．

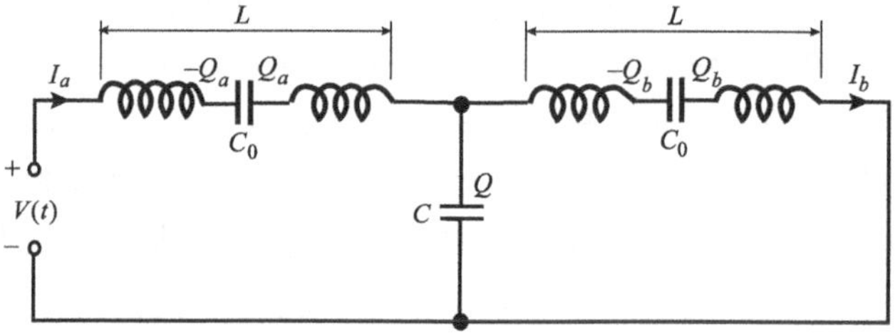


图 3.8　$LC$ 耦合电路，在一端以电压 $V(t)$ 驱动．
这个电路相当于图 3.3 中的双耦合摆

请读者自己导出运动方程，并且找出各种简正坐标和运动模式（习题 3.29）．这里我们只是简单地与耦合摆做类比而猜测其结果如下：

模式 1：
$$I_a = I_b, \quad \omega_1^2 = \frac{C_0^{-1}}{L};$$

模式 2：
$$I_a = -I_b, \quad \omega_2^2 = \frac{C_0^{-1}}{L} + \frac{2C^{-1}}{L}. \tag{59}$$

如果我们忽略阻尼（亦即忽略那些线圈的电阻），带通滤波器所提供的衰减可由式（56）得到

$$\frac{I_b}{I_a} = \frac{\omega_2^2 - \omega_1^2}{\omega_2^2 + \omega_1^2 - 2\omega^2} = \frac{1/LC}{(1/LC_0) + (1/LC) - \omega^2}. \tag{60}$$

**例 7：电学低通滤波器**

如果我们使图 3.8 中所示的电容 $C_0$ 短路，它的电容量实际上变成无限大．最低的模式频率变为零，相应于稳定直流．这就是一个低通滤波器，我们把它画在图 3.9 中．电流衰减比由式（60）给出（让 $1/C_0$ 等于零）：

$$\frac{I_b}{I_a} = -\frac{\omega_2^2}{\omega_2^2 - 2\omega^2} = \frac{1/LC}{(1/LC) - \omega^2}. \tag{61}$$

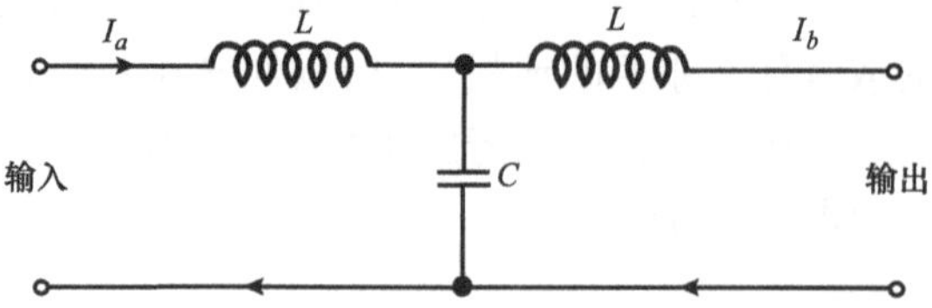


图 3.9　低通电学滤波器

**例 8：用于直流电源的低通滤波器**

这是式（61）的一个非常实际的应用．在一个典型的直流（DC）电源中，我

们从墙上插座中得到的交流（AC），它供电的频率为60 $s^{-1}$，方均根电压约为110V. 这个电压加在变压器的输入绕组上. 变压器输出绕组的匝数可能比输入绕组的多（升压变压器），也可能少（降压变压器），这取决于我们最后希望得到多大的直流电压. 输出绕组经过一个二极管接出去. 二极管只能让电流单向通过，所以给出的是"半波整流"的直流电流. 实际上，为了得到"全波整流"，都用两个二极管和一个中心抽头的输出绕组. 用这个电流使电容充电，就可以作为稳压电源使用了. 然而，电容上的电荷（因而电压）不完全是恒定不变的. 作为较好的近似，它由一个常数加上一个频率为120 $s^{-1}$的"纹波"振荡表示（对全波整流而言）.（问题：纹波频率为什么等于我们开始时所用交流频率的两倍?）如果用这个充好电的电容作为直流电源，直接供无线电收音机或电唱机的电子管使用，收音机的输出中将含有一种恼人的120 $s^{-1}$"哼鸣".（在收音机刚刚打开电子管还没有热起来以前，可以听到这种哼鸣. 当然，用干电池的无线电收音机是没有这种哼鸣的. 换一种办法，找一个电钟或用一些12V车头灯泡组成的"高强度灯". 在这些东西中都有一些感应绕组，你们也能听到由绕组中的机械应力产生的哼鸣. 为什么这种哼鸣是120 $s^{-1}$而不是60 $s^{-1}$呢?）

为了去掉120 $s^{-1}$的哼鸣，我们把电容接在图3.9的低通滤波器的输入端，用滤波器的输出端作为直流电源. 在一个典型的滤波器中所用的$L$和$C$值为$L=10\text{H}$，$C=6\mu\text{F}$（参见任何无线电业余爱好者手册）. 因而高频截止为

$$\nu_2=\frac{1}{2\pi}\sqrt{\frac{2}{LC}}=\frac{1}{6.28}\sqrt{\frac{2}{10\times6\times10^{-6}}}\text{s}^{-1}=29.1\ \text{s}^{-1}.$$

电流的120 $s^{-1}$成分的衰减因子由式（61）给出：

$$\frac{I_b}{I_a}=\frac{\nu_2^2}{\nu_2^2-2\nu^2}=\frac{(29.1)^2}{(29.1)^2-2(120)^2}=-0.030.$$

因此纹波成分减小了大约30倍. 但直流成分不受滤波器影响.

## 3.5 具有多个自由度的闭合体系的受迫振荡

在这一节中我们将要讨论，一个由好几个相同的摆耦合起来的体系，在任意频率$\omega$的驱动力作用下做稳态振荡时，它的行为是怎么样的. 开始时我们先不限定边界条件，也不去限定直接耦合于驱动力的究竟是哪一个或哪几个运动部分（后一限制可以认为是边界条件的一部分）. 我们将只考虑碰巧不是直接耦合于任何驱动力的那个摆锤的运动方程. 这样，我们就可以通过不限定边界条件来求得摆锤运动的一般解. 当然，在任何特定情况下，必须完全限定体系的边界条件，譬如，那些末端是固定的还是自由的（或者都不是）? 那些驱动力加在什么地方? 等等.

**忽略阻尼** 我们将从运动方程中略去那些阻尼项. 这样会不会限制结果的普遍性呢? 会的，但不会太严重. 大家记得，在3.3节中我们已经看到，只要$\omega$不是

太接近于任何共振（体系自由振荡的任何模式频率），每一个运动部分的位移就只是那些弹性贡献的叠加，每一种模式贡献一项. 吸收振幅是没有贡献的. 这是因为当频率变化时，吸收振幅的降落要比弹性振幅迅速得多. 只要 $\omega$ 离开任何共振频率不小于5或10个半宽度，我们就能忽略那些吸收项. 这一点同我们让那些结果中的 $\Gamma=0$ 是等效的. 现在代替这一点，我们令运动方程中的 $\Gamma=0$，但是将仍然假定有一些阻尼，以使体系在驱动频率 $\omega$ 处能达到稳态振荡. 我们知道，如果真的没有阻尼，则体系是达不到任何稳态的，它将永远持续不断地经受“无休止的拍”. 我们将假定有阻尼，但是不去描述当 $\omega$ 接近一个共振时的行为（那时候的行为怎么样，我们已经从3.3节的结果中知道了）.

**运动部分的相对相位**　我们把各种不同模式所贡献的吸收振幅忽略掉，便得到一个重要结果：每一种模式都对给定的运动部分的位移给出一个贡献，它同驱动力 $F_0\cos(\omega t+\varphi_0)$ 或者同相位，或者相位差180°. 那是因为，弹性振幅等于一个正的或负的常数乘上 $\cos(\omega t+\varphi_0)$，如我们在3.3节中所证明的. 为了得到同样的结论，又不回头去查看3.3节，还有另外一个办法：假定没有阻尼，但你还是设法使得体系进入频率等于驱动频率 $\omega$ 的稳态振荡. 由于没有阻尼，能量就没有耗散. 所以驱动力对于任何运动部分必然不做任何功，正功或负功都不做（否则在振荡的每一周中，驱动力将完成一些净功）. 这意味着每一个运动部分的位移同驱动力或者同相位，或者相位差180°；也就是说，只存在纯的弹性振幅.

因此，我们得到一个重要结论：在稳态情况下（而且 $\omega$ 不接近于共振），每一个运动部分都有相同的相位常数，这个相位常数同驱动力的一样. （我们让每一个运动部分的振幅或正或负，这样我们就不必谈论180°的相位常数了.）另外一个结论是：每单位位移单位质量的回复力，即 $\omega^2$，对所有的运动部分都是一样的，因为每一个运动部分都以同一个频率振荡. （注意，对于自由振荡的非阻尼体系的单独一个简正模式所适用的，也正好就是这样一些条件！）

现在我们可以来讨论一个具体体系了.

**例9：耦合摆**

从适用于耦合摆的那些最后结果中，我们可以得到适用于许多种不同物理体系的结果，这样做不需要去重复详细的数学运算，只要把那些名称改变一下就行了(譬如说，把“悬线长度”改为“电容”，把“质量”改为“电感”). 在第2章中我们曾经常这样做，所以现在你们对此不会再感到惊奇了. 这里，就让我们暂时只讨论耦合摆吧.

一些等同摆，列成线阵，前后耦合（对于摆的总数不加限制，也不限定边界条件），其中三个画在图3.10中. 摆锤 $n$ 的位移 $\psi_n$ $(t)$ 的运动方程为（对小振荡）

$$M\ddot{\psi}_n=-M\omega_0^2\psi_n+K(\psi_{n+1}-\psi_n)-K(\psi_n-\psi_{n-1}),\tag{62}$$

此处

$$\omega_0^2 = \frac{g}{l}.$$

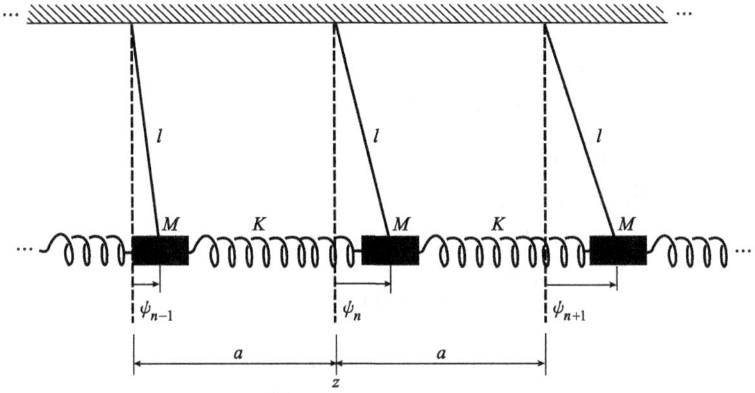


图 3.10　边界条件未加限定的耦合摆

在我们试图找到方程（62）的精确解以前，我们先来研究一下它在连续近似下的解. 这意味着，我们关于同自由振荡的最高模式相像的位形的运动将得不到任何信息. 在这些模式中，相继的摆锤具有“往复”的位形（纵向的“往复”对应于横向的“锯齿”）. 因而我们必须暂时限于讨论比上截止频率低得多的那些频率. 仅当我们回过头来精确地求解方程时，我们才有可能讨论在通带的上部和高于上截止频率的那些驱动频率的运动.

**连续近似**　我们假定 $\psi_n(t)$ 随着 $n$ 的增大变化很慢. 也就是说，我们假定，与摆锤 $n$（它的平衡位置在 $z$ 处）紧邻的那些摆锤，它们的运动同摆锤 $n$ 的运动几乎相同，以致摆锤在 $z$ 处的运动可以用一连续函数 $\psi$（$z$, $t$）来描写. 我们把方程（62）中的相应项用泰勒级数加以展开：

$$\begin{aligned}
\psi_n(t) &= \psi(z,t), \\
\psi_{n+1}(t) &= \psi(z+a,t) \\
&= \psi(z,t) + a\frac{\partial\psi(z,t)}{\partial z} + \frac{1}{2}a^2\frac{\partial^2\psi(z,t)}{\partial z^2} + \cdots, \\
\psi_{n-1}(t) &= \psi(z-a,t) \\
&= \psi(z,t) - a\frac{\partial\psi(z,t)}{\partial z} + \frac{1}{2}a^2\frac{\partial^2\psi(z,t)}{\partial z^2} - \cdots,
\end{aligned}$$

于是

$$\psi_{n+1} - \psi_n = a\frac{\partial\psi}{\partial z} + \frac{1}{2}a^2\frac{\partial^2\psi}{\partial z^2} + \cdots,$$

$$\psi_n - \psi_{n-1} = a\frac{\partial\psi}{\partial z} - \frac{1}{2}a^2\frac{\partial^2\psi}{\partial z^2} + \cdots.$$

然后再把这些表示式$\left(\text{以及 } \ddot{\psi}_n(t) = \dfrac{\partial^2\psi(z,\ t)}{\partial t^2}\right)$代入方程（62），我们得到

$$\boxed{\frac{\partial^2\psi(z,t)}{\partial t^2} = -\omega_0^2\psi(z,t) + \frac{Ka^2}{M}\frac{\partial^2\psi(z,t)}{\partial z^2}.} \tag{63}$$

**克莱因-戈尔登波动方程**　方程（63）是一个著名的波动方程．它不是经典的波动方程，除非 $\omega_0$ 为0．有时候我们把它叫作“克莱因-戈尔登波动方程”．（它适用于相对论性的自由粒子的德布罗意波．参见补充课题2.）

我们假定所有的运动部分都以驱动频率 $\omega$ 做稳态振荡，驱动力不做功，所以一切运动部分都有相同的相位常数．因此，

$$\psi(z,t) = \cos(\omega t+\varphi)A(z), \tag{64}$$

$$\frac{\partial^2\psi}{\partial t^2} = -\omega^2\cos(\omega t+\varphi)A(z), \tag{65}$$

$$\frac{\partial^2\psi}{\partial z^2} = \cos(\omega t+\varphi)\frac{\mathrm{d}^2A(z)}{\mathrm{d}z^2}. \tag{66}$$

把方程（64）~方程（66）代入方程（63），消去共同的因子 $\cos(\omega t+\varphi)$，我们就得到当那些摆在频率 $\omega$ 处被驱动而做稳态振荡时它们的空间位形所满足的微分方程：

$$\frac{\mathrm{d}^2A(z)}{\mathrm{d}z^2} = \frac{M}{Ka^2}(\omega_0^2-\omega^2)A(z). \tag{67}$$

对于两种情况 $\omega^2>\omega_0^2$ 和 $\omega^2<\omega_0^2$，方程（67）的解非常不同．当 $\omega^2$ 大于 $\omega_0^2$ 时，我们得到在2.2节中学习连续弦时早已碰到过的那种类型的正弦波：

**$\omega^2>\omega_0^2$：正弦波**　对于 $\omega^2>\omega_0^2$，方程（67）的形式为

$$\frac{\mathrm{d}^2A(z)}{\mathrm{d}z^2} = -k^2A(z), \tag{68}$$

此处 $k^2$ 是一个正的常数，

$$k^2 = (\omega^2-\omega_0^2)\frac{M}{Ka^2}. \tag{69}$$

方程（69）是体系中 $\omega^2>\omega_0^2$ 的那类波的色散关系．方程（68）的一般解为

$$A(z) = A\sin kz + B\cos kz, \tag{70}$$

此处 $A$ 和 $B$ 是由边界条件确定的两个常数．依据边界条件，一定有某些波长（以及相应的驱动频率）是对应于“共振”的．共振频率同自由振荡体系的简正模式（驻波）的频率一样．

现在我们再来看一些重要的新内容：

**$\omega^2<\omega_0^2$：指数波**　如果 $\omega^2$ 小于 $\omega_0^2$，我们可以引进一个正的常数 $\kappa$，它是一个正数的算术平方根：

$$\kappa^2 = (\omega_0^2-\omega^2)\frac{M}{Ka^2}. \tag{71}$$

（不要把希腊字母“卡帕”$\kappa$ 同看起来差不多的大写英文字母 $K$ 相混淆.）式（71）

是 $\omega^2 < \omega_0^2$ 情况下的色散关系. 这时候. 方程(67)的形式是

$$\frac{d^2A(z)}{dz^2} = \kappa^2 A(z). \tag{72}$$

在方程(72)的右边有一个正号，使得它的解的形状同看起来差不多的方程(68)的那些正弦解完全不一样. 由于方程(68)中的负号，它的解[由方程(70)所给出的正弦函数 $A(z)$]总是向着 $z$ 轴弯转. 所以它最后总是通过 $z$ 轴. 通过以后，它又弯回来，最后又一次通过，等等，就是这样地在空间振荡. 与此相反，方程(72)右边的正号意味着它的解 $A(z)$ 总是弯离 $z$ 轴. 所以如果 $A(z)$ 碰巧取正值和正的斜率(或者取负值和负的斜率)，它就永远不再回到 $z$ 轴来了. 如果 $A(z)$ 取正值和负的斜率，它将随着 $z$ 的增大越来越慢地接近 $z$ 轴. 如果最终它以负的斜率通过 $z$ 轴(这是有可能的，但是不一定)，$A(z)$ 的数值将随着 $z$ 的增大而越来越负，于是永远不再通过 $z$ 轴了.

方程(72)的一般解是两个指数函数的叠加:

$$A(z) = Ae^{-\kappa z} + Be^{+\kappa z}. \tag{73}$$

为了确定 $A(x)$ 是解，求出它的导数:

$$\frac{dA(z)}{dz} = -\kappa Ae^{-\kappa z} + \kappa Be^{+\kappa z},$$

$$\frac{d^2A(z)}{dz^2} = (-\kappa)^2 Ae^{-\kappa z} + (\kappa)^2 Be^{+\kappa z} = \kappa^2 A(z),$$

可见式(73)满足方程(72). 常数 $A$ 和 $B$ 由边界条件确定. 因此，对于 $\omega^2 < \omega_0^2$，一般解 $\psi(z, t)$ 为

$$\psi(z,t) = (Ae^{-\kappa z} + Be^{+\kappa z})\cos(\omega t + \varphi). \tag{74}$$

**用耦合摆作为高通滤波器** 式(74)给出指数波的一般形式. 频率 $\omega_0^2 = g/l$ 犹如低频截止频率. 这是意料之中的，因为我们已看到这同一个数值就是双耦合摆的简单体系的低频截止频率. 在那个最低的模式频率处，所有的摆相互都以同一个相位摆动，回复力仅仅由重力提供. 所有的弹簧都是不伸长或不压缩的. 波长是"无限长"，亦即 $k$ 为零. 如果体系在截止以下驱动，振荡着的那些摆锤的相对振幅必不能维持正弦形的空间分布，而将代之以与距离呈指数式的依赖关系，如式(74)所示. 因而；体系就像是一个高通滤波器. (实际上，它是一个带通滤波器，但是我们只在连续近似下探讨体系，我们必须避免考虑体系在接近那些具有锯齿形位形的最高模式时的响应.)

假定体系在 $z=0$ 端被驱动，并从 $z=0$ 一直伸展到 $z=L$，最后那个弹簧就在那一点缚在硬的墙壁上. 凭直觉就能知道，如果我们在截止以下驱动体系，振幅 $A(z)$ 必定随着离开驱动端的距离 $z$ 的增大而减小. 如果体系非常长，亦即 $L$ 很大，到达 $z=L$ 处的墙壁时，振幅必定变得非常小. 在极限情况下，$L$ 是"无限大". $z=L$ 处的振幅必定是零. 那就意味着，在式(74)中，$Be^{+\kappa z}$ 的贡献必然为零，亦

即 $B$ 必然是零. 这个猜测是正确的（参见习题3.30）.

在图3.11中，我们画出这种情况的一个例子. 注意，对于图3.11中所画的例子，在 $z=L$ 处的末端是否缚牢，差别很小. 如果 $\kappa L \gg 1$，则振荡幅度在到达 $z=L$ 以前已经基本上是零. 因此，我们在实验上可以用一个比 $1/\kappa$ 大得多的有限长度 $L$ 来模拟"无限长的"长度（参见课外实验3.16）.

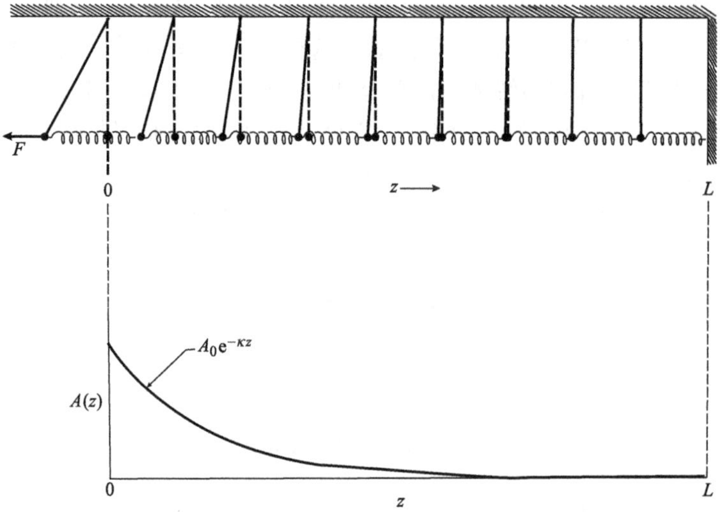


图3.11　在左端以低于截止频率 $\omega_0$ 的一个频率驱动的耦合摆

a）体系的瞬时位形　b）$A(z)$-$z$ 图

**指数波的术语**　常数 $\kappa$ 称为振幅衰减常数，或简称衰减常数. 它的单位是每单位长度与振幅衰减的百分数，或简称每单位长度上的衰减. 为了看出这个单位，可以考虑一下驱动力在一个长体系的左端所引起的振幅 $A(z)$；这个体系要足够长，使我们可以只取 e 的负指数项：

$$\psi(z,t)=A(z)\cos\omega t, \tag{75}$$

式中，

$$A(z)=Ae^{-\kappa z}. \tag{76}$$

振幅 $A(z)$ 在每单位长度上衰减的百分数的定义为

$$-\frac{1}{A(z)}\frac{dA(z)}{dz}=\text{每单位长度上振幅衰减的百分数}. \tag{77}$$

在 $A(z)$ 由式（76）给出的情况下，它等于 $\kappa$. 另一方面，当 $A(z)$ 由 $A(z)=Be^{+\kappa z}$ 给出时，只有当 $z$ 减小而不是当 $z$ 增大，振幅才是衰减的. 然而，这不会引起混淆，我们仍然可以把 $\kappa$ 称为衰减常数. 当我们有一般解 $Ae^{-\kappa z}+Be^{+\kappa z}$ 时，我们仍对 $\kappa$ 保留同样的名称，虽然 $A(z)$ 在 $z$ 的某些区间可能增大，在另一些区间又可能减小. 我们只简单地说 $A(z)$ 是两项的叠加，其中一项随 $z$ 的增大而衰减，另一项则随 $z$ 的减小而衰减.

$\kappa$ 的倒数是长度 $\delta$. $\delta$ 是一段距离，在这段距离上，振幅 $e^{-\kappa z}=e^{-z/\delta}$ 衰减一个因子 e = 2.718・・・. $\delta$ 称为振幅衰减长度，或 e 倍衰减长度，或简称衰减长度：

$$\frac{1}{\kappa}=\delta=\text{衰减长度}. \tag{78}$$

在指数衰减波的衰减常数 $\kappa$ 和正弦波的波数 $k$ 之间存在有某种对应性：$\kappa$ 是每单位距离上衰减的百分数；$k$ 是每单位距离上的弧度数. 与此类似，衰减长度 $\delta$ 和波长 $\lambda$ 也多少有点相似：$\delta$ 是衰减一个因子 $e^{-1}$ 的距离；$\lambda$ 则是相位增加 $2\pi$ 数值的距离.

**色散关系**　对于低截止频率 $\omega_0$ 以上的 $\omega$，我们得到正弦波. 频率和波数由式 (69) 相联系，我们把它重写为

$$\omega^2=\omega_0^2+\left(\frac{Ka^2}{M}\right)k^2. \tag{79}$$

对于低截止频率 $\omega_0$ 以下的 $\omega$，没有正弦波（它们被“截止”了）. 这时，我们有的是指数波. 频率 $\omega$ 和衰减常数 $\kappa$ 由式 (71) 相联系，我们把它重写为

$$\omega^2=\omega_0^2-\left(\frac{Ka^2}{M}\right)\kappa^2. \tag{80}$$

式 (79) 和式 (80) 构成体系的完整的色散关系（在连续近似下）.

在受迫振荡是正弦波的这段频率范围内，受迫振荡的色散关系式 (79) 同我们对于自由振荡的模式所求得的色散关系完全相同 [参见 2.4 节的式 (90) ~ 式 (92)]. 这不是偶然的. 在两种推导中，我们都先找出摆锤 $n$ 的运动方程，然后假定，所有的运动部分都以相同的频率 $\omega$（自由振荡情况下是模式频率，受迫振荡情况下则为稳态振荡频率）和相同的相位常数作谐振荡. 色散关系即从这些假定得出. 一般情况就是这样：受迫正弦振荡的色散关系是同自由振荡的色散关系一样的.

**色散性介质或波抗性介质**　在我们所讨论的例子中，出现波的“介质”是由耦合摆的体系组成. 那种能维持正弦波的介质称为色散性介质. 它意味着 $\omega$ 不在截止频率 $\omega_0$ 之下. 那种不能维持正弦波、但给出指数波（没有能量耗散）的介质称为波抗性介质. 当然，同一种介质在某些频率可能是波抗性的，在另外一些频率又可能是色散性的，正如我们的耦合摆的情况一样.

**例 10：电离层**

地球的电离层是一种电磁波的介质，对于截止频率（称为等离子体振荡频率 $\nu_p$）以上的那些频率，它是色散性的；对于截止频率以下的那些频率，它是波抗性的. 对于地球的电离层中的那些驱动振荡，它们的色散关系同耦合摆的十分相似. 计算得到的结果是

$$\omega^2=\omega_p^2+c^2k^2,\quad \omega>\omega_p, \tag{81}$$

和

$$\omega^2=\omega_p^2-c^2k^2,\quad \omega<\omega_p.$$

等离子体振荡频率是“自由”电子振动的最低模式频率，我们在2.4节式（99）中已经推算过了．典型的昼间等离子体振荡频率$\nu_p$（$=\omega_p/2\pi$）为10～30 MHz．如果电离层“在一端”被无线电台发射的典型调幅广播频率譬如$\nu=1\ 000$于周所驱动，它的行为就犹如波抗性介质，因为$\nu\ll\nu_p$．这些波是指数式衰减的，正如我们在图3.11中所画的耦合摆的情形一样．在这个过程中不对电离层做功，因为（可以算出来）每一个电子的速度同它周围的电场相位差±90°．现在，在图3.11所示的耦合摆的情况下，驱动力的平均能量输出是零（忽略阻尼）．在瞬时里给予那些摆的能量在这一周的稍后时刻又还给了驱动力．但在无线电台和电离层的三维问题的例子中，情况不是这样：无线电台收回的能量只是它广播出去的极小一部分．电离层虽然不吸收能量，但是那些波反射回地球时散布在很宽的区域上，不会恰好还给发送机．电磁波在电离层“下侧”的全反射提供了一种技术，使我们可向那些由于地球表面弯曲而处于“视线之外”的遥远的接收者播送信息．这种技术很简单，只需使信号从电离层反弹回来．只要$\omega$低于截止频率$\omega_p$这一点就能办得到．

典型的调频无线电和电视广播频率是在100 MHz附近．这个频率大于电离层的截止频率（10～30 MHz）．所以在调频广播和电视频率处，电离层的行为就犹如色散性介质，也就是说它是“透明的”．这时，波不是指数式地衰减，而是正弦形的．因此，电磁波不会完全反射回地球，这时，我们不能以在调幅频率处能够做到的那种方式来利用电离层帮助发送信号．发送因而只能限制在“视线”之内．

对于频率$\nu\approx10^{15}\ \mathrm{s}^{-1}$（可见光频率数量级）的电磁波，电离层也是一种色散性介质．我们知道电离层在$10^{15}\ \mathrm{s}^{-1}$处不是波抗性的，因为否则我们将看不见星星和太阳了．（然而，倘若我们的视力已进化到这种地步，无论什么频率，只要它们通得过来把东西照亮，我们就能看得见，那么，我们就有可能看到发紫外光的星．）在第4章中，我们将推导电离层的色散关系式（81）．

**波透入波抗性区域**　当电离层受到无线电台所发射的在截止以下的频率的驱动时，无线电波就被全反射回到地球上．但这一切不是在一个地方发生的．让我们考虑一个类似的问题——连续近似下的耦合摆（它有同电离层形式相同的色散关系）．假如第一个摆锤在$z=0$处被某个力所驱动，引起运动$\psi_1(t)=A_0\cos\omega t$．在$z=0$和$z=L$间的区域内，我们有一些耦合摆，每个摆的长度$l_1$满足

$$\omega_0^2=\frac{g}{l_1}<\omega^2,\tag{82}$$

因而这个区域（我们称之为区域1）是色散性的．（驱动力是“无线电台”，从$z=0$到$z=L$的区域是“普通空气”，并非“等离子体”．）在$z=L$处，那些摆线突然变短，每一根的长度$l_2$满足

$$\omega_0^2=\frac{g}{l_2}>\omega^2,\tag{83}$$

因而这个区域（称为区域2）是波抗性的.（区域2是“等离子体”.）这个区域延伸到 $z=\infty$. 这样的体系画在图3.12中.

让我们来求 $\psi(z, t)$. 在 $z=0$ 处，它应该等于 $A_0\cos\omega t$. 对于任意的 $z$，我们将有

$$\psi(z,t)=A(z)\cos\omega t, \tag{84}$$

此处 $A(z)$ 待定. 在区域2（$z=L$ 和 $z=\infty$ 间的波抗性区域）内，$A(z)$ 必须由

$$A_2(z)=Ce^{-\kappa(z-L)} \tag{85}$$

给出，其中 $C$ 是未知常数. $\kappa$ 由下式给出：

$$\kappa^2=\frac{M}{Ka^2}\left(\frac{g}{l_2}-\omega^2\right), \tag{86}$$

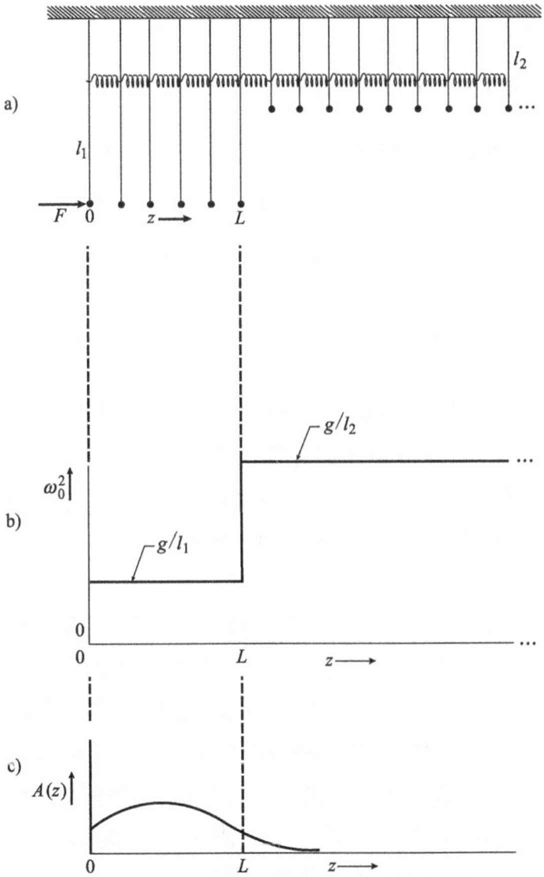


图3.12 $\omega_0^2$ 在 $z=L$ 处突变的耦合摆

a）耦合摆体系. $z=0$ 处的摆耦合于外驱动力

b）$\omega_0^2$-$z$ 图. 驱动频率 $\omega$ 在 $\sqrt{g/l_1}$ 和 $\sqrt{g/l_2}$ 之间，区域1（从 $z=0$ 到 $z=L$）是色散性的，区域2（从 $z=L$ 到 $z=\infty$）是波抗性的

c）$A(z)$-$z$ 图. 驱动频率 $\omega$ 接近体系的最低共振频率

假定 $\omega^2$ 小于截止频率 $g/l_2$. 在 $z=0$ 到 $z=L$ 的色散性区域内，$A(z)$ 由

$$A_1(z)=A\sin k(z-L)+B\cos k(z-L) \tag{87}$$

给出，其中 $A$ 和 $B$ 是两个未知常数，$k$ 由下式给出：

$$k^2=\frac{M}{Ka^2}\left(\omega^2-\frac{g}{l_1}\right), \tag{88}$$

假定 $\omega^2$ 大于 $g/l_1$. 我们现在加上边界条件：在 $z=L$ 处，函数 $A_1(z)$ 和 $A_2(z)$ 必须平滑相连，亦即它们的数值和斜率在 $z=L$ 处必须相等. 让它们在 $z=L$ 处的数值相等，可以得出 $B=C$. 让它们在 $z=L$ 处的斜率相等，则可得出 $kA=-\kappa C$. 因此在区域 1 中，我们有

$$A_1(z)=C\left[\frac{-\kappa}{k}\sin k(z-L)+\cos k(z-L)\right]. \tag{89}$$

在 $z=0$ 处的边界条件是，在 $z=0$ 处，$A_1(z)=A_0$. 因此式（89）给出

$$C=\frac{A_0}{\dfrac{\kappa}{k}\sin kL+\cos kL}. \tag{90}$$

完整的解由式（84）、式（85）、式（89）和式（90）加上色散关系式（86）和式（88）给出.

**共振**　式（90）的分母对于某些 $kL$ 值趋向于零，因而给出“无限大”振幅 $C$.（当阻尼不忽略时，我们不会得到任何无限大振幅.）这些 $kL$ 值决定体系的共振频率. 为了找出这些共振频率，我们还必须利用那些色散关系和式（90）（参见习题 3.31）. $\omega$ 接近于最低模式频率的振幅 $A(z)$ 画在图 3.12 中，所取的 $C$ 虽大，但不是无限大.

**束缚模式**　我们从图 3.12c 看到，当波抗性区域伸展在一长段距离上时（在我们的例子中，直到 $L'=\infty$），其行为有点像一堵“缓冲墙”. 在 $z=L$ 处的摆锤没有像在墙壁处那样保持固定；然而在过了 $z=L$ 处若干衰减距离 $\delta$ 之后，摆锤的运动是可以忽略的. 这使我们想到，如果我们把色散性区域封闭起来，譬如在它的每一侧围上无限厚的波抗性区域，则在色散性区域中，有些摆的模式（自由振荡的）有点像它们是被夹在两堵墙之间似的. 这一猜测是正确的. 这些模式称为束缚模式. 它们近似地出现在图 3.12 体系的那些共振频率处.

束缚模式有一个有趣的特色：对于给定的体系，即使在色散性区域中有“无限”个摆，束缚模式的数目也是有限的. 那是因为，当我们从一种束缚模式前进到下一种较高的模式时，频率增大，直到最后我们达到这样一种模式，它的频率大于 $\sqrt{g/l_2}$. 对于 $\omega^2>g/l_2$，外面的区域是色散性的，因而不能再用它们来“包围”中央区域的那些振荡.

在量子物理中，我们发现原子中那些电子的德布罗意波的行为就像耦合摆的束缚模式. 这些电子的振荡模式称为束缚态. 有束缚态的量子体系的例子在补充论题3中给出.

**耦合摆体系受迫振荡的精确解** 我们已经在连续近似下考察了耦合摆受迫振荡的一些性质. 现在让我们来求方程（62）的精确解. 方程（62）是列在线阵中的某个摆的运动方程，我们把它重写如下：

$$\ddot{\psi}_n=-\omega_0^2\psi_n+\frac{K}{M}(\psi_{n+1}-2\psi_n+\psi_{n-1}). \tag{91}$$

假定所有的运动部分都以相同的频率以及相同的相位常数做简谐运动，则有

$$\psi_n=A_n\cos\omega t. \tag{92}$$

把式（92）代入方程（91），并且消去因子 $\cos\omega t$，就得到

$$-\omega^2A_n=-\omega_0^2A_n-\frac{2K}{M}A_n+\frac{2K}{M}\frac{A_{n+1}+A_{n-1}}{2},$$

亦即

$$\omega^2=\omega_0^2+\frac{2K}{M}\left[1-\frac{\frac{1}{2}(A_{n+1}+A_{n-1})}{A_n}\right]. \tag{93}$$

**色散性频率范围** （在滤波器术语中，这是“通带”.）在色散性区域中，振荡在空间上是正弦形的. 因此，假设有如下形式的解：

$$A_n=A\sin kna+B\cos kna. \tag{94}$$

于是

$$A_{n+1}=A\sin(kna+ka)+B\cos(kna+ka),$$
$$A_{n-1}=A\sin(kna-ka)+B\cos(kna-ka). \tag{95}$$

因此

$$\begin{aligned}A_{n+1}+A_{n-1}&=2A\sin kna\cos ka+2B\cos kna\cos ka\\&=2\cos ka\ (A\sin kna+B\cos kna)\\&=2\cos ka A_n.\end{aligned} \tag{96}$$

把这个结果代入式（93），得到

$$\omega^2=\omega_0^2+\frac{2K}{M}(1-\cos ka), \tag{97}$$

亦即

$$\omega^2=\omega_0^2+\frac{4K}{M}\sin^2\frac{ka}{2}. \tag{98}$$

式（98）是对色散性频率范围的色散律. 它给出的频率从 $\omega^2=\omega_0^2$ 到 $\omega^2=\omega_0^2+4K/M$，相应于 $ka$ 值从 $ka=0$ 到 $ka=\pi$. 式（98）同我们在2.4节对自由振荡的耦合摆求得的色散律［第2章式（90）］完全相同.

**较低的波抗性范围** 利用我们在连续近似下的经验，我们猜测，对于低截止频率 $\omega_0$ 以下的那些频率，一般解有指数波的形式：

$$A_n = Ae^{-\kappa na} + Re^{+\kappa na}. \tag{99}$$

因此

$$A_{n+1} + A_{n-1} = (e^{\kappa a} + e^{-\kappa a})A_n. \tag{100}$$

式（93）就给出了色散律

$$\omega^2 = \omega_0^2 + \frac{2K}{M}\left|1 - \frac{1}{2}(e^{\kappa a} + e^{-\kappa a})\right|. \tag{101}$$

式（101）可以写成同式（97）和式（98）相似的形式．利用双曲正弦和双曲余弦的定义［附录中式（11）和式（12）］，我们求得

$$\omega^2 = \omega_0^2 + \frac{2K}{M}(1 - \cosh\kappa a), \tag{102}$$

或

$$\omega^2 = \omega_0^2 - \frac{4K}{M}\sinh^2\frac{1}{2}\kappa a. \tag{103}$$

在 $\omega = \omega_0$ 处，色散性解［式（98）］给出 $k = 0$，而波抗性解［式（103）］给出 $\kappa = 0$．这些都是“平坦波”，因而它们是相符的．

**较高的波抗性范围**　这一范围包括高截止频率 $\omega_{max}$ 以上的所有频率，此处 $\omega_{max}^2 = \omega_0^2 + 4K/M$．对于这段范围，回顾我们对两自由度滤波器的学习可以得到启发．那时我们发现，用高频截止以上的某个频率驱动的那些振荡，具有锯齿形状，就像最高模式的形状那样，但是随着离开输入端的距离逐渐增大，它们的振幅是衰减的（参见图 3.6）．让我们作出这样的猜测，认定 $A_n$ 的形状由指数式的锯齿波给出：

$$A_n = (-1)^n(Ae^{-\kappa na} + Be^{+\kappa na}). \tag{104}$$

因此我们得到［除了负号以外，步骤同给出式（100）时的一样］

$$A_{n+1} + A_{n-1} = -A_n(e^{\kappa a} + e^{-\kappa a}).$$

因而式（93）给出色散律

$$\begin{aligned}\omega^2 &= \omega_0^2 + \frac{2K}{M}\left[1 + \frac{1}{2}(e^{\kappa a} + e^{-\kappa a})\right] \\ &= \omega_0^2 + \frac{2K}{M}(1 + \cosh\kappa a) \qquad (105) \\ &= \omega_0^2 + \frac{4K}{M}\cosh^2\frac{1}{2}\kappa a. \qquad (106)\end{aligned}$$

在 $\kappa = 0$ 处，$\omega^2$ 是 $\omega_0^2 + 4K/M = \omega_{max}^2$．因此，恰好在高频截止 $\omega_{max}$ 处，振幅是不衰减的．

在图 3.13 中，我们画出式（98）、式（103）和式（106）所给出的对于所有频率的精确色散律．

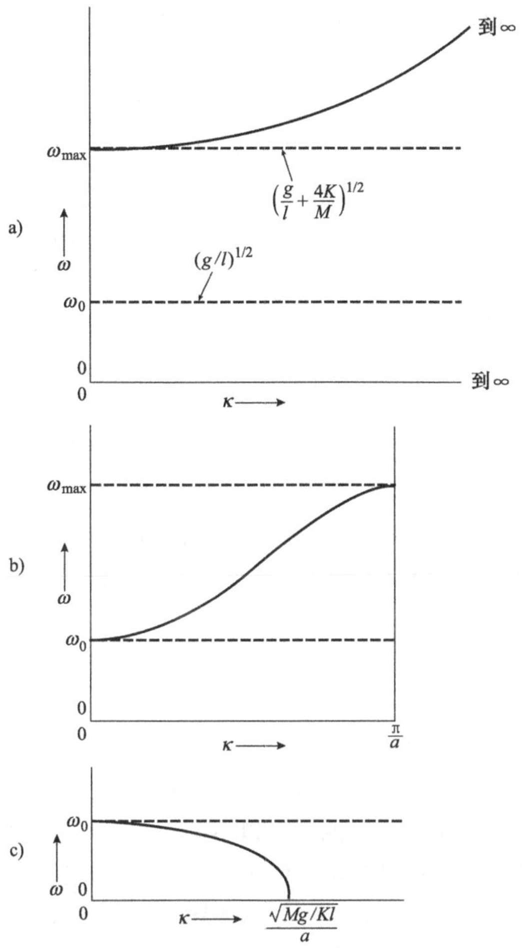


图 3.13　耦合摆的完整色散关系

a）在高频截止以上：波是锯齿形的指数波

b）色散性频率范围：正弦波　c）在低频截止以下：指数波

## 习题与课外实验

3.1　参看式（10）. 在得到结果 $E=E_0\mathrm{e}^{-t/\tau}$时省略了一些代数步骤，现在请你补全.

3.2　用直接代入法证明，式（3）所示的. $x_1(t)$ 是阻尼谐振子运动方程［方程（2）］的解.

3.3　试证：如果 $x_1(t)$ 是方程（1）当驱动力为 $F_1(t)$ 时的解，$x_2(t)$ 是驱动力为 $F_2(t)$ 时的解，则驱动力为 $F(t)=F_1(t)+F_2(t)$时，方程的解为 $x(t)=$

$x_1(t)+x_2(t)$，只要$x(t)$的初始条件$x(0)$和$\dot{x}(0)$也是$x_1(t)$和$x_2(t)$的初始条件的和，即，$x(0)=x_1(0)+x_2(0)$，而且$\dot{x}(0)=\dot{x}_1(0)+\dot{x}_2(0)$.

3.4　用代入法证明，式（15）~式（17）是方程（14）的解.

3.5　瞬态拍（课外实验）. 为了做这个和后面几个实验，你需要有一个唱机转盘. 在现在这个实验中，你用转盘来驱动单摆. 至于摆锤，可以用肉汁罐头或者别的什么东西. 转盘速率可取为45 r/min.（摆线的相应长度应为多少?）在转盘上安一个轻的纸板盒，再在盒子上安一支直立的铅笔. 在铅笔上结一个细绳环. 找一根长约1.8~2.5 m的橡皮带，把它的一端系在绳环上，另一端系在摆的悬线上. 测量摆做自由振荡时的频率（所需用到的不过是一只普通有秒针的手表）. 当摆被驱动时，测量拍频. 试试不同的悬线长度. 如果想加一些阻尼，可以放一本书或者纸板或者别的什么东西，使它擦着摆的悬线.（最好是两边立上纸板或者书作成一个夹道.）之所以用这样长的橡皮带耦合，是为了使弹力足够弱. 另外，最好把橡皮带耦合在离摆的悬线顶端足够近的地方，悬线在那一点的运动振幅即使摆的振幅较大时也比铅笔（在转盘上）的运动振幅小得多. 这样可以保证有一个同摆的振幅无关的驱动力.

3.6　证明由摩擦引起的功率损失式（22）. 再证明它等于由式（21）所示的输入功率.

3.7　有阻尼的玩具弹簧中的共振（课外实验）. 把玩具弹簧拉长到2.5 m左右，并在两端把它固定住. 一端应以这样一种方式夹住，以便玩具弹簧能够容易地松开并重新夹起来，使夹子之间的圈数可以不同. 用一根长的耦合橡皮带，用课外实验3.5的唱机转盘来驱动玩具弹簧. 使用45 r/min的转速. 测量玩具弹簧的自由振荡频率，（以r/min为单位最为方便.）这种频率可以用改变两固定支点之间的螺旋圈数来加以改变.（参见课外实验2.1.）测量平均衰减时间$\tau$. 沿着玩具弹簧加一长条棉纱带（有弹性的一种）可以增大阻尼，以便得到方便的衰减时间（譬如10~20 s）. 画出共振曲线，即用$|A|^2$相对于$\omega_0$作图，而$\omega$则固定在45 r/min处. 注意那些相位关系，你务必要懂得它们. 测量$|A|$的一个方法是利用一盏能投下明锐阴影的灯（用透明灯泡而不要用磨砂灯泡，也就是要使它是点光源）. 测量玩具弹簧上一片纱带在墙上或在地板上投下影子的位置. 当你做实验的期间，计算预期的半极大处的全宽度，以玩具弹簧的圈数来测量.（如果你发现共振太狭不方便，或让瞬态拍衰减完的时间太长，可以缩短阻尼时间重做实验.）

可能碰到的麻烦. 如果橡皮带有段时间是完全松开的，然后突然拉紧，那么，在橡皮带所施加的力的傅里叶分析中，除45 r/min本身而外，还含有45 r/min的谐波. 它们将会激发玩具弹簧的谐波. 这至少是一个有趣的麻烦. 另外，拨动一下橡皮带（拨响），并且观察它的振荡. 务必使它的振荡比45 r/min的一倍或两倍快得多，不然就会发生怪事. 你还可能发现一些其他的问题. 当体系精确地共振时，看看你能否看到弹性振幅的消失和吸收振幅的出现，亦即观察唱机（铅笔）和玩具弹簧的相对相位．你得到的共振全宽度和平均衰减时间的乘积是什么？你的结果同式（28）（在实验误差范围内）符合吗？

3.8　两瓶耦合肉汁罐头的受迫振动（课外实验）．实验装置示于图3.3，而理论已在3.3节和3.4节中有过介绍．悬线应该系在棒上，把悬线在棒上卷起来或放下来就可以改变频率．两根棒夹在书橱、桌子或其他东西上．悬线长度应在30～70 cm范围内可变．当你改变悬线长度时，你就是在改变叫 $\omega_1^2$ 和 $\omega_2^2$，而它们的差值保持不变．因此，保持驱动频率不变而改变悬线长度，差不多就等效于保持 $\omega_1^2$ 和 $\omega_2^2$ 不变而改变驱动频率．对于给定的悬线长度，测量两种模式的频率（让唱机不耦合）．然后以45 r/min驱动体系．对准耦合方向使之沿着玩具弹簧，以驱动纵向振荡（为主）．你能够很容易地确定，纵向和横向的模式具有一套相同的频率．这可能导致令人迷惑的（尽管是有趣的）效应，特别是在一个共振附近．有五个有趣的频率要找，即两个共振频率，一个在比共振低很多的区域的频率．一个在两个共振之间的频率，还有一个在比共振高很多的区域的频率．观察在截止以上和以下的滤波特性．研究相位关系——只是观察观察，看看你是否懂得它．如果没有阻尼，瞬态拍能够维持很久．最好让悬线擦在什么东西上而对它加上一些阻尼．描绘出共振曲线可能太花费时间，那就不必了．（希望你在课外实验3.7中已经描过共振曲线．）你们可以测量两种模式的阻尼时间，再用 $\Delta\omega\tau=1$ 计算预期的共振全宽度 $\Gamma$．你的结果同图3.4接近到什么程度？3.4节的机械滤波器方程还起作用吗？

另外一种改变相对频率的方法，当然是使用唱机的78 r/min、33 r/min和16 r/min的转速挡．不幸，这些转速不是连续地变化的．

3.9　手提式气锤以约20次/s的频率夯击地面．把柄以同样的频率猛击操作人员的双手．设计一个低通滤波器同把柄紧密结合在一起，要求使把柄的振动幅度减弱10倍．一个办法（称为“蛮力”）是简单地使工具主体（气锤叶片反冲到的部分）的质量增大到10倍．但是，由于工具已经重约220N了，还是用一些弹簧和重物作成一个装置来试一试吧．

3.10　证明稳态振荡下储存能量 $E$ 的时间平均值由式（23）给出．

3.11　证明稳态共振曲线的半功率点由式（25）和式（26）给出．

3.12　机械滤波器．（参见3.4节．）一台精密仪器放在地板上，地板在做约20次/s的垂直振动．如果你希望这种抖动减弱100倍，你可以把仪器放在一个软垫上．试问，当仪器放上去的时候，软垫的顶端大约应该沉降多少？[提示：参见3.4节式（58）后面的那个例子．另外，软垫可以近似地看作一个理想的服从胡克定律的弹簧．]

3.13　证明对于阻尼常数 $\Gamma$ 为零的情况，式（31）给出了驱动振子方程（14）的稳态精确解．

3.14　证明当图3.10中的那些摆由玩具弹簧耦合起来时，它们做横向水平振荡的运动方程同图中画出纵向运动的方程是一样的.

3.15　画一个电感和电容的体系，使其运动方程同方程（62）的形式相类似；并且推导这些运动方程.

3.16　机械带通滤波器（课外实验）. 只用双耦合摆，我们不能看到滤波行为的指数特征——任何曲线都能通过两个点. 把第三个肉汁罐头放进你的玩具弹簧，放在其他两个罐头的当中，并且把它悬挂起来，作成像图3.6和图3.7中那样的体系. 用唱机在截止以上和在截止以下的频率上驱动体系. 测量比值 $\psi_a/\psi_b$ 和 $\phi_b/\phi_c$. 它们相等吗？它们应该相等吗？

3.17　假设电离层在一个边界上突然出现，此处截止频率 $\nu_p$ 突然从零增大到20兆周. 试求频率为1 000千周的调幅无线电波的振幅衰减距离 $\delta$. [答：约为2.5m；只要频率远在截止以下，它与频率无关.]

3.18　以耦合摆为参考，写下由电感和电容耦合起来的类似体系的完整色散关系，即要写下在频率的通带中和在两个截止区域内的色散关系.

3.19　试证：在弱阻尼近似以及在适当靠近共振的情况下，吸收振幅和弹性振幅可以写成如下形式（只要适当选择单位）：

$$A_{\text{吸收}}=\frac{1}{x^2+1},\ A_{\text{弹性}}=\frac{-x}{x^2+1},$$

这里

$$x=(\omega-\omega_0)/\frac{1}{2}\Gamma.$$

3.20　假定有一个体系，它在频率 $\omega_1$ 和 $\omega_2$ 处的两个共振对于某个运动部分的弹性振幅有相等的贡献. 对于离开 $\omega_1$ 和 $\omega_2$ 都很远的 $\omega$，我们可以写出（用某些单位）

$$A_{\text{弹性}}=\frac{1}{\omega_1^2-\omega^2}+\frac{1}{\omega_2^2-\omega^2}.$$

试证：如果 $\omega$ 同 $\omega_1$ 和 $\omega_2$ 的差异比差值 $\omega_2-\omega_1$ 大得多，则 $A_{\text{弹性}}$（在相当好的近似下）正好是两种贡献中无论哪一种的两倍大；也就是要证明

$$A_{\text{弹性}}=\frac{2}{\omega_{\text{平均}}^2-\omega^2}(1+\varepsilon^2+\cdots),$$

这里

$$\omega_{\text{平均}}^2=\frac{1}{2}(\omega_1^2+\omega_2^2),\ \varepsilon=\frac{1}{2}\ \frac{\omega_1^2-\omega_2^2}{\omega_{\text{平均}}^2-\omega^2}.$$

3.21　从耦合摆的准确色散律［式（98）、式（103）和式（106）］出发，假设 $a/\lambda\ll1$ 和 $a/\delta\ll1$，则连续近似应是一种好的近似.（为什么？）试把那些色散公式用泰勒级数展开，并且只保留开始几个重要项，再把结果同在3.5节中得到的连续近似的结果相比较.

3.22　无休止的瞬态拍.（参见3.2节）验证：当振子做零阻尼瞬态振荡时，

它的位移可以写成“调幅准谐振荡”形式［式（43）］. 再证：对于零阻尼和驱动频率准确在共振处时，调制的振幅随着时间线性地增长［式（45）］.

3.23　波抗性区域的指数穿透（课外实验）. 用肉汁罐头和玩具弹簧组成一个图 3.12 那样的体系. 把你的唱机驱动体系同色散区域的一端耦合起来. 这样设计长度，使得 78 r/min 在上截止频率以上，45 r/min 在通带中，而 33r/min（和 16r/min）在截止以下. 如果你能设计出一种快速、简易的方法，一下子就能把所有悬线的长度改变相同的数量，你就能够连续地改变 $\omega_0^2$（因而改变所有的共振频率），保持驱动频率不变而寻找共振.

3.24　瞬态拍. 验证式（46）. 它是在时间 $z=0$ 时从能量为零开始运动的一个驱动振子所贮存的能量随时间的变化关系. 假设为弱阻尼. 假设驱动频率接近（而非精确等于）$\omega_1$. 因此，在这里可以取 $\omega/\omega_1=1$.（在像 $\cos\omega t-\cos\omega_1 t$ 那样的表达式中让 $\omega=\omega_t$ 是不适当的，因为在 $\omega$ 和 $\omega_1$ 之间只要有一点小差异，结果就会引起大的效应，即引起大的相对相移.）

3.25　试证由式（9）给出的“过阻尼”振子的结果是从式（7）和式（8）得出来的.（提示：先证恒等式 $\cos ix=\cosh x$，$\sin ix=i\sinh x$；然后利用它们.）

3.26　临界阻尼. 从欠阻尼的自由振荡方程［式（7）］出发，试证对于临界阻尼，其解变为

$$x_1(t)=e^{-\frac{1}{2}\Gamma t}\left\{x_1(0)+\left[\dot{x}_1(0)+\frac{1}{2}\Gamma x_1(0)\right]t\right\}.$$

再证明，如果改从过阻尼振荡的方程［方程（9）］出发，得到的结果也是一样的.

3.27　硬纸板管的共振频率宽度（课外实验）. 阅读式（28）后面的那些章节. 在两端开口的硬纸板管中，对于声波的最低简正模式，管子长度基本上等于半个波长.（由子有小的“末端修正”，管长实际上比半波长为小，相差约一个管子直径.）声速约为 330 m/s. 如果你的音叉是 C523 $s^{-1}$. 则硬纸板管将在管长约 32 cm 时共振得最响.

（a）证实这个说法. 长度为 $L$ 的管子的共振频率 $\nu_0$ 由

$$\nu_0=\frac{523}{(L/L_0)}=\frac{\omega_0}{2\pi}$$

给出，其中 $L_0$ 约为 32 cm.（$L_0$ 不是正好 32 cm，因为有上面提到的末端效应.）

（b）证实这个公式. 现在截取五、六个硬纸板管，谨慎地选择它们的长度，使能“覆盖”共振曲线的峰值，以及峰两侧的两个半功率点. 预期声强 $I$ 有如下式所示的“共振形状”：

$$I=\frac{\left(\frac{1}{2}\Gamma\right)^2}{(\omega_0-\omega)^2+\left(\frac{1}{2}\Gamma\right)^2},$$

此处我们已经使 $\omega=\omega_0$ 处的 $I$ 归一为 1.0. 在你的实验中，驱动频率 $\nu$ 是音叉频

率，因而是不变的．共振频率 $\nu_0$ 靠改变管子长度来改变．你要找的是共振时的管长 $L_0$，包括末端修正（用耳朵来做最为容易，把管子轻轻地在头上敲一下，然后同音叉的音调相比较）．你要找的还有相应于半功率点的两种管子长度．这样你就能找到全宽度 $\Gamma$．它将间接地告诉你自由振荡的衰减时间．你在实验上的主要问题是要设计出一种相当简单的方法，能够把减弱了两倍的声音强度估计出来．

3.28　用双耦合摆作为机械的带通滤波器．考虑画在图3.3中且在3.3节中描述的体系．忽略阻尼．求证：

$$\psi_a \approx \frac{F_0}{2M}\cos\omega t\left(\frac{1}{\omega_1^2-\omega^2}+\frac{1}{\omega_2^2-\omega^2}\right),$$

$$\psi_b \approx \frac{F_0}{2M}\cos\omega t\left(\frac{1}{\omega_1^2-\omega^2}-\frac{1}{\omega_2^2-\omega^2}\right),$$

和

$$\frac{\psi_b}{\psi_a} \approx \frac{\omega_2^2-\omega_1^2}{\omega_2^2+\omega_1^2-2\omega^2},$$

此处 $\omega_1$ 是两种模式频率中较低的一个，$\omega_2$ 是较高的一个，而 $\omega$ 是驱动频率．

3.29　电的带通滤波器．考虑图3.8中所示的滤波器．求出 $I_a$ 和 $I_b$ 的微分方程．试证简正坐标是 $I_a+I_b$ 和 $I_a-I_b$，而两种模式则由式（59）给出．

3.30　耦合摆．考虑列成线阵的耦合摆，在 $z=0$ 处用截止以下的频率驱动，在 $z=L$ 处固定在墙上，如图3.11所示．试证：如果 $\psi(z,\ t)$ 在 $z=0$ 处等于 $A_0\cos\omega t$，则 $\psi(z,\ t)=A(z)\cos\omega z$，此处

$$A(z)=A_0\,\frac{\mathrm{e}^{-\kappa z}-\mathrm{e}^{-\kappa L}\mathrm{e}^{-\kappa(L-z)}}{1-\mathrm{e}^{-2\kappa L}}.$$

注意，对于 $L\to\infty$，$A(z)$ 变成 $A_0\mathrm{e}^{-\kappa z}$.

3.31　耦合摆体系中的共振．阅读式（90）后面的讨论，按照下列步骤找出 $\omega^2$ 的共振值．

（a）试证在共振处我们有

$$k\cot kL=-\kappa.$$

它表明 $\theta\equiv kL$ 的共振值必然处在第二象限（90°至180°）、第四象限（270°至360°）、第六象限、第八象限等之中．

（b）令 $Ka^2/ML^2$ 等于每单位位移单位质量的回复力的“一个单位”，即“一个单位”的 $\omega^2$．令 $g/l_1=\omega_1^2$，$g/l_2=\omega_2^2$．然后证明，$\omega^2$ 的共振值可通过把两个函数

$$\omega^2=\omega_2^2+\theta^2,$$

$$\omega^2=\omega_2^2-\theta^2\cot^2\theta$$

相对于 $\theta$ 作图而得到．那些共振是由两条曲线的一组交点的一半给出的．为什么只是一半？［注意：上面各式中的 $\omega^2$，$\omega_1^2$ 和 $\omega_2^2$ 是无量纲的，亦即它们是以 $Ka^2/ML^2$

为单位的.］作一个简图，画上典型的曲线，看看怎样由它给出共振频率. 在非常高的频率处，情况将是怎样的呢？

3.32　镀银镜上可见光的全反射. 假设银原子的“价”电子变成了固态银中的“自由”电子.（在《理化手册》中）查出银的价数、它的原子量以及它的质量密度. 然后算出固态银中每单位体积内自由电子的数目 $N$. 假设光在银中的色散关系同光（或其他电磁波）在电离层中的形式一样，即假设

$$\omega^2 = \omega_p^1 + c^2 k^2\text{，如 } \omega^2 \geqslant \omega_p^2\text{；}$$

$$\omega^2 = \omega_p^2 - c^2 k^2\text{，如 } \omega^2 \leqslant \omega_p^2\text{，}$$

此处 $\omega_p^2 = 4\pi N e^2/m$，e 和 $m$ 是电子的电荷量和质量.

（a）计算固态银的截止频率 $\nu_p$. 试证可见光的频率 $\nu$ 在截止以下. 所以我们预期，足够厚的银层对于垂直入射的可见光将给出全反射. 正是这一原因，使得镀银镜看起来像是“银制的”.

（b）对于真空波长为 $0.65\times10^{-4}$ cm 的红光以及真空波长为 $0.45\times10^{-4}$ cm 的蓝光计算平均衰减距离 $\delta$. “半镀银”镜是一块玻璃，它的银层稍薄于衰减距离，以致有一半光通过去了（即反射不完全）. 假使你通过一片半镀银镜观察“白”光灯泡.（“白”光实际上含有所有可见的颜色.）你预期透射光看起来是白的吗？它有没有带点蓝的色彩？. 有没有带点红的色彩？反射光又是怎样的呢？

（c）为了使银层背侧的蓝光强度（与振幅的平方成正比）减弱 100 倍，银层必须要多厚？这样一面镜子将反射 99% 的入射光.（实际上对于可见光，反射率更像是 95%. 我们把由银的电阻率引起的能损失忽略掉了. 另外，表面可能由于有一层氧化银而失掉光泽，氧化银的性质同金属银的性质毕竟是很不相同的.）

（d）银层对怎样一些频率将变得透明（也用真空波长表示. 这称为“紫外”光）？

3.33　锯齿浅水驻波（课外实验）. 这种波已在习题 2.31 中描述过. 现在我们要来学习如何在一盘水中激发最低的锯齿模式. 最低的锯齿模式是晃荡的模式，它只有一个“齿”的一半. 表面是平的. 盘的长度是半个波长. 下一个锯齿模式将有完整的一个齿，亦即盘的长度将是（这个锯齿的最低傅里叶成分的）一个波长. 如果你来回推动盘子而激发振荡，这种模式是不激发的. 试解释它为什么不激发？再下一种模式有 $1\frac{1}{2}$ 个齿，亦即有三个平的区域. 盘的长度因而是三个半波长. 你是能够激发这种模式的. 轻轻地摇动盘子，反反复复地试验. 当你觉得已经激发好了，放下盘子，让它自由地振荡. 这样实践几次以后，你就能辨认出这种模式，而且能够激发它了. 这里还有一种更有把握的方法：去借一个节拍器，或者自己做一个：把一个重量挂在悬线下（做成一个单摆），使摆锤敲击一张纸或者什么东西而发出响声. 对于给定的节拍，轻轻地以节拍器的拍子摇动盘子，等待稳态出现. 变动节拍器的拍子，以寻求共振. 当你接近共振时，留心观察瞬态拍！它们不仅仅好看而已，而且还会告诉你，你离开共振还有多远. 利用 $\nu = \sqrt{gh}$，计算预期

的共振频率. 计算要在你做实验的时候就做，这样才可以迅速地瞄准共振（亦即这样你才不至于找错了地方）. 当你找到共振时，放开盘子，让它自由地振荡；记录自由振荡的时间.

如果你用的盘子足够轻，以致质量主要来自于水而非盘子，并且如果总的质量足够大，能够在你手上给出相当显著的反推力，你就能够依靠手的感觉和眼睛注视的配合来瞄准共振. 因而你便不再需要节拍器了.

如果你在两个水平方向上都激发锯齿波，你可能看到尖头样的"峰顶". 当这些峰顶冲破水面而把水抛入空中时，你会确信，线性的波动理论是永远也无法解释它们的.

3.34　水上矩形二维表面驻波（课外实验）. 买一个矩形的冰箱内. 用的匣盘（不是硬有机玻璃的，而是更为柔软的聚乙烯的那一种）. 用水充满，然后再加水少许，使水面鼓出盘顶.（这样可以减小四侧的阻尼.）轻轻地拍打匣盘，观察那些自由振荡的驻波所形成的格子. 再从任何玩具店买来一个玩具回转器. 拿着这个旋转的回转器，让它紧靠盘边.（或者，把它们都放在一个翻转的平锅底上，这样就能使它们耦合.）你可以观察到，当回转慢下来时，那些受迫振荡（驻波）的波长逐渐变长. 你可能还会注意到通过共振时的效应.

3.35　水面驻波（课外实验）.（a）把一根振动着的音叉浸入水中，观察那些波动，特别是在叉头之间的波动.

（b）把一根振动着的音叉平放在水面上（像两根平行的浮木），观察两个叉头之间的部分.（音叉的某些模式迅速地阻尼了，有一种模式能维持好几秒.）试用一个小光源在不同的角度（平行和垂直于叉头）照明，这时你可以看到各式各样的令人惊奇的结构.

3.36　谐与次谐. 给定一个谐振子，它的自然振荡频率 $\nu_0 = 10\ s^{-1}$，衰减时间非常长. 如果用谐振力以频率 $10\ s^{-1}$驱动这个振子，它将获得大振幅，亦即它将在驱动频率处"共振". 再没有其他做谐振的驱动力会产生大的振幅（共振）.

（a）证明上述说法. 然后，假定振子受一个力的作用，后者是周期性重复的方脉冲，脉冲宽度为0.01s，每秒重复一次.

（b）定性地描述这个重复发生的方脉冲的傅里叶分析.

（c）在这个驱动力的影响下，谐振子会"共振"（获得大的振幅）吗?

（d）假使驱动力同样是宽度为0.01s的方脉冲，但是每秒重复两次. 振子会共振吗? 对于重复频率为 $3\ s^{-1}$，$4\ s^{-1}$，$5\ s^{-1}$，$6\ s^{-1}$，$7\ s^{-1}$，$8\ s^{-1}$和 $9\ s^{-1}$的脉冲，振子会共振吗?

（e）现在我们来讨论一些新问题. 如果我们用同样的方脉冲以 $20\ s^{-1}$的重复频率来驱动同一个振子，情况会怎么样? 振子会共振吗? 注意在这种情况下，振子频率是驱动的方脉冲的基本重复频率的一个次谐.

（f）与此类似，考虑一些驱动力，它们是重复频率为振子频率的3，4，…倍的方脉冲. 振子会共振吗? 试解释之.

(g) 现在我们再来讨论一些不同的问题. 假使驱动力仅当振子离开平衡点的位移为正时才和振子耦合. 例如, 你推动秋千上的小孩时的情况就是如此. 仅当她的位移使她进入你的双臂 (驱动力) 所能及的范围之内, 你才推她. 再考虑这样一个问题: 在这种 "非对称耦合" 的情况下, 你能否激发次谐? 假设 "秋千" 以 $1s^{-1}$振荡. 如果你以 $2s^{-1}$推动 (盲目地, 不论秋千在还是不在), 秋千会共振吗? 如果你以 $3s^{-1}$, 以 $3.5s^{-1}$推动, 情况会怎么样? 试解释之. 现在解释为什么一个高频驱动力 (譬如说来自飞机的引擎) 能够在低得多的频率处激发共振, 那些频率是驱动频率的次谐, 也就是驱动频率的 1/2, 1/3 等, 据你猜想, 次谐的激发在能够抖动和嘎啦嘎啦响的那些体系中是否是常见的? 试解释之.

# 第4章　行　　波

# 第 4 章　行　　波

## 4.1　引言

我们在第 1，2，3 章中所考虑的都是闭合体系，即由确定边界包围着的体系，因而全部能量都留在体系之内. 我们发现，闭合体系的自由振荡可用驻波的叠加即模式的叠加来描述；稳态受迫振荡可以用各种模式的驻波成分的叠加来描述. 这些模式的特征则由边界条件决定.

**开放体系**　在这一章中，我们将考虑开放体系（即没有外部边界的体系）的受迫振荡. 举例说，如果从高空中的气球吊舱上用长绳子把一个吹喇叭的人悬在空中，那么空气的行为对声波来说就像一个开放体系(或开放介质)，其开放性至少可以达到这样的一种程度，能使我们忽略回声，即忽略从地球返回到这个人的反射. 如果同一个人，改在有硬木地板、墙壁和顶棚的密闭房间中吹奏，那么效果就很不一样了. 在这种情况下，房间中空气的行为就像一个封闭体系，而且如果驱动得适当的话，则在它的模式频率处会发生共振. 然而，如果在房间的墙上覆盖上理想的吸声材料，从而使声波不能反射到扬声器（喇叭），则这个房间的行为便好像是一个没有外部边界的完善的开放体系. 由此可见，为使介质成为开放体系，实际上并不需要把它扩展到无限远.

耦合到开放介质的驱动力所产生的波动称为行波——它们从扰动中产生后，便离开扰动了. 行波具有输送能量和动量的重要特性. 因此，假设你把一块石头投入平静的池子中，那么，从石块溅落处向外传播的扩展着的圆形波动，可能会把动能传给远处的一只浮动着的昆虫，或者可能增加靠近沙滩边的半露出水面的小枝条的重力势能而把它冲上沙滩.

如果（耦合到开放介质的）驱动力以简谐方式振动，则它所产生的行波称为谐行波. 在稳态时，体系的所有振动部分都以驱动频率的简谐方式振动.

**振幅关系**　如果波动在二维或三维空间中以散开的方式传播出去，则振动部分离波动源越远（假定源是小的），运动振幅就越小. 另一方面，如果介质是一维的（比方说一根拉直的弦，在一端驱动它，另一端延伸到无限远或终止于一个波动吸收装置)，则各振动部分的谐振振幅并不随它们和源距离的增加而减小（假定介质是均匀的）. 不仅一维波的情况是这样（像在弦上那样），而且二维“直线波”（来自远处暴风雨后的海洋浪潮）和三维平面波（来自遥远恒星上的射电波）的情况也都是这样.

**相位关系**　在一个传播谐行波的开放介质中，两个不同的振动部分之间的相对相位，与在一个闭合体系中驻波的相位关系是完全不一样的．在驻波中，不论是闭合体系自由振荡的简正模式，或者是闭合体系的受迫振荡，所有振动部分都一致地以同一相位振动（除可能有负号外）．在行波中，情况就不是这样了．如果振动部分 $b$ 离驱动力比振动部分 $a$ 远的话，那么，由于波动从 $a$ 传到 $b$ 需要时间，所以振动部分 $b$ 要晚一段时间才能完成和 $a$ 相同的运动．因此，$b$ 有不同于 $a$ 的相位常数，其差值等于频率乘上延迟时间．

## 4.2　一维谐行波和相速度

假设我们有一个由连续的、均匀的、从 $z=0$ 延伸到无限远的弦组成的一维体系．在 $z=0$ 处，弦和一个器件（“发送器”）的输出端相连．发送器能够使弦抖动，因而沿着弦“发射”行波．假定输出端的位移 $D(t)$ 由谐振动表示：

$$D(t)=A\cos\omega t. \tag{1}$$

我们希望求出位置为 $z$ 的运动部分的位移 $\psi(z,\ t)$，其中 $z$ 是在 $z=0$ 和无限远之间的任意一点．我们很容易求出在 $z=0$ 处的 $\psi(z,\ t)$．由于弦和发送器的输出端直接相连，所以在 $z=0$ 处，弦的位移等于 $D(t)$：

$$\psi(0,t)=D(t)=A\cos\omega t. \tag{2}$$

**相速度**　从观察水波传播的日常经验中，我们已经知道，只要介质的性质（例如，水的深度）保持不变，水波就以恒定的速度传播．当波动是谐行波的时间，这个速度称为相速度 $v_\varphi$．我们还知道，位置为 $z$ 的运行部分在时间为 $t$ 的运动，与 $z=0$ 处的运动部分在较早时间 $t'$ 的运动是相同的．此处，$t'$ 比 $t$ 早一段波动以速度 $v_\varphi$ 传播距离 $z$ 所需的时间：

$$t'=t-\frac{z}{v_\varphi}. \tag{3}$$

因此，我们得到正弦行波：

$$\begin{aligned}\psi(z,t)&=\psi(0,t')\\&=A\cos\omega t'\\&=A\cos\omega\left(t-\frac{z}{v_\varphi}\right)\\&=A\cos\left(\omega t-\frac{\omega z}{v_\varphi}\right).\end{aligned} \tag{4}$$

注意，在固定 $z$ 处，$\psi(z,\ t)$ 是时间上的简谐振动．同样要注意，当 $t$ 固定时，$\psi(z,\ t)$ 是空间上的正弦振动．当然，这两种情况对于正弦驻波也都适用．例如，正弦驻波可有下述形式：

$$\psi(z,t)=B\cos\omega t\cos(\alpha-kz), \tag{5}$$

式中，$\alpha$ 是常数．当时间固定时，由式（4）表示的空间依赖关系和式（5）中驻波的空间依赖关系有相同的形式．由此可见，如果我们把行波写成下述形式：

$$\psi(z,t)=A\cos(\omega t-kz), \tag{6}$$

那么，像我们在驻波中已经应用过的一样，对于行波，在时间固定时，我们同样可以应用波数 $k$（以及波长 $\lambda$）的概念．比较式（4）和式（6），我们看出，对于正弦行波，在时间固定时，沿 $z$ 方向每单位长度相位角的增加率 $k$ 为

$$k=\frac{\omega}{v_\varphi}, \tag{7}$$

即相速度为

$$\boxed{v_\varphi=\frac{\omega}{k};} \tag{8a}$$

或者，因为 $\omega=2\pi\nu$ 以及 $k=2\pi/\lambda$，

$$\boxed{v_\varphi=\lambda\nu;} \tag{8b}$$

或者，因为 $\nu=1/T$，

$$\boxed{v_\varphi=\frac{\lambda}{T}.} \tag{8c}$$

正弦行波的相速度是一个极为重要的量．我们写出了式（8）的各种形式，建议你还记住它们的正写、反写和倒数形式．在图 4.1 中我们画出了一个正弦行波．

式（8）非常重要，我们现在给出另一种推导．我们引进在 $+z$ 方向传播的正弦行波的相位函数 $\varphi(z,t)$，把它定义为波函数 $\cos(\omega t-kz)$ 的幅角：

$$\varphi(z,t)=\omega t-kz. \tag{9}$$

[在式（9）中，我们略去了一个可能有的相位常数.] 当给定 $z$ 时，相位按照 $\omega t$ 随时间线性增加．当给定 $z$ 时，相位按照 $-kz$ 随 $z$ 线性减小．随着 $z$ 增大，相位减小，因为它对应于较早时刻所发生的波动．（我们关于正相位的符号规定不是普适的，有些人喜欢把 $kz-\omega t$ 叫作相位.）当波传播时，

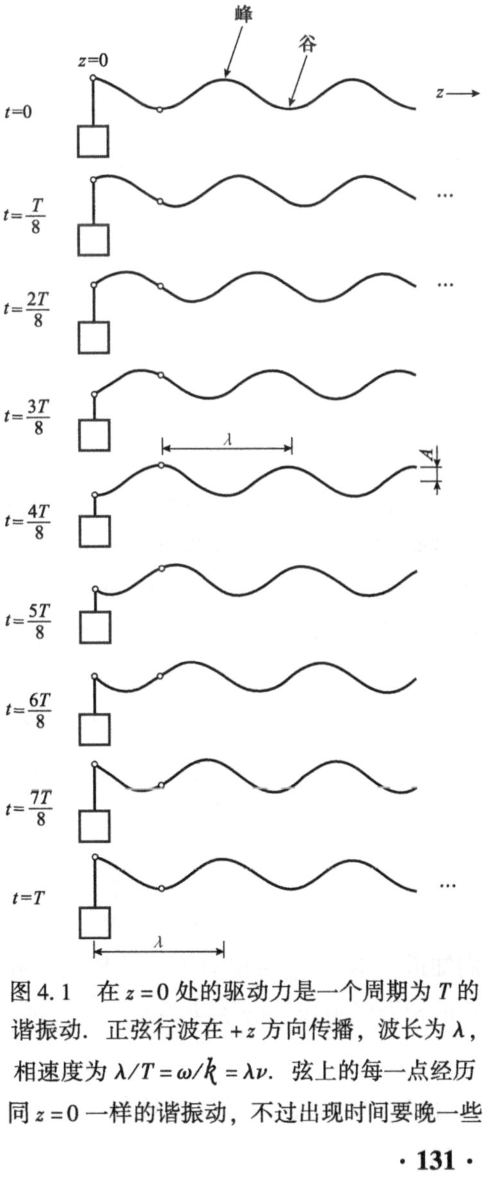


图 4.1　在 $z=0$ 处的驱动力是一个周期为 $T$ 的谐振动．正弦行波在 $+z$ 方向传播，波长为 $\lambda$，相速度为 $\lambda/T=\omega/k=\lambda\nu$．弦上的每一点经历同 $z=0$ 一样的谐振动，不过出现时间要晚一些

如果我们希望跟踪一个给定的波峰［$\cos\varphi(z, t)$ 的极大值］或波谷［$\cos\varphi(z, t)$ 的极小值］，则为了保持相位 $\varphi(z, t)$ 不变，我们必须随着 $t$ 的变化而观察不同的 $z$. 因此，取 $\varphi(z, t)$ 的全微分并令其结果等于零，我们就能得到相位不变点上的 $z$ 和 $t$ 之间的关系，$\varphi(z, t)$ 的全微分为

$$\mathrm{d}\varphi = \left(\frac{\partial\varphi}{\partial t}\right)\mathrm{d}t + \left(\frac{\partial\varphi}{\partial z}\right)\mathrm{d}z = \omega\mathrm{d}t - k\mathrm{d}z, \tag{10}$$

此式为零的条件要求 $\mathrm{d}t$ 和 $\mathrm{d}z$ 满足

$$v_\varphi \equiv \left(\frac{\mathrm{d}z}{\mathrm{d}t}\right)_{\mathrm{d}\varphi=0} = \frac{\omega}{k}, \tag{11}$$

这就是式（8a）.

**行波和驻波有相同的色散关系吗？** 在第2章中我们发现，在给定的介质中，对于自由振荡驻波，描写 $\omega$ 作为 $k$ 的函数的（或 $k$ 作为 $\omega$ 的函数的）色散关系，与边界条件无关，虽然，$k$ 的特殊值则与之有关. 在第3章中我们发现，由闭合体系的受迫振荡引起的驻波，仍然满足和自由振荡驻波完全相同的色散律，虽然 $k$ 的特殊值与边界条件有关.（在以超过或低于体系的最大和最小模式频率驱动时，我们也发现了一类新的波动——指数波.）在我们现在关于开放体系行波的研究中，除端点耦合到发送器外，没有边界条件，我们期望（和以前一样）色散关系将与边界条件无关. 然而，关于行波，存在着同闭合体系的自由振荡或受迫振荡产生的驻波完全不同的一个特性，那就是不同运动部分的相对相位. 对于驻波，在自由振荡和受迫振荡两种情况下（忽略阻尼），所有运动部分都有相同的相位. 对于行波，情况并非如此. 这难道不会影响色散关系吗？不会影响的，我们就要证明这一点.

**耦合摆线性列阵的色散律** 为了确信行波的整个色散关系确实和驻波有相同的形式，让我们研究一个特殊的然而又是足够普遍的例子. 在引进行波概念时，我们用连续弦作为简单的例子. 可是当然，在集总参量体系中，我们仍可以有像在连续系统中一样的行波，这恰与驻波的情况相同. 所以，为了得到很普遍的结果，我们考虑内容非常丰富的体系——耦合摆. 我们将求出在 $z=0$ 处被驱动的无限个耦合摆组成的线性列阵的准确色散律. 请你注意3.5节图3.10，图中画出了三个递次耦合摆的一般位形. 同时，请你自己查明，摆锤 $n$ 的准确运动方程由3.5节中式（62）给出. 我们把它重抄下来：

$$\ddot{\psi}_n = -\frac{g}{l}\psi_n + \frac{K}{M}(\psi_{n+1} - \psi_n) - \frac{K}{M}(\psi_n - \psi_{n-1}). \tag{12}$$

我们知道，不管 $\psi_n$ 可能有怎样的相位常数，由于稳态行波的所有运动部分和闭合体系的稳态受迫振荡的运动部分一样，都以简谐方式振动，所以我们必定有

$$\ddot{\psi}_n = -\omega^2\psi_n. \tag{13}$$

把式（13）代入式（12），整理各项，并除以 $\psi_n$，我们得到

$$\omega^2 = \frac{g}{l} + \frac{2K}{M} - \frac{K}{M}\frac{\psi_{n+1} + \psi_{n-1}}{\psi_n}. \tag{14}$$

**正弦行波** 现在，我们假定有如下形式的正弦行波：

$$\psi_n = A\cos(\omega t + \varphi - kz),\ z = na;$$

于是，正像你们容易看出的，

$$\psi_{n+1} + \psi_{n-1} = 2\psi_n \cos ka.$$

由此可见，式（14）变成

$$\omega^2 = \frac{g}{l} + \frac{2K}{M}(1 - \cos ka), \tag{15}$$

即

$$\omega^2 = \frac{g}{l} + \frac{4K}{M}\sin^2 \frac{1}{2}ka. \tag{16}$$

此式同我们在3.5节中从式（91）~式（98）对于受迫振荡所得到的色散律完全相同. 我们看出，行波和驻波的正弦波动的频率范围是相同的，其频率范围从$\omega_{\min}$扩展到$\omega_{\max}$，其中

$$\omega_{\min} = \frac{g}{l} \equiv \omega_0^2, \quad \omega_{\max} = \frac{g}{l} + \frac{4K}{M}. \tag{17}$$

**开放体系中的指数波** 当驱动频率低于低频截止频率$\omega_0$时，我们可以猜出，被驱动的开放体系的色散律将再一次和闭合体系的色散律相同. 事实果真如此. 对于一个从$z=0$扩展到$+\infty$，并且以频率$\omega < \omega_0$在$z=0$处被驱动的耦合摆的开放体系，我们有

$$\psi(z,t) = Ae^{-\kappa z}\cos\omega t,\ z = na, \tag{18}$$

$$\omega^2 = \omega_0^2 - \frac{4K}{M}\sinh^2 \frac{1}{2}\kappa a. \tag{19}$$

**指数式锯齿波** 与此类似，当驱动频率超过上限截止频率时，我们得到指数式锯齿波：

$$\psi(z,t) = A(-1)^n e^{-\kappa z}\cos\omega t,\ z = na, \tag{20}$$

$$\omega^2 = \omega_0^2 + \frac{4K}{M}\cosh^2 \frac{1}{2}\kappa a. \tag{21}$$

所以，在被驱动的开放体系中的指数波和在被驱动的闭合体系中一般情况下的指数波的差别仅仅在于，我们必须弃去在$z=+\infty$时变成无穷大的解$e^{+\kappa z}$. 注意，在指数波中，所有运动部分都以相同的相位常数振动［见式（18）和式（20）］；所以，没有诸如相速度这一类问题，因为不存在不改变形状而传播的波形，甚至也不存在虽有形状改变，但以尚可辨认出来的波峰和波谷而传播的波形.

由此可见，我们已经用耦合摆的例子证明，当介质给定时，表示$\omega$和$k$之间联系的色散律，对行波和对由闭合体系的自由振荡或稳态受迫振荡引起的驻波是相同的.

**色散正弦波和非色散正弦波** 当色散律有简单的形式

$$v(k)=\frac{\omega(k)}{k}=\text{常数}, \tag{22}$$

并与$k$无关时，我们就说波是非色散的．否则，我们就说波是色散的．（使用符号$k$意味着在这两种情况中，波都是正弦的．）作为具有不同波数的行波的叠加的色散波，由于不同波长的成分以不同的速率传播，所以这个叠加在空间行进时会改变它的形状．叠加波中频率不同的各个成分于是逐渐“弥散”开来．色散波是相速度$v_\varphi=\omega/k$随波长变化的正弦波．

**波抗性的指数波**　当驱动频率$\omega$不在低频截止频率（在某些例子中，可能为零）和高频截止频率（在某些例子中，可能为无穷大）之间的“通带”时，则像我们已经看到的，在波动的空间依赖关系上，它是指数式的（而不是正弦式的）．我们往往就说这一类波是“波抗性的”．而正弦波就说是“色散的”．人们有时也谈论“色散介质”或“波抗性介质”．当然，同一介质，在一种频率范围（通带）内可以是色散的．而在另一种频率范围（通带外）内则可以是波抗性的．

在下面的一些例子中，我们将讨论色散波的相速度．

**例1：串珠弦上的横波**

在串珠弦上，若平衡张力为$T_0$，串珠质量为$M$，串珠间距为$a$，则横波的色散关系[㊀]是［见2.4节中式（70）］：

$$\omega^2=\frac{4T_0}{Ma}\sin^2\frac{1}{2}ka,\quad 0\leqslant k\leqslant\frac{\pi}{a}. \tag{23}$$

所以，当$0\leqslant k\leqslant\pi$时，横向行波的相速度为

$$v_\varphi=\sqrt{\frac{\omega^2}{k^2}}=\sqrt{\frac{4T_0}{Ma}\frac{\sin^2\frac{1}{2}ka}{k^2}}. \tag{24}$$

当频率超过高频截止频率$\omega_0=\sqrt{2T_0/Ma}$时，波是锯齿形指数波，因而不存在诸如相速度这一类问题．当频率在零和$\omega_0$之间时，波是色散的，因为相速度不是常数，而是与$k$有关的．在长波（或者串珠间距很小）的极限情况下，我们有$a/\lambda\ll 1$，相速度变得基本上与波长无关，于是波就变成非色散的了．用泰勒级数展开$\sin\frac{1}{2}ka$，我们可以看出

$$v_\varphi=\sqrt{\frac{T_0a}{M}}\frac{\sin\left(\frac{1}{2}ka\right)}{\left(\frac{1}{2}ka\right)}$$

㊀ 式（23）的这一色散关系有一个很好的示范实验，是由J.M.福勒，J.T.勃洛克斯和E.D.兰勃做出的．见“One-dimensional Wave Demons tration（一维波的示范）”，*Am. J. Phys.* 35，1065（1967）．

$$= \sqrt{\frac{T_0 a}{M}} \frac{\frac{1}{2}(ka) - \frac{1}{6}\left(\frac{1}{2}ka\right)^3 + \cdots}{\left(\frac{1}{2}ka\right)}$$

$$= \sqrt{\frac{T_0 a}{M}}\left[1 - \frac{1}{24}(ka)^2 + \cdots\right]. \tag{25}$$

因此，若令 $\rho_0$ 为平衡时每单位长度的平均质量，即 $\rho_0 \equiv M/a$，则对于连续弦，我们得到

$$v_\varphi = \sqrt{\frac{T_0}{\rho_0}}. \tag{26}$$

由此可见，在连续弦上横向行波的相速度是常数，与频率无关. 式（26）与我们在第2章中对连续弦上的驻波的色散律所得到的 $\omega/k$ 的结果完全相同［2.2节中式（22）］.

**例2：串珠弦上的纵波**

此时色散律可以这样得到：在横波的色散律中，以弹簧常量 $K$ 乘串珠间距 $a$ 来简单地替代张力 $T_0$［见2.4节中式（78）］. 在连续极限下，我们得到［在式（26）中用 $Ka$ 代替 $T_0$］

$$v_\varphi = \sqrt{\frac{Ka}{\rho_0}} = \sqrt{\frac{K_L L}{\rho_0}}, \tag{27}$$

式中，我们令 $Ka = K_L L$. 这是为了提醒你们，如果你们逐段增加弦，作成总长度为 $L$ 的长弦，那么总的弹性常数 $K_L$ 正巧等于长度为 $a$ 的一段弦的弹簧常量 $K$ 乘以 $a/L$. 依照式（27），在连续弦上的纵波是非色散的. 在图4.2中，我们画出了一个行进中的“波包”. 它是由在弦中传播的一个“压缩”和一个“稀疏”组成的.

**声音的相速度——牛顿模型** 牛顿第一个导出了能够预言空气中声波速度的表达式. 其公式给出了错误的解答. 它预言速度大约为280m/s，而观察到的速度是332m/s［在标准状态（即标准温度和标准压力）下，即在1大气压和温度0℃的状态下］. 他的推导很简单，之所以得出错误解答的原因又是十分有趣的. 下面是他的推导过程.

如果空气被限制在密闭容器中，则容器壁上要受到空气的向外压力. 因此，空气的行为就像一根受压的弹簧，而受压的弹簧会尽力伸长. 设想这个容器是一个长圆筒，圆筒的一端由器壁密封，另一端用无质量的可动活塞密封. 于是空气像受压的弹簧那样沿着圆筒扩张，并且力图以大小为 $F$ 的力把活塞推出筒外. 当平衡时，作用在活塞上的大小为 $F$ 的外力与空气的压力相互平衡.

对于松弛情况下长度为 $L_1$、压缩时长度为 $L(L<L_1)$、弹簧常量为 $K_L$ 的弹簧，$F$ 等于

$$F = K_L(L_1 - L).$$

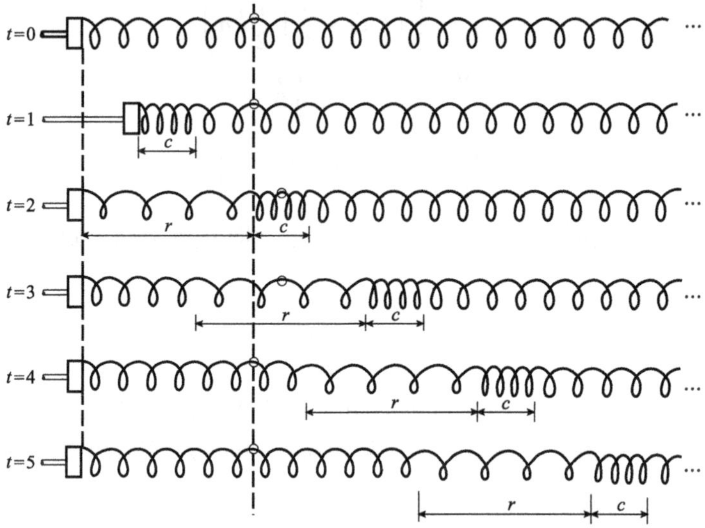


图 4.2 在弦上传播的纵向行波. 它由一个压缩 $c$ 和一个稀疏 $r$ 组成.
在第六个螺旋圈上有一个标记，这样你就可以依据这个标记来追踪它的运动

倘若弹簧长度 $L$ 改变了，则 $F$ 的改变由对这一表达式取微分得到

$$\mathrm{d}F = -K_L \mathrm{d}L. \tag{28}$$

空气施于活塞上的力为

$$F = pA,$$

式中，$p$ 是压强；$A$ 是圆筒的横截面面积. 如果活塞从平衡位置移动一个小量，因而圆筒的长度改变（比方说）$\mathrm{d}L$，则体积改变 $A\mathrm{d}L = \mathrm{d}V$. 所以，$F$ 的变化为

$$\mathrm{d}F = A\mathrm{d}p = A\left(\frac{\mathrm{d}p}{\mathrm{d}V}\right)_0 A\mathrm{d}L; \tag{29}$$

式中，下标零表示 $\mathrm{d}p/\mathrm{d}V$ 是对平衡时的体积求值的. 比较式（28）和式（29），我们看出，管中空气的“等效弹簧常量”可写成

$$K_L = -A^2\left(\frac{\mathrm{d}p}{\mathrm{d}V}\right). \tag{30}$$

假定我们有一根弹性常数为 $K_L$ 的被压缩的弹簧，处在平衡状态时的长度为 $L_0$，线质量密度为 $\rho_0$（线）. 于是纵波的相速度为［见式（27）］

$$v^2 = \frac{K_L L_0}{\rho_0(\text{线})}. \tag{31}$$

对声波采用式（31）时，我们引用式（30）中的 $K_L$. 此外还有平衡体积 $AL_0 = V_0$ 以及由下式表示的线质量密度：

$$\rho_0(\text{线})L_0 = \rho_0(\text{体积})AL_0; \tag{32}$$

式中，$\rho_0$（体积）是在平衡时的体质量密度. 把式（30）和式（32）代入式（31），并且去掉在平衡时体质量密度 $\rho_0$ 的限定词“体积”，我们得到声速：

$$v^2 = -\frac{V_0(\mathrm{d}p/\mathrm{d}V)_0}{\rho_0}. \tag{33}$$

我们还需求出压强随体积变化的速率 $\mathrm{d}p/\mathrm{d}V$. 这里，牛顿用了玻意耳定律：这个定律指出，当温度不变时，压强和体积的乘积是常数：

$$pV = p_0V_0, \quad p = \frac{p_0V_0}{V}, \tag{34a}$$

式中，$p_0$ 是平衡压强. 求导数得

$$\frac{\mathrm{d}p}{\mathrm{d}V} = -\frac{p_0V_0}{V^2}; \tag{34b}$$

在平衡时 $V = V_0$，我们有

$$V_0\left(\frac{\mathrm{d}p}{\mathrm{d}V}\right)_0 = -p_0. \tag{35}$$

于是式（33）变成牛顿的结果：

$$v_{牛顿} = \sqrt{\frac{p_0}{\rho_0}}. \tag{36}$$

对于在标准状态下的空气，我们有

$$p_0 = 1\ 大气压 = 1.01\times10^5\ \mathrm{N/m^2},$$

$$\rho_0 = \frac{29\ \mathrm{g/mol}}{22.4\ \mathrm{L/mol}} = 1.29\times10^{-3}\ \mathrm{g/cm^3}. \tag{37}$$

因此，牛顿得出声速

$$v_{牛顿} = \sqrt{\frac{1.01\times10^6}{1.29\times10^{-3}}}\ \mathrm{cm/s} = 2.80\times10^4\ \mathrm{cm/s} = 280\ \mathrm{m/s}. \tag{38}$$

对于标准状态下的空气，实验的声速（你应当记住它）是

$$\begin{aligned} v &= 332\ \mathrm{m/s} \\ &= 745\ \mathrm{mile/h} \\ &= 1\ \mathrm{mile}/4.8\mathrm{s} \end{aligned} \tag{39}$$

[你或许熟悉通常用计算闪光和雷鸣之间的时间秒数的办法来估计自己离闪电处的距离. 近似地，“1 mile 相当于 5s”. 同样，你可以用一只跑表和一只爆竹来测量声速（请助手放爆竹）. ]

**修正牛顿的错误** 现在转到令人感兴趣的问题：牛顿怎么会如此接近于正确的答案（这表明，他的推导中有些东西是正确的），然而又错了 15%（这表明，他的推导中有些东西是错误的）呢？缺点来自所假定的玻意耳定律，这个定律只是在温度不变时成立，而声波中的温度并不保持不变. （在给定的瞬间）位于压缩区的空气已经得到对它所做的功，它比平衡温度要稍微热一点. 相距半波长的毗邻区是稀疏区，它在膨胀时已稍微变冷. （能量是守恒的，压缩区多出的能量等于稀疏区失去的能量. ）因为压缩区的温度上升，所以压缩区的压强大于玻意耳定律所预示

的压强，而稀疏区的压强则小于玻意耳定律所预示的压强．这一效应产生的回复力比预期的要大，因此相速度较大．

由此可见，我们应当用绝热气体定律来替代玻意耳定律（它在温度不变时成立），绝热气体定律给出没有热量流动时 $p$ 和 $V$ 之间的关系．［没有足够的时间使热量从压缩区流到稀疏区，从而使温度相等．在热量流动发生以前，半周时间已经过去了，从前的压缩区已经变成稀疏区．因此，结果犹如存在着阻止热量从一个区流入另一个区的“壁”一样．］这一关系可以用下式表示：

$$pV^{\gamma} = p_0 V_0^{\gamma}, \quad p = p_0 V_0^{\gamma} V^{-\gamma}; \tag{40}$$

式中，$\gamma$ 是个常数，称为“比定压热容与比定容热容之比”．对于标准状态下的空气，它的数值是

$$\gamma = 1.40.$$

对式（40）求导数，然后令 $V = V_0$，得

$$\frac{\mathrm{d}p}{\mathrm{d}V} = -\gamma p_0 V_0^{\gamma} V^{-\gamma-1},$$

$$V_0 \left(\frac{\mathrm{d}p}{\mathrm{d}V}\right)_0 = -\gamma p_0.$$

把此式代入式（33），得出声速的正确结果：

$$v_{\text{声音}} = \sqrt{\frac{\gamma p_0}{\rho_0}} = \sqrt{1.40}\, v_{\text{牛顿}} = 332\ \mathrm{m/s}. \tag{41}$$

让我们考察为什么热量没有时间从压缩区流到稀疏区，从而使温度相等．为使热量流通以保持每一处温度不变，热量必须在比半个振荡周期为短的时间内（在半周以后，压缩区和稀疏区将会互换地方）流过半波长的距离（从压缩区到稀疏区）．因此，为了使热量流动得足够快，需要

$$v(\text{热量流动}) \gg \frac{\frac{1}{2}\lambda}{\frac{1}{2}T} = v_{\text{声音}}. \tag{42a}$$

事实表明，热量流动主要只能靠传导，即靠空气分子的平移动能经碰撞从一个分子转移到另一个分子．在绝对温度为 $T$ 的空气中，对于质量为 $M$ 的分子，在给定的方向 $z$，方均根热速度（由于热能的平移速度）已知为

$$v_{\text{方均根}} = \langle v_z^{\lambda} \rangle^{\frac{1}{2}} = \sqrt{\frac{kT}{M}}, \tag{42b}$$

式中，$k$ 是一个常数，称为玻耳兹曼常数．声速也可以用 $T$ 和 $M$ 表为

$$v_{\text{声音}} = \sqrt{\frac{\gamma p_0}{\rho_0}} = \sqrt{\frac{\gamma kT}{M}}. \tag{42c}$$

因此，除常数 $\sqrt{\gamma}$ 外，声速等于分子沿 $z$ 方向的方均根热速度．由此可见，假如分子

在碰撞前沿着直线跑过数量级为$\frac{1}{2}\lambda$的距离，则它们“恰好”能够及时地转移热量. 平均说来，它们不见得能满足式（42a），但某些特别快的分子是来得及的. 假如这样，在半周期内就会存在着相当的热量转换. 但是，分子并不是沿直线跑过数量级$\frac{1}{2}\lambda$的距离的，而是在它们的行程中做杂乱无章的曲折运动，在两次碰撞之间仅走过数量级为$10^{-5}$ cm的距离（对标准状态下的空气来说）. 只要波长比$10^{-5}$ cm长，绝热气体定律就应该是个很好的近似. （可闻声波的最短波长相应于$\nu = 20\,000\ \text{s}^{-1}$，因而$\lambda = v/\nu \approx (3.32\times10^4/2\times10^4)\ \text{cm} = 1.6\ \text{cm}$).

**例3：地球电离层中的电磁波及超过$c$的相速度**

电磁波在电离层中的色散关系已知（近似地）为

$$\omega^2 = \omega_p^2 + c^2k^2; \tag{43}$$

式中，$c$是光速；$\omega_p = 2\pi\nu_p$是等离子体电子固有振动的角频率. 当驱动频率$\omega$超过截止频率$\omega_p$时，电离层是色散介质，因而电磁波是正弦形的. 频率在100MHz左右的典型的调频广播频率或电视频率就是这种情况. 频率为$\omega$的行波的相速度为

$$v_\varphi^2 = \frac{\omega^2}{k^2} = c^2 + \frac{\omega_p^2}{k^2}. \tag{44}$$

但是，这个速度超过了真空中光速$c$（以及所有其他电磁波，包括我们现在研究的100 MHz电视波在真空中的速度）.

诚然，相速度确实超过$c$，不过，这绝不意味着它跟相对论有矛盾. 请记住，相速度仅仅给出在位置$z_1$的运动部分（在电离层中的一个电子）的稳态谐振动和在位置$z_2$的另一个运动部分的稳态谐振动之间的相位关系. 在稳态谐振动中，并没有断定说在$z_2$处的那个振动是在$z_1$处那个特殊振动的“结果”. 一点没有这个意思. 整个系统处于一种稳态. 那是在其中的瞬态过程已消失了一段长时间之后才达到的. （在第6章）我们将会发现，如果改变波的振幅来调制它，从而经过电磁波发送信息（比方说电视信号），则调制并不以相速度传播，它将以称为群速度的另一种速度传播，而群速度总是小于真空中光速$c$的.

我们来说明一下，我们是如何得到大于$c$的相速度的. 请注意，“麻烦”（如果你们有麻烦的话）的根源出在色散关系中出现的那个常数$\omega_p^2$. 如果$\omega_p^2$为零，则相速度等于$c$，因而不会超过$c$. 这个常数是作用在电子上的每单位质量每单位位移的回复力，它导致电子在等离子体内的自由振荡：

$$\omega_p^2 = \frac{Ne^2}{M\varepsilon_0}. \tag{45}$$

所以，它类似于重力对耦合摆的回复力的贡献. 耦合摆有色散关系（在长波近似下）

$$\omega^2 = \frac{g}{l} + \frac{Ka^2}{M}k^2, \tag{46}$$

此式同关于电离层的式（43）在一般形式上是相同的．现在假定，我们切断耦合摆线性列阵的所有弹簧，即设 $K=0$．［我们可能不大容易想象怎样才可以令式（43）中的 $c=0$，在这方面耦合摆是比较方便的．］于是，摆列阵的色散关系给出相速度

$$v_\varphi^2=\frac{\omega^2}{k^2}=\frac{g}{lk^2};\tag{47}$$

取 $lk^2$ 足够小，就能使得 $v_\varphi$ 大于真空中的光速！让我们来看看，这一点在物理上是怎样实现的．现在各摆之间完全没有耦合．我们可以简单地安排一列长的摆阵，使它们都以相同的振幅、并以不断增加着的一个摆和下一个摆之间的相位常数而振动．让相位常数以这样的方式增加，它使波长（相位常数每增加 $2\pi$ 的距离）大于 $c$ 乘上摆的公共周期．于是相速度就超过 $c$ 了！这不是开玩笑．它是一个相速度，并且它确实超过 $c$！

另一方面，如果我们决定用某种方法改变某一个在后面的摆的振动振幅，则我们将发现，这一点就不能像刚才那样容易地一下子办到了．如果我们把摆耦合起来，以便有办法靠改变前面的摆的运动来改变后面的摆的行为，那么，我们将发现，我们不能以相速度把调制送进摆阵，因为在很大程度上，相速度与摆之间的耦合没有关系，而调制则总是以小于 $c$ 的群速度行进．

**例4：传输线——低通滤波器**

这个体系如图4.3所示．传输线在输入端（$z=0$）由简谐振荡的电压驱动．我们忽略掉电阻．在2.4节中，我们已经求得这体系的运动方程，只需用 $C^{-1}/a$ 代替 $K$，用 $L/a$ 代替 $M$，它在形式上就同由有质量的物体和弹簧组成的体系的纵向振动方程完全相同．在零到 $\omega_0=2\sqrt{C^{-1}/L}$ 的色散频率范围（通带）内，我们得到色散关系：

$$\omega^2=\frac{4C^{-1}}{L}\sin^2\frac{1}{2}ka.$$

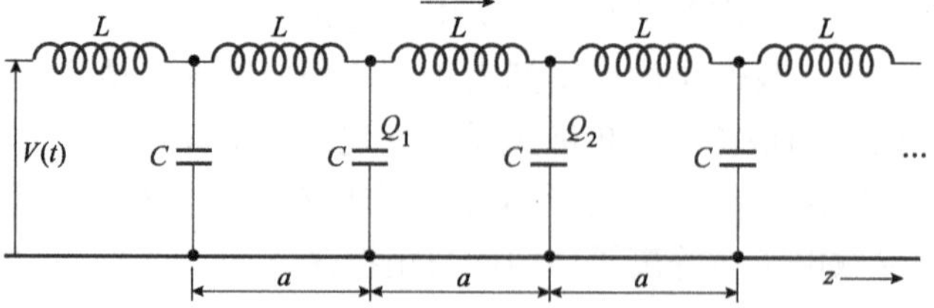

图4.3　在 $z=0$ 处被驱动并伸展到无限远的传输线

在低频极限（$k\approx0$）或连续极限（$a\approx0$）情况下，我们可以用 $\frac{1}{2}ka$ 代替 $\sin\frac{1}{2}ka$．于是相速度由下式给出：

$$v_{\varphi}^2=\frac{\omega^2}{k^2}=\frac{1}{(C/a)(L/a)};\tag{48}$$

式中，$C/a$ 是每单位长度的分路电容；$L/a$ 是每单位长度的串联电感．因此，对于在真空中的连续传输线（任何一对平行导体），相速度等于每单位长度电容和每单位长度电感乘积的平方根的倒数，它是一个与频率无关的常数．由此可见，电压波和电流波都是非色散波．

**这种低通传输线的相速度能超过 $c$ 吗？** 我们从（关于电离层的）例3中知道，可能有超过 $c$ 而不违反相对论的相速度．不过，至少在这个例子中，我们之所以能够获得我们所希望的任何相速度，是因为有一个良好的原因：存在着一个低频截止频率 $\omega_p$．我们曾看到，我们甚至能做出一个相速度超过 $c$ 的耦合摆体系．但现在在低通滤波器中，不存在相应的截止频率．这就是说，除了电感跟相邻的电容耦合所提供的“回复力”外，在电感中不存在电流的“回复力”．所以我们不应当期望能发现超过 $c$ 的相速度．现在考虑式（48）．让我们试试把相速度弄得尽可能地大．这就意味着，我们要求每单位长度的串联电感和每单位长度的分路电容尽可能小．仔细研究图4.3后，我们看出，用直导线代替每一个集总电感，我们就能使每单位长度的电感达到极小值．简单地拿掉所有集总电容，我们就能使分路电容减到最小．你最初可能推测，现在 $C/a$ 和 $L/a$ 都是零了，因而从式（48）将得出 $v_{\varphi}$ 为无穷大．这是错误的．我们不应当忘记，两根直的导线（一根携带电流流出，另一根携带电流流回）有着不为零的每单位长度的自感．它们也有不为零的每单位长度的分路电容．事实上，你可以证明（或许需要在稍微复习《电磁学》卷之后），两根无限长的直平行导线的每单位长度的分路电容和每单位长度的串联电感为（习题4.8）

$$\frac{C}{a}=\frac{1}{4\ln\left(\frac{D+r}{r}\right)}(\text{静电单位}),\tag{49}$$

$$\frac{L}{a}=\frac{4}{c^2}\ln\left(\frac{D+r}{r}\right)(\text{静电单位});\tag{50}$$

式中，$r$ 是每根导线的半径；$D$ 是两根导线之间的距离（从一根导线的最接近的表面到另一根导线的最接近的表面）．取式（49）和式（50）的乘积，我们便得到引人注意的结果：

$$\frac{C}{a}\frac{L}{a}=\mu_0\varepsilon_0=\frac{1}{c^2}.\tag{51}$$

其中，$c=\frac{1}{\sqrt{\mu_0\varepsilon_0}}$ 为真空中的光速，而 $\mu_0$ 和 $\varepsilon_0$ 分别为自由空间的磁导率和介电常数．

因此，由式（48）可见，在由两根直平行导线组成的传输线上，电流（或电压）行波的相速度等于真空中的光速 $c$.

**直平行传输线组的相速度**　我们现在设想建造另一类传输线，就是用“多个平行导线对”集合起来做成的传输线，每对中的一条导线携带电流流入，另一条携带电流流回. 我们称它为直平行传输线组. 在这时再告诉下述结论大概不会使你感到突然了：虽然 $C/a$ 和 $L/a$ 与排列的几何条件有很大关系，但它们的乘积总是等于 $1/c^2$，就像式（51）表明的那样，你想象一下，如果在传输线的一端突然改变跨接在传输线上的电压将发生什么情况，就能理解这一点. 每一个“导线对”都以速度 $c$ 携带电压脉冲. 来自一个导线对的脉冲不能扰乱另外任何一个导线对的脉冲，因为这些波以尽可能快的速度移动着——没有什么东西能够超过它们，从而干扰它们.

**例5：平行板传输线**

如图4.4所示，这个体系由两块平行导电板组成，它们在 $y$ 方向的宽度为 $w$；在 $x$ 方向，它们的内表面由间隙 $g$ 隔开；在 $z$ 方向流过电流. 我们希望计算沿着 $z$ 方向每单位长度的电容和电感. 为此目的，我们可以取在 $z=0$ 处两板之间的电势 $V(t)$ 为常数. 因此，我们有稳恒的电流.（我们可以设想，在 $z=\infty$ 处，两块板相接合，以便使流出的电流能够有一个回路. 或者换一种办法，我们可以简单地设想，两块板伸展到无穷远，永远接合不起来：这两种结果是一样的.）

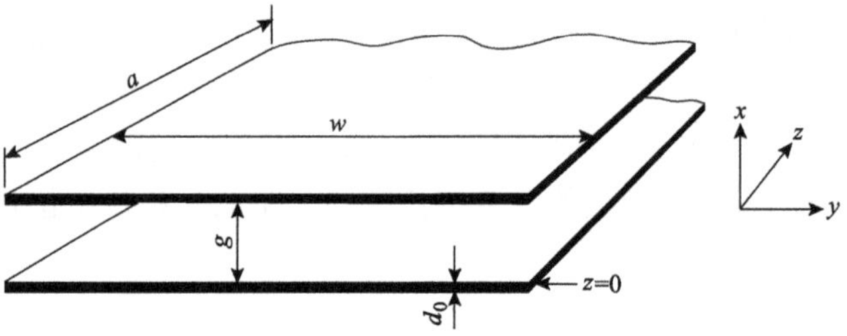


图4.4　平行板传输线. 驱动力（未画出）在 $z=0$ 处提供两板间的电势差 $V(t)$，并供给电流 $I(t)$. 电流（在任何时刻）在一块板上沿 $+z$ 方向流出，在另一块板上沿 $-z$ 方向流回. $a$ 是沿 $z$ 方向的任意长度，它比行波的波长小得多

让我们取下板的电势为正，上板的电势为负，则电场是沿 $+x$ 方向的（见图4.4）. 假定 $w$ 比 $g$ 大得多，因而没有“边缘效应”. 设在 $y$ 方向宽 $w$、在 $z$ 方向长为 $a$ 的一块面积（见图4.4）上所带的电荷量是 $Q$.（长度 $a$ 本来是任意的，我们明显地把它写出来，是为了有助于推导.）又设这一块板面积的电容为 $C$，则我们有如下各关系式（倘若你需要复习一下的话，见《电磁学》卷3.5节）：

$$Q=CV, \tag{52}$$

$$V=gE_x, \tag{53}$$

$$E_x=\frac{Q}{wa\varepsilon_0}. \tag{54}$$

其中式（52）和式（53），无论对静电单位制或MKS单位制都成立，而式（54）给出的则是静电单位的电场程度（每厘米静电系电势单位），是每单位面积电荷的$4\pi$倍．解这三个方程可以求出$C$，我们得到每单位长度的电容为

$$\frac{C}{a}=\frac{w\varepsilon_0}{g}. \tag{55}$$

现在让我们求每单位长度的电感$L/a$．底下一块板和电源的正端相连，上面一块板和负端相连．所以有个正电流在底下的板上沿$+z$方向流动，而在上面的板上沿$-z$方向流动．用你的右手和图4.4，你自己可以判明，两板之间的磁场是沿$+y$方向的．你自己可以容易地弄清楚，在平板外的区域，磁场为零．设$L$是图4.4中所示的那一部分板的自感．通过面积$ga$的磁通量$\Phi$为

$$\Phi=B_y ga. \tag{56}$$

磁场$B_y$为

$$wB_y=\mu_0 I. \tag{57}$$

（见《电磁学》卷6.6节．那里确定出的“薄层电流密度”和这里的$I/w$相同．）自感$L$的定义为［见《电磁学》卷7.8节中式（53）和式（54）］

$$L\frac{\mathrm{d}I}{\mathrm{d}t}=\frac{\mathrm{d}\Phi}{\mathrm{d}t};$$

也就是，对于稳恒电流$I$有

$$LI=\Phi. \tag{58}$$

为了求出$L$，我们求解式（56）~式（58），得到每单位长度的自感为

$$\frac{L}{a}=\frac{\mu_0 g}{w}. \tag{59}$$

或许你有些担心，我们是用了一个稳恒电流计算出自感的，而你知道，使我们导出关于稳恒电流的式（57）的麦克斯韦方程是（《电磁学》卷7.13节）

$$\nabla\times\boldsymbol{B}=\mu_0\boldsymbol{J}+\mu_0\varepsilon_0\frac{\partial\boldsymbol{E}}{\partial t}. \tag{60}$$

由此可见，我们已经忽略了“位移电流”$\mu_0\varepsilon_0\frac{\partial\boldsymbol{E}}{\partial t}$这一项的贡献．不过可以证明（习题4.10），假使每块板的厚度$d_0$满足条件

$$d_0\ll\lambda, \tag{61}$$

那么忽略这一项是合理的．我们将假定这个条件能够满足．

行波的相速度$v_\varphi$为［利用式（48）、式（55）和式（59）］

$$v_\varphi=\frac{1}{\sqrt{\mu_0\varepsilon_0}}. \tag{62}$$

由此可见，对于两个完全不同的长直平行传输线的例子，我们得到的相速度都等于$c$．因此不无理由认为这是一个普遍的结果：对于由两条绝缘的、等同的长直平行

导体所组成的任何传输线，在真空中的相速度总是等于 $c$.

## 4.3 折射率和色散

如果在平行板传输线的两板之间的整个空间填满相对介电常数为 $\varepsilon_r$ 的电介质，则电容量就增加到 $\varepsilon_r$ 倍（见《电磁学》卷9.9节）.（对于平行导线传输线，情况也是如此. 不过这时我们必须在整个空间填满电介质. 对于平行板电容器，两板间区域以外的地方，电场为零，在那里有没有电介质是无关紧要的.）同样，如果填进去的材料有相对磁导率 $\mu_r$，则自感增加到 $\mu_r$ 倍.［我们将只考虑像玻璃、水、空气或类似的材料，这些材料的相对磁导率基本上为1，所以现在你不必复习磁性材料物理学（《电磁学》卷第10章.）在以后的叙述中，我们将写上常数 $\mu_r$，但是，当考虑实际例子时，我们总是会令它等于1的.］所以，当以相对介电常数 $\varepsilon_r$、相对磁导率 $\mu_r$ 的材料填满整个空间时，沿着平行板传输线（或任何其他长直的平行传输线）传播的电流行波和电压行波的相速度为

$$v_\varphi = \sqrt{\frac{a}{L}\frac{a}{C}} = \frac{1}{\sqrt{\mu_r\varepsilon_r}}\,v_\varphi(\text{真空}),$$

即

$$\boxed{v_\varphi = \frac{c}{\sqrt{\mu_r\varepsilon_r}}}. \tag{63}$$

式（63）是我们从传输线上的电流行波和电压行波的特殊情况得到的，实际上，它是个很普遍的结果. 它对于通过物质而传播的任何类型的电磁波都成立. 因此，比方说，当可见光通过一片玻璃或其他电介质材料而传播时，式（63）也成立.

让我们对于式（63）的普遍性作一番讲得通的解释. 我们已经看到，此式对于在传输线上传播的电流波和电压波是成立的. 既然传输线两板之间的空间充满电场和磁场，（电场对应于加在板上的电压，磁场对应于沿板流过的电流.）因此，电场和磁场的图样必定以和电流波、电压波一样的速度传播.（当然，场的图样本身就是波——它们随空间和时间变化，正是这种特征构成了一个波.）当空间是真空的，速度是 $c$. 但是，我们知道，$c$ 是在真空中一切电磁波的速度，不管它是不是在传输线的两板之间. 当空间填满常数为 $\varepsilon_r$ 和 $\mu_r$ 的材料时，电场波和磁场波（伴随着电压波和电流波）的速度为 $c/\sqrt{\varepsilon_r\mu_r}$. 似乎有理由说，这一速度就是在这种物质中一切电磁波的速度，不管电磁波的源如何，即不论它们是伴随着传输线板上的电压波和电流波的电磁波，还是，比方说，由远处的电灯泡或由无线电天线或星球所产生的电磁波. 我们在第1至3章中努力弄清楚的问题之一是：色散关系是与边界条件无关的，它仅仅依赖于波和介质的固有特性. 电磁波可由加在传输线端

点的电压产生，也可不仰赖于传输线而直接由发送器或天线产生．这些仅仅代表不同的边界条件，即驱动体系的不同方式．（这里体系是由具有常数 $\varepsilon_r$ 和 $\mu_r$ 的材料组成的介质．）而色散率即式（63），是和这些条件无关的．虽然我们并没有证明这一点，但是我们希望，上面对这一点的说明就算已经讲得过去了．（我们将在第7章中证明这一点．）

式（63）对于所有的电磁辐射，具体说来对于光，都是成立的．（在第7章中我们将较详细地研究电磁辐射．）因子 $\sqrt{\mu_r\varepsilon_r}$ 称为折射率，用 $n$ 表示．你应当掌握下面写出的表示折射率作用的所有表达式．如果你记住玻璃的例子，则有助于一目了然．玻璃对可见光的折射率约为1.5．这就是说，在下述的所有表达式中，你头脑中应当形成一个概念，玻璃同真空相比较，哪些量变大了，哪些量变小了：

$$n = \frac{c}{v_\varphi} = \sqrt{\mu_r\varepsilon_r}, \tag{64}$$

$$\lambda = \frac{1}{n}\frac{c}{\nu} = \frac{1}{n}\lambda(\text{真空}), \tag{65}$$

$$k = n\frac{\omega}{c} = nk(\text{真空}). \tag{66}$$

其中，$\mu_r$ 和 $\varepsilon_r$ 分别称为相对磁导率和相对电容率（介电常数）．

当然，驱动力的频率不受介质的影响，$c$ 表示真空中的光速．所以，如果你希望表示真空中的波长，则你尽可以称它为 $c/\nu$，而不写为，比方说，$\lambda$（真空）．同样，$k(\text{真空}) = \omega/c$．在玻璃中，可见光的波长大约只是真空中数值的2/3．每厘米的波数，$\sigma = 1/\lambda$，在玻璃中比在真空中大1.5倍．

表4.1列出了几种常用材料对钠的波长为 $\lambda = 5\,893$ Å（1 Å $= 10^{-8}$ cm）的黄光的折射率．你应当记住下列近似值：玻璃和塑料，$n = 3/2$；水，$n = 4/3$；空气，$n = 1 + 0.3\times10^{-3} = 1 + 0.3$ 密耳[⊖]．

**表4.1 几种常用材料的折射率**

| 材　料 | 折射率,5 893Å | 材　料 | 折射率,5 893 Å |
|---|---|---|---|
| 空气(标准状态) | 1.000 292 6 | 重铅玻璃 | 1.90 |
| 水(20 ℃) | 1.33 | 留西特有机玻璃 | 1.50 |
| 含锌冕牌玻璃 | 1.52 | 透明的苏格兰胶带 | 1.50 |

**折射率随颜色的变化——色散**　一块棱镜（它是一块楔形玻璃或楔形的其他透明材料）使入射光束弯曲，弯曲的程度决定于颜色，即决定于光的波长．在“白色”的平行光束中，不同的颜色弯曲的角度不同，因而一束光被“弥散”开来，也就是说，各种颜色的光以不同的角度从棱镜后面射出，于是，在置于棱镜后面的屏上，得到霓虹般的彩色图样．这一情况表示在图4.5中．

⊖ 1 密耳 = 1/1 000．——译者注．

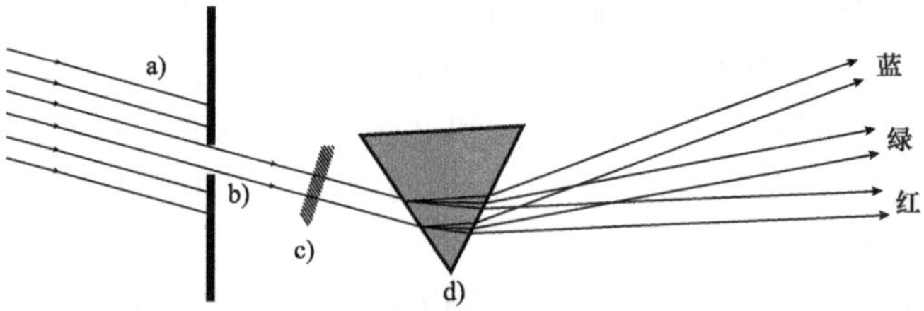


图4.5　色散. 太阳光a）射到不透明的屏上，屏上开有一个垂直于纸面的狭缝b）. 由狭缝形成的白光束首先通过只能透过单色光的滤色片c），然后通过玻璃棱镜d）. 棱镜使光束弯曲，其弯曲的程度决定于颜色. 蓝色光比红色光弯曲得厉害. 当不用滤色片时，所有的颜色都出现，并按我们在霓虹中看见的那种次序散开来

**折射和斯涅耳定律**　某种颜色的一束光，当它和一个表面相遇，在那里相速度有新的数值，即折射率 $n$ 有变化时，它就被弯曲即折射. 折射的大小决定于介质1（光束从此介质入射）的折射率对介质2（光束进入此介质）的折射率之比 $n_1/n_2$. 折射的大小也决定于入射角. 入射角定义为入射光束和界面法线所成的角. 折射角定义为折射光束和表面法线所成的角.（我们将总是取入射角和折射角为0°和90°之间的正角.）图4.6表明了这些定义.

下面，我们可以容易地导出 $n_1/n_2$，$\theta_1$ 和 $\theta_2$ 之间的关系. 光速的"波峰"，或者在我们这里三维波情况中所称的"波阵面"，是垂直于光束前进方向的. 当某个波阵面到达折射率增加的边界时（例如从空气到玻璃），波阵面的一端早于另一端到达边界. 因此，一端的相速度减小比另一端要早. 于是，波阵面的角度发生变化. 这有点像一排队伍的情况，如果一排人的一端速度减慢而另一端不减慢的话，则横排的角度发生改变. 几何关系如图4.7所示.

在图4.7中，考虑有公共斜边 $x$ 的两个直角三角形. 我们从图上看出：

$$l_1 = x\sin\theta_1, \quad l_2 = x\sin\theta_2. \tag{67}$$

设 $t$ 是行波在介质1中行进距离 $l_1$ 或在介质2中行进距离 $l_2$ 所需的时间，则

$$l_1 = \frac{ct}{n_1}, \quad l_2 = \frac{ct}{n_2}. \tag{68}$$

因此

$$ct = n_1 l_1 = n_2 l_2.$$

于是，利用式（67）我们得到

$$\boxed{n_1\sin\theta_1 = n_2\sin\theta_2.} \tag{69}$$

式（69）称为折射的斯涅耳定律.

**玻璃的色散**　我们刚才看到，棱镜的色散是由于蓝光的折射率大于红光的折射率. 表4.2是摘自《理化手册》上关于含锌冕牌玻璃的一些数据. 波长以Å（$10^{-8}$ cm）和μm（$10^{-4}$ cm）为单位. 频率（$\nu = c/\lambda$）以 $10^{14}$ Hz（1 Hz = 1 $s^{-1}$）为单位.

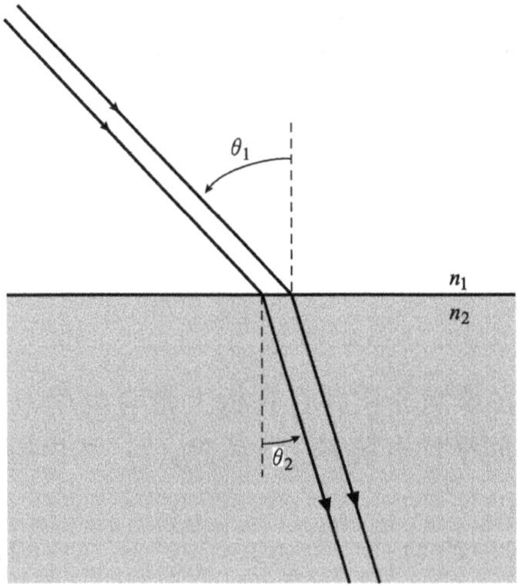


图4.6　术语．对于沿箭头所示方向前进的一束光，$\theta_1$ 称为入射角，$\theta_2$ 称为折射角

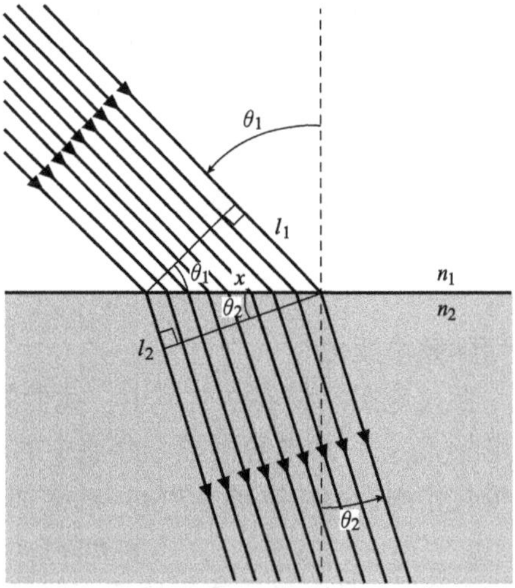


图4.7　折射．如果 $n_2$ 大于 $n_1$，则波阵面右端（沿着束的前进方向看）行进距离 $l_2$，它比左端所行进的距离 $l_1$ 要小．因此光束弯向法线，如图所示

**表4.2　玻璃折射率的色散**

| 颜色名称 | $\lambda$/Å | $\lambda$/μm | $\nu/\times10^{14}$ Hz | $n$ |
|---|---|---|---|---|
| 近紫外 | 3 610 | 0.361 | 8.31 | 1.539 |
| 深蓝 | 4 340 | 0.434 | 6.92 | 1.528 |
| 蓝-绿 | 4 860 | 0.486 | 6.18 | 1.523 |
| 黄 | 5 890 | 0.589 | 5.10 | 1.517 |
| 红 | 6 560 | 0.656 | 4.57 | 1.514 |
| 极暗红 | 7 680 | 0.768 | 3.91 | 1.511 |
| 红外 | 12 000 | 1.20 | 2.50 | 1.505 |
| 远红外 | 20 000 | 2.00 | 1.50 | 1.497 |

表4.2可以粗略地概括为：玻璃的折射率在整个可见光频率范围内大约为1.5；而其色散，即 $n$ 随 $\lambda$ 的变化率，引起折射率 $n$ 的增加如下：波长每减小1 000 Å，折射率 $n$ 增加约6密耳（即约0.006）．

你用两块显微镜承物玻璃片（加上油灰和胶带）可做成一个简单的水棱镜，再用一个紫色滤光片，就能够来研究水的色散．紫色滤光片吸收绿光，但让红光和蓝光通过．（见课外实验4.12.）

**为什么折射率随频率而变化？**　让我们回顾一下我们的传输线，那里的相速度是

$$v_\varphi=\frac{1}{\sqrt{(C/a)(L/a)}}.$$

定性地说，如果我们增加 $C$，相速度就变慢，因为那时对一定的电荷 $Q$ 来说，“回复力”即电动势 $C^{-1}Q$ 变小了．如果我们增加 $L$，相速度也会变小，因为那时“惯性”变大了．

让我们考虑磁导率为 1.0 的材料．（对玻璃，$\mu_r$ 和 1 只从第五位小数起有偏离．）因此，我们只需理解

$$v_\varphi = \frac{c}{\sqrt{\varepsilon_r}} \tag{70}$$

如何随频率变化．

在《电磁学》卷 9.9 节中，我们知道，在填满介质并且在板上带有电荷 $Q$ 产生电场 $\boldsymbol{E}_Q(t)$ 的电容器里，介质中的局域空间平均电场 $\boldsymbol{E}(t)$ 是 $\boldsymbol{E}_Q(t)$ 和由感应电极化作用引起的电场 $-\boldsymbol{P}(t)$ 的叠加：

$$\varepsilon_0 \boldsymbol{E}(t) = \varepsilon \boldsymbol{E}_Q(t) - \boldsymbol{P}(t), \tag{71}$$

式中，$\boldsymbol{P}(t)$ 是每单位体积的感应偶极矩：

$$\boldsymbol{P}(t) = Nqx(t)\hat{x}. \tag{72}$$

式中，$N$ 是极化电荷的数密度（每单位体积内的极化电荷数）；$q$ 是每个极化电荷的电荷量；$x(t)$ 是电荷离开它的平衡位置的位移；$\hat{x}$ 是单位矢量．让我们取 $\boldsymbol{E}_Q$，$\boldsymbol{P}$ 和 $\boldsymbol{E}$ 都沿着 $\hat{x}$ 方向，并省去矢量符号．由于电容量 $C$ 的定义为 $C=Q/V$，其中 $V$ 是两板之间的电势差，所以我们看出，在填进介质之后，由于感应极化引起电场减小（$V$ 也成比例地减小），从而导致 $C$ 的增加．$C$ 增加到的倍数称为相对介电常数 $\varepsilon_r$．因此，按照式（71）和式（72），有

$$\varepsilon_r = \frac{E_Q}{E} = 1 + \frac{P}{\varepsilon_0 E} = 1 + \frac{Nqx(t)}{\varepsilon_0 E(t)}. \tag{73}$$

**例 6：“玻璃分子”的简单模型**

尽管我们下面要提出的模型十分简单，然而，它从本质上显示了任何经典（先于量子力学的）模型在描写光和物质的微观相互作用时获得成功的全部特征．这些成就是不可忽视的，我们将看到，被观察到的那些现象的许多特征都被经典力学预言了．其原因是：量子力学的描述虽然取代了经典的描述，但并不必定与后者矛盾．量子力学描述，把经典描述作为极限情况包含在内．后者在范围宽广的普通现象的条件下仍是适用的．

我们假设一个“玻璃分子”由一个重而不动的核和依附在核上的电荷 $q$ 组成，电荷 $q$ 有相对较小的质量 $M$．电荷由弹性常数为 $M\omega_0^2$ 的弹簧束缚在核上．电荷的运动受到阻尼，阻尼常数为 $\Gamma$．于是电荷的运动方程可写成

$$M\ddot{x} = -M\omega_0^2 x - M\Gamma\dot{x} + qE(t). \tag{74}$$

现在我们假定外电场以角频率 $\omega$ 作简谐变化，因此 $P(t)$ 和 $E(t)$ 也以频率 $\omega$ 变化．由此可见，我们可以取在某一个“普通”分子上的电场为

$$E(t) = E_0\cos\omega t. \tag{75}$$

但是另一方面，方程（74）恰好是我们在 3.2 节考虑的、当 $F_0 = qF_0$ 时的简谐驱动的振子的情况. 稳态振荡的解 $x(t)$ 为

$$x(t) = A_{弹性}\cos\omega t + A_{吸收}\sin\omega t, \tag{76}$$

式中，$A_{弹性}$和 $A_{吸收}$分别是弹性振幅和吸收振幅. 原来，对于像清洁玻璃或水那样的“无色”透明的物质而言，在可见光频率范围内，玻璃分子没有重要的共振.（这就是为什么它们是透明而“无色”的原因.）至于像你的光学配件箱中的有色玻璃或胶质滤波器那样的物质，在可见光范围内，则存在着一些共振. 事实上，正是由于在这些共振处，$A_{吸收}\sin\omega t$ 这一项引起对辐射能量的吸收，使得从入射的白光中减去部分的色谱，才留下你所见到的透射色.（现在你应当用你的衍射光栅和滤波片去观察白炽灯那样的“白色”光源.）我们不打算考虑在频率接近吸收共振时滤光片的行为，所以我们将忽略式（76）中 $A_{吸收}\sin\omega t$ 这一项. 我们从第 3 章知道，只要我们不接近共振，这是很好的近似.（包括吸收的）一般情况在补充论题 9 中讨论.

因此，折射率为

$$\begin{aligned} n^2 &= \varepsilon_r = 1 + Nq\frac{x(t)}{\varepsilon_0 E(t)} \\ &= 1 + Nq\frac{A_{吸收}}{\varepsilon_0 E_0}. \end{aligned} \tag{77}$$

假定我们远离共振，即在式（74）中取 $\Gamma = 0$，我们有［见 3.2 节中式（17）］

$$A_{弹性} = \frac{F_0}{M}\frac{1}{\omega_0^2 - \omega^2} = \frac{qE_0}{M}\frac{1}{\omega_0^2 - \omega^2},$$

因此，我们得到

$$\boxed{\frac{c^2k^2}{\omega^2} = n^2 = \varepsilon_r = 1 + \frac{Nq^2}{\varepsilon_0 M}\cdot\frac{1}{\omega_0^2 - \omega^2}.} \tag{78}$$

这个结果是以具有单一共振的简单模型为基础的，为了使它适用于实际的玻璃片，我们应当把所有重要共振对 $n^2 - 1$ 的贡献都加起来. 此时，式（78）中的 $\omega_0$ 可认为意味着粗略的“平均”共振频率.（见习题 3.20.）对于 $N$，我们应当取每立方厘米的玻璃分子数乘上每个分子贡献的共振的平均数. 作出显著贡献的电子数大约等于“外层”电子数或“价”电子数.

当 $\omega$ 在可见光频率范围内时，玻璃中最重要的共振发生在“紫外”频率处，它相应于波长 $\lambda = c/\nu$ 的数量级为 1 000 Å（即 $10^{-5}$ cm）或更小一些. 可见光的波长约是这个波长的 5 倍. 相应地，可见光的频率约是平均共振频率的 1/5. 因此，按照式（78），$n^2 - 1$ 是正的. 这同关于可见光在玻璃中的实验相符合. 还应注意到，当 $\omega$ 增加时（总是保持小于 $\omega_0$），式（78）中的分母 $\omega_0^2 - \omega^2$ 变小，因此 $n^2 - 1$ 变大. 由此可见，蓝光（频率较高）的折射率比红光大. 这同棱镜弯曲蓝光比弯曲红光较大的实验结果是符合的.

**大于 $c$ 的相速度**　当电磁辐射（光）的驱动频率 $\omega$ 小于共振频率 $\omega_0$ 时，我们得到了上述的结果，即：相速度小于 $c$，波长小于真空中的波长，频率的增加导致折射率的增加．这种情况称为“正常”色散．当驱动频率大于共振频率时，像“超紫外”光在玻璃中的情况那样，我们从式（78）得到的 $n^2-1$ 是负的，即 $n^2$ 小于1．如果 $n^2$ 在零和1之间，则我们又有正常色散．但在这个情况下相速度大于 $c$，其波长大于真空中的波长，而频率的增加再一次导致折射率的增加．（当频率最终变得很大的时候，$n$ 最终增加到1，于是光的行为就像在真空中一样．）在频率范围

$$\omega_0-\frac{1}{2}\Gamma<\omega<\omega_0+\frac{1}{2}\Gamma$$

时，结果变成折射率随 $\omega$ 的增加而减小．这种情况叫作“反常”色散．

相速度大于 $c$ 的物理原因在于驱动力 $qE(t)$ 和被驱动电荷 $q$ 的振动 $x(t)$ 之间存在着极端重要的相位关系．我们知道，如果驱动频率低于共振频率，则 $x(t)$ 能够“跟随”驱动力 $qE(t)$．因此，电荷在和力相同的方向上的移动，并且建立起倾向于抵消初始场的电场．（这对正电荷或负电荷均成立．）这个减小了的场给出减小了的回复力，因此产生减小了的相速度．另一方面，当电荷在高于它的共振频率驱动时，电荷“不能跟上”，于是位移 $x(t)$ 总是与瞬时力 $qE(t)$ 的方向相反．可以打个比喻，你从一只手到另一只手来回抛掷一个原来是自由的球，当球和你的右手接触达到向右的最大距离时，你正好用上你最大的力推它向左面．它在某一时刻的位移主要是由于半周期前所施加的力引起的．因此，由电荷的相对位移引起的电场倾向于增加初始电场．这使回复力增加，于是相速度比真空中的大．

我们可以作出结论说，相速度大于 $c$ 这件事，并不比像一个球当它被推向左面时却正位于右面的事实更加不可思议．

**指数波——波抗性频率范围**　当驱动频率 $\omega$ 超过共振频率 $\omega_0$ 时，按照式（78），$n^2$ 小于1．而只要 $n^2$ 在0和1之间，我们便得到正弦波，即解出的 $k^2$ 是一个正数．对于充分大的 $\omega$（通常设 $\omega>\omega_0$），情况必然如此，因为对于很大的 $\omega$，$n^2$ 仅稍小于1．但是在频率介于 $\omega=\omega_0$ 加上几个 $\Gamma$［因而我们可以应用得出式（78）的 $A_{弹性}$ 的近似形式］和 $\omega=\infty$ 之间时，存在着式（78）给出的 $n^2$ 为负的区域．这将是在下述频率范围中的情况：

$$\frac{Nq^2}{\varepsilon_0 M}>\omega^2-\omega_0^2;\tag{79}$$

其中我们假定 $\omega^2-\omega_0^2\gg\Gamma\omega_0$，以便保证处于共振之上足够远，因而可用 $A_{弹性}$ 的近似表达式．当式（79）成立时，式（78）给出的 $n^2$ 是负的，即 $k^2$ 是负的．这仅仅意味着，波的空间依赖关系的微分方程不是相应于正弦波的：

$$\frac{\partial\psi^2(z,t)}{\partial z^2}=-k^2\psi(z,t),\ k^2>0,\tag{80a}$$

而是相应于指数波的：

$$\frac{\partial^2\psi(z,t)}{\partial z^2}=+\kappa^2\psi(z,t),\ \kappa^2>0. \tag{80b}$$

这种情况我们在以前（例如，在一个耦合摆体系中），已经遇到过．当用 $\omega^2$ 对 $k^2$ 的色散关系得出负的 $k^2$ 值时，我们只需把 $k^2$ 改为 $-\kappa^2$，并认识到波不是正弦的，而是指数的.

在我们考虑了 $\omega_0$ 为零的特殊情况后，我们将给出指数波情况下式（79）的定性推导．我们就要证明，$\omega_0$ 为零的特殊情况给出电离层的色散律.

**例7：电离层的色散**

在2.4节（例6）中，我们给出了地球电离层中等离子体的简单模型，并且导出了可以称为电离层的“晃荡模式”的自由振荡频率 $\omega_p$．（这个模式具有无限长的波长，类似于水盘中的晃荡模式．在水盘中，当水来回晃荡时，水面依然是平的.）在那个模型中，我们忽略了正离子的运动，也忽略了“自由”电子运动的一切阻尼．（实际上，由于电子同离子的碰撞，存在着阻尼，结果使振动能量转移为无规则运动的“热”能.）于是，电荷量为 $q$、质量为 $M$ 的单个电子的运动方程是

$$M\ddot{x}=qE(t), \tag{81}$$

式中，$E(t)$ 是电子所在处的电场．对于自由振荡，$E(t)$ 完全来自每单位体积的极化：

$$\varepsilon_0E(t)=-P(t)=-Nqx(t). \tag{82}$$

因此，对于自由振荡，式（81）和式（82）给出

$$\ddot{x}=-\frac{Nq^2}{\varepsilon_0M}x=-\omega_p^2x. \tag{83}$$

这里，我们已经（以较简短的形式）重述了早先对于在等离子体频率 $\omega_p$ 处振荡的运动方程的推导．现在假定，等离子体在一端由无线电发送器或电视发送器驱动.（假设像在平行板传输线中那样，几何条件属于长直而平行的类型，以使我们的问题尽可能简单.）此时，$E(t)$ 是两项的叠加［类似于式（71）］：

$$\varepsilon_0E(t)=\varepsilon E_{\text{发送器}}-P(t), \tag{84}$$

式中，电场 $E_{\text{发送器}}$（下标表示发送器）是假定没有自由电子贡献时会存在的电场．电子的运动方程类似于“玻璃分子”中电子的运动方程，只要我们令“弹簧常量” $K=M\omega_0^2$ 和阻尼常数 $\Gamma$ 都为零［见式（74）］．因此，自由电子有“零共振频率” $\omega_0=0$．所以，为求出折射率，即求出色散关系，只要令式（78）中的 $\omega_0=0$ 就可得到结果：

$$\frac{c^2k^2}{\omega^2}=n^2=\varepsilon_{\text{r}}=1-\frac{\omega_p^2}{\omega^2}, \tag{85}$$

式中，

$$\omega_p^2=\frac{Nq^2}{\varepsilon_0 M}.$$

用 $\omega^2$ 乘式（85），并把它整理成我们早先给出的形式：

$$\omega^2=\omega_p^2+c^2k^2,\ \omega^2\geqslant\omega_p^2. \tag{86}$$

在波抗性频率范围内，我们有指数波：

$$\omega^2=\omega_p^2-c^2\kappa^2,\ \omega^2\leqslant\omega_p^2. \tag{87}$$

不过，公正地说，我们的电离层模型是不严格的．我们的某些物理假定，在好几个频率上，由于种种很有趣的原因而遭到破坏，严格的色散关系实际上比式（86）和式（87）所表示的要复杂得多．例如，当频率相当低时，在每个振荡周期中，平均说来，电子同离子要碰撞好几次．因此在低频率时阻尼力是起主要作用的，而在我们的模型中却把阻尼忽略了．还有，除了在等离子体振荡频率 $\omega_p$ 上发生共振外，在有些频率上也存在着共振．例如，在低频时，较慢较重的离子的等离子体振荡变得重要了．（它们的等离子体振荡频率大约是 100kHz.）同样，相应于电子在地球磁场（约 1/2Gs）中做圆周运动的"回旋频率" $\omega_c$ 也是重要的．关于实验结果的一个有趣的讨论，参见"电离层探险者 1 号人造卫星：从固定频率舷侧测探器的首次观测"，W. Calvert，R. Knecht，and T Van Zandt，*Science* **146**，391（Oct. 16，1964）.

**低频截止频率的定性解释**　我们知道，对于任何体系（例如，耦合摆体系），自由振荡的最低可能模式频率也就是在简谐驱动力作用下的正弦波中的最低可能频率．因此，最低模式频率就是受迫振荡的低频截止频率．当驱动频率低于截止频率时，波变为指数的，而不再是正弦的.

正在截止频率时，正弦波的波长像指数波的衰减距离一样，是无限长的．（对于耦合摆，所有的摆都以一致的相位振动.）由此可见，如果我们希望在任何色散律中找出低频截止频率，那么，只要我们令色散关系中的 $k=0$ 就行了．因此，从 $k=0$ 的色散律中得到的频率就是截止频率．我们可以把它叫作 $\omega_{截止}$．在关于折射率的例子中，我们有［见式（78）］

$$n^2=\frac{c^2k^2}{\omega^2}=1+\frac{Nq^2}{\varepsilon_0 M}\frac{1}{\omega_0^2-\omega^2}.$$

令 $k=0$，就得到低频截止频率：

$$\omega_{截止}^2=\omega_0^2+\frac{Nq^2}{\varepsilon_0 M}. \tag{88}$$

在这里，像通常一样，$\omega^2$ 是每单位质量每单位位移的回复力．按照（前面）关于电离层的讨论，在电离层中电子自由振荡的这一（每单位质量每单位位移的）回复力是 $\omega_p^2=Ne^2/\varepsilon_0 M$．这里电子的最低简正振荡模式，有无限长的波长，也就是说，所有的电子都以相同的相位振动．很清楚，如果我们现在用弹簧常量为 $M\omega_0^2$ 的弹簧把束缚力加在每个振动电荷上，则我们不过是把（每单位质量每单位位移的）回复力 $\omega_0^2$ 加在每个电荷上．电荷仍都以同相位振动，因此，$k$仍为零，体系仍处于它的自由振荡的最低模式．由此，我们看出，式（88）右边给出的正是对自由振荡最低频率的每单位质量每单位位移的回复力．所以它也就是低频截止频率．这样，我们发现式（88）和式（79）一样，对于“波抗性”频率范围都适用，此时波是指数波．

关于在折射率的色散律中存在着低频截止频率，这里还有另一个更好的物理解释．为简单起见，我们令 $\omega_0=0$，因此，我们的“模型”是电离层．问题是，为什么存在一个如

$$\omega^2_{截止}=\frac{Nq^2}{\varepsilon_0 M} \tag{89}$$

的低频截止频率呢？首先，我们指出，电离层（或者说，是我们关于它的模型）在许多方面像一个通常的金属导体．它们二者内部都存在着“自由”电子，如果在介质中维持一个电场，则“自由”电子就会传输电流．当金属导体放在“静”电场中时（此时电荷是静止的，电场总是不随时间改变），它内部的电场为零．电场为零的原因，并不是金属不知怎样把外界的驱动场“挡”住了，或把它一口吞掉了．外电场事实上仍旧在金属内部存在．但是，它由于另一个场的叠加而被“抵消”了．这另一个电场是由被驱至金属表面的电荷产生的．如果外场由零突然加上去，则由于金属中电子的惯性，它们移动需要一些时间，内部电场最初不等于零，而正是来自外界的驱动电场．在电荷运动并达到平衡以后，它们产生的电场和驱动场相叠加，使合成电场为零．（如果不是这种情况，则电子还不在平衡状态，它们便要继续移动，直到达到这种情况为止．）让我们把达到平衡所需的时间称作“平均弛豫时间”，记为 $\tau$．如果外场在较 $\tau$ 为短的时间内反向，则在电荷被迫朝反方向流动之前，它们的正向流动还来不及建立起一个抵消的场．因此，**截止频率应是 $\tau^{-1}$ 数量级**．当入射电磁辐射的频率较截止频率 $\tau^{-1}$ 更高时，电子将来不及移动以使电场被抵消到零．所以，在截止频率以上，介质是“透明”的．在“无限大”频率时，电子根本没有时间移动，辐射将像在真空中一样通过．如果体系的一端以低于截止频率 $\tau^{-1}$ 的频率被驱动，则它的行为就像一个被低于截止频率的电源驱动的高通滤波器．在很靠近驱动端的那些点上的场基本上等于驱动场．在远处的那些点上，电子的移动有时间抵消入射场，因此随着距离的增加，抵消的程度逐步增大——指数衰减．

让我们来估计弛豫时间 $\tau$．假设场 $E_0$ 在零时刻加上去．它产生的加速度由力$/M=qE_0/M$ 决定．在一段时间 $t$ 内，如果这一加速度保持不变，则电子行进距离 $\frac{1}{2}at^2$，其中 $a$ 是加速度．在粗糙估计时，不妨舍去因子 1/2，我们得到在时间 $t$ 内的位移为

$$x\approx\frac{qE_0}{M}t^2. \tag{90}$$

假设电荷的运动被等离子体（电离层）“表面”或金属“表面”所限制，则加到一个表面的电荷和从另一个表面减去的电荷总数是

$$Q = NqxA, \tag{91}$$

式中，$N$ 是电荷数密度；$A$ 是横截面面积；$x$ 是位移．一个表面上的电荷 $Q$ 和另一个表面上的电荷 $-Q$ 所产生的均匀电场为

$$E = \frac{Q}{A\varepsilon_0} = \frac{Nqx}{\varepsilon_0} \approx \frac{Nq}{\varepsilon_0}\frac{qE_0t^2}{M}. \tag{92}$$

如果时间 $t$ 足够长，因而使 $E$（抵消场）能建立到等于 $E_0$（驱动场），则将能达到平衡．所以，在式（92）中令 $E \approx E_0$ 和 $t \approx \tau$，我们就得到弛豫时间：

$$\omega_{截止}^2 \approx \tau^{-2} \approx \frac{Nq^2}{\varepsilon_0 M},$$

此式同式（89）的准确结果是一致的．

**在色散频率范围内折射率的定性讨论**　一个孤立的带电粒子在真空中振动时发射电磁波，此电磁波在真空中以光速传播．所以，当入射光波驱动单个带电粒子使其做稳态振动时，此振动电荷发出的辐射在真空中以速度 $c$ 传播．振动电荷辐射的场同入射场叠加后给出合成的场．当有许多电荷时，像在一片玻璃中（或在电离层中）那样，每一个电荷都被它附近的局部电场所驱动．这个合成场又是没有电荷时所存在的场（入射场）和所有振动电荷所辐射的场的叠加．

每一个振动电荷（比方说，在一片玻璃中）所辐射的波以真空中光速 $c$ 传播，即使这个波“通过玻璃”也是如此．对于有相同速度 $c$、相同频率 $\nu$，从而有相同波长 $c/\nu$ 的所有波的叠加，所得到的合成波怎么可能会有不是 $c/\nu$ 的波长和不同于 $c$ 的相速度呢？问题的关键在于“相位”那个词．每个量都决定于单个振动电荷所辐射的场和驱动它的场之间的相对相位．如果受驱动电荷所辐射的场同驱动场严格同相，则在某一下游观察点上，它将（由于所谓“相长干涉”）使合成场增强，但是它对总场的相位不产生任何改变，所以不影响相速度．同样，如果辐射场同驱动场的相位差180°，则辐射场和驱动场的叠加给出的合成场强（由于“相消干涉”）小于入射场强，但它也不改变相位．为使电荷辐射改变合成场的相位，它必定含有一种同驱动场的相位差+90°或−90°的成分．虽然合成场的相位常数主要决定于驱动场（因为驱动场强大于我们所考虑的单个电荷的微小贡献），但相位常数毕竟由于振动电荷的贡献而被稍许“拉开”了一些．

因此，比方说，假设在位于被驱动电荷下游的固定点上，来自入射辐射的场是 $E_0\cos\omega t$．这是在没有玻璃时在观察点上的电场．比方说，它是由在远处的某个照明灯中的振动电子产生的．当在远处照明灯和观察者之间插入玻璃时，由照明灯振动电子所贡献的场仍然为 $E_0\cos\omega t$，它仍然以速度 $c$ 传播（通过玻璃和整个行程）．现在假定，由若干个玻璃分子振动所作的小贡献的场是 $\mathscr{E}\sin\omega t$，其中 $\mathscr{E}$ 是很小的，并且（比方说）是正的．这个辐射也以速度 $c$ 通过玻璃的其余部分，但是，根据

假设，它相对于驱动辐射有 90°的相位差．两者叠加后给出在观察点上的合成振荡场为

$$E(t)=E_0\cos\omega t+\mathscr{E}\sin\omega t.$$

因为 $\mathscr{E}\ll E_0$，容易看出（用 $\cos\delta\approx 1$ 和 $\sin\delta\approx\delta$），它等价于

$$E(t)=E_0\cos(\omega t-\delta),\qquad \delta\equiv\frac{\mathscr{E}}{E_0}\ll 1.$$

于是，我们看到，当有玻璃存在时，在下游的一点上，合成场 $E(t)$ 的相位改变了 $\delta$．在下游点上的一个观察者为了获得 $E(t)$ 的确定的相位数值，必须“等长一点的时间”，也就是说，在没有玻璃情况下 $\omega t$ 所达到的同一个相位值，他现在必须等待 $\omega t-\delta$ 才能达到．所以他说相速度小于 $c$．注意，如果玻璃的贡献正比于 $\cos\omega t$，则不存在相移，因为那时合成场是

$$E(t)=(E_0+\mathscr{E})\cos\omega t,$$

并且相速度仍然是真空中数值 $c$．然而情况不是这样．实验表明，尽管叠加的每一个成分都以速度 $c$ 传播，然而合成的相速度是不同于 $c$ 的．这就意味着，在给定时刻 $t$ 到达的玻璃分子的辐射与在同一时刻到达的照明灯的辐射的相位必定差 ±90°.

剩下的唯一事情是要说明，辐射的玻璃分子的微小贡献确实与驱动场有相位差 ±90°．我们说明如下．假设入射场是 $E_0\cos\omega t$，则当 $\omega$ 不接近共振时，振动电荷有位移 $x(t)=A_{\text{弹性}}\cos\omega t$．在第 7 章中，我们将知道，振动电荷的辐射正比于“推迟加速度”．也就是说，与辐射电荷相距为 $z$ 的下游的辐射场正比于电荷在较早时刻 $t-(z/c)$ 发出辐射时的加速度．对于简谐振动，加速度是 $-\omega^2$ 乘位移．这样，我们就得到糟糕的结果：每一个振动电荷所贡献的辐射正比于 $\cos\omega t$．然而，我们已经断定，如果我们要得到不同于 $c$ 的相速度，则它必须正比于 $\sin\omega t$！解释是这样的：假定我们有在 $z$ 方向传播的辐射“平面波”，则在给定的瞬间，我们不但要考虑直接在观察点上游的一个分子的贡献，而且还要考虑垂直于波传播方向的一个薄层玻璃内所有分子的贡献．正像我们刚才看到的，最靠近观察点的分子的微小贡献是与驱动场同相的（忽略正负号），而在薄层内的其他分子靠得较远，它们的贡献要迟一点到达（但总是以速度 $c$ 传播）．当我们对这整个无限宽的薄层积分时，结果表明（正像我们将在第 7 章中证明的），薄层的净贡献的相位比最靠近的分子所贡献的相位要落后 90°．换句话说，薄层中的平均分子离观察点的距离从效果上说比最靠近的分子远四分之一波长．这样，我们便找到了相位改变 90°的原因，并且我们可以看出，都以速度 $c$ 传播的许多波，怎样能够叠加出相速度不是 $c$ 的合成波．相速度究竟是大于 $c$ 或小于 $c$ 的，则要看受驱动的振动与驱动辐射是同相位抑或是相位差 180°而定．而这一点，正像我们曾看到的，又依驱动频率是低于或高于共振频率而定．由于所有分子都处在稳恒态，所以不必“担心”相速度能够超过 $c$ 这一事实.

**术语：为什么我们总是考虑 $\boldsymbol{E}$ 而忽略 $\boldsymbol{B}$？**　我们不一定总是这样做，不过事实上往往这样做．我们通常用 $\boldsymbol{E}$ 表示电磁波的影响而从公式中删掉 $\boldsymbol{B}$，其部分理由如

下：当电磁波同电量为 $q$、速度为 $\boldsymbol{v}$ 的带电粒子相互作用时，作用在粒子上的力为洛伦兹力（《电磁学》卷5.2节）：

$$\boldsymbol{F}=q\boldsymbol{E}+q\boldsymbol{v}\times\boldsymbol{B}.$$

在真空中的一个电磁行波中，$\boldsymbol{E}$ 和 $\boldsymbol{B}$ 的瞬时值相差因子 $c$. 所以，$\boldsymbol{B}$ 所贡献的力的大小比 $\boldsymbol{E}$ 所贡献的力约小 $|c/\boldsymbol{v}|$. 因为当 $\boldsymbol{E}$ 和 $\boldsymbol{B}$ 由普通的光源，甚至是由强功率激光引起的，场 $\boldsymbol{E}$ 和 $\boldsymbol{B}$ 还是足够弱，以致在一块普通材料中，在被驱动电子的稳态运动情况下，电子所获得的最大速度 $|\boldsymbol{v}|$ 比光速总是小得多. 因此，在多数物理环境下，我们可以忽略由 $\boldsymbol{B}$ 引起的力. 这就是我们强调 $\boldsymbol{E}$ 的原因.

然而，尽管 $\boldsymbol{B}$ 的效应像上面所说的那样很小，但它的作用有时却可以是主要的. 当然，还有一种情况，如果 $\boldsymbol{E}$ 和 $\boldsymbol{B}$ 不是来自（行波）辐射，而是（比方说）来自独立的电荷和电流的静止场，则并不限制 $\boldsymbol{B}$ 和 $\boldsymbol{E}$ 相差因子 $c$. 例如，我们那时可以有 $|\boldsymbol{E}|=0$，而 $|\boldsymbol{B}|=10\mathrm{T}$.

## 4.4 阻抗和能通量

在研究模式和驻波时，我们发现，连续介质可以用两个参量来表征，一个表示“回复力”，另一个则表示“惯性”. 对于一根连续弦，平衡张力 $T_0$ 给出回复力，质量密度 $\rho_0$ 给出惯性. 对于低通传输线，相应的参量是每单位长度分路电容的倒数 $(C/a)^{-1}$ 和每单位长度的电感 $(L/a)$. 对于弹簧上的纵波，回复力参量是 $Ka$，惯性参量是 $M/a=\rho_0$. 对声波，“弹性”为 $\gamma\rho_0$，惯性为体质量密度 $\rho_0$. 在所有情况下，驻波模式的行为类似于一个简谐振荡器.（对于耦合摆或带通传输线，我们需要另外一个参量——低频截止频率.）

行波的行为同驻波很不相同，行波传输能量和动量，其相位关系与驻波也不一样. 一个运载行波的广延体系的行为和它运载驻波时是不一样的，并不像“一个大的简谐振荡器”. 因此，简谐振荡器的参量，回复力和惯性，不再是描写运载行波的介质的最好的物理参量. 能够表征运载行波的介质的一个量是相速度 $v_\varphi$. 对于弦上的横波，它由下式给出：

$$v_\varphi=\sqrt{T_0/\rho_0},\tag{93}$$

这恰巧是回复力和惯性参量 $T_0$ 和 $\rho_0$ 的某种结合，$T_0$ 和 $\rho_0$ 的另一个独立的结合是

$$Z=\sqrt{\rho_0 T_0}.\tag{94}$$

这个量叫作横波在连续弦上的**特性阻抗**或简称**阻抗**. 我们将说明，阻抗决定在给定的驱动力条件下把能量辐射到弦上的速率. 由此可见，在给定介质中，描写行波的两个固有参量是相速度和阻抗.

**例8：连续弦上的横向行驶**

假定我们有一根从左到右拉紧的弦，它在左端 $z=0$ 处由一个简谐振动力沿横

向驱动. 这个体系如图4.8所示. 让我们把使驱动力传给弦的接头——“发送器输出端”——记以字母 $L$（因为在左边），并把跟输出端相连的弦记以字母 $R$（因为在右边）. 在平衡时（图4.8a），在 $L$ 上没有力的横向分量. 沿着 $z$ 的力是平衡张力 $T_0$. 而在图4.8b所示的一般位形下，弦的张力为 $T$. 弦施于发送器输出端上的横向分力 $F_x$（$R$ 施于 $L$）等于

$$\begin{aligned} F_x(R\text{ 施于 }L) &= T\sin\theta \\ &= (T\cos\theta)\frac{\sin\theta}{\cos\theta} \\ &= T_0\tan\theta \\ &= T_0\frac{\partial\psi}{\partial z}. \end{aligned} \tag{95}$$

式（95）这个结果对于理想的玩具弹簧严格成立，玩具弹簧有 $T = T_0/\cos\theta$. 式（95）对于小角度情况下的任何弹簧也成立.

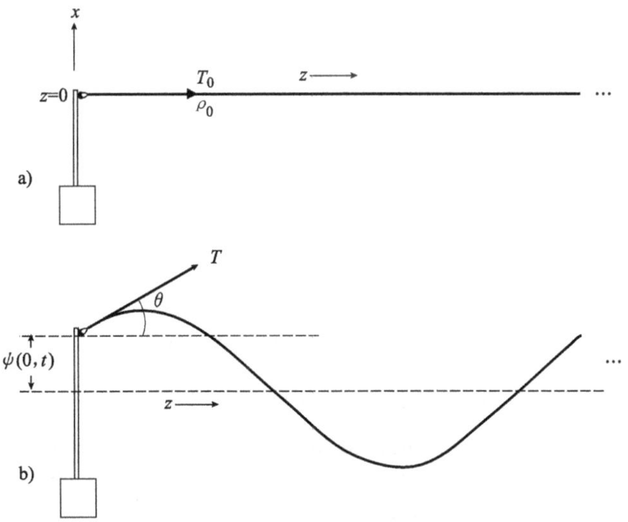


图4.8　横向行波的发射

a）平衡　b）一般位形

**特性阻抗**　现在，我们设想在稳态情况下发送器驱动一个完全的开放介质（弦），使它在 $+z$ 方向发射行波. 于是，$\psi(z,\ t)$ 的形式是

$$\psi(z,t) = A\cos(\omega t - kz). \tag{96}$$

求微分，得到

$$\frac{\partial\psi}{\partial z} = kA\sin(\omega t - kz), \tag{97}$$

$$\frac{\partial\psi}{\partial t} = -\omega A\sin(\omega t - kz). \tag{98}$$

比较式（97）和式（98），并利用 $v_\varphi=\omega/k$，对于在 $+z$ 方向传播的行波，我们看出

$$\frac{\partial\psi}{\partial z}=-\frac{1}{v_\varphi}\frac{\partial\psi}{\partial t}. \tag{99}$$

把式（99）代入式（95），（对于行波）我们得到

$$F_x(R\text{施于}L)=-\frac{T_0}{v_\varphi}\frac{\partial\psi}{\partial t}. \tag{100}$$

既然 $\partial\psi/\partial t$ 刚好是弦在与发送器输出端相连的那一点上的横向速度，而量 $T_0/v_\varphi$ 是常数，于是我们就看出，当发送器发射行波时，介质（弦 $R$）施于发送器输出端 $L$ 上的“反作用力”是一个阻尼力或拖曳力．这就是说，当发送器从 $L$ 到 $R$ 方向发射行波时，弦以一个力反抗运动，此力与加给弦的速度的负值成正比．比例常数叫作特性阻抗 $Z$：

$$F_x(R\text{施于}L)=-Z\frac{\partial\psi}{\partial t}, \tag{101}$$

式中，

$$Z=\frac{T_0}{v_\varphi}. \tag{102}$$

对于连续弦上的横向行波，我们有

$$v_\varphi=\sqrt{\frac{T_0}{\rho_0}}\quad(\text{单位:m/s}) \tag{103}$$

因此

$$Z=\frac{T_0}{v_\varphi}=\sqrt{T_0\rho_0}\quad[\text{单位:N/(m/s)}] \tag{104}$$

**发送器输出功率** 阻尼力的最大特点是：它“耗散”能量或“吸收”能量．在目前这个例子中，最好的说法是，能量以发送器输出“辐射”的形式被弦吸收了．从能量并不“降级”为“热”的意义上说，发送器失去的能量并没有被“耗散”．事实上，能量被辐射到了弦上，弦能够把这个能量输送到一个远处的“接收器”上而被完全回收（我们将在后面学到）．辐射输出功率由发送器在 $z=0$ 处施于弦上的横向力和弦在 $z=0$ 处的横向速度的乘积给定．用 $F_x$（$L$ 施于 $R$）是 $F_x$（$R$ 施于 $L$）的负值这一事实（这是牛顿第三定律），并用式（101），我们得到瞬时输出功率 $P(t)$ 为（以 J/s 为单位）

$$\begin{cases}P(t)=F_x(L\text{施于}R)\dfrac{\partial\psi}{\partial t}\quad(\text{普遍}),\\[2ex] P(t)=\left(z\dfrac{\partial\psi}{\partial t}\right)\dfrac{\partial\psi}{\partial t}=z\left(\dfrac{\partial\psi}{\partial t}\right)^2\quad(\text{行波}).\end{cases} \tag{105}$$

式（105）中第一个等式是普遍的，第二个等式则不然，它只对行波才成立．

在式（105）中，我们已经用有关波的物理量 $\partial\psi/\partial t$ 来表示输出功率，$\partial\psi/\partial t$

相应于以 m/s 为单位的弦（在 $z=0$ 处）的瞬时横向速度. 另一个同样令人感兴趣和重要的关于波的物理量，是式（95）给出的横向力 $F_x$（$R$ 施于 $L$）（以 N 为单位）. 利用式（95）和式（99），可以用这个量把发送器的输出功率表示为

$$\begin{cases} P(t)=F_x(L\text{ 施于 }R)\dfrac{\partial\psi}{\partial t} & \text{（普遍）} \\ \quad=\left(-T_0\dfrac{\partial\psi}{\partial z}\right)\dfrac{\partial\psi}{\partial t} & \text{（普遍）} \\ P(t)=\left(-T_0\dfrac{\partial\psi}{\partial t}\right)\left(-v_\varphi\dfrac{\partial\psi}{\partial t}\right) & \text{（行波）} \\ \quad=\dfrac{v_\varphi}{T_0}\left(-T_0\dfrac{\partial\psi}{\partial z}\right)^2 \\ \quad=\dfrac{1}{Z}\left(-T_0\dfrac{\partial\psi}{\partial z}\right)^2. \end{cases} \tag{106}$$

式（106）中的第一和第二等式是普遍的，第三等式不普遍，它只对行波成立.

我们之所以不厌其烦地用不同的然而等效的形式（105）和式（106）来表示 $P(t)$，是因为我们总会发现存在有两个在物理上感兴趣的关于波的物理量，在某些体系中，我们希望用其中的一个，而在另一些体系中，我们可能希望用另一个. 例如，在声波的情况下，我们将发现，计示压强的作用类似于弦的横向回复力 $-T_0\dfrac{\partial\psi}{\partial z}$，而声波中的纵向空气速度的作用类似于弦的横向速度 $\partial\psi/\partial t$. 同样，在电磁辐射的情况下，我们将发现横向磁场 $B_y$ 的作用类似于弦的横向速度 $\partial\psi/\partial t$，而横向电场 $E_x$ 的作用则类似于弦的回复力 $-T_0\dfrac{\partial\psi}{\partial z}$.

**由行波输送的能量** 发送器在 $z=0$ 处以行波形式发射的辐射功率 $P(t)$ 等于每单位时间内沿 $+z$ 方向通过下游任一点 $z$ 的能量.（我们忽略阻尼.）事实上，在我们导出在发送器输出端从 $L$ 到 $R$（从左到右）流过的能量的结果的时候，我们本来就可以把点 $z=0$ 改为在下游的任意一点 $z$. 我们唯一需要的是介质的确在运载行波. 如果记住这一点，再回忆一下推导步骤，将马上看出，除了把横向速度 $\partial\psi/\partial t$ 和回复力 $-T_0\dfrac{\partial\psi}{\partial z}$的计算从原来的点 $z=0$ 改为在一般点 $z$ 外，行波在 $+z$ 方向通过一给定点 $z$ 的辐射功率仍由类似于式（105）和式（106）的表达式得到. 因此，对于弦上的行波有

$$P(z,t)=Z\left[\frac{\partial\psi(z,t)}{\partial t}\right]^2 \tag{107}$$

或

$$P(z,t)=\frac{1}{Z}\left[-T_0\frac{\partial\psi(z,t)}{\partial z}\right]^2. \tag{108}$$

**例9：弹簧上纵波的辐射**

下面来考虑一根弹簧上由压缩和稀疏形成的纵波发射. 我们采用牛顿的简单方法（不过纠正了他的著名的疏忽），使这些结果能适应于描述声波辐射. 这个体系如图4.9所示.

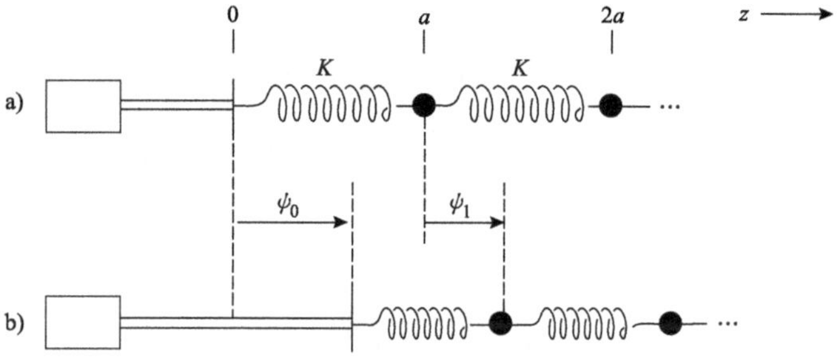


图4.9　纵向行波的发射

a）平衡　b）一般位形

在串珠弹簧的纵向运动方程中，引进 $Ka$ 的方式同串珠弹簧的横向振动方程中引进 $T_0$ 的方式严格相同. ［见2.4节式（77）和紧接在它后面的讨论.］这就是为什么用互换 $T_0$ 和 $Ka$ 的方法就可以由一种相速度得到另一种相速度的原因［见4.2节式（27）］. 同样，在所得到的关于横向振动的结果中，简单地以 $Ka$ 代替 $T_0$，便可以获得连续弹簧上纵波的特性阻抗和能通量关系式. 因此，对纵波我们从式（103）、式（104）、式（107）和式（108）得到

$$v_\varphi = \sqrt{\frac{Ka}{\rho_0}},\ Z = \sqrt{Ka\rho_0}, \tag{109}$$

以及在行波中的功率流（以J/s为单位）

$$P(z,t) = Z\left[\frac{\partial\psi(z,t)}{\partial t}\right]^2 = \frac{1}{Z}\left[-Ka\frac{\partial\psi(z,t)}{\partial z}\right]^2. \tag{110}$$

量 $\psi(z,\ t)$ 是平衡位置为 $z$ 的那部分弹簧偏离其平衡位置的位移. 若位移是在 $+z$ 方向上，则它是正的. 相应的速度是 $\partial\psi(z,\ t)/\partial t$. 量 $-Ka\frac{\partial\psi(z,\ t)}{\partial z}$ 则是由平衡位置在点 $z$ 左方的那部分弹簧施于平衡位置在点 $z$ 右方的那部分弹簧的沿 $+z$ 方向的力，减去 $+z$ 方向的力的平衡值 $F_0$ 后，有（习题4.29）

$$F_z(L\text{施于}R) = F_0 - Ka\frac{\partial\psi(z,t)}{\partial z}. \tag{111}$$

式（111）中的力 $F_0$ 是由于在平衡位形下拉伸或压缩弹簧而引起，它对任何波都无贡献. 这就是为什么只有超过 $F_0$ 的那部分力，即 $-Ka\frac{\partial\psi}{\partial z}$ 才在式（110）的第二个等式中出现的缘故.

**例10：声波**

像4.2节中讨论的那样，我们将应用关于声波的牛顿模型. 这个体系如图4.10所示.

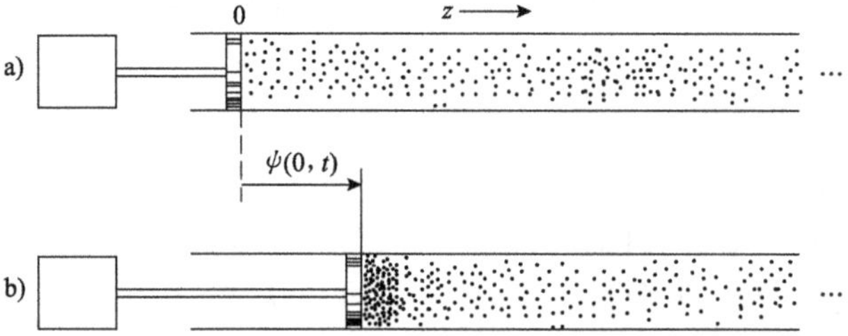


图4.10 纵向声波的发射

a）平衡位形 b）一般位形

当时，在4.2节中，我们利用牛顿模型，以连续弹簧上的纵波类比声波，从而得到相速度. 以空气的平衡体质量密度代替弹簧的线质量密度，并以空气的平衡压力 $p_0$ 乘著名的因子 $\gamma$ 代替弹簧的 $Ka$，我们就结束了声波的讨论. 所以，现在我们可以容易地猜测到声波的阻抗和能量关系式. 在弹簧上纵波的关系式中，我们简单地以 $\gamma p_0$ 代替 $Ka$. 于是，对于声波，我们［从式（109）和式（110）］得到下述结果：

$$v_\varphi=\sqrt{\frac{\gamma p_0}{\rho_0}},\ Z=\sqrt{\gamma p_0\rho_0},\tag{112}$$

以及声行波中的能流密度（以 J/(s · m²) 为单位）

$$I(z,t)=Z\left[\frac{\partial\psi(z,t)}{\partial t}\right]^2=\frac{1}{Z}\left[-\gamma p_0\frac{\partial\psi(z,t)}{\partial z}\right]^2.\tag{113}$$

式中，量 $\psi(z,\ t)$ 是少量空气沿 $z$ 方向偏离其平衡位置 $z$ 的位移；量 $\partial\psi(z,\ t)/\partial t$ 是相应的速度；量 $-\gamma p_0\dfrac{\partial\psi(z,\ t)}{\partial z}$ 等于在 $z$ 左边的空气在 $+z$ 方向施于在 $z$ 右边的空气上的每单位面积上的力（记住 $z$ 是空气的平衡位置，不是瞬时位置），减去每单位面积上的这个力的平衡值 $p_0$ 以后，有

$$\frac{F_z(L\text{施于}R)}{A}=p_0-\gamma p_0\frac{\partial\psi(z,t)}{\partial z}.\tag{114}$$

此式是在关于弹簧上纵波的式（111）中以 $p_0$ 代替 $F_0$，以 $\gamma p_0$ 代替 $Ka$ 以后的当然结果. 平衡态压强 $p_0$ 不会产生任何波动. 我们将把 $-\gamma p_0\dfrac{\partial\psi}{\partial z}$ 称为**计示压强** $p_g$：

$$p_g=-\gamma p_0\frac{\partial\psi(z,t)}{\partial z}.\tag{115}$$

对于标准状态下的空气，我们在 $p_0=1\ \text{atm}=1.01\times10^5\ \text{N/m}^2$ 和 $\rho_0=1.29\ \text{mg/cm}^3$，因此式（112）给出

$$v_\varphi = 3.32 \times 10^4 \text{ cm/s}, \tag{116}$$

$$Z = (42.8 \times 10)\ \frac{\text{N/m}^2}{\text{m/s}} = 428\ \frac{\text{N/m}^2}{\text{m/s}}. \tag{117}$$

**标准声强**　声行波的强度定义为单位时间内通过单位面积传播的能量．通常采用的声强标准为

$$\text{标准声强} = I_0 = 1\ \mu\text{W/cm}^2 = 10^{-2}\ \text{J/(s}\cdot\text{m}^2) \tag{118}$$

式中，我们用了 $1\ \mu W = 10^{-6}$ W 以及 1 W = 1 J/s．一个人，以平常谈话的语调交谈，发射声能约 $10^{-5}$ J/s．讲话时开口的面积约为 10 $cm^2$．所以，如果你对准一根硬纸板管的一端讲话，使全部声能在 $z$ 方向（从管子往下）传播，则声强约 $(10^{-5}\ \text{J/s})/10^{-3}\ \text{m}^2 = 10^{-2}\ \text{J/(s}\cdot\text{m}^2) = I_0$．因此，由一个人通过一个（短的）硬纸板管向你说话，你可以感受到 $I_0$ 的大小．（长管子将使声音减弱，这是由于在粗糙的硬纸板壁上的摩擦以及声音从管侧辐射出去的缘故．）如果一个人对准硬纸板管尽力大声叫喊，则强度约为 $100I_0$．当强度达到 $I_0$ 的 100 倍到 1 000 倍时，听者会感到痛苦．

能够听到的最微弱的声强取决于声音的频率．在音调 A440（即 440 Hz 或 440 $s^{-1}$）附近，一般人的听觉阈约为 $10^{-10}I_0$．由此可见，就声音强度而言，人的耳朵有相差达 $10^{12}$ 倍的巨大动态范围（从 $100I_0$ 到 $10^{-10}I_0$）．

**术语：分贝**　每当声强增加 10 倍时，就说声强增加了 1 贝耳．因此，耳朵的动态范围约为 12 贝耳．每当强度增加 $10^{0.1}$ 倍时，则强度增加 0.1 贝耳或 1 dB．由此可见，

$$\begin{cases} 1\ \text{dB} = 10^{0.1}\text{倍} = 1.26\text{倍(按强度计)}; \\ 1\ \text{贝耳} = 10\ \text{dB} = 10\text{倍(按强度计)}. \end{cases} \tag{119}$$

一个具有正常听觉的人能够分辨出约 1 dB 的响度增加．

下面这些应用都涉及声阻抗和声通量的计算．

**应用：引起痛苦的声强的方均根计示压强**

对于引起痛苦的声强，其方均根计示压强是多少大气压呢？我们希望用大气压给出答案，因为我们对下面的问题感兴趣：痛苦的原因是否跟你在水面下 4.5 m 左右潜泳（不用吞咽的办法把空气吸入你的内耳）时所感到的痛苦的原因一样．我们知道，约 10 m 水深产生 1 atm，那么在 4.5 m 深处，计示压强约为 1/2 atm．这是不是引起痛苦的声波所具有的计示压强呢？

**解**：取 $I = 1000I_0$ 作为引起痛苦的强度．于是，按照式（113）我们有

$$\begin{aligned} (p_g^2)^{1/2} &= (ZI)^{1/2} \\ &= (1\,000 ZI_0)^{1/2} \\ &= [(1\,000)(42.8)(10)]^{1/2}\ \text{dyn/cm}^2 = 65\ \text{N/m}^2. \end{aligned}$$

同 1 atm = $1.01 \times 10^5$ N/$m^2$ 相比较，这个数值是很小的．因此，我们得到一个很有

趣的答案：痛苦并不是简单地由于按时间平均的压强太高而引起的，因为60 N/m$^2$等于$6\times10^{-4}$ atm，这个压强只不过同在水下0.5 cm处游泳时相当罢了.

**应用：引起痛苦的响声振幅**

对于引起痛苦的响声，空气分子振动的振幅$A$是多少？取$\psi(z, t)=A\cos(\omega t-kz)$，则在固定点$z$，$\partial\psi/\partial t$平方后并对一个周期取平均，结果等于$\frac{1}{2}\omega^2A^2$. 因此，用式（113）并假设频率是440s$^{-1}$，我们得到

$$\begin{aligned}A&=\frac{(2I/Z)^{1/2}}{\omega}\\&=\frac{(2\times1\,000\times10/42.8)^{1/2}}{(6.28)(440)}\text{ cm}\\&=2.5\times10^{-2}\text{ cm}=\frac{1}{4}\text{ mm.}\end{aligned}$$

**应用：勉强可听到的声音的振幅**

对于勉强可听到的声音，空气振动的振幅$A$是多少？设强度是$10^{-10}I_0$. 振幅正比于$I$的平方根. 因此当频率为440 s$^{-1}$时，答案应是$10^{-13}$的平方根乘上上面应用题中所得的答案，那里我们取$I=1\,000I_0$. 于是

$$\begin{aligned}A&=10^{-6.5}(2.5\times10^{-2}\text{ cm})\\&=\frac{2.5\times10^{-8}}{\sqrt{10}}\text{ cm}\approx10^{-8}\text{ cm.}\end{aligned}$$

这个数值大概相当于一个普通原子的直径. 因此，你耳朵的灵敏度是非常之高的，它竟能觉察到约等于一个原子直径的鼓膜振动！

**应用：典型高保真度扬声器的声频输出**

你们估计从一个典型的高保真度扬声器所得到的音频（声音）输出（以W作计量单位）大概是多少呢？假定有一个高保真度扬声器爱好者，他希望用强度为$100I_0$的令人痛苦的响声行波充满一个长房间，这房间的两侧是反射声波的壁，而其后壁是吸声的. 假设这房间的截面积为3 m×3 m≈10 m$^2$=10$^5$ cm$^2$. 在房间的一端让扬声器发声，这个高保真度扬声器爱好者可以用扬声器去驱动整个一面墙壁，使之成为一个发声屏；或者，他也可以利用房间最前面那一部分来提供一个逐渐张开成锥形的“喇叭”，从而使扬声器和房间之间达到“阻抗匹配”.（关于阻抗匹配将在第5章中讨论.）无论上述哪一种情形，音频输出的功率都是

$$P=I\times\text{面积}=100I_0\times10^5=10^7\ \mu\text{W}=10\text{ W.}$$

在各种高保真度装置中，10W的音频输出是很普通的.

**应用：两个接近于令人感到痛苦的声音的叠加**

假定一个人勉强能经受住在频率A440时强度为$100I_0$的声音，但是他受不了

同样频率下 $200I_0$ 强度引起的痛苦. 再假定他对 C 512 的反应也是如此——受得住 $100I_0$ 而受不住 $200I_0$. 那么，当这两个音调一下子各以 $100I_0$ 的强度同时发出来时，会发生什么情况呢？现在总强度是 $200I_0$，他受得了吗？我不知道. （但是我有一个猜测.）

我们希望，我们已经使你们相信你们自己具备了回答关于声学方面一些有趣问题的能力. 到现在为止，我们还没有讨论声音的驻波，不过它们跟在玩具弹簧上的纵向驻波情况完全类似. 所以，如果你们现在阅读一些课外声学实验的话，理解它们应该是没有什么困难的.

**例 11：低通传输线上的行波**

这是一个重要的例子，其体系如图 4.11 所示. 驱动力是在 $z=0$ 端加上去的电压 $V(t)$. 我们将只考虑长波极限（即连续极限），这时 $V(z,\ t)$ 和 $I(z,\ t)$ 都是 $z$ 的连续函数. 如果传输线是无限长的（或者它终止于全吸收的材料），则我们就有一个运载电压 $V(z,\ t)$ 行波和电流 $I(z,\ t)$ 行波的开放体系. 倘若在输入端的驱动电压 $V(t)$ 具有形式

$$V(t) = V_0\cos\omega t, \tag{120}$$

则因在 $z=0$ 处电压波 $V(z,\ t)$ 必须等于 $V_0\cos\omega t$，它可表示为

$$V(z,t) = V_0\cos(\omega t - kz). \tag{121}$$

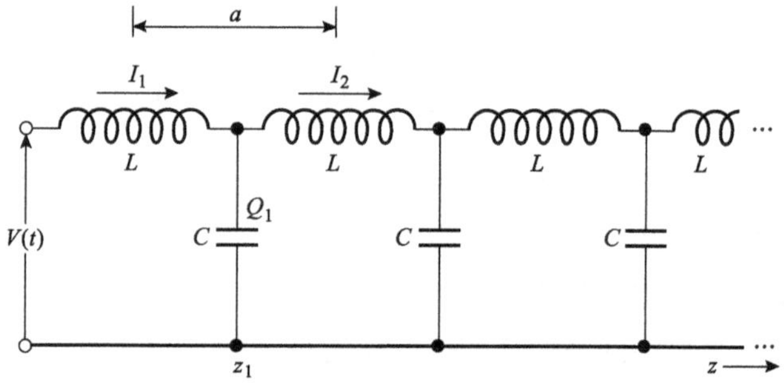


图 4.11　在一根传输线上行波的发射

我们希望找出 $V(z,\ t)$ 和 $I(z,\ t)$ 之间的关系. 下面将证明它们（对于一个行波来说）彼此成正比（而不是，比方说，相位差 $\pm 90°$）. 我们先假定结果总可写成

$$I(z,t) = I_0\cos(\omega t - kz) + J_0\sin(\omega t - kz), \tag{122}$$

我们将发现，式中常数 $J_0$ 的值为零.

先考察图 4.11 中的第一个电容. 它有电荷 $Q_1(t)$，相应于电势差 $V_1(t)$，这里有

$$Q_1(t) = CV_1(t) = CV(z_1,t). \tag{123}$$

于是

$$C\frac{\partial V(z_1,t)}{\partial t}=\frac{\mathrm{d}Q_1}{\mathrm{d}t}$$
$$=I_1-I_2$$
$$=-(I_2-I_1)$$
$$=-a\frac{\partial I(z_1,t)}{\partial z};$$

其中，在最后一个等式中我们利用了连续近似. 因此

$$\frac{\partial V(z_1,t)}{\partial t}=-\left(\frac{C}{a}\right)^{-1}\frac{\partial I(z_1,t)}{\partial z}. \tag{124}$$

把式（121）和式（122）代入式（124），我们就看出式（122）中的常数 $J_0$ 确实必须为零. 其余两项给出

$$-\omega V_0\sin(\omega t-kz)=-\left(\frac{C}{a}\right)^{-1}I_0k\sin(\omega t-kz),$$

即

$$V_0=\frac{(C/a)^{-1}}{v_\varphi}I_0; \tag{125}$$

因而

$$V(z,t)=\frac{(C/a)^{-1}}{v_\varphi}I(z,t)\equiv ZI(z,t), \tag{126}$$

这是根据 $Z$ 的定义来的. 由此可见，相速度［由 4.2 节的式（48）］和特性阻抗（在长波极限、连续极限或“分布参数”极限下）由下式给出：

$$v_\varphi=\sqrt{\frac{(C/a)^{-1}}{(L/a)}}, \tag{127}$$

$$Z=\frac{(C/a)^{-1}}{v_\varphi}=\sqrt{\left(\frac{L}{a}\right)\left(\frac{C}{a}\right)^{-1}}. \tag{128}$$

在 $z=0$ 处的发送器的瞬时输出功率可写成

$$P(t)=V(t)I(t)=V(0,t)I(0,t)=ZI^2(0,t). \tag{129}$$

换一种写法是

$$P(t)=V(0,t)I(0,t)=\frac{V^2(0,t)}{Z}. \tag{130}$$

注意，我们只要在带有有质量物体的弹簧纵向振动的结果中以 $C^{-1}$ 代替 $K$，以 $L$ 代替 $M$，就能得到刚才 $Z$ 的表达式. 不过因为这个例子很重要，所以我们在这里再详述一下.

**例 12：平行板传输线**

这个重要的例子将把我们引向极为普遍的结果. 按照 4.2 节中的式（55）和式（59），对于一平行板传输线（两板之间为真空），每单位长度的电容和每单位长度的电感分别是

$$\frac{C}{a}=\frac{w\varepsilon_0}{g},\ \frac{L}{a}=\frac{\mu_0 g}{w},\tag{131}$$

其中 $w$ 是宽度，而 $g$ 是间距．因此特性阻抗是［见式（128）］

$$Z=\sqrt{\frac{\mu_0}{\varepsilon_0}}\,\frac{g}{w}.\tag{132}$$

（此处 $Z$ 的单位是 V/A，即 Ω）由式（130）给出的辐射功率 $P(t)$ 是

$$P(t)=\frac{V^2}{Z}=\sqrt{\frac{\varepsilon_0}{\mu_0}}\,\frac{w}{g}V^2(0,t).\tag{133}$$

与其用电势差 $V(0,\ t)$ 来表示辐射功率，不如让我们用电场唯一不为零的分量 $E_x$ 来表示辐射功率．$E_x$ 在两板间的每一点上都有确定值，而 $V(0,\ t)$ 则是这个（均匀）电场在整个板间距离上的积分：

$$V(0,\ t)=gE_x(0,\ t).\tag{134}$$

于是式（133）变成

$$P(t)=\sqrt{\frac{\varepsilon_0}{\mu_0}}wgE_x^2(0,t).\tag{135}$$

注意 $wg$ 是传输线一端的横截面面积．如果我们用 $wg$ 去除辐射功率，便得到辐射强度［以 $J/(s\cdot m^2)$ 为单位］．我们不想用符号 $I$ 来标记这个程度，因为 $I$ 这个字母此刻要表示电流．我们将采用电磁波理论中常用的符号 $S$ 来表示辐射强度．从我们关于弦和声波的经验知道，在描写波的强度时，可以简单地用一般位置 $z$ 来代替 $z=0$．因此，对于在平行板传输线中沿着 $+z$ 方向传播的电磁辐射平面行波，经过一点 $z$ 在单位时间内每平方厘米的能量流由下述强度公式表示：

$$\boxed{S(z,t)=\sqrt{\frac{\varepsilon_0}{\mu_0}}E_x^2(z,t).}\tag{136}$$

现在让我们找出那个磁场唯一不为零的分量 $B_y(z,\ t)$ 与电场分量 $E_x(z,\ t)$ 的比值．我们之所以能够找到这个比值，是因为我们已经得到了 $V(z,\ t)$ 与 $I(z,\ t)$ 之比是一个常数 $Z$，并且我们知道 $V$ 与 $E_x$ 以及 $I$ 与 $B_y$ 的关系是什么．这样我们就有

$$V=ZI,$$

即

$$gE_x=\sqrt{\frac{\mu_0}{\varepsilon_0}}\,\frac{g}{w}I.\tag{137}$$

但是按照4.2节中的式（57），我们有

$$wB_y=\mu_0 I.\tag{138}$$

比较式（137）和式（138），我们便得到，对于在平行板传输线间沿 $+z$ 方向传播的电磁辐射平面行波来说，在每一点 $z$ 和每一个时刻 $t$ 的电场和磁场是相互垂直

的，并且都垂直于传播方向，它们的大小相差因子 $c$，且其符号应保持矢量积 $\boldsymbol{E}\times\boldsymbol{B}$ 沿着传播方向. 简言之，

$$E_x(z,t)=\frac{1}{\sqrt{\mu_0\varepsilon_0}}B_y(z,t). \tag{139}$$

**透明介质中的平面电磁波**　假定传输线间填满了介电常数为 $\varepsilon$、磁导率为 $\mu$ 的材料，外加电压是 $V(t)$，则我们可以写出辐射功率为

$$P(t)=\frac{V^2}{Z},$$

其中

$$V=gE_x,$$

而

$$Z=\sqrt{\frac{L/a}{C/a}}=\sqrt{\frac{\mu/\mu_0}{\varepsilon/\varepsilon_0}}Z_{真空},$$

即

$$Z=\sqrt{\frac{\mu}{\varepsilon}}\frac{g}{w}. \tag{140}$$

这三个式子合起来给出强度 $S=P/gw$ 为

$$S(z,t)=\sqrt{\frac{\varepsilon}{\mu}}E_x^2(z,t). \tag{141}$$

让我们再找出 $B_y$ 与 $E_x$ 的比值. 对一定的电流 $I$，透明介质存在时的磁场要比它不存在时的磁场增大到 $\mu$ 倍，就是说

$$wB_y=\mu I.$$

但

$$V=ZI,$$

即

$$gE_x=\sqrt{\frac{\mu}{\varepsilon}}\frac{g}{w}I.$$

比较 $E_x$ 和 $B_y$ 的这两个表达式，得出

$$\frac{B_y}{E_x}=\sqrt{\varepsilon\mu}.$$

因此

$$B_y=n\sqrt{\varepsilon_0\mu_0}E_x. \tag{142}$$

**无界真空中的平面电磁波**　真空情形的结果，由式（136）和式（139）给出为

$$S(z,t) = \sqrt{\frac{\varepsilon_0}{\mu_0}} E_x^2(z,t)\,,\; B_y(z,t) = \sqrt{\varepsilon_0 \mu_0} E_x\,, \tag{143}$$

这两个结果是对于在长直而平行的传输线上的电流波和电压波引起的电磁波（电场和磁场变动而形成的波）导出的. 现在，不但平行板传输线是长直而平行的，并且它也是均匀的（假定没有边缘效应），因而电场 $E_x(z,\ t)$ 和磁场 $B_y(z,\ t)$ 也是均匀的：如果我们处在两板之间去看，只要宽度 $w$ 足够大以使边缘效应可以忽略，$E_x$ 对一切 $x$ 和 $y$ 的位置就都有同样的数值（当固定位置 $z$ 和时间 $t$ 时）；同样，$B_y$ 的数值也与 $x$ 和 $y$ 无关. 这一类波就称为平面波. 任何垂直于 $z$ 轴（波的传播轴）的平面是一个等相面，即 $\omega t - kz$ 的数值不变的平面，这些平面叫作波阵面.

然而，获得电磁平面行波的办法不止一种. 我们刚才研究的一种办法是用平行板传输线. 另一种获得近似平面行波的办法是让我们远远地离开一个电磁辐射的"点源"，诸如一根蜡烛、一盏路灯，或者是一颗恒星.（在后面有一章中，我们将讨论这种点源应该多小，才能在足够好的近似程度内被叫作一个"点"）. 在这种情况下，一个观察者附近的所有辐射基本上都沿着同一方向传播，只要他不把垂直于（近似的）传播方向的横向邻域取得太大就行.（我们后面将研究这个"邻域"可以有多大，当然，它取决于你想做什么样的实验.）（正如现在似乎可以使你们相信的那样，也正如我们将在以后一章里用麦克斯韦方程加以证明的那样）式（143）所示的结果表示了平面电磁波的"局域"性质，它们并不依赖于边界条件，就是说，并不依赖于辐射出电磁波的电流和电荷的位形. 当然，$\boldsymbol{E}$ 沿着 $\hat{\boldsymbol{x}}$ 方向的这个事实是依赖于我们用平行板传输线装置所确定的边界条件的. 所以我们应该把这些非常重要而且普遍的结果用一种比式（143）更为普遍的方式表达出来，下面我们就来做这件事：

在真空中沿着 $+z$. 方向传播的一个电磁平面行波具有下述性质（它们并不都是独立的）：

1）$\boldsymbol{E}(z,\ t)$ 和 $\boldsymbol{B}(z,\ t)$ 都垂直于 $\hat{\boldsymbol{z}}$，并且互相垂直.

2）$\boldsymbol{E}(z,\ t)$ 的大小等于 $\boldsymbol{B}(z,\ t)$ 的大小.

3）$\boldsymbol{E}(z,\ t)$ 的方向和 $\boldsymbol{B}(z,\ t)$ 的方向保证 $\boldsymbol{E}(z,\ t) \times \boldsymbol{B}(z,\ t)$ 沿着 $+\hat{\boldsymbol{z}}$ 方向.

4）前面三个性质意味着 $\boldsymbol{B}(z,\ t) = \hat{\boldsymbol{z}} \times \boldsymbol{E}(z,\ t)$，它也等价于 $\boldsymbol{B}_y(z,\ t) = \boldsymbol{E}_x(z,\ t)$ 和 $\boldsymbol{B}_z(z,\ t) = -\boldsymbol{E}_y(z,\ t)$ 这两个关系式.

5）相速度为 $c$，与频率无关，这就是说，真空中的电磁波是没有色散的.

6）瞬时强度（以 $\mathrm{J/(s \cdot m^2)}$ 为单位）由下式给出：

$$S(z,t) = \sqrt{\frac{\varepsilon_0}{\mu_0}} (E_x^2 + E_y^2) \tag{144}$$

这个量的一些通用的同义词是强度、通量和能流通量.

上面这些关系很重要，并且就目前所知，是完全普遍的. 它们对一切频率都成立，从（比如说）$\nu = 1$ 周/100 000 年（这相当于波长为 100 000 光年，约等于我们银河系的直径）直到频率达（比如说）$\nu \approx 3\times10^{25}$ Hz（这相当于波长 $c/\nu$ 为 $10^{-15}$ cm，或者说，相当一个“光子能量 $h\nu$”约达 100 GeV）.（你们必须习惯于在不同的频率范围用不同的单位.）

**应用：求出太阳常数**

这是一个说明能流通量的数值例子.（是一个课外实验和计算的结合，我们希望你们做这个实验.）

问题：求出在地球表面普通阳光行波中电场的方均根值.

解：（因为这是一个实际的实验，我们在往下做时将做各式各样的近似和假设，因而问题的解答，像大多数实验结果一样，是有很大局限性的.）拿一只 200 W 或 300 W 的白炽灯泡，它有着透明的玻璃外壳（即不是用磨砂玻璃做的）和一根约 2.5 cm 长或稍短一些的灯丝. 开灯. 闭起你的眼睛. 把发光的灯泡移近你的脸颊. 现在你用你的眼睛作为一个探测器，它以闭着的眼皮作为一个滤光片，你的眼皮探测到了一些看不见的红外线——它们感到温暖了. 眼皮滤光片覆盖着的你的眼睛，由于有一些光穿过滤光片，你看到了一些“红色”. 然后关掉电灯，马上跑到外面去（假定这是一个出太阳的好日子），用闭着的眼睛去“看”太阳. 这样你就在眼皮上得到温暖的感觉，同时穿过眼皮也“看”到了“红色”. 这时再回到房内电灯旁边，测量从眼皮到灯丝的距离 $R$，靠你的探测器来判断，在怎样的距离上，灯丝发出的强度同太阳发出的相等.

实验就这样做完了，剩下的主要工作是做计算. 假定灯丝往各个方向的辐射一样强，用灯泡的额定功率 $P$ 和距离 $R$ 来计算到达你的眼皮上的通量，则答案（用混合单位表示）是：到达你眼皮的对时间平均的强度等于

$$<S(z,t)> \equiv S = \frac{P}{4\pi R^2}. \tag{145}$$

而且，这也是太阳光射到你眼皮上的时间平均强度，至少在你能够探测到的颜色范围（包括你靠眼皮探测到的一些红外线）内是如此. 假定灯泡发出的颜色“谱”跟太阳发出的相差不太大，我们就可以假定来自太阳的总通量，包括我们估计用刚才的方法探测不到的紫外线在内，可以用式（145）来表示. $S$ 叫作“太阳常数”，已编入《理化手册》，那里你可以查到 $S$ 等于 1.94 cal/(cm · min). 为了变换单位，我们利用关系 1 cal = 4.18 J，以及 1 J/s = 1 W. 根据手册，在地球大气的顶部，太阳常数等于

$$S = \frac{(1.94)(4.18)}{60}\ \mathrm{W/cm^2} = 1350\ \mathrm{W/m^2}. \tag{146}$$

采用这个手册数值，现在求方均根电场 $E_{方均根}$ 的大小以 V/m 来表示是多少？

$$S = 1350\ \mathrm{W/m^2} = \sqrt{\frac{\varepsilon_0}{\mu_0}} <E^2>,$$

$$<E^2> = 50.9\times10^4\ \mathrm{V^2/m^2},$$

因此

$$E_{\text{方均根}} = 714\ \text{V/m} \tag{147}$$

**电磁辐射能流通量的测量** 在刚才讨论的例子中，你的眼睛和眼皮被用来测定地球表面的太阳常数．这时你的眼睛和你眼皮内的热敏器官在许多辐射探测器中是具有代表性的，这指的是它们都是平方律探测器——它们都对入射强度发生响应而对相位信息不敏感．（用你的耳朵探测声音时情况也是如此．）与此相应，描写入射通量的适当物理量并不是 $S(z,\ t)$ 的瞬时值，而是它在一个振荡周期内的时间平均值：

$$S \equiv < S(z,t) > = \sqrt{\frac{\varepsilon_0}{\mu_0}} < E^2(z,t) >. \tag{148}$$

（对于平面波，这个时间平均强度与位置 $z$ 无关．）

一个典型的平方律探测器由一个带通滤波器（用来通过所需频率的辐射并排除其他“本底”辐射）和跟在它后面的一个“敏感元件”组成．敏感元件把所有入射的能量流都吸收了而没有（因反射而引起的）损耗，从而送出一个正比于（或至少是依赖于）所吸收能量的“输出信号”．这种探测器中用得相当广泛的一类，是利用一个灵敏的量热器作为能量吸收的敏感元件．单位时间内吸收的能量值由测量某个吸收材料中的温度升高率来决定，或者由测量敏感元件的平衡温度超过一个标准环境（它可以是某种很容易重复得到和很冷的东西，如液氦）的温度多少来决定．这一平衡由敏感元件和环境之间的一个恒定热泄漏来维持．这种探测器本身可以含有一个校验装置，可以（比如说）暂时隔断外来辐射而代之以接通一个电流．电流流过装在敏感元件内的一个标准电阻．只要测量电流和电压降，便不难知道电阻的发热功率，它应该等于能引起同样温度超额的辐射的吸收功率．这种方法有许多巧妙的改进．

另一类探测器由光子计数器组成．一个光电倍增管就是一个光子计数器．每当光电倍增管的“光阴极”吸收了一个光子，便产生一个“光电子”，然后这个光电子经过约 100 V 的电压被加速而到达一个“倍增电极”，在那里一个光电子可产生出 3 到 4 个次级电子，它们被加速到第二个倍增电极，在那里每个电子又产生 3 个或 4 个甚至更多的电子，如此等等．于是最后，在经过或许是 10 级这样的放大之后，也就是经过 10 个倍增电极之后，从每个入射光子可产生出约 $(3.5)^{10}$ 个电子，然后这些电子被收集到一个“集电极”或“阳极”上．当它们流经一个电阻时，便会产生一个电压脉冲．这些脉冲都被记录下来并且可以计数．每一脉冲对应于一个准确的单光子吸收，这个光子具有电磁能量 $h\nu$，这里 $\nu$ 是振荡频率而 $h$ 是普朗克常数．当频率一定时，光电倍增管的探测效率 $e(\nu)$ 可以用某种标准辐射源来确定．在一段时间间隔 $t_0$ 内，平均计数率 $R$（每秒的记数）等于测得的记数 $N$ 除以时间 $t_0$：

$$R=\frac{N\pm\sqrt{N}}{t_0},\tag{149}$$

在这里，记数的“标准偏差”（作为一个测量中统计不确定性的通常估计）已取为计数的平方根. 由所测得的数值 $R$，可以通过下述关系式来确定以 $\mathrm{J/(s\cdot m^2)}$ 为单位的能流通量：

$$R=\frac{1}{h\nu}\sqrt{\frac{\varepsilon_0}{\mu_0}}<E^2(z,t)>Ae(\nu),\tag{150}$$

式中，$A$ 是光阴极的面积（单位为 $\mathrm{cm^2}$）；$e(\nu)$ 是探测效率. 探测效率是指打到光阴极表面的一个光子被吸收并产生一个光电子的概率. 光电倍增管的典型探测效率约在 1% 到 20% 的范围内.

作为非平方律探测器的一个例子，我们可以举出由一个接收天线、一个被天线内（由远方发射器送出的行波）的感应电压所驱动的调谐共振电路、一个放大器以及一个示波器所组成的体系. 示波器上的信号既显示了外来辐射的强度，也显示了它的瞬时相位，也就是说，它所给出的信号正比于天线所在处的瞬时电场强度，而不是电场平方的时间平均值. 仅当你有大量的光子存在，以致你不能够分辨开单独光子记数的时候，你才能以无限高的精确度测到一个电磁波的相位. 这时你可以通过在每一“瞬间”吸收的大量光子把电场“取样”成为一个时间的函数. 在用 $E_x=A\cos(\omega t-kz+\varphi)$ 描写的光波中，单个光子的相位常数 $\varphi$ 则是不可能确定的.

**可见光的标准强度——烛光** 在标准局保存着一个叫作“标准蜡烛”的东西. 它的亮度和普通蜡烛差不多. 按照定义，一支标准蜡烛在所有方向发出的可见光（其频率被认为在最佳能见度的峰值处，约 5 560 Å 左右）的总输出功率约 20.3 mW：

$$1\ \mathrm{cd}=1\ \text{烛光}\approx 20\ \mathrm{mW}\ \text{可见光}.\tag{151}$$

**表面亮度** 蜡烛火焰辐射表面的每一部分都朝着所有方向发光. 当你注视一支蜡烛的火焰时，它的表面看上去是均匀明亮的. 而且当你靠近它的时候，它看起来也和你远离它时一样地“亮”. 对于月亮或者一张白纸，情况也是一样. 对于一个磨砂白炽灯泡的表面来说，这点则是近似正确的. 表面亮度定义为每单位时间内每单位面积发出的（可见光）能量，它可以用每单位面积可见光的瓦特数或每单位面积的烛光数来量度. 一支普通蜡烛的火焰约有 2 $\mathrm{cm^2}$ 的总表面积，总输出功率约为一烛光. 因此，一支蜡烛的表面亮度由下式给出：

$$\text{蜡烛的表面亮度}\approx\frac{1\ \text{烛光}}{2\ \mathrm{cm^2}}=0.5\ \text{烛光}/\mathrm{cm^2}.\tag{152}$$

一只普通的 40 W、115 V 的白炽灯，其钨丝的绝对发光效率约为 1.8%.（参见《理化手册》中“光度学的量”一栏，作为比较，一只 100 W 的灯约有 2.5% 的效率.）这意思就是说，在灯丝内，作为“$I^2R$ 损失”所耗散的 40 W 功率中约有 1.8% 以可见光的形式辐射出来，其余的大部分能量都属于不可见辐射.（也有一小部分能量通过灯丝的引入接线传导到灯泡的底座而损失掉；还有一些红外线被玻璃外壳所吸收，这一点可由玻璃外壳变得很热而得到证明——即使对可见光几乎完全透明的清洁玻璃外壳也是如此.）

让我们来估计一只40 W灯泡的表面亮度.（我们可以把我们的结果同《手册》上所列的数据2.5烛光/cm$^2$相比较.）我的灯泡直径约6 cm. 当我打亮这只灯泡并观察它时，我发现，跟月亮不一样，它在整个投影面积上并不是均匀明亮的. 它在中心附近几乎是均匀明亮，但在相当于直径约2 cm的“半极大亮度的全宽度”的半径处，它的亮度突然减小. 这就是说，它看起来像一个直径为2 cm的球的一个接近均匀明亮的投影表面. 所以，我们将用一个直径为2 cm的均匀发光球来估算它的发光. 这个“有效”球的表面亮度等于可见光功率除以表面积，面积是$4\pi r^2=4\pi\ \mathrm{cm}^2=12.6\ \mathrm{cm}^2$. 可见光功率是40 W乘上效率0.017 6. 答案要用每平方厘米的烛光数（烛光/cm$^2$）来表示. 因为1烛光/cm$^2$等于20 mW/cm$^2$，于是得到

$$40\text{ 瓦灯泡的表面亮度}=\frac{(40)(0.017\,6)}{(12.6)(20\times10^{-3})}\text{烛光/cm}^2 \tag{153}$$

$$=2.8\text{ 烛光/cm}^2$$

《手册》上所给出的数值是2.5烛光/cm$^2$.

一只普通磨砂灯泡（上面所说的类型）上面的“磨砂”是通过把玻璃内表面弄粗糙而得到的. 另一种常用的类型是“乳白”灯泡. 跟普通的磨砂灯泡不一样，一只“乳白”灯泡的投影面几乎是均匀明亮，它看起来犹如一个月亮，不过更亮一些.

**为什么当月亮靠近时看起来并没有更亮一些？** 让我们来研究一下，一种向所有方向发光的东西，譬如说一张白纸片（或月亮，或太阳，或蓝天），它表观的表面亮度为什么并不依赖于你离开它表面的距离呢？假定你观察一堵墙，墙上布满了具有“乳白”外壳的白炽灯泡. 设$D$是灯泡的表面密度，以墙的每单位面积上的灯泡数来量度. 按定义，墙的表面亮度与单个灯泡的表面亮度相同. 视亮度决定于在一个“标准圆锥”内（从源）进入眼睛的光的能量，此“标准圆锥”以眼睛为它的顶点，且张有一定的孔径角. 因此，你在任何时刻就只“注视”到明亮表面的一小部分，你所感觉的亮度取决于此标准圆锥与表面相交的那一部分所发出并进入你眼睛的能量. 假定从你眼睛到墙的距离为$R$，再假定你“注视”的墙上的一块面积为$\Delta A$，则此面积$\Delta A$在你眼睛处所张的立体角$\Delta\Omega$就定义为

$$\Delta\Omega=\frac{\Delta A}{R^2}, \tag{154}$$

其中$\Delta A$取为垂直于你视线的投影面积，并且已假定$\Delta A$是小的，区域$\Delta A$的任何横向线度都比$R$小得多. 一个给定的不变的立体角同一个给定了顶角的圆锥相对应，而亮度感觉则正比于从某个由表面的一部分在你眼睛处所张的小而恒定的立体角（即一个给定的圆锥）内进入你眼睛的能量. 在立体角为$\Delta\Omega$的恒定圆锥内的灯

泡数 $\Delta\Omega$ 等于灯泡密度 $D$ 乘以面积 $\Delta A$：

$$N = D\Delta A = D\Delta\Omega \cdot R^2. \tag{155}$$

现在假定你从这布满灯泡的墙走远一些. 因为 $D$ 和 $\Delta\Omega$ 是恒定的，所以你在走开时所看到的灯泡数目 $N$ 随 $R^2$ 而增加；可是因为每个灯泡的功率 $P$（以 J/s 为单位）均匀地分布在一个面积 $4\pi R^2$ 上，所以单个灯泡的亮度对你视觉贡献的强度又随 $1/R^2$ 而降低. 这两种趋势互相"抵消"，有贡献的灯泡数 $N$ 乘以 $1/R^2$ 后不变. 由此可见，从一个固定立体角 $\Delta\Omega$ 的圆锥射向你眼睛的光强 $S$（以 $\mathrm{J/(s\cdot m^2)}$ 为单位）是一个常数：

$$S(\text{射在眼睛上}) = \frac{NP}{4\pi R^2} = D\frac{\Delta\Omega}{4\pi}P. \tag{156}$$

因此，布满灯泡的墙，不管你是靠近它还是远离它，看起来总是同样地"明亮"，就像一张白纸一样.

在上面讨论中，我们已假定你的视线垂直于布满灯泡的墙. 倘若这堵灯墙同你的视线倾斜一个相当大的角度的话，你可能会争辩说，既然墙已倾斜，将有更多的灯泡被恒定的圆锥包进去，因此表面应当显得更亮. 然而，这是不对的. 那些灯泡是三维的东西——球体，当你注视一堵倾斜的墙时，那些灯泡会部分地相互遮蔽. 如果你拿起两个发光的磨砂（乳白）灯泡并使它们部分地（或全部地）相互遮蔽，则从被遮蔽的那一部分灯泡上将没有光的贡献，结果"重叠"的投影面积并不会比单个灯泡的投影更亮一些.

当一张白纸，或者一个撒上盐或糖的表面，或者月亮的表面，被来自室内的或来自太阳的光所照明的时候，其上的物质是被照明到相当的深度的. 从表面发出的光已经被散射了许多次，其净效果是：再发光的表面有点像一堵布满了多层乳白磨砂灯泡的墙. 为了看出的确有许多光是从相当的深度发出的，你可以在黑色表面上铺上一层白纱，然后再铺上第二层、第三层，等等. 随着层数越加越多，纱也就变得越来越"白".

**照度——英尺-烛光**　在一定区域上接收到的总光强（以 $\mathrm{J/(s\cdot m^2)}$ 为单位）有时叫作照度. 照度正比于光源的表面亮度，也正比于源对该区域所张的总立体角. 比方说，假如月亮的直径增加到两倍，其表面亮度将保持不变（因为这是由太阳的照明所决定的）. 然而，它所张的立体角将四倍于前者，从而在地球上的光通量也将四倍于前者. 一支标准蜡烛在一英尺远的地方所提供的照度称为一个英尺-烛光，从式（151）容易看出

$$1\ \text{英尺-烛光} \approx 1.8\ \mu\mathrm{W/cm^2}(\text{可见光}). \tag{157}$$

请看表4.3，那里列出了几种令人感兴趣的表面的表面亮度的典型值. 我们看到，一支蜡烛和天空差不多一样亮. 这意思是说，假如你举起一支蜡烛，以天空为背景来看它，烛焰将很难看到. 当然颜色有所差别，烛焰是黄色的，而天空是蓝色的.

表4.3　表面亮度

| 表面 | 表面亮度/(烛光/$cm^2$) |
|---|---|
| 蜡烛 | 0.5 |
| 40 W 磨砂灯泡 | 2.5 |
| 晴朗的天空 | 0.4 |
| 月亮 | 0.25 |
| 太阳 | 160 000 |
| 40 W 透明灯泡(在灯丝上) | 200 |

**应用：40 W 灯泡和月亮的比较**

这是一个数字例题：一个 40 W 的磨砂灯泡（具有“有效”直径 2 cm）该放在多远才能提供与满月同样的照度？参见表 4.3，灯泡的亮度 10 倍于满月的亮度. 因此，为了提供同样的照度，它所张的立体角应该是月亮的 1/10，也就是说，它所张的角直径应为月亮通常的角直径的 $\frac{1}{\sqrt{10}}=1/3.2$. 月亮的角直径约为在臂长 50 cm处的 1/2 cm 弧长，它等于 1/100rad. 因此我们希望灯泡所张的角直径为 1/320 rad. 于是有 $\left(\frac{1}{320}\right)=\frac{2\text{ cm}}{R}$，$R=(2\times320)\text{ cm}=640\text{ cm}=6.4\text{ m}$. 当然，这 6.4 m 是对于任何 40W 灯泡产生“满月光”时所必须放置的距离，不管它是不是磨砂的. 一个不磨砂的灯泡看起来比较亮，但是提供的照度却是一样的.

**应用：人造卫星月镜**

假定在堪萨斯州和内布拉斯加州一部分的农民们生活在直径为 330 km（相当于堪萨斯州从东到西的长度）的圆形农场区内，他们当然希望在一个月的每天晚上都借助于满月的亮光来耕种田地. 因此，农业部就考虑到一个解决办法：用充气的塑料袋做一个人造地球卫星，它具有圆盘的外形，又有高反射率的表面. 倘若农民希望它的反光跟白天的日光一样强，那么人造卫星的最小反射镜就应是一个具有堪萨斯和内布拉斯加农场面积一样大的平面镜才能胜任，而这是目前人造卫星的工艺技术所做不到的事情. 不过，这些农民只希望有满月的亮光就够了. 按照表 4.3，月亮的亮度是太阳的 1/640 000，因此农民所希望的光强仅是日光的 1/640 000，这样一来，人造卫星的反射镜的面积就可以是农场面积的 1/640 000，而仍能截获足够的日光来满足农民们的需要.（但这时不能用平面镜，镜面应该略呈凸形，以便能把日光分散到整个农场面积上去.）因此镜子的直径可以是农场区的直径的 1/800，从而所需的镜面直径等于 330 km/800 = 410 m；这是办得到的！

## 习题与课外实验

4.1　弦的一端，$z=0$，被频率为 10 $s^{-1}$ 的简谐力所驱动，振幅为 1 cm. 弦的另一端在无限远（或者，弦的另一端“终止”时没有反射）. 相速度是 5 m/s. 请把位于驱动端下游 325 cm 的弦上一点的运动（精确地）描写出来. 位于下游 350 cm的第二点的运动又是怎样的呢？

4.2 我们是在描写行波时引入相速度的，它满足关系式 $v_\varphi=\lambda\nu$. 对于驻波情况，我们也知道 $\lambda$ 和 $\nu$ 的意义；因此代替行波，我们可以通过对驻波的研究来求出 $v_\varphi$.

(a) 给定一根钢琴的弦长为 1 m，其最低模式频率为 A440（440 $s^{-1}$），试求出相速度.

(b) 试证明：对于一根两端固定的提琴或钢琴的弦，其最低模式的周期 $T$，等于一个以相速度运动的脉冲从弦的一端跑到另一端再回到起始端所需要的“来回”时间. 那些较高模式的周期又是什么呢？

(c) 试按如下设想解释上面（b）的结果：考虑琴锤在接近弦的端点处给弦一次打击，这样便产生了一个以相速度来回传播的“波包”或“脉冲”. 对弦上任何一个固定点运动的时间依赖关系作出傅里叶分析. 你只需要在第 2 章中研究过的那一类傅里叶分析.

(d) 考虑一根在 $z=0$ 端固定而在 $z=L$ 端自由的弦. 试证明最低模式的周期等于一个脉冲以相速度来回跑两次所需要的时间. 你能不能用简单的办法解释一下，这一结果为何与（b）的结果竟如此不同？为什么这个脉冲必须做再次往返的旅行呢？

4.3 假定习题 4.2（a）中所研究的钢琴弦直径为 1 mm. 它是用体密度为 7.9 g/$cm^3$的钢做成的. 试求出用牛顿（N）为单位和以磅（lb）为单位的弦的张力. [答：4890 N，1 100 lb.]

4.4 玩具弹簧上波的相速度（课外实验）.

(a) 用习题 4.2 中所讲的方法，即用驻波的方法测量相速度.

(b) 计算：“从理论上”证明，一个玩具弹簧（由固定圈数组成，即由固定数量的实物组成）的相速度正比于玩具弹簧的长度. 因此，如果你把它朝外拉伸使其长度加倍，相速度也增加一倍.

(c) 用（a）中所讲的驻波方法，从实验上证明这一点.

(d) 沿着玩具弹簧送出一个短“脉冲”或者“波包”. 同时，把整个玩具弹簧从一种静止状态松手，使其产生最低横向模式的振动. 那么，脉冲的“来回”时间是否等于最低模式的周期？

4.5 橡皮筋的阻尼（课外实验）. 把若干橡皮圈切成单条绞在一起编成一条“橡皮绳”，约 0.6 ~ 0.9 m 长. 试证明纵波的相速度大于（如果它是的话）横波的相速度. 你将发现纵波的模式是高度阻尼的. 把一根橡皮筋紧贴在你潮湿的嘴唇上，突然地拉伸它. 稍等片刻后，又突然地松开它. 关于阻尼，这个实验的结果能告诉你些什么呢（如果有什么的话）？为什么那些纵向模式比那些横向模式的阻尼要厉害得多呢？或者换句话说，你怎样才能用如此强烈阻尼的东西得到像样的横向振荡呢？

4.6　用波包测定声速（课外实验）．这里有两种方法：

（a）请一位助手在约 800 m 远的地方点燃一个爆竹，当你看到爆炸处的闪光时立即开动一个跑表，而当你听到声音时立即揿停它．计步测出距离，在两个相差两倍左右的距离处完成这个实验，然后对这两个地点画出时间延迟对于距离的关系．这张图上经过这两点的一条直线是否与原点相交呢？如果不相交，是什么原因？如果不相交，你还能确定声速吗？怎么做呢？

（b）找一个校园或运动场，那里有广阔而平坦的空地，在一边被一座建筑物挡住．因此，当你站在离墙 45 m 左右的地方拍手时，可以听到清晰的回声，其“来回”时间约为 0.2 s 或 0.3 s．要精确地测量这个数值，即使用一个跑表，也是困难的．这里有一个办法，只需要一个普通的表（有一根秒针）．把表放在地上，当你拍手时能看清它．开始有节奏地拍手，起初慢一些，留心地听你的拍手声和回声．然后增快拍子，直至回声恰好在“无拍”的情况下返回．这是很容易达到的节拍速度，大概是每秒两次．保持这样的节拍 10s 左右，看着你的表同时计算拍手次数．（这可能要花费几分钟时间练习．）再步测一下你到产生回声的平面墙的距离．剩下的事就只是计算了．

4.7　同轴传输线．一根同轴传输线，其圆筒形的内导体半径为 $r_1$，圆筒形的外导体半径为 $r_2$，内外导体之间是真空．证明此传输线每单位长度的电容量 $C/a$ 为（在静电单位制中，即沿轴线每单位厘米长度的以厘米量度的电容量）

$$\frac{C}{a}=\frac{1}{2\ln(r_2/r_1)}.$$

再证明单位长度的自感 $L/a$ 为（在静电单位制中）

$$\frac{L}{a}=\frac{2}{c^2}\ln\frac{r_2}{r_1}.$$

为了得到 $C/a$，要用到公式 $Q=CV$ 和高斯定理（《电磁学》卷 3.5 节）．

为了得到 $L/a$，要用到公式 $L=\frac{1}{c}\Phi/I$，这里 $\Phi$ 是电流 $I$ 所产生的磁通量［《电磁学》卷 7.8 节中式（53）和式（54）］．

4.8　平行导线传输线，先做习题 4.7，在那里你可以应用一下对称性．这个问题没有那种对称性，不过用叠加原理可以容易地做出来：先计算单根导线所产生的场的贡献，然后乘上 2．证明 $C/a$ 和 $L/a$ 分别为

$$\frac{C}{a}=\frac{1}{4\ln[(r+D)/r]},$$

$$\frac{L}{a}=\frac{4}{c^2}\ln\frac{r+D}{r};$$

其中 $r$ 是随便哪一根导线的半径，$r+D$ 是从一根导线的轴线到另一根导线表面的

距离．注意本题计算非常类似于习题4.7的计算，除了多一个有趣的因子2以外．试解释一下这个因子．

4.9 证明（例如，用一种基于对称性的简单论证），在同轴传输线的外导体之外以及内导体之内，电场和磁场强度都是零．再证明在平行板传输线板间区域之外，电场和磁场也都是零．

4.10 证明平行板传输线的自感总是由4.2节中的式（59）给出，不论对直流或交流都是一样，只要交流电的波长远大于板的厚度 $d_0$ 就行．参见4.2节关于式（60）的讨论，以式（60）作为讨论的出发点．

4.11 从《电磁学》卷9.1节表9.1查出在标准状况下空气的介电常数是1.000 59.（假定它的磁导率是1.）所以，按照4.3节式（63），在标准状况下空气的折射率应为 $\sqrt{1.00059}=1.00029$．这个数值同4.3节表4.1中所给的实验值符合得很好．另一方面，水的介电常数是80，但它的折射率却不是 $\sqrt{80}\approx 9$，而约为1.33．为什么有如此巨大的差异呢？

4.12 水棱镜——水的色散（课外实验）．可以用如下方法做一个水棱镜．把两块显微镜的承物玻璃片用胶布粘在一起作成一个V形“槽”，把这个槽的两端用油灰或黏土或胶布或某种东西密封起来，槽中注入水．（应堵塞住漏洞！）将棱镜举起靠近你的眼睛以便穿过它看东西．你看到白色物体会有带色的边缘，那是在用透镜观察时也会有的，这种现象称为“色差”，是我们所不希望有的．现在请注视一个白光点源或线源．[对这个实验和其他家庭实验来说，最好的点光源是用一个简单的手电筒作成的，拿掉手电筒的玻璃片，用一块黑色（或深色）的布把铝反光镜遮起来，在布上开一个洞，你可以通过这个洞去推它的电珠．当然，这对一种“密封光束”的手电筒是办不到的．最好的线光源是一个简单的25 W或40 W的“橱窗”灯，它有一个很清晰的玻璃外壳和一根长约7.6 cm的直线灯丝.] 现在从你的光具箱中取出一块紫色滤光片，插在你的眼睛和光源之间．（别把滤光片弄湿了，它是胶质的，弄不好会溶解掉!）这样你就会看到两个“虚光源”，一个是红色的，另一个是蓝色的．（为了懂得滤光片的作用，请用你的衍射光栅来代替棱镜，然后在放入和取出滤光片两种情况下观察白色光源，那么你就可以看到，绿色光被滤光片吸收了，而红光和蓝光则透过了．）假定透过滤光片的蓝光平均波长约4 500 Å，而红光的平均波长为6 500 Å．（在我们研究了衍射光栅之后，就要请你更精确地测量这些波长．）测量红、蓝两色虚光源对你眼睛所张的分离角．一种简便的办法是在靠近光源处放一张划有标记线条的纸．随着你走近光源，线条的分离角会改变，你就能够使两根标记线条同两个虚光源“重合”．这样你就能判定这两个有色的虚光源究竟分开多少厘米．分离角等于这个距离除以从你眼睛到光源的距离．把棱镜倾斜一下以观察虚光源的分离角是否灵敏地依赖于光束投射到第一块承物玻片的入射角．导出一个公式把光线的偏转角表示成为棱镜角和折射率的函数．（提示：在第一块承物玻片上垂直入射的情形是最容易推导的．因此先照这种方式做实验，或者至少看一看它是否要紧.）测出棱镜角. 现在要问：边缘平行的两块显微镜承物片对于分离角或偏转有没有贡献呢？你怎样才能在实验上把这种贡献找出来呢？最后，确定每一千埃单位的水的折射率的变化率. 把这个数值同玻璃的比较又怎样？（见4.3节表4.2.）（可以想一想，虽然水的折射率较小，但它可能有比玻璃更大的色散，情况是否如此呢？）为了寻奇取乐，你可以用重矿油重复这个实验，还不妨试一试其他透明的液体.

4.13　一根无限长的弦，其线密度为0.1 g/cm，张力为445 N，在$z=0$端被驱动做振幅为1 cm而频率为$100\text{s}^{-1}$的谐振动. 以W为单位的对时间平均的能流通量是多少？[答：约40 W.]（你的答案应当比这个数字稍许精确一些；就是说，它是35 W呢还是44 W？）

4.14　最好的波动示范仪器之一是一个扭波机. 它由一根沿$z$轴的很长的“脊骨”和许多横向的“肋骨”组成，肋骨间的距离约为$a=1$ cm. 脊骨是方形截面的钢丝，其横向尺寸约2 mm×2 mm，每一根肋骨是一根直径约0.5 cm而长度为30 cm的铁棍，棍的中点固结在钢的脊骨上. 令$K$表示钢丝的角弹簧常量，就是说，回复力矩是$K$乘扭转角（以rad计）. 令$I$表示一根棍的转动惯量.

（a）对于扭波（钢丝的扭转波）导出波速和阻抗的公式. 这里阻抗用“力矩$=Z\times$角速度”来定义. 假定波长远大于肋骨的间隙$a$.

（b）证明准确的色散律公式为$\omega^2=4\omega_1^2\sin^2\left(\frac{1}{2}ka\right)$，并求出$\omega_1$的表达式.

（c）迄今为止，我们忽略了由于重力引起的任何回复力. 现在假定，当所有铁棍一起振荡时（因而钢丝脊骨一点也不扭转），它们以角频率$\omega_0$围绕它们的水平平衡位置振荡着㊀. 这时的色散律如何？关于本题答案及若干实验结果，可参见B. A. Burgel, *Am. J. Phys.* **35**：913（1967）.

4.15　威士忌酒瓶共振腔（亥姆霍兹共振腔）（课外实验）. 假如你对着一个罐子或者瓶子的口横向吹气，你就会听到一种声调，因为你已经将最低的振动模式激发起来了. 如果你估计一下能期望得到的频率，假定瓶子的作用犹如一个均匀的管子，在一端密封，从瓶底到瓶口的长度等于$1/4\lambda$，那么你将会大吃一惊. 音调比你猜测的要低得多. 下面是亥姆霍兹的近似推导方法，它给出相当好的结果，如图4.12所示.（例如有一只空瓶，我预言频率为$110\text{ s}^{-1}$，而用我钢琴测得的结果是$130\text{ s}^{-1}$.）假定在大体积$V_0$内空气的行为像一个弹簧，它与一个质量相连接，这个质量就是瓶颈部

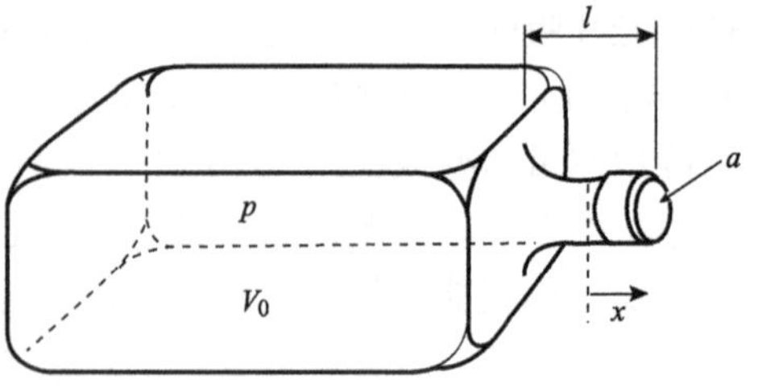


图　4.12

㊀ 铁棍的重心比钢丝轴心略为偏低一些，所以重力提供了振荡时的回复力矩. 见参考文章. ——译者注

分的空气．这个质量等于$\rho_0\omega$，这里$l$是颈部的长度，$a$是它的面积，而$\rho_0$是空气的密度．亥姆霍兹近似是假定：所有的运动都在颈部发生，而所有的回复力都来自$V_0$内的压强变化．

（a）证明：如$x$是流体沿颈部的外向位移，而且所有的回复力$F_x$都来自压强之差$p-p_0$，这里$p$是在$V_0$内的压强，而$p_0$是平衡压强，则

$$F_x=-\frac{\gamma p_0 a^2 x}{V_0},$$

其中$r$是"比热比"，对空气约等于1.4.

（b）证明这引起的单个模式的角频率$\omega$为

$$\omega^2=v^2\frac{a}{V_0 l},$$

其中$v$是声速．用此式时我们必须以颈部的"等效长度"来代替$l$；所谓等效长度是实际长度再加上在每一端的颈部半径的3/5．如果实际的颈部长度为零，此式照样可用（此时长度$l$便完全来自"端部修正"了）．这种情况有点像一种装稀漆剂的长方形罐头．

倘若你拼命地横吹你的瓶口，你就能激发起那些较高的模式．一旦你在吹得很响时听到过它们，即使你轻轻地吹，因而主要地只激发最低模式，你通常也就能听到它们（较高模式）的微弱存在．要计算这些期望中的较高共振频率，并没有简易的"一维"方法．你将发现，对于两个形状不同的瓶子，它们的第一和第二或者第三模式频率之比是很不相同的，虽然你对每一个瓶子，都可以用亥姆霍兹近似很好地计算出最低的模式频率．

4.16 空气、氦气和天然气中的声速（课外实验）．取一个普通的哨子，吹一下并记住音调．现在把哨子连接到一个氦气瓶（这可在任何实验室或物理系中得到），用氦气来吹这个哨子．现在音调变得怎样了？现在用实验测出氦气情况下的音调相对于空气情况下音调之比．最容易的方法，是辨别出这些音调，然后查阅一张频率与音调对应关系的表格（可在《理化手册》中找到，或者参见课外实验2.6）．再从理论上证明预期的音调比约为3:1．实验上你可能只得到2.5左右．原因何在？你能够改进这个实验吗？在氦气或空气两种情况下，在哨子内的声波波长差别如何？如果不用氦气或空气，把哨子通过一个软管接到一个煤气炉或本生灯的气体出口处而改用天然气，则音调比是多少？通过测量，对于天然气和空气的音调比，关于天然气的分子性质，你能够知道些什么呢？

4.17 试求出离一个40 W灯泡1 m远的空间一点处电场的方均根值（对所有频率平均）．

4.18 测量地球表面处的太阳常数（课外实验）．此实验已在4.4节的例17中叙述过．做这个实验，把结果用W/cm$^2$表示出来．你可以用几层玻璃（或许就用窗玻璃）把灯泡发出而被你眼皮探测到的红外"热"滤去．因此，可以假定地球

大气对于日光也在很大程度上做了这同样的事情. 于是，通过限制只看可见光的办法（比如透过闭着的眼皮来看），也许你能够接近地球大气层外面的太阳常数值. 钨丝的温度比太阳的温度低，其波长谱依赖于颜色. 找一张在太阳表面温度（大约为5 000 K）下发射能量与波长的关系图，再找一张在钨丝温度（约为3 000 K）下的相应的图. 粗略地估计两种情况下总能通量中可见光部分所占的比例. 看看你是在过低地抑或是过高地估计太阳的总通量（包括不可见辐射在内），因为你只对可见光频率把它同灯泡比较.

4.19　光电倍增管计数率. 假定你有一个光电倍增管，它具有下列性质：光阴极面积 =1 $cm^2$，对可见光谱平均的光阴极效率 =5%. 假定你又有一支蜡烛，它发出一烛光的可见光. 现在问蜡烛该放在离光电倍增管多远的地方才能使输出计数率低到每秒10次？（我们要它低，这样我们才能听到个别的计数.）再换一种办法，如果蜡烛放在1 m远，则在光电倍增管表面的不透光屏蔽上应该开一个多大的小孔才能给出同样的结果？单位：具有1 eV能量的一个光子约有12 345 Å的波长.（最后两位数字是错的，不过，这是一个容易而且有名的记忆法.）因此，假如光子能量为2eV，它的波长约为6 170 Å. 把所有光子都当成是绿色的. 即5 500 Å. 此外，$1\text{eV} = 1.6 \times 10^{-19}\text{J}$.

4.20　蜡烛光和爱情. 倘若一支蜡烛具有跟月亮同样的内在亮度，则当你把它放在一个距离上使其对你眼睛所张的立体角与月亮对你所张的立体角相同时，它将提供与月亮相同的照明. 按照4.4节的表4.3，蜡烛的亮度为月亮的两倍. 假设满月的光提供了“谈情说爱的理想照明”，测量一支蜡烛火焰的大致的水平投影面积，计算蜡烛该放多远才能提供上述定义的“理想照明”.

4.21　月光. 按照4.4节表4.3后面的例子，一个有效直径为2 cm的40 W灯泡，当放在6.4 m距离远的地方时，能提供跟月亮相同的照明. 那里的计算是从表面亮度（由表4.3给出）和有效直径（事先已有计算）着手的. 当然，一个有着透明玻璃外壳的40 W灯泡将提供同样的照明.（钨丝的亮度远大于磨砂表面的亮度，但总的功率输出是一样的.）利用这些事实来计算满月光所提供的照明，以每平方厘米被照明表面上可见光的微瓦数为单位.（要考虑到灯泡的效率.）

[答：介于0.1～0.2 $\mu W/cm^2$之间.]（你的答案应该有两位有效数字；比如0.13，或0.18，或者是什么就写什么.）

4.22　日光. 太阳所张的立体角大约和月亮的相同.（假如你想要检验这句话，可以伸直手臂拿着一根尺量一下. 当然，看太阳得用一个适当的滤光器，那只要从你的光具箱中取两个偏振片使之接近正交就行了.）利用4.4节中的表4.3和习题4.21的结果，求出太阳所提供的照明. [答：对可见光约90 $mW/cm^2$.]

4.23　太阳的发光效率. 假定太阳发出的可见光透过地球大气层时其减弱是微不足道的. 用习题4.22的结果和地球大气层外的太阳常数的手册数值，计算太阳的发光效率. 它跟一个电灯泡比较起来怎么样？（根据手册，一个5 000 W的115 V灯泡有4.7%的效率).

4.24 测量一只灯泡的烛光数和发光效率(课外实验). 为做这个实验, 你需要一个白炽灯(玻璃外壳可以是透明的, 也可以是磨砂的.)、一支蜡烛、两块石蜡板(密封肉冻、果酱和蜜饯的玻璃罐时所用的"家用蜡")和一张铝箔. 蜡烛是你的标准. 我们假定你的蜡烛接近于一支标准蜡烛, 因而发出一烛光, 即约20 mW的可见光辐射. 灯泡烛光数是未知的. 只知道它的总功率(标在灯泡上). 把灯泡和蜡烛做如下的比较, 以测量它的可见光输出. 将铝箔夹在两块石蜡板之间. 把这整块夹心石蜡移近蜡烛, 这时靠近蜡烛那一面的石蜡板是亮的, 而背着蜡烛的石蜡板是暗的. 然后把它移近灯泡. 现在(在晚上, 只有蜡烛和电灯亮着), 把石蜡探测器举在电灯和蜡烛之间, 使两个石蜡板各面向一个光源. 改变位置直到两个石蜡板看起来同样明亮. 测量两方距离, 剩下的工作就是计算了(用平方反比定律). 假定你的蜡烛是"标准"的, 求出灯泡的可见光输出, 以烛光数和可见光瓦特数表示, 并算出灯泡的效率.

用一个稍许复杂一些的装置, 你应当能够测量太阳的照度, 用可见光 $W/cm^2$ 或者(取1烛光/$cm^2$ = 20 mW/$cm^2$)用每平方厘米的烛光数来表示. 你可能会碰到背景光的问题, 背景光既非来自太阳, 也非来自标准灯泡. 或许用一个强光源如200 W的灯泡是有利的. 或许你需要一个硬纸管做的光准直器; 或者一个硬纸板做成的纸板箱, 上面有一些合适的小孔; 或者在什么地方有一块黑布. 用前述的办法标定灯泡的烛光数. 找出能够给出和太阳同样照明的灯泡离开石蜡的距离. 根据几何学, 你就能计算灯泡的光通量, 以烛光/$cm^2$ 为单位, 从而算出太阳的照明, 也用烛光/$cm^2$ 来表示.

4.25 磨砂灯泡(课外实验). 取一只普通的磨砂灯泡(任何瓦数的), 再取一只瓦数和灯泡直径都相同的"乳白"灯泡. 把它们接上电源并进行观察. 注意磨砂灯泡投影光有一个"明亮的核心", 而乳白灯泡则要均匀得多. 因此磨砂灯泡比之乳白灯泡有一个较小的"有效"表面. 既然它们的功率相同, 它们的总光输出大概也是一样的. 于是磨砂灯泡在它较小的明亮核心表面上必定要更亮一些. 卷起你的手指形成一个小孔, 把你的手举在离你眼睛固定的距离上, 以使小孔对眼睛张一恒定的立体角. 通过这小孔去观察每一个发光灯泡的中央区域. 哪一个灯泡(在中心)更亮些? 用一把尺紧靠在磨砂灯泡上, 以测量它明亮核心的投影面积的直径. (你可能需要从你的光具箱中取出两个偏振片, 让它们部分正交, 通过它们进行观察以减弱亮度.) 采用磨砂灯泡的"有效球"模型, 这个球的直径就等于投影明亮核心的直径, 这样可以算出两种灯泡表面亮度的比值. 然后用如下办法测量表面亮度之比, 把每个灯泡各放在一张硬纸板(或类似的东西)的后面, 纸板上开有一个小孔, 只露出每个灯泡的中央区域. 两个孔做得一样大. 将两个灯泡放在相距几英尺远的地方, 使它们通过小孔相互照着, 用在家庭实验4.24中介绍过的夹心石蜡的办法, 测量这两个灯泡中央区域的表面亮度之比. 把你的测量结果同你基于“有效球”模型所算得的数值比较一下，情况怎么样？

最后，敲碎这两个灯泡，看看它们磨砂上白的办法有什么不同.（在敲碎时要把灯泡包在毛巾里面!）如果你嫌这样做太浪费了，那就只看看我们的介绍吧. 我们曾敲碎过普通的磨砂灯泡，其内表面稍许有些粗糙，这是可以用酸腐蚀或者用喷砂的办法做到的. 至于乳白灯泡，则是涂上了一层白色的粉（无疑是氧化镁）. 手指头碰上去，这些粉会被擦掉，显出透明的玻璃壳. 假如你真的把灯泡敲碎了，可以保留最大半球形的一块玻片，灌进一些液体而做成一个很好的“平凸”透镜.（为得到大块的玻片，敲碎灯泡时应轻叩它的颈部.）你可以用它来测量水和矿物油的折射率.

4.26 声阻抗（课外实验）. 对着一个纸壳管子唱一个稳定不变的声调，唱的时候使纸管贴紧你的嘴，不使空气从边缘漏出去. 改变声调以寻找共振频率.（它们并不正好等于自由模式的频率. 当你把纸管轻轻地敲击你自己的头时可以听到这些自由模式. 现在你的嘴和咽喉把纸管这一端的有效长度改变了.）先唱一个不在共振点的声调，当正在继续唱时突然移去纸管，阻抗的改变你应该是感觉得到的. 现在改在一个共振频率处再唱. 注意你咽喉感觉到有明显的不同. 在共振时，负载不复是一个纯粹波阻性的负载，而大半是波抗性负载了. 现在找一个大的坛子，或者瓶子，或者水桶.（一个大的玻璃瓶或者一个大的软塑料或硬塑料罐，或者一个水桶，都是可以的.）用你的歌声仔细搜索，找出一个强烈的共振. 然后将你的嘴和咽喉与这个共振体系紧密地耦合起来，在这个共振点尽力大声唱，假如没有辐射损失或其他波阻性损失，则加在你歌唱器官上的负载将是一种纯粹波抗性的负载. 这就是说，在任何一个周期内，流回你咽喉的能量跟（在这周期内的另一部分时间内）流出你咽喉的能量一样地多. 正因为如此，你咽喉内的感觉跟你朝着开放媒质唱歌时迥然不同. 你将发现难以控制自己的音调，音调会“颤动不定”，因为你习惯于一个波阻性负载，而现在却碰到一个波抗性负载了.

4.27 假定在一根弹性弦（$T_0 = 10^{-5}$ N，$\rho = 1$ g/cm，$\omega = 10^3$ rad/s）上有两个行波，其表式为

$$\psi_1 = A\cos(\omega t - kz + \pi),$$
$$\psi_2 = A\cos(\omega t - kz + \pi/4).$$

求出 $\psi_1$ 和 $\psi_2$ 叠加后强度的时间平均值.

4.28 三个平面电磁波表示为

$$E_{1x} = E_0\cos(kz - \omega t - \delta_1) = B_{1y},$$
$$E_{2x} = E_0\cos(kz - \omega t - \delta_2) = B_{2y},$$

和

$$E_{3x} = E_0\cos(kz - \omega t - \delta_3) = B_{3y};$$

它们经过空间同一区域. 如调节常数 $\delta_1$，$\delta_2$ 和 $\delta_3$ 的数值，可以产生的最大和最小

的振幅及能流通量是多少？

4.29 在一根弹簧上的纵波的“计示压强”．导出4.4节的式（111）：

$$F_z(L\text{施于}R)=F_0-Ka\frac{\partial\psi(z,t)}{\partial z}.$$

从一根带有集总参量的串珠弹簧出发．平衡时每个弹簧都受压缩而产生力 $F_0$．弹簧常量是 $K$．小珠的间距为 $a$．先对一给定的小珠找出它受到紧靠在它左面的弹簧所施于它的沿 $+z$ 方向的力，然后过渡到连续极限，便可导出所需的结果．注意在连续极限中乘积 $Ka$ 是连续弹簧的一个特征量而与长度 $a$ 无关．

4.30 橡皮绳和玩具弹簧．一根普通的橡皮绳（或者用来关门的那种弹簧），不拉伸时的长度比起拉伸时的长度并不是可以忽略的．试证明：因此横波的相速度比纵波的要小．再证明：举例说，如拉伸后的长度为不拉伸时的4/3倍，则纵波的传播速度将两倍于横波的传播速度．一根玩具弹簧不拉伸时的长度约为7.6 cm，拉伸时的长度可达4.5 m左右，问此时两种速度之比是多少？

4.31 声波是完全无色散的吗？我们在4.2节中曾得出，声速是一个常数，与频率无关．给出这个结果的色散律是

$$\omega^2=\frac{\gamma p_0}{\rho_0}k^2,$$

它同一根连续弹簧上纵向振荡的色散律十分相似：

$$\omega^2=\frac{K}{M}k^2.$$

对于一根有集总参量的串珠弹簧，色散律变为

$$\omega^2=\frac{K}{M}\frac{\sin^2\frac{1}{2}ka}{\left(\frac{1}{2}a\right)^2},$$

这样会导致高频截止．请用类比法并通过物理论证，猜测标准状况（标准温度和标准压强）下空气中声音的高频截止值．你估计频率为 $\nu\approx100$ 兆周的超声波会以通常声速传播吗？［答：你估计的高频截止值 $\nu_0\approx10^{10}$ Hz.］

# 第5章　反　　射

# 第5章　反　　射

## 5.1　引言

这一章中，我们将应用阻抗的概念探讨当行波在介质中遇到不连续的突变时所发生的情况. 在5.2节中，我们要讨论与波动介质的特征阻抗相匹配的集总电阻负载. 这将使我们知道，怎样去做一块能使电磁波终止而没有反射的“自由空间布”. 在5.3节中，讨论由阻抗“失配”引起的反射. 通过传输线结果的推广，我们将知道光波在折射率突变处是怎样反射的. 通过5.5节中对多次反射的研究，我们会看到怎样可以用一块窗玻璃使我们了解到有关受激氖原子平均衰变寿命的一些问题.

## 5.2　理想的终止

如果将发送器连接到一个完全的开放介质，并以在此介质色散范围内的频率驱动介质，则此发送器发射行波. 发送器输出端经受一个正比于特征阻抗的纯电阻阻力. 特征阻抗既决定于介质，也取决于波动的几何位形. （例如，平行板传输线的阻抗是与平行线传输线的阻抗不同的.）

就发送器来说，它并不知道是确实向一个开放介质发射行波或者仅仅是驱动一个集总电阻负载. 如果你将无线电台与天线的连接切断，改接一个等效的电阻，对此差异振荡器是不能区别的. （这里稍微有些过分简化了，因为无线电天线本身有电感和电容. 因此，要完全“欺瞒”驱动振荡器，必须用适当的 *LRC* 电路来代替天线. 在这种电路中的电阻 $R$ 是“辐射电阻”. 它就是我们所讲的特征阻抗.）让我们用比无线电天线更简单的例子来着手讨论.

**例1：连续弦**

如果我们把（正被发送器振荡输出端抖动着的）弦换成一个合适的“阻尼器”，则发送器经受的曳力同它向无限弦发射行波时所受的曳力一样. 所谓阻尼器是指有下述性能的一个装置（因为它在“右边”，我们称它为 $R$.）：如果阻尼器的输入端受力作用而有速度 $u(t)$，则此阻尼器对驱动力（因为它在左边，我们称它为 $L$）将有一个与速度成正比而方向相反的反作用力：

$$F(R\text{ 作用于 }L) = -Z_R u(t), \tag{1}$$

式中，$Z_R$ 是一个正的常数，称为阻尼器的阻抗. 因为 $F$（$R$ 作用于 $L$）与速度成正比，所以阻尼器的阻抗是所谓“纯电阻”.（一个或是包含惯性质量或是包含弹簧的装置，将分别以正比于加速度或位移的力呈反作用．对其中的任一种情况，这样的装置都呈现出“波抗”负载而不是电阻负载.）现在，当发送器向特征阻抗为 $Z$ 的开放体系发射行波时，发送器的输出端受到的阻力为

$$F(R\text{ 作用于 }L) = -Z\left(\frac{\partial\psi}{\partial t}\right)_{z=0}. \qquad (2)$$

式中，$\partial\psi/\partial t$ 是弦在 $z=0$ 处的速度，因而也是输出端的速度．因此，我们看到，若 $Z_R$ 等于 $Z$，则发送器驱动阻尼器的输入端同它驱动无限长弦一样，将经受同样的“纯电阻”反作用．行波的一个特征是，介质中每一个下游点同发送器的输出端有相同的“经历”，不过要晚一段时间．所以，对于运载行波的体系中任一个下游点 $z$，紧靠 $z$ 左侧的点 $L$ 并不知道紧靠 $z$ 右侧的点 $R$ 究竟实际上是伸展到无限的弦的第一个点呢，抑或仅仅是阻抗为 $Z_R=Z$ 的阻尼器的输入端.

**阻抗匹配**　这就告诉了我们，要获得连续弦的理想终止，即要使射到终止端的横向行波没有反射，办法是把弦与阻抗为

$$Z_R = Z = \sqrt{T_0\rho_0} \qquad (3)$$

的由理想阻尼器构成的电阻负载相连接．当式 (3) 满足时，我们就说负载阻抗同弦的特征阻抗“匹配”．一个理想终止的例子示于图 5.1 中.

**分布负载**　一个阻尼器是一个“集总”波阻负载，即它所占的区域同波长相比小得多．倘若不对阻抗匹配提出严格的设计要求使其满足条件式 (3)，还有一个方法能获得有效的理想终止．那就是在所希望开始吸收波动能量的点 $z=L$ 处接一根非常长的曳力很小的“分布”负载．于是这个曳力沿着弦在所有 $z$ 大于 $L$ 处连续而均匀地起作用．如果在一个波长的距离内，曳力只吸收了波动能量的一小部分，则它不会引起显著的反射，并将逐渐地吸收所有的波动能量.

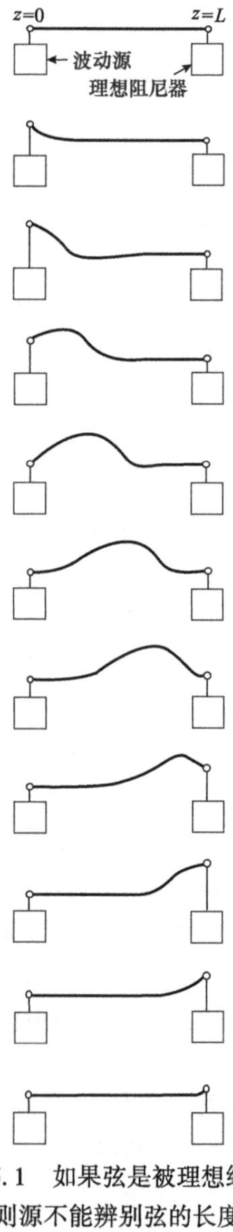


图 5.1　如果弦是被理想终止的，则源不能辨别弦的长度．源与无限长的弦相连或直接与阻尼器的输入端相连，对源来说都一样．图中所示是与被理想地终止的有限弦相连

**例 2：平行板传输线**

从这个例子会得出很普遍的结果．传输线的输入端和一块电阻材料板一起示于图 5.2 中，此电阻

板既可代替传输线作为发送器的负载，又可终止传输线而没有反射．按图所示的电流方向，这块板的电阻是电阻率$\rho$乘长度除以截面面积（《电磁学》卷4.7节）：

$$R=\rho\cdot\frac{长度}{面积}=\frac{\rho g}{dw}. \tag{4}$$

但是，平行板传输线的特征阻抗$Z$是［见4.4节式（132）］

$$Z=\sqrt{\frac{\mu_0}{\varepsilon_0}}\frac{g}{w}. \tag{5}$$

若要$R$是理想终止的，必须有$R=Z$．令式（4）和式（5）相等，可得

$$\frac{\rho}{d}=\sqrt{\frac{\mu_0}{\varepsilon_0}} \tag{6}$$

式中，$\rho$的单位是$\Omega\cdot$cm，$d$的单位是cm；比值$\rho/d$的单位是$\Omega$.

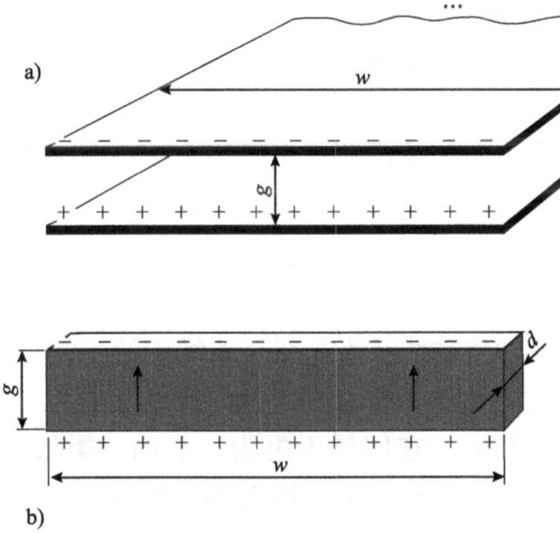


图5.2 平行板传输线的终止

a）传输线 b）电阻块

当加在块上电势差的符号如正负号所示时，电流向箭头方向流动

**单位面积的电阻** 这块电阻可以用与厚度$d$无关的方法来表征．我们从这块厚度为$d$的薄板材料中切出一个长为$L$、宽为$L$的正方块．把电压$V_0$加在方块的正对的两端．它引起的电流是与薄板的表面平行流动的．方块的电阻等于电阻率乘沿电流方向的长度（$L$）再除以与电流方向垂直的面积（$Ld$）．即

$$R=\frac{\rho L}{Ld}=\frac{\rho}{d}. \tag{7}$$

注意，电阻值与方块的边长$L$无关．因此，对于薄板材料，$\rho/d$可表征为从方块一边流到对边电流的单位面积（大小任意）的电阻．所以式（6）告诉我们，对于平行板传输线的理想终止，每方块的电阻应当是

$$理想终止的薄板具有\ 120\pi=377\Omega/方 \tag{8}$$

让我们看看，实际上是怎样去获得理想终止的. 让我们设计一个平行板传输线的终止块. 我们希望有一种薄板材料，它的每方电阻是 377 Ω，即 $\rho/d = 377\ \Omega$，所以

$$d(\text{cm}) = \frac{\rho(\Omega\cdot\text{cm})}{377(\Omega)}. \tag{9}$$

让我们用一块铜板试试. 它该有多厚呢？在《理化手册》中（在索引条目“金属的电阻率”处），我们查找出 $\rho_{铜} \approx 1.7\times10^{-6}\ \Omega\cdot\text{cm}$. 根据式（9），我们需要的板厚为 $d_{铜} \approx 1.7\times10^{-6}/377 \approx 0.5\times10^{-8}$ cm. 这比单个铜原子的直径还要小！看来我们遇到了困难，再去查手册！最后我们发现碳，它的电阻率约为 $3\ 500\times10^{-6}\ \Omega\cdot$ cm，算出它的 $d \approx 3\ 500\times10^{-6}/377 \approx 10^{-5}$ cm. 这是实际可能的厚度，就用碳吧！首先我们可以用一块具有足够高电阻率的帆布，以致单位面积的电阻值比 377 Ω 大了很多. 然后我们把烟炱（碳粉）掺入水或其他什么液态载体中，调成稀薄的“涂料”，我们把这涂料喷在帆布上，利用欧姆计测定，直到单位面积电阻是 377 Ω 为止.

**自由空间布**　在微波术语中，单位面积电阻为 377 Ω 的材料叫作自由空间布. 如在紧靠位置 $z$ 左侧 $L$ 面上有一电磁辐射的入射平面行波，它并不能辨别紧靠 $z$ 右侧的 $R$ 面究竟是一个从 $R$ 向右延伸到无限的平行板传输线的开端呢，抑或这个 $R$ 面仅仅是一层自由空间布.

**长直且平行的波**　在同轴传输线或平行线传输线中的行波不是平面波，因为按定义，平面波是由这样的电场和磁场所组成的，其数值在给定的瞬间 $t$ 与 $x$ 和 $y$ 无关，而只与 $z$（传播方向）有关. 它们属于更为一般的一类波，即长直且平行的波，这类波包括平面波. 在长直平行波中，场 $E$ 和 $B$ 可能与 $x$ 和 $y$ 有关，但对 $x$ 和 $y$ 的依赖关系不随传播方向 $z$ 变化. 因此，在长直且平行的传输线（即可由相同的、长直且平行的许多导线对构成的传输线）中的波是长直且平行的波.

一层自由空间布可为任何长直且平行的传输线提供理想终止. 之所以会这样是由于，在给定点附近在横截方向上足够小的任一区域里，入射的长直且平行的波和平面波其实是无法区分的. 这就是说，在传播方向 $z$ 的横截方向上 $\Delta x$ 和 $\Delta y$ 的尺寸为足够小的区域内，场 $\boldsymbol{E}(x,\ y,\ z,\ t)$ 和 $\boldsymbol{B}(x,\ y,\ z,\ t)$ 可以被认为是常数，与 $x$ 和 $y$ 无关. 而且，可以证明（用麦克斯韦方程做一般的论证），在给定 $x$ 和 $y$ 时，长直平行波满足的关系类似于 4.4 节中为平面波在透明介质中所给的关系. 因此，对于长直且平行的波，当固定 $x$ 和 $y$ 时，$\boldsymbol{E}(x,\ y,\ z,\ t)$ 和 $\boldsymbol{B}(x,\ y,\ z,\ t)$ 互相垂直，并都垂直于 $\hat{z}$；它们的数值相等，而符号是使 $\boldsymbol{E}\times\boldsymbol{B}$ 沿着 $t\hat{z}$ 方向，即 $\boldsymbol{B} = \hat{z}\times\boldsymbol{E}$. 而且在 $\Delta x\Delta y$ 附近，“局部”的能流通量由类似于对平面波成立的表达式给出. 因此，对于真空中的长直且平行的行波，我们有

$$S(x,y,z,t) = \sqrt{\frac{\varepsilon_0}{\mu_0}}\boldsymbol{E}^2(x,y,z,t), \tag{10}$$

式中，$S$ 是强度，其单位为 J/(s · m$^2$). 由于能流通量和场之间的这个关系局部地与平面波相同，所以长直且平行的波在自由空间布中感应的电流所引起的“$I^2R$ 损失”和平面波的情况一样，将严格地与入射能流通量平衡. 因此，在任何给定的区域 $\Delta x\Delta y$ 中，只要自由空间布的单位面积电阻是 377 Ω，它将吸收入射的长直且平行的波而没有反射.

**自由空间中平面波的终止** 经过上面的讨论，你们可能猜测，一层自由空间布不仅能对平行板传输线中的平面波，而且能对自由空间中的平面波提供理想的终止. 这种猜测是理所当然的，然而是错的. 入射到一层自由空间布上的平面波所感到的阻抗，恰巧是理想终止值单位面积 377 Ω 的一半!

考虑平行板传输线，我们可以容易地理解这个 1/2 因子. 如果我们有从 $z=-\infty$ 伸展到 $+\infty$ 的平行板传输线，则倘若我们在 $z=0$ 处用一层自由空间布跨接传输线的横截面，而且只要切断从 $z=0$ 伸展到 $+\infty$ 的传输线的其余部分，我们就可以终止从左边入射的波. 如果我们未能切断 $z=0$ 右边的传输线，则入射波在 $z=0$ 处的电压跨接在两个并联着的相等的阻抗上：一个是自由空间布，另一个是无限延伸的传输线. 因此，波所感到的等效阻抗是两个相等电阻并联后的阻抗，即任一电阻阻抗的一半. 当平面波真空空间中的入射在一块自由空间布上时，所发生的情况也和上述一样. 在任一瞬间，跨接在一层自由空间布上的电压，也跨接在自由空间布右边无限延伸的真空空间上. 合成的阻抗恰巧是自由空间布阻抗或真空空间阻抗的一半. 波并不完全被吸收，它部分地被反射，部分地被吸收，部分地透射.

怎样才能“切断”一层自由空间布右边的真空空间呢? 就传输线说，那是容易的. 可以用锯子锯断传输线，切口给出一个无穷大的阻抗，它切断了切口右侧的传输线. 入射波于是跨接在自由空间布和无限大阻抗并联的阻抗上. 合成的阻抗就是自由空间布的阻抗. 然而，在真空空间的情形下，无法做一个提供无限大阻抗的“切口”. 不过，对于具有单一确定波长的谐波，有一个诀窍，可以有效地“切断”从 $z=0$ 向右侧的空间. 这个诀窍对真空空间可做，对传输线同样可做. 让我们考虑传输线：这个技巧是用电阻为零的一块理想导体板去“短路”，而不是用切口在 $z=0$ 处去“切断”. 短路不是在 $z=0$ 处，而是在 $z=\frac{1}{4}\lambda$ 处. 于是，在 $z=\frac{1}{4}\lambda$ 处的电压总是零. 在短路的左侧，电压有驻波的形式. (自由空间布还没有插入.) 电流也是驻波的形式. 结果，电流为零的地方离电压为零的地方相距四分之一波长. 因此在 $z=0$ 处，电流总是零. 这就好像在 $z=0$ 处由于切口而引起无限大的阻抗. (无限大阻抗意味着电流为零.) 因此，由于在 $z=\frac{1}{4}\lambda$ 处短路，传输线在 $z=0$ 处被有效地“切断”了.

对真空空间有同样的诀窍. 在 $z=0$ 处隔一层自由空间布，紧接着在 $z=\frac{1}{4}\lambda$ 处放一块理想导体板（一块“反射镜”），一个平面波就完全终止了．所有波动能量都耗散在自由空间布中．

对于弦上的波动来说，我们的“理想阻尼器”的输入端与弦相接．阻尼器的其他运动部分（它们相对于输入端运动而提供摩擦阻尼）被牢牢地拴住在坚固的支撑物上，犹如它被连接到从 $z=0$ 伸展到 $+\infty$ 而有无限大质量密度的另一根弦上．这样的一根弦有无限大的阻抗．它类似于传输线的切口，并且这正是阻尼器能提供理想终止的原因．如果不是这样，阻尼器的其他运动部分改接到从 $z=0$ 伸展到 $+\infty$ 而阻抗为 $Z_2$ 的弦上，则入射波在 $z=0$ 处会感到一个阻抗，它等效于阻尼器的阻抗和弦的延伸部分阻抗 $Z_2$ 的并联阻抗．正像对传输线和对真空空间那样，我们可以使弦上的波动完全终止，只要阻尼器第二个接头是连在坚固支撑体上，或者是连在一段四分之一波长的弦上，这段弦与一个在一根杆上滑动的无摩擦的环相连，以便在杆上给出零阻抗而在阻尼器上给出无限大的阻抗．这样便可以保证阻尼器输出接头不动．见习题5.32.

**理想终止的其他方法**　要做一个“理想的自由空间布”，并不总是容易办到的．如果你认为用占许多空间的一个分布负载来吸收辐射是可行的，那也可以这样去做，这时反射是可忽略的，也不必满足集总参量理想终止的阻抗匹配要求，即自由空间布的要求．例如，如果你希望吸收一束闪光光束而只有可忽略的反射，则你可以让光束进入一个大而不漏光的硬纸箱一侧的一个小孔．硬纸箱用黑色的（即吸收的）材料裱衬，并隔有若干挡板，使光必须反射多次才有可能回射出来．如果在晴朗的白天观察这样一个小孔，则它看上去比蜡烛烟炱那样的一般黑色物体还要黑得多．这样一个“黑体表面”与理想的自由空间布便没有区别了，因为实质上辐射在进入小孔后不能再回射出来，它就好像伸展到无穷远的透明介质（空气）一样．

## 5.3　反射和透射

**连续弦**　假定有一根半无限长弦，从 $z=-\infty$ 伸展到 $z=0$，其特性阻抗为 $Z_1$．在 $z=0$ 处它与由阻尼器的输入端构成的负载相连接，阻尼器的阻抗为 $Z_2$，不等于 $Z_1$，在 $z=-\infty$ 处，有一个向 $+z$ 方向发射行波的发送器．因此，入射行波是

$$\psi_{入射}(z,t)=A\cos(\omega t-kz). \tag{11}$$

在 $z=0$ 处，入射波为［在式（11）中令 $z=0$］

$$\psi_{入射}(0,t)=A\cos\omega t \tag{12}$$

**失配的负载阻抗怎样引起反射**　让我们称弦上的最后一点为 $L$（指在“左边”），称阻尼器的输入端为 $R$（指在“右边”）．如果阻尼器阻抗是 $Z_1$，则它会与弦的阻抗“匹配”起来，并且将会无反射地终止入射波．这时阻尼器作用于弦上的“终止力” $F_{终止}$ 可写成

$$F_{终止}(R\ 作用于\ L) = -Z_1 \frac{\partial\psi_{入射}(0,t)}{\partial t}. \tag{13}$$

实际的力 $F$（$R$ 作用于 $L$）可以看作这一终止力和另一过剩力 $F_{过剩}$ 的叠加．过剩力是实际力超过（或低于）可靠地吸收入射波时所具有的力．过剩力产生一个向 $-z$ 方向行进的行波，正像 $R$ 是一个发送器的输出端一样．这个波是反射波 $\psi_{反射}$（$z$, $t$）．在 $z=0$ 处，下述关系式在行波发射时总是成立的，即驱动力是阻抗乘速度：

$$Z_1 \frac{\partial\psi_{反射}(0,t)}{\partial t} = F_{过剩}(R\ 作用于\ L), \tag{14}$$

式中，$F_{过剩}$（$R$ 作用于 $L$）就好像是由发送器作用的力．总的力 $F$（$R$ 作用于 $L$）是终止力和过剩力两者分别“独立地”作用时的叠加：

$$F(R\ 作用于\ L) = F_{终止}(R\ 作用于\ L) + F_{过剩}(R\ 作用于\ L). \tag{15}$$

合并式（13）~式（15），我们得

$$F(R\ 作用于\ L) = -Z_1 \frac{\partial\psi_{入射}(0,t)}{\partial t} + Z_1 \frac{\partial\psi_{反射}(0,t)}{\partial t}. \tag{16}$$

然而总的力是由阻尼器的曳力提供的，即阻抗 $-Z_2$ 和点 $L$ 速度的乘积．这个速度是入射波和反射波速度分量的叠加：

$$\frac{\partial\psi(0,t)}{\partial t} = \frac{\partial\psi_{入射}(0,t)}{\partial t} + \frac{\partial\psi_{反射}(0,t)}{\partial t}. \tag{17}$$

因此，由阻尼器所给出的阻力 $F$（$R$ 作用于 $L$）为

$$\begin{aligned} F(R\ 作用于\ L) &= -Z_2 \frac{\partial\psi(0,t)}{\partial t} \\ &= -Z_2 \frac{\partial\psi_{入射}(0,t)}{\partial t} - Z_2 \frac{\partial\psi_{反射}(0,t)}{\partial t}. \end{aligned} \tag{18}$$

令式（16）和式（18）的右边相等，我们得（在 $z=0$ 处）

$$-Z_1 \frac{\partial\psi_{入射}}{\partial t} + Z_1 \frac{\partial\psi_{反射}}{\partial t} = -Z_2 \frac{\partial\psi_{入射}}{\partial t} - Z_2 \frac{\partial\psi_{反射}}{\partial t},$$

即

$$\frac{\partial\psi_{反射}(0,t)}{\partial t} = \frac{Z_1 - Z_2}{Z_1 + Z_2} \frac{\partial\psi_{入射}(0,t)}{\partial t}. \tag{19}$$

**反射系数** ［对式（19）两边积分，并假定没有积分常数］，于是我们有

$$\psi_{反射}(0,t) = R_{12}\psi_{入射}(0,t) = R_{12}A\cos\omega t, \tag{20}$$

式中，量 $R_{12}$ 称为位移 $\psi$ 的反射系数，可表示成

$$\boxed{R_{12} = \frac{Z_1 - Z_2}{Z_1 + Z_2}.} \tag{21}$$

由于反射波是向 $-Z$ 方向行进的正弦波，只要把变量 $z=0$，$t$ 换成 $z$，$t+\frac{z}{v_\varphi}$，就可

从它在 $z=0$ 时的形式得到它在 $z<0$ 时的形式. 这里 $v_\varphi$ 是相速度的值. 因此

$$\psi_{\text{反射}}(z,t)=R_{12}A\cos\left[\omega\left(t+\frac{z}{v_\varphi}\right)\right]$$

$$=R_{12}A\cos(\omega t+kz). \tag{22}$$

总位移 $\psi(z,\ t)$ 可由下式叠加得到

$$\psi(z,t)=\psi_{\text{入射}}(z,t)+\psi_{\text{反射}}(z,t),$$

即

$$\psi(z,t)=A\cos(\omega t-kz)+R_{12}A\cos(\omega t+kz). \tag{23}$$

**回复力和位移有符号相反的反射** 对于在一根弦上的横波，感兴趣的波的物理量不但有位移 $\psi(z,\ t)$，而且有横向速度 $\frac{\partial\psi(z,\ t)}{\partial t}$ 和张力的横向投影 $-T_0\frac{\partial\psi(z,\ t)}{\partial z}$. 后者给出在 $z$ 左侧的弦作用于 $z$ 右侧弦的回复力. 我们从式 (19) 和式 (20) 看到，速度波 $\frac{\partial\psi(z,\ t)}{\partial t}$ 和位移波 $\psi(z,\ t)$ 的反射系数是一样的. 然而，"回复力"波 $-T_0\frac{\partial\psi(z,\ t)}{\partial z}$ 的反射系数虽在数值上同 $\frac{\partial\psi}{\partial t}$ 的反射系数相同，但**符号相反**. 由此可见，我们有

$$\begin{cases}\psi_{\text{入射}}=A\cos(\omega t-kz),\\ \psi_{\text{反射}}=R_{12}A\cos(\omega t+kz);\end{cases} \tag{24}$$

$$\begin{cases}\dfrac{\partial\psi_{\text{入射}}}{\partial t}=-\omega A\sin(\omega t-kz),\\ \dfrac{\partial\psi_{\text{反射}}}{\partial t}=R_{12}[-\omega A\sin(\omega t+kz)];\end{cases} \tag{25}$$

$$\begin{cases}\dfrac{\partial\psi_{\text{入射}}}{\partial z}=kA\sin(\omega t-kz),\\ \dfrac{\partial\psi_{\text{反射}}}{\partial z}=-R_{12}[kA\sin(\omega t+kz)].\end{cases} \tag{26}$$

由式 (25) 可见，在 $z=0$ 点，反射波所贡献的那部分速度是 $R_{12}$ 乘入射波的速度. 由式 (26) 可见，在 $z=0$ 点，反射波所贡献的那部分回复力是 $-R_{12}$ 乘入射波所贡献的回复力. 因此我们可以概括式 (24) ~ 式 (26)，把 $\psi$，$\frac{\partial\psi}{\partial t}$ 和 $\frac{\partial\psi}{\partial z}$ 的**反射系数**定义写成

$$R_\psi=R_{\partial\psi/\partial t}=R_{12}=\frac{Z_1-Z_2}{Z_1+Z_2} \tag{27}$$

$$R_{\partial\psi/\partial z}=-R_{12}. \tag{28}$$

注意，$R_{12}$ 一定在 $-1$ 和 $+1$ 之间.

**色散介质界面上的反射**　假定从 $z=-\infty$ 伸展到 $z=0$ 阻抗为 $Z_1$ 的弦与从 $z=0$ 伸展到 $+\infty$ 阻抗为 $Z_2$ 的弦在 $z=0$ 点相连接，则紧靠 $z=0$ 左侧的点 $L$ 并不能辨别紧靠 $z=0$ 右侧的点 $R$ 究竟是阻抗为 $Z_2$ 的无限长的弦的始端，抑或只是阻抗为 $Z_2$ 的阻尼器的输入端. 所以式（27）和式（28）的反射系数再一次给出了在介质 1 中的反射波. 注意 $R_{21}=-R_{12}$. 因此，如果两种介质互相替换，则反射系数的符号相反. 例如，对于从轻的弦射入重的弦的波动，$R_\psi$ 是负的（取每种弦的张力相同）；对于从重的弦射入轻的弦的波动，$R_\psi$ 是正的.

**色散介质界面上的透射**　在 $z=0$ 处的点将在介质 1 中入射波和反射波的驱动力的联合作用下产生振动. 这个点也就成为一个在介质 2 中向 $+z$ 方向传播的行波的源. 我们希望求出位移 $\psi_2$、横向速度 $\frac{\partial \psi_2}{\partial t}$ 和回复力 $-T_2\frac{\partial \psi_2}{\partial z}$ 的透射波，其中下标 2 表示在介质 2 中的透射波. 这需要应用边界条件.

**边界条件和连续性**　这些边界条件是，在边界左侧附近的 $\psi(z, t)$ 同边界右侧附近的 $\psi(z, t)$ 是相同的，即位移 $\psi(z, t)$ 是连续的. 所以，速度 $\frac{\partial \psi(z, t)}{\partial t}$ 是连续的，同样回复力 $-T_0\frac{\partial \psi(z, t)}{\partial z}$ 也是连续的. 对于弦上一点的位移和速度，连续性边界条件是明显的，无须说明. 关于回复力的边界条件就不是那么明显了.（例如，你可能会认为，应该是斜率 $\frac{\partial \psi(z, t)}{\partial z}$ 连续而不是张力乘斜率连续，然而，倘若在边界上张力变了，则弦在边界上将呈现“纽结”；这时斜率就不是连续的，而张力乘斜率则是连续的.）为了看出回复力是连续的，设想在 $z=0$ 处有一无限小的质量单元，这个质量单元受它左侧的弦作用的横向力为 $-T_1\frac{\partial \psi_1}{\partial z}$，受它右侧弦作用的横向力为 $+T_2\frac{\partial \psi_2}{\partial z}$. 这两个力的叠加给出了无限小单元的质量乘它的加速度. 但是这个质量是零，所以两个力的叠加为零：

$$-T_1\frac{\partial \psi_1}{\partial z}+T_2\frac{\partial \psi_2}{\partial z}=0 \quad (\text{在 } z=0 \text{ 处}),$$

这就是说 $T_0\frac{\partial \psi}{\partial z}$ 是连续的.（注：用 $T_0$ 作平衡弦张力的普遍表示，用 $T_1$ 和 $T_2$ 表示介质 1 和介质 2 中平衡弦的张力.）

**振幅透射系数**　令 $\varphi(z, t)$ 表示位移、速度或回复力三个波量中的任意一个. 在介质 1 中，波函数 $\varphi_1(z, t)$ 是二项之和：

$$\varphi_1(z,t)=\varphi_0\cos(\omega t-k_1 z)+R\varphi_0\cos(\omega t+k_1 z), \tag{29}$$

其中，根据式（27）和式（28），若 $\varphi_1(z, t)$ 代表位移或速度，则 $R$ 等于 $R_{12}$，$R_{12}\equiv(Z_1-Z_2)/(Z_1+Z_2)$；若 $\varphi(z, t)$ 代表回复力，则 $R$ 等于 $-R_{12}$. 在介质 2

中，这个相同的波量是只沿 $+z$ 方向行进的行波.（这是因为按假设，唯一的外部驱动力位于 $z=-\infty$，它产生入射波. 不连续性产生反射波和透射波. 然而在介质 2 中没有什么东西可产生向 $-z$ 方向的行波.）所以我们可以写出 $\varphi_2(z, t)$ 的形式，同时定出振幅透射系数 $T$ 的意义为

$$\varphi_2(z,t)=T\varphi_0\cos(\omega t-k_2 z). \tag{30}$$

$\varphi(z, t)$ 在 $z=0$ 的边界上连续的条件给出

$$\varphi_2(0,t)=\varphi_1(0,t),$$

或

$$T\varphi_0\cos\omega t=\varphi_0(1+R)\cos\omega t,$$

即

$$\boxed{T=1+R,} \tag{31}$$

式中，对 $\psi$ 和 $\dfrac{\partial\psi}{\partial t}$，$R$ 是 $R_{12}$；对回复力 $-T\dfrac{\partial\psi}{\partial z}$，$R$ 是 $-R_{12}$.（注：对于弦的张力和透射系数，我们都用大写 $T$ 表示. 在弦以外的其他例子中，这不会引起任何混淆.）

注意，由于 $R$ 一定在 $-1$ 和 $+1$ 之间，$T$ 一定在 0 和 $+2$ 之间，因此透射系数总是正的.

下面是几个有趣的极端情况.

**情况 1：理想阻抗匹配**

若 $Z_2=Z_1$，则没有反射波，即 $R_{12}$ 为零. 透射系数是 1. 注意，条件 $Z_2=Z_1$ 未必含有两种介质相同的意思. 如果弦密度和弦张力两者结合起来变化，而它们的乘积保持不变，则阻抗 $Z_1=\sqrt{T_1\rho_1}$ 和 $Z_2=\sqrt{T_2\rho_2}$ 是相等的. 然而，在两种介质中的相速度 $v_1=\sqrt{T_1/\rho_1}$ 和 $v_2=\sqrt{T_2/\rho_2}$ 则是不相同的.

**情况 2：无限大的曳力**

若 $Z_2/Z_1$ 为"无限大"，$R_{12}$ 是 $-1$，则 $z=0$ 点保持不动，位移和速度的反射系数为 $-1$，所以入射波和反射波在 $z=0$ 处的叠加给出位移和速度为零. 一个正位移（向上）脉冲的入射波在反射时变成负（向下）脉冲. 横向力的反射系数为 $+1$，所以在 $z=0$ 处作用于弦上的力的方向跟理想终止情形下的力的方向是一样的（即向下），但数值为产生理想终止所需的两倍. 因而过剩力是向下的，它产生一个反射波，其振幅是负的，而振幅的数值则与入射波相等.

**情况 3：零曳力**

若 $Z_2/Z_1$ 为零，则弦在 $z=0$ 的一端是一个自由端. 于是弦在此处的斜率保持为零. 因此回复力的反射系数是 $-1$. 回复力正脉冲的入射波在反射时变成负脉冲. 位移和速度的反射系数为 $+1$，弦在 $z=0$ 处的速度为理想阻抗匹配时该点速度的两倍. 一个正位移脉冲的入射波在反射后仍为正脉冲. $Z_2/Z_1$ 为无限大或零的两种极

端情况，分别用示于图 5.3 和图 5.4.

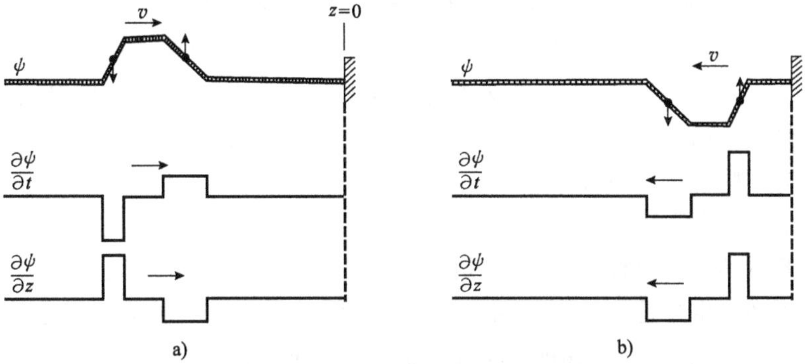


图 5.3　入射脉冲在弦的固定端上的反射

a）反射前　b）反射后

（弦在 $z=0$ 处连接到质量密度为无限大的一根弦上.）在三个点上的小竖直箭头表示弦在这些点上的瞬时速度（中间点表示长度为零的箭头）

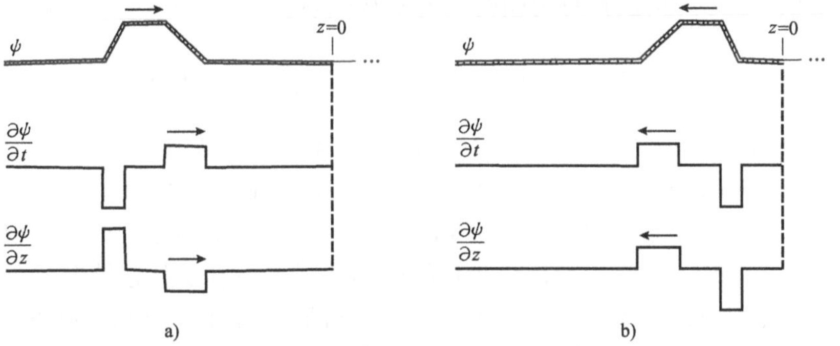


图 5.4　脉冲从一个自由端的反射

a）反射前　b）反射后

（弦在 $z=0$ 处连接到质量密度可忽略的一根弦上）

**正弦波的一般形式**　当在介质 1 中存在着入射波和反射波时，我们有

$$\psi(z,t)=A\cos(\omega t-kz)+RA\cos(\omega t+kz), \tag{32}$$

式中，$R$ 是反射系数，其数值在 $-1$ 和 $+1$ 之间. 当 $R$ 为零时，即为理想终止. 此时 $\psi(z,\ t)$ 是“纯粹的”行波，即只沿 $+z$ 方向行进的波. 当 $R$ 为 $-1$ 时，$\psi(z,\ t)$ 是“纯粹的”驻波，即具有恒定波节（零点）的波动. 在 $z=0$ 处有一个波节点. 当 $R$ 为 $+1$ 时，$\psi(z,\ t)$ 也是纯粹的驻波，在 $z=0$ 处有恒定的波腹（极大值），即在离 $z=0$ 四分之一波长处有恒定的波节. 当 $R$ 既不为零又不为 $\pm1$ 时，$\psi(z,\ t)$ 既不是纯粹的驻波又不是纯粹的行波，它是最一般的正弦波. 最一般的正弦波（当频率 $\omega$ 给定时）可以描写为或是驻波的叠加，或是行波的叠加（或二者的某种结合）. 因此，任何正弦波总可以写成下列形式：

$$\psi(z,t)=A\cos(\omega t+\alpha)\sin kz+B\cos(\omega t+\beta)\cos kz, \tag{33}$$

此式是两个驻波的叠加，两者的波节相差四分之一波长，而振幅和相位常数是不同的. 这同一个波 $\psi(z,\ t)$ 也可写成下列形式：

$$\psi(z,t) = C\cos(\omega t - kz + \gamma) + D\cos(\omega t + kz + \delta), \tag{34}$$

这是两个行波的叠加，这两个行波的行进方向相反，两者的振幅和相位常数也是不同的. 例如，式（32）所给出的波动是写成两个行波的叠加，它同样可以写成两个驻波的叠加. 请读者自己去完成这个练习.（习题5.20）

反射的一些物理实例如下.

**例3：声波的反射**

声波的运动方程类似于弦上纵波的方程. 这些方程也类似于连续弦上横波的方程. 我们不必再重复这些计算，而可以把对连续弦所得的反射系数和透射系数的结果直接拿过来. 空气速度是$\dfrac{\partial\psi}{\partial t}$. 计示压强 $-\gamma p_0\dfrac{\partial\psi}{\partial z}$类似于弦的回复力 $-T_0\dfrac{\partial\psi}{\partial z}$.

**封闭端**　在管子的封闭端，空气分子沿，$z$（沿管子）的平均速度恒等于零.（每有一个沿着 $z$ 向右移动到壁的分子，就有一个刚弹离壁向左移动的另一个分子.）因此，速度$\dfrac{\partial\psi}{\partial t}$的波在封闭端的反射系数必然为 $-1$，使入射速度波和反射速度波的叠加为零. 物理上感兴趣的另一种波是计示压强“回复力”波 $-\gamma p_0\dfrac{\partial\psi}{\partial z}$. 按照刚才对弦作过的数学运算，计示压强波的反射系数在数值上必定等于速度波的反射系数，不过符号相反. 所以，计示压强在封闭端必定以系数 $+1$ 反射. 因而，计示压强在封闭端跟理想终止声波有相同的符号，但数值为它的两倍. 根据“微观”的分析，我们可以看出为什么在封闭端的压强是当管子是连续时该处压强的两倍. 压强是每单位面积的力. 力是每单位时间的动量转移. 在壁上弹性碰撞弹回来的分子，其 $z$ 向动量分量要反向.（如果壁是粗糙的，则这种说法并不对每一个分子碰撞都成立，但平均来说是成立的. 而这对我们来说也就够了.）因此，它所转移的动量是当它被吸收而没有弹回或者是当它简单地沿管子继续运动下去时的两倍.

**开放端**　在管子的一个开放端，我们碰到的一个实验问题是：我们不想让空气漏入真空. 现在要问，如果让一根管子的终端通向一个大房间，房间里充满着压强与管中压强 $p_0$ 相同的空气（如同用硬纸板管做的课外实验那样），那将发生什么情况呢？在管子的开放端，空气可自由地快速进出. 因此速度波在那里并不被强制为零（如在封闭端那里）. 在房间里，离管子开放端足够远的地方，压强永远等于平衡压强 $p_0$. 正在开放端的地方，压强并不精确地为 $p_0$，因为从管内发出的压力波在管子的入口处仍有所感觉. 每当一个压缩区（举例说）到达管子的开放端时，空气就有机会向旁边散开，而在管子里面，声波中的空气运动纯粹是沿 $z$ 方向的. 因此，随着离开放端距离的增加，压缩被迅速地“放松”，直到进入房间的一定距离（大致等于管子的直径）后压强实质上等于 $p_0$. 因此，对于终止于大房间的管子开放端，计示压强在紧靠管子外边的一个位置（近似地）永远为零．我们称这个（近似的）位置为管子的“有效”开放端．由于在那里的计示压强恒为零，所以在开放端的计示压强反射系数必定是 -1．所以，速度的反射系数则是 +1．房间呈现的阻抗 $Z_2$ 实际上是零．（空气向旁边自由流走的事实保证了零阻抗．阻抗的公式 $Z=\sqrt{\gamma p_0\rho_0}$ 不适用于房间所呈现的阻抗，因为这个公式是建立在严格的纵向运动的假定之上的．）

下面是在有效开放端所发生情况的“微观“图像．考虑当压缩区到达开放端时发生的情况．在压缩区到达开放端之前，它的传播是靠推动下游的空气，把纵向动最转移给后者，同时受到上游空气的推动，并接受动量．突然，压缩区到达了开放端．在下游不再有任何阻抗．空气便冲出管端而进入房间，同时并不要把动量转移给下游．空气的这种“过量的”流出在开放端形成了压力的不足（稀疏）．在这个稀疏区上游的空气现在受到的阻抗比“通常的”要小，因而冲进去填补稀疏区．这样就使稀疏区向较远的上游移动．较远的上游的分子再次冲入，如此等等．注意，这是一个向 $+z$ 方向行进的压缩区产生了一个向 $-z$ 方向行进的稀疏区．由速度的正 $z$ 分量脉冲组成的并在 $+z$ 方向进行的一个速度波，产生了在 $-z$ 方向行进的由符号相同的速度 $z$ 分量组成的一个速度波（分子总是向 $+z$ 方向冲过去以填补稀疏区）．因此，我们看出，在开放端，速度波的反射系数是正的，而压强波的反射系数则是负的．

**开管的有效长度** 计示压强为零的地方在管子开放端的外面，它离开端口的有效距离在实验上可用下述方法确定．取一根两端都开口的硬纸板管．自由振荡的最低模式是当管子的有效长度为二分之一波长的那种模式．（在某一确定的瞬间，当空气在管子右端向右冲时，在左端的空气则向左冲．在管子的中间，空气速度恒为零，这一点是速度驻波的波节，同时又是压强驻波的波腹．）为了找出管子的有效长度，把它在某个物体上轻轻地敲打，并听其音调．（最低模式最容易激发，这就是你所听到的音调．）设法测定这个音调．计算在这个音调（频率）时声音的半波长．它将比管子稍微长一点，可以认为是管子的有效长度．一个较容易的方法是用一个标准驱动频率，即用一个音叉．然后，改变管子的长度，把太长的管子一点一点切掉，或是滑动管子的“长号”伸长套管以便改变长度．调谐到共振．注意，当调到共振时（即由音叉驱动时，从管子发出的声音最大．），你所听到的敲打管子而激发的自由振荡的音调同音叉的驱动频率是一样的．在“非共振”长度时，其固有频率跟音叉频率不一样．（当你用音叉驱动“非共振”管子时，听到的是什么频率？是固有振荡频率呢还是音叉的频率呢？见课外实验．）

**例4：传输线中的反射**

在阻抗为 $Z_1$ 的无限长传输线的左端 $L$ 处有一个发送器，其驱动电压 $V(t)$ 产生（在连续近似中）电流行波 $I(z, t)$，于是，在发送器上（于 $z=0$ 处）有

$$V_0\cos\omega t=V(t)=Z_1I(0,t). \tag{35}$$

电流行波和电压行波为

$$\begin{cases}V(z,t)=V_0\cos(\omega t-k_1 z),\\ I=I_0\cos(\omega t-k_1 z),\ V_0=Z_1 I_0.\end{cases} \tag{36}$$

在一个特性阻抗从 $Z_1$ 突变到 $Z_2$ 的边界上，产生反射波和透射波．无须重复对弦所用的步骤，我们便能知道反射系数和折射系数的形式是类似于对弦上的波动和声波成立的形式．在写出这些公式之前，我们先讨论在传输线的一端接的阻抗 $Z_2$ 为零（例5）和阻抗 $Z_2$ 为无限大（例6）两种极端情况下的物理过程．

**例5：短路端——零阻抗**

倘若在传输线的右端，由于跨接了一个阻值可忽略的电阻而短路，则跨接在那一端的电压恒为零．因此在短路端的电压反射系数为 $-1$．另一方面，电流的反射系数是 $+1$，其值（在传输线终端）为传输线是理想终止时的两倍．向 $+z$ 方向传播的一个正电压波阵面被反射为一个负电压波阵面．一个正电流波被反射为一个正电流波．

**例6：开路端——无限大阻抗**

若传输线右端跨接一个无限大的电阻（或者完全不接电阻，即让电路“开着”)，则没有电流能从一个导体流到另一个导体．所以，在开路端电流恒为零，而电流的反射系数必定是 $-1$．电压反射系数则为 $+1$．

从以上的物理因素考虑，我们可以推出，电位 $V$ 和电流 $I$ 的反射系数分别为

$$R_V=\frac{Z_2-Z_1}{Z_2+Z_1}\equiv -R_{12},\quad R_1 I=-R_V. \tag{37}$$

作为检验，我们看到，当 $Z_2=0$ 时（短路端），式（37）给出 $R_V=-1$，这是理所当然的；而当 $Z_2=\infty$ 时（开路端），$R_1=-1$．

**平行板传输线**　阻抗（单位是 Ω）由下式给出［4.4节的式（140)］：

$$Z=\sqrt{\frac{\mu}{\varepsilon}}\frac{g}{w}. \tag{38}$$

因此，如果（譬如说）从传输线1到传输线2的间隙 $g$ 加倍，则阻抗随着也加倍．

**场的反射系数**　我们也可以不考虑电势和电流，而把注意力集中在电场 $E_x$ 和磁场 $B_y$ 上．在给定的传输线中，电场正比于 $V$，磁场正比于 $I$．于是有

$$\begin{aligned}gE_x&=V,\\ wB_y&=I\mu.\end{aligned} \tag{39}$$

由于传输线1中的反射波是在与入射波同一根的传输线中传播的，即有同样的间隙 $g$、宽度 $w$ 和磁导率 $\mu$．可以看出，$E_x$ 的反射系数同 $V$ 的是一样的，$B_y$ 的反射系数同 $I$ 的是一样的．（画一草图并用你的右手，读者自己可以验证对反射电流波和反射磁场波是没有“额外的”负号的．）另一方面，我们看出，$gE_x$ 的透射系数和 $V$ 的透射系数是一样的．与此类似，$wB_y/\mu$ 的透射系数等于 $I$ 的透射系数．我们将只讨论反射系数．因此有

$$\text{电场}:R_E=\frac{Z_2-Z_1}{Z_2+Z_1}. \tag{40}$$

磁场 $B_y$ 的反射系数同电场 $E_x$ 的反射系数数值相等，符号相反.

在例7中，我们讨论一个重要的特殊情况.

**例7：在 $\varepsilon$ 有间断的传输线中的反射**

我们假定，在边界上横截面的几何条件（即宽度 $w$ 和间隙 $g$）不变，磁导率 $\mu$ 也不变.（许多重要的介质，像玻璃、水、空气和电离层都可以在很精确的程度内取 $\mu_r=1$.）因此，按照式（38），在边界上，阻抗 $Z$ 中唯一会改变的量是介电常数 $\varepsilon$. 于是 $Z$ 正比于 $1/\sqrt{\varepsilon_r}$，它等于 $1/n$，这里 $n=\sqrt{\varepsilon_r}$ 是折射率（当 $\mu_r=1$ 时）. 由此我们得到（把 $Z_1=1/n_1$ 和 $Z_2=1/n_2$ 代入式（40）并乘上 $n_1n_2$ 以消去分数）

$$\boxed{R_E=\frac{n_1-n_2}{n_1+n_2}.} \tag{41}$$

现在，我们将推广这一结果的应用. 令传输线的间隙增到无限大，并令宽度相应成比例地增加. 局部场的反射系数不能依赖于边界条件. 因此，不论入射波是由远处的路灯还是由远处的电视天线发射的，式（41）都应当成立. 对于任何长直且平行的电磁波，当其垂直入射到介电常数（在小于一个波长的范围内）突然改变的表面上时，式（41）所给出的系数都成立.

我们可以立即把这一结果应用到可见光的有趣情况中去.

**例8：可见光的反射**

式（41）给出的反射系数对于垂直入射到两个透明介质（若两者都有 $\mu_r=1$）的边界上而反射的任何平面电磁波都成立. 因此，取空气的折射率为1.00，玻璃对可见光的折射率是1.5，当从空气进入玻璃时，我们有

$$R_E=\frac{1-n}{1+n}=\frac{1-1.5}{1+1.5}=-\frac{1}{5}. \tag{42}$$

因此，反射电场的符号相反，而数值减小到原来的五分之一.（当从玻璃进入空气时，反射系数符号相反，因而是 +1/5.）反射的能量通量正比于电场的平方. 所以在一个空气-玻璃界面上反射的光强是原光强的1/25，即在垂直入射时，入射光强的百分之四被反射. 见课外实验5.1.

## 5.4 两个透明介质之间的阻抗匹配

假定我们希望把行波从一个介质透射到另一个介质中去而不引起反射波. 例如，我们可能希望把扬声器中空气的声能转移给房间中的空气而不产生反射.（反射是不希望有的，因为反射将使驱动机构感到的有效负载阻抗部分地成为波抗性负载，它的阻抗随频率而改变，或许在某些频率时会发生不希望有的共振）. 另外一个例子是，我们可能希望可见光行波从空气转移到玻璃透镜或玻璃板中而不发生反

射.（不希望有反射，因为它会使光束中的光强损失，还因为我们不希望反射光进入仪器的其他部分.）再举一个例子，我们可能希望发明一种方法，使两个佩戴水下呼吸装置的潜水员，在水下作业时可以相互通话. 每个潜水员都可以对着覆盖住嘴同时也覆盖眼睛和鼻子的面罩大声说话. 但是只有很少的声波透过面罩的玻璃进入水中，因为透射系数 $T_{12}$ 很小. 而这是因为水的声阻抗同空气的声阻抗差得太多的缘故.

解决从一种介质透射行波到另一种介质而不引起反射的问题，称为阻抗匹配. 我们将讨论两种方法：一种是含有“不反射层”，另一种是含有“渐变层”.（结果，这些方法中没有一个能解决潜水员的联络问题. 那个问题的解决，是在把声音发射到水中以前把声频转换成超声频；对这些超声频，阻抗匹配就比较容易了. 每个潜水员都装备有一个超声频发送器和接收器，还有一个频率转换器.）

**不反射层** 假定介质1从 $z=-\infty$ 伸展到 $z=0$. 阻抗匹配装置（介质2）从 $z=0$ 伸展到 $z=L$. 介质3从 $z=L$ 伸展到 $z=+\infty$. 我们希望对角频率为 $\omega$ 的波，把介质1和3之间的阻抗匹配起来. 这就是说，我们希望从介质1向 $+z$ 方向发出的波不产生反射波. 这里，没有办法“关掉”在阻抗断续处发生的反射. 为实现巧妙的阻抗匹配，要用到下面的事实：我们可以产生两个反射波，一个产生于 $z=0$ 处的不连续性，另一个产生于 $z=L$ 处的不连续性. 如果我们处理得当，可以使这两个波的叠加在介质1中而给出振幅为零的总的反射波.

让我们用特征阻抗为 $Z_2$ 的色散介质填满从 $z=0$ 到 $z=L$ 的区域. 似乎有理由推测，如果解决阻抗匹配问题，则会发现 $Z_2$ 介于 $Z_1$ 和 $Z_3$ 之间. 我们就假定是这种情况. 根据反射系数的公式，有

$$\begin{cases} R_{12}=\dfrac{Z_1-Z_2}{Z_1+Z_2}=\dfrac{1-(Z_2/Z_1)}{1+(Z_2/Z_1)}, \\ R_{23}=\dfrac{Z_2-Z_3}{Z_2+Z_3}=\dfrac{1-(Z_3/Z_2)}{1+(Z_3/Z_2)}. \end{cases} \tag{43}$$

所以，（假定 $Z_1<Z_2<Z_3$）两种反射系数 $R_{12}$ 和 $R_{23}$ 有相同的符号. 乍一看来似乎令人失望，因为我们希望两个反射波互相抵消为零. 但是我们还没有考虑这样的事实，两个反射波是发生在两个不同的地方，即 $z=0$ 和 $z=L$ 处. 让我们跟着一个确定的入射波峰来看：在 $z=0$ 处入射波部分反射（反射系数 $R_{12}$），部分透射，透射系数 $T_{12}$ 总是正的. 透射波传播到 $z=L$，在那里它以反射系数 $R_{23}$ 部分反射，还部分透射. 反射波返回到 $z=0$，在该处以透射系数 $T_{21}$ 部分透射. 因此，它在 $z=0$ 处又出现在介质1中，向 $-z$ 方向行进，其振幅为入射波的振幅乘 $T_{12}R_{23}T_{21}$；它的相位常数因为时间延迟，所以与在第一个界面上反射的波不同. 延迟时间是波在介质2中“来回”走总距离 $2L$ 所需的时间. 因此，在介质1中我们有

$$\psi_{入射}=A\cos(\omega t-k_1 z), \tag{44}$$

$$\psi(\text{在 } z=0 \text{ 处反射}) = R_{12}A\cos(\omega t + k_1 z), \tag{45}$$

$$\psi(\text{在 } z=L \text{ 处反射}) = T_{12}R_{23}T_{21}A\cos(\omega t + k_1 z - 2k_2 L), \tag{46}$$

式中，$-2k_2L$ 是相应于以角波数 $k_2$ 来回传播 $2L$ 距离的相位（以 rad 为单位）.（负号是由于相位落后即推迟引起的）. 式（45）和式（46）给出的入射波和两个反射波表示在图 5.5 中.

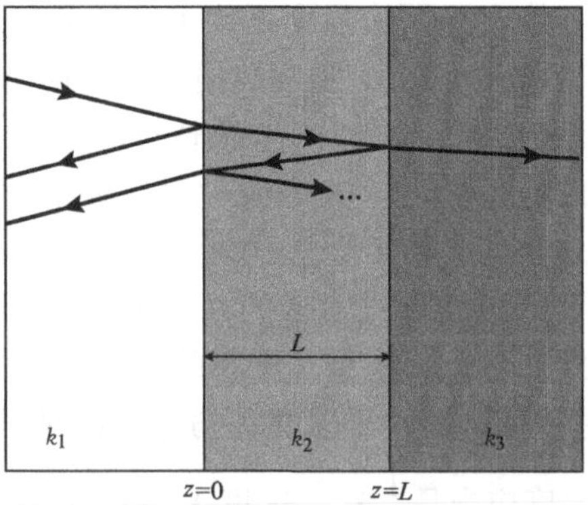


图 5.5　入射波和最初两个反射波. 射线画成非垂直入射，以避免在图上重叠

**小反射近似**　在图 5.5 中除了所示的两个反射波以外，还有无限多个其余的反射波，以标记“等等”的线来表示. 由于在我们所有的应用中 $Z_1$、$Z_2$ 和 $Z_3$ 相差并不很大，所以反射系数比 1 小很多. 在这种情况下，结果是最初两个反射波（即如图所示的）占优势，作为很好的近似，我们可以忽略由多次内反射所引起的附加“贡献”. 例如，图上所示的两个反射波的下一个反射波在振幅上是第二个反射波的 $1/R_{21}R_{23}$. 举例说，如果 $R_{21}$ 和 $R_{23}$ 的数量级是 0.1 的话，则这个因数同 1 比较就可以忽略. 在同样近似程度内，在式（46）中可以用 1 代替 $T_{12}T_{21}$：

$$T_{12}T_{21} = (1+R_{12})(1-R_{12}) = 1 - R_{12}^2 \approx 1. \tag{47}$$

因此，在这种小反射近似中，总的反射波是来自 $z=0$ 和 $z=L$ 两种贡献的总和，即［将式（47）代入式（46）］得

$$\psi_{\text{反射}} \approx R_{12}A\cos(\omega t + k_1 z) + R_{23}A\cos(\omega t + k_1 z - 2k_2 L), \tag{48}$$

式中，量 $2k_2L$ 是“来回”的相移.

**不反射层的解**　阻抗匹配的解现在唾手可得了. 首先，选择 $Z_2$，使 $R_{12} = R_{23}$，则得［按式（43）］

$$\frac{Z_1}{Z_2} = \frac{Z_2}{Z_3}, \quad Z_2 = \sqrt{Z_1 Z_3}. \tag{49}$$

因此，式（48）变成

$$\psi_{\text{反射}} \approx R_{12}A[\cos(\omega t + k_1 z) + \cos(\omega t + k_1 z - 2k_2 L)]. \tag{50}$$

然后，选择长度 $L$，使这叠加的两部分贡献相互抵消为零，即我们有“完全的相消

干涉”．这就是 $2k_2L$ 为 π，即在介质2中的来回距离 $2L$ 等于二分之一波长的情形．若 $Z_2$ 是 $Z_1$ 和 $Z_3$ 的几何平均数，同时，不反射层的厚度 $L$ 是波在层中的四分之一波长，则总的反射波为零．

**例9：光阻抗匹配**

当可见光束通过一块玻璃板时，它通过两个界面．在每一个面上，反射后的强度由振幅反射系数的平方给出（因为强度正比于电场平方的时间平均值）．因此，按照5.3节的式（42），在每个面上，强度的损失为 $(1/5)^2=1/25=4\%$．对于穿过一块玻璃板的两个界面的透射光来说，光强损失为8%．（我们忽略了由两个表面上反射波的叠加所形成的“干涉”．对普通“白”光来说，在宽的色带上取平均时，这种干涉效应是零．参见课外实验5.10.）在有许多玻璃-空气分界面的光学仪器中，这种损失是受不了的．所以通常的办法是在各个透镜的表面上都“涂”上一层不反射层．根据式（49）的结果，涂膜的阻抗应该是空气和玻璃阻抗的几何平均值．因此涂膜的折射率应是1乘 $n$ 的平方根，即对于玻璃，涂膜的折射率应为 $\sqrt{1.50}\approx1.22$．它的厚度应当是 $\frac{1}{4}\lambda_2$，这里 $\lambda_2$ 是光在涂膜中的波长．对于真空中波长为5 500 Å 的光，在涂膜中的波长是5 500 Å/1.22 =4 500 Å．因此，涂膜的厚度应是4 500 Å/4 =1 120 Å $=1.12\times10^{-5}$ cm．这可以采用如下的喷涂方法：以透镜为例，放一块透镜在真空室中，室中有一只小坩埚，涂膜材料放在坩埚中加热到蒸发．蒸发材料的分子沿直线向四面八方飞出来，均匀地覆在朝着坩埚的透镜表面上．

下面是一个有趣的问题：假定玻璃透镜已经用不反射涂料涂膜，涂膜的厚度，对在真空中波长5 500 Å 的绿光来说是 $\frac{1}{4}\lambda_2$．因此对绿光没有反射，对其他颜色的反射强度是多少呢？见习题5.21．

**渐变截面**　四分之一波长不反射层有一个可能引起麻烦的性质，这就是，它只在某些特定的频率工作得很好．如果有足够的空间可以利用，那我们就可以比它做得更好．设 $L$ 比我们希望不反射地透过的任何波长都要长得多，让阻抗在距离 $L$ 上逐渐地改变．在任一给定的四分之一波长中，阻抗变化很小．为简单起见，让我们设想阻抗是以一系列很小的不连续台阶增加的．每当距离 $z$ 增加 $\frac{1}{4}\lambda$ 时，就有一个新的台阶，其中 $\lambda$ 是我们感兴趣的那些透射波长中的某一个波长．如果来自位置 $z$ 的一个小台阶的反射振幅被来自下一个小台阶的反射振幅所抵消，下一个小台阶的位置在 $z$ 的下游，相距 $\Delta z=\frac{1}{4}\lambda$，则我们将完全消去反射波．（我们忽略多次反射．）在一个阻抗从 $Z_1$ 变到 $Z_2=Z_1+\Delta Z$ 的小台阶上反射，其无限小的反射系数 $\Delta R$ 为

$$\Delta R=\frac{Z_1-Z_2}{Z_1+Z_2}\approx-\frac{\Delta Z}{2Z}\approx\frac{-1}{2Z}\left[\frac{\mathrm{d}Z(z)}{\mathrm{d}z}\right]\left(\frac{1}{4}\lambda\right). \tag{51}$$

假如来自某一个小台阶的反射确实被来自下游四分之一波长的下一个台阶的反射所抵消，$\Delta R$ 必须是一个与 $z$ 无关的常数，把这个常数取名为 $\alpha$. 于是，在式（51）中以 $\Delta R=\alpha$ 代入得出

$$\frac{\mathrm{d}Z}{Z}=-\frac{8\alpha}{\lambda}\mathrm{d}z. \tag{52}$$

**例 10：指数喇叭**

如果我们取 $\lambda$ 是与 $z$ 无关的常数，例如声波在一个管子内的空气中传播，其阻抗的变化是由于管子直径的变化，这样便可积分式（52）而得出阻抗 $Z$ 为距离的指数函数. 这一点读者是很容易自己证明的.

阻抗匹配按指数曲线变化的喇叭常用在高保真的扬声器中，以使一个面积为 $A_1$ 的振动扬声活塞可以把声能传递给房间而没有反射. 这样，驱动 $A_1$ 的机构所受到的阻抗可被选定与此机构的特性相适应. 如果不这样做而把 $A_1$ 改成是一个圆柱形管的面积，这个管子的一端由扬声器的驱动机构驱动，并且如果管子没有任何喇叭形，而是突然地终止于房间，则管子将在对应于开放端和驱动端都是速度波腹的那些波长处发生共振. 那就会把音乐完全搞乱了.

**例 11：渐变折射率**

与此类似，用渐变折射率方法的光学阻抗匹配可以由下述办法实现. 在所需的光学元件上逐次涂上多层薄膜，薄膜的材料是一种成分可变的混合物，其折射率自 $n_1$ 变到 $n_2$. 因此，可以做到折射率从 $n_1$ 逐渐改变到 $n_2$. 这是比采用单个不反射涂膜更好的办法，但技术要求更高. 此时，我们要找的 $n$ 随 $z$ 的变化关系不是指数函数. 它是什么呢？（习题 5.22）

## 5.5 在薄膜内的反射

**干涉条纹** 任何一打装的显微镜承物片盒中经常会有几块是两片承物片紧紧地粘在一起的，它们呈现出色彩美丽的“干涉条纹”. 同样，一滴机油滴在热水表面上，将会扩散开来，当足够薄时，会显示出同样的彩色干涉条纹. 这些条纹是由薄膜前后两个表面反射光之间的干涉引起的. 设想一下，譬如说，我们假定，在两片显微镜承物片之间有一层空气薄膜. 在两片玻璃表面相接触的地方，空气薄膜的厚度为零，当然没有反射. 这可以用下面的叙述来说明. 因为 $R_{21}=-R_{12}$，所以，从第一个表面来的反射和从第二个表面来的反射有相反的符号；又因“来回”距离为零，不引起相移，所以两者相互抵消为零.（如果它们不抵消掉，那我们会自相矛盾，整个光学理论就要垮台了！）现在如果间隙从零增加到 $\frac{1}{2}\lambda$，则“来回”距

离是 $\lambda$. 两个反射的相对相位因而增加 $2\pi$，总的反射再次为零. 在这些反射率相继为零的中间处，反射有极大值. 因此，对于确定的一种颜色，当厚度是 $\frac{1}{4}\lambda$，$\frac{3}{4}\lambda$，$\frac{5}{4}\lambda$，…时，出现反射极大值.

**例12：为什么第一干涉条纹是白的（课外实验）？**

取两块清洁的显微镜承物片，把它们压在一起，并使它们相互滑动，你就能使这两块承物片紧紧地贴在一起.（不要压得太重，以免玻璃破碎.）拿起这对承物片，以便使你可以观察像天空或者有磨砂玻璃泡的白炽灯那样宽光源的反射光. 放一块黑布或其他东西在承物片下面，以减少本底光. 你现在应该看到由彩色干涉条纹组成的同心"图案". 图案的中心是"黑的". 这是厚度为零和反射光的第一个极大值之间的区域. 第一条"条纹"（太阳光或电灯光反射的极大值）的颜色实质上是"白的". 让我们看看这是为什么？绿光在可见光谱的中央，相当于 $\lambda \approx 5\,500$ Å $=5.5\times10^{-5}$ cm. 所以，在绿光的第一条干涉条纹的中心，承物片之间的空气薄膜厚度约为$\frac{1}{4}$ $(5.5)\times10^{-5}$ cm $=1.375\times10^{-5}$ cm. 蓝光的 $\lambda\approx4.5\times10^{-5}$ cm，所以同样厚度相应于蓝光的波长百分数是 $(1.375/4.5)\lambda=0.30\lambda$. 同样，对于红光 $(\lambda\approx6.5\times10^{-5})$，这一厚度对应的波长百分数是 $(1.375/6.5)\lambda=0.21\lambda$，所以，在绿光的第一条干涉条纹处，蓝光和红光也靠近在它们的极大值反射率处$\left(\text{相当于}\frac{1}{4}\lambda\right)$. 这就是为什么第一条干涉条纹是白色的原因.

**最漂亮的干涉条纹**　递次的干涉条纹显出越来越多的色彩，最接近单色的干涉条纹应当在这样一种地方，在那里，厚度为绿光的四分之一波长的某个奇数 $N$ 倍 $\left(\frac{3}{4},\ \frac{5}{4},\ \cdots,\ \frac{N}{4}\right)$，但约为蓝光四分之一波长的 $N+1$ 倍，约为红光四分之一波长的 $N-1$ 倍. 于是蓝光和红光处于反射极小，干涉条纹便应当尽可能是绿色了. 因此，对应于最漂亮干涉条纹的数值 $N$ 是一个自然常数，我们或许应当知道它.（见习题5.23）.

**干涉条纹强度的表达式**　从两片玻璃间的空气薄膜（或空气中一薄片玻璃）反射的某一给定颜色强度的表达式，可以用以前对于分开介质1、2和3的两个不连续面上反射所得的结果做出适当的对应得到. 在目前的例子中，介质3和介质1是同一类型. 因此 $R_{23}=R_{21}=-R_{12}$. 所以你可以证明，反射的时间平均强度的百分比为（习题5.24）

$$\frac{I_{\text{反射}}}{I_0}=4R_{12}^2\sin^2 k_2L. \tag{53}$$

对于从玻璃到空气或者从空气到玻璃，都有 $R_{12}^2=0.04$. 因此

$$\frac{I_{反射}}{I_0} \approx 0.16 \sin^2 k_2 L. \tag{54}$$

当 $L=0$ 和 $L=\frac{1}{2}\lambda_2$ 时，它等于零. 在 $L=\frac{1}{4}\lambda_2$ 处，它达到第一个极大值. 注意，从薄膜反射的最大强度百分比是 0.16，它是从单个空气-玻璃界面反射时强度百分比的四倍.

**一加一等于四？**　我们怎么会从一个表面反射的强度加上从另一个表面反射的相等的强度得到四倍的总强度呢？同样，我们也可以把它们加成零：$(1+1)^2=4$；$(1-1)^2=0$. 我们是首先把波动叠加起来，然后平方，再取时间平均，这样来得出强度.

必须指出，观察从两块显微镜承物片之间的空气薄层引起的彩色条纹，其彩色极大值的强度百分比为 0.16. 从上面承物片外表面来的本底光的强度百分比是 0.04；从下面一块的底面来的强度百分比也是 0.04. [从两块承物片顶表面和底表面来的干涉不予考虑，因为它们的级很高（即这种干涉是在很多的四分之一波长数上发生的），以致各种颜色完全重叠.] 因此，彩色条纹是本底光的强度的两倍，是容易看到的（特别是如果放块黑布在承物片下面，因而没有另外的本底的话）.

**例 13：显微镜承物片中的法布里-珀罗干涉条纹**

如果使用足够单色的光源，那你很容易观察到从一块普通的显微镜承物片或窗玻璃的两个表面反射回来的光振幅叠加而形成的干涉条纹. 为完整地描述这种干涉条纹，需要计算垂直入射的反射系数，还需要计算非垂直入射的反射系数. 这是容易做的，但我们在这里不做了. 这里我们只讨论中央条纹，即对应于垂直入射的条纹，并且提出这样的问题："光源必须单色到什么程度？"答案可以从式（53）得到. 设 $L=1\ \text{mm}=0.1\ \text{cm}$. 如果存在着单一的波数 $k_2$，则这个中央条纹是极大值还是极小值，取决于 $\sin^2 k_2 L$ 是 1.0 还是 0.0. 假如波数存在一个带宽 $\Delta k_2$，若带太宽的话，则某些波数相应于极大值而某些波数相应于极小值，条纹将被"洗掉". 要得到好的可见的中央条纹，带应当多窄呢？（我们可以假定，倘若中央条纹是明显可见的，则非垂直入射的条纹也是明显可见的.）式（54）的那些相继的极大值是由 $k_2 L$ 逐个增加 $\pi$ 而分开的. 作为一个粗糙的判据，我们可以认为，若 $(\Delta k_2)L$ 小于 $\pi$，则可得到好的条纹. 于是可以看出，所要求的带宽是（习题 5.25）

$$\Delta(\lambda^{-1}) \approx 3.3\ \text{cm}^{-1}, \tag{55}$$

即

$$\Delta\nu = c\Delta(\lambda^{-1}) \approx 10^{11}\ \text{Hz};$$

这就是说，倘若我们取 $\lambda \approx 5.5\times10^{-5}\ \text{cm}$（绿光），则

$$\Delta\lambda \approx 1.0\ \text{Å}.$$

因此所要求的带宽小于 $3.3\ \text{cm}^{-1}$（这是通常在光谱学中用的单位）. 在第 6 章将要学到，带宽 $\Delta\nu \approx 10^9\ \text{Hz}$ 大约是自由衰变原子的"自然线宽". 要做得比它更好是困

难的（除了用激光外）. 因此，要在一块窗玻璃中看到干涉条纹，我们可以使用一个良好的自由衰变原子光源. 使用氖灯就可以工作得很好. （见课外实验5.10）用燃烧一团手纸作光源也可以！（见课外实验9.27）

## 习题与课外实验

5.1　玻璃的反射（课外实验）. 一块平玻璃板反射大约8%的垂直入射光强度，从每个表面反射4%的光强度. 一面普通镀银的镜子反射90%以上的可见光. 取一面镜子和一块清洁的玻璃（例如一块显微镜承物片）. 把两个东西靠在一起，以便能同时看到两者的反射. 比较镜子和承物片的反射. 观察从一个白炽灯、一张白纸或一小块天空那样的宽光源的反射光. 在近于垂直入射时，比较承物片的反射和镜子的反射. 然后在近于掠入射的条件下做同样的实验. 在近于掠入射时，光源、镜子反射和承物片反射应当几乎没有区别，即在近于掠入射时，你几乎得到100%的反射. 而在近于垂直入射时，玻璃应当比镜子显著地暗.

其次，取四块清洁的显微镜承物片. 把它们一块压一块叠起来，形成一个个台阶：第一块承物片做“地板”，第二块承物片作第一级“台阶”，其余两块承物片一起做高度加倍的第二级“台阶”. 因此，你可以在近于垂直入射时同时比较从一块承物片、两块承物片以及四块承物片来的反射. 观察宽光源（天空）在近于垂直入射时的反射. 忽略内部反射的复杂情况，每一块承物片大约透过0.92. 因此，四块承物片应透过 $(0.92)^4=0.72$，同时反射 $1-(0.92)^4\approx0.28$.

现在把一打清洁的承物片重叠起来，它们应当反射 $1-(0.92)^{12}=0.63$. 把它们同镜子相比较. 假定这个公式始终适用（以及承物片是清洁的）. 倘若镜子反射93%的强度，则多少块承物片相当于一块好镜子？试试看，在近于垂直入射时把叠合的承物片同镜子进行比较，再直接观察通过叠合的承物片的透射光. （按照公式，应约取32块承物片；不用说，它们上面都应当没有指印.）（显微镜承物片的价格不贵，有三打承物片对课外实验是很方便的.）

5.2　薄膜干涉（课外实验）.（见5.5节）在盆子里注满热水，滴一滴易渗透的轻质润滑油在水上，留心观察油的扩展. （要用轻质润滑油；色拉油太重，它不会扩散.）当油膜扩展开来时，观察从油膜中反射的天空（或其他宽光源）. （放一块黑布或一张黑纸在盆底上是有好处的，它可以给出暗的背景，并消除从盆底来的我们不需要的反射.）注意，油膜一直扩展到直径10 cm左右才开始有彩色干涉条纹出现. 这是为什么？当油膜继续扩展时，注意观察彩色条纹. 当它变得非常薄时，不再能得到干涉条纹；在油膜最薄处，它是“黑的”. 这是油膜厚度小于四分之一波长的区域. 根据这一事实，粗略估计可见光的波长. 取这个“黑色”区域的厚度约为八分之一波长（作为粗略估计），估计油膜的面积，利用此面积值和油滴最初的大小求出油膜厚度，于是可得到波长.

5.3 玩具弹簧上短暂的驻波（课外实验）. 把玩具弹簧的一端缚在电线杆或某个东西上. 用手拿着另一端. 把这玩具弹簧拉伸到 10 m 左右. 尽可能快地抖动玩具弹簧的一端三四次. 一个“波包”于是就沿玩具弹簧传下去. 在你观察波包来回，欣赏够了以后，再试一下新的实验：此时，你盯住玩具弹簧固定端附近的一个区域. 随着波包进入、反射和回来，在入射波包和反射波包相重叠的这段时间间隔内，你应当看到短暂的驻波.（把玩具弹簧的两端都固定可能是有帮助的，这样你可以在玩具弹簧靠近你那一端就近观察这个过程.）这可使你确信，驻波总是可以看作两个沿相反方向行进的行波的叠加.

5.4 在显微镜承物片中的多次内反射（课外实验）. 画一张草图，表示一条光线从左边进来，以某个角度倾斜入射在玻璃板上. 画出第一条透射线，第二条（即经两次内反射后透射出来的那条），第三条，…. 接着通过显微镜承物片观察一个点光源或线光源. 把承物片靠近你的眼睛. 先在垂直入射的情形下观察，然后逐渐倾斜承物片，寻找由于多次反射而产生的那些“虚光源”.（这一效应在接近掠入射的情况下较大.）再寻找从承物片边缘发出的而不是从承物片表面透射出来的光. 这是“陷入内部”的光，当它到达承物片的边缘时，近于垂直入射，而不是近于掠入射，于是最终逸出.

5.5 传输线中的反射（课外实验）. 假定一根特征阻抗为 50 Ω 的同轴传输线与一根特征阻抗为 100 Ω 的同轴传输线相连接.

（a）一个 +10 V（最大值）的电压脉冲从 50 Ω 传输线射入 100 Ω 传输线. 反射脉冲的“高度”是多少？（以 V 为单位，包括正负号.）透射脉冲的“高度”是多少？

（b）一个 +10 V 的脉冲从 100 Ω 的传输线射入 50 Ω 传输线. 反射脉冲和透射脉冲的高度各是多少？

5.6 不可逆的阻抗匹配. 考虑习题 5.5 的传输线.

（a）怎样接入一个普通的电阻，可以使从 50 ~ 100 Ω 传输线行进的入射脉冲透射过去而不产生任何反射脉冲？我们希望知道电阻是多少欧姆，同时希望有一张示意图，画出在传输线连接处每根传输线的中心导体和外导体，并且画出所连接的电阻.（不用担心这个电阻的“分布”，只要波长比电缆的直径长得多，则无须考虑电阻分布.）

（b）透射脉冲的大小是多少？（假定射入 10 V 脉冲）

（c）现在假定 10 V 脉冲从“错误”的方向接入，即从 100 Ω 传输线到 50 Ω 传输线. 那将发生什么情况？求出反射脉冲和透射脉冲的高度.

（d）其次，考虑一个脉冲从 100 Ω 传输线透射到 50 Ω 传输线而不产生任何反射的问题. 接入的电阻值该是多少？应该怎样把它连接到两根传输线的接合点上去？若入射的脉冲是 10 V，则透射的脉冲高度是多少？当 10 V 脉冲从 50 Ω 透射到 100 Ω 传输线时，即在“错误”方向入射时，又发生什么情况？

5.7　波长 $\lambda=5\,000$ Å 的光先后垂直透射过相隔距离比波长大得多的两块透明有机玻璃圆盘，若圆盘的折射率是 $n=1.5$，则透射光的百分比是多少？忽略吸收、内部多次反射和干涉效应．［答：$I_t/I_0=0.85$．］

5.8　当光垂直射在平滑水面上时（折射率 $n=1.33$），比较从空气射入水和从水射入空气两种情况下的振幅和强度的反射系数．

5.9　空气薄膜中的反射．假定有两块光学上平坦的玻璃，它们的一边接触，另一边用一张纸隔开从而留有间隙隔开的一边与接触的一边的距离为 $L$．假设这张纸有本书的一页那样厚．（没有测微计你怎样测量纸的厚度？）假定你希望相继的绿光干涉条纹相隔 1 mm，以便容易看到．问空气“劈”的长度 $L$ 应当是多少？

5.10　窗玻璃中的法布里-珀罗干涉条纹（课外实验）．为了做这个实验，需要一个宽的、几乎单色的光源．我所知道的最便宜的这种光源是一种特种 NE-40 电灯泡．它是一个直径约 2.5 cm 的圆盘形的氖辉光管，可以把它拧进一个标准的 60 Hz、115 V 的灯座．（任何氖灯几乎都适用，例如验电笔上用的那种氖灯就可以．）开灯，并用衍射光栅观察它（把光栅靠近你的眼睛）．你至少可以看到界限清楚的三个虚光源．（在第一级谱中，它出现在离中央橙色光边缘约 15°或 20°的地方．）最亮的三个中，一个是黄色的，一个是橙色的，一个是红色的．（实际上在黄、橙和红色中大约存在着十多条明亮的“线”．）虚光源界限清楚，并且在角度上并不模糊的事实说明，每一种单独的颜色是单色光源（受你自己分辨率的限制）．每一种单色光源相当于受激氖原子的一种不同的原子跃迁．下面是实验．取一块普通玻璃，一块显微镜承物片或一块窗玻璃或你房间中的玻璃窗都可以．执氖灯靠近你的鼻子，从氖灯顶上望过去，观察玻璃片中的反射．如果你看到两个反射像，则另换一片玻璃．（窗玻璃经过多年缓慢黏滞流动之后，往往会变成劈形．）寻找“干涉条纹”，即在灯的影像中的明暗交替区的“轮廓线”．寻找一会儿，你就会看到它们．一旦找到了它们，就容易看出来了．（玻璃大概应离你 0.6 m.）它们是由于玻璃前表面和后表面之间的干涉而引起的．为了证明这一点，把一小片透明的胶带粘在一个表面上，手持玻璃，最初使这个表面在靠近你的一面，然后使这个表面在远离你的一面．当胶带落在反射影像区中时，寻找影像中的条纹．胶带粘胶的一面是“光学上粗糙的”表面，即存在着小于光波波长和在横向标度上比条纹间隙要细的不规则变化．在某些微小的区域中，光从玻璃进入胶带而没有反射（胶带的折射率接近于玻璃的折射率），一直穿到胶带的平滑的外表面才引起反射．在另一些微小的区域中，粘胶表面不跟玻璃接触，在玻璃到空气的表面上发生反射（玻璃和胶带粘胶面之间的空气）．你现在可以用检验条纹的方法来揭示出一块有机玻璃、一块普通玻璃或一张玻璃纸在横向标度上是不是“光学上平滑的”，其精度是条纹宽度的数量级．你会发现，苏格兰威士忌商标的透明胶带不是平滑的，而玻璃则是．用你光具箱中的偏振片、四分之一波长片和二分之一波长片试一下，它们是否平滑得小于一个波长？试一下你的红色明胶滤光片，它是不是光学平滑的？

（为寻找一个好的平直部位以得到好的反射影像，你可能要费不少力气.）

一只普通的荧光灯也可以使用，虽然不及氖灯好，它或许更容易搞到.（著名的“汞的绿线”，是几乎单色的光，是它给出干涉条纹.）

下面是用氖灯做的一个实验（我用荧光灯没有做成）. 观察来自一块偏振片的氖的干涉条纹. 把一块偏振片（或偏振太阳镜）放在你的眼前. 把偏振片的两个取向都试一下. 然后翻转偏振片重复这个实验. 这样有四种取向：偏振片轴平行和垂直，以及偏振片翻转后的轴平行和垂直. 注意条纹的大小.（条纹越宽意味着薄膜越薄.）偏振片是由夹心三层组成的：两个透明的外层（面包）和起吸收作用的“火腿”中间层. 现在的问题是“火腿”的两个表面是不是光学平滑的？

接下来是利用氖灯的法布里-珀罗干涉条纹的另一个有趣的实验（或演示）. 在晚上，在没有其他照明的情况下，用氖灯照你的面部. 观察在离 0.3 m 或 0.6 m 远的玻璃片中你的像. 你的面部现在是一个“单色宽光源”，试寻找以每只眼睛的像为中心的同心圆形条纹，（只有玻璃相当平坦，条纹才会是圆形的）. 效果是怪得吓人的.

5.11 氖灯频闪观测器（课外实验）. 如果你有课外实验 5.10 中所说的 NE-40 灯泡的话，则你可以用它做其他有趣的实验. 使灯泡和你的眼睛相距 0.3 m. 在这样的方向观察，使你的视线与你眼睛和灯泡的连线成 45°角. 注意闪烁！现在直接观察灯泡. 闪烁消失了！显然，进化已使我们的侧视觉发展到对光强的迅速变化很灵敏. 这样好像是聪明的.（你也可以用电视图像来试验这一点，把直接看电视和用眼边侧看相比较.）NE-40 的每一个电极每秒开关 60 次，但它们的相位差是 180°！当一个电极亮的时候，另一个是暗的. 因此，你可以用这种灯泡作为 60 $s^{-1}$ 或 120 $s^{-1}$ 的频闪观测器，这决定于你如何用它来照亮物体. 你可以证明这两个电极是异相的. 把灯泡拧进不太重的灯架中，这样，你可以容易地摇动它. 转动灯泡使得从侧面看到两个电极的边. 接着，以尽可能大的振幅（比方说 10 cm 或 20 cm）. 每秒约 4 次（如果你有能力则可更快些）猛力地左右摇动这个灯. 观察由两个电极造成的橙色条纹. 它们是同时出现还是交替出现？使用摇动氖灯的方法，加上一只普通的钟表，你还可以估计频率. 假设运动是正弦的. 测量使两个红色条纹看起来像是一个“交流方波”时所必需的频率和振幅. 因为你知道光的频率与 60 $s^{-1}$ 必定有一个整数倍的关系，所以用这种粗糙的测量办法可以容易地确定频闪频率.

注：与其摇动灯泡，还不如晃动镜子，观察镜子中灯泡的反射，这比较容易. 用这种方法，你可以用氖灯得到漂亮的“交流方波”. 同样的技术可应用于检查电视显像管图像的时间结构. 先把电视屏遮蔽起来，使得只有垂直方向的一个狭条可以看到. 绕一个垂直轴晃动镜子. 你所看到的“锯齿”将表明电视显像管总有某些部分在任何时刻都在发光. 所以为了做一个好的电视闪频观测器，你应当用一个水平的缝隙.

5.12　边界上波动的连续性．当光（或其他电磁辐射）从介质1入射到介质2时，我们发现，倘若磁导率为1（或它在不连续点不变），并且倘若“几何形状”也不变（横截面形状不变的平行板传输线或在自由空间中的材料块）的话，则电场 $E_x$ 和磁场 $B_y$ 的反射系数和透射系数分别为

$$R_E = \frac{k_1 - k_2}{k_1 + k_2}, \quad T_E = 1 + R_E = \frac{2k_1}{k_1 + k_2},$$

$$R_B = \frac{k_2 - k_1}{k_2 + k_1}, \quad T_B = 1 + R_B = \frac{2k_2}{k_2 + k_1}.$$

式中，$k = n\omega/c$；$n$ 是折射率．试证明：$E_x$ 的反射系数和透射系数意味着 $E_x$ 和 $\partial E_x/\partial z$ 两者在突变点都是连续的，即它们在突变点的两边有相同的瞬时值．［就左边（介质1）的场说，当然是指入射波和反射波的叠加．］与此类似，试证明：磁场 $B_y$ 的反射系数和透射系数意味着 $B_y$ 在边界上是连续的，但 $\partial B_y/\partial z$ 则是不连续的．最后再证明：从介质1跨到介质2时，$\partial B_y/\partial z$ 增加一个因子 $(k_2/k_1)^2 = (n_2/n_1)^2$．必须注意，我们是讲总的场，而不是仅仅指一个特定方向行进的那一部分场．

5.13　证明：对于弦上的波动，与对于光的情形下磁导率不变（穿过不连续点）相类似，边界条件是弦的质量密度不变．证明：对于光的情形，穿过边界时介电常数的增加则类似于弦的张力的减小．证明：从下述意义上说，弦的横向速度和光波中的磁场是相像的——它本身是连续的，但其对 $z$ 的导数从介质1到介质2时增加 $(k_2/k_1)^2$ 倍．证明：横向张力 $-T_0\dfrac{\partial\psi}{\partial z}$ 和电场相类似，它本身及其导数在边界上都是连续的．（在所有情况中我们说的都是总的场，而不是行进在特定方向上的部分场．）

5.14　假定有一根同轴电缆，导体之间为真空，特征阻抗为（譬如说）50 Ω．现在假定这根电缆的一端压在一块电阻为单位面积377 Ω的自由空间布上．电缆的内外导体于是同自由空间布连接起来．在电缆的另一端，用普通的欧姆计测量内外导体之间的直流电阻．忽略导体本身的电阻（这段电缆随你意要多短就多短）．电阻完全是端接的自由空间布引起的．欧姆计的读数是多少？　（a）先猜一下．（b）然后证明它．

5.15　开管对驻波的有效长度（课外实验）．找一个装一卷卫生纸或蜡纸的硬纸圆筒（或硬纸板管）．用一只C523.3音叉作为音调标准．在你自己头上轻轻敲打这个开管，并仔细听．切掉一段管子（如果需要），使音调变尖（高于 523.3 $s^{-1}$ 的音调）．然后在一端插进略小一些的管子，使它起“长号”调谐部分的作用．（例如取装一卷手纸的硬纸板管，先沿管子长度上切开，然后切去一些材料，做成一个直径略小的管子．然后用胶带沿接口密封裂缝，使这个较小的内管的侧面没有漏气口．）你所听到的是一个开管的最低模式．管子中含有振荡的半个波长，声速

是 332m/s，所以你“料想”管长是

$$L=\frac{1}{2}\frac{v}{\nu}=\frac{1}{2}\times\frac{3.32\times10^{4}}{523.3}\ \text{cm}=31.7\ \text{cm}.$$

结果，你将发现实际长度 $L_0$ 比 31.7 cm 小了约 0.6 个管子直径．这可解释为在管子每一端有 0.6 个管子半径的“端效应”．为了检验这是一种端效应而不是声速的数值错误，可用粗管子和细管子分别试一下．

5.16　硬纸板管的共振（课外实验）．取课外实验 5.15 中的硬纸板管．把振动着的音叉靠近管子的一端．如果管子的“长号”伸长部分调谐到 523.3 Hz（$s^{-1}$）时，你会听到一个悦耳的响亮声音．如果不是这样，则调整拉长部分直到共振．问题：当管子的自然振动的音调与音叉的频率不同时，用音叉敲击管子听到的是什么音调？（先根据你对敲击振荡器的知识猜出答案，然后在实验上试一试．）

下面是得到一个悦耳的尖锐共振的方法．竖直地握住管子，把下面一端浸入一盛着足够深的水的容器中．把振动着的音叉放在开放端．升降管子和音叉以调节到共振．管长加上一端的修正值应当等于 $\lambda/4$．

下面是另一种找共振的好方法．把酒瓶灌到 2/3．当你横着吹瓶口时，可以得到略高于 C523.3 的音．插一根吸管在瓶中．把振动的音叉放在瓶口．用吸管把水逐渐吸出，可以调谐到共振．

你可以唱一个缓慢上升的“调子”来寻找在硬纸板管、罐、房间和隧道中的共振．你将既能听到又能“感觉到”那些强的共振．阻抗的改变实际上可以“使你走音”，或使你滑到邻近的音调上去．

5.17　你的声音探测系统（鼓膜、神经和脑）是相位灵敏的探测器吗（课外实验）？让我们来回答这个问题．有些人说，对高频声波来说，你之所以能够听出方向是由于在一个耳朵上的波峰和在另一个耳朵上的波峰之间有显著的时间延迟，即你发现了一个鼓膜的振动相对于另一个鼓膜的振动有相位移动．这种说法是否正确，可归结为下面的问题：你能否辨别“两个鼓膜都向内，两个鼓膜都向外，再都向内，再都向外……”和“右鼓膜向外时左鼓膜向内，右鼓膜向内时左鼓膜向外……”这二者之间的区别．

首先，让我们考虑一个两端开放的硬纸板管（调谐到 C523，以得到悦耳的响声）．管子长度是 $\lambda/2$．这就是说，当在右面一端的空气冲向右边时，在左面一端的空气同时冲向左边，即当管子共振时，两端的速度相位相差 180°．换句话说，空气在同一时刻冲出两端又在同一时刻冲进两端．现在，在离音叉尖等距离的地方互相撞击两个 C523 音叉，然后把两个音叉分别放在管子的两端，这样便产生了拍．在强度最大时，每一个音叉推动空气到它要去的地方以发生共振，即当位于一端的音叉把空气推进管子的瞬间，位于另一端的音叉也把空气推进管子．在快周期（523 Hz）的半周过后每一个音叉吸出管子中靠它那一端的空气．而在拍周期的半周之后，我们得到从管子出来的声音强度的极小值．（倘若你在离音叉尖距离相等的地方撞击音叉的话，则这极小值为零.）这是因为，一个音叉在一端推入空气，同时另一个音叉在另一端吸出空气；这恰和维持共振的要求相反，于是就破坏了共振．换句话说，由两个音叉诱导的运动是由两个相位差180°的共振振动的叠加所组成的，这种叠加给出运动为零.

所有这一切的要点是，管于能够辨别两音叉的振荡是“两者都向内，两者都向外……”或者是“一个向内，另一个向外；一个向外，另一个向内……”．前一种情况是在拍的极大值，后一种情况是在拍的极小值．关于你的听觉器官的问题是：如果把一个音叉放在一只耳朵旁，另一个音叉放在另一只耳朵旁，你会不会听到拍？或者听到具有拍频的数学结构的任何东西？例如，当你经受了相当于拍的极大和极小的某种东西之后，或许你的听觉系统会告诉你，“这是从房间左面来的，那是从房间右面来的，等等”．这就是说，如果人们认为声音方向是由相位差决定的这种说法是对的，则脑子可以判定，若一个鼓膜的相位超前于另一个鼓膜，比方说90°，则声音来自超前90°的那个鼓膜的方向．这个方向在拍频时将反过来．做实验来回答这个问题.

以另一种方式来提这个问题（用硬纸板管作为譬喻），那就是：在你头上有没有一个洞？

5.18　测量开管两端的相对相位（课外实验）．假定有一根长的蛇形软管，把它卷在一只匣子中，让一个开放端穿出匣子的一边，另一个开放端则穿出匣子的另一边．你不许看卷在匣子里的管子有多长．在伸出的一端上添加一个小的调音长号，用音叉调谐可找出在523.3 $s^{-1}$有一个共振．这意味着总长度是$\frac{1}{2}\lambda$，$\lambda$，$\frac{3}{2}\lambda$，…．你怎样才能确定管子长度是半波长的奇数倍还是偶数倍？把两个音叉放在管子的一端，留心听拍，记住这个节奏，以保证当你暂时把一个音叉拿走然后再把它放回时（没有扰乱两个音叉的连续振动），你仍能数出拍的极大值与实际的保持“合拍”（用音乐的惯语）．练习几次使你可以跳过一拍，在你头脑中数拍子，并且当你放回音叉时恢复同步的节奏．（你可以调整橡皮带的负载以得到合适的拍频率．如果你觉得这一切都很困难，你可以用一个节拍器.）好！这一次，不再把（暂时）拿走的音叉放回管子的同一端，而是把它放到另一端．再留心听拍（两个音叉在这个时期中都在连续振动着），它们是恢复到“合拍”还是恢复到“不合拍”？根据实验结果，你将能决定管子长度是半波长的奇数倍还是偶数倍．先推测答案，然后用你的半波长管子做实验．（取另一根管子，长度是一个波长，以得到相反的结果.）

5.19　音叉的泛音（课外实验）．你的C523.3音叉是不是只发射523 $s^{-1}$的声音，而没有别的什么呢？将音叉撞击某个硬的东西，你应当听到一个轻微的高音调附在强有力的523 $s^{-1}$音调上．高音调在2 s或3 s内消逝．这是音叉的较高模式，因与音叉叉股的更大弯曲联系在一起，所以有强烈的阻尼．高八度的音调C1046

怎么样？要听清楚它是困难的，因为存在着基音 C523. 为了找出这个音调，要用一个共振管. 用它轻敲头部，这样调整管子到 C1046，注意倾听高于 C523 八度的音调.（或者按照“理论”简单地把它切出来，即由 $\lambda/2$ 减去每端直径 $R$ 的 3/5 得到管的长度.）把 C523 音叉放在 C1046 管的一端，并注意倾听.（用一只管子调在 C523 作为检验，把音叉在 C523 和 C1046 管之间来回移动.）

5.20 一般正弦波. 把行波 $\psi(z, t) = A\cos(\omega t - kz)$ 写成两个驻波的叠加. 把驻波 $\psi(z, t) = A\cos\omega t\cos kz$ 写成两个在相反方向行进的行波的叠加. 讨论下列行波的叠加：

$$\psi(z,t) = A\cos(\omega t - kz) + RA\cos(\omega t + kz).$$

证明这一正弦波可以写成由下式表示的驻波的叠加：

$$\psi(z,t) = A(1+R)\cos\omega t\cos kz + A(1-R)\sin\omega t\sin kz.$$

因此，同样的波动既可以认为是驻波的叠加，也可以认为是行波的叠加.

5.21 不反射的涂膜. 一块玻璃透镜涂有一层不反射的涂膜，涂膜的厚度是光在涂膜中波长的四分之一，光在真空中的波长为 $\lambda_0$. 涂膜的折射率是 $\sqrt{n}$，而玻璃的折射率是 $n$. 在可见光频谱范围内，取折射率为常数，与频率无关. 令 $I_{反射}$ 表示垂直入射光的时间平均反射强度，$I_0$ 表示入射强度. 证明反射强度的百分比和入射光波长有下述关系：

$$\frac{I_{反射}}{I_0} = 4\left(\frac{1-\sqrt{n}}{1+\sqrt{n}}\right)^2 \sin^2 \frac{1}{2}\pi\left(\frac{\lambda_0}{\lambda} - 1\right),$$

式中，$\lambda$ 是入射光的真空波长. 取玻璃的 $n = 1.5$，设 $\lambda_0 = 5\ 500$ Å（绿光），则 $I_{反射}$对绿光是零. 对于真空中波长 4 500 Å 的蓝光，$I_{反射}/I_0$ 是多少？对于真空中波长为 6 500 Å 的红光，$I_{反射}/I_0$ 是多少？[答：红光的反射强度百分比约为 $2\times10^{-3}$，蓝光的反射强度百分比约为红光的两倍.]（你们的答案应当有两位有效数字.）

5.22 用“渐变”折射率达到阻抗匹配. 假定你希望在折射率为 $n_1$ 的区域和折射率为 $n_2$ 的区域之间把光阻抗匹配起来，并且你希望阻抗匹配过渡区的总长度为 $L$，则在两个区域之间折射率 $n$ 随 $z$ 变化的最佳关系是什么？它是不是指数的？为什么不是？[答：波长 $\lambda = (c/v)/n$ 应该随 $z$ 做线性变化，即，若过渡区是从 $z = 0$ 到 $z = L$，我们要求 $\lambda(z) = \lambda_1 + (z/L)(\lambda_2 - \lambda_1)$.]

5.23 最漂亮的白光干涉条纹. 观察两块压在一起的显微镜承物片的同心干涉条纹. 图样的中心是黑的（即表明没有反射的天光）. 第一条干涉条纹是白色的，随后的干涉条纹呈现出色彩. 在经过十几条干涉条纹之后，它们都混杂并且重叠起来，使干涉条纹再次变成白的. 哪一条条纹（粗看起来）是最单色的？为了更精确起见，规定“最漂亮的”条纹是“既非红色又非蓝色”的条纹，其中红光的波长是 0.65 μm（1 μm = $10^{-6}$ m），蓝光的波长是 0.45 μm. “非”的意思是，对于最漂亮的条纹，红光和蓝光由于干涉相消都为零. 求最漂亮干涉条纹的最近整数值，求在此干涉条纹中能产生完全相长干涉的波长数值及其近似色彩.

5.24　薄膜干涉. 证明：对于垂直入射的单色光，从两块显微镜承物片之间厚度为 $L$ 的空气层所反射的强度，在小反射近似中可写成

$$\frac{I_{反射}}{I_0}\approx 4R_{12}^2\sin^2 k_2L.$$

[忽略两块承物片两个外表面所引起的干涉效应. 这些条纹会由于任何光（很单色的光除外）中颜色的扩展而被消掉，正像在课外实验5.10“窗玻璃的法布里-珀罗干涉条纹”中所讨论的那样.]

5.25　在1 mm玻璃承物片中的法布里-珀罗干涉条纹. 导出下述结果：为了在1 mm厚的玻璃承物片中产生法布里-珀罗干涉条纹，光的“线宽度”（即频带宽）必须小于约3 $\mathrm{cm}^{-1}$，才能使条纹不致被消掉.

5.26　多次反射. 在下面的推导中要用复数. 假定 $\psi_{入射}$ 是 $Ae^{i(\omega t-kz)}$ 的实数部分，其中 $A$ 是实数，则 $\psi_{入射}=A\cos(\omega t-kz)$. 在 $z=0$，阻抗从 $Z_1$ 到 $Z_2$ 有一突变. 在 $z=L$，阻抗又从 $Z_2$ 突变到 $Z_3$. 令 $R_{12}=(Z_1-Z_2)/(Z_1+Z_2)=-R_{21}$，$R_{23}=(Z_2-Z_3)/(Z_2+Z_3)$. 假设在介质1中反射波是 $RAe^{i(\omega t+kz)}$ 的实数部分，其中 $R$ 是复数，并可写成 $R=|R|e^{-i\delta}$.

(a) 证明，若忽略除从 $z=0$ 来的反射和从 $z=L$ 来的第一次反射以外的所有贡献，则可得

$$R=R_{12}+T_{12}R_{23}T_{21}e^{-2ik_2L},$$

式中，$T_{12}=1+R_{12}$，$T_{21}=1+R_{21}=1-R_{12}$.

(b) 利用无穷级数的直接求和，对于一个无穷数的多次反射，证明 $R$ 的精确解是

$$R=R_{12}+\frac{(1-R_{12}^2)R_{23}e^{-2ik_2L}}{1-R_{23}R_{21}e^{-2ik_2L}},$$

式中，第一项 $R_{12}$ 是由于在第一个突变点 $z=0$ 上的反射，其余项是由于在 $z=L$ 上的一次及多次反射. 证明，在小反射近似中，这一结果简化为（a）的结果. 证明，精确的结果可以写成下述形式：

$$R=\frac{R_{12}+R_{23}e^{-2ik_2L}}{1+R_{12}R_{23}e^{-2ik_2L}}.$$

用在5.5节的“小反射近似法”中求得的 $R$ 的近似表达式. 证明：不论这个近似式还是上述精确式，都在相同的 $R_{23}/R_{12}$ 和 $k_2L$ 的组合时成为零. 因此，近似表达式给出的那些零点是正确的，但对在极大时的强度表示则是不精确的.

5.27　求反射系数和透射系数的边界条件法. 物理情况和习题5.26中完全相同，而解决的方法则完全不同. 对多次反射线不采用无穷级数的求和，而改用下述办法：多次反射线的叠加中每一条“线”是连续的，所以叠加本身是连续的. 这

就是这个方法的基础. 因此我们不用在多次反射的求和上费脑筋. 我们把在 1 ($z<0$)、2 ($z=0$ 到 $z=L$)、3 ($z>L$) 三个区域中的 $\psi$ ($z$, $t$) 改写为下述表达式中的实数部分:

$$\psi_1(z,t)=\mathrm{e}^{\mathrm{i}(\omega t-k_1 z)}+R\mathrm{e}^{\mathrm{i}(\omega t+k_1 z)},$$
$$\psi_2(z,t)=F\mathrm{e}^{\mathrm{i}(\omega t-k_2 z)}+B\mathrm{e}^{\mathrm{i}(\omega t+k_2 z)},$$

和

$$\psi_3(z,t)=T\mathrm{e}^{\mathrm{i}[\omega t-k_3(z-L)]},$$

式中, $R$ (反射)、$F$ (向前)、$B$ (向后) 和 $T$ (透射) 都是复数, 是待定的. (为简单起见, 我们已经取入射波的振幅为 1.) 注意, 具有复数振幅 $F$ 的项是在 $z=0$ 和 $z=L$ 之间, 在时间 $t$ 时向前运动全部多次反射线的叠加. 同样地, 具有复数振幅 $B$ 的项是全部向后线的叠加. 在两个突变点, $z=0$ 和 $z=L$, 要应用连续性的边界条件. 假设 $\psi$ ($z$, $t$) 是连续的, 进而假设 $\partial\psi(z,z)/\partial t$, 也是连续的. (这句话的意思是: 如果是一根弦, 则弦的张力是常数; 如果是声波, 则平衡态压强 $p_0$ 乘因子 $r$ 是常数; 如果是电磁波, 则磁导率 $\mu$ 是常数.) 在 $z=0$ 和 $z=L$ 两处, 这两个边界条件都成立, 则给出了四个复数 $T$、$F$、$B$ 和 $R$ 的四个线性方程. 这就足够唯一地决定 $T$、$F$、$B$ 和 $R$ 了. 证明上面这个说法. 求出 $T$、$F$、$B$ 和 $R$. 证明所得 $R$ 的结果同习题 5.26 中用多次反射法所得的结果完全相同.

5.28 透射共振. (a) 证明: 对于来自两个突变点的反射 (习题 5.26 和习题 5.27), 非反射的 (因此按能量守恒必定是透射的) 时间平均能流通量百分比为

$$1-|R|^2=\frac{1-R_{12}^2-R_{23}^2+R_{12}^2R_{23}^2}{1+2R_{12}R_{23}\cos 2k_2L+R_{12}^2R_{23}^2}.$$

(b) 证明: 倘若介质 3 具有与介质 1 同样的阻抗, 此式变成

$$1-|R|^2=\frac{(1-R_{12}^2)^2}{1-2R_{12}^2\cos 2k_2L+R_{12}^4}$$

(c) 证明: 在某些 $k_2L$ 值时, 非反射的时间平均能流通量百分比是 1, 即对于这些数值, 全部能量都透射而没有一点反射. 把 $k_2$ 的这些 "共振值" 中的任意一个称作 $k_0$, 证明共振值为 $k_0L=\pi$, $2\pi$, $3\pi$, $\cdots$.

(d) 证明: 当 $k_2$ 足够靠近共振值 $k_0$ 时, 透射 (时间平均) 能流通量为

$$1-|R|^2\approx\frac{(1-R_{12}^2)^2}{(1-R_{12}^2)^2+R_{12}^2[2L(k_2-k_0)]^2}.$$

证明这个形式是 3.2 节中已讨论过的 "布赖特-维格纳共振峰" 的形式, 并且倘若 $|R_{12}|$ 不比 1 小很多, 其透射强度半极大值处的全宽度 $\Delta k_2$ 为

$$(\Delta k_2)L\approx\frac{1-k_{12}^2}{|R_{12}|}.$$

(证明, 当 $|R_{12}|\ll 1$ 时, 布赖特-维格纳近似无效, 因为它除了在很靠近 $k_0$ 的地

方以外都不成立，也就是，甚至对于“半极大透射功率”点，它也不能使用．此时，我们应当采用精确的结果．）证明，对于 $|R_{12}|\approx 1$，当布赖特-维格纳形式对远离 $k_0$ 许多个共振宽度的地方都成立时，其共振全宽度可写为

$$(\Delta k_2)L\approx 2(1-|R_{12}|).$$

5.29　假定，不是把半无限弦直接系到驱动机构的输出端，而是如图 5.6 所示通过一根弹簧耦合到发送器：

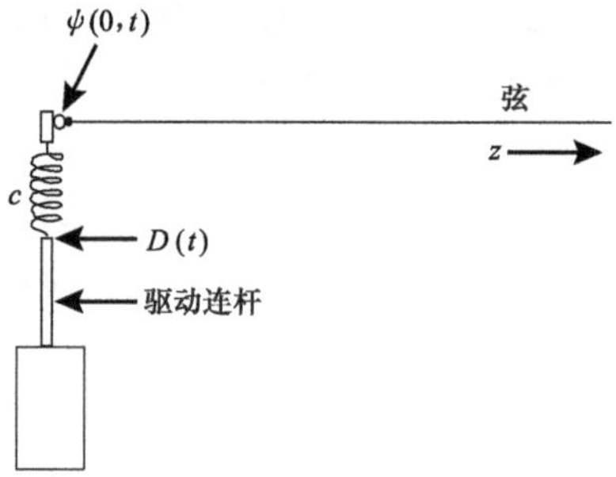


图　5.6

弦的张力是 $T$，弦的质量密度是 $\rho$，弹簧常量是 $K$．弹簧的长度是这样的：若驱动杆的位移 $D(t)$ 是零，弹簧是松弛的，于是 $\psi(0,\ t)$ 为零．杆的运动为 $D(t)=A\cos\omega t$．假设有一行波，其形式为

$$\psi(z,t)=B\cos(\omega t-kz+\varphi).$$

问题是要断定在 $z=0$ 的“边界条件”是什么，然后用它去求出 $B/A$ 和 $\varphi$．（提示：倘若采用复数，可以使代数运算容易些）．[答：$\tan\varphi=-\omega\ (T\rho)^{\frac{1}{2}}/K$，$B/A=[1+(\omega^2T\rho/K^2)]^{-1/2}=\cos\varphi$．注意，当 $K$ 很大时，将得到 $\psi(0,t)=D(t)$．这是我们应该想得到的，为什么？]

5.30　假定在弦上 $z_a=10$ cm 处的点 $a$ 以简谐运动振荡，频率为 10 $s^{-1}$，振幅为 1 cm．它的相位是这样的：在 $t=0$ 时，弦上的点以向上的速度通过其平衡位置（正位移是向上的）．

（a）在 $t=0.05$ s 时，$a$ 点速度的数值和方向是什么？假定弦的参量（单位长度的质量以及张力）使波速度是 100 cm/s．

（b）行波的波长是多少？驻波的波长是多少？

（c）在 $z_b=15$ cm 的另一点 $b$，以与 $z_a=10$ cm 那点有相同的振幅振荡，但相对于 $z_a$ 的振荡有一个 180°的相对相位．你能否指出我们现在遇到了一个纯粹的行波呢还是一个纯粹的驻波，抑或是它们二者的一种组合？

（d）第三点 $c$ 在 12.5 cm 处也以与 $z_a$ 点相同的振幅振荡，但与点 $a$ 有相位差 180°．$b$ 点的振荡仍如上所述．现在请告诉我们，这个波是行波呢还是一个驻波（或是二者的一种组合）？

5.31　玩具气球中的共振（课外实验）．取一个充氦气的气球．把它靠近耳朵并轻轻敲打．向它边上发音以找出共振音调．再取另一个吹足空气的气球，使其直径和氦气气球一样．敲打它，估计出氦气气球和空气气球最低模式（当你敲打时听到的）的频率比．你预计的频率比是多少？比较你在氦气气球边上发音和空气气球边上发音所得到的共振强度（声音的响度）．这里为什么有这样的差别？

5.32　在弦上波的终止．（a）假定你有一无质量的阻尼器，它有两个运动部分 1 和 2，它们能够沿着和弦的方向 $z$ 垂直的 $x$ 方向上相对移动．用一种液体去提

供阻力，阻碍两个运动部分的相对运动．阻力的大小是这样的：如果 $Z_d$ 是阻尼器的阻抗，为维持两个运动部分的相对速度 $\dot{x}_1-\dot{x}_2$ 所需的力为 $Z_d(\dot{x}_1-\dot{x}_2)$．输入（部分1）是接到阻抗为 $Z_1$，由 $z=-\infty$ 伸展到 $z=0$ 的一根弦的末端．输出（部分2）是接到阻抗为 $Z_2$，伸展到 $z=+\infty$ 的一根弦．证明：一个入射波自左射入在 $z=0$ 处所遇到的阻抗将和改接上一个由 $z=0$ 伸展到 $+\infty$、阻抗为 $Z_L$ 的一根弦做“负载”时波所遇到的阻抗一样，而

$$Z_L=\frac{Z_dZ_2}{Z_d+Z_2},\ 即\frac{1}{Z_L}=\frac{1}{Z_d}+\frac{1}{Z_2}.$$

所以，这就好像是阻尼器和弦2是两个接成“并联”的阻抗，并被入射波驱动的情形一样．

（b）证明，若弦 $Z_2$ 只伸展到 $z=\frac{1}{4}\lambda_2$，$\lambda_2$ 是在介质2中的波长（假设是单一频率的简谐波），并且是用一个零阻抗（无阻力）的阻尼器终止，则入射波在 $z=0$ 处是完全终止的．证明：阻尼器在 $z=0$ 处的输出接头并不能分辨到底它是被连接到一个无限阻抗的弦还是被接到一个四分之一波长的弦，而后者在 $z=\frac{1}{4}\lambda_2$ 处用一无阻力的阻尼器“短路”．不论是哪一种情况，输出接头都保持静止不动．

5.33 房间的声学性能．一个房间的声学性能主要决定于随频率变化的“混响时间”．假定房间由一给定频率驱动而处于稳恒状态，然后驱动力（它可以是一个电驱动的风琴管）突然去掉，存储的声能量将近似地做指数式衰减，其平均寿命 $\tau$ 为

$$\frac{1}{\tau}=\frac{1}{E_{存储}}\frac{\mathrm{d}E_{损失}}{\mathrm{d}t}.$$

起码可以说，这是一种一维简谐振子的行为，我们可以认为房间的行为也是如此．令 $\rho_E$ 表示声能密度，$V$ 表示房间的体积，问存储的能量是多少？对于一个平面行波，能流通量［单位是 $\mathrm{J/(s\cdot m^2)}$］是能量密度乘声速（$v=332\ \mathrm{m/s}$）．在房间内的声波不是行波，但是可以被认为是行进在所有方向上的行波的叠加．近似地可以认为有六分之一的能量沿着六个方向（即沿正负 $x$、$y$ 和 $z$ 轴的六个方向）中的每一个方向运动．

向 $+z$ 方向行进的能流通量遇到一个敞开的窗户，逸出窗户就完全损失掉了．所以可以说一个敞开窗户的吸收系数 $a=1.0$．墙（包括顶棚和地板）的总面积 $A$ 可以认为是吸收系数分别为 $a_1$，$a_2$，…的面积 $A_1$，$A_2$，…的累加．试导出下列平均衰减常数 $\tau$ 的近似表达式：

$$\tau\sum(A_ia_i)\approx\frac{6V}{v}$$

这里应累加遍及房间的所有表面积．各吸收系数见表5.1.

表 5.1　$\nu=512\ \mathrm{s}^{-1}$对应的吸收系数 $a_i$

| | |
|---|---|
| 敞开的窗户 | 1.00 |
| 地毯 | 0.20 |
| 油毡、漆布 | 0.12 |
| 毛制毡(约2.5 cm厚) | 0.78 |
| 听众,每人(取每人占有效地板面积1 $m^2$) | 0.44 |
| 木 | 0.061 |
| 灰泥 | 0.033 |
| 玻璃 | 0.027 |

1895年华莱士·赛宾（W. C. Sabine）被征询，能否为哈佛大学刚落成的新的福格艺术陈列馆的演讲厅中可怕的声学性能“想些办法”. 现在我们问你，它坏到什么程度（即剩余声音的持续时间)？这里给出下列数据（取自 W. C. Sabine,《Collected Papers on Acoustics》, p. 30，1964)：$V=2\ 740\ \mathrm{m}^3$，形状近似为立方体，灰泥的墙和顶棚，木质地板. 此外再取“可闻声的持续时间”约为 $\tau$ 的四倍. 赛宾的实验就以听众作为探测器. 他的实验结果是“可闻声的持续时间”约5.61 s(后来他添加了多种吸收材料使这个时间减少到0.75 s).

# 第 6 章　调制、脉冲和波包

# 第 6 章　调制、脉冲和波包

## 6.1　引言

直到现在，我们主要讨论了这样一些波和振动，它们对时间的依赖关系是具有单一频率 $\omega$ 的简谐关系 $\cos(\omega t+\varphi)$. 只有在 1.5 节中我们对拍的讨论是个例外，在那里，我们学习了由两个频率相近但并不完全相同的简谐振动的叠加，从而得到十分有趣的拍现象. 本章我们对于拍的讨论加以推广. 不仅要研究时间中的拍，还要研究空间中的拍；不仅研究只有两个频率成分叠加所形成的拍，而且研究许多频率成分叠加所形成的拍. 我们还将研究拍（或者更一般地讲，对于多于两个频率成分时所称的“调制”）作为行波是怎样传播的. 我们将会发现，称为波群或波包的调制在它们传播时携带有能量，并且以群速度行进.

要获得关于波包的经验，最好的方法是投一些小石子到水池中去，并观察向外扩展的圆形波包（滴几滴水滴到盘中去也很有效）. 显然，这些扩展的圆形波包携有能量，因为当波包抵达时，它们可以使远处的软木塞摇动. 如果你严密地观察，将会看见那些组成波包的子波相对于波包并不保持恒定的位置. 对于子波波长超过几个厘米的水波包，子波行进速度差不多是波包的两倍. 它们在波包的后部“产生”，行进到前面衰减而后消失，子波以相速度行进，波包整体以群速度行进.

我们建议读者在碗里或浴盆里注以水并制造一些波包.（最初你可能看不出子波和波包的相对运动，掷几个小石子或滴几滴水滴在大水池里，就更容易看到这种现象，在那里你可以追随波的前进观察好几秒钟. 而在一个小碗里，所能看的时间就太短了.）

## 6.2　群速度

在第 4 章里我们遇到过几个例子，这些例子表明正弦行波的相速度并不一定是能量或信息的传播速度. 例如我们发现，在电离层里光的相速度就大于 $c$. 如果信号传播速度大于 $c$，那么相对论理论就将是错误的.

**调制负载信号**　只含有单一频率的简谐行波不能送出信号. 这是因为，简谐行波不断地继续行进，每一个循环都和前一个循环相同，可以说，除了它本身存在而外，它不传送信息. 如果你要传送消息，你就必须要调制波，这意味着以某种方式把它做某种改变，而这种改变方式可以由远外的“接收者”翻译出来．你可以改变振幅，那就称为调幅，例如，你可以调制振幅以传送莫尔斯电码中的一系列点和短线，每一个点和短线的组合式样表示字母表中的一个字母．另一种方法，你可以用某种可以翻译的方式来改变频率或相位常数，这些方式分别称为调频和调相．在这两种情况中，任何一种情况下驱动力都不是由简谐力给出的．

为要发现信号是怎样传播的，我们必须研究在 $z=0$ 处一个发送机发射到开放介质中的行波，这个发送机的电位移 $D(t)$ 对时间的依赖关系并不是简谐的 $D(t)=A\cos\omega t$，而是一个比较复杂的依赖关系 $D(t)=f(t)$．原来，有一大类函数 $f(t)$ 可以表示为具有 $A(\omega)\cos[\omega t+\varphi(\omega)]$ 形式的简谐函数的线性叠加（求和），其中振幅 $A(\omega)$ 和相位常数 $\varphi(\omega)$ 对于其中存在的各个频率 $\omega$ 是不同的，并且由需要表示成叠加形式的函数 $f(t)$ 所决定．以后我们将要学习如何用傅里叶分析的方法来决定振幅 $A(\omega)$ 和相位常数 $\varphi(\omega)$．现在我们来考虑只含有两项的叠加．为了引出某些很有趣的结论，这已经够用了．这些结论将最终引导我们去了解脉冲或波群在一个色散介质（相速度依赖于波长的一种介质）中是怎样传播的．

**两个简谐振动叠加给出调幅的振荡**　我们假定在 $z=0$ 处有一个发送机正驱动一根从 $z=0$ 伸展到 $+\infty$ 的弦．发送机以角频率为 $\omega_1$ 和 $\omega_2$ 的两个谐振动的叠加而振荡着．如果我们让两部分贡献的振幅和相位常数都相同，也并不失去任何有意义的结论．因此我们假定发送机输出端的振荡位移是

$$D(t)=A\cos\omega_1 t+A\cos\omega_2 t. \tag{1}$$

由以前对拍［参看 1.5 节式（80）～式（85）］的研究，我们知道由式（1）所给出的叠加可以写成一个调幅振动的形式：

$$D(t)=A_{\text{调制}}(t)\cos\omega_{\text{平均}}t, \tag{2}$$

其中

$$A_{\text{调制}}(t)=2A\cos\omega_{\text{调制}}t, \tag{3}$$

且

$$\omega_{\text{调制}}=\frac{1}{2}(\omega_1-\omega_2),$$

$$\omega_{\text{平均}}=\frac{1}{2}(\omega_1+\omega_2). \tag{4}$$

如果 $\omega_1$ 和 $\omega_2$ 的大小可以相比，调制频率 $\omega_{\text{调制}}$ 就远小于平均频率 $\omega_{\text{平均}}$．于是式（2）的形式可以设想为近乎是频率为 $\omega_{\text{平均}}$ 的谐振荡，其振幅几乎是（但不准确地是）一个常数；它是在相对慢的调制频率 $\omega_{\text{调制}}$ 下的简谐调幅．

在式（2）和式（3）中我们得到一个最简单的可能的调幅振荡，其中只包含单一的调制频率 $\omega_{\text{调制}}$．一个更为一般的调幅振荡将会有式（2）的形式，但是

其中 $A_{调制}(t)$ 是由在形式上类似于式（3）的许多不同项的叠加所给出的；每一项都有它自己的调制频率和它自己的振幅及相位常数．例如，在调幅无线电中 $\nu_{平均}$大约是 1000 kHz 的“载波频率”．调制频率应是在 20 Hz ~ 20 kHz 范围内的声频．

**两个正弦行波叠加给出调幅的行波** 我们来考察由一个发送机所辐射出来的行波．这个发送机的输出端的振荡对时间的依赖关系由式（1）或式（2）给出．介质以如下方式与发送机相耦合，即在 $z=0$ 处，$\psi(z,t)$ 由下式给出：

$$\psi(0,t)=D(t)=A\cos\omega_1 t+A\cos\omega_2 t. \tag{5}$$

因为波满足叠加原理，所以由线性叠加的式（5）给出的对发送机的位移的两项贡献将给出两个“独立的”行波．这样，行波 $\psi(z,t)$ 将是两个正弦行波 $\psi_1(z,t)$ 和 $\psi_2(z,t)$ 的叠加；它们是发送机的一个或另一个振荡 $A\cos\omega_1 t$ 或 $A\cos\omega_2 t$ 如果单独存在时出现的行波．我们知道 $\psi_1(z,t)$ 是把 $\omega_1 t$ 代以 $\omega_1 t-k_1 z$ 由 $\psi_1(0,t)$ 得到的．这正好表明了相速度为 $\omega_1/k_1$ 这个事实．同样，$\psi_2(z,t)$ 是用 $\omega_2 t-k_2 z$ 代替 $\omega_2 t$ 而得到的．因此行波 $\psi(z,t)$ 就是在式（5）中同时进行这两种代换而得来的：

$$\psi(z,t)=A\cos(\omega_1 t-k_1 z)+A\cos(\omega_2 t-k_2 z). \tag{6}$$

当然，我们可以在式（2）~式(4）中作相同的代换，即以 $\omega_1 t-k_1 z$ 代替 $\omega_1 t$，以 $\omega_2 t-k_2 z$ 代替 $\omega_2 t$ 来求得类似于由式（2）~式（4）所给出的几乎是简谐的调幅振荡的行波形式．用这种方式我们就得到近于正弦的调幅行波：

$$\psi(z,t)=A_{调制}(z,t)\cos(\omega_{平均}t-k_{平均}z), \tag{7}$$

其中（正如你容易证实的）

$$A_{调制}(z,t)=2A\cos(\omega_{调制}t-k_{调制}z), \tag{8}$$

且

$$\begin{cases}\omega_{调制}=\dfrac{1}{2}(\omega_1-\omega_2),\\ k_{调制}=\dfrac{1}{2}(k_1-k_2),\end{cases} \tag{9}$$

$$\begin{cases}\omega_{平均}=\dfrac{1}{2}(\omega_1+\omega_2),\\ k_{平均}=\dfrac{1}{2}(k_1+k_2).\end{cases} \tag{10}$$

注意，$\omega_{平均}t-k_{平均}z$ 是由我们已有的 $\omega_{平均}t$ 中以 $\omega_1 t-k_1 z$ 代替 $\omega_1 t$，以 $\omega_2 t-k_2 z$ 代替 $\omega_2 t$ 而得到的．同样，$\omega_{调制}t-k_{调制}z$ 是由我们已有的 $\omega_{调制}t$ 中作同样的代换而得到的．

**调制速度** 我们现在问这样一个十分有趣的问题：调制以怎样的速度传播？假定 $\omega_{调制}$远小于 $\omega_{平均}$．于是，在 $z=0$ 处发送机的输出有调幅振荡的形式（见 1.5 节图 1.13）．这个问题就是一个给定的调幅波峰（就是 $A_{调制}(z,t)=1$ 的地方）以怎样的速度传播，考察一下式（8）就得到答案：我们看到，要追随调制振幅 $A_{调制}$（$z$，$t$）的一个给定的常数值（例如波峰），我们就需要保持它的幅角 $\omega_{调制}t-k_{调制}z$ 为一常数．由此可见，当 $t$ 增加 $dt$ 时，$z$ 必须以下列方式增加 $dz$，即使得 $\omega_{调制}t-k_{调制}z$ 的增加也就是 $\omega_{调制}dt-k_{调制}dz$ 保持为零：

$$\omega_{调制}dt-k_{调制}dz=0. \tag{11}$$

要满足这个条件，我们必须以下述调制速度行进：

$$\boxed{\frac{dz}{dt}=v_{调制}=\frac{\omega_{调制}}{k_{调制}}=\frac{\omega_1-\omega_2}{k_1-k_2}.} \tag{12}$$

这里 $\omega$ 和 $k$ 相互由色散关系联系着：

$$\omega=\omega(k). \tag{13}$$

当 $k_1$ 给定时，这个色散关系就给出 $\omega_1$；一旦 $k_2$ 给定，它就给出 $\omega_2$：

$$\omega_1=\omega(k_1),\quad \omega_2=\omega(k_2). \tag{14}$$

因此，由式（12）所给出的调制速度可以表示成［采用 $\omega(k)$ 在 $k=k_{平均}$ 的泰勒级数展开］

$$v_{调制}=\frac{\omega(k_1)-\omega(k_2)}{k_1-k_2}=\frac{d\omega}{dk}+\cdots, \tag{15}$$

式中，函数 $\omega$（$k$）的导数取在平均波数 $k_{平均}$ 处的数值．

**群速度**　在式（12）的大多数有趣的应用中，$\omega_1$ 和 $\omega_2$ 的差值只是它们平均值的一小部分．于是我们可以忽略式（15）中的第一项以外的所有其他各项．在 $k$ 的适当的平均值处取值的 $d\omega/dk$ 称为群速度：

$$\boxed{群速度\equiv v_g=\frac{d\omega}{dk}.} \tag{16}$$

这样，我们看到含有一个调制振幅波峰的"信号"并不是以平均相速度 $v_{平均}=\omega_{平均}/k_{平均}$ 传播，而是以群速度 $v_g=d\omega/dk$ 传播的．

图 6.1 表示由式（7）或式（6）所给出的行波 $\psi(z,\ t)$ 的传播，其中已指明平均频率是调制频率的八倍，群速度 $d\omega/dk$（取平均频率处的数值）是相速度 $\omega_{平均}/k_{平均}$ 的一半．

下面是调制速度的一个比较简便的推导．式（6）叠加中的波 1 和波 2 之间相位差由下式给出：

$$\begin{aligned}\varphi_1(z,t)-\varphi_2(z,t)&=(\omega_1t-k_1z+\varphi_1)-(\omega_2t-k_2z+\varphi_2)\\&=(\omega_1-\omega_2)t-(k_1-k_2)z+(\varphi_1-\varphi_2).\end{aligned}$$

在相位差 $\varphi_1(z,t)-\varphi_2(z,t)$ 为某一些数值时，这两个分量同相，产生相长干涉及一个调制振幅的极大值；在相位差 $\varphi_1(z,t)-\varphi_2(z,t)$ 为另外一些数值时，它们异相，产生相消干涉及调制振幅的零点．这样，为要以调制的速率行进，我们就应当以相

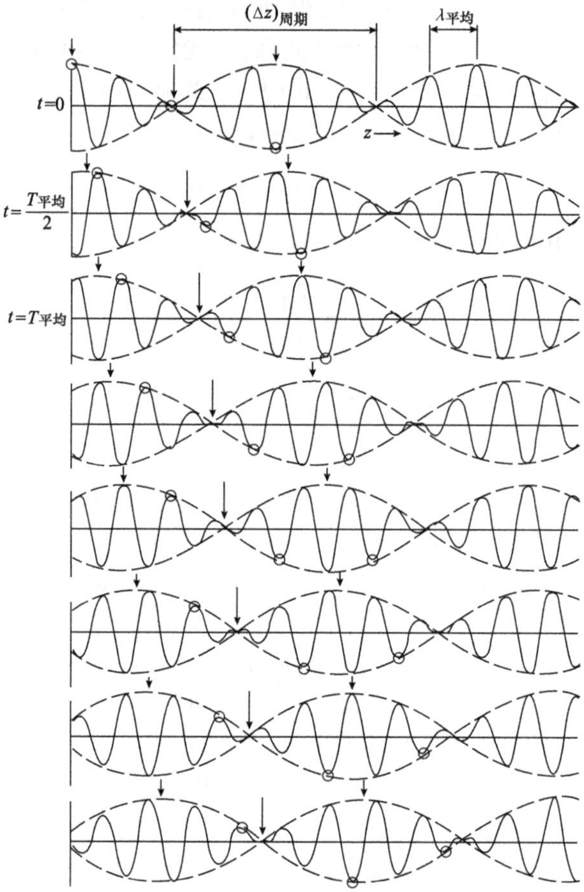


图 6.1　群速度. 箭头跟随拍，它以群速度 $v_g$ 行进；白圆圈跟随个别的波峰，它以平均相速度 $v_{平均}$ 行进

应于保持相位差 $\varphi_1(z,t)-\varphi_2(z,t)$，为常数的速率行进. 因此，我们取上面表达式的全微分，并令它为零：

$$(\omega_1-\omega_2)\mathrm{d}t-(k_1-k_2)\mathrm{d}z=0.$$

调制速度是 $\mathrm{d}z/\mathrm{d}t$，它给出式（12）.

**例 1：调幅无线电波**

我们的简单例子是由一个行波组成，它或者可以看成是一个近乎简谐的调幅行波，有缓慢变化的振幅 $A_{调制}$（$z$，$t$）和快的简谐频率 $\omega_{平均}$；或者也可以看成是两个不同的快的简谐频率 $\omega_1$ 和 $\omega_2$ 的真正简谐行波的叠加. 当然，调制振幅只是在一定的时间间隔内可以看成“几乎是常数”，这个时间间隔和以角频率 $\omega_{平均}$ 快振动的一个周期同数量级. 实际上，$A_{调制}$（$z$，$t$）在时间上（在一个给定的 $z$ 处）以调制频率 $\omega_{调制}$ 作正弦变化. 在我们的例子中，我们从两个真正的简谐行波的叠加出发，并发现它和有一个单一的调制频率 $\omega_{调制}$ 的调幅行波等效. 我们同样也可以从式（2）所给出的调幅振荡出发，从而发现它是由两个真正简谐振荡的叠加组成. 在描写调幅无线电发送机的输出时，我们必须不只考虑一个调制频率，而要考虑一个整个范围的调制频率. 天线中的电流是由一个以平均频率 $\omega_{平均}$ 做近乎简谐振荡的电压所驱动的，这个频率称为载波频率（在商用调幅无线电中，每一个电台选定一个处在约 500～1 600 kHz 这个范围内的某一处的单一载波频率）. 作用于发送机天线上的驱动电压并不具有不变振幅，而是有一个调制振幅，这个振幅可以表示成傅里叶级数：

$$A_{调制}(t)=A_0+\sum_{\omega_{调制}}A(\omega_{调制})\cos[\omega_{调制}t+\varphi(\omega_{调制})], \tag{17}$$

其中 $A_{调制}(t)-A_0$ 需要与给定声波的计示压强成比例，这个声波就是要发送的信息（传声器把空气中的瞬时计示压强转变为电压）. 驱动电压的振幅中的常数 $A_0$ 给出这样的贡献，不论是否有人对传声器讲话或唱歌，它都存在. 其余各项则来自被传声器所检出的声波. 因此，式（17）中的调制频率就是声波的频率，它们处在可听到的 20～20 000 Hz 范围内，并称之为“声”频. 声频远小于截波频率. 驱动电压 $V(t)$ 由一个频率为 $\omega_{平均}$ 的近乎简谐振动所给出：

$$\begin{aligned}V(t)&=A_{调制}(t)\cos\omega_{平均}t\\&=A_0\cos\omega_{平均}t+\sum_{\omega_{调制}}A(\omega_{调制})\cos[\omega_{调制}t+\varphi(\omega_{调制})]\cos\omega_{平均}t.\end{aligned} \tag{18}$$

这个表达式可以写成准确的简谐振荡的叠加：

$$\begin{aligned}V(t)=&A_0\cos\omega_{平均}t+\\&\sum\frac{1}{2}A(\omega_{调制})\cos[(\omega_{平均}+\omega_{调制})t+\varphi(\omega_{调制})]+\\&\sum\frac{1}{2}A(\omega_{调制})\cos[(\omega_{平均}-\omega_{调制})t-\varphi(\omega_{调制})].\end{aligned} \tag{19}$$

**旁带**　调幅电压 $V(t)$ 由于是简谐振荡的叠加，其中包含有频率为 $\omega_{平均}$ 称为载波振荡的一项，频率为 $\omega_{平均}+\omega_{调制}$ 称为高旁带的许多谐振荡之和，以及频率为 $\omega_{平均}-\omega_{调制}$ 称为低旁带的许多谐振荡之和，为了使辐射出去的行波带有声音中从零到 20 kHz 范围内声频的全部信息，电压 $V(t)$ 必须包含频率 $\omega$ 在低旁带最低频率到高旁带最高频率之间的谐分量的叠加. 因而辐射频率占有频带

$$\omega_{平均}-\omega_{调制}(最大)\leqslant\omega\leqslant\omega_{平均}+\omega_{调制}(最大), \tag{20}$$

也就是

$$\nu_{平均}-\nu_{调制}(最大)\leqslant\nu\leqslant\nu_{平均}+\nu_{调制}(最大). \tag{21}$$

**带宽**　最大的频率减去最小的频率称为带宽：

$$带宽\equiv\Delta\nu=\nu(最大)-\nu(最小)=2\nu_{调制}(最大) \tag{22}$$

因此要发送载波以及由于调制振幅占满全部声频范围的两个旁带，需要有 20 kHz 的两倍即 40 kHz 的带宽（实际上商用调幅无线电台只允许播送 10 kHz 的带宽，因

而它们只能携带从0～5 kHz范围内的声音信息．对于一般讲话这是完全够用的，对于音乐也是足够的；钢琴的最高音调频率约为4.2 kHz）．

**“音乐”以群速度行进** 式（18）或式（19）所给出的驱动力$V(t)$导致了电磁行波的辐射．这些波可以看成是许多简谐成分的叠加，这些成分占有以$\omega_{平均}$为中心的某一个频带$\Delta\omega$．换言之，它们可以看成是一个单一的近乎简谐的行波，包含有一个等于载波频率的“快”振动频率$\omega_{平均}$，还有一个“几乎是常数”的慢变化的振幅$A_{调制}(z,t)$，这里$A_{调制}(z,t)$是由像式（8）中那样的许多项叠加而成（在那个例子里，只有两个简谐分量，高旁带含有单一的频率$\omega_1=\omega_{平均}+\omega_{调制}$；低旁带含有单一的频率$\omega_2=\omega_{平均}-\omega_{调制}$）．调制以调制速度传播通过介质（空气，电离层等）．在调幅无线电台的（比方说）载波频率为1 000 kHz，带宽为10 kHz的情况下，频带就由995 kHz伸展到1 005 kHz．既然带宽远小于平均频率，我们预料［式（15）］，在泰勒级数展开式中已被忽略了的高级项确实是可以忽略的，由式（16）所给出的群速度完全适用于描写调制的传播．

调频、调相以及有关的课题在习题6.27～习题6.32中讨论．（还有另外一种重要的调制技术，称为脉冲码调制[㊀]）

现在我们来考虑一些群速度的物理例子．在含有电磁行波的情况，我们将不局限于调幅无线电的频率（$\nu\sim10^3\ \mathrm{s}^{-1}$），也将包括可见光（$\nu\sim10^{15}\ \mathrm{s}^{-1}$）、微波（$\sim10^{10}\ \mathrm{s}^{-1}$）以及其他频率．

**例2：真空中的电磁辐射**

色散关系由下式给出：

$$\omega=ck. \tag{23}$$

相速度和群速度由下式给出：

$$v_\varphi=\frac{\omega}{k}=c,\quad v_g=\frac{d\omega}{dk}=c. \tag{24}$$

因此，相速度和群速度两者都等于光（或者其他的电磁辐射）在真空中的速度$c$．调制以速度$c$传播．

**例3：其他非色散波**

光波在真空中是非色散的，也就是相速度与频率（或者与波数）无关．无论何时，在这种情况下，群速度就等于相速度，因为一般我们有

$$\omega=v_\varphi k, \tag{25}$$

$$v_g=\frac{d\omega}{dk}=v_\varphi+k\frac{dv_\varphi}{dk}. \tag{26}$$

所以如果$dv_\varphi/dk$为零，群速度和相速度就相等．另外的非色散波的例子就是可听的声波，其

㊀ J. S. Mayo, “Pulse-Code Modulation”, *Scientific American* p. 102 (March 1968).

$$\omega=\sqrt{\frac{\gamma p_0}{\rho_0}}k. \tag{27}$$

还有在连续弦上的横波，其

$$\omega=\sqrt{\frac{T_0}{\rho_0}}k. \tag{28}$$

**例 4：电离层中的电磁波**

对于频率超过截止频率 $\nu_p\approx20$ 兆周的正弦波，其色散关系是

$$\omega^2=\omega_p^2+c^2k^2. \tag{29}$$

将式（29）对$k$求导，得出

$$2\omega\frac{\mathrm{d}\omega}{\mathrm{d}k}=2c^2k, \tag{30}$$

也就是

$$\left(\frac{\omega}{k}\right)\left(\frac{\mathrm{d}\omega}{\mathrm{d}k}\right)=v_\varphi v_g=c^2, \tag{31}$$

因而相速度和群速度由下式给出：

$$v_\varphi=\sqrt{c^2+\frac{\omega_p^2}{k^2}}\geqslant c,$$

$$v_g=c\left(\frac{c}{v_\varphi}\right)\leqslant c. \tag{32}$$

我们看出，虽然相速度经常超过 $c$，群速度则是经常小于 $c$ 的，所以信号不能以大于 $c$ 的速度传播.

**例 5：水上表面波**

平衡时，水的表面是水平的. 当有一个波存在时，有两种回复力倾向于使波峰平坦以恢复平衡. 一种是重力，另一种是表面张力. 对于超过几厘米的波长，重力起主要作用；对于毫米级的波长，表面张力起主要作用.

由于水具有不可压缩性，出现在波峰中的过剩的水一定是由附近区域流进来的. 因此水波中单个水滴的运动是纵向（向前或向后）运动和横向（向上或向下）运动的组合. 如果波长远小于水的平衡深度，我们称它为深水波. 行波中的单个水滴就做圆形运动. 浮在水面上的鸭子（或者表面上的水滴）做等速圆周运动，其半径等于简谐波的振幅，其周期等于波的周期. 在行波的波峰上鸭子有最大的向前速度，在波谷上它有最大的向后速度. 表面下面的水滴做较小的圆形运动，回转半径随深度而呈指数式下降. 表面下面几个波长处的水滴运动就小到可以忽略的程度.（水波的这些性质在第 7 章 7.3 节中推导.）

深水波的色散关系近似地由下式给出：

$$\omega^2=gk+\frac{T}{\rho}k^3 \tag{33}$$

其中对于水 $\rho \approx 1.0\ \text{g/cm}^3$，（表面张力）$T \approx 7.2 \times 10^{-2}\ \text{N/m}$；$g = 980\ \text{cm/s}^2$.

可以证明，当 $g$ 和 $(T/\rho)k^2$ 相等，以致重力和表面张力对于单位位移单位质量的回复力（也就是 $\omega^2$）贡献相等时，则相速度就和群速度相等. 你们还可以证明这个情况发生在波长 $\lambda = 1.70$ cm 处. 这时，相速度和群速度两者都是23 cm/s. 对于比1.7 cm小得多的波长，表面张力起主要作用；群速度就是相速度的1.5倍. 对于比1.7 cm大得多的波长，重力占主要地位；群速度是相速度的一半.（见习题6.19.）

在表6.1中给出波长由1 mm（就像在充满水的聚苯乙烯泡沫制杯子内用音叉来驱动所能激发的那样的波）直到64 m（很长的海洋波）的水波的参数.

**表6.1 深水波**

| $\lambda$/cm | $\nu/\text{s}^{-1}$ | $v_\varphi$/(cm/s) | $v_g$/(cm/s) | $v_g/v_\varphi$ |
|---|---|---|---|---|
| 0.10 | 675 | 67.5 | 101.4 | 1.50 |
| 0.25 | 172 | 43.0 | 63.7 | 1.48 |
| 0.50 | 62.5 | 31.2 | 44.4 | 1.42 |
| 1.0 | 24.7 | 24.7 | 30.7 | 1.24 |
| 1.7 | 13.6 | 23.1 | 23.1 | 1.00 |
| 2 | 11.6 | 23.2 | 21.4 | 0.92 |
| 4 | 6.80 | 27.2 | 17.8 | 0.65 |
| 8 | 4.52 | 36.2 | 19.6 | 0.54 |
| 16 | 3.14 | 50.3 | 25.8 | 0.51 |
| 32 | 2.22 | 71 | 35.8 | 0.50 |
| 100 | 1.25 | 125 | 62.5 | 0.50 |
| 200 | 0.884 | 177 | 88.5 | 0.50 |
| 400 | 0.625 | 250 | 125 | 0.50 |
| 800 | 0.442 | 354 | 177 | 0.50 |
| 1 600 | 0.313 | 500 | 250 | 0.50 |
| 3 200 | 0.221 | 708 | 354 | 0.50 |
| 6 400 | 0.156 | 1 000 | 500 | 0.50 |

## 应用

这是一个使用表6.1的例子. 设想在海滩上野餐. 有些人想要知道离海岸30 km或50 km开阔的大洋上波的波长，你告诉他们等一分钟后你将告诉他们这个波长. 你取出你的表，并计算撞击在你的海滩上的波的时间，你发现平均每分钟有12个波，也就是五秒钟一个：$\nu = 0.2\ \text{s}^{-1}$. 最近几天的天气很稳定，因此你可以认为波是处于稳恒状态的（不计局部的风，它并不影响大的海洋波）. 于是在海上的波就如在你的海滩上的波一样，频率是 $0.2\ \text{s}^{-1}$.（当然波长是不同的，因为撞击海滩的不是深水波. 波长与海滩的深度有关. 而稳恒状态的驱动频率则与此无关.）按照表6.1，在开阔的海洋上的波的波长大约是40 m.

现在，撞击海滩的波峰在上1 h内已行进了多远呢？如果大部分时间是在深水中行进，那么按照表6.1相速度大约是8 m/s，也就是大约每小时29 000 m. 因此在上1 h这个波已行进了将近30 km，又因为几小时里的天气稳定，你会相信你对开阔海洋中波长的估计是一个很好的估计.

如果你不是在海滩边，而是在离海滩15 km或30 km内的一个地震计旁边，你也能够回答同样的问题.

## 6.3 脉冲

我们希望来考虑这样一个情况：在 $z=0$ 处，发送器的运动是由许多简谐振荡的叠加来描述的. 所有这些振荡都有相同的振幅，它们的频率相互很接近，处在最低频率 $\omega_1$ 和最高频率 $\omega_2$ 之间的一个很狭窄的频带之中. 我们已经考虑过只有两个频率的情况. 在那个情况下我们得到了以群速度传播的调制.

**转动矢量图** 为讨论更复杂的包含有许多频率相差很小的简谐分量的情况做准备，我们再来用转动矢量图技巧（见《力学》）考察只有两个频率的情况. 简谐振动

$$\psi(t)=A\cos\omega t \tag{34}$$

是复简谐振动

$$\psi_c(t)=Ae^{i\omega t} \tag{35}$$

的实部，其中下标 $c$ 表示复数. $\psi_c(t)$ 的图示就是以长度为 $A$ 的矢量在复平面上以角速度 $\omega$ 做逆时针转动. ［这个转动矢量在水平轴（也就是实轴）上的投影给出式（34）的简谐运动.］我们不去设想这个转动矢量转过整个一周，而去想象取“频闪观测器的快镜摄影”. 如果频闪观测器和转动矢量有相同的频率，这个矢量将显得是静止的，也就是快镜摄影在相同的位置上摄到矢量［见图6.2a］. 如果转动矢

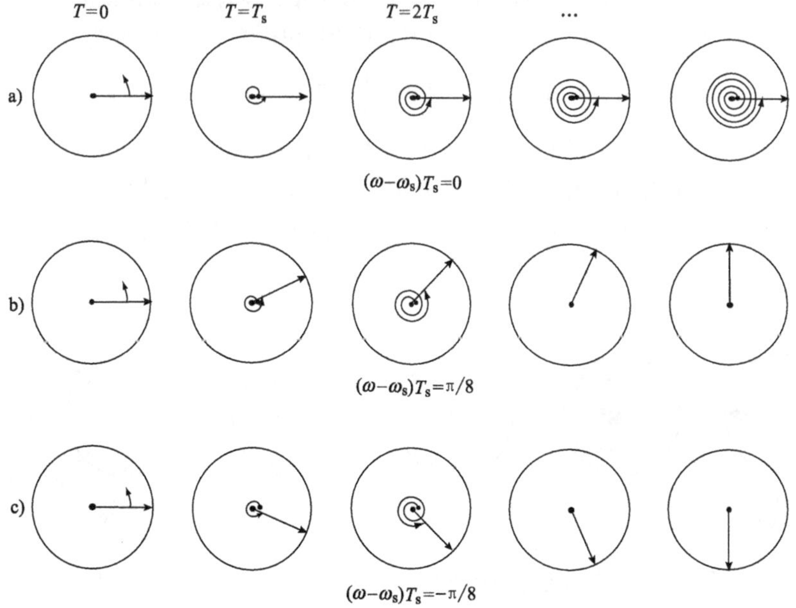


图6.2 转动复矢量 $e^{i\omega t}$ 的频闪观测器的快镜摄影. 螺旋线帮助你记录矢量转动的次数. 快镜摄影之间的时间间隔是 $T_s=2\pi/\omega_t$

量的角频率 $\omega$ 比频闪观测器的频率 $\omega_s$ 略大一点，矢量将表现为以角频率之差 $\omega-\omega_s$ 慢慢地向前（逆时针方向）转动［见图 6.2b］；如果不是这样，$\omega-\omega_s$ 是负值，矢量将表现为慢慢地向“后退”（顺时针方向）方向转动［见图 6.2c］．下标 $s$ 表示频闪观测器．

我们来考虑振幅相同但频率稍有不同的两个简谐波的叠加：

$$\psi(t)=A\cos\omega_1 t+A\cos\omega_2 t. \tag{36}$$

我们以下列频率来“频闪快摄”（频闪观测器快镜摄影）转动矢量 $Ae^{i\omega_1 t}$ 和 $Ae^{i\omega_2 t}$：

$$\omega_s=\omega_{平均}=\frac{1}{2}(\omega_1+\omega_2). \tag{37}$$

于是（取 $\omega_2-\omega_1$ 为正）$\omega_2-\omega_{平均}$ 是正值，而 $\omega_1-\omega_{平均}$ 是负值．记住 $\psi(t)$ 可以写成［如同 6.2 节式（2）］一个缓慢变化的振幅 $A(t)$ 和一个频率为 $\omega_{平均}$ 的快速振动的乘积．我们的频闪频率 $\omega_{平均}$ 将使快速振动“成为静止”，只有 $A(t)$ 在快镜摄影中变化．这样我们就得到图 6.3 中所示的快镜摄影．

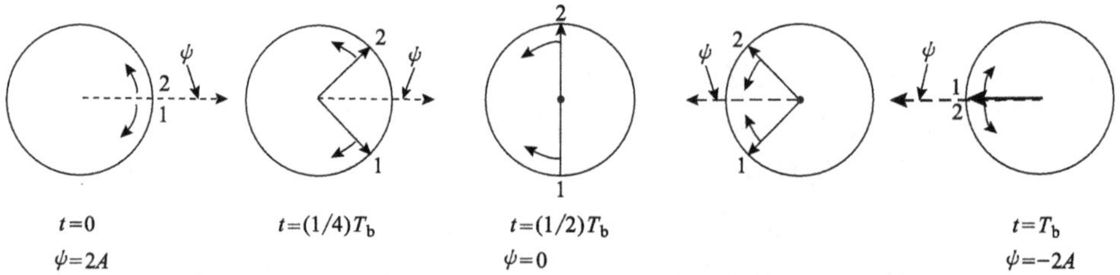


图 6.3　在叠加 $\psi(t)=Ae^{i\omega_1 t}+Ae^{i\omega_2 t}$ 中的拍．频闪观测器快镜摄影是用 $\omega_s=\omega_{平均}$ 拍摄的，而且这些摄影包括整个拍的周期 $T_b$

［在这个例子中拍频是平均频率的 $\frac{1}{4}$ 也就是 $\omega_2-\omega_1=\frac{1}{4}\omega_{平均}$．］

**构造一个脉冲**　现在我们来考虑 $\psi(t)$ 是由很多振动叠加而成的情况，所有这些振动的振幅 $A$ 都相同，相位常数都为零，并且均匀分布在频带 $\omega_1$ 和 $\omega_2$ 之间．这样振动就占有带宽 $\Delta\omega=\omega_2-\omega_1$．相应的频闪观测器快镜摄影矢量图表示在图 6.4 中．

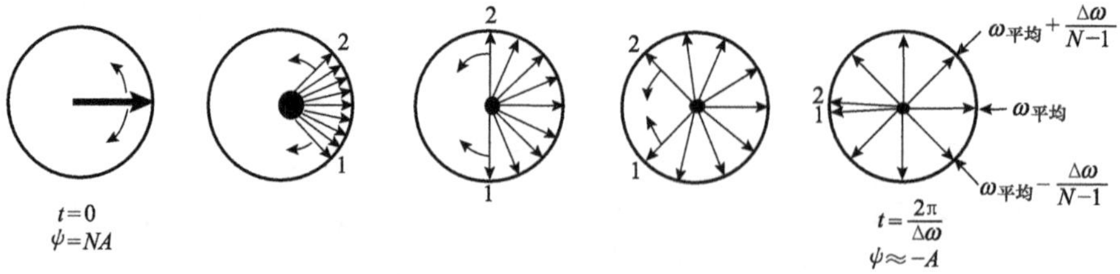


图 6.4　均匀分布于频率区间 $\Delta\omega=\omega_2-\omega_1$ 的 $N$ 个振动（这里 $N=9$）的频闪观测器快镜摄影．频闪快摄的频率是 $\omega_{平均}$．具有 $\omega=\omega_{平均}$ 的振动显然是“静止”的

在 $t=0$ 时叠加 $\psi$ 的总振幅 $A(t)$ 是 $NA$. 在比 $2\pi/\Delta\omega$ 稍前一点的时刻 $t$ 时，由于各个分量贡献的相位是均匀分布的，总振幅 $A(t)$ 为零；$2\pi/\Delta\omega$ 就是在两端频率 $\omega_2$ 和 $\omega_1$ 之间的拍的周期.（当 $N\to\infty$ 时，第一个零点准确地出现于 $t=2\pi/\Delta\omega$ 处.）在 $t=2\pi/\Delta\omega$ 以后的长时间内，矢量的贡献将使相位仍然分布在广阔的范围中，虽然并不很均匀，因此总振幅 $A(t)$ 在一个长时间内保持是小值. 只有当相邻频率贡献的拍再达到它们的极大值时，所有矢量才再度达到相同相位（并且 $A(t)$ 回到它原来的数值 $NA$）. 因为相邻的贡献具有频率间隔 $\Delta\omega/(N-1)$，相邻频率之间的拍周期就是相应于频率间隔 $\Delta\omega$ 的拍周期的（$N-1$）倍. 因而如果 $N\to\infty$，总振幅 $A(t)$ 将"一直"保持是小量，而且永远不会回复到它的原来数值. 于是我们就得到所谓的脉冲，也就是得到只在一个有限的时间间隔内才显著不为零的时间的函数.

**脉冲期间**　我们用 $\Delta t$ 来标记脉冲的期间，也就是 $\psi(t)$ 有"显著"数值的时间间隔. 这个间隔可近似地由所有在 $\omega_1$ 和 $\omega_2$ 之间的频率分量同相时 $t=0$ 到所有频率分量的相位均匀分布于整个相区间 $2\pi$rad 时 $t=t_1$ 两者之间的间隔所给出：

$$\Delta t\approx t_1, \tag{38}$$

其中

$$(\omega_2-\omega_1)t_1=2\pi. \tag{39}$$

因而带宽 $\Delta\omega=\omega_2-\omega_1$ 和时间间隔 $\Delta t$ 满足下述关系：

$$\Delta\omega\cdot\Delta t\approx 2\pi, \tag{40}$$

也就是

$$\boxed{\Delta\nu\Delta t\approx 1.} \tag{41}$$

式（41）是一个很一般（也很重要）的关于脉冲 $\psi(t)$ 的期间 $\Delta t$ 和叠加成这个脉冲的简谐成分的频谱的带宽 $\Delta\nu$ 之间数学关系的一个特例. 这个关系在所有物理学领域中都有广泛的应用，只要其中有时间或其他变量的脉冲形式出现. 这个一般关系和 $\psi(t)$ 的细致的具体形状无关，只要 $\psi(t)$ 具有能确定为脉冲的特征就行，这个特征是 $\psi(t)$ 只在一个有限的时间间隔 $\Delta t$ 内才显著不为零.

**带宽-时间间隔乘积**　描述脉冲的频率带宽 $\Delta\nu$ 和时间间隔 $\Delta t$ 之间的一般关系由下式给出：

$$\boxed{\Delta\nu\Delta t\geqslant 1.} \tag{42}$$

式（42）中的大于或等于号是由于以下事实而来：如果我们叠加占有频带 $\Delta\nu$ 的许多简谐振动，只有当我们适当地选取相对相位常数才能使脉冲的期间和 $\Delta t\approx 1/\Delta\nu$ 一样短. 在图 6.4 的例子中所有谐振分量有相同的相位常数. 如果它们的相位常数不全部相等，那就不能有什么时刻所有分量都真正是同相的（如同在这个例子中 $t=0$ 时那样），也就是没有什么时刻在那时叠加 $\psi(t)$ 有尽可能大的值. 于是 $\psi(t)$ 显著不为零（也就是不比它的极大值小得太多）的时间间隔就必须选为宽得多的间隔. 在相位选为完全无规则的极限情况下，这个间隔 $\Delta t$ 就变成任意大. 在这个极端极限情况下，不存在可察觉的脉冲.

**敲打钢琴**　假如我们想出一个办法同时一次打击钢琴的所有琴键，合成声音的带宽将约有 4 000 $s^{-1}$（钢琴的范围）. 因此，如果所有的弦在 $t=0$ 激发时都是真正的同相，你就得到一个在 $\Delta t$ 时间内很响的声音，$\Delta t \approx 1/4\ 000\ s \approx 0.2\ ms$，在那以后就相对很弱. 如果你的一次打击所有琴键的方法只不过是用你的手臂，或一块长板，或者某种别的东西，那么你就不可能在只是它周期的很小一部分，也就是 $\sim 10^{-3}$ s的一小部分的同一瞬间内激发每根弦. 与前不同，相位常数就很可能基本上是无规则的. 这样，声音就没有脉冲的特征，而正像一个稳恒的噪声.

**有限期间内的简谐振动**　这里是式（41）的另一个举例说明. 如图 6.5 所示，假定有一个振荡器，起动后很快（几周内）就达到不变振幅 $A$，按照 $A\cos\omega_0 t$ 做简谐振荡；振动约 $n$ 周后，将振荡器关上，振荡在几周内就消失了. 因为振荡并不是永远持续下去，它不是一个频率为$\omega_0$的纯粹的简谐振动，当然（角）频率 $\omega=\omega_0$ 是主要的，可是按照我们已讲过的，它不能是 $\omega$ 中存在的唯一频率. 一定有一个以 $\omega \approx \omega_0$ 为中心的频带. 这里有一个简单的方法来（粗糙地）估计带宽 $\Delta\omega$. 利用每秒几周作为频率的定义，我们只要简单地在振荡器开动的时间 $\Delta t$ 内数出总的周数 $n$，再除以 $\Delta t$. 于是，我们就得到

$$\nu(\text{主要的}) = \frac{n}{\Delta t}. \tag{43}$$

按照图 6.5，它必然近乎等于 $\nu_0 = T_0^{-1}$. 然而由图 6.5 我们可以直观地看出，不可能完全准确地确定 $n$. 在脉冲区域的每一端都有 $\sim \pm 1/2$ 周的不确定性，在那里我们需要确定“我们应该再多数一周呢还是就算它已停止了呢?”你可能注意到“这关系不大，特别是，如果 $n$ 较大的时候，误差比起 $n$ 来就很小.”对的，但我们所要讨论的正是这个误差. 按照式（43），在周数为 $n$、带宽不确定度 $\Delta n$ 近似为 1 时，相对频带宽百分比由下式给出：

$$\frac{\Delta\nu}{\nu} = \frac{\Delta n}{n} \approx \frac{1}{n}. \tag{44}$$

式（43）和式（44）相乘就给出 $\Delta\nu \approx 1/\Delta t$.

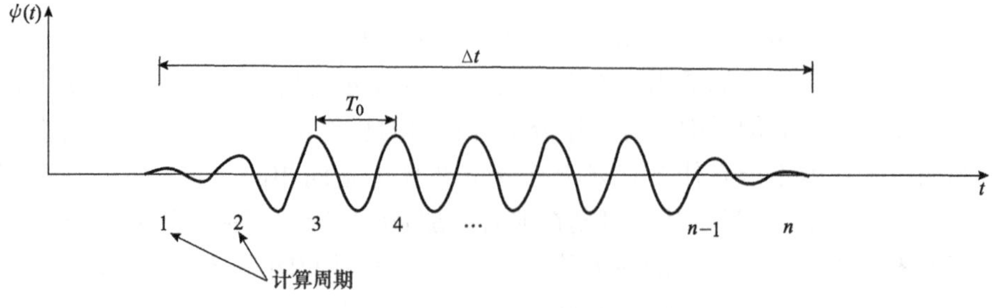


图 6.5　有限期间的简谐振动

**例 6：电视带宽**

电视屏上的图像是由黑白点所组成的矩形栅状图样. 如果荧光电视屏上一点正（约 1/50 s 以内）被电子束所轰击，这一点就是“白”的，点间距离约 1 mm. 因此一个典型的 50 cm×50 cm 的屏幕就有 500 条线，每条线有 500 个点，共有 $25 \times 10^4$ 个点. 每个点每隔 1/30 s 被重新扫描.（在电子束每一次扫描屏幕时，是每隔一条水平线扫描. 这些被跳过的线在下一次重新开始. 因此，在屏幕上一个给定的含有许多水平线的区域的闪光率为 $60\ s^{-1}$，这就是“电视频闪”率.）于是必须使送给电子束的？开关……”指令的频率为每秒 $30 \times 25 \times 10^4$，即约 $8 \times 10^6$ 次. 因此，发射天线和接收天线的电压都必须有一个每秒约 $10^7$ 次的控制开关的小电压的隆起，每个隆起的持续时间不能超过 $\Delta t \sim 10^{-7}$ s，以防止重叠. 这样，所需要的带宽是 $\Delta\nu \approx 1/\Delta t \approx 10^7\ s^{-1} = 10$ 兆周. 用于电视的载波频率的范围约为 55 ~ 210 MHz. 按照我们对调幅无线电的讨论，你可能想到 10 兆周将覆盖“调制频率”的高旁带和低旁带，实际上，是用一个巧妙的技术把载波和一个旁带“抑制”了. 它们被滤掉，不再作用到发射天线上.（但它们在接收器中又从包含在所发射的单旁带中的信息再产生出来.）这个技巧称为单旁带发射，它把带宽的要求降低了一半，即只约 5 MHz. 因此在 55 ~ 210 MHz 之间的“频率空间”可以容纳大约 30 个电视台，每一个电视台采用约 5 MHz 的带宽. 如果有比这个数目多得多的电视台的话，那就不可能通过调谐只收到一个电视台.

**例 7：可见光广播**

激光器有希望作成这样一种装置，人们最终能用它在可见光频率对电磁辐射实现我们现在对无线电和微波频率同样的控制. 有许多人正在努力发展技术，以便像无线电或电视发射机调制它的载波那样来调制可见光输出. 假定对于可见频率范围的大部分，人们终于能研制出适当的调制技术；那么我们就能考虑在光的可见频率范围的“频率空间”内能够容纳多少电视频道. 这里是把光用作载波. 要求的带宽是每一频道 10MHz，可见光的波长大概是由 6 500 Å（红色）到 4 500 Å（蓝色），也就是频率由 $\nu = c/\lambda = 3 \times 10^{10}/6.5 \times 10^{-5} \approx 4.6 \times 10^{14}$ Hz $= 4.6 \times 10^8$ MHz 到 $\nu = 3 \times 10^{10}/4.5 \times 10^{-5} \approx 6.6 \times 10^{14}$ Hz $= 6.6 \times 10^8$ MHz. 这样，可用的整个频带是 $4.6 \times 10^8 \sim 6.6 \times 10^8$ MHz，也就是带宽为 $2 \times 10^8$ MHz. 那么，这就允许 $2 \times 10^7$ 个不交叠的电视频道. 每一频道有 10 MHz 的带宽.（也许我们能够指望在这些频道中至少有百万分之一用于电视教育.）

**“方”形频谱所产生的脉冲 $\psi(t)$ 的精确解** 现在我们来找出脉冲 $\psi(t)$ 的明显表达式，这个脉冲是由 $N$ 个振幅 $A$ 相等、相位常数（零）相等的不同简谐分量叠加而成的，并且它们的频率均匀分布于最低频率 $\omega_1$ 和最高频率 $\omega_2$ 之间. 这就是在图 6.4 的“频闪观测器快速摄影”中所说明的叠加. 它由下式给出：

$$\psi(t) = A\cos\omega_1 t + A\cos(\omega_1 + \delta\omega)t + A\cos(\omega_1 + 2\delta\omega)t + \cdots + A\cos\omega_2 t, \qquad (45)$$

式中，$\delta\omega$ 是相邻贡献之间的频率间隔，即

$$\delta\omega \equiv \frac{\omega_2-\omega_1}{N-1} = \frac{\Delta\omega}{N-1} \tag{46}$$

式（45）表示 $\psi(t)$ 是许多真正简谐分量的线性叠加．我们希望找出 $\psi(t)$ 的另一种表达形式，这就是具有一个单一的“快”振动频率 $\omega_{平均}$：

$$\omega_{平均} = \frac{1}{2}(\omega_1+\omega_2), \tag{47}$$

并且有一个在快振动的时间标度内“几乎是常数”的振幅 $A(t)$ 的近似简谐振动的表达形式．也就是，根据我们对于刚好是两个简谐振动的叠加的经验（见5.2节），我们希望找出形式为

$$\psi(t) = A(t)\cos\omega_{平均}t \tag{48}$$

的表达式．我们的确会找到这样一个表达式．结果表明，如果带宽 $\Delta\omega$ 远小于 $\omega_{平均}$，则 $A(t)$ 在快振动的时间标度内就变化得很慢．（然而我们的解答将是准确的，完全不必考虑这个条件．）我们将把 $\psi(t)$ 写成调幅的近似简谐振动．我们将发现，$\psi(t)$ 有一个脉冲的形式，如同我们根据图6.4所作的讨论中已经定性地表明的那样．从准确的表式里我们将能看出，带宽-时间间隔的乘积近似等于1这一陈述的意义到底是什么．

为了简化代数运算，我们将采用复数．式（45）的叠加是常数 $A$ 乘上复函数 $f(t)$ 的实部，其中

$$\begin{aligned} f(t) &= e^{i\omega_1 t} + e^{i(\omega_1+\delta\omega)t} + e^{i(\omega_1+2\delta\omega)t} + \cdots + e^{i(\omega_1+\Delta\omega)t} \\ &\equiv e^{i\omega_1 t}S \end{aligned} \tag{49}$$

式中，[令 $a = e^{i\delta\omega t}$，并用 $\Delta\omega = (N-1)\ \delta\omega$] $S$ 是几何级数

$$S = 1 + a + a^2 + \cdots + a^{N-1}.$$

于是

$$\begin{aligned} aS &= a + a^2 + \cdots + a^{N-1} + a^N, \\ (a-1)S &= a^N - 1, \\ S &= \frac{a^N-1}{a-1} = \frac{e^{iN\delta\omega t}-1}{e^{i\delta\omega t}-1} \\ &= \frac{e^{\frac{1}{2}(iN\delta\omega t)}}{e^{\frac{1}{2}(i\delta\omega t)}} \cdot \frac{e^{\frac{1}{2}(iN\delta\omega t)} - e^{-\frac{1}{2}(iN\delta\omega t)}}{e^{\frac{1}{2}(i\delta\omega t)} - e^{-\frac{1}{2}(i\delta\omega t)}} \\ &= e^{\frac{1}{2}i(N-1)\delta\omega t}\frac{\sin\frac{1}{2}N\delta\omega t}{\sin\frac{1}{2}\delta\omega t} \\ &= e^{\frac{1}{2}(i\Delta\omega t)}\frac{\sin\frac{1}{2}N\delta\omega t}{\sin\frac{1}{2}\delta\omega t}. \end{aligned}$$

因而

$$f(t)=e^{i\omega_1 t}S=e^{i[\omega_1+(1/2)\Delta\omega]t}\frac{\sin\frac{1}{2}N\delta\omega t}{\sin\frac{1}{2}\delta\omega t}$$

$$=e^{i\omega_{平均}t}\frac{\sin\frac{1}{2}N\delta\omega t}{\sin\frac{1}{2}\delta\omega t}.$$

最后，$\psi(t)$ 是常数 $A$ 乘上 $f(t)$ 的实部：

$$\psi(t)=A\cos\omega_{平均}t\frac{\sin\frac{1}{2}N\delta\omega t}{\sin\frac{1}{2}\delta\omega t},$$

也就是

$$\psi(t)=A(t)\cos\omega_{平均}t, \tag{50}$$

其中

$$A(t)=A\frac{\sin\frac{1}{2}N\delta\omega t}{\sin\frac{1}{2}\delta\omega t}. \tag{51}$$

式（51）是准确的. 我们来核对一下，看看当只有两项存在时，它是否回复到我们熟悉的拍的形式. 在式（51）中令 $N=2$，并应用恒等式 $\sin 2x=2\sin x\cos x$，我们得到

$$N=2:\quad \psi(t)=\left[2A\cos\frac{1}{2}\delta\omega t\right]\cos\omega_{平均}t$$

$$=2A\cos\frac{1}{2}(\omega_1-\omega_2)t\cos\omega_{平均}t.$$

这正是我们在 1.5 节所得到的拍的表示式.

利用时刻 $t=0$ 的 $A(t)$ 数值 $A(0)$ 来消除常数 $A$ 就得到比式（51）更为方便的形式. 检查一下式（51）发现，我们必须仔细地来计算在 $t=0$ 时的 $A(t)$ 值，因为在那里式（51）的分子和分母两者都是零. 把分子和分母在 $t=0$ 附近展开成泰勒级数，这个问题就容易解决. 让 $\theta\equiv\frac{1}{2}\delta\omega t$，我们就有

$$\frac{\sin N\theta}{\sin\theta}=\frac{N\theta-\frac{1}{6}(N\theta)^3+\cdots}{\theta-\frac{1}{6}\theta^3+\cdots}. \tag{52}$$

对于足够小的 $\theta$，我们可以把除了分子中第一项和分母中第一项以外的所有各项略去. 于是我们得出

$$\lim_{\theta \to 0} \frac{\sin N\theta}{\sin\theta} = N. \tag{53}$$

式（51）给出

$$A(0) = NA, \ A = \frac{A(0)}{N}, \tag{54}$$

也就是

$$A(t) = A(0)\frac{\sin \frac{1}{2}N\delta\omega t}{N\sin \frac{1}{2}\delta\omega t}. \tag{55}$$

现在让我们取 $N$ 很大的这种有趣的极限情况．当 $N$ 足够大时，相邻简谐分量的频率间隔 $\delta\omega$ 变得足够小，以致我们所知道的任何实验仪器都不能鉴别它．（这是物理而不是数学；毕竟我们心目中必须经常有某种仪器．）这样，我们就可以设想频率分量基本上是连续分布的．这样足够大的 $N$ 被取了一个名字叫“无穷大”．对于巨大的 $N$ 我们可以忽略 $N$ 和 $N-1$ 之间的差别．于是

$$N = \text{巨大数值}, \ N\delta\omega \approx (N-1)\delta\omega = \Delta\omega. \tag{56}$$

因而我们让 $N$ 趋于“无穷大”，$\delta\omega$ 趋于“零”．它们的乘积恒为带宽 $\Delta\omega$．在式（55）的分母项 $\sin \frac{1}{2}\delta\omega t$ 中，我们假定 $\delta\omega$ 趋于零但 $t$ 并不趋于无穷大（实验必须在某一时刻结束）．这样我们就可以对 $\sin \frac{1}{2}\delta\omega t$ 的泰勒级数中把除第一项以外的所有各项略去，于是我们得到

$$\begin{aligned} A(t) &= A(0)\frac{\sin \frac{1}{2}N\delta\omega t}{N\sin \frac{1}{2}\delta\omega t} \\ &= A(0)\frac{\sin \frac{1}{2}\Delta\omega t}{N \cdot \frac{1}{2}\delta\omega t} \\ &= A(0)\frac{\sin \frac{1}{2}\Delta\omega t}{\frac{1}{2}\Delta\omega t} \end{aligned} \tag{57}$$

并且

$$\psi(t) = A(t)\cos\omega_{\text{平均}}t. \tag{58}$$

现在让我们回到 $\psi(t)$ 的叠加表达式（45），并以一种适当的方式把它在相应于 $\delta\omega \to 0$ 的极限情况下表示出来．我们利用式（54）和式（56）可写出

$$A = \frac{A(0)}{N} = \frac{A(0)}{\Delta\omega}\delta\omega. \tag{59}$$

于是式（45）的叠加式可以表示成

$$\psi(t)=\frac{A(0)}{\Delta\omega}[\delta\omega\cos\omega_1 t+\delta\omega\cos(\omega_1+\delta\omega)t+\cdots+\delta\omega\cos\omega_2 t]. \tag{60}$$

但在 $\delta\omega\to 0$ 的极限下，括号内的表示式正好就是 $\cos\omega t$ 乘 $d\omega$（我们以字母 d 来代替字母 $\delta$），再由 $\omega=\omega_1$ 到 $\omega=\omega_2$ 积分．因而式（60）变为

$$\psi(t)=\frac{A(0)}{\Delta\omega}\int_{\omega_1}^{\omega_2}\cos\omega t d\omega. \tag{61}$$

**傅里叶积分**　式（61）是连续简谐运动的叠加或傅里叶积分的一个例子．任何合理的非周期函数 $\psi(t)$ 事实上都可以表示成如下述一般形式的连续的傅里叶叠加：

$$\psi(t)=\int_0^\infty A(\omega)\sin\omega t dt+\int_0^\infty B(\omega)\cos\omega t dt. \tag{62}$$

连续函数 $A(\omega)$ 和 $B(\omega)$ 称为 $\psi(t)$ 的傅里叶系数，这是按包含分立的频率的傅里叶级数中的常数的名称称呼的．

比较式（61）和式（62），我们可以看到由式（57）和式（58）给出的函数 $\psi(t)$ 有傅里叶系数：

$$\begin{cases}A(\omega)=0,\text{对于所有的 }\omega,\\ B(\omega)=0,\text{对于不在 }\omega_1\text{ 和 }\omega_2\text{ 之间的 }\omega,\\ B(\omega)=\dfrac{A(0)}{\Delta\omega}\text{对于在 }\omega_1\text{ 和 }\omega_2\text{ 之间的 }\omega.\end{cases} \tag{63}$$

**傅里叶频谱**　傅里叶系数对 $\omega$ 的作图称为连续傅里叶叠加的频谱．由式（63）所给出的谱是可能的最简单的谱。在某一有限宽度为 $\Delta\omega$ 的频带上，它是“平坦的”［即 $B(\omega)$ 是常数］，而在别处为零．由于它的图形的形状，这样一个频谱有时称为方形谱．［一般讲，我们必须给出两个图：一个 $A(\omega)$ 和一个 $B(\omega)$．］

在图 6.6 中，我们画出脉冲 $\psi(t)$ 和它的傅里叶系数 $B(\omega)$．注意在满足 $t_1=2\pi/\Delta\omega$ 的时间 $t_1$（对正 $t$ 来说）时，$A(t)$ 有第一个零点．我们已经从图 6.4 的频闪观测器快镜摄影得出结论，这就是相对相位在整个 2πrad 间隔内使所有的频率分量变成均匀分布时，要花多长的时间．我们可以取 $A(t)$ 的两个零点 $t=-t_1$ 和 $t=+t_1$ 之间的时间间隔作为 $\psi(t)$ 的振幅 $A(t)$ 比较大的时间间隔 $\Delta t$，不过它是太大了．比较合理的是取 $\Delta t$ 为这样的区间，在这区间外，$\psi(t)$“再也不会回复”它失去了的振幅．全宽度 $\Delta t$ 的一个方便的定义（对于这个特殊的脉冲而言）是取 $t=\pm t_1$ 两个零点时间间隔的一半．这样我们就能定义这个脉冲的期间是．

$$\begin{cases}\Delta t=t_1=\dfrac{2\pi}{\Delta\omega},\\ \Delta\nu\Delta t=1.\end{cases} \tag{64}$$

式（64）有一个等号而不是近似等号，因为我们已严格地规定了这个脉冲期间的意义．按照我们的定义，在期间 $\Delta t$ 的两端，$A(t)$ 由下式给出：

$$A\left(\frac{t}{2}\right)=A(0)\frac{\sin(\pi/2)}{\pi/2}=\frac{2}{\pi}A(0).\tag{65}$$

因此在 $\Delta t$ 这段时间的开端和末端，振幅 $A(t)$ 从它的极大值下降 $2/\pi$ 的因子.

位移为 $\psi(t)=A(t)\cos\omega_{平均}t$ 的一个“近乎简谐振荡器”储存的能量正比于 $A^2(t)$. 于是（在 $t=0$）脉冲中心是能量极大处，而在期间 $\Delta t$ 的开端和末端下降为原来的 $(2/\pi)^2=0.406$. 因而，我们的期间 $\Delta t$ 的定义相当于振荡器具有它储存极大能量的40%或更多一些的时间间隔.

在6.4节中，我们将进一步研究脉冲和与之相应的连续傅里叶叠加的例子.

**行进波包**　假定在 $z=0$ 处，一个发射器描出一个与图6.6相似的脉冲形式的运动. 由于发射器在有限的时间间隔中向介质发射了波，而且由于这些波离开发射器向外传播，因此它们形成了一个在有限空间范围内的波的脉冲. 这样一个脉冲称为一个泡包或波群. 波包是以群速度传播的. 因为$k$和 $\omega$ 是通过色散关系$k(\omega)$ 相联系，因此发射器发射的频率存在着 $\Delta\omega$ 频带就意味着在波包中有相应的波数带 $\Delta k$（及相应的波长带）. 与主频率 $\omega_0$ 相联系的将有一个主波数$k_0=k(\omega_0)$ ［即$k_0$

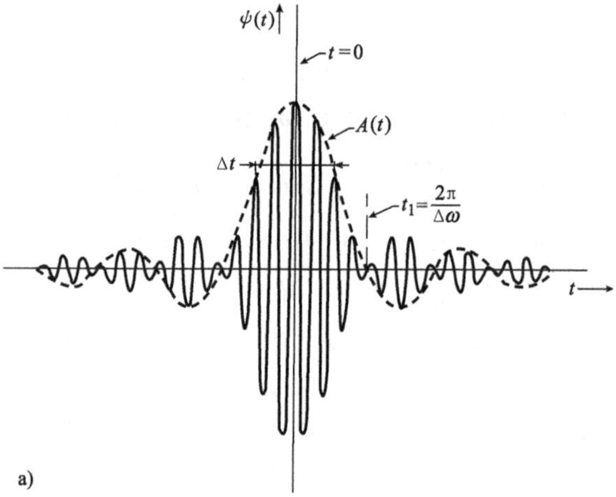


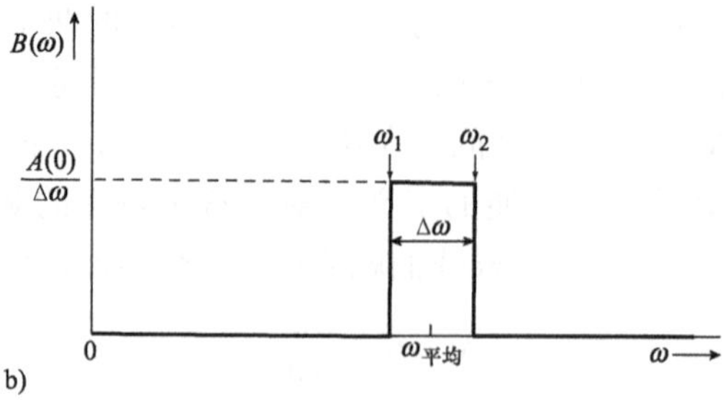


图6.6　非周期函数的傅里叶分析

a）相应于式（57）和式（58）的脉冲 $\psi(t)$　b）由式（63）给出的傅里叶系数的连续频谱（因为 $\psi(t)$ 是 $t$ 的偶函数，傅里叶系数 $A(\omega)$ 对所有 $\omega$ 都是零；没有画出来.）

是把 $\omega=\omega_0$ 代入函数关系 $k(\omega)$ 中而得到的]．带宽 $\Delta k$ 的中心在 $k_0$ 处，$\Delta k$ 由对色散关系取导数并令 $\omega=\omega_0$ 得到

$$\Delta k=\left(\frac{dk}{d\omega}\right)_0\Delta\omega=\frac{\Delta\omega}{v_g} \tag{66}$$

这里我们用了 $v_g=(d\omega/dk)_0$．［下标零表示导数是在带的中点计算出来的，我们也略去了色散关系的泰勒级数展开中的高次项，在这个展开中式（66）可看作第一项.］

**长度与波数带宽的乘积**　以群速度 $v_g$ 行进，在时间间隔 $\Delta t$ 内经过一给定的固定点 $z$ 的波包的长度 $\Delta z$ 由下式给出：

$$\Delta z\approx v_g\Delta t. \tag{67}$$

用式（66）乘式（67），我们得到

$$\boxed{\Delta k\,\Delta z\approx\Delta\omega\Delta t.} \tag{68}$$

正因为 $\Delta\omega\Delta t\geqslant 2\pi$，所以我们得到 $\Delta k\,\Delta z\geqslant 2\pi$；利用波数 $\sigma\equiv k/2\pi=\lambda^{-1}$，我们有

$$\boxed{\Delta\sigma\Delta z\gtrsim 1.} \tag{69}$$

这个关系与一般关系 $\Delta\nu\Delta t\gtrsim 1$ 完全相似，但它适用于空间脉冲而不是时间脉冲.

式（69）可以用另一个简单的方法得到，也就是考虑以 $\Delta z$ 中含有的周数所量度的“不确定性带宽”．因此 $\sigma$（每单位长度的周数）由下式给出：

$$\sigma\approx\frac{\text{周数}\pm\frac{1}{2}}{\Delta z}, \tag{70}$$

因此波数带宽 $\Delta\sigma$ 就近似为 $1/\Delta z$．这个推导是 $\Delta\nu\Delta t\approx 1$ 的推导在空间上的类似，$\Delta\nu\Delta t\approx 1$ 的推导已在式（44）之后给出：

**波包随时间的扩散**　最后我们应该指出，当波包在色散介质中传播时，波包的长度 $\Delta z$ 并不保持为常数，波包在行进过程中会扩散．这是因为群速度 $v_g=d\omega/dk$ 与 $k$（或 $\omega$）有关，因此带 $\Delta k$ 包含有群速度为 $\Delta v_g$ 的带，并近似地由下式给出：

$$\Delta v_g=\left(\frac{dv_g}{dk}\right)_0\Delta k=\left(\frac{d^2\omega}{dk^2}\right)_0\Delta k. \tag{71}$$

在 $t=0$ 开始的宽度为 $(\Delta z)_0$ 的波群在时刻 $t$ 时所具有的宽度 $(\Delta z)_t$ 近似地为

$$(\Delta z)_t\approx(\Delta z)_0+(\Delta v_g)t. \tag{72}$$

这样，波包经过一个固定点 $z$ 的时间 $\Delta t$ 将相应增加．［式（68）对于所有时间都成立，当然 $\Delta\omega$ 和 $\Delta k$ 是常数.］

由于泡包扩散，所以除了在 $t=0$ 的情况下，$\Delta\sigma\Delta z\approx 1$ 和 $\Delta\nu\Delta t\approx 1$ 的关系不再成立．为了使发射器的输出满足 $\Delta\nu\Delta t\approx 1$，我们必须使 $t=0$ 时的所有简谐分量都处于正确的相位．然而，一旦我们让波群在介质中传播足够长的距离，我们就不能使整个带宽 $\Delta k$ 在下游点上同相；这是因为群的某些部分会由于群速度的变化而到达得较早，而某些部分到达得较晚．因此，在下游点上，不同频率的分量的相位彼此不同，这与 $t=0$ 时的情况是不同的．于是我们得到

$$\Delta\sigma\Delta z\approx\Delta\nu\Delta t>1.$$

当然，假如介质是“非色散的”，那么波包也就不扩散，$\Delta\sigma\Delta z\approx\Delta\nu\Delta t\approx 1$ 的关系就得到保持．

**水中的波包**　投一个石子在池塘里，你就可以看到一个漂亮的向外扩散的圆形波包．通过一些练习，你可以用眼睛跟随着波包，并看到后面产生的各个子波经过波包而在前面消失．（在通常情况下，用中等大小的石子产生的水波波长大于 1.7 cm，相速度比群速度大．相速度两倍于群速度的波群图像如图 6.7 所示．）我建议学生们去研究在沟渠、澡盆和池塘里的水波包．虽然它们运动得较快（见 6.2 节表 6.1），需要经过一些实践，但是这种努力是很值得的．（见课外实验．）

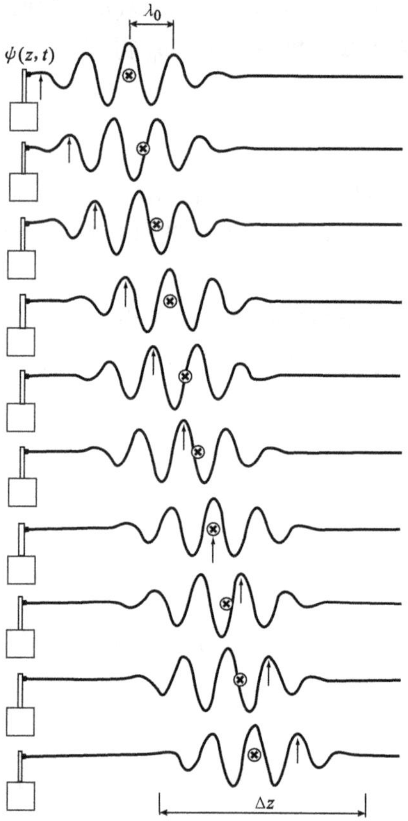


图 6.7　相速度两倍于群速度的波包．箭头随着主波长的一个相位不变点以相速度行进．叉号表示波包作为一个整体以群速度行进

## 6.4　脉冲的傅里叶分析

在 6.3 节中，我们碰到过时间函数 $\psi(t)$ 展开成连续的傅里叶叠加（傅里叶积分）的第一个例子．在这节中，我们将告诉你们怎样求得任何（合理的）脉冲的连续频谱，并给出几个在许多物理分支里具有普遍意义的例子．

**有限期间的脉冲**　假设 $\psi(t)$ 具有像图 6.8 所示的有限期间的脉冲形式．我们设在足够早的时间 $t_0$（以及所有更早的时间）$\psi(t)$ 为零．同样，我们设在足够迟的时间 $t_0+T$（以及所有更晚的时间）$\psi(t)$ 为零．因此，如图 6.8 所示，我们假

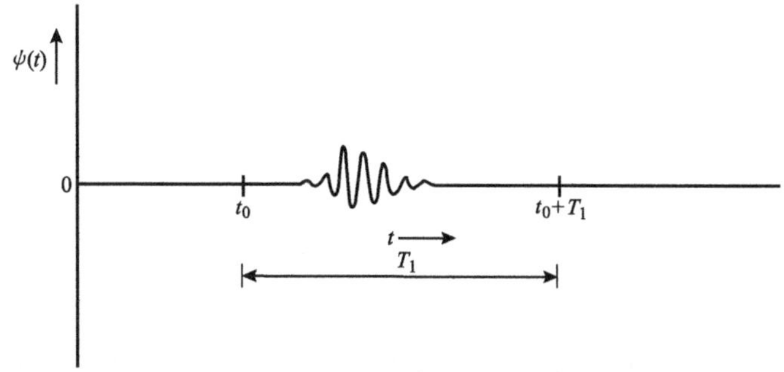


图 6.8　脉冲 $\psi(t)$. 在早于 $t_0$ 或晚于 $t_0+T_1$ 的时间，函数 $\psi(t)$ 为零

定有一个有限的时间间隔 $T_1$，在其中 $\psi(t)$ 发生振荡. 除了在这个区间以外的所有时间 $\psi(t)$ 必须为零而外，这个时间区间 $T_1$ 是任意的. 最后，我们将使 $T_1$ 很大（但不是无穷大）.（于是 $1/T_1 \equiv \nu_1$ 将变成我们的"频率单位"，一个我们能选择为我们所希望的任意小的单位.）

在 2.3 节中，我们学习了怎么对一个周期函数 $F(t)$ 进行傅里叶分析. 这个函数是在所有时间上规定的，并具有周期 $T_1$，因此 $F(t+T_1)=F(t)$. 我们也学过怎么对于只在有限时间间隔 $t$ 中规定的函数进行傅里叶分析. 我们构造一个在所有时间 $t$ 规定的周期函数，并使它和原来那个在时间间隔 $t$ 中规定的我们感兴趣的函数相一致，这样来对后者进行傅里叶分析. 这样，我们就可以使用对周期函数导出的那些公式. 这也是我们现在将要采取的办法. 我们构造一个周期为 $T_1$ 的周期函数 $F(t)$，这里 $T_1$ 是如图 6.8 所示的时间间隔 $T_1$. 办法是令 $F(t)$ 是在每一个同样的时间间隔 $T_1$ 内的脉冲 $\psi(t)$ 的简单"重复"，如图 6.9 所示.

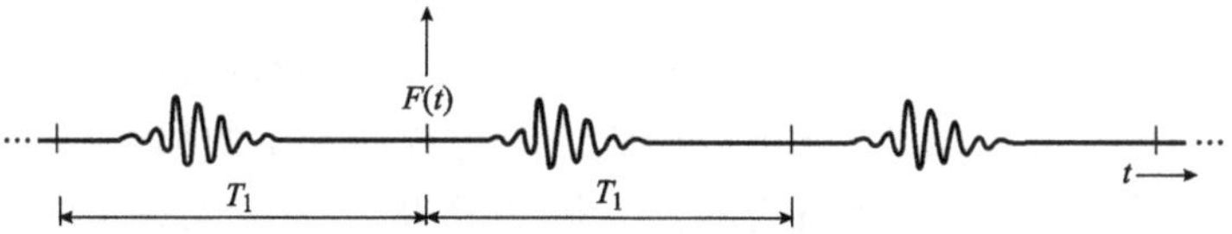


图 6.9　在相继的时间间隔 $T_1$ 内不断"重复"脉冲 $\psi(t)$ 而构造出周期为 $T_1$ 的周期函数 $F(t)$

周期函数 $F(t)$ 的傅里叶级数由 2.3 节中的式（49）~式（52）给出. 在这里，我们重写出那些我们需要的结果：

$$F(t)=B_0+\sum_{n=1}^{\infty}A_n\sin n\omega_1 t+\sum_{n=1}^{\infty}B_n\cos n\omega_1 t, \tag{73}$$

其中

$$\omega_1=2\pi\nu_1=\frac{2\pi}{T_1}. \tag{74}$$

于是

$$B_0 = \frac{1}{T_1}\int_{t_0}^{t_0+T_1} F(t)\,\mathrm{d}t, \tag{75}$$

$$B_n = \frac{2}{T_1}\int_{t_0}^{t_0+T_1} F(t)\cos n\omega_1 t\,\mathrm{d}t, \tag{76}$$

$$A_n = \frac{2}{T_1}\int_{t_0}^{t_0+T_1} F(t)\sin n\omega_1 t\,\mathrm{d}t, \tag{77}$$

这里

$$n = 1,2,3,\cdots.$$

我们现在的问题是要把 $\psi(t)$ 表示为简谐振动的叠加，我们将采用式（73）~式（77）.

首先，我们注意到式（73）中给出的常数项 $B_0$ 必不存在（也就是 $B_0=0$）. 这是因为，我们已假设 $\psi(t)$ 在足够早的时间和足够晚的时间都为零. 我们的 $\psi(t)$ 中不包含“常数位移”或常数电压，或不变的任何其他东西. [这并不意味着我们不能告诉你（例如）示波器垂直极板上的直流电压，假如你对此有兴趣的话；它只表明我们对此不感兴趣. 叠加原理的用处在于，它使我们能把任何叠加中由于“我们已经有所了解，因而总可以在以后把它添加上”的不感兴趣的那些部分去掉.]

**从傅里叶求和到傅里叶积分** 下一步，我们来考虑式（73）中剩下来的无限求和中的前几项. 这几项给出的贡献是 $A_1\sin\omega_1 t + B_1\cos\omega_1 t$，$A_2\sin2\omega_1 t + B_2\cos2\omega_1 t$，等等. 开头几项很小，可以忽略. 这一点我们可以从图 6.8 很明显地看出来. 我们知道 $\psi(t)$ 中没有像以周期 $T_1$ 做振荡的那样的慢变化分量. 人为构造的函数 $F(t)$ 确实有一个周期为 $T_1$ 的频率分量，但因为 $T_1$ 是任意的（除了我们已规定的特性外），我们能使它加倍，也就是，能够用一个新的两倍大的 $T_1$ 来代替它，然后再加倍，如此类推. 我们发现，既然 $T_1$ 能够取得像我们所希望它的那样大，所以角频率 $\omega_1=2\pi/T_1$ 就可以相应地取得我们希望的那样小. 因此人为地引进的常数 $A_1$ 和 $B_1$ 虽然不严格为零，也是（像 $B_0$）完全无意义的. 常数 $A_2$ 和 $B_2$ 实际上为零（对足够大的 $T_1$ 来说）. 事实上，我们能使 $T_1$ 足够大，以致开头的几个常数 $A_n$ 和 $B_n$ 都可以忽略. 例如，在这里“开头的几个”可以意味着前面一万项左右. 现在让我们来考虑一些大的 $n$，大到 $A_n$ 和 $B_n$ 不可以完全忽略. 考虑式（73）中以 $n+1$ 和 $n$ 表示的相继的两项：

$$F(t) = \cdots + A_n\sin n\omega_1 t + A_{n+1}\sin(n\omega_1+\omega_1)t + \cdots. \tag{78}$$

假如 $T_1$ 足够大，我们可以假定 $\omega_1$ 是这样的小而 $n$ 是这样的大（头几项已略去了，因为它们的系数可以忽略不计），以致 $A_{n+1}$ 与 $A_n$ 的差是无限小. 那么我们就可以把 $n\omega_1$ 看作连续变量 $\omega$，而把 $A_n$ 看作 $\omega$ 的一个连续函数：

$$\omega = n\omega_1. \tag{79}$$

当 $n$ 从 $n$ 至 $n+\delta n$ 增加 $\delta n$ 时，令 $\delta\omega$ 是 $\omega$ 的增量：

$$\delta\omega=\omega_1\delta n,\delta n=\frac{\delta\omega}{\omega_1}. \tag{80}$$

现在我们使 $\delta n$ 足够小，以致在 $n$ 到 $n+\delta n$ 这个带中，所有系数 $A_n$ 基本上彼此相等. 我们可以让式（78）中的相应于带 $\delta n$ 的所有项集合在一起，并认为它们都有相同的频率 $\omega$（在 $\delta\omega$ 带中的 $\omega$ 的平均值）. 既然（在一个带中）所有的项是相等的. 同时有 $\delta n$ 项，我们可以把式（78）的无穷级数写成如下形式［用式（79）和式（80）］：

$$\begin{aligned}F(t)&=\cdots+\delta nA_n\sin n\omega_1t+\cdots\\&=\cdots+\delta\omega\frac{A_n}{\omega_1}\sin\omega t+\cdots\\&\equiv\cdots+\delta\omega A(\omega)\sin\omega t+\cdots\\&=\int_0^\infty A(\omega)\sin\omega t\mathrm{d}\omega+\cdots.\end{aligned} \tag{81}$$

为了得到最后的式子，我们只要承认对宽度为 $\delta\omega$ 的相邻带的求和可以写成积分，并用较常用的符号 $\mathrm{d}\omega$ 代替 $\delta\omega$. 省略号（…）表示式（73）中的其余各项，这些项来自 $\sum B_n\cos n\omega_1t$. 这个求和也变成一个积分. 因此我们就得到完整的表达式：

$$F(t)=\int_0^\infty A(\omega)\sin\omega t\mathrm{d}\omega+\int_0^\infty B(\omega)\cos\omega t\mathrm{d}\omega, \tag{82}$$

$$\begin{cases}A(\omega)=A(n\omega_1)=\dfrac{A_n}{\omega_1},\\[2ex]B(\omega)=B(n\omega_1)=\dfrac{B_n}{\omega_1}.\end{cases} \tag{83}$$

注意，我们已经让连续变量 $\omega$ 从零开始. 我们之所以能这样做，是因为我们知道 $A_n$ 和 $B_n$ 在 $n=0$ 的附近都是零，因而在 $\omega=0$ 的附近 $A(\omega)$ 和 $B(\omega)$ 必须是零. 按照式（83）和式（77），$A(\omega)$ 由下式给出：

$$A(\omega)=\frac{2}{\omega_1T_1}\int_{t_0}^{t_0+T_1}F(t)\sin\omega t\mathrm{d}t,$$

也就是，因为 $\omega_1T_1=2\pi$，

$$A(\omega)=\frac{1}{\pi}\int_{-\infty}^{\infty}\psi(t)\sin\omega t\mathrm{d}t;$$

在这里我们用了这样一个事实，就是人为构造的周期函数 $F(t)$ 在它的一个周期的积分等于非周期脉冲 $\psi(t)$ 在所有时间的积分.

**傅里叶积分**　最后，我们能舍弃式（82）中所给出的周期函数 $F(t)$，并写出傅里叶积分：

$$\psi(t)=\int_0^{\infty} A(\omega)\sin\omega t\mathrm{d}\omega+\int_0^{\infty} B(\omega)\cos\omega t\mathrm{d}t, \tag{84}$$

$$A(\omega)=\frac{1}{\pi}\int_{-\infty}^{\infty} \psi(t)\sin\omega t\mathrm{d}t, \tag{85}$$

$$B(\omega)=\frac{1}{\pi}\int_{-\infty}^{\infty} \psi(t)\cos\omega t\mathrm{d}t. \tag{86}$$

现在我们把这些公式用到几个很有意思的例子中去.

## 应用：方形频谱

假如对于所有的 $\omega$ 来讲 $A(\omega)$ 是零，并假定对于在 $\omega_1$ 到 $\omega_2$ 这个间隔中的 $\omega$ 值 $B(\omega)$ 是一个常数，而对于所有其他的 $\omega$ 值 $B(\omega)$ 是零. 让我们在这个间隔中这样来选择 $B$ 的常数，使得 $B(\omega)$ 对 $\omega$ 描绘的曲线下的面积是1；也就是

$$\begin{cases}B(\omega)=\dfrac{1}{\Delta\omega}, & \omega_1\leqslant\omega\leqslant\omega_2=\omega_1+\Delta\omega;\\ B(\omega)=0, & \text{其他}\end{cases} \tag{87}$$

（注意，$B(\omega)$ 已被选为有频率倒数的量纲，因此 $\psi(t)$ 应该无量纲.）下面是 $\psi(t)$的解：

$$\begin{aligned}\psi(t)&=\int_0^{\infty} A(\omega)\sin\omega t\mathrm{d}\omega+\int_0^{\infty} B(\omega)\cos\omega t\mathrm{d}\omega\\&=0+\int_{\omega_1}^{\omega_2}\frac{1}{\Delta\omega}\cos\omega t\mathrm{d}\omega\\&=\frac{1}{\Delta\omega}\cdot\frac{\sin\omega t}{t}\Bigg|_{\omega=\omega_1}^{\omega=\omega_2},\end{aligned}$$

$$\psi(t)=\frac{\sin\omega_2 t-\sin\omega_1 t}{\Delta\omega t}=\frac{\sin\omega_2 t-\sin\omega_1 t}{(\omega_2-\omega_1)t}. \tag{88}$$

式（88）的分子是我们以前已碰到过的一种叠加类型，这种叠加给出了调制频率为 $(\omega_2-\omega_1)/2$ 的调制. 分母包含了一个因子 $t$，它使在 $t=0$ 时 $\psi(t)$ 最大.

我们用平均频率 $\omega_0$ 和一个缓慢变化的振幅，可以把式（88）写成近乎简谐运动：

$$\omega_0=\frac{1}{2}(\omega_2+\omega_1),\quad \frac{1}{2}\Delta\omega=\frac{1}{2}(\omega_2-\omega_1); \tag{89}$$

$$\omega_2=\omega_0+\frac{1}{2}\Delta\omega,\quad \omega_1=\omega_0-\frac{1}{2}\Delta\omega.$$

$$\begin{aligned}\psi(t)&=\frac{\sin\left(\omega_0+\frac{1}{2}\Delta\omega\right)t-\sin\left(\omega_0-\frac{1}{2}\Delta\omega\right)t}{\Delta\omega t} \qquad (90)\\&=\frac{\sin\frac{1}{2}\Delta\omega t}{\frac{1}{2}\Delta\omega t}\cos\omega_0 t.\end{aligned}$$

因此 $\psi(t)$ 是具有慢变振幅 $A(t)$ 的快速振动：

$$\psi(t)=A(t)\cos\omega_0 t,$$

$$A(t)=\frac{\sin\frac{1}{2}\Delta\omega t}{\frac{1}{2}\Delta\omega t}. \tag{91}$$

这个结果式（91）和我们在 6.3 节中得到的式子完全一样．在那里我们研究的是 $N$ 个简谐振动的叠加，这 $N$ 个振动有 $N$ 个不同的分立的频率，均匀地分布在 $\omega_1$ 和 $\omega_2$ 之间．当我们取极限 $N\to\infty$ 时，我们就得到式（91）．［见 6.3 节中的式（57）和式（58）．］脉冲 $\psi(t)$ 和它的傅里叶系数 $B(\omega)$ 画在图 6.6 中．

## 应用：在时间上的方形脉冲

假如 $\psi(t)$ 除了在以 $t_0$ 为中心的从 $t_1$ 到 $t_2$ 的时间间隔 $\Delta t$ 而外，对所有的时间都是零．在那个 $\Delta t$ 间隔里 $\psi(t)$ 是常数；我们这样选这个常数，它使得在时间间隔 $\Delta t$ 中 $\psi(t)$ 的积分是 1：

$$\psi(t)=\frac{1}{\Delta t},\quad t_1\leqslant t\leqslant t_2=t_1+\Delta t. \tag{92}$$

让我们来求傅里叶系数 $A(\omega)$ 和 $B(\omega)$．

注意，假如 $t_0$ 是零，则 $\psi(t)$ 是 $t$ 的偶函数，因此 $A(\omega)$ 必须是零（因为 $\sin\omega t$ 是一个奇函数）．对于任意的 $t_0$，我们既要有 $A(\omega)$ 又要有 $B(\omega)$，也就是我们既有奇函数 $\sin\omega t$ 也有偶函数 $\cos\omega t$．我们可以用一个技巧节省一半工作量．在普遍解中，让我们简单地用 $t-t_0$ 代替 $t$，那么，因为 $\psi(t)$ 是 $t-t_0$ 的一个偶函数，我们有

$$\psi(t)=\int_0^\infty B(\omega)\cos\omega(t-t_0)\,\mathrm{d}\omega, \tag{93}$$

和

$$B(\omega)=\frac{1}{\pi}\int_{-\infty}^{\infty}\psi(t)\cos\omega(t-t_0)\,\mathrm{d}t. \tag{94}$$

让我们来作一个容易的积分，以求出（习题 6.20）

$$B(\omega)=\frac{1}{\pi}\frac{\sin\frac{1}{2}\Delta t\omega}{\frac{1}{2}\Delta t\omega}. \tag{95}$$

在图 6.10 中画出了式（92）的方形脉冲和它的傅里叶系数 $B(\omega)$．注意，如果我们把 $\Delta\omega$ 规定为从最小频率（也就是零）到傅里叶系数 $B(\omega)$ 的第一个零点的区间，那么我们就得到

$$\Delta\omega\Delta t=2\pi,\quad \Delta\nu\Delta t=1. \tag{96}$$

**用钢琴对拍手进行傅里叶分析**　这里是画在图 6.10 中的一个傅里叶谱的应用.

如果你想知道当你拍手时你听到的响声的近似的持续时间，并且假定你没有传声器、声频放大器或示波器，只有一架钢琴．放下制音踏板使得所有的弦都能振动，把你的手放在共鸣板附近并拍手．钢琴对于拍手进行傅里叶分析，并在振动弦上保留下这个分析．倘若你能估计出弦所发出的大声强的最高音调，那么那个频率必然大致为 $\nu \approx 1/\Delta t$．这个物理例子能使我们对傅里叶分析的意义有进一步的理解：

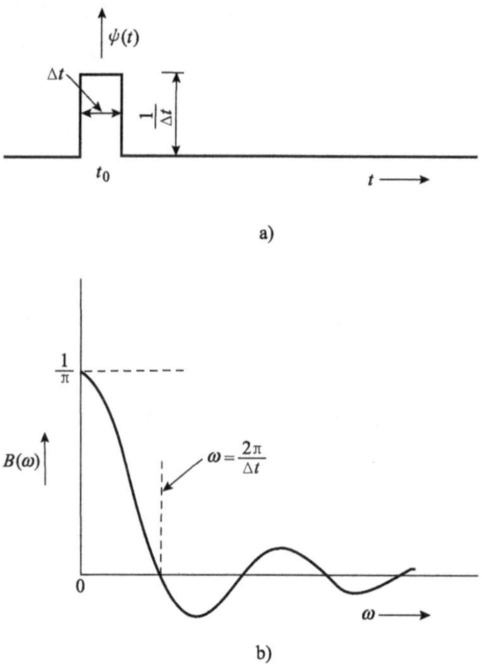


图 6.10　方形脉冲 $\psi(t)$ 和它的傅里叶系数 $B(\omega)$

在一定的近似下，在时间间隔 $\Delta t$ 内的空气压力波的作用下，所有的弦都被推向同一个方向．在刚开始的瞬时振动中，它们以各自的自然频率开始振动．在力结束之前，频率比 $1/\Delta t$ 小得多的那些弦，它的运动比一个自然振动周期的运动小得多，在整个时间间隔 $\Delta t$ 内，这些弦都被加速．那些周期准确地为 $\Delta t$ 的弦，在第一个半周期 $\Delta t/2$ 中被压力波加速；在下半个周期中被减速．直到减速和加速一样大时，它停止下来．这样，在力停止以后，它就完全不振动了．因此，自然频率从零到比 $1/\Delta t$ 还小一些的那些弦，具有正振幅激发．频率为 $1/\Delta t$ 的弦的振幅为零：那个频率也就是式（95）给出的傅里叶系数 $B(\omega)$ 的第一个零点．频率在 $1/\Delta t$ 和 $2/\Delta t$ 之间的弦，在 $\Delta t$ 时间里进行了一到两个完全振动．从弦没有从压力脉冲得到净冲量的意义上说：第一个周期是白费了．频率为 $2/\Delta t$ 的弦经过了两个完全周期，没有得到冲量，因此 $B(\omega)$ 在频率为 $2/\Delta t$ 时有它的第二个零点．具有 $1.5/\Delta t$ 频率的弦工作得还好；第一个周期白费了，但在第二个周期的上半周期，压力以同一个方向推动．然后，力消失了．从弦经过自然振动的三个半周期，其中两个半周期的贡献相互抵消了，从某种意义上说，这个弦从脉冲得到了“1/3 的值”．相反，频率为 1/2（$1/\Delta t$）的弦，在 $\Delta t$ 期间经过一个半周期，它的振幅将有 $\nu =$（3/2）（$1/\Delta t$）的弦的最终振动振幅的三倍．的确，我们从式（95）看出，$\omega\Delta t=\pi$ 时的 $B(\omega)$ 的大小是 $\omega\Delta t=3\pi$ 时的 $B(\omega)$ 的三倍．

这个例子告诉我们怎么样把一架钢琴或别的类似的工具用作为傅里叶分析的装置．（我们已经忽视了这样一个事实，就是空气对于弦的耦合可能不是很均匀的．）注意，要从钢琴的傅里叶分析器中导出相位的信息，是很困难的．然而你的耳朵对于相位是不感兴趣的. 这是一种常见的情况，也就是，我们对于分别知道 $A(\omega)$ 和 $B(\omega)$ 往往不感兴趣. 我们知道傅里叶强度 $I(\omega)$ 就够了，它的定义如下：

$$I(\omega)=A^2(\omega)+B^2(\omega). \tag{97}$$

**时间的 $\delta$ 函数**　如果方形脉冲 $\Delta t$ 的区间比我们所能检测的最高频率的振动周期（也就是最短周期）短很多，那么傅里叶系数 $B(\omega)$ 在整个所检测频谱中就是常数. 从图 6.10 可以看出这是很显然的. 假如我们让 $\Delta t$ 趋近于零，那么 $B(\omega)$ 的第一个零点就移到 $+\infty$，对于任何有限频率都有 $B(\omega)=1/\pi$，而且与频率无关. 当 $\Delta t$ 足够小时，式（92）所规定的脉冲就称为时间的 $\delta$ 函数. 例如，因为钢琴上的最高音调有 $\nu\approx 5\,000\ \mathrm{s}^{-1}$，任何短于 1 ms 左右的短声音会使所有的弦都同样好地激发. 钢琴分析器不能区别这样一种声音和另一种振幅大到十倍而持续时间小到 1/10 的声音；这些弦在两种情况下都能有同样的最后振动.

## 应用：阻尼谐振子——自然线宽

我们现在要寻找一种平均衰变寿命为 $T\approx 10^{-8}$ s 的原子所发射的可见光的频谱，即“谱线形状”. 如果我们只要知道带宽，那我们立刻就可以知道，带宽 $\Delta\nu$ 必须是 $10^8\ \mathrm{s}^{-1}$的数量级，因为脉冲的期间大约是 $10^{-8}$ s. 可是，我们还要知道更多的东西. 我们需要知道谱的详细形状，而假定衰变对时间的依赖关系就是阻尼谐振子的依赖关系. 因此，我们假定 $\psi(t)$ 对于所有比 $t=0$ 小的时间均为零，而在 $t=0$ 时它突然得到了一个激发，随后就做阻尼谐振荡：

$$\psi(t)=\mathrm{e}^{-(1/2)\Gamma t}\cos\omega t. \tag{98}$$

（为下面书写方便，我们取振幅常数为 1.）阻尼常数是平均衰变寿命的倒数：

$$\Gamma=\frac{1}{\tau}. \tag{99}$$

弹簧常量与质量 $M$ 和非阻尼自然频率 $\omega_0$ 有如下关系［见 3.2 节中的式（5）］：

$$K=M\omega_0^2. \tag{100}$$

近乎简谐阻尼振荡的频率 $\omega_1$ 与 $\omega_0$ 和 $\Gamma$ 有如下关系：

$$\omega_1^2=\omega_0^2-\frac{1}{4}\Gamma^2. \tag{101}$$

让我们把式（98）展开成连续的傅里叶叠加：

$$\psi(t)=\int_0^\infty A(\omega)\sin\omega t\mathrm{d}\omega+\int_0^\infty B(\omega)\cos\omega t\mathrm{d}t. \tag{102}$$

于是

$$\begin{aligned}2\pi A(\omega)&=2\int_{-\infty}^\infty \psi(t)\sin\omega t\mathrm{d}t=\int_0^\infty \mathrm{e}^{-(1/2)\Gamma t}2\cos\omega_1 t\sin\omega t\mathrm{d}t\\&=\int_0^\infty \mathrm{e}^{-(1/2)\Gamma t}[\sin(\omega+\omega_1)t+\sin(\omega-\omega_1)t]\mathrm{d}t,\end{aligned} \tag{103}$$

$$
\begin{aligned}
2\pi B(\omega) &= 2\int_{-\infty}^{\infty} \psi(t)\cos\omega t\,\mathrm{d}t \\
&= \int_0^{\infty} \mathrm{e}^{-(1/2)\Gamma t} 2\cos\omega_1 t\cos\omega t\,\mathrm{d}t \\
&= \int_0^{\infty} \mathrm{e}^{-(1/2)\Gamma t}[\cos(\omega+\omega_1)t+\cos(\omega-\omega_1)t]\,\mathrm{d}t.
\end{aligned} \tag{104}
$$

从定积分表可查出：

$$
\begin{cases}
\int_0^{\infty} \mathrm{e}^{-ax}\sin bx\,\mathrm{d}x = \dfrac{b}{b^2+a^2}, \\
\int_0^{\infty} \mathrm{e}^{-ax}\cos bx\,\mathrm{d}x = \dfrac{a}{b^2+a^2},
\end{cases} \tag{105}
$$

因此，式（103）和式（104）给出：

$$
2\pi A(\omega) = \frac{(\omega+\omega_1)}{(\omega+\omega_1)^2+\left(\frac{1}{2}\Gamma\right)^2} + \frac{(\omega-\omega_1)}{(\omega-\omega_1)^2+\left(\frac{1}{2}\Gamma\right)^2}, \tag{106}
$$

$$
2\pi B(\omega) = \frac{\frac{1}{2}\Gamma}{(\omega+\omega_1)^2+\left(\frac{1}{2}\Gamma\right)^2} + \frac{\frac{1}{2}\Gamma}{(\omega-\omega_1)^2+\left(\frac{1}{2}\Gamma\right)^2}. \tag{107}
$$

我们能够利用式（101）消去 $\omega_1^2$ 而改采用 $\omega_0^2$，在作过一些代数运算后得到

$$
2\pi A(\omega) = \frac{2\omega(\omega^2-\omega_0^2)+\omega\Gamma^2}{(\omega_0^2-\omega^2)^2+\Gamma^2\omega^2}, \tag{108}
$$

$$
2\pi B(\omega) = \frac{\Gamma(\omega^2+\omega_0^2)}{(\omega_0^2-\omega^2)^2+\Gamma^2\omega^2}, \tag{109}
$$

$$
\begin{aligned}
I(\omega) &\equiv [2\pi A(\omega)]^2+[2\pi B(\omega)]^2 \\
&= \frac{4\omega^2+\Gamma^2}{(\omega_0^2-\omega^2)^2+\Gamma^2\omega^2}.
\end{aligned} \tag{110}
$$

**自由衰变与受迫振荡的比较** 把上述自由衰变阻尼谐振子的傅里叶分量与这同一个体系处于频率为 $\omega$ 的稳态受迫振荡时的振幅和强度作一比较，是有意义的. 这里，我们把3.2节中的式（17）和式（32）~式（35）重写如下：

$$
A_{弹性}(\omega) = \frac{F_0}{M}\frac{\omega_0^2-\omega^2}{(\omega_0^2-\omega^2)^2+\Gamma^2\omega^2}, \tag{111}
$$

$$
A_{吸收}(\omega) = \frac{F_0}{M}\frac{F\omega}{(\omega_0^2-\omega^2)^2+\Gamma^2\omega^2}, \tag{112}
$$

$$
\begin{aligned}
|A|^2 &\equiv [A_{弹性}(\omega)]^2+[A_{吸收}(\omega)]^2 \\
&= \frac{F_0^2}{M^2}\frac{1}{(\omega_0^2-\omega^2)^2+\Gamma^2\omega^2},
\end{aligned} \tag{113}
$$

$$P(\omega)=\frac{1}{2}\frac{F_0^2}{M}\frac{\Gamma\omega^2}{(\omega_0^2-\omega^2)^2+\Gamma^2\omega^2},\tag{114}$$

$$E(\omega)=\frac{1}{2}\frac{F_0^2}{M}\frac{\frac{1}{2}(\omega^2+\omega_0^2)}{(\omega_0^2-\omega^2)^2+\Gamma^2\omega^2}.\tag{115}$$

我们看到，自由衰变的傅里叶振幅 $B(\omega)$ 与受迫振荡的存储能量 $E(\omega)$ 成正比. 我们也看到，自由衰变的 $A(\omega)$ 有一个与受迫振荡的 $\omega A_{弹性}(\omega)$ 成正比的贡献和另一个与 $A_{吸收}(\omega)$ 成正比的贡献. 对于合理的（理想的）弱阻尼来说，除非 $\omega$ 非常接近共振频率 $\omega_0$，与 $A_{吸收}$成正比的贡献可以忽略. 因而 $A(\omega)$ 基本上与 $\omega A_{弹性}(\omega)$ 成正例. 傅里叶强度 $I(\omega)$ 有一个与受迫振荡的吸收功率 $P(\omega)$ 成正比的贡献和另一个对于合理的弱阻尼，即对于 $\Gamma^2\ll\omega^2$ 来说，可以忽略的贡献. 因此，自由衰变的强度 $I(\omega)$ 基本上与受迫振荡的功率 $P(\omega)$ 成正比.

**洛伦兹谱线形状——对共振曲线的联系**　对于弱阻尼和 $\omega$ 离 $\omega_0$ 不太远的情况来说，傅里叶振幅 $B(\omega)$ 和傅里叶强度 $I(\omega)$，每一个都与“洛伦兹谱线形状曲线” $L(\omega)$ 成正比，$L(\omega)$ 由下式给出：

$$L(\omega)=\frac{\left(\frac{1}{2}\Gamma\right)^2}{(\omega_0-\omega)^2+\left(\frac{1}{2}\Gamma\right)^2}.\tag{116}$$

阻尼常数 $\Gamma$ 等于在洛伦兹谱线形状曲线的半极大值处的全频宽度，称为描述自由衰变的傅里叶叠加的频谱的谱线宽度 $\Delta\omega$：

$$(\Delta\omega)_{自由衰变}=\Gamma.\tag{117}$$

表示洛伦兹谱线形状的式（116）与布赖特-维格纳共振响应曲线 $R(\omega)$ 有完全相同的形式. $R(\omega)$ （对于弱阻尼）对于受迫振荡［3.2 节式（36）］给出了 $A_{吸收}(\omega)$，$|A|^2$，$E(\omega)$ 和 $P(\omega)$，同频率的依赖关系：

$$R(\omega)=\frac{\left(\frac{1}{2}\Gamma\right)^2}{(\omega_0-\omega)^2+\left(\frac{1}{2}\Gamma\right)^2}.\tag{118}$$

在半极大值处的全共振宽度由下式给出：

$$(\Delta\omega)_{共振}=\Gamma.\tag{119}$$

因此，我们得到了值得注意的结果：对于弱阻尼谐振子，自由衰变的傅里叶谱和受迫振荡的共振响应有同样的频率依赖关系. 我们可以把这个结果总结为

$$\boxed{(\Delta\omega)_{自由衰变}=(\Delta\omega)_{共振}=\frac{1}{\tau_{自由衰变}}}\tag{120}$$

**自然频率和频率宽度的测量**　自由衰变的傅里叶分量与稳态受迫振荡的共振响应之间的密切关系在实验上有重要的意义. 假如我们打算研究（a）钢琴弦的最低

模式和（b）一个原子的第一激发态．为此我们可以采用三种方法：

（1）自由振荡的时间依赖关系　用锤子去敲或用另一个原子去碰撞，这样在 $t=0$时突然激发这个体系．用高速照相的方法把阻尼衰变的振荡运动拍摄下来，并描绘出位移对时间的关系图．对于钢琴的弦，是可以这样做的．对于原子就不行，如你们将在《量子物理学》卷中学到的，即使在原则上这也是不可能的．

（2）对受迫振荡的共振响应　用简谐力 $F_0\cos\omega t$ 去驱动处于稳恒状态的体系．改变驱动频率．测量作为频率函数的吸收功率 $P(\omega)$．对于钢琴弦可以这样做，用稳恒状态的电磁辐射去驱动某些原子激发态，并观察作为 $\omega$ 函数的吸收功率 $P$ 以得到 $\omega_0$ 和 $\Gamma$，这也是做得到的．

（3）发射谱的傅里叶分析　突然激发这个体系，对它发射的辐射做傅里叶分析．对钢琴弦可以做到这一点．对于原子的某些激发态，通过观察发射光的频谱，也能做到这一点．这时要测量的最简单的东西就是作为频率函数的辐射强度，而它又与傅里叶强度 $I(\omega)$ 成正比．$I(\omega)$ 的测定给出模式频率 $\omega_0$ 和带宽 $\Gamma$．

在图 6.11 中，我们画出了一个阻尼谐振荡和傅里叶系数 $A(\omega)$、$B(\omega)$．为了得到一个像带宽和时间间隔的乘积 $\Delta\omega\Delta t=2\pi$ 那样的准确等式，我们可以规定时间间隔 $\Delta t$ 是平均衰变时间 $\tau$ 的 $2\pi$ 倍．因此式（120）给出 $\Delta\omega\Delta t=2\pi$．

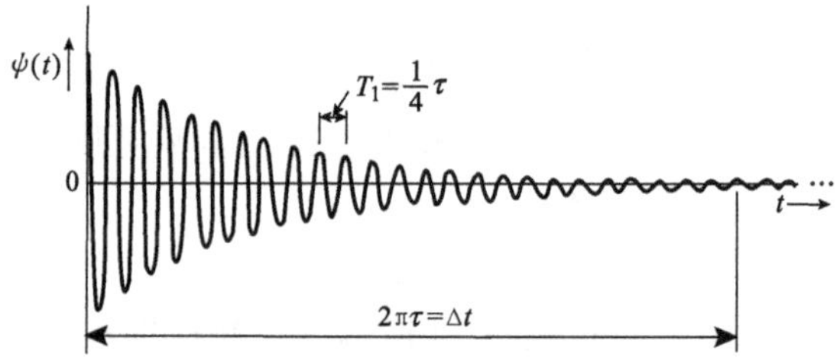


a)

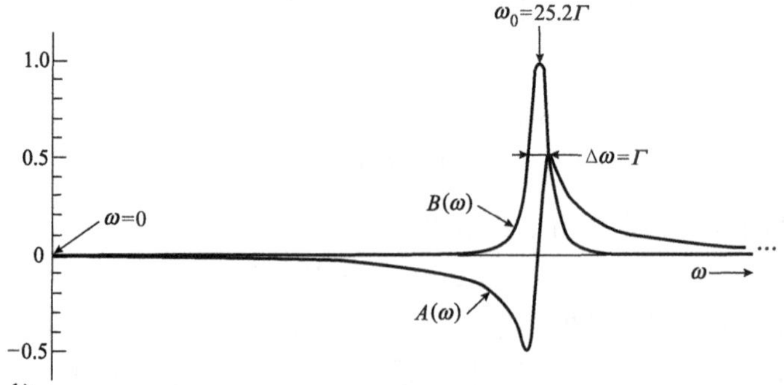


b)

图 6.11　弱阻尼谐振子

a）脉冲 $\psi(t)=e^{-(1/2)(t/\tau)}\cos\omega_1 t$．选择 $\omega_1=8\pi\Gamma$，即 $\tau=4T_1$

b）在谐振项的连续叠加 $\int_0^\infty[A(\omega)\sin\omega t+B(\omega)\cos\omega t]\mathrm{d}\omega$ 中的傅里叶系数

## 6.5 行进波包的傅里叶分析

假设一个发射器在 $z=0$ 处按以下方式驱动一个连续、均匀、一维的开放体系；这个方式就是，行波的波函数 $\psi(x, t)$ 在 $z=0$ 处对时间的依赖关系由一个已知的时间函数 $f(t)$ 所给出：

$$\psi(0,t)=f(t). \tag{121}$$

任何合理的函数 $f(t)$ 都可以展开为简谐振动的叠加. 假如 $f(t)$ 不是一个时间周期函数，叠加就是（在频率上）连续的，并可表示为傅里叶积分：

$$f(t)=\int_0^{\infty}[A(\omega)\sin\omega t+B(\omega)\cos\omega t]\mathrm{d}\omega. \tag{122}$$

**在均匀色散介质中的行波**　式（122）叠加的每一个简谐分量都导致它自己的简谐行波，其角波数 $k$ 由色散关系得到

$$k=k(\omega). \tag{123}$$

简谐行波的每一个频率分量以它自己的相速度

$$v_{\varphi}=\frac{\omega}{k(\omega)}. \tag{124}$$

行进. 总的行波 $\psi(z, t)$ 正是所有这些简谐行波的叠加. 这就表明，在式（122）给出的叠加中的每一个简谐项里，以 $\omega t-kz=\omega t-k(\omega)z$ 代替 $\omega t$，我们就可以从 $\psi(0, t)$ 得到 $\psi(z, t)$：

$$\psi(0,t)=\int_{\omega=0}^{\infty}[A(\omega)\sin\omega t+B(\omega)\cos\omega t]\mathrm{d}\omega, \tag{125}$$

$$\psi(z,t)=\int_{\omega=0}^{\infty}\{A(\omega)\sin[\omega t-k(\omega)z]+B(\omega)\cos[\omega t-k(\omega)z]\}\mathrm{d}\omega. \tag{126}$$

对于一般的色散波情况，相速度 $v_{\varphi}$ 与频率 $\omega$ 有关. 因此，固定时间 $t$ 时的 $\psi(z, t)$ 的形状就不能随时间的变更而保持不变.

**非色散波**（特殊情况）　在相速度 $v_{\varphi}$ 与频率无关的特殊情况下，波函数 $\psi(z, t)$ 对于每一个给定时间 $t$ 都有相同的形状. 我们能从式（126）的一般表示导出这个结果. 令 $v$ 是所有简谐波共同的相速度：

$$v=\frac{\omega}{k(\omega)}，\text{即}\ k(\omega)=\frac{\omega}{v}. \tag{127}$$

则式（126）变成

$$\psi(z,t)=\int_0^{\infty}\left[A(\omega)\sin\omega\left(t-\frac{z}{v}\right)+B(\omega)\cos\omega\left(t-\frac{z}{v}\right)\right]\mathrm{d}\omega. \tag{128}$$

但是（按假设）$v$ 是常数，与频率 $\omega$ 无关. 我们看到，式（128）叠加中的每一项都是在表示 $\psi(0, t)$ 的叠加式（125）中简单地以 $(t-z/v)$ 代替 $t$ 而得到的. 因此对于非色散波我们得到

$$\psi(z,t)=\psi(0,t'),\ t'\equiv t-\frac{z}{v}. \tag{129}$$

注意，对于非色散波，除非我们希望那样做，否则我们从来不需要写下它的傅里叶叠加. 既然已给出了 $\psi(0,\ t)$，就可以直接从式（129）得到 $\psi(z,\ t)$，而不需要傅里叶分析的中间步骤. 式（129）表明，在非色散介质中行进的行波不改变它的形状；也就是，在下游点 $z$ 处，在时间为 $t$ 时的位移（或是电场或不论是什么）与在 $z=0$ 处在较早的时间 $t-(z/v)$ 时的位移数值相同.

下面是一个没有采用傅里叶分析或谐函数的非色散波的例子. 假如有一种非色散波（例如可听见的声波或真空中的光），并假设 $z=0$ 时位移满足

$$\psi(0,t)=A\mathrm{e}^{-(1/2)t^2/\tau^2}. \tag{130}$$

式（130）是一个高斯形的脉冲，在 $t=0$ 时，它极大；而在比 $t=0$ 早很多或比 $t=0$ 迟很多（用 $\tau$ 作单位）的时间，它都变得非常小. 虽然可以对式（130）进行傅里叶分析，但实际上不需要这样做，因为我们已假定这介质是非色散的. 我们能马上写出行波的形式：

$$\begin{aligned}\psi(z,t)=\psi(0,t')&=A\mathrm{e}^{-(1/2)(t')^2/\tau^2}\\&=A\mathrm{e}^{-(1/2\tau^2)[t-(z/v)]^2}.\end{aligned} \tag{131}$$

**非色散波和经典波动方程**　每一形式为

$$\psi(z,t)=A\cos[\omega t-k(\omega)z] \tag{132}$$

的简谐行波都满足（很容易证明）下面这个微分方程：

$$\frac{\partial^2\psi(z,t)}{\partial t^2}=\frac{\omega^2}{k^2}\frac{\partial^2\psi(z,t)}{\partial z^2}=v_\varphi^2(\omega)\frac{\partial^2\psi(z,t)}{\partial z^2}. \tag{133}$$

对于波是非色散的特殊情况，我们有 $v_\varphi=v$，这是与 $\omega$ 无关的恒定速度. 在这种情况下，简谐行波叠加中的每一项都满足同样的微分方程，即

$$\boxed{\frac{\partial^2\psi(z,t)}{\partial t^2}=v^2\frac{\partial^2\psi(z,t)}{\partial z^2},} \tag{134}$$

这里 $\psi(z,\ t)$ 表示叠加中的任何一个简谐行波. 但因为每一项都满足方程（134），因此整个叠加也满足这个关系，即整个波函数满足方程（134）. 这个偏微分方程就称为非色散波的经典波动方程，或简称为经典波方程.

**保持形状的波满足经典波动方程**　在得出方程（134）的过程中，我们用了简谐行波式（132）. 但那并不是必需的. 在行进中保持它固有形状的任何波都必定满足方程（134）. 因此，假定我们有 $\psi(0,t)=f(t)$，并且知道此波在行进中不改变形状，即

$$\psi(z,t)=f(t'),\ t'\equiv t-\frac{z}{v}. \tag{135}$$

你们很容易看出，式（135）给出的 $\psi(z,\ t)$ 满足经典的波动方程.（习题6.26）与此类似，任何非色散行波在 $-z$ 方向行进时，也满足这个经典波动方程. 在你们

的推导中以 $v$ 代替 $-v$，你们就能很容易地看出这一点. 同样，在 $\pm z$ 这两个方向行进的任何非色散行波的叠加也满足经典波动方程，因为叠加中所有项都满足它.

一个形式为

$$\psi(z,t)=A\cos k(z-z_0)\cos\omega(t-t_0)$$

的简谐驻波满足方程（133），你们很容易证明这一点. 假如介质是非色散的，那么所有的简谐驻波都满足经典波动方程（134）. 这是对所有的频率利用 $v_\varphi=v$ 从式（135）推出来的.（对于一个驻波来讲，$v_\varphi$ 就表示 $\omega/k$，尽管相速度的概念对于描写驻波来说并不是自然的概念.）它也可根据下面的事实得到：驻波可以看作为在相反方向行进的两个行波的叠加. 事实上，我们第一次遇到的经典波动方程就是在 2.2 节中研究过的连续弦上的驻波.

## 习题与课外实验

6.1　证明在 $z$ 方向行进的具有同一频率 $\omega$ 的两个简谐行波 $A_1\cos(\omega t-kz+\varphi_1)$ 和 $A_2\cos(\omega t-kz+\varphi_2)$ 的和，本身也是同一类型的简谐行波. 也就是，这个和能写成 $A\cos(\omega t-kz+\varphi)$ 的形式. 求出 $A$，$\varphi$ 与 $A_1$，$A_2$，$\varphi_1$，$\varphi_2$ 相联系的关系式.（提示：复数或转动矢量图会有很大的帮助.）

6.2　考虑在介电常数为 $\varepsilon(\omega)$ 的介质中的电磁辐射. 假设磁导率 $\mu$ 为 1，则 $n(\omega)=[\varepsilon(\omega)]^{1/2}$. 根据相对论，没有任何信号能够传播得比光速 $c=30\times10^{10}\,\mathrm{cm/s}$ 更快，问这对于 $\varepsilon(\omega)$ 随 $\omega$ 的可能变化有哪些限制？[假设 $\varepsilon(\omega)$ 对所有的 $\omega$ 都是正的] [答：$\omega(\mathrm{d}n/\mathrm{d}\omega)+(n-1)\geqslant0$.]

6.3　（课外实验.）在你的调幅收音机中，转动刻度盘看看接收某个电台的两端极限是什么，这样近似测量出接收到的广播带宽.（在调幅刻度盘上，通常最高的读数是 130，这就是 1 300 千周.）你的结果与为了保证所接收的声音有很高的保真度所要求的覆盖两个旁带的 $\Delta\nu\approx40$ 千周比较起来如何？

6.4　大号可以奏出很低的声音，例如频率为 $32.7\ \mathrm{s}^{-1}$ 的 $C_1$ 调（钢琴上最低的 C 调称为 $C_1$ 调）. 长笛则可以奏出很高的声音，它的最高音调一般是 $2093\ \mathrm{s}^{-1}$ 的 $C_7$ 调（比钢琴的最高音调低八度）. 在等调律音阶上，每一个音符与它相邻的音符大约相差 1.06 的因子. 长笛能演奏得很快，而大号就不行. 这是大号吹奏者的过错呢还是大号本身的缺点？大号能否重新设计使得它的演奏者能够奏得如吹笛者一样快？对大号的吹奏者，在接近 C32.7 的音阶吹大号时，你计算出的合理的最快演奏速度是多少？而吹笛者在接近 C2093 时的最快演奏速度又是多少？首先你必须选定合理的音乐标准，然后再做物理处理.

[答：对大号是 2 个音符/秒，笛子是 120 个音符/秒.]

6.5　一个人带着他的调幅收音机到修理商店去，抱怨调谐不够精细，他要求把某一个已知电台很准确地限定在刻度盘上. 因此，店员按照他的要求调整出来，他把收音机带了回去．这次他的抱怨又该是什么呢？

6.6 （a）测量空气中的声速的一个方法就是拍你的手，测定拍手和从已知物反射回来的回声之间的时间间隔．另一个方法是测量在已知频率下共振的硬纸板管的长度（并对末端效应加以修正）．这两种方法决定的是相速度还是群速度？

（b）测量光的速度的方法之一是从威尔逊山到帕洛玛山通过空气发送切断的一束光束，并由镜子把它反射回来，记下来回的时间．另一个方法是，测出以已知频率在已知模式振荡的共振腔的长度．这些方法决定的是相速度还是群速度？

6.7 证明光的折射率 $n(\lambda)$ 有如下关系：

$$\frac{1}{v_g}=\frac{1}{v_\varphi}-\frac{1}{c}\lambda\frac{\mathrm{d}n(\lambda)}{\mathrm{d}\lambda},$$

这里 $\lambda$ 是光的真空波长．

6.8 真空中的光速由表中查出为 $c=2.997\,925\times10^{10}$ cm/s，这是众所周知的．假如你是通过在威尔逊山与帕洛玛山之间将切断的光束反射回来，并记下来回行程的时间来测量光速，假如一开始你就忽略了行程是在空气中而不是在真空中这一事实．假定在空气中光以相速度行进，估计一下为得到光在真空中的速度，必须从你的测量值中加上或减去的修正值，假如光在空气中以群速度行进，重新估计你的修正．（对于空气折射率，用 $n=1+0.3\times10^{-3}$．）为了估计采用群速度时的修正，要用到习题6.7的结果．假如空气分子与玻璃分子彼此不可区别．因此，如果在标准状况下，空气中单位体积的空气分子像玻璃里的玻璃分子一样多，你就能够直接从4.3节表4.2中得到 $\mathrm{d}n/\mathrm{d}\lambda$．但并非如此．对空气，$N\approx2.7\times10^{19}$ 分子/cm³．对玻璃，$N\approx2.6\times10^{22}$ 分子/cm³．利用表4.2和粒子数密度的适当修正，对空气求 $\mathrm{d}n/\mathrm{d}\lambda$（对于平均可见光）．最后结果是否与你用怎样的修正有关（假定你想得到上面所引用的准确度.）？你应该用哪一种修正？

6.9 对于阻尼谐振动，证明衰变寿命 $\tau$ 由下式得到：

$$\frac{1}{\tau}=\frac{1}{E_{\text{存储}}}\frac{\mathrm{d}E_{\text{损失}}}{\mathrm{d}t}.$$

6.10 假定用硬纸板管敲你的头．在短时间里你听到最低模式的音调．假定振动是阻尼谐振动．因此就有一定的衰变时间 $\tau$．现在假定你把管子增长一倍，那么最低模式的频率就减少一半．但假定你这样激发了管子，以致它还以原来的频率振荡（它现在是较长管子的第二个模式）．激发是突然的，以后空气就自由地振动，并做阻尼振荡．

（a）如果所有能量损失是由于管子末端向外的辐射，试比较新旧衰变时间．

（b）假如管子直径很小，以致在管子两端的能量损失比起沿管壁的摩擦损失以及辐射到管边之外的损失来可以忽略不计，重新比较新旧衰变的时间．

（c）假设你用同一个音叉（在原来短管子的最低模式的频率振荡）来驱动新旧管子，并用一个纸“拉管”改变管子的长度，测量它们的共振全宽度．对于上面讲到的两个情况，比较一下“全宽度长度” $\Delta L$. 小心进行，可得到 $\Delta L$ 与频率全宽度之间的关系. 这里要用到习题6.9的结果.

6.11 水波包（课外实验）. 理解相速度和群速度之间的差异的最好办法，是去构造水波包. 为了构造成扩展的、主波长为3～4 cm或更长的圆形波包，我们可投一个大石头到池塘里去. 为了产生波长为几厘米的长直波（三维平面波的两维类比），把一根木棍横过一个澡盆或大水盆在一端浮在水上. 用你的手在垂直方向很快地推棍子两下. 经过几次这样的实践，你就能够发现，对于这些波包，相速度比群速度大.（见6.2节表6.1.）你能看到在波包的后端从零产生了一些子波，它们穿过泡包，并在它前面消失.（看到它需要实践，波行进得很快.）另一个好方法是放一块板在澡盆的一端，并敲这个板子.

为了得到波长为毫米级的波（表面张力波），用一个充满水的眼药瓶挤出一滴水，让它滴到你的水盆或水桶中. 首先让它从只有几毫米的高度落下来. 这给出了只有几毫米的主波长. 要看出这些波确实是由于表面张力引起的，加一些肥皂水，重复做这个实验. 当加了肥皂水时，你们应该注意到群速度的减少.（注意，较长波长的波不是由表面张力引起的，你们应该用较长的波长重复一下实验.）为了增加波群的主波长，让水滴从较高的高度落下来.

有一个方法可以看出（不需要做困难的测量），毫米波的群速度比一个厘米左右的波的群速度快. 水滴从0.3 m左右的高度滴到一个充满水的圆盘里，就产生了一个既有毫米波也有厘米波的波包.（咖啡罐就很适用.）在靠近圆盘中心的地方滴一滴水，注意从边缘反射后波群聚焦于一点. 这一点就是与水滴撞击处共轭的那一点.（我们所谓的两个共轭点是指通过圆心的直线上的两点，它们在两边离开圆心的距离相等.）当波包经过共轭焦点时，在那里就有一个短暂的驻波.（类似于当你把一个玩具弹簧固定在墙上，在它上面摇出一个波包时，得到的暂时驻波.）这就可以使你能判断波包到达的平均时间. 注意观测在波包中的短波长部分与长波长部分到达的时间是否有不同. 测量是困难的，但你能很容易地看到这个结果.

我还有一个没有做的实验，就是去找流动速度大致等于合理波长的群速度的光滑的流动. 我们应该可以造成一个波包，它以近似于流动速度逆流而上，以致波包在你的参考系里仍然近似于静止（假如你是涉水，而不是浮在水流上面）. 可以肯定地讲，那是一个研究波包的最令人满意的方法.

6.12 浅水波包——潮浪（课外实验）. 在习题2.13中，你们推导出锯齿形的浅水驻波的色散律，并得到 $v_\varphi \approx 1.1\sqrt{gh}$ 的结果. 对于正弦浅水波，这个结果就成为 $v_\varphi = \sqrt{gh}$；因而浅水波是非色散的.（相速度与波长无关.）现在我们考虑浅水行进波包，而不是考虑驻波. 由于这种波是非色散的，那么，一个单独的“孤立波”或“潮浪”传播时将不改变它的形状（近似地）. 这样的波称为海啸，在海洋中可由海底地震激发而产生. 大洋的平均深度大约是5 km：$h = 5 \times 10^5$ cm. 潮浪的水平长度大于5 km，因而是“浅水波”. 海啸在大洋中以速度

$$v=\sqrt{gh}=\sqrt{(980)5\times10^{5}}\text{cm/s}=2.2\times10^{4}\text{cm/s}=220\text{m/s}$$

传播．这个速度比典型的喷气式飞机的速度稍慢些．这样的潮浪从阿拉斯加传播到夏威夷要多少时间？

1883年喀拉喀托的火山爆发，造成世界上最大的爆炸．（喀拉喀托位于巽他海峡，在苏门答腊和爪哇之间．在任何百科全书中，你都能找到这次爆炸的记录．）它产生了巨大的潮浪和大气波．最近曾发现速度大约为220 m/s的空气行波．（记住普通声速在0 ℃是332 m/s，平均讲空气比这还要冷，因此速度比这个速度小．）这些空气波的存在或许能说明产生于喀拉喀托的潮浪如何能出现在理应阻挡了水波的大陆的另一侧．看来，潮浪是与具有同样速度（以及相同的激发时间）的空气波相耦合而“越过”了大陆．见F. Press和D. Harkrider的文章：“Air-Sea Waves from the Explosion of Krakatoa,” *Science*，154，1325（Dec. 9，1966）.

产生你们自己的浅水潮浪的实验如下．用一个约0.3～0.6 m长的方盘子，充水到大约1/2或1 cm的深度．很快地轻推盘子（或把它的一端举起再突然放下）．你将产生两个行波包，一个在近端，另一个在远端，它们沿相反方向行进．追随较大的波包．记下波走过尽可能多倍数的盘子长度（大约四倍）所需的时间，测得它的速度．跑表对此很有用处．另一个方法是，你可以在波包撞在盘壁上时高声报数，记住这个“音乐节拍”，最后用一个普通的手表测得这个节拍．你的结果和$v=\sqrt{gh}$符合得好吗？随着水的深度增加，你最后将达到那样一个深度，那时不再是浅水波了，而色散关系渐渐变到深水重力波的色散关系$\omega^2=gk$，也就是

$$v_\varphi=\lambda\nu=\sqrt{\frac{g\lambda}{2\pi}}.$$

（我们将在第7章推导这个关系．）因此波包将扩散出去，不再保持原有形状．对于足够浅的浅水（深度大约比1 cm小），形状可以很好地维持到1 m以上远.

最后，在你的澡盆里，突然用木板推水盆内整个一端的水，你将会得到行进的潮浪．测量来回时间，从而测量速度，它是$\sqrt{gh}$吗？注意碎浪！

6.13　音乐颤音和带宽（课外实验）．做这个实验需要一架钢琴．使两个相邻的琴键（相差半个音阶）颤动．首先选接近键盘顶端的两个琴键．慢慢地颤动，然后尽可能快地颤动．估计颤音频率．你还能很容易地区别出这两个颤音的音调吗？现在使靠近键盘底部的两个相邻的琴键发出颤音，开始慢慢地，然后渐渐地快起来．有没有这样一个速度，它使两个音调混杂在一起，以致不能区分？估计这个引起混杂的颤音频率．然后我们来做计算，并确定你的耳朵和大脑好到怎样的程度，甚至当峰值的频率宽度（在半极大强度处）比起两极大值之间的频率间隔并不小时，它们在识别傅里叶分析中的两个分开的极大值的本领究竟怎样.

6.14　在截止处的群速度．证明，对于耦合摆动的体系群速度在较低和较高的截止频率（对于正弦波的频率的极小值和极大值）时为零．在这两个频率时的相

速度是多少？画一个色散关系的草图，也就是画出 $\omega$ 相对于$k$的草图. 指明我们怎么从这样一个图中一看就能看出群速度和相速度.

6.15 指数函数的傅里叶分析. 考虑一个函数$f(t)$，它对 $t<0$ 是零，但对于 $t \geqslant 0$. 等于 $\exp(-t/2\tau)$. 求出它在连续叠加

$$f(t)=\int_0^{\infty}[A(\omega)\sin\omega t+B(\omega)\cos\omega t]\mathrm{d}t$$

中的傅里叶系数 $A(\omega)$ 和 $B(\omega)$.

6.16 只有一个振荡的被切断的正弦波. 假设除了在 $t=t_1$ 到 $t=t_2$ 的时间间隔 $\Delta t=t_2-t_1$ 而外，$f(t)$ 都是零，并且它的中点在 $t_0=\frac{1}{2}(t_1+t_2)$. 假设在这个时间间隔中$f(t)$ 正好是单一的角频率为 $\omega_0$ 的正弦振荡，在 $t_1$ 开始时的数值及在 $t_2$ 结束时的数值都是零（即 $\Delta t=T_0=2\pi/\omega_0$）. 求出在连续叠加

$$f(t)=\int_0^{\infty}[A(\omega)\sin\omega(t-t_0)+B(\omega)\cos\omega(t-t_0)]\mathrm{d}\omega$$

中的傅里叶系数 $A(\omega)$ 和 $B(\omega)$. 作一个傅里叶系数对于 $\omega$ 的草图，并对$f(t)$ 也作一个草图.

6.17 串珠弦. 导出串珠弦上行波的群速度表达式. 画一个串珠弦从$k=0$ 到极大值的色散关系的（粗略）草图，再（粗糙地）画出群速度对于$k$和相速度对于$k$从$k=0$ 到$k_{\max}$的草图.

6.18 玻璃中光的群速度和相速度. 假设色散律是由一个单共振给出，忽略阻尼，也就是假设

$$c^2k^2=\omega^2\left(1+\frac{\omega_p^2}{\omega_0^2-\omega^2}\right),\ \omega_p^2=\frac{4\pi Ne^2}{m},$$

在这里 $N$ 是单位体积的共振电子数.

（a）画一个折射率平方 $n^2$ 对于 $\omega$ 在 $0\leqslant\omega<\infty$ 的草图. 这个图的重要特点是在 $\omega=0$、在 $\omega$ 略小于 $\omega_0$ 和略大于 $\omega_0$、在 $\omega=\sqrt{\omega_0^2+\omega_p^2}$和无穷大处的数值和斜率. 在 $n^2$ 是负的区域，你是如何解释的？靠近 $\omega_0$ 的区域呢？

（b）导出下面群速度平方的公式：

$$\left(\frac{v_g}{c}\right)^2=\frac{1+\dfrac{\omega_p^2}{\omega_0^2-\omega^2}}{\left[1+\dfrac{\omega_p^2\omega_0^2}{(\omega_0^2-\omega^2)^2}\right]^2}.$$

画出 $(v_g/c)^2$ 对于 $\omega$ 的草图. 正如相对论所要求的那样，证明 $(v_g/c)^2$ 总是小于1. 证明在与 $n^2$ 是负的同一个频率区域里 $v_g^2$ 也是负的. 最大群速度的频率是多少？在那个频率时，群速度是多少？

6.19 深水波的相速度和群速度. 色散律是

$$\omega^2 = gk + \frac{Tk^3}{\rho},$$

这里 $g=980$，$T=72$，$\rho=1.0$（都用 CGS 单位制）. 导出群速度和相速度的公式. 证明当 $gk=Tk^3/\rho$ 时，群速度和相速度相等，并发生在波长为 1.7 cm 而速度为 23.1 cm/s 处. 证明对于表面张力波，也就是波长比 1.7 cm 短得多的波，群速度是相速度的 1.5 倍. 还证明对于重力波，也就是波长比 1.7 cm 还要长的波，它的群速度是相速度的一半. 把 6.2 节中的表 6.1 推广，使之包括波长 128 m 和 256 m. 给出波速度，用 km/h 和 cm/s 作单位.（选没有强烈海风的一天，观测进入到避风海湾的海滩上频率低到每分钟四到五次的水浪. 这仅有的海浪是来自海洋的远方.）

6.20　时间上单个方脉冲的傅里叶分析. 考虑除了在 $t_1$ 到 $t_2$ 这段时间间隔以外，在整个时间 $t$ 都为零的方脉冲 $\psi(t)$. 在这段时间间隔内，$\psi(t)$ 有常数值 $1/\Delta t$，$\Delta t = t_2 - t_1$. 取 $t_0$ 为这个时间间隔的中点. 证明对 $\psi(t)$ 可以进行傅里叶分析如下：

$$\psi(t) = \int_0^\infty A(\omega)\sin\omega(t-t_0)\,\mathrm{d}\omega + \int_0^\infty B(\omega)\cos\omega(t-t_0)\,\mathrm{d}\omega,$$

其解是

$$A(\omega)=0,\quad B(\omega)=\frac{1}{\pi}\frac{\sin\frac{1}{2}\Delta t\omega}{\frac{1}{2}\Delta t\omega}.$$

画 $B(\omega)$ 对于 $\omega$ 的一个草图. 当 $\Delta t$ 趋近于零的极限情况下，$\psi(t)$ 称为时间的"$\delta$ 函数"，写成 $\delta(t-t_0)$. 对于这个时间的 $\delta$ 函数，$B(\omega)$ 是什么?

6.21　截断简谐振荡的傅里叶分析. 设有从 $t_1$ 到 $t_2$ 的时间间隔 $t_2-t_1=\Delta t$，其中心值是 $t_0=\frac{1}{2}(t_1+t_2)$；除此而外，$\psi(t)$ 是零. 假如在这个间隔中 $\psi(t)$ 等于 $\cos\omega_0(t-t_0)$.

（a）证明对于 $\psi(t)$ 可以进行傅里叶分析如下：

$$\psi(t) = \int_0^\infty B(\omega)\cos\omega(t-t_0)\,\mathrm{d}\omega,$$

$$\pi B(\omega) = \frac{\sin\left[(\omega_0+\omega)\frac{1}{2}\Delta t\right]}{\omega_0+\omega} + \frac{\sin\left[(\omega_0-\omega)\frac{1}{2}\Delta t\right]}{\omega_0-\omega}$$

（b）证明如果 $\Delta t$ 比我们能够测量或感兴趣的任何频率的周期要短很多，则 $\pi B(\omega)$ 具有常数值 $\Delta t$.

（c）证明假如 $\Delta t$ 包含了许多次振荡，也就是假如 $\omega_0\Delta t \gg 1$，则对于足够接近于 $\omega_0$ 的 $\omega$，$B(\omega)$ 就基本上只由第二项决定：

$$\pi B(\omega) \approx \frac{\sin\left[(\omega_0-\omega)\frac{1}{2}\Delta t\right]}{\omega_0-\omega},\ |\omega_0-\omega| \ll |\omega_0+\omega|.$$

(d) 画出 (c) 部分的 $\psi(t)$ 和 $B(\omega)$ 的草图.

这个问题可以帮助我们理解光谱线由碰撞而变宽的现象. 一种未受干扰的几乎发射单色可见光的原子，其平均衰变期大约是 $10^{-8}$s，因此它辐射的傅里叶谱有一个大约为 $10^8\ s^{-1}$的带宽 $\Delta\nu$. 如果原子在气体放电管的光源里，则事实上光的带宽（在光学上称为“线宽”）大约是 $10^9\ s^{-1}$，而不是 $10^8\ s^{-1}$. “线宽变宽”的部分原因是：原子不是在自由的、没有干扰的情况下辐射，它们发生了碰撞. 碰撞引起振幅或相位常数或两者同时突然改变. 这和上面所说明的截断的简谐振荡相似. 给定的原子可以在“非激发”情况下度过它的大部分时间. 偶然它也被激发，使光学（价）电子发生振荡运动. （我们在用经典的说法，更准确的图像要用量子力学.）原子开始以数量级为 $10^{-8}$s 的衰变时间做阻尼谐振荡，然而在大约是 $10^{-9}$ s 的时间 $\Delta t$ 中（在一个典型的气体放电管光源中），它遭到的碰撞以某种无规则的方式切断了振荡. 假如我们把许多这样的光源所发出的光加起来，带宽 $\Delta\nu$ 将是 $\Delta\nu \approx (1/\Delta t) \approx 10^9\ s^{-1}$.

6.22　几乎是周期性重复的方脉冲的傅里叶分析. 在时间区间 $\Delta t$ 中的单个方脉冲给出的是连续频谱，这个频谱在零到 $\nu_{max}=\Delta\nu$ 之间的频率有最重要的贡献，且 $\Delta\nu \approx 1/\Delta t$. （见习题6.20.）以时间间隔 $T_1$ （$T_1>\Delta t$）作周期性重复的、持续时间为 $\Delta t$ 的方脉冲，给出的是一个分立的频谱，它包含有 $\nu_1=1/T_1$（整数倍）的谐波，并且在零到 $\nu_{max}=\Delta\nu$（这里 $\Delta\nu \approx 1/\Delta t$）的区间内有最重要的贡献. （见习题2.30.）现在来考虑在整个时间 $T_长$ 内、以时间间隔 $T_1$ 作“几乎周期性”重复的持续时间为 $\Delta t$ 的方脉冲；这里时间 $T_长$ 与 $T_1$ 相比长得多. 假如 $T_长$ 是无限大，我们就得到上面提到的精确作周期性重复的方波. 在那种情况下，每一个分立的谐波将是“无限狭窄”.

(a) 证明对于有限值的 $T_长$，这个几乎作周期性重复的方脉冲的傅里叶分析是由基频为 $\nu_1=1/T_1$ 的几乎分立的谐波叠加而成. 每个谐振波实际上是一段宽度为 $\delta\nu \approx 1/T_长$ 的频率连续的窄频带. 最重要的谐波处在零和 $\nu_{max} \approx 1/\Delta t$ 之间. 你们不需要作任何积分，只要求定性论证.

(b) 定性地画出 $\psi(t)$ 的形状以及你所估计的傅里叶系数 $A(\omega)$ 或 $B(\omega)$ 的草图. 不用考虑 $A(\omega)$ 和 $B(\omega)$ 之间的差异.

6.23　得到可见光窄脉冲的激光器锁模. （首先做习题6.22.）一个激光器（粗略地说）是一个两端有镜子可使光来回反射的长度为 $L$ 的区域. 在一定条件下，当空间充满适当的激发原子时，对于沿着激光长度方向的辐射（在镜子之间往返），从每一个原子发射出的辐射会刺激另一些激发原子使之发出辐射，而且所有原子发出的辐射的相位关系都是引起相长干涉. 因而所有原子的振动都同相，而原子加辐射的这个体系以简正模式振荡．自由振荡的可能简正模式的振荡频率是基本频率为 $\nu_1$ 的谐波．周期 $T_1=1/\nu_1$ 刚好就是光在镜子之间来回传播所需要的“来回”时间．因此 $T_1=2L/(c/n)$，这里 $n$ 是折射率．于是 $\nu_1=1/T_1$，可能模式具有频率 $\nu=m\nu_1$，这里 $m=1, 2, 3, \cdots$．现在，如果没有镜子，激发原子将单独地辐射它们通常的光．对于氦氖气体激光来说，这是波长为 6 328 Å 的红氖光．在这种情况下，对单个原子的阻尼时间 $\tau$ 大约是 $10^{-9}$ s，给出的频率带宽 $\Delta\nu$ 大约是 $10^9 s^{-1}$．然而，当整个体系（原子加辐射）有一个简正模式时，对这整个体系的模式的阻尼时间要比单个原子的自由衰变时间 $\tau$ 长得多．这个模式的阻尼是由于光从两端的镜子漏出，不完全平行的光从镜子旁边漏出以及其他因素而引起的．阻尼时间 $T_长$ 可以是自由衰变时间的几百或几千倍．这意味着每一个模式有一个频率宽度$\delta\nu\approx 1/T_长$，它是自然线宽 $\Delta\nu$ 的几千分之一到几百分之一．然而，自然线宽 $\Delta\nu$ 确实起着重要作用．因为是原先自由衰变的那些原子使整个体系激发到一个模式上，所以只有模式频率 $m\nu_1$ 处在自由衰变原子带宽 $\Delta\nu$ 中间某处的那些模式才有可观的激发．对于可见光，当长度 $L$ 的数量级为 1 m 时，很容易看到谐波数 $m$ 是一个很大的整数．

（a）模式的整数 $m$ 的数量级是多少？

（b）画一个激光重要模式的频谱形状的草图．换句话说，就是把我们所讲的东西用图解表示出来．标出“相邻”模式频率之间的间隔 $\nu_1$、每一个模式的频宽 $\delta\nu$ 以及最容易激发的模式的频宽 $\Delta\nu$．

现在我们继续讨论这个问题．如果任何一个复杂体系受到某些激发，然后做振荡，则它的振荡是它的简正模式的多少有些复杂的叠加．假如以“粗鲁的”方式激发它，可能就有许多模式，而且不同的模式之间没有特别简单的相位关系．我们可以称这样的叠加为“非相干”的模式叠加．假如你以使几个模式被激发的方式去激发一个激光器，上述那种情况就是你通常所能得到的情况．例如，用实际上使带宽 $\Delta\nu$ 中的所有模式全被激发的方式去激发一个激光器，就并不困难．不同模式之间的相位关系在下面的意义上是“无规则”的：如果你在某个时刻观察了这个体系，并确定了各种模式的相对相位，那么在一个比衰变时间 $T_长$ 更晚很多的时刻，你再观察时，各种模间的相对相位将有不可预期的差别．那是因为，在数量级为 $T_长$ 的时间内，给定的模式的能量都已漏出，同时又有新近激发的原子来填补．因此，模式大约每隔 $T_长$ 这个时间间隔等效地“又发动起来”，而“开动的时刻”是无规则的．因此在数量级 $T_长$ 的时间内，相位已不能预计地改变了．现在，在（b）部分草图上你所画出的重要模式的频谱与习题 6.22 中给出的一个几乎是周期重复的方脉冲的傅里叶分析的频谱十分相似．可是，还有一个极重要的差异．在几乎是周期性方波的傅里叶分析中，在组成叠加的每一个频率成分之间，有一个非常明确而完全确定的相位关系．对于一个非相干的混合激光模式，情况并非如此．

（c）证明每一个模式的带宽为 $\delta\nu\approx 1/T_长$ 并遍及宽度为 $\Delta\nu$ 的整个频率区间的

激光模式的非相干混合的叠加，给出一个与时间有关的 $\psi(t)$，它几乎是周期为 $T_1$ 的时间 $t$ 的周期函数．证明这个几乎是周期性的函数，只在数量级为 $T_{长}$ 的时间区间内相继的周期 $T_1$ 中保持和它本身有可察的相似性，证明：在给定的数量级为 $T_{长}$ 时间间隔中，几乎是周期性的函数 $\psi(t)$ 碰巧看起来像一个周期性重复的、持续时间为 $\Delta t \approx 1/\Delta\nu$ 的方波，这种情况是有机会发生的，虽然发生的机会极少．一般情况下，我们期望 $\psi(t)$ 在整个周期 $T_1$ 中显著不等于零．因此我们会有 $\Delta t \gg 1/\Delta\nu$．现在我们可以来了解锁模这个精彩发明的效应了．假定我们能设法得到"被锁"成彼此同相位的所有重要的激光模式，而不管所用的是什么方法．于是我们可以预期，这种有相同相位常数的模式的相干叠加，将给出一个几乎是周期性的函数 $\psi(t)$；这个函数由期间为 $\Delta t \approx 1/\Delta\nu$ 的、以时间间隔 $T_1$ 重复的、形状在数量级为 $T_{长}$ 的时间内基本保持不变的脉冲所组成．这个预期已为实验所证实．这里有一个聪明的"锁模"技巧：开动激光器．首先开始振荡的一般是某个靠近带宽 $\Delta\nu$ 中心的模式．这样的模式称为 $\nu_0$．现在这样来调整它，（例如）使得介质的透明度（或者镜子的透明度，或者别的光必须透过的物体的透明度）改变，或者在某个平均值附近正弦地调制，并选择调制频率等于基本频率 $\nu_1 = 1/T_1$．此频率与"来回"时间 $T_1$ 相对应．于是第一个振荡模式将有一个不是常数的振幅，而是以调制频率 $\nu_1$ 被调制

$$\psi_{第一模式} = (A_0 + A_{调制}\cos\omega_1 t)\cos\omega_0 t,$$

这里调幅是 $A_0 + A_{调制}\cos\omega_1 t$．这个"几乎简谐"振荡可以写成以频率 $\omega_0$，$\omega_0+\omega_1$ 和 $\omega_0-\omega_1$ 做精确简谐振荡的叠加：

$$\psi_{第一模式} = A_0\cos\omega_0 t + \frac{1}{2}A_{调制}\cos(\omega_0+\omega_1)^2 + \frac{1}{2}A_{调制}\cos(\omega_0-\omega_1)t.$$

现在 $\cos(\omega_0+\omega_1)t$ 和 $\cos(\omega_0-\omega_1)t$ 的这些项起着驱动力的作用．它们帮助起动模式 $\omega_0+\omega_1$ 和 $\omega_0-\omega_1$．因此，这些模式不能无规则地被起动，而是被驱动进入振荡，因而它们与中心模式 $\omega_0$ 有一定的相位关系（上面已给定）．一旦模式 $\omega_0+\omega_1$ 和 $\omega_0-\omega_1$ 起动了，它们的振幅就由与调制 $\omega_0$ 相同的物理效应调制，而且有相同的相位．结果，这些模式又包含了那些作为起动它们的相邻模式（其中一个模已起动，而另一个还没有）的驱动力的成分．这样就使模式 $\omega_0+2\omega_1$ 和 $\omega_0-2\omega_1$ 起动．当频率离 $\omega_0$ 越来越远的模式被起动时，它们就以确定的相位关系开始工作．这就是它怎样工作的情况．

对于气体激光器，自然衰变时间 $\tau$ 的数量级是 $10^{-9}$ s，因此自然线宽 $\Delta\nu$ 的数量级是 $10^9$ Hz．由锁模的气体激光，我们就能产生宽度为 $\Delta t \approx 10^{-9}$ s 的脉冲．对于固体激光器，例如用抛光的红宝石做成的固体激光器，个别原子的自然阻尼时间的数量级是 $10^{-11}$ s 或 $10^{-12}$ s．（由于固体中相邻原子的碰撞，原子振动很快就被阻尼了．）因此，发射红宝石光的原子所发射的带宽大约是 $10^{12}\,\mathrm{s}^{-1}$．这也是容易激发的激光模式的带宽．因而我们可以用一个固体激光器产生期间为 $\Delta t \approx 1/\Delta\nu \approx 10^{-11}$ s

或$10^{-12}$ s的超短光脉冲. 当然，根据经典力学，这仅仅是从固体中单个原子衰变出的光脉冲的时间区间. 我们为什么对这个结果这么热心呢? 因为一方面，单个原子并不能给出许多光，而另一方面，这里有大量的原子，所有这些原子一起发射，能得到一个在短期间内极强的光脉冲. 甚至比这更重要的是，根据量子力学（和实验），单独一个原子所发射的并不是如我们的经典模型所描绘的那样的连续流，而是光子，即以分立的“束”的形式出现. 对于单独一个原子，没有办法准确地讲出这个能量“束’什么时候发射出来，只有对于时间的概率是知道的. 因此，实际上我们不能用单个原予得到同步的短光脉冲.

在许多有意义的实验中可以用到这种超短光脉冲. 见 A. de Maria，D. Stetser 和 W. Glenn，“Ultrashort Light Pulses，” *Science*，156，1557（June 23，1967）.

6.24 频率的$\delta$函数. 在6.4节中，我们考虑了如下的“方”频谱的叠加：在

$$\psi(t)=\int_0^\infty B(\omega)\cos\omega t\mathrm{d}\omega$$

中，当$\omega$在$\omega_1$到$\omega_2=\omega_1+\Delta\omega$这个区间中时，$B(\omega)=1/\Delta\omega$；此外$B(\omega)=0$. 我们得到的这个叠加是

$$\psi(t)=\frac{\sin\frac{1}{2}\Delta\omega t}{\frac{1}{2}\Delta\omega t}\cos\omega_0 t,$$

这里$\omega_0$是带$\Delta\omega$的中心频率. 令$t_{\max}$是一个比任何你所想到的实验的时间区间都长得多的时间. 那么尽你所能（在你的时间区间为$t_{\max}$的实验中）证明，假如$\Delta\omega$足够小，以致$\Delta\omega t_{\max}\ll 1$，$\psi(t)$是一个有不变振幅和不变相位常数的准确的简谐振荡. 傅里叶系数$B(\omega)$称为一个“频率$\delta$函数”. 一个频率$\delta$函数有这样的性质：除了在一个很小的$\Delta\omega$区间而外，到处为零；对于整个$\omega$的积分为1. 证明上面给出的$B(\omega)$在$\Delta\omega\ll 1/t_{\max}$. 极限情况下，有这些性质，因而这是一个频率$\delta$函数的例子.

6.25 潮浪中的共振. 假定海洋有均匀的深度，深度是5 km.（这大约是平均深度）. 证明（例如）地震所产生的潮浪以大约220 m/s的速度行进. 假定没有大陆，并且假定水被限制在沿着不变的纬度流动的“运河”中，即它不能在南北方向流动，而只能在东西方向流动. 在怎样的纬度上，一个行进潮浪（由地震产生的）经25 h环绕地球一周? 令这个纬度为$\theta_0$.（在赤道处$\theta_0$是零，在两极为90°.）

太阳和月球供给了驱动潮浪的重力驱动力. 考虑月球.（太阳供给的驱动力是月球的一半.）一个月球“日”（月球相继两次通过子午线之间的时间）大约是25 h. 假如地球不绕它的轴自转，由于月球而产生的高水位的潮头将出现在月球的正下方，以及与这点正对的另一侧的一点上. 在新月和满月时，太阳和月球协同产生高潮. 因此在一个月中的这些时间，你可以预期高水位出现在中午和半夜，而在

太阳升起和落山时出现低水位（按照一个没有自转的地球静止模型）．至少，这正是你预计会在海洋中的一个岛上所出现的情况．（在港口上你就必须等待潮水流入或流出．）现在来考虑“运河模型”和一个自转的地球．在新月和满月时，你估计在赤道上的运河上的高水位什么时候出现？在比 $\theta_0$ 大的纬度上运河高水位什么时候出现？（提示：考虑一个受迫振动．）

关于潮浪、日内瓦湖的湖面波动、地-月体系的可能演化以及其他吸引人的课题的进一步阅读资料，可参看由乔治·达尔文（查理士·达尔文的儿子）在1898年写的通俗的经典读物《潮汐》．［G. H. Drwin, *The Tides*, from W. H. Freeman and Company, San Francisco (1962).］傅里叶分析正是在那个时候开始应用的，达尔文在描述了其他事物的同时还描述了一些简单而巧妙的傅里叶分析工具．

6.26 非色散波．证明任何可微函数 $f(t')$ ［其中 $t'=t-(z/v)$］都满足经典波动方程，也就是证明

$$\frac{\partial^2 f(t')}{\partial t^2}=v^2\frac{\partial^2 f(t')}{\partial z^2}.$$

再证明任何可微函数 $g(t'')$ ［其中 $t''=t+(z/v)$］也满足这个经典波动方程．举一个函数 $f(t')$ 的例子，并明确地证明它满足经典波动方程．

6.27 调幅和非线性．(a) 产生调幅载波的一个方法，是让以载波频率 $\omega_0$ 而振荡的电流 $I=I_0\cos\omega_0 t$ 通过一个电阻 $R$，其电阻值不是常数，它含有随调频 $\omega_{调制}$ 而变化的成分，也就是 $R=R_0(1+a_m\cos\omega_{调制}t)$．（在“碳粒”传声器中，电阻因为膜的运动而被调制，这个膜压缩提供电阻的碳粒．）电阻两端的电压 $V=IR$ 是一个调幅载波．求出用载波（频率为 $\omega_0$）、上旁带（频率 $\omega_0+\omega_{调制}$）和下旁带（频率 $\omega_0-\omega_{调制}$）的叠加表示的 $V$ 的表达式．

(b) 另一种情况，假定我们有两个电压，一个以载波频率振荡，另一个以调制频率振荡．问题是，你怎样才能用物理方法把两个电压 $V_0=A_0\cos\omega_0 t$ 及 $V_m=A_m\cos\omega_{调制}$ 结合起来产生一个调幅载波？首先，假定你只是叠加这两个电压，也就是把它们同时加在广播天线上．这样做行吗？

(c) 第二，假定把在 (b) 中的两个电压叠加后用作电压放大器的输入．（例如，它们可以加到电子管的栅极和阴极之间．）假定放大器是线性放大器，也就是它的输出（例如电子管的阴极和板极之间的电压）与输入成正比．这样行吗？

(d) 最后，假定放大器的输出同时具有线性和二次的分量，即

$$V_{输出}=A_1V_{输入}+A_2(V_{输入})^2.$$

如在 (b) 中规定的那样，让 $V_{输入}=V_0+V_m$．证明，由于非线性二次项 $A_2\ (V_{输入})^2$ 的存在，放大器的输出除其他成分而外，还包含了一个调制振幅正比于 $A_m$ 的调幅载波．

(c) 在 (d) 中的调幅载波贡献有频率为 $\omega_0$，$\omega_0+\omega_{调制}$ 和 $\omega_0-\omega_{调制}$ 的傅里叶分量．在 $V_{输出}$ 里还有什么其他频率分量？画一个图来说明放大器输出的整个频谱．

讲述你怎样才能用带通滤波器消除那些其他的（不需要有的）分量. 假如 $\omega_{调制}$ 远比 $\omega_0$ 小，滤波器必须有怎样的选择性?

6.28　振幅的解调制和非线性. 假如你的接收天线拾到一列调幅载波，它带有的电压由下式给出：

$$V = V_0(\cos\omega_0 t)(1 + a_m\cos\omega_{调制}t).$$

你怎么能恢复调制电压 $a_m\cos\omega_{调制}t$? 假定你可以任意选用你所希望的带通滤波器，也可以任意使用习题 6.27 所讲述过的那类非线性放大器，即

$$V_{输出} = A_1 V_{输入} + A_2(V_{输入})^2.$$

（提示：把调幅载波表示为一个叠加，让它通过非线性放大器，然后滤清它.）

6.29　调频. 一个调频电压可以写成如下形式（例如）：

$$V = V_0\cos[\omega_0(1 + a_m\cos\omega_{调制}t)t] = V_0\cos\omega t,$$

其中

$$\omega = \omega_0 + \omega_0 a_m\cos\omega_{调制}t.$$

产生传播音乐的调频载波的一个方法是采用一个"电容传声器". 声波使一个膜振动，这个膜推动电容器的一个板. 于是电容器就有电容（例如）

$$C = C_0(1 + c_m\cos\omega_{调制}t).$$

假定这个电容是具有自然振动频率 $\omega = \sqrt{1/LC}$ 的 $LC$ 线路的一部分. 跨过电容器的电压是（例如）$V = V_0\cos\omega t$. 证明，当 $c_m$ 的数值远小于 1 的情况下，人们就得到一个其振幅 $a_m$ 正比于 $c_m$ 的调频电压. 求出 $c_m$ 和 $a_m$ 之间的比例常数.

6.30　调相. 一个调相电压可以写成如下形式（例如）：

$$V = V_0\cos(\omega_0 t + a_m\sin\omega_{调制}t) = V_0\cos(\omega_0 t + \varphi),$$

其中

$$\varphi = a_m\sin\omega_{调制}t.$$

将括号里的量对时间微分，得到"瞬时频率"：

$$\omega = \omega_0 + \frac{d\varphi}{dt} = \omega_0 + a_m\omega_{调制}\cos\omega_{调制}t.$$

与习题 6.29 相比较，我们看出调相与调频有密切的关系.（有时两者都不严格地称为调频.）

（a）证明调相电压可以写成频率为 $\omega_0$，$\omega_0 \pm \omega_{调制}$，$\omega_0 \pm 2\omega_{调制}$，$\omega_0 \pm 3\omega_{调制}$ 等的简谐振荡的叠加.（提示：首先展开 $\cos(\omega_0 t + \varphi)$，然后把 $\sin\varphi$ 和 $\cos\varphi$ 展开成它们的无穷泰勒级数，再应用在习题 1.13 中推出的三角关系.）

（b）证明：如果调制振幅 $a_m \ll 1$，我们可以合理地忽略叠加中除了频率为 $\omega_0$ 和 $\omega_0 \pm \omega_{调制}$ 的那些项以外的所有项. 由此我们看出，对于小的调相振幅，我们所有的恰好就是载波以及基本上只有一个上旁带和下旁带. 因此，对于小的 $a_m$，所需要的带宽与调幅传播的带宽一样. 对于大的 $a_m$，所需要的带宽就要大些，因为附加了 $\omega_0 \pm 2\omega_{调制}$ 的旁带，等等.

（c）把在调相中的载波和两个相邻旁带的相对相位与在习题 6.27 中求出的调幅中的载波和两个旁带的相对相位进行比较．这两个相位关系（你将发现）是不同的．这就是区别调相（也是调频）与调幅的一个方法．

（d）假定你想把调幅电压变换成调相电压．给你希望得到的无论什么带通滤波器，也给你一个能产生你所要求的任意相移的电路．在你尽力设计一个方法以后，再去看习题 9.58，在那里你可以亲手试一试．［这个问题在第 9 章给出，因为它与相衬显微镜极其相似（习题 9.59）．］

6.31　单旁带传送．如果被传送的信息占有一个从 $\omega_{调制}$（极小）到 $\omega_{调制}$（极大）的调制频带，那么调幅或调频广播频带就占有从 $\omega_0-\omega_{调制}$（极大）到 $\omega_0+\omega_{调制}$（极大）的范围，这里 $\omega_0$ 是载波频率．因此带宽是 $2\omega_{调制}$（极大）．带宽是很重要的，因为在一定区域内务电台必须占有不同的频带．以防止彼此的信号互相重叠和干扰．

（a）假如你正在广播调幅无线电波，你用一个带通滤波器把载波和上旁带分出来，弃掉下旁带．你只广播载波和上旁带．试想出一个方法，让已被接收到的一个信号（载波和上旁带）通过在习题 6.27 和习题 6.28 中所讲的那类非线性放大器，在接收器中复现出下旁带．讨论所必需的振幅和相位的关系，以便你最后得到的信号正比于原来的调幅信号．

（b）如果你不仅除掉下旁带，而且也去掉载波，那么你能更进一步减少传送的带宽．假定你只传送上旁带，假如接收器有它自己的“本地振荡器”，这个振荡器发出一个信号 $V=A\cos\omega_0't$，这里 $\omega_0'$ 尽可能等于 $\omega_0$．（它从来不会准确等于 $\omega_0$，因为各种因素会产生不可避免的移动．）想出一个方法，用这个方法你能让来自本地振荡器的信号与从发射器接收到的信号（上旁带）结合，从而复现下旁带．采用任何你所需要的非线性放大器、滤波器和相移器．

（c）假定载波频率是 $\omega_0=100$ 兆周（1 兆周 $=10^6\ s^{-1}$），并且用于单旁带发送（载波也被抑制住）的本地振荡器频率 $\omega_0'$ 超过 $\omega_0$（例如）30 $s^{-1}$，也就是只有三百万分之一的误差．假如音乐是音调为 A440（440 $s^{-1}$）的长笛演奏．在你最后已复现了旁带并且已解调以后，从你的扬声器里出来的是什么音调？这个结果将告诉你为什么现在（1968）商业电视中单旁带发送包含有载波和一个旁带．对于声音通信，载波可以去掉，因为没有人关心你的声调是否没有准确地再复现．

6.32　多频．常常有这样的情况，我们需要用同一个载波频率 $\omega_0$ 发送两个或更多个完全独立的信息“通道”．不同的通道 1，2 等采用不同的调制频带 $\omega_{调制}$（1），$\omega_{调制}$（2）等来携带信息．假如这些调频带不重叠，人们就可以简单地同时以所有调制通道来调制载波．例如，你可以把载波和输入的所有通道的调制电压一起叠加到一个非线性放大器上，正如你在习题 6.27 中用单个调制电压（单个通道）作过的一样．那么，放大器的输出将含有（还有别的东西）一个调幅载波，而这个载波等效于含有频率为 $\omega_0$，$\omega_0\pm\omega_{调制}$（1），$\omega_0\pm\omega_{调制}$（2）等的叠加．

（a）论证以上陈述.

为了恢复调制带 $\omega_{调制}$（1），$\omega_{调制}$（2）等，在接收器中，你需要解调，例如，像在习题6.28中那样．那么，只要调频带不重叠，这些带就能用带通滤波器分离出来．最后，我们就有了对于通道1，2等的分开的输出信号，而没有“串话”和“重叠”，也就是在通道（1）的输出中不会有来自通道（2）的假信号.

因为在大多数实际场合，被分开的各个通道所携带的调频占有的是重叠频带，因此上面的方法不能用．例如，在调频立体声广播中有两个通道，其中一个通道给出（最后）完全由一个传声器（接近“木制管乐器”）的输入驱动的扬声器的输出，另一个给出一个来自另一个输入传声器（接近“黄铜乐器”）的输出．对于这两个通道的调制频率就是那些乐器的频率，而它们是重叠的.

另一个例子是用单根电线或用单一载频以无线电波传送长途电话，不同的通道是同时进行的各电话对话．调频就是人的声音所具有的那些频率．与此类似，在“遥测”一个地球卫星上的仪器发回到地面站的读数时，每个仪器都有一个分开的通道．调频与仪器怎样设计有关．（例如，温度计可以由一个电容随温度而改变的电容器构成．这个电容可以决定一个振荡器的 $LC$ 电路频率 $\omega_{调制}$.）在这里调频可能大部分是重叠的.

因此，需要有一个“标记”每个通道的方法，以便可以把通道分开，一个方法是，对每一个通道用不同的载频．那就是人们分开无线电台或电视台的方法．有一个更加方便的方法，称为**多频**．在多频中，每一个通道用它自己的“副载波”频率来“标记”如下：对于通道1，2等称副载波频率为 $\omega_1$，$\omega_2$ 等．（副载波频率比调制频率大．而主要的载波频率 $\omega_0$ 比任何副载波频率都大.）副载波频率 $\omega_1$ 被通道1以调频为 $\omega_{调制}$（1）调幅（或调频）．这就给出了一个通道1调幅输出，它含有频率为 $\omega_1$，$\omega_1+\omega_{调制}$（1）和 $\omega_1-\omega_{调制}$（1）的叠加．同样，通道（2）有频率 $\omega_2$，$\omega_2+\omega_{调制}$（2）和 $\omega_2-\omega_{调制}$（2）的输出．副载波频率 $\omega_1$ 和 $\omega_2$ 选择分得开足够远，以便围绕两个载波的两个带不重叠，也就是取 $\omega_1$ 小于 $\omega_2$，上旁带 $\omega_1+\omega_{调制}$（1）的最高频率小于下旁带 $\omega_2-\omega_{调制}$（2）的最小频率．例如，对于调频立体声广播，典型的副载波频率是 $\nu_1=20$ kHz，$\nu_2=40$ kHz．假如调频（音乐）从零扩展到10 kHz，则通道1将包含一个从10 kHz到30 kHz的带，通道2包含一个从30 kHz到50 kHz的带，到目前为止，我们好像有了两个载波（对于两个通道）．但是我们还没有送到输出天线上！现在我们把所有通道的输出叠加，并把这个多通道的多带叠加看作是一个调频的大带，它从通道（1）的下旁带的最低端伸展到最高通道的上旁带的顶端．我们通过（例如）把这个多通道带叠加到载波电压上并把结果用作非线性放大器的输入的办法，用这整个带去调制主要的载波 $\omega_0$；就像在习题6.27中那样.

（b）如果你用习题6.27的非线性放大器，放大器的输出由什么组成？你可以用一个强度与频率的关系的定性的草图，而不必用公式．画出你将加到发送天线上

的靠近 $\omega_0$（主载波）的频带．还画出来自放大器的另一些你将把它们滤掉并弃去的频率．

（c）在接收器中，你能“解多频”如下．如在习题 6.28 中那样，把含有载波 $\omega_0$ 以及它的多带（包括上旁带和下旁带）的信号加到一个非线性放大器的输入端．这个放大器的输出除其他东西以外将含有副载波 $\omega_1$ 和它的旁带 $\omega_1 + \omega_{调制}(1)$；对于其他通道也如此．证明以上讲的情况．各种副载波和它们的旁带是不重叠的，并且能用带通滤波器分开．于是每个通道提供它自己的输出，而不“串话”．

6.33　多道干涉仪傅里叶频谱学．在 1967 年，红外天文技术由一种称为“多道干涉仪傅里叶频谱学”的新技术所改革．这个新的技术提供了超过原来技术 100 倍的频率分辨本领，而且收集光以确定频谱所花费的时间是原来的 1/60 000．多道干涉仪傅里叶频谱学技术是在习题 6.32 中讨论的多频概念的一个巧妙的应用．

用一个衍射光栅，并在沿着光行进的方向其下游适当距离处放一张照相乳胶，就能得到一个发射可见光的恒星的频谱．我们立刻可以得到整个频谱，这是因为不同的波长是沿不同的方向衍射的，因此落到胶片的不同部分．在一定衍射角处胶片的黑度，便给出那个波长成分的强度．

对于红外光（也就是 $10^{-4}$ cm 数量级的波长），没有适用的照相胶片，但衍射光栅依然有效．代替胶片，人们可以用一个带有可移动的缝的光电倍增管．这个狭缝的位置给出衍射角，因而也给出波长．光电倍增管电流给出强度．如果你要求分辨（在频率或波长方面）范围很窄，你就必须用一个狭缝，以得到狭窄的角度分辨．如果你要有一个完整的频谱，你就必须在狭缝位置上用足够的时间去计数，以测量相应波长的强度，然后把缝移动一个缝宽，再在新的位置用足够的时间计数；以此类推．为了得到频率在 $\nu_1$ 到 $\nu_2$ 这个范围的整个频谱，而且用带宽 $\Delta\nu$ 去量度这个范围的每一部分，就要进行 $(\nu_2-\nu_1)/\Delta\nu$ 次各自不同的强度测量．对 1 ~ 3 μm（$1\ \mu\text{m}=10^{-4}$ cm）的波长区域，我们有范围在 $(1\sim 1/3)\times10^4\ \text{cm}^{-1}$（厘米倒数）的波数，也就是，$\lambda_1^{-1}-\lambda_2^{-1}=\dfrac{2}{3}\times10^4\ \text{cm}^{-1}$．对于一个典型的好的分辨率 $\Delta(\lambda^{-1})=\Delta(\nu/c)\approx0.1\ \text{cm}^{-1}$ 来说，我们大约需要进行 $2/3\times10^5\approx60\ 000$ 次分别测量才能覆盖整个频谱．因为每一次测量可能要占用一个晚上，那我们就将花费几百年的时间！

当然，如果你有 60 000 个光电倍增管，你就能立刻测量出整个频谱；很显然，那也是不合实际的．假如一个光电倍增管能同时接纳来自衍射光栅的整个衍射花样，你就能立刻测出所有的波长．然而，这样一个光电倍增管的输出会正比于对整个谱平均的总强度，你永远不能说出哪一部分来自哪一个波长．这就像从旧金山到纽约的所有电话对话都来自一条线路，而又没有用什么办法把它们分开一样．用一根导线输送许多能加以区别的电话对话，是用每一对话自己的副载波来“标记”

每一个对话，然后把所有的副载波集中成“多频”的办法来解决的，正如像习题 6.32 讨论的那样. 这里，只要有一种方法能用某种“副载波”来分别标记每一个别的红外波长，以鉴定这个波长就行了. 这样，所有的红外光就可以同时聚焦于一个光电倍增管上. 对这个光电倍增管的输出可以做傅里叶分析，重新把它分解成分开的副载波带. 于是，每一个副载波的强度就给出相应的红外波长的强度.

（a）发明一个方法，用副载波去标记每一个波长. 这个副载波是用一个带有洞或缝的旋转轮子所组成的“斩波器”而得到. 这个轮子在光路上，只有轮子上的那些洞或缝能让入射光透过. 你的主要问题就是要设计一种装置使得“斩波器”频率与红外波长有关.

多道干涉仪傅里叶频谱学技术所用的精彩方法如下. 我们不用衍射光栅或机械“斩波器”，而是用带有一个可移动的镜子的迈克耳孙干涉仪. 用在迈克耳孙-莫雷的实验上的这类干涉仪如图 6.12 所示. 恒星发射的光（例如）沿着 $x$ 方向入射到一个半镀银的镜子“光束分裂器”上，这个镜子与入射光束成 45°角. 光束分裂器把一半的光反射到 $y$ 方向，并在 $x$ 方向透射一半的光. 然后由镜子把两条光线再折回到光束分裂器上. 它把重新合起来的光反射一半到 $-y$ 方向，进入光电倍增管里.（另一半在 $-x$ 方向上透射送回到恒星的方向并消失了.）对于一个给定的波长 $\lambda$，光电倍增管的电流是极大值还是极小值，取决于这两条重新复合的光线是同相还是相位差 180°，而这又依赖于光线的路径（从光束分裂器到镜子，回到光束分裂器，再到光电倍增管）相差是半波长的偶数倍（相对相位为零）还是半波长的奇数倍（相对相位为 180°）.

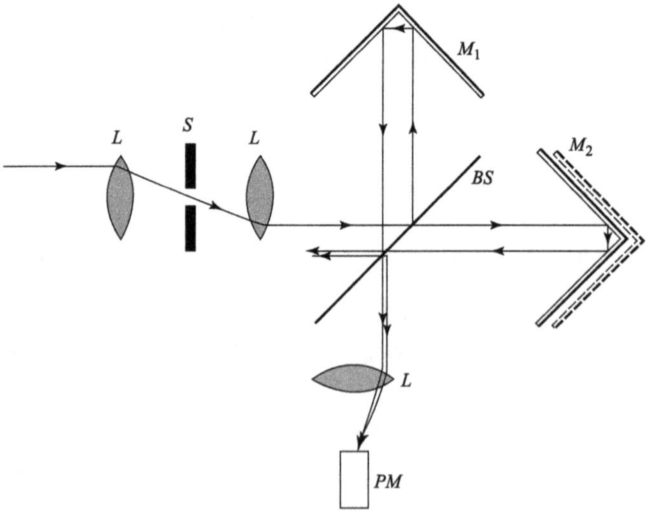


图　6.12

（b）现在假设其中一个镜子以完全确知的恒定速度 $v$ 移动. 证明频率为 $\nu$ 的红外光给出如下的光电倍增管的输出，它对于时间的依赖关系中含有调频 $\nu_{调制}$ =

$2(v/c)\nu$ 的简谐振荡 $\cos\omega_{调制}t$ 的分量. 另一方面，证明如果镜子的位置任意地改变（就它对时间的依赖关系而言），而光电倍增管的输出是作为 $x$ 的函数被测量的，则这个输出就含有像 $\cos k_{调制}x$ 那样变化的分量，且其调制波数由 $k_{调制}=4\pi/\lambda$ 给出. 如果存在有许多波长，那么光电倍增管的输出就是一个常数（整个谱的平均数值）和每一个调制波数 $k_{调制}$ 所对应的一个傅里叶分量的叠加. 因此，如果我们对输出进行傅里叶分析，每一个调制波数 $k_{调制}$ 的强度就为给出了红外波长 $\lambda$ 的相应强度. 重要的是，当这个数据（光电倍增管输出与 $x$ 的关系的记录）被取得时，就同时测定了所有的红外波长. 每一个波长都是由在光电倍增管的输出中产生的调频（或波数）来"标记"的. 因此，调频的作用就像一个副载波那样，它能同时记录被光电倍增管输出的傅里叶分析分开的不同波长.

这个技术可为探测火星上的生命而又不送人到火星上去提供一个最好的方法. 火星大气层的红外光谱分析能表明它的成分，并且可以探查生命过程的产物的成分. 多道干涉仪傅里叶频谱学技术是如此灵敏，以致与正在设计中的望远镜一起使用，不仅可以确定火星大气的主要成分，而且还可以测定少到或许只有 $1/10^9$ 的那些微量成分. 关于这些问题以及关于多道干涉仪傅里叶频谱学的更详细的说明，请看英国杂志"*Science Journal*" 1967 年 4 月上的五篇有关的文章《从地球上探测行星的生命》，以及刊登在"*The Physics Teacher*" 1968 年 4 月上的文章《用傅里叶谱仪来远距离探查行星大气》.

# 第 7 章　二维和三维的波

# 第 7 章　二维和三维的波

## 7.1　引言

到目前为止，我们实际上考虑的都是“一维波”，也就是说，这些波是沿着直线传播的，通常我们称这直线为 $z$ 轴．在 7.2 节中，我们将通过旋转用以描述一维平面行波的坐标系来引入三维波，这样就得到平面谐行波的三维形式．

我们将看到，更多维数的含义要比仅仅改变变量数所具有的含义丰富得多．因为额外的维数给出了额外的自由度，所以我们会得到一些在性质上说是新的特征．例如，在三维真空中，我们能够得到一种电磁波，它在一个方向上是纯粹的行波，在另一个方向上是纯粹的驻波，而在第三个方向上是指数波！在真空中，一维是不可能有指数电磁波的，因为对于某些频率区域，色散关系 $\omega^2=c^2k^2$ 不能变成 $\omega^2=-c^2\kappa^2$．为了在一维方向得到指数波，我们需要一个截止频率，也就是需要一个像电离层那样的色散关系 $\omega^2=\omega_0^2+c^2k^2$；在足够低的频率，这个关系可以变成 $\omega^2=\omega_0^2-c^2\kappa^2$．在三维中我们将发现 $k$ 是一个矢量的绝对值，这个矢量称为**传播矢量**．因此，真空中电磁波的色散关系就变成了 $\omega^2=c^2(k_x^2+k_y^2+k_z^2)$．在某些情况下，我们可以把 $k_x^2$ 这些分量中的一个或两个分量代之以 $-\kappa_x^2$ 等，而且正如必须是那样，单位惯性单位位移的回复力 $\omega^2$ 仍然是正的．我们将用波导和光的全反射作为例子来考察电磁波．在 7.3 节中我们将要研究水波（对理想的水），并求出它们对空间的依赖关系和色散律．（有一些课外实验，通过它们你能很方便地确定水波的色散律．）在 7.4 节中将通过麦克斯韦方程来证明我们在第 4 章中研究平行板输送线中的波时所学过的那些东西．在 7.5 节中，我们将导出振动点电荷的辐射．我们用它去求出可见光的“自然宽度”和为什么天空是蓝色的原因．

## 7.2　简谐平面波和传播矢量

假定在均匀色散的介质中有一个沿着 $+z'$ 轴方向（单位矢量 $\hat{z}'$）传播的简谐平面行波．假若在平面 $z'=0$ 处，波函数对时间的依赖关系是

$$\psi(z',t)=A\cos\omega t. \tag{1}$$

那么，由固定 $z'$ 数值所决定的平面上的波函数就由下式给出：

$$\psi(z',t)=A\cos(\omega t-kz'). \tag{2}$$

我们希望用一般的笛卡儿坐标系 $x$、$y$、$z$ 来表示波函数，而不用沿着传播方向的坐标 $z'$. 我们取 $x$、$y$、$z$ 系的坐标原点在平面 $z'=0$ 处，以 $r=x\hat{\boldsymbol{x}}+y\hat{\boldsymbol{y}}+z\hat{\boldsymbol{z}}$表示从 $x$、$y$、$z$ 坐标系的原点测量到的空间中的某一点. 在 $x$、$y$、$z$ 坐标系中，$z'=$ 常数的平面是用 $z'=\boldsymbol{r}\cdot\hat{\boldsymbol{z}}=$ 常数的平面来描述. 因此式(2)中的量$kz'$可写成

$$kz'=k(\hat{\boldsymbol{z}}'\cdot\boldsymbol{r})=(k\hat{\boldsymbol{z}}')\cdot\boldsymbol{r}\equiv\boldsymbol{k}\cdot\boldsymbol{r}. \tag{3}$$

**传播矢量** 量$k\hat{\boldsymbol{z}}'$称为传播矢量$\boldsymbol{k}$:

$$\boldsymbol{k}\equiv k\hat{\boldsymbol{z}}'. \tag{4}$$

$\boldsymbol{k}$的大小是$k$；$\boldsymbol{k}$的方向是 $\hat{\boldsymbol{z}}'$，沿着波传播的方向. 式(3)变成

$$kz'=\boldsymbol{k}\cdot\boldsymbol{r}=k_x x+k_y y+k_z z. \tag{5}$$

波数$k$的物理意义是沿着传播方向 $\hat{\boldsymbol{z}}'$的单位位移的相位的弧度数，因此$kz'$是在 $z'$距离内积累的相位.（我们暂时取与习惯上常用的相位符号相反的符号；通常是认为对于固定的 $z'$，$\omega t$ 增加时相位向正向增加.）$k_x$ 的意义是沿着 $+x$ 轴，也就是沿着 $\hat{\boldsymbol{x}}$ 方向每单位位移相位的弧度数；$k_y$ 和$k_z$ 有同样的意义. 例如，若 $\hat{\boldsymbol{x}}$ 与 $\hat{\boldsymbol{z}}'$形成一个角度 $\theta$，假设波长是 $\lambda$，则如果一个人沿着 $\hat{\boldsymbol{z}}'$方向前进了 $\lambda$ 距离（在固定的时间里），相位就增加 $2\pi$；可是，如果我们是沿着 $\hat{\boldsymbol{x}}$ 前进，在 $z'$增加一个波长之前，我们必须走过 $\lambda/\cos\theta$ 距离. 于是，沿 $x$ 方向在比 $\lambda$ 大到 $(\cos\theta)^{-1}$倍的距离上相位才增加 $2\pi$，也就是沿 $\hat{\boldsymbol{x}}$ 方向单位距离的相位增加比$k$小 $\cos\theta$. 这也就是我们假定矢量所应具有的行为：假若你作矢量在某方向 $\hat{\boldsymbol{x}}$ 的投影$\boldsymbol{k}\cdot\hat{\boldsymbol{x}}=k_x$，你就得到一个数目，它比矢量的数值小到相应角度的余弦的倍数. 这个条件保证了分量平方的总和等于总量的平方. 因此我们看到$k_x$ 与$k$的关系正好是矢量$\boldsymbol{k}$的 $x$ 分量和其数值$k$之间的关系.

**为什么没有波长矢量?** 上一段最后一句话听起来似乎是明白无误的，不值得再去讲了，但是这里有一个相反的例子，它说明，这样一个明显的要求还是值得检验的. 我们来考虑下面这个好像合理的(但是错误的)论证：一个行波的相速度是 $v_\varphi=\lambda\nu$. 当我们描述在三维空间中沿 $\hat{\boldsymbol{z}}'$方向传播的波时，引进一个以

$$\boldsymbol{v}_\varphi=\lambda\nu\hat{\boldsymbol{z}}'=(\lambda\hat{\boldsymbol{z}}')\nu=\boldsymbol{\lambda}\nu?$$

定义的波长矢量 $\boldsymbol{\lambda}$，这可能是一个好的想法. 我们把波长 $\lambda$ 定义为两个波峰之间的距离，用它表示沿 $z'$方向的位移；很自然，$\lambda$ 就是“矢量” $\boldsymbol{\lambda}$ 的大小. 类似地，对于沿 $x$ 方向的位移，$\lambda_x$ 也是两波峰之间的距离. 但是要注意 $\lambda_x$ 的下述惊人性质：它比 $\lambda$ 还要长！因此，如果 $\hat{\boldsymbol{x}}$ 垂直于 $\hat{\boldsymbol{z}}'$，$\lambda_x$ 的量值就是无穷大；而如果它是沿 $\hat{\boldsymbol{z}}'$方向的一个普通矢量的 $x$ 分量，它就会是零. 由此可见，并不存在能以任何合理的方式定义的矢量 $\boldsymbol{\lambda}$，因为“分量”比矢量的数值还要大的东西是不能称为矢量的.

**等相面** 由式（2）给出的行波能用下述彼此等价的几种形式写出来：

$$\begin{aligned}\psi(x,y,z,t) &= A\cos(\omega t - k z') \\ &= A\cos(\omega t - k_x x - k_y y - k_z z) \\ &= A\cos(\omega t - \boldsymbol{k}\cdot\boldsymbol{r}).\end{aligned} \tag{6}$$

此正弦波函数的幅角称为**相位** $\varphi(x, y, z, t)$：

$$\begin{aligned}\varphi(x,y,z,t) &= \omega t - k z' \\ &= \omega t - k_x x - k_y y - k_z z \\ &= \omega t - \boldsymbol{k}\cdot\boldsymbol{r}.\end{aligned} \tag{7}$$

在固定的时刻 $t$，有相同的 $\varphi$ 的那些地方定出一个称为**波阵面**的平面：

$$\begin{aligned}\mathrm{d}\varphi &= \omega\mathrm{d}t - \boldsymbol{k}\cdot\mathrm{d}\boldsymbol{r} \\ &= 0 - \boldsymbol{k}\cdot\mathrm{d}\boldsymbol{r}\ (\text{在固定时刻}) \\ &= 0\ (\text{只要 } \mathrm{d}\boldsymbol{r} \text{ 垂直于} \boldsymbol{k}).\end{aligned} \tag{8}$$

于是，在固定时刻 $t$，在把垂直于传播方向$\boldsymbol{k}$的那些矢量 $\mathrm{d}\boldsymbol{r}$ 加起来所达到的那些地方，相位全都有同样的数值；也就是，从这样的一个地方到另一个地方，$\mathrm{d}\varphi=0$，这意味着是在一个平面上移动. 这就是为什么这样一个波被称为平面波的原因.

**相速度**　对于固定的 $\varphi$，相速度等于 $\mathrm{d}z'/\mathrm{d}t$：

$$\mathrm{d}\varphi = \omega\mathrm{d}t - k\,\mathrm{d}z' = 0,$$

$$v_\varphi = \frac{\mathrm{d}z'}{\mathrm{d}t} = \frac{\omega}{k}. \tag{9}$$

**三维色散关系**　下面是你已经熟悉的一些色散关系的三维形式：

**情况 1：真空中的电磁波**

$$\omega^2 = c^2 k^2 = c^2(k_x^2 + k_y^2 + k_z^2). \tag{10}$$

**情况 2：色散介质中的电磁波**

$$\omega^2 = \frac{c^2}{n^2}k^2 = \frac{c^2}{n^2}(k_x^2 + k_y^2 + k_z^2). \tag{11}$$

**情况 3：电离层中的电磁波**

$$\omega^2 = \omega_p^2 + c^2 k^2 = \omega_p^2 + c^2(k_x^2 + k_y^2 + k_z^2). \tag{12}$$

色散关系总是与边界条件无关. 当然，在决定一个波是(例如)驻波、行波还是(像我们将看到的)混合型波时，边界条件是一个决定性的因素.

**驻波**　两个在相反的方向行进且具有相同振幅(和频率)的平面行波可以叠加形成下面形式的平面驻波：

$$\psi(x,y,z,t) = A\cos(\omega t + \varphi)\cos(\boldsymbol{k}\cdot\boldsymbol{r} + \alpha). \tag{13}$$

写出$\boldsymbol{k}\cdot\boldsymbol{r} = k_x x + k_y y + k_z z$，并利用三角恒等式，我们就能把这个驻波写成若干项的叠加，叠加中每一项具有如下一般形式：

$$\psi(x,y,z,t) = A\cos(\omega t + \varphi)\cos(k_x x + \alpha_1)\cos(k_y y + \alpha_2)\cos(k_z z + \alpha_3). \tag{14}$$

当我们用式(14)的驻波形式来表示简谐波时，我们可以把$k_x$、$k_y$ 和$k_z$ 规定为正的量．这样做的物理理由是，驻波里的波不是像行波那样沿着一定的方向传播，而是“同时沿着两个方向行进”．我们从代数上看出，如果(例如)式(14)中的$k_x$为负，我们可以用$-k_x$代替$k_x$，用$-\alpha_1$代替$\alpha_1$而不影响$\psi(x,y,z,t)$．因此我们能够让$k_x$、$k_y$和$k_z$三个量都是正的，而在相位常数$\alpha_1$、$\alpha_2$、$\alpha_3$中给以补偿的改变(如果需要的话)．

**行波和驻波的混合**　在一维(例如一维$z'$)情形，我们能有一个纯行波，并能把它写成两个驻波的叠加．同样地，我们也能有一个纯驻波，并把它写成两个行波的叠加．可是，我们也能有一种既非纯行波也非纯驻波的更一般类型叠加的波．三维情况也如此．但随着自由度的增加，我们能够有一种波(例如)，它沿着$x$是常数，沿着$y$是纯驻波，沿着$z$是纯行波：

$$\begin{aligned}\psi(x,y,z,t) &= \psi(y,z,t)\\ &= A\sin(k_y y)\cos(k_z z-\omega t);\end{aligned}\tag{15}$$

因而在这种意义上，三维中的每一维都是“独立”的．以后我们将会碰到几个类似于式(15)的混合类型波的例子．

**三维波动方程和经典波动方程**　任何三维正弦简谐波，无论它是驻波、行波或混合类型的波，都满足下面的关系(正如你能很容易证明的那样)：

$$\begin{cases}\dfrac{\partial^2\psi(x,y,z,t)}{\partial t^2} = -\omega^2\psi(x,y,z,t),\\[2mm] \dfrac{\partial^2\psi}{\partial x^2} = -k_x^2\psi,\\[2mm] \dfrac{\partial^2\psi}{\partial y^2} = -k_y^2\psi,\\[2mm] \dfrac{\partial^2\psi}{\partial z^2} = -k_z^2\psi.\end{cases}\tag{16}$$

由此我们可得到分别对应于式(10)~式(12)所给出的色散关系的下述波动方程：

**情况1：真空中的电磁波**

利用式(16)和式(10)我们发现，对于一个频率为$\omega$、波数为$k$的单个简谐分量，波函数满足微分方程

$$\frac{\partial^2\psi}{\partial t^2} = c^2\left(\frac{\partial^2\psi}{\partial x^2}+\frac{\partial^2\psi}{\partial y^2}+\frac{\partial^2\psi}{\partial z^2}\right).\tag{17}$$

既然$c$与频率无关，每一个简谐分量都满足波动方程(17)，因而在真空中电磁驻波和电磁行波的任意叠加也满足方程(17)．方程(17)是非色散波的经典波动方程的三维形式．对于任何其他三维非色散波来说，例如，对于空气中的声波，类似的方程都成立．在矢量记号中，方程(17)右边是$c^2$乘以$\psi$的梯度的散度，写作div **grad**$\psi$或$\nabla\cdot\nabla\psi$，或$\nabla^2\psi$，读作“$\nabla$平方psi”：

$$\frac{\partial^2\psi}{\partial t^2} = c^2\,\nabla^2\psi.\tag{18}$$

**情况 2：均匀色散介质中的电磁波**

色散关系式（11）给出了频率为 $\omega$ 的简谐波的波动方程：

$$\frac{\partial^2\psi}{\partial t^2}=\frac{c^2}{n^2(\omega)}\nabla^2\psi. \tag{19}$$

因为 $n$ 与频率 $\omega$ 有关，所以写下这个波动方程并没有得到很多东西．为了求解这个方程，通常我们需要求助于傅里叶叠加，并且每一次只考虑一个频率，使得我们照样可以利用色散关系．经典波动方程(18)就不同了，也就是，我们可以用脉冲或其他非简谐波求解，而不必用傅里叶分析．

**情况 3：电离层中的电磁波**

应用色散关系式(12)并利用式(16)，我们可以求得三维的克莱因-戈尔登(Klein-Gordon)波动方程：

$$\frac{\partial^2\psi}{\partial t^2}=-\omega_p^2\psi+c^2\nabla^2\psi. \tag{20}$$

下面是二维正弦简谐波的一些物理例子．

**例 1：矩形波导中的电磁波**

矩形波导可以在一个平行板传输线的两侧加上导体侧面板做成，如图 7.1 所示．波导里的空间是真空．我们只考虑电场和磁场都与 $x$ 无关(对于固定的 $y$ 和 $z$，而且是对于波导内的 $x$)的波的模式．适当的波动方程是经典波动方程(17)的二维形式．让 $\psi$ 代表电场 $E_x$，我们就得到

$$\frac{\partial^2\psi}{\partial t^2}=c^2\frac{\partial^2\psi}{\partial y^2}+c^2\frac{\partial^2\psi}{\partial z^2}. \tag{21}$$

我们选择一个确定频率 $\omega$，以使式(21)变成

$$-\omega^2\psi=c^2\frac{\partial^2\psi}{\partial y^2}+c^2\frac{\partial^2\psi}{\partial z^2}. \tag{22}$$

导体侧面板迫使电场 $E_x$ 在 $y=0$ 和 $y=b$ 处为零．因此 $\psi(y, z, t)$ 必须是一个相对于 $y$ 方向的驻波，它在 $y=0$ 和 $y=b$ 处各有一个固定的节点．我们假设在 $z=0$ 的地方有一个驱动电压，电磁波就在波导中沿 $+z$ 方向传播下去．因此这个波必须是相对于 $z$ 方向的行波．驻波和行波的混合波

$$\psi(y,z,t)=A\sin k_y y\cos(k_z z-\omega t) \tag{23}$$

满足方程(22)，只要我们有色散关系

$$\omega^2=c^2k_y^2+c^2k_z^2. \tag{24}$$

由于我们选择了 $\sin k_y y$，在 $y=0$ 处满足 $E_x=0$ 条件．但我们也需要在 $y=b$ 处 $\sin k_y y$ 为零：

$$k_y b=\pi,2\pi,\cdots,m\pi,\cdots. \tag{25}$$

这些波就称为 TE 模式（横电场模式）．对我们来说，单独研究磁场是不必要的，因为它是由电场决定的．

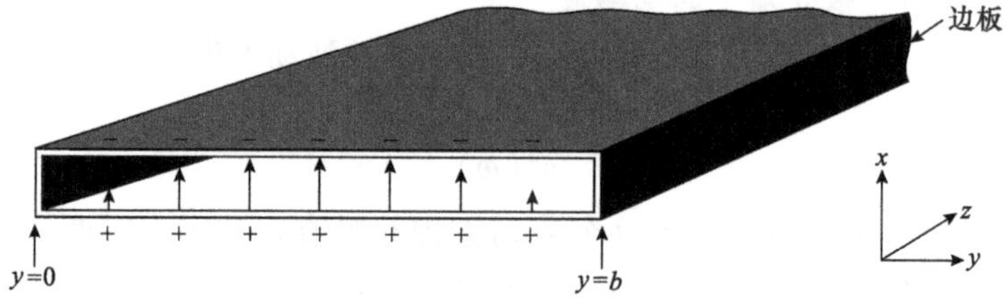


图 7.1　由一个平行板传输线在 $y=0$ 和 $y=b$ 处加上导体侧面板使之短路而作成的矩形波导. 箭头表示在波导输入端的瞬时电场

**低频截止频率**　让我们来考虑最低模式，也就是在式(25)中 $m=1$ 的模式. 这就是图 7.1 所画草图的模式，因为这个图形表明从 $y=0$ 到 $y=b$ 是半个波长. 把式(25)代入式(24)，对于 $m=1$，我们得到

$$\omega^2=\frac{c^2\pi^2}{b^2}+c^2k_z^2. \tag{26}$$

因此 $\omega$ 与 $k_z$（对于 $k_yb=\pi$ 这个模式）之间的色散关系在外表上就类似于在电离层中沿 $z$ 方向行进的平面波的色散关系，也就是

$$\omega^2=\omega_p^2+c^2k^2; \tag{27}$$

或类似于耦合摆(在长波极限下)的色散关系，也就是

$$\omega^2=\frac{g}{l}+\frac{Ka^2}{M}k^2. \tag{28}$$

因而我们预期 $c^2\pi^2/b^2$ 这个量的作用像一个低频截止频率(的平方)，并且当驱动频率 $\omega$ 低于截止频率时，色散关系式(26)就变成下面的色散关系：

$$\omega^2=\frac{c^2\pi^2}{b^2}-c^2\kappa_z^2. \tag{29}$$

这个推测是正确的. 对于频率 $\omega<\pi c/b$，波动方程(21)有解

$$\psi(y,z,t)=A\sin k_yy\cos\omega te^{-\kappa_zx}, \tag{30}$$

只要 $\omega$，$k_y$ 和 $k_z$ 满足下式关系：

$$\omega^2=c^2k_y^2-c^2\kappa_z^2, \tag{31}$$

式(25)也是满足的，并且 $\omega^2$ 比 $c^2\pi^2/b^2$(取 $m=1$)小，以致式(29)可以在 $\kappa_z^2$ 为正值时得到满足.（注意，我们在式(30)中本可以把含有 $\exp(+\kappa_zz)$ 的一项包括进去，然而波导伸展到 $z=+\infty$ 的边界条件要求这一项的系数为零.）

**波导截止频率的物理来源**　让我们设想频率固定、而宽度 $b$ 可变的情况. 根据式(26)，如果 $b$ 是无穷大，色散关系就是电磁平面波在真空中沿 $z$ 方向传播时的色散关系. 这些波就像在平行板传输线上传播. 对于有限的 $b$，$k_y$(它是 $\pi/b$)不等于零. 因此，如果我们要把波函数看作为平面行波的一个叠加（我们总是可以随意这样做，甚至当我们有一个纯驻波时也行），我们就发现，$b$ 从无限大减小到某一个有限值时，这个波就由沿 $+\hat{z}$ 方向行进的纯行波变为叠加上了一个传播矢量沿 $\hat{y}$

方向的非零分量．事实上，我们必须同时有沿 $+y$ 和 $-y$ 方向的行波，把它们叠加起来，给出一个沿 $\hat{\boldsymbol{y}}$ 方向的驻波．沿正 $\hat{\boldsymbol{y}}$ 和负 $\hat{\boldsymbol{y}}$ 的 $\boldsymbol{k}$ 分量必须满足由导体侧板所引进的边界条件．$\boldsymbol{k}$ 的大小总是由真空中色散关系

$$k^2=\frac{\omega^2}{c^2}=k_z^2+k_y^2 \tag{32}$$

给出．因此，$y$ 分量从零到某一有限值的增加必然要导致 $\boldsymbol{k}$ 的 $z$ 分量的减少．于是，当 $\boldsymbol{b}$ 进一步减小时，$y$ 分量进一步增加，而 $z$ 分量进一步减小．对于任何固定的 $b$，波函数可以看作是沿波导管交叉往来的平面波的叠加，这种叠加要满足侧面板的边界条件（更物理化一些，我们可以说入射的“交叉”平面波在侧板中产生的电流，像反射镜那样产生了在 $y$ 的反方向来回交叉的反射波．）用这个图像，我们看出，当 $\boldsymbol{b}$ 足够小时，$\boldsymbol{k}$ 的 $z$ 分量将为零．这个波在两侧板之间弹过来弹过去，而没有波沿波导管流下去．这说明截止周期 $T_{截止}$ 必须是平面波在真空中以速度 $c$ 从波导一侧行进到另一侧并返回来所需要的时间：

$$T_{截止}=\frac{2b}{c}.$$

于是

$$\omega_{截止}=2\pi\nu_{截止}=\frac{2\pi}{T_{截止}}=\frac{2\pi}{2b/c}=\frac{c\pi}{b}. \tag{33}$$

比较式(33)和式(26)，我们看到事实上式(33)的确给出了截止频率．

对于一个比截止频率低的频率，波振幅随 $z$ 的增加而呈指数地减小，即使波是在真空中行进也一样．电场减小的物理原因是：由于两边有导体侧面板，顶板的电荷和底板的电荷能够流经侧板而互相中和．在 $z=0$ 这个区域里，驱动电压源供给了新电荷，以维持电场．对于较远的下游，驱动力的影响小些，当频率够慢时，电荷就有时间去互相中和．

**交叉行波**　式(23)那样的驻波和行波的混合等价于沿波导传播下去的交叉平面行波的叠加．用代数方法证明(习题 7.1)下面等式，你们就能看出这一点：

$$\begin{aligned}\psi&=A\sin k_y y\cos(k_z z-\omega t)\\&=\frac{1}{2}A\sin(\boldsymbol{k}_1\cdot\boldsymbol{r}-\omega t)-\frac{1}{2}A\sin(\boldsymbol{k}_2\cdot\boldsymbol{r}-\omega t),\end{aligned} \tag{34}$$

这里

$$\boldsymbol{k}_1=\hat{\boldsymbol{z}}k_z+\hat{\boldsymbol{y}}k_y,\ \boldsymbol{k}_2=\hat{\boldsymbol{z}}k_z-\hat{\boldsymbol{y}}k_y.$$

纵横交叉来自 $\boldsymbol{k}_1$ 和 $\boldsymbol{k}_2$ 在 $\boldsymbol{y}$ 方向上有彼此相反的分量这一事实．

**相速度、群速度和 $c$**　交叉行进波的图像使我们能很方便地看出相速度和群速度之间的关系．如图 7.2 所示，只考虑叠加在式(34)中的两个行波中的一个．考虑在时间 $t$ 里沿着对角线穿过波导，行进了 $ct$ 距离（在图 7.2 中用“$\boldsymbol{k}_1$ 射线”标明）的波阵面的一小块（光学上称为“光线”）．我们感兴趣的是 $z$ 方向的相速度

和群速度.（我们知道，只有在那个方向上才有一个行波，伴随$k_1$ 波的$k_2$ 波抵消了行波$k_1$ 的 $y$ 部分，但在 $z$ 部分是相同的.）当光线行进 $ct$ 距离时，波阵面和 $y$ 的任何固定值（例如 $y=b$）交叉的地方行进了图中标以 $v_\varphi t$ 的一段距离. 这就给出了沿 $z$ 方向的相速度，即波峰沿 $z$ 方向行进的速度. 注意，当角度 $\theta$ 变成90°时，相速度趋近无穷大. 一般说来，我们可以从图上看出

$$v_\varphi=\frac{c}{\cos\theta}. \tag{35}$$

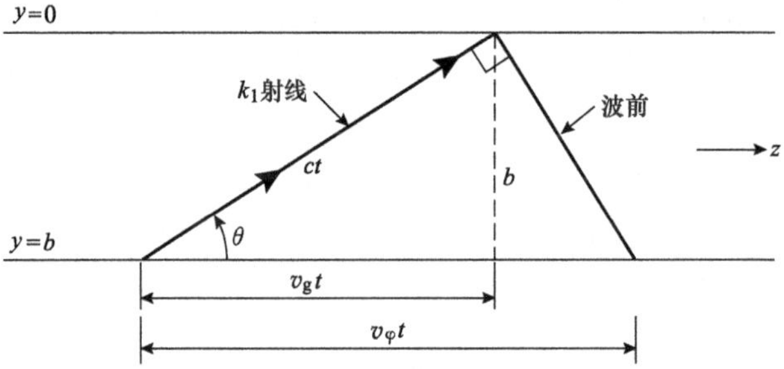


图 7.2　在波导中的一个交叉波

群速度是能量沿 $z$ 方向行进的速度. 如果我们“切断”波，所得脉冲将以群速度传播. 标着$k_1$ 的光线载着脉冲以速度 $c$ 沿对角线通过波导. $k_2$ 波会给出一个脉冲，这个脉冲抵消了$k_1$ 波的 $y$ 部分. $k_1$ 和$k_2$ 这两个脉冲在相当于图 7.2 中标记的那段距离的时间 $t$ 里沿 $z$ 方向行进了 $v_g t$ 距离. 我们看到

$$v_g=c\cos\theta. \tag{36}$$

我们用色散关系可以证明式(36)和式(35)给出的 $v_\varphi$ 和 $v_g$ 是正确的. 我们也可以反过来由式(35)和式(36)给出的结果来导出色散关系：

$$v_\varphi=\frac{\omega}{k_x}=\frac{c}{\cos\theta^2},$$

$$v_g=\frac{d\omega}{d\,k_z}=c\cos\theta.$$

于是

$$v_\varphi v_g=\frac{\omega}{k_z}\frac{d\omega}{d\,k_z}=c^2, \tag{37}$$

也就是

$$\frac{d(\omega^2)}{d(k_z^2)}=c^2,$$

即

$$d(\omega^2)=c^2 d(k_z^2).$$

积分得到

$$\omega^2=c^2\,k_z^2+\text{常数}. \tag{38}$$

令 $k_z=0$，从而 $\omega=\omega_{截止}$，并要求“来回时间” $T_{截止}$ 是 $2b/c$，就可以定出常数. 这样我们就得到色散关系式(26). 让截止频率是尽可能最低的截止频率的谐频率，我们就得到较高的模式. 它给出了更一般的情况 [式(24)和式(25)]：

$$\omega^2=c^2k_z^2+\frac{c^2\pi^2m^2}{b^2}. \tag{39}$$

**例 2：光从玻璃入射到空气的反射和透射**

这是二维波的另一个例子. 如果我们从 $z=-\infty$ 到 $z=0$ 有一块玻璃. 在 $z=0$ 的平面处，玻璃结束，真空开始，并扩展到 $z=+\infty$. 正如在平面波情形那样，你可能会认为真空总像是一种色散介质. 但你在例 1(矩形波导)中已经看到，当不是平面波时(即当 $E_x$ 沿 $y$ 轴和沿传播轴 $z$ 一样也变化时)，在某些条件下（宽度太狭窄，即相当于频率太低）波导变成波抗性的，即使除真空外里面仍然没有东西时也一样. 当光从玻璃入射到空气时，如果入射角变得太大，也就是光接近于掠射时，也会发生类似的情形. 采用内部全反射以得到 100% 的反射，这在许多光学仪器的设计中具有很大的实用价值. 图 7.3 示出了一个例子.

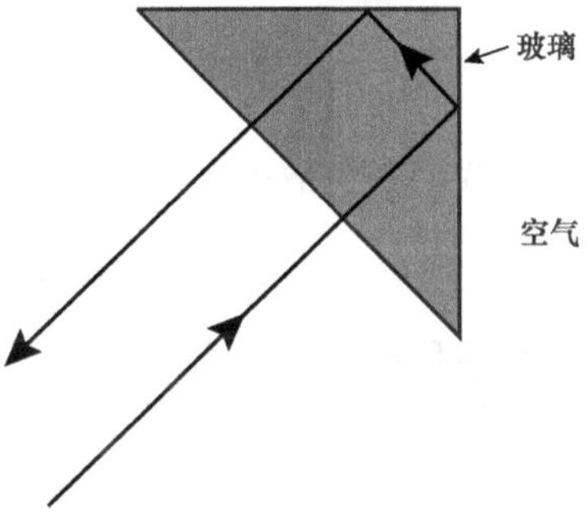


图 7.3　用来使光偏转 180°而不损失强度的反向棱镜

现在让我们看看它是如何工作的. 在玻璃和真空每一种介质中，光波都满足波动方程.（我们考虑的是单一的频率 $\omega$.）玻璃和真空之间的界面是在 $z=0$ 处. 入射波的传播矢量 $k_1$ 有一个沿 $\hat{z}$ 方向的分量 $k_z$ 和一个沿 $\hat{y}$ 方向的分量 $k_y$. 因此我们碰到的是一个二维问题(有点像我们对波导中 TE 模式所做那样). 这种几何位形在图 7.4 中表示出来了.

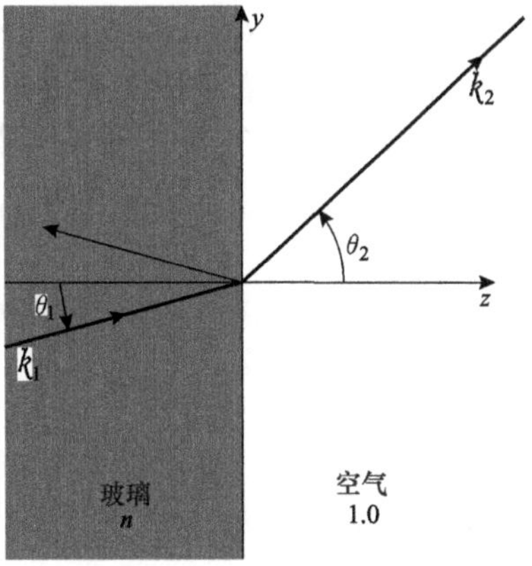


图 7.4　从玻璃入射到真空中的光线的反射和透射.

在玻璃中，传播矢量 $k_1$ 的大小 $k_1$ 等于折射率 $n$ 乘以传播矢量在真空中的大小 $\omega/c$. $k_2$ 的大小 $k_2$ 就是 $\omega/c$：

$$k_2=\frac{\omega}{c},\quad k_1=n\frac{\omega}{c}. \tag{40}$$

在介质 2($z=0$ 右边的真空）中色散关系是

$$\frac{\omega^2}{c^2}=k_2^2=k_{2y}^2+k_{2z}^2. \tag{41}$$

下一步，我们要求 $k_{2y}$ 必须等于 $k_{1y}$. 这是因为 $k_{1y}$ 的意思是 $2\pi$ 乘以在介质 1 中沿 $\hat{y}$ 方向的每单位长度的波峰数. 同样，$k_{2y}$ 是 $2\pi$ 乘以在介质 2 中沿 $\hat{y}$ 方向的每单位长度的波峰数．但当你在 $z=0$ 处沿 $y$ 轴行进时，你刚好在玻璃内部所经过的波峰数必须和刚好在玻璃外部真空中经过的波峰数一样．从玻璃到真空，你不能“遗失”沿 $y$ 方向单位长度的任何波峰，故

$$\begin{aligned}k_{2y}&=k_{1y}\\&=k_1\sin\theta_1\\&=n\frac{\omega}{c}\sin\theta_1,\end{aligned}\tag{42}$$

式(42)中第二个等式从图7.4显而易见，第三个等式使用了式(40)．把式(42)代入式(41)就得到

$$\frac{\omega^2}{c^2}=\frac{n^2\omega^2}{c^2}\sin^2\theta_1+k_{2z}^2\tag{43}$$

也就是我们有色散关系

$$k_{2z}^2=\frac{\omega^2}{c^2}(1-n^2\sin^2\theta_1).\tag{44}$$

**全内反射的临界角** 当增大入射角 $\theta_1$ 时，传播矢量$k_2$ 的 $z$ 分量就变得越来越小，最后达到一个使$k_{2z}$等于零的入射角（我们假设 $n$ 比1大，正如可见光在玻璃或水中那样）．这就是截止角，或称为全内反射的入射临界角，或简称临界角 $\theta_{临界}$．根据式(44)，临界角由下式给出：

$$\boxed{n\sin\theta_{临界}=1.}\tag{45}$$

（对于折射率 $n=1.52$ 的玻璃，它给出 $\theta_{临界}=41.2°$．）入射光线在取临界角时，光线在真空中射出时与玻璃表面相切．

**斯涅耳定律** 对于零与 $\theta_{临界}$之间的角 $\theta_1$，光线一部分反射，一部分折射到真空中．于是，存在着像图7.4画出的那样一个角度 $\theta_2$，而且$k_{2y}=k_{1y}$的关系等价于斯涅耳定律（在4.3节中已用不同的方法导出）：

$$k_{2y}=k_2\sin\theta_2=n_2\frac{\omega}{c}\sin\theta_2,$$

$$k_{1y}=k_1\sin\theta_1=n_1\frac{\omega}{c}\sin\theta_1;$$

而$k_{2y}=k_{1y}$给出

$$\boxed{n_1\sin\theta_1=n_2\sin\theta_2.}\tag{46}$$

**全内反射** 当入射角大于临界角时，色散关系是在式(44)中以 $-\kappa_{2z}^2\equiv-\kappa^2$ 代替$k_{2z}^2$得到的：

$$\kappa^2=\frac{\omega^2}{c^2}(n^2\sin^2\theta_1-1)\tag{47}$$

并且

$$n\sin\theta_1>1,$$

因此，介质2(真空)中的波函数（电场或磁场）是由一个沿 $y$ 方向的行波和沿 $z$ 方向的指数波所构成的波：

$$\psi(y,z,t)=A\cos(\omega t-k_y y)\mathrm{e}^{-\kappa z}, \tag{48}$$

这里 $\kappa$ 由式(47)给出，并且 $k_y$ 是 $k_1\sin\theta_1=n(\omega/c)\sin\theta_1$. 能量密度的时间平均值与 $\psi(y, z, t)$ 平方的时间平均值成正比，那就是

$$\text{能量密度}\propto \mathrm{e}^{-2\kappa z}. \tag{49}$$

作为式(47)的一个应用，我们考虑画在图 7.3 中的反向棱镜. 光从玻璃内部以入射角 $\theta_1=45°$ 入射到空气中. 这个角超过临界角 $\theta_{临界}=41.2°$(对于折射率 $n=1.52$ 的玻璃). 因此光线全反射. (透入真空的场的)平均指数衰减距离是(对 $\theta_1=45°$)

$$\delta=\kappa^{-1}=\frac{c}{\omega}(n^2\sin^2\theta_1-1)^{-1/2}$$

$$=\frac{\lambda}{2\pi}\left[\frac{(1.52)^2}{2}-1\right]^{-1/2}=0.4\lambda.$$

因此，进入“禁区”（真空）中几个波长距离以后，场就可以忽略不计.

当你戴一副潜水面罩在水下潜泳时（这样你就能在水下看得很清楚），你可以得到一个全内反射的美妙情景. 在水面下几英寸处，用你的眼睛朝前看水平面的“下边”. 它看起来“闪闪发光”，就像液体的水银那样. 那是因为你的视线超过了临界角. 对反射到你的眼睛的光线来说，表面的作用就像一个完美的镜子.

为了从水平面的下面观察全内反射，一个最方便的方法是通过透明的玻璃或塑料容器的竖直平边向上看水表面的下面.

**光的势垒穿透**　如果真空不伸展到无限远，而是被另一块玻璃挡住，那么我们就应该在式(48)中包括带有正指数 $\exp(+\kappa z)$ 的第二项. 这样，我们就有了一个典型的势垒穿透问题.

一位普林斯顿大学的研究生(1965 年春季)库恩做了证实能量密度的指数衰减的一个漂亮而巧妙的实验[⊖]. 虽然他的实验在木质上涉及量子力学，但它证实了经典光学的这个结果. 这只不过是在量子力学中仍然保留的许多经典光学的结果之一. [无论何如，当我们讨论那些被称为光，而不是（例如）“微波”的电磁波时，我们学习的都是经典光学.] 库恩把两个棱镜摆成中间有一个可变的空气缝隙的位置，使光(来自水银的绿线)通过一个棱镜以超过临界角的角度射向空气间隙. 透过空气间隙，进入到第二个棱镜的光能量与在第二个棱镜表面处的能量密度成正比. 量子力学告诉我们，频率为 $\omega$ 的光原来是许多不可分割的称为光子的单元，每一个光子的能量都严格为 $\hbar\omega$，因此，对于一定的 $\omega$，能量密度与光子数成正比. 库恩计数透过的光子的数目，把它作为空气间隙的函数，这样来测量能量密度，证明了式(49)所预言的指数关系. 他的实验是在波长比 1 cm 小的情况下对这个关系的第一个验证，也是对于任何波长用测定单个光子的办法所做的第一个验证.

势垒穿透和光波场随从玻璃到“禁区”真空（或空气）的距离而很快衰减的一个定性演示，用一个玻璃棱镜或玻璃立方体很容易做出. 当观察表面上的一个地

⊖ D. D. Coon, *Am. J. Phys.* 34, 240 (1966).

点时（这个表面是沿着你的视线全反射的），从表面远的一侧用手指轻轻地接触那个地点，手指是看不见的，它处在“禁区”．现在用手指紧紧地压着表面，那么你将看到你的“指纹”．你手指面上螺纹的凸处与全反射的玻璃面紧贴着，从而破坏了全反射；而螺纹凹处并不完全碰到玻璃，因此全反射没有被破坏．它们看上去很像把凸处分开的银色的螺纹．这些凹处的深度必定是几个波长，也就是平均穿透深度$\delta=\kappa^{-1}$的几倍．如果凹处比$\delta$浅，那么场将显著地穿透玻璃与皮肤之间的势垒，那就要与皮肤相互作用，从而破坏全反射．

上面的势垒穿透的演示，也可以用一个透明的装满水的矩形容器来代替玻璃棱镜或立方体．

## 7.3 水波

水波是很容易看到的．当你还是一个孩子的时候，你就在澡盆、湖和海里看到过水波了．毫无疑问，观看美丽而复杂的水波时，你一定体验到伟大的美的乐趣．现在我们希望享受理解它们的智慧的乐趣．理解要求简单性，因此我们将忽略一些水的实际性质．例如我们将忽略由于内摩擦而引起的水的黏滞性．我们只考虑小振幅的柔和的水波，不考虑碎浪．

尽管我们是简单化了，我们仍能了解到柔和水波的几何构造和色散关系$\omega(k)$．你们用鞋盒或鱼桶做一些容易做的课外实验，就能够验证所有的结果．（见课外实验7.11）

在平衡的情况下（也就是在没有波的时候），水体表面是平坦而水平的．当波存在时，就有两个回复力．一个是重力，另一个是表面张力，它们倾向于把波峰弄平．

由于水的不可压缩性很大，出现于波峰中的过量水必须从邻近波谷区域流来．因此，水波中的每个水滴的运动都处于纵向运动（沿波传播的方向）和横向（上下）运动的某种结合之中．

如果平衡时的水深远小于（简谐波）波长，这些波就称为浅水波或潮浪．结果是，这些波有一个与波长无关而与深度有关的传播速度．

假若波长远小于平衡水深，我们就得到称为深水波的波．在简谐深水行波中，个别水滴是没有任何平均移动的，它们做圆运动．例如，水面的一个浮木塞（或表面的一个水滴）会以等于简谐波振幅的半径做匀速圆周运动，其周期等于波的周期．在波谷中，木塞有它最大的向后（相对于波的传播方向）速度，在波峰上它有同样大的向前速度．水越深的地方，水滴行进的圆越小，圆半径随着深度的增加而呈指数地减小；在表面下几个波长处，就可以忽略不计．

**直波** 让我们来考虑波长为$\lambda$、具有长直平行波峰和波谷的水波．这样的波就称为直波．它是类似于三维平面波的二维平面波．

设我们有一个均匀的深度为 $h$ 的无限大的湖．在没有波的时候，水的表面是一个平面，我们称这个平面为 $y=0$．$+y$ 是垂直地向上量度的．我们将取波的传播方向沿着水平方向 $\hat{\boldsymbol{x}}$．因此波峰和波谷是沿着垂直于 $\hat{\boldsymbol{x}}$ 的线的．

我们把给定的水滴的平衡位置标记为 $x$、$y$．（不管这水滴在哪里进行波运动，它的平衡位置总是 $x$、$y$．平衡位置标记了一个给出的水滴，但没有告诉我们当波存在时水滴在什么地方．）变数 $x$ 从 $-\infty$ 变化到 $+\infty$，$y$ 从 $-h$（湖底）变化到 $y=0$（湖面）．

当波出现时，已知的水滴经受沿 $y$ 方向的上下运动和沿 $x$ 方向的前后运动的组合运动．我们用 $\psi(x,\ y,\ t)$ 表示此水滴从它的平衡位置 $x$、$y$ 开始起算的瞬时矢量位移．直水波中的位移矢量只有一个 $x$ 分量和一个 $y$ 分量．

$$\boldsymbol{\psi}(x,y,t)=\hat{\boldsymbol{x}}\psi_x(x,y,t)+\hat{\boldsymbol{y}}\psi_y(x,y,t). \tag{50}$$

平衡位置坐标为 $x$，$y$ 的水滴的瞬时速度是 $\psi$ 对时间 $t$ 的偏导数：

$$\begin{aligned}\boldsymbol{v}(x,y,t)&=\frac{\partial\boldsymbol{\psi}(x,y,t)}{\partial t}\\&=\hat{\boldsymbol{x}}\frac{\partial\psi_z}{\partial t}+\hat{\boldsymbol{y}}\frac{\partial\psi_y}{\partial t}.\end{aligned} \tag{51}$$

**理想水的性质**　在下面这几段中，我们将要考察理想水的某些性质．

（1）质量守恒　当我们在学习电流（《电磁学》卷4.2节）时，你们已知道电荷守恒是用连续性方程来表示的：

$$\boldsymbol{\nabla}\cdot(\rho\boldsymbol{v})=-\frac{\partial\rho}{\partial t}. \tag{52}$$

式(52)只是说明，在一个无限小的体积中电荷密度 $\rho$ 随时间改变的原因是流经该体积表面的电流 $\rho\boldsymbol{v}$ 引起的．在目前情况下，我们让 $\rho$ 表示水的质量密度，则式(52)表示质量守恒．水是不可压缩的，这是个很好的近似，所以质量密度 $\rho$ 是一个常数．与时间、位置无关，从而式(52)的右边等于零．我们也能把 $\rho$ 这个因子从式(52)的左边提出消去．于是，用式(51)表示 $\boldsymbol{v}$，得到

$$0=-\frac{\partial\rho}{\partial t}=\boldsymbol{\nabla}\cdot(\rho\boldsymbol{v})=\rho\,\boldsymbol{\nabla}\cdot\boldsymbol{v},$$

也就是

$$0=\boldsymbol{\nabla}\cdot\boldsymbol{v}=\boldsymbol{\nabla}\cdot\left(\frac{\partial\boldsymbol{\psi}}{\partial t}\right)=\frac{\partial}{\partial t}(\boldsymbol{\nabla}\cdot\boldsymbol{\psi}),$$

即

$$\boldsymbol{\nabla}\cdot\boldsymbol{\psi}=\text{常数}. \tag{53}$$

（2）气泡不存在　式(53)中的常数只能是零．否则，根据高斯定理，$\psi$ 对小球表面的面积分将不为零，这只能意味着有气泡．但我们假设没有气泡，因此我们就得到守恒的、不可压缩的、无气泡的水满足

$$\nabla \cdot \psi = \frac{\partial \psi_x(x,y,t)}{\partial x} + \frac{\partial \psi_y(x,y,t)}{\partial y} = 0. \tag{54}$$

（3）旋涡不存在　在旋涡中，速度沿环绕旋涡的圆路径的线积分不是零. 在无限小的范围里，小旋涡或涡流的出现（由斯托克斯定律）表明 $\boldsymbol{v}$ 的旋度不是零.（关于矢量旋度的意义，见《电磁学》卷，2.15 节～2.18 节.）我们假设没有旋涡，因此我们假定

$$0 = \nabla \times \boldsymbol{v} = \nabla \times \frac{\partial \psi}{\partial t}$$

$$= \frac{\partial}{\partial t}(\nabla \times \psi),$$

也就是

$$\nabla \times \psi = \hat{z}\left(\frac{\partial}{\partial x}\psi_y - \frac{\partial}{\partial y}\psi_x\right) = 0. \tag{55}$$

**水驻波**　我们要用我们的直觉来帮助我们去发现水波形式，而不用太多的代数学. 你应该有一个矩形金鱼缸或某种容器.（用衬在废物罐里的那类塑料袋衬在一个普通纸板盒里，就能很好地开展工作. 任何纸板盒在破裂之前都可以工作约 10min. 如果在它里面涂上一层油漆，它就能一直用下去.）让这个容器装入 15cm 或 20cm 高的水. 沿着 $x$ 轴轻轻地摇动它，并试着去寻找出现的正弦波模式. 你将发现最低模式看上去就如图 7.5 画的那样.

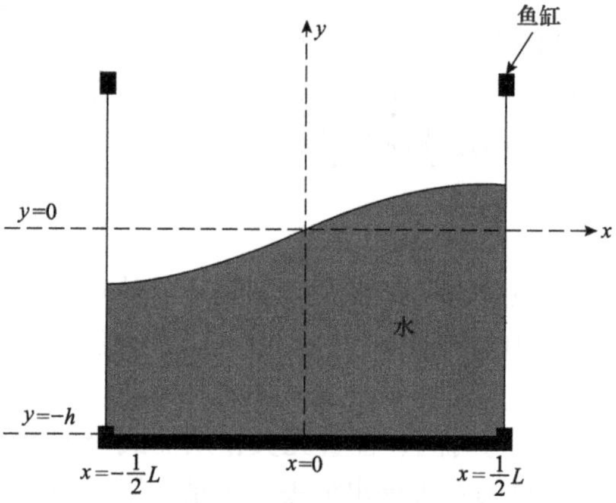

图 7.5　在一个矩形鱼缸里最低的正弦模式.

如果把一些咖啡渣拌到水里，你就会看到水的运动. 你会注意到在同一时刻整个咖啡渣是不动的，并且在同一个时刻，$x$ 和 $y$ 的位移是零. 对简正模式，也就是对驻波，所有自由度（“运动部分”）同相振动，这正是我们所预期到的. 因此，对于一个足够小的振动来说，我们假设 $\psi_x$ 和 $\psi_y$ 对于时间的依赖关系由相同相位常数的简谐振动给出，也就是对时间的依赖关系是由一个公共因子 $\cos\omega t$ 所给出.

下一步让我们假设垂直位移 $\psi_y$ 与 $x$ 的关系就是一个正弦驻波关系. 如果模式像图 7.5 画的那样，$\psi_y$ 有一个节点，在 $x=0$ 处，因此 $\psi_y$ 包含 $\sin k_x$ 因子（而不是 $\cos kx$）. 这样我们就能写出

$$\psi_y(x,y,t) = \cos\omega t \sin kx f(y), \tag{56}$$

在这里 $f(y)$ 是 $y$ 的一个未知函数.

**容器壁上的边界条件** $\psi_x$ 对 $x$ 的依赖关系是什么？在水缸的两端，一个水滴只能上下移动，它不能离开壁. 因此 $\psi_y$ 有它的极大值的地方（在壁上）就是 $\psi_x$ 有节点的地方. 于是，在 $\psi_y$ 有 $\sin kx$ 的地方必定 $\psi_x$ 有 $\cos kx$：

$$\psi_x(x,y,t)=\cos\omega t\cos kxg(y), \tag{57}$$

在这里 $g(y)$ 是 $y$ 的未知函数.

**水平运动和垂直运动之间的关系** 现在我们利用 $\psi$ 的散度和旋度为零这样一个事实. 你很容易证明式(56)和式(57)给出：

$$\nabla\cdot\psi=0:-kg(y)+\frac{\mathrm{d}f(y)}{\mathrm{d}y}=0; \tag{58}$$

$$\nabla\times\psi=0:\frac{\mathrm{d}g(y)}{\mathrm{d}y}-kf(y)=0. \tag{59}$$

把式(58)对 $y$ 微分，再由式(59)消去 $\mathrm{d}g/\mathrm{d}y$，我们就能从式(58)和式(59)消去 $g(y)$ 而得到

$$\frac{\mathrm{d}^2f}{\mathrm{d}y^2}=k^2f, \tag{60}$$

它的通解是

$$f(y)=A\mathrm{e}^{ky}+B\mathrm{e}^{-ky}. \tag{61}$$

于是我们从式(58)得到 $g(y)$：

$$g(y)=A\mathrm{e}^{ky}-B\mathrm{e}^{-ky}. \tag{62}$$

**底部边界条件** 最后我们要加上的边界条件，是在湖的底部水滴没有垂直运动：它们不能离开底部. 在 $y=-h$ 处 $\psi_y=0$ 的条件等价于在 $y=-h$ 处 $f(y)=0$，于是式(61)给出 $B=-A\mathrm{e}^{-2kh}$.

对于平衡深度为 $h$ 的湖中的正弦驻波，我们的最后结果是

$$\psi_y=A\cos\omega t\sin kx(\mathrm{e}^{ky}-\mathrm{e}^{-2kh}\mathrm{e}^{-ky}), \tag{63}$$

$$\psi_x=A\cos\omega t\cos kx(\mathrm{e}^{ky}+\mathrm{e}^{-2kh}\mathrm{e}^{-ky}). \tag{64}$$

式(63)和式(64)给出了在平衡位置 $x$、$y$ 处的水滴的瞬时位移. 从这些式子你们容易证明，在一个水驻波中的一个给定的水滴（或咖啡渣）的运动包含了在 $xy$ 平面上的沿直线的简谐振动. 这个现象在观察你的水缸中的咖啡渣时也会看到.

**深水波** 如果深度 $h$ 比波长大许多，因子 $\mathrm{e}^{-2kh}$ 基本上为零，我们能够忽略 $f(y)$ 和 $g(y)$ 对 $y$ 的依赖式中的第二项. 在这种情况下，式(63)和式(64)变成

$$\psi_y=A\cos\omega t\sin kx\mathrm{e}^{ky}, \tag{65}$$

$$\psi_x=A\cos\omega t\cos kx\mathrm{e}^{ky}. \tag{66}$$

我们看到，波在 $x$ 方向是正弦的，在 $y$ 方向是指数的. 振幅衰减长度 $\delta$ 是 $1/k$，它

等于 $\lambda/2\pi$. 量 $\lambda/2\pi$ 称为约化波长，由符号 $\bar{\lambda}$ 表示. 因此，对于深水波有

$$f(y)=\mathrm{e}^{ky}=\mathrm{e}^{-k|y|}=\mathrm{e}^{-|y|/\bar{\lambda}}; \tag{67}$$

对于深水波，振幅衰减长度等于约化波长. 因此，平衡位置在表面下面一个波长处的水滴的振幅是表面上水滴的振幅的 $\mathrm{e}^{-2\pi}\approx 1/500$. 我们看到，平衡水深只需是一个波长的数量级，基本上就可以忽略底部波的运动，因而“深水波”近似是一个很好的近似.

**浅水波**　浅水波指的是水的平衡深度 $h$ 远比衰减深度 $\bar{\lambda}$ 小时的水波. 在这种情况下，我们能把 $\psi_x$ 和 $\psi_y$ 对 $y$ 的依赖关系近似地看作在 $g(y)$ 和 $f(y)$ 的泰勒级数展开式中只保留第一个有兴趣的项. 因此可以很容易证明，当 $h\ll\bar{\lambda}$ 时，式(63)和式(64)变成

$$\psi_y=2A\cos\omega t\sin kx[k(y+h)], \tag{68}$$

$$\psi_x=2A\cos\omega t\cos kx. \tag{69}$$

我们看到，对于一个浅水波来说，水平运动 $\psi_x$ 与水滴的平衡垂直位置 $y$ 无关. 垂直运动 $\psi_y$ 随水滴的深度而线性变化，在底部为零，在表面为极大. 在表面处，垂直运动的极大值比水平运动的极大值小一个因子 $h/\bar{\lambda}\ll 1$.

在“理想水”模型中，我们已忽略了水在粗糙的底部上产生的摩擦. 对于深水波，略去这一点是不重要的. 但对于浅水波，这种摩擦就很重要. 你如果用一个矩形盘子去激发浅水驻波，就能容易地看到这一点（如在课外实验 7.11 中那样）. 你将注意到，咖啡渣在水平速度极大的区域散开，而在水平速度总是零的区域集中，也就是在垂直运动极大的区域集中. 我们的另一个近似，是忽略了液体的内部摩擦，也就是忽略黏滞性. 如果你想看到水的黏滞性效应，可以用矿物油代替水，重做一些课外实验.

**重力水波的色散关系**　我们已经了解了(理想)水波的几何结构，但对于“形状”（波长和深度）和频率之间的关系仍一无所知. 这是因为，对于作用于波中的水的回复力，我们还没有提到过任何东西.（回忆一下，每单位质量单位位移的回复力是 $\omega^2$. 这是个很普遍的结果，它对于简谐水波以及任何别的简谐波都成立.）

在第 1 章研究的模式中我们学到过，因为在一个模式中所有运动部分都有相同的 $\omega^2$ 值，一旦模式的形状知道了，通过考虑一个运动部分的单个自由度的运动，就能找到模式频率与模式形状之间的关系. 在现在的问题里，形状由式(63)和式(64)给出. 因此只需要考虑单个水滴的 $x$(或 $y$)方向的运动. 我们暂且考虑很接近于水表面的一个无限小的体积的 $x$ 运动.

考虑一个很小的体积，它在平衡时沿传播方向 $x$ 有一个小距离 $\Delta x$，沿“不感兴趣”的方向 $z$ 有距离 $L$，沿垂直方向有一个小的距离 $\Delta y$. 假设 $\Delta x$ 和 $\Delta y$ 的线度都比波长小. 作用于这个体积元的沿 $x$ 方向的回复力等于这个体积侧面的面积 $L\Delta y$ 乘以处在 $x$ 和 $x+\Delta x$(在平衡时)的两个面上的压力差. 这个压力差是 $\rho g$(质量密度乘以重力加速度)乘以两个侧面的水的高度差，亦即乘以在两个面上的 $\psi_y$ 的差；如图 7.6 所示. 而 $\psi_y$ 的差事实上又是 $\psi_y$ 对 $x$ 的导数乘以两个表面之间的平衡间隔

$\Delta x$. 于是我们得到

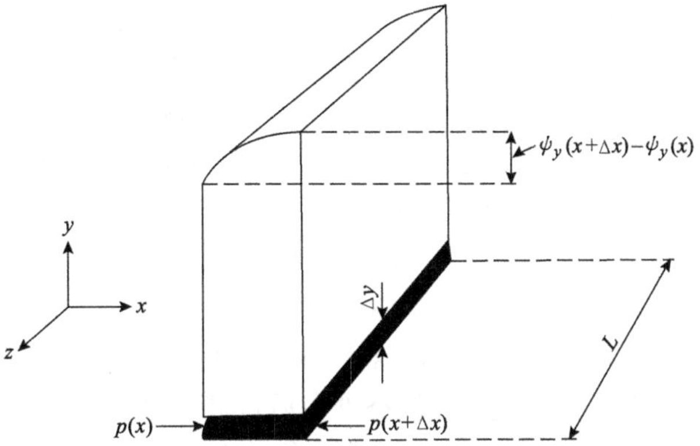


图 7.6　作用于水的体积元上沿 $x$ 的重力回复力. 阴影体积经受一个正比于压强差 $p(x+\Delta x)-p(x)$ 的力. 这个压强差正比于水的高度差 $\psi_y(x+\Delta x)-\psi_y(x)$

$$\begin{aligned} F_x &= -L\Delta y[p(x+\Delta x)-p(x)] \\ &= -L\Delta y\rho g[\psi_y(x+\Delta x)-\psi_y(x)] \\ &= -L\Delta y\Delta x\rho g\frac{\partial\psi_y}{\partial x} \\ &= -(\Delta M)g\left[\frac{\partial\psi_y}{\partial x}\right]_{y=0}, \end{aligned} \tag{70}$$

这里 $\Delta M\equiv\rho L\Delta y\Delta x$ 是体积元中的水的质量. 这个力产生一个沿 $x$ 方向的加速度. 沿 $x$ 方向的加速度是 $\partial^2\psi_x/\partial t^2$；由于有简谐运动，它就等于 $-\omega^2\psi_x$. 因此，对于质量 $\Delta M$ 的加速度，牛顿第二定律是

$$F_x=(\Delta M)\frac{\partial^2\psi_x}{\partial t^2},$$

它给出［利用关于 $F_x$ 的式(70)］

$$(\Delta M)g\left[\frac{\partial\psi_y}{\partial x}\right]_{y=0}=(\Delta M)\omega^2[\psi_x]_{y=0}. \tag{71}$$

现在利用式(63)和式(64)给出的 $\psi_y$ 和 $\psi_x$，式(71)给出

$$\boxed{\omega^2=gk\frac{1-\mathrm{e}^{-2kh}}{1+\mathrm{e}^{-2kh}}} \tag{72}$$

式(72)就是所要求的色散关系. 在感兴趣的深水和浅水重力波的极限情形下，色散关系和相应的相速度易由式(72)得到. 它们是

$$深水: \omega^2=gk,\quad v_\varphi=\sqrt{g\lambda}, \tag{73}$$

$$浅水: \omega^2=gk(h/\lambda),\quad v_\varphi=\sqrt{gh}. \tag{74}$$

因此浅水重力波是非色散的. 深水重力波是色散的：当波水增加到四倍时，相速度增加两倍.

**表面张力波**　在推导色散律式(72)时，我们忽略了表面张力所提供的回复力．对于有位移的水的一个给定的体积元，表面张力对回复力的贡献正比于 $T$（表面张力常数）乘以表面曲率．曲率正比于$k^2$．因此表面张力贡献正比于 $Tk^2$．重力贡献正比于重量 $Mg$，也就是正比于 $\rho g$．由此我们可以猜测表面张力和重力对于 $\omega^2$ 的相对贡献正比于无量纲的比值 $Tk^2/\rho g$．这个猜测是正确的．（见习题7.33．）

**行进水波**　我们将让你们证明(习题7.31)，水行波的形式是

$$\psi_y = A\cos(\omega t - kx)(e^{ky} - e^{-2kh}e^{-ky}), \tag{75}$$

$$\psi_x = A\sin(\omega t - kx)(e^{ky} + e^{-2kh}e^{-ky}). \tag{76}$$

从式(75)和式(76)，你能容易地证明：对于深水行波，一个给定的水滴在 $xy$ 平面上做圆周运动；在波峰处向前行进，在波谷处向后行进．对于一般水深为 $h$ 的水来说，水滴沿椭圆运动．这个椭圆运动类似于在深水行波中才能看到的圆周运动，只不过这个圆在水面和盘(或者湖或海洋)底表面之间“被压平”了．至少当底部的摩擦可以忽略时，情况就是这样．如果摩擦不能忽略，那么水向前行进(在波峰处)相对讲比较容易，但在波谷处它向后行进时就与底部发发摩擦．结果是，水在波峰被向前带走比在波谷被向后带走得更远，因而有一个水的净移动．当处在这种情况下，水接近于(或就是)“在破裂中”．因此海滨处的碎浪总是带着水一块走的．（回流就是“底逆流”．）一个潜水员在他认为远离海岸的安全地方游泳时(他不希望被移动到岩滩上)，如果有一个不寻常的长波长的波打来时，他可能要碰到麻烦（至少我是如此)．

## 7.4　电磁波

在这一节里，我们将用麦克斯韦方程对我们在研究平行板传输线时已知道了的几件事情给出普遍的证明．这样，我们就可以“加强我们的基础”，并为了解三维空间电磁波做更好的准备．

**真空中的麦克斯韦方程**　这些方程如下（见《电磁学》卷)：

$$\frac{\partial \boldsymbol{E}}{\partial t} = \frac{1}{\mu_0\varepsilon_0}\nabla\times\boldsymbol{B} = c^2\ \nabla\times\boldsymbol{B}, \tag{77a}$$

$$\frac{\partial \boldsymbol{B}}{\partial t} = -\nabla\times\boldsymbol{E}, \tag{77b}$$

$$\nabla\cdot\boldsymbol{E} = 0, \tag{77c}$$

$$\nabla\cdot\boldsymbol{B} = 0. \tag{77d}$$

**真空中电磁波的经典波动方程**　从方程(77a)～方程(77d)消去 $\boldsymbol{B}$，我们将得到一个 $\boldsymbol{E}$ 的偏微分方程．我们先把方程(77a)对 $t$ 微分，然后应用方程(77b)：

$$\frac{\partial \boldsymbol{E}}{\partial t} = c^2\ \nabla\times\boldsymbol{B},$$

$$\begin{aligned}\frac{\partial^2 \boldsymbol{E}}{\partial t^2} &= c^2 \frac{\partial}{\partial t}(\nabla\times\boldsymbol{B})\\ &= c^2\ \nabla\times\frac{\partial \boldsymbol{B}}{\partial t}\\ &= c^2[\nabla\times(-\nabla\times\boldsymbol{E})]\\ &= -c^2[\nabla\times(\nabla\times\boldsymbol{E})].\end{aligned} \tag{77e}$$

可以证明［附录式(39)］，对于任何矢量 $\boldsymbol{C}$ 有

$$\nabla\times(\nabla\times\boldsymbol{C}) = \nabla(\nabla\cdot\boldsymbol{C}) - (\nabla\cdot\nabla)\boldsymbol{C}. \tag{78}$$

我们用 $\boldsymbol{E}$ 代替式(78)中的 $\boldsymbol{C}$，并利用 $\nabla\cdot\boldsymbol{E}=0$［方程(77c)］，就从(77c)得到

$$\frac{\partial^2 \boldsymbol{E}(x,y,z,t)}{\partial t^2} = c^2\ \nabla^2\boldsymbol{E}(x,y,z,t). \tag{79a}$$

这个矢量方程包含了三个独立的偏微分方程：

$$\begin{cases}\dfrac{\partial^2 E_x}{\partial t^2} = c^2\ \nabla^2 E_x;\\[2ex] \dfrac{\partial^2 E_y}{\partial t^2} = c^2\ \nabla^2 E_y;\\[2ex] \dfrac{\partial^2 E_z}{\partial t^2} = c^2\ \nabla^2 E_z.\end{cases} \tag{79b}$$

因此，$E_x$，$E_y$ 和 $E_z$ 的每一个都满足非色散波的经典波动方程［见 7.2 节中式(18)］. 同样，我们能从麦克斯韦方程中消去 $\boldsymbol{E}$，而得到 $\boldsymbol{B}$ 的三个分量的经典波动方程(习题 7.12).

**真空中的电磁平面波**　一个电磁平面波就是有如下性质的与空间和时间有关的电场 $\boldsymbol{E}(x, y, z, t)$ 和磁场 $\boldsymbol{B}(x, y, z, t)$：

(1) 它们有唯一的传播方向，这个方向我们取为沿 $z$ 方向.（这个波能够是行波和驻波的任何组合.）

(2) $\boldsymbol{E}$ 或 $\boldsymbol{B}$ 的分量与横坐标 $x$ 和 $y$ 都没有关系.

因此我们得到

$$\boldsymbol{E} = \hat{\boldsymbol{x}}E_x(z,t) + \hat{\boldsymbol{y}}E_y(z,t) + \hat{\boldsymbol{z}}E_z(z,t), \tag{80}$$

$$\boldsymbol{B} = \hat{\boldsymbol{x}}B_x(z,t) + \hat{\boldsymbol{y}}B_y(z,t) + \hat{\boldsymbol{z}}B_z(z,t). \tag{81}$$

当然，我们有平面波［具有式(80)和式(81)形式的波］的这个事实，还与波是来自哪里，它们是怎样产生的等有些关系.

目前，我们对于它们的来源不感兴趣. 我们只假定波来自某个地方，并且具有式(80)和式(81)的形式.

**电磁平面波是横波**　现在我们把麦克斯韦方程应用到式(80)和式(81). 首先

我们利用高斯定理．这个定理告诉我们 div$\boldsymbol{E}$ 是 $4\pi\rho$．在真空中 $\rho$ 是零．因为任何分量都与 $x$ 或 $y$ 无关，所以对于 $x$ 和 $y$ 的偏导数为零．因此有

$$\nabla \cdot \boldsymbol{E} = \frac{\partial E_z(z,t)}{\partial z} = 0. \tag{82}$$

这个方程告诉我们 $E_z$ 与 $z$ 无关，$E_z$ 与 $t$ 也无关，这可以通过考虑麦克斯韦的“位移电流”方程

$$\frac{\partial \boldsymbol{E}}{\partial t} = c^2\ \nabla \times \boldsymbol{B} \tag{83}$$

看出．取方程(83)的 $z$ 分量．右边包含 $\partial B_y/\partial x$ 和 $\partial B_x/\partial y$ 的这两项都是零，因此 $\partial E_z/\partial t$ 是零，我们得出 $E_z$ 是一个常数的结论．为简单起见，我们取常数为零．(我们并不因此失去普遍性，我们只是用叠加原理“消去”任何我们已知的常数场，如果有必要的话，我们总是可以把它加回去．)

同样，$\nabla \cdot \boldsymbol{B} = 0$ 这个事实告诉我们 $B_z(z,\ t)$ 与 $z$ 无关．可以由考虑法拉第定律

$$\frac{\partial \boldsymbol{B}}{\partial t} = -\nabla \times \boldsymbol{E} \tag{84}$$

的 $z$ 分量看出它与时间无关．因为这个方程给出 $\partial B_z/\partial t$ 为零，因此，虽然由于在某些地方可能有一些大的稳恒电流而存在某些稳恒磁场，但它们与空间和时间无关，我们现在对此不感兴趣．因此我们取 $B_z$ 为零(再用叠加原理)．

到目前为止，我们已得出（除了那些非波状的常数场而外）电磁平面波是横波．这就是说，电场与磁场垂直于传播方向 $\hat{z}$.

**$E_x$ 和 $B_y$ 的耦合**　我们还剩下 $E_x$、$E_y$、$B_x$ 和 $B_y$，以及还没有用过的方程(83)和方程(84)的 $x$、$y$ 分量．方程(83)的 $x$ 分量和方程(84)的 $y$ 分量给出：

$$\frac{\partial E_x}{\partial t} = -c^2\frac{\partial B_y}{\partial z},\quad \frac{\partial B_y}{\partial t} = -\frac{\partial E_x}{\partial z}. \tag{85}$$

同样，方程(83)的 $y$ 分量和方程(84)的 $x$ 分量给出：

$$\frac{\partial E_y}{\partial t} = c^2\frac{\partial B_x}{\partial z},\quad \frac{\partial B_x}{\partial t} = \frac{\partial E_y}{\partial z}. \tag{86}$$

按照方程（85），$E_x$ 和 $B_y$ 并非相互无关，它们由方程(85)的两个一阶线性偏微分方程“耦合”起来．因此，比方说，如果 $E_x$ 对空间和时间两者都是一个常数，那么 $B_y$ 也是如此．另一方面，如果 $E_x$ 是作为 $z$ 和 $t$ 的函数而完全被知道，我们将证明，$B_y$ 也完全被决定（除了我们不感兴趣的常数场而外）．同样，根据方程(86)，$E_y$ 和 $B_x$ 也相互耦合．如果 $E_y$ 已知，则可以决定 $B_x$．如果 $E_y$ 是零，$B_x$ 也是零(或常数)．

**线偏振和椭圆偏振**　麦克斯韦方程（对于我们所考虑的平面波）不使 $E_x$ 场和 $E_y$ 场耦合，它们是“独立”的．这表明，(通过一个适当的辐射源)产生对于所有

的 $z$ 和 $t$ 说来 $E_x$ 不为零但 $E_y$ 为零的电磁平面波是可能的. 在那种情况下，这个波称为沿 $x$ 方向线偏振，电场 $E_x$ 和磁场 $B_y$ 是唯一的非零（或更确切地说非恒定不变）场. 同样，我们也可以有沿 $y$ 方向线偏振的电磁波，其中 $E_y$ 和 $B_x$ 是唯一的非零场. 我们也能(在单频情况中)得到具有任意的相对相位的 $E_x$ 和 $E_y$ 之间的任何组合. 于是，我们就得到称为椭圆偏振的一般偏振态. 我们将在第 8 章中讨论偏振.

你可能已经注意到联系 $E_y$ 和负 $B_x$ 的式(86)与联系 $E_x$ 和 $B_y$ 的式(85)相同. 这个负号初看起来可能使人费解. 不过，你容易看出，如果你有(有一个给定时刻) $E_x$ 和 $B_y$ 都是正的线偏振波，并且如果你把坐标轴转动 90°以便使得新 $y$ 轴沿电场方向，新 $x$ 轴就沿着负的磁场方向（习题 7.34），因而，式(86)在物理上等价于式(85). 这就意味着，如果我们只研究方程(85)的结果，我们将不会遗失任何东西.

从现在开始，我们将假设，我们只有相应于 $E_x$ 和 $B_y$ 不为零的线偏振态，这也就是相应于方程(85). 如果我们首先考虑一个沿 $+z$ 方向传播的纯简谐行波，这将是最简单的. 我们将立刻看出怎样得到沿 $-z$ 方向传播的纯简谐波的等价的结果. 具有任意振幅和相位常数的这些波的叠加. 对于一个给定的频率，是一个最一般的解，并且包括纯驻波作为它的特殊情况.

**简谐行波**　假定 $E_x$ 由下式给出:

$$E_x = A\cos(\omega t - k z). \tag{87}$$

则方程(85)和关系 $\omega = ck$ 给出

$$\frac{\partial B_y}{\partial z} = -\frac{1}{c^2}\frac{\partial E_x}{\partial t} = \frac{\omega}{c^2}A\sin(\omega t - k z) = \frac{1}{c}\frac{\partial E_x}{\partial z}, \tag{88}$$

$$\frac{\partial B_y}{\partial t} = -\frac{\partial E_x}{\partial z} = -k A\sin(\omega t - k z) = \frac{1}{c}\frac{\partial E_x}{\partial t}. \tag{89}$$

根据方程(88)和方程(89)，$B_y$ 随 $z$ 和 $t$ 的变化就与 $E_x$ 的变化相同. 因此，除了一些无意义的、我们可以把它们“叠加到零”的相加性常数而外，我们看出在沿 $+z$ 方向传播的简谐平面行波中，$B_y$ 和 $E_x$ 是相等的.

如果我们考虑一个沿 $-z$ 方向传播的简谐行波，我们发现 $B_y$ 是负 $E_x$；你在上述方程里用 $-k$ 代替 $k$，就可以很容易看到这一点. 两个方向的传播都包括在下述总结性表述中:

$$\text{行波:}\begin{cases} |\boldsymbol{E}(z,t)| = |\boldsymbol{B}(z,t)|, \\ \boldsymbol{E}\cdot\boldsymbol{B} = 0, \\ \hat{\boldsymbol{E}}\times\hat{\boldsymbol{B}} = \hat{\boldsymbol{v}}. \end{cases} \tag{90}$$

**简谐驻波**　假定 $E_x$ 由下式给出:

$$E_x(z,t) = A\cos\omega t\cos k z. \tag{91}$$

那么，我们将让你们证明(习题 7.36)

$$B_y(z,t) = A\sin\omega t\sin kz = E_x\left(z-\frac{1}{4}\lambda, t-\frac{1}{4}T\right). \tag{92}$$

从式(91)和式(92)我们看出，在真空中的电磁平面驻波中，**E** 和 **B** 互相垂直，并且都垂直于 $\hat{z}$，并有相同的振幅，在空间和时间上相位都相差 90°.（这个性质类似于驻声波中的压强和速度的性质，或类似于一根弦上的驻波中的横张力和速度的性质.）

**平面波中的能流通量**　真空中的电磁场能量密度由下式给出：

$$能量密度 = \frac{1}{2}\left(\varepsilon_0\boldsymbol{E}^2 + \frac{1}{\mu_0}\boldsymbol{B}^2\right). \tag{93}$$

（这个表达式在《电磁学》卷中对于静态场给出过，可以证明它普遍适用.）我们对平面行波和平面驻波的任何线性叠加中的能量感兴趣. 特别是，我们对能量流动感兴趣. 因此，让我们求出对于无限小体积元的能量表达式，这个体积元在垂直于 $z$ 方向的面积是 $A$，沿 $z$ 轴的无限小厚度为 $\Delta z$.（我们将考察这个能量随时间的变化率.）在这个体积元中，能量 $W(z, t)$ 是能量密度乘以体积 $A\Delta z$：

$$W(z,t) = \frac{A\Delta z}{2}\left(\varepsilon_0 E_x^2 + \frac{1}{\mu_0}B_y^2\right). \tag{94}$$

把能量 $W(z, t)$ 对 $t$ 求导数得到

$$\frac{\partial W(z,t)}{\partial t} = A\Delta z\left(\varepsilon_0 E_x\frac{\partial E_x}{\partial t} + \frac{B_y}{\mu_0}\frac{\partial B_y}{\partial t}\right). \tag{95}$$

现在我们用麦克斯韦方程(85)来消去 $\partial E_x/\partial t$ 和 $\partial B_y/\partial t$：

$$\begin{aligned}\frac{\partial W(z,t)}{\partial t} &= A\Delta z\left[\varepsilon_0 E_x\left(-c^2\frac{\partial B_y}{\partial z}\right) + \frac{B_y}{\mu_0}\left(-\frac{\partial E_x}{\partial z}\right)\right] \\ &= -\frac{A\Delta z}{\mu_0}\frac{\partial(E_xB_y)}{\partial z} \\ &= -\frac{A\Delta z}{\mu_0}\left[\frac{(E_xB_y)_{z+\Delta z} - (E_xB_y)_z}{\Delta z}\right].\end{aligned} \tag{96}$$

在 $\Delta z$ 是无限小的极限情况下，最后一步就相当于 $E_xB_y$ 对于 $z$(在固定时间)的偏导数的定义；也就是我们计算出在 $+z$ 位置和 $z+\Delta z$ 位置上的量 $E_xB_y$，二者相减，除以 $\Delta z$，再取 $\Delta z$ 趋于零的极限. 因而我们可以求出在体积 $A\Delta z$ 中的能量变化率为

$$\begin{aligned}\frac{1}{A}\frac{\partial W(z,t)}{\partial t} &= \frac{1}{\mu_0}[(E_xB_y)_z - (E_xB_y)_{z+\Delta z}] \\ &= S_z(z,t) - S_z(z+\Delta z,t),\end{aligned} \tag{97}$$

这里

$$S_z(z,t) \equiv \frac{1}{\mu_0}E_x(z,t)B_y(z,t)$$

$$=\frac{1}{\mu_0}(\boldsymbol{E}\times\boldsymbol{B})_z. \tag{98}$$

因此，在体积元 $A\Delta z$ 中的能量变化率是在区间左边 $z$ 算得的 $AS_z(z,\ t)$ 量减去在区间右边 $z+\Delta z$ 处同样的量. 因而，量 $S_z(z,\ t)$ 必然是在 $z$ 点沿 $+z$ 方向的单位面积的瞬时能流率. 在体积元中的能量增加(如果有所增加)是从(由左)流入减去(向右)流出的差而来的. 流矢 $\boldsymbol{S}$ 的 $z$ 分量 $S_x(z,\ t)$ 定义为在$(z,\ t)$处沿 $+z$ 方向单位面积的能流率（用 J/(s · m$^2$) 作单位）. （当然，这是我们问题中的唯一能量流方向，因为我们选 $\hat{z}$ 作为传播方向.）

**坡印亭矢量** 能流矢量的一般形式是

$$\boxed{S=\frac{1}{\mu_0}\boldsymbol{E}\times\boldsymbol{B},} \tag{99}$$

这个形式与坐标的选择无关. 能流矢量 $\boldsymbol{S}$ 也称为坡印亭矢量.

**行波中的能量密度和能流通量** 对于在 $+z$ 方向行进的线偏振波，对于每个 $z$，$t$ 我们能取 $\boldsymbol{E}=\hat{x}E_x$ 以及 $\boldsymbol{B}=\hat{y}B_y$，并且 $B_y=E_x$. 因此($E_0$ 用 V/cm 作单位)

$$\begin{cases} E_x=\dfrac{E_0}{c}\cos(\omega t-kz), \\ B_y=\dfrac{E_0}{c}\cos(\omega t-kz), \end{cases} \tag{100}$$

$$\text{能量密度}=\frac{1}{2}\left(\varepsilon_0E_x^2+\frac{1}{\mu_0}B_y^2\right)$$

$$=\frac{\varepsilon_0}{2}E_0^2\cos^2(\omega t-kz), \tag{101}$$

$$\text{能流通量}=S_z=\frac{1}{\mu_0}\frac{E_0^2}{c}\cos^2(\omega t-kz)$$

$$=\frac{\varepsilon_0}{2}cE_0^2\cos^2(\omega t-kz). \tag{102}$$

注意对于行波来说，能流通量 $S_z$(以 J/(s · m$^2$)为单位) 简单地只是能量密度(用 J/m$^3$)乘以光速(用 m/s).

能流通量的时间平均值(在固定的 $z$)等于能流通量的空间平均值(在固定的 $t$). 它们都与 $z$ 和 $t$ 无关，并可由方程(102)中以 $\cos^2(\omega t-kz)$ 的平均值 1/2 代替 $\cos^2(\omega t-kz)$ 而得到.

**驻波中的能量密度和能流通量** 对于驻波我们有

$$E_x=E_0\cos\omega t\cos kz,\ B_y=\frac{E_0}{c}\sin\omega t\sin kz. \tag{103}$$

电能密度极大值和磁能密度极大值在时间上隔开 1/4 周期，在位置上隔开 1/4 波长. 我们要让你们证明(习题 7.36)：在任何长度为$(1/4)\lambda$ 的区间里，总能量是一个常数．电场中的能量在它的平均值附近以 $2\omega$ 为频率，在极限值零和平均值的2倍之间做简谐振荡．磁场中的能量也是如此．因此能量在纯粹电能(其极大能量密度在某一地方)和纯粹磁能(其极大能量密度，在相隔 $1/4\lambda$ 的另一个地方)之间来回振荡．这有点儿像一个简谐振动的行为：振动总能量是一个常数，但在纯粹势能(有质量物体在一个位置)和纯粹动能(有质量物体在另一个位置)之间来回振荡．势能和动能各自都围绕它们的平均值以频率 $2\omega$ 作简谐振荡．这里2这个因子来自这样一个事实，就是每振荡一周中势能有两次是正的大值（动能也一样）．在驻波中的电场 $E_x$ 有点类似于简谐振动中有质量物体离开平衡位置的位移，而磁场 $B_y$ 有些类似于有质量物体的速度．

**平面行波中的线性动量流通量——辐射压力**　如果一束电磁辐射在没有反射的情况下被吸收了（例如，被一个完善的终端所吸收），因而给予吸收体以一定的能量 $W$，我们将证明，它也给予吸收体以动量（沿着传播方向）．结果表明这个动量的数值是 $W/c$．如果光束被一面镜子（没有任何光的吸收）反射180°，那么，就有两倍这样的动量给了镜子．也就是，如果能量 $W$ 在没有吸收的情况下被反射了，镜子就得到了沿传播方向的 $2W/c$ 的动量．因此辐射推动吸收它或反射它的那些东西．这种推动称为辐射压力．在一个电磁平面行波中，相应于每个能量 $W$ 都有一个由下式给出的动量 $\boldsymbol{P}$：

$$\boxed{\boldsymbol{P}=\frac{W}{c^2}\hat{\boldsymbol{z}},} \tag{104}$$

这里 $\hat{\boldsymbol{z}}$ 是沿着传播方向的．

利用在行波中光是集聚成叫作光子的一些能包这样一种概念，可以得到式(104)的一种简单的推导．一个光子就像一个静止质量为零的“粒子”．一个静止质量为 $M$ 和动量为 $P$ 的相对论性粒子具有由下式给出的能量 $W$：

$$W=[(cP)^2+(Mc^2)^2]^{1/2}. \tag{105}$$

如果 $M$ 是零，我们就得到式(104)．

上面的推导是简短的，或许会引起误解．事实上，电磁辐射是“量子化的”，其意义是，它只能以 $\hbar\omega$ 大小的量子化的“一份一份”传送能量．这个事实对辐射压力实际上没有影响，亦即对式(104)没有影响．因此，我们应该能够给出式(104)的一个纯经典的推导，而不用光子或“粒子”的概念．现在我们就这样做．(在《量子物理学》卷中，将学习到光的量子概念．)

考虑一个受到平面行波作用的电荷为 $q$ 的粒子．我们取电荷 $q$ 是正的，并假设粒子在 $t=0$ 时从静止释放出来．作用在粒子上的力 $\boldsymbol{F}$ 是洛伦兹力：

$$\boldsymbol{F}=q\boldsymbol{E}+q\boldsymbol{v}\times\boldsymbol{B}. \tag{106}$$

刚开始时(例如在开始几次振动期间)，速度 $\boldsymbol{v}$ 的数值是小的，因此电荷的运动

主要是由于 $\boldsymbol{E}$ 引起的．因而 $\boldsymbol{v}$ 沿着 $\boldsymbol{E}$，并以 $\boldsymbol{E}$ 反转方向的速率反转方向．但无论何时，$\boldsymbol{E}$ 反向，$\boldsymbol{B}$ 也反向．因此 $\boldsymbol{v}\times\boldsymbol{B}$ 总是有同一个符号．所以 $\boldsymbol{B}$ 作用到 $q$ 上的力总是在传播方向上，也就是 $\boldsymbol{E}\times\boldsymbol{B}$ 的方向上．这样，电荷 $q$ 的运动是以场的频率所做的横向振动加上沿着传播方向缓慢增加的速度的叠加．我们将证明，电荷沿 $z$ 方向获得的动量的时间平均率是 $1/c$ 乘以电荷从行波中吸收能量的时间平均率．（电荷并不保持已吸收的能量．如果它是一块成为理想终端的空间布上的电荷，那么它就不停地把能量通过作用到电荷上的阻力传送给物质．如果它是一个自由空间中的电荷，它就不停地在所有方向辐射能量．在入射行波的方向上辐射的能量可以忽略，因而吸收能量的一个可忽略的部分还给了行波．）

下面是推导．我们的“标准行波”有 $\boldsymbol{E}=\hat{\boldsymbol{x}}E_x$，$\boldsymbol{B}=\hat{\boldsymbol{y}}B_y$ 以及 $B_y=E_x$，带电粒子的速度 $\boldsymbol{v}$ 由 $\boldsymbol{v}=\hat{\boldsymbol{x}}\dot{x}+\hat{\boldsymbol{y}}\dot{y}+\hat{\boldsymbol{z}}\dot{z}$ 给出．把这些数值代入方程(106)，并利用 $\hat{\boldsymbol{x}}\times\hat{\boldsymbol{y}}=\hat{\boldsymbol{z}}$，$\hat{\boldsymbol{y}}\times\hat{\boldsymbol{y}}=\boldsymbol{0}$ 以及 $\hat{\boldsymbol{z}}\times\hat{\boldsymbol{y}}=-\hat{\boldsymbol{x}}$，我们得到

$$\boldsymbol{F}=\hat{\boldsymbol{x}}qE_x+q\dot{x}B_y\hat{\boldsymbol{z}}-q\dot{z}B_y\hat{\boldsymbol{x}}. \tag{107}$$

现在我们在一个周期内对方程(107)取时间平均．第一项 $\hat{\boldsymbol{x}}qE_x$ 的平均值为零，含有 $\dot{z}B_y$ 的最后一项也是如此．这是因为我们可以假定在一个周期内沿着 $z$ 方向的速度的增加可以忽略，也就是我们可以取缓慢增加的速度 $\dot{z}$ 在一个周期里为常数．场 $B_y$ 在这个周期内的平均值于是为零．余下的一项 $q\dot{x}B_y\hat{\boldsymbol{z}}$ 的平均值就不是零，因为横向速度 $\dot{x}$ 是以像 $B_y$ 一样的速率振动的．因此对于时间平均(用括号 $\langle\rangle$ 表示)我们有(记住力是动量的时间变化率)

$$\langle\boldsymbol{F}\rangle=\left\langle\frac{\mathrm{d}\boldsymbol{P}}{\mathrm{d}t}\right\rangle=\hat{\boldsymbol{z}}q\langle\dot{x}B_y\rangle. \tag{108}$$

现在让我们来考虑行波作用在点电荷上的功率．对 $q$ 做的瞬时功率为

$$\begin{aligned}\frac{\mathrm{d}W}{\mathrm{d}t}&=\boldsymbol{v}\cdot\boldsymbol{F}=\boldsymbol{v}\cdot(q\boldsymbol{E}+q\boldsymbol{v}\times\boldsymbol{B})\\&=q\boldsymbol{v}\cdot\boldsymbol{E}\\&=q\dot{x}E_x.\end{aligned}$$

在一个周期内取平均，得到

$$\left\langle\frac{\mathrm{d}W}{\mathrm{d}t}\right\rangle=q\langle\dot{x}E_x\rangle. \tag{109}$$

比较式(108)和式(109)，并利用 $B_y=E_x/c$(对一个行波来说)，我们看到

$$\left\langle\frac{\mathrm{d}\boldsymbol{P}}{\mathrm{d}t}\right\rangle=\hat{\boldsymbol{z}}\,\frac{1}{c}\left\langle\frac{\mathrm{d}W}{\mathrm{d}t}\right\rangle. \tag{110}$$

因此，在电子从行波中移去能量 $W$ 的这段时间间隔中，它也从这个行波中移去了动量 $\hat{\boldsymbol{z}}(W/c)$．移去能量 $W$ 而不移去动量 $\hat{\boldsymbol{z}}(W/c)$ 是不可能的．这与说辐射有

式(104)所给出的动量相同. 来自太阳的辐射压力将在习题7.13～习题7.15中讨论.

**平面行波中的角动量**　我们将证明平面行波不仅能把能量和线动量传递给电荷 $q$，而且也能传递角动量. 为了做到这一点，它就必须驱使电荷做圆周运动. 很明显，在我们曾考虑过的“线偏振”场里，这种情况不会发生. 如果这些场是圆偏振的，就会发生这种情况. 让我们来考虑一个沿着 $+\hat{z}$ 方向传播的行波，它有一个大小不变的并且(在固定 $z$)以角速度 $\omega$ 绕 $z$ 轴转动的电场 $\boldsymbol{E}$，由右手螺旋法则可定出转动方向指向 $+z$ 方向. 因此 $E_x$ 和 $E_y$ 是时间的简谐函数(在固定的 $z$)，并且 $E_x$ 相位比 $E_y$ 超前90°. 磁场 $\boldsymbol{B}$ 由(对于行波总是如此)$\boldsymbol{B}=\hat{z}\times\boldsymbol{E}$ 给出. 因为电场驱动电荷 $q$（而磁场使它的路径弯曲），我们就能假设在稳恒状态下电荷 $q$ 以角速度 $\omega$ 做与场转动方向相同的圆周运动. （电荷也在 $+z$ 方向慢慢地漂移，这是因为辐射压力通过行波作用在它上面. 我们可以忽略这一点. ）因此场和电荷的位置 $\boldsymbol{r}$ 以及速度 $\boldsymbol{v}$ 的位形如图7.7所示. 注意 $\omega\boldsymbol{r}$ 与 $\boldsymbol{v}$ 有同样的大小，$\omega\boldsymbol{r}$ 和 $\boldsymbol{v}$ 的相对方向也如图所示.

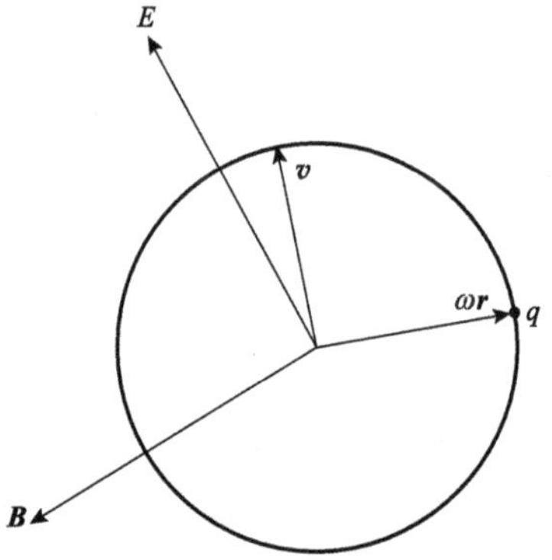

图7.7　圆偏振光驱动电荷 $q$ 在圆周路径上运动. $\hat{z}$ 指向纸面外

作用在电荷 $q$ 上的转(力)矩 $\boldsymbol{\tau}$ 等于 $\boldsymbol{r}\times\boldsymbol{F}$. 因此(乘以 $\omega$)我们看到

$$\begin{aligned}\omega\boldsymbol{\tau}&=\omega\boldsymbol{r}\times\boldsymbol{F}\\&=\omega\boldsymbol{r}\times q\boldsymbol{E}+\omega\boldsymbol{r}\times q(\boldsymbol{v}\times\boldsymbol{B}).\end{aligned}\tag{111}$$

我们把这个力矩在一个周期里求平均. 从图7.7中我们看出 $\boldsymbol{v}\times\boldsymbol{B}$ 是沿着 $\hat{z}$ 方向的，因此 $\boldsymbol{r}\times(\boldsymbol{v}\times\boldsymbol{B})$ 沿着 $-\boldsymbol{v}$ 方向. 因为 $\boldsymbol{v}$ 的每一个分量在一个周期内的平均值为零，我们看出磁场对于力矩的时间平均值没有净贡献. 从图7.7中我们也看到 $\omega\boldsymbol{r}\times\boldsymbol{E}$ 是沿着 $\hat{z}$ 方向，并且其数值与 $\boldsymbol{v}\cdot\boldsymbol{E}$ 的代数值相同，因此它由下式给出：

$$\omega\boldsymbol{r}\times\boldsymbol{E}=\hat{z}\boldsymbol{v}\cdot\boldsymbol{E}.\tag{112}$$

由式(111)给出的作用在电荷 $q$ 上的力矩对时间的平均值是

$$\langle\tau\rangle=\left\langle\frac{\mathrm{d}\boldsymbol{J}}{\mathrm{d}t}\right\rangle=\frac{\hat{z}}{\omega}\langle q\boldsymbol{v}\cdot\boldsymbol{E}\rangle=\frac{\hat{z}}{\omega}\left\langle\frac{\mathrm{d}W}{\mathrm{d}t}\right\rangle,\tag{113}$$

这里我们用了力矩是角动量 $\boldsymbol{J}$ 的时间变化率以及 $q\boldsymbol{v}\cdot\boldsymbol{E}$ 是在 $q$ 上所做的功率的事实. 根据式(113)，一个电荷从转动方向沿着 $+\hat{z}$ 的圆偏振平面行波中吸收了一定能量 $W$，也吸收一个由下式给出的角动量 $\boldsymbol{J}$：

$$J=\hat{z}\frac{W}{\omega}.$$

对于这个结果的一个较好的表达方法是利用转动方向的单位矢量 $\hat{\boldsymbol{\omega}}$，而转动方向可以沿 $+\hat{z}$ 或 $-\hat{z}$. 结果，一个圆偏振平面行波带有角动量

$$\boxed{J=\hat{\boldsymbol{\omega}}\frac{W}{\omega},} \tag{114}$$

这里 $\hat{\boldsymbol{\omega}}$ 或是沿着传播方向，或是与这个方向相反.

我们将在第 8 章中看到，振幅为 $A$ 的一个线偏振平面行. 波可以看作为两个圆偏振平面行波的叠加，每个行波的振幅都是 $\frac{1}{2}A$，但转动方向相反，因此线偏振平面行波不带有角动量.

你们将在《量子物理学》卷中学到，电磁平面行波只传递一份一份"量子化"的能量 $\Delta W=\hbar\omega$. 根据式(114)，当它被吸收(或发射)时，这样的波必须传递相应的"量子化"的角动量 $\Delta J=\hbar\omega$. 认识到式(114)只适用于平面行波是很重要的. 因而，它适用于离幅射"点源"足够远的距离处.

如果你让"右旋"圆偏振光通过一个透明的"半波推迟片"，你就会发现旋光性反向. 因为这个片必须(由反冲)供给由式(114)给出的角动量的两倍，这就对片给出一个反冲力矩. 这将在习题 8.19 中讨论.

**均匀介质中的电磁波**　我们已经用麦克斯韦方程研究了真空中的电磁平面波. 在补充论题 9 中，我们将用麦克斯韦方程研究在均匀介质而不是在真空中的电磁平面波. 我们得到下面的结果：

$$k^2=\frac{\omega^2}{c^2}\varepsilon_r\mu_r, \tag{115}$$

在这里 $\varepsilon_r$ 是相对介电常数，$\mu_r$ 是相对磁导率. 这个结果与我们在 4.3 节中考虑平行板传输线［式(4.66)］中的电磁波得到的一样.

## 7.5　点电荷的辐射

在这一节中，我们将求出由一个振动点电荷所发出的出射球形行波中的电场和磁场. 这些结果将帮助我们去了解原子、无线电站和恒星发射的电磁辐射，也将告诉我们为什么天空是蓝色的.

**有源项的麦克斯韦方程**　我们必须采用完整的、包括有给出电荷和电流贡献的源项的麦克斯韦方程：

$$\nabla\cdot\boldsymbol{E}=\frac{\rho}{\varepsilon_0}, \tag{116}$$

$$\nabla\times\boldsymbol{E}=-\frac{\partial\boldsymbol{B}}{\partial t},\tag{117}$$

$$\nabla\cdot\boldsymbol{B}=0,\tag{118}$$

$$\nabla\times\boldsymbol{B}=\frac{1}{c^2}\frac{\partial\boldsymbol{E}}{\partial t}+\mu_0\boldsymbol{J}.\tag{119}$$

对于真空(那里 $\rho$ 和 $\boldsymbol{J}$ 是零)我们已经用过所有这四个方程. 我们(在 7.4 节中)发现，对于以速度 $c$ 传播的非色散波，$\boldsymbol{E}$ 和 $\boldsymbol{B}$ 满足经典波动方程. 此外我们还找到了离源很远的 $\boldsymbol{E}$ 和 $\boldsymbol{B}$ 之间的关系，因为我们能够假设在离源足够远的区域里的波与平面波是无法区别的(如果我们不企图把一个地方的场与相隔很远的另一个地方的场相互联系起来). 剩下的唯一问题是应用麦克斯韦方程中的源项去求出辐射波依赖于源的运动. 现在，在麦克斯韦方程中有两个源. 一个是电荷密度 $\rho$，另一个是电流密度 $\boldsymbol{J}$. 这两个源不是互相独立的，它们通过电荷守恒而联系着：

$$\frac{\partial\rho}{\partial t}+\nabla\cdot\boldsymbol{J}=0.\tag{120}$$

[利用式(116)和式(119)以及 $\nabla\cdot\nabla\times\nabla=0$，你们能很容易证明方程(120). 见《电磁学》卷式(4.9).] 因此我们不需要明显地用到 $\boldsymbol{J}$，因为只要我们不脱离电荷 $q$ 的运动，我们就自动地加上了电荷守恒. 电流将隐含在内，不需要我们特加注意. 我们可以集中注意方程(116)给出的电荷的效应.

**高斯定理和 $\boldsymbol{E}$ 的通量守恒**　方程(116)等价于高斯定理. (见《电磁学》卷 1.10 节和 2.10 节.) 对于一个不动的点电荷，高斯定理 [或方程(116)] 给出了熟悉的平方反比律的场(见《电磁学》卷 1.11 节)，

$$\boldsymbol{E}=q\frac{1}{4\pi\varepsilon_0}\frac{\hat{\boldsymbol{r}}}{r^2},\tag{121}$$

在这里 $\boldsymbol{r}=r\hat{\boldsymbol{r}}$ 是从点电荷到给定的观测点的位移矢量. 对于一个运动电荷，我们可以利用力线概念和 $E$ 的通量守恒(这等价于电荷守恒) [见《电磁学》卷 5.3 节和 5.4 节].

**电荷运动**　现在我们用高斯定理去求出由一个点电荷发射的辐射场，这个电荷经历了下面的运动：正电荷 $q$ 从 $t=-\infty$ 到 $t=0$ 静止在一个惯性系的原点上. 在 $t=0$，在短时间 $\Delta t$ 里它在 $+x$ 方向以恒定加速度 $a$ 加速. 这以后，它就以固定的速度 $v=a\Delta t$ 滑行. 在 $t=0$ 之前，在惯性系中每一处电场由方程(121)给出，而磁场为零. 在整个这段时间里，$\boldsymbol{E}$ 的力线的取向是从 $q$ 的位置向外. 在 $t=0$ 时，突然加速，$\boldsymbol{E}$ 的力线产生了“扭折”，并产生了 $\boldsymbol{B}$ 线. 这些是从原点以速度 $c$ 向外传播的. (在这个论述中我们用到了全部麦克斯韦方程!) 我们只是要求远距离的场，因此我们只需要求 $\boldsymbol{E}$. (我们的平面波结果就给出 $\boldsymbol{B}$.)

考虑一个比 $\Delta t$ 大得多的时间 $t$. 在离原点距离 $r$ 比 $ct$ 大的位置上，加速度的“信息”还没有传到(亦即“扭折”还没有传到). 在 $r$ 比 $c(t-\Delta t)$ 小的位置上，

“扭折”已过去了，电场是由一个以稳恒速度 $v$ 运动的电荷产生的．这个场的方向是指向离开电荷 $q$ 的“现在位置”的方向．距离以匀速 $\boldsymbol{v}$ 运动的点电荷的瞬时位置为 $r'$的固定观测点上的电场已在《电磁学》卷 5.6 节中推导出来了．在观测点的这个场的方向是沿着从电荷的瞬时位置到观测点的连线方向．电场的大小由下式给出：

$$E=\frac{q}{4\pi\varepsilon_0 r'^2}\frac{1-\beta^2}{(1-\beta^2\sin^2\theta)^{3/2}},\tag{122}$$

在这里 $\beta=v/c$，而 $\theta$ 是速度 $\boldsymbol{v}$ 的方向与从 $q$ 的瞬时位置到固定观测点的方向之间的夹角．我们只考虑 $v$ 比 $c$ 小很多的情况．（原子发射可见光就是这种情况，在那里事实上 $v/c$ 的数量级是 1/137.）因而在式(122)中我们可以取 $\beta=0$，这是一个很好的近似.㊀

因此我们得到一个简单的结论：对于一个以匀速 $v\ll c$ 运动的电荷，在远处观测点的电场是

$$\boldsymbol{E}'=q\frac{1}{4\pi\varepsilon_0}\frac{\hat{\boldsymbol{r}}'}{r'^2},\tag{123}$$

这里 $\boldsymbol{r}'=r'\hat{\boldsymbol{r}}'$是 $q$ 的瞬时位置到固定观测点的位移矢量.

我们感兴趣的是以光速向外传播的“扭折”中的电场．我们可以用高斯定理求出给定时刻的这个场来把刚好在“扭折”前面(由式(121)给出)的场和刚好在“扭折”后面(由式(123)给出)的场用使 $\boldsymbol{E}$ 的通量($\boldsymbol{E}$ 的面积分)守恒的方式“连接”起来．（见《电磁学》卷 5.7 节.）

现在我们来考虑一个远大于加速时间间隔 $\Delta t$ 的时间 $t$．比起电荷以匀速行进的大许多的距离 $vt$ 来，我们能够忽略电荷在 $\Delta t$ 时间内行进的距离 $\frac{1}{2}a(\Delta t)^2$．我们考虑一个从原点引出的位移矢量 $\boldsymbol{r}$ 与速度 $\boldsymbol{v}$ 成 $\theta$ 角的观测点．我们这样来选择时刻 $t$，使得“扭折”在时刻 $t$ 开始扫过观测点．因此 $r=ct$．现在考虑在“扭折”后端的 $\boldsymbol{r}'$．因为 $v\ll c$，电荷行进过的一段距离 $vt$ 远比 $r=ct$ 为小，因而 $\hat{\boldsymbol{r}}'$的方向实际上平行于 $\hat{\boldsymbol{r}}$，所以距离 $r'$基本上由下式给出：

$$r'=r-vt\cos\theta=r\left(1-\frac{v}{c}\cos\theta\right)\approx r,\ 因\frac{v}{c}\ll 1.\tag{124}$$

在图 7.8 中画出了这种几何图形.

令 $E_\perp$ 和 $E_\parallel$ 分别表示垂直和平行于传播方向 $\hat{\boldsymbol{r}}$ 的 $\boldsymbol{E}$ 的分量的大小．在这里 $\boldsymbol{E}$ 是“扭折”所占有的空间中的电场．电通量守恒意味着力线连续．因此，横向(垂直)分量 $E_\perp$ 与纵向(平行)分量 $E_\parallel$ 的比可以通过对图 7.8 的简单观察得到．以在“扭折”中的 $\boldsymbol{E}$ 的力线为斜边而分别以 $E_\perp$ 和 $E_\parallel$ 为两直角边的直角

㊀ J. R. Tessman 和 J. T. Finnell，Jr 在 *Am. J. Phys.* 35，523（1967）中给出了一般情况.

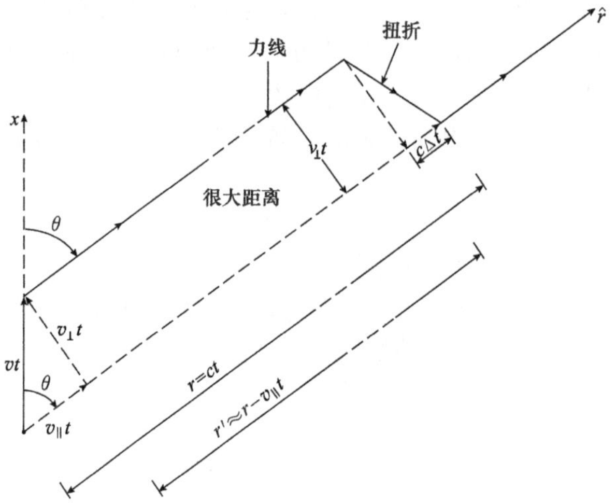


图 7.8　一个加速点电荷的辐射．$E$ 的力线的“扭折”以速度 $c$ 传播．此图是对 $t \gg \Delta t$，$v(=a\Delta t) \ll c$ 画出的．$\boldsymbol{v}$ 的垂直和平行于从 $q$ 到观测点的方向 $\hat{\boldsymbol{r}}$ 的分量分别以 $v_\perp$ 和 $v_\parallel$ 表示

三角形与直角边的长度分别为 $v_\perp t$ 和 $c\Delta t$ 的直角三角形相似．因此观看图 7.8 我们得到

$$\frac{E_\perp}{E_\parallel}=\frac{v_\perp t}{c\Delta t}, \tag{125}$$

或者，因为 $v_\perp$ 是 $a_\perp \Delta t$ 以及 $t$ 是 $r/c$，有

$$\frac{E_\perp}{E_\parallel}=\frac{(a_\perp \Delta t)(r/c)}{c\Delta t}=a_\perp \frac{r}{c^2}, \tag{126}$$

这里 $a_\perp$ 是加速度 $a$ 的横向分量的大小．

我们还需要知道“扭折”内的 $\boldsymbol{E}$ 的纵向分量 $E_\parallel$．我们对图 7.9 中的丸药盒形状的体积应用高斯定理，可以求得这个分量．盒中没有电荷，因此进入盒内的电通量必须与离开它的电通量相同．我们用这样的方法来选择盒子，使得进入盒子的通量是 $E_\parallel$ 乘以盒子的入射表面面积，而离开盒子的通量是正好在“扭折”之前的径向场 $E_r$ 乘以相等的面积．从图 7.9 我们得出 $E_\parallel$ 和 $E_r$ 相等．但 $E_r$ 由式(121)的与距离平方成反比的场给出．由此我们得到

$$E_\parallel=E_r=\frac{q}{4\pi\varepsilon_0 r^2}. \tag{127}$$

[如果把这种盒子论证用到“扭折”的后边，得到的结果是 $E_\parallel$ 必须等于式(123)给出的 $E'_r$．但因为根据式(124)$r'$ 与 $r$ 基本上相等，故 $E'_r$ 又等于 $E_r$．由此，我们得到式(127)．式(125)也可用盒子的论证得到．你们很容易证明(习题 7.16)，我们在扭折中“检查”$\boldsymbol{E}$ 方向的较简单的方法与盒子的论证等价．]

**辐射场**　把式(126)和式(127)结合起来. 我们得到“扭折”中横向场的大小为

$$E_{\perp}=\left(a_2\frac{r}{c^2}\right)E_{\parallel}=a_{\perp}\frac{r}{c^2}\,\frac{q}{4\pi\varepsilon_0 r^2}=\frac{qa_{\perp}}{r4\pi\varepsilon_0 c^2} \tag{128}$$

由图 7.8 我们注意到，在 $t$ 时刻在点 $r$ 的 $\boldsymbol{E}_{\perp}$ 沿着较早时刻 $t'$ 时 $\boldsymbol{a}_{\perp}$ 的负方向，这里 $t'=t-(r/c)$，我们现在使式(128)包括 $\boldsymbol{E}_{\perp}$ 的方向，并把 $\boldsymbol{E}_{\perp}$ 命名为辐射场 $\boldsymbol{E}_{辐射}$：

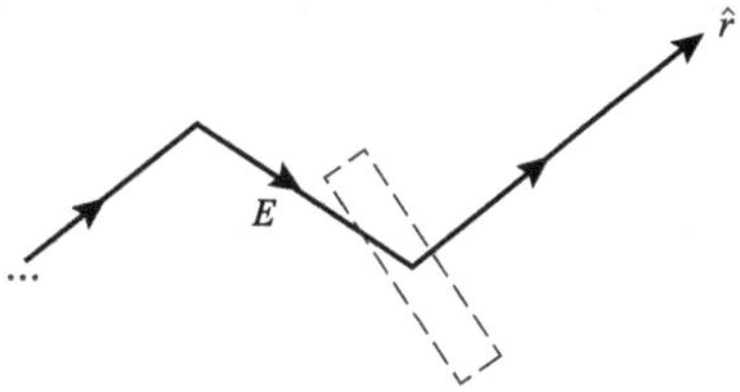


图 7.9　在扭折中的电场 $\boldsymbol{E}$. 虚线表示应用高斯定理的假想表面

$$\boxed{\begin{aligned}\boldsymbol{E}_{辐射}(\boldsymbol{r},t)&=-\frac{q\boldsymbol{a}_{\perp}(t')}{4\pi\varepsilon_0 rc^2},\\ t'&=t-\frac{r}{c}.\end{aligned}} \tag{129}$$

必须指出，扭折中的 $\boldsymbol{E}$ 的径向分量是与在扭折前和扭折后的径向场一样的，因此它不载有“信息”，它不是“辐射”，也不是行波的一个部分. 只能测定径向电场的探测器完全不会探测到“扭折”. 这就是为什么在以“辐射场”命名的情况下，我们只包括了“扭折”中的横场. 这个结果可以从我们在 7.4 节中关于平面波的结论预料到. 在 7.4 节中我们已学过，对于一个平面波来说，$\boldsymbol{E}$ 和 $\boldsymbol{B}$ 的纵向分量在空间上和时间上都是常数，因此不可以称为波的一部分.（在来自点电荷的辐射的目前这个例子中，预料在远距离点 $\boldsymbol{r}$ 的场与那些在垂直于 $\boldsymbol{r}$ 的有限区域里的平面波的场相类似.）我们将大胆地假设我们能把行波的其他结果接受过来，这就是，$\boldsymbol{B}$ 和 $\boldsymbol{E}$ 互相垂直，而且垂直于传播方向 $\boldsymbol{r}$；$\boldsymbol{B}$ 和 $\boldsymbol{E}$ 的大小在每一瞬时和每个位置都彼此相等.

**推广到任意的(非相对论性)点电荷**　假设我们有一个点电荷 $q$，它正在做某种复杂的三维运动. 我们称这样的运动为“任意”运动，但它必须总是满足我们的假定 $v \ll c$. 而且为简单起见，我们假设电荷 $q$ 保持在坐标原点的周围. $q$ 可能是远距离无线电天线中的或远距离原子中的一个电子. 我们所谓“邻近”和“远距离”的意思，是指从 $q$ 的瞬时位置到固定观测点的位移矢量 $\boldsymbol{r}'$，在方向和长度上都可看作几乎是固定不变的. 因此，一个远距离原子可以距观察点 $10^{-5}$ cm，因为原子所占有的“邻近”半径大约只有 $10^{-8}$ cm. 对于一个 10 m 长的无线电天线来说，相应的远距离大约应该是远达 10 000 m.

做任意运动的点电荷引起的在远距离观测点上的辐射场的形式是什么？式(129)是对于一种特别简单的运动推导出来的，这种运动是先在短时间 $\Delta t$ 内以匀加速度运动，接着再以匀速度运动. 我们已经发现，在时刻 $t$ 在观测点上得到的辐射场完全是由在较早的“推迟时间” $t'=t-(r/c)$ 时的横向加速度 $a_{\perp}(t')$ 产生的.

对于 $a(t')$ 是一个不断(但连续地)变化的量的任意运动来说，在足够短的时间间隔 $\Delta t'$，我们能把 $a(t')$ 看作在大小、方向上都是一定的．因此，在 $\Delta t'$ 这段时期加速度 $a(t')$ 在远距离观测点上产生一个由式(129)给出的辐射场，它在时间间隔 $\Delta t$ 内扫过了观测点．现在我们碰到了一个复杂问题．加速度发生时的“推迟时间” $t'$ 是

$$t' = t - \frac{r'}{c}. \tag{130}$$

在时间间隔 $\Delta t'$ 内由电荷 $q$ 发射的辐射扫过观测点的时间间隔 $\Delta t$ 为

$$\Delta t = \Delta\left(t' + \frac{r'}{c}\right) = \Delta t' + \frac{\Delta r'}{c}, \tag{131}$$

这里 $\Delta r'$ 是在时间间隔 $\Delta t'$ 中电荷 $q$ 与观测点之间距离的变化．我们看到，一般说来 $\Delta t$ 不等于 $\Delta t'$．因此，在一个给定的瞬时 $t$，在观测点上有在不同的“推迟时间” $t'$ 发射的辐射场贡献的“重叠”．

**避免“重叠”**　我们不想研究这种一般的情况．我们注意到，$\Delta r'$ 等于速度的纵向分量乘以 $\Delta t'$．因此，对于 $v \ll c$，作为较好的近似，我们能忽略式(131)中的 $\Delta r'$：

$$\begin{aligned}\Delta t &= \Delta t' + \frac{\Delta r'}{c}\\ &= \Delta t' + \frac{v_{\parallel}\Delta t'}{c}\\ &\approx \Delta t',\ 对\frac{v_{\parallel}}{c} \ll 1.\end{aligned} \tag{132}$$

因而当 $v \ll c$ 时，$\Delta t$ 和 $\Delta t'$ 之间的重叠可以忽略．于是，在时刻 $t$ 测量到的辐射与在单一“推迟时间” $t'$ 的横向加速度之间有一一对应的关系．在那种情况下，对于整个 $t$ 来说，辐射场 $\boldsymbol{E}_{辐射}(\boldsymbol{r},\ t)$ 由式(129)给出．

**一旦 $\boldsymbol{E}$ 知道了，$\boldsymbol{B}$ 也就知道了**　从现在起我们假定式(129)对于 $\boldsymbol{r}$ 基本上是固定的某个远距离的观测点适用．我们还假定 $\boldsymbol{B}_{辐射}$ 由平面波满足的关系给出．这样(略去辐射场的“辐射”下标)我们就有

$$\boldsymbol{B}(\boldsymbol{r},t) = \hat{\boldsymbol{r}} \times \boldsymbol{E}(\boldsymbol{r},t). \tag{133}$$

**点电荷辐射的能量**　对于一个远距离的观测点，能流矢量 $\boldsymbol{S}(\boldsymbol{r},\ t)$ 由下式给出：

$$\begin{aligned}\boldsymbol{S}(\boldsymbol{r},t) &= \frac{1}{\mu_0}\boldsymbol{E}\times\boldsymbol{B}\\ &= \frac{1}{c\mu_0}[\boldsymbol{E}(\boldsymbol{r},t)]^2\hat{\boldsymbol{r}}\\ &= \frac{1}{c\mu_0}\left[\frac{-qa_{\perp}(t')}{4\pi\varepsilon_0 rc^2}\right]^2\hat{\boldsymbol{r}}\\ &= \frac{q^2}{4\pi\varepsilon_0 c^3}[\boldsymbol{a}_{\perp}(t')]^2\frac{\hat{\boldsymbol{r}}}{4\pi r^2},\end{aligned} \tag{134}$$

这里 $\boldsymbol{S}$ 的单位是 $\mathrm{J}(\mathrm{s}\cdot\mathrm{m}^2)$．通过处在观测点 $\boldsymbol{r}$ 上无限小面积 $\mathrm{d}A$（方向垂直于 $\boldsymbol{r}$）的以 J/s 作单位的能流通量是由能流矢量 $\boldsymbol{S}$ 的大小乘以无限小面积 $\mathrm{d}A$ 得出的．让我们称这个能流通量为 $\mathrm{d}P$（$P$ 是以 J/s 为单位的功率；字母 d 表示我们所考虑的是经过 $\mathrm{d}A$ 的无限小的功率）：

$$\mathrm{d}P(\boldsymbol{r},t) = |\boldsymbol{S}(r,t)|\,\mathrm{d}A$$

$$\frac{q^2}{4\pi\varepsilon_0 c^3}\boldsymbol{a}_{\perp}^2(t')\frac{\mathrm{d}A}{4\pi r^2}. \tag{135}$$

令 $\theta(t')$ 为瞬时推迟加速度 $\boldsymbol{a}(t')$ 与从 $q$ 的邻近引到观测点的固定方向 $\boldsymbol{r}$ 所构成的夹角．根据图 7.8，我们看出

$$\boldsymbol{a}_{\perp}^2(t') = \boldsymbol{a}^2(t')\sin^2\theta(t'). \tag{136}$$

于是式(135)可以写成

$$\mathrm{d}P(\boldsymbol{r},t) = \frac{q^2}{4\pi\varepsilon_0 c^3}\boldsymbol{a}^2(t')\sin^2\theta(t')\frac{\mathrm{d}A}{4\pi r^2}. \tag{137}$$

**在所有方向发射的总瞬时功率**　让我们保持 $t'$ 和 $r$ 二者固定，并且对 $\mathrm{d}P$ 在 $\boldsymbol{r}$ 的所有方向积分(也就是在半径为 $r$ 的球表面积分)．如果不是因为有因子 $\sin^2\theta(t')$ 的话，我们可以简单地以球的总面积 $4\pi r^2$ 代替无穷小面积元 $\mathrm{d}A$ 完成这个积分．但由于有这个因子存在，当我们对分布在球上的不同观测点上的不同的无穷小面积 $\mathrm{d}A$ 积分时，我们必须包括 $\sin^2\theta(t')$ 的变化．因此我们可以写出

$$P(t) = \frac{q^2}{4\pi\varepsilon_0 c^3}\boldsymbol{a}^2(t')\overline{\sin^2\theta(t')},$$

$$t' = t - \frac{r}{c}, \tag{138}$$

这里

$$\overline{\sin^2\theta(t')} \equiv \int \sin^2\theta(t')\frac{\mathrm{d}A}{4\pi r^2}. \tag{139}$$

为了计算这个积分，我们可以用如图 7.10 所示的球极坐标．这个无穷小面积 $\mathrm{d}A$ 是边长为 $r\mathrm{d}\theta$ 和 $r\sin\theta\mathrm{d}\varphi$ 的微小矩形．因此

$$\frac{\mathrm{d}A}{r^2} = \frac{(r\mathrm{d}\theta)(r\sin\theta\mathrm{d}\varphi)}{r^2} = \mathrm{d}\theta\sin\theta\mathrm{d}\varphi. \tag{140}$$

你们很容易证明(习题 7.40)

$$\overline{\sin^2\theta(t')} = \frac{2}{3}. \tag{141}$$

下面是式(141)的简短推导．矢量 $\boldsymbol{r}$ 沿极轴有分量 $r\cos\theta$，让我们称这个轴为 $z$ 轴，那么 $z = r\cos\theta$．当我们(让 $\boldsymbol{r}$ 固定在一个球面上)对所有方向 $\theta$ 取 $z^2$ 的平均时，我们必须得到我们对 $x^2$ 或 $y^2$ 求平均时所得到的同样结果．但是对于每一点，我们都有 $x^2 + y^2 + z^2 = r^2$，因此我们有

$$r^2=\overline{r^2}=\overline{x^2+y^2+z^2}$$
$$=\overline{x^2}+\overline{y^2}+\overline{z^2}$$
$$=3\overline{z^2}=3r^2\ \overline{\cos^2\theta}.$$

所以

$$\overline{\cos^2\theta}=\frac{r^2}{3r^2}=\frac{1}{3};$$

$$\overline{\sin^2\theta}=\overline{1-\cos^2\theta}=1-\frac{1}{3}=\frac{2}{3}. \tag{142}$$

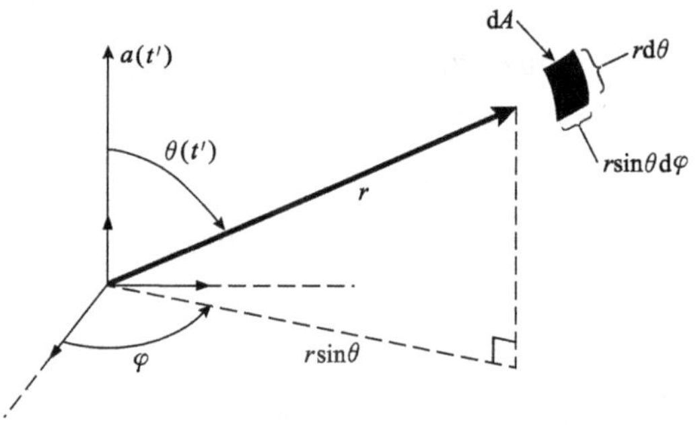


图 7.10　球极坐标. 在径向矢量 $\boldsymbol{r}$ 的端点处，方向垂直于 $\boldsymbol{r}$ 的无穷小面积 $dA$ 的大小为 $r^2 d\varphi\sin\theta d\theta$

**辐射功率的著名公式**　我们已求出 $\sin^2\theta(t')$ 的数值. 我们把它代入到式(138)中，得到

$$\boxed{\begin{aligned}P(t)&=\frac{2}{3}\frac{q^2}{4\pi\varepsilon_0c^3}\boldsymbol{a}^2(t'),\\ t'&=t-\frac{r}{c}.\end{aligned}} \tag{143}$$

根据式(143)，在时刻 $t_1$ 穿过半径为 $r_1$ 的球面发出去的辐射功率和在任何别的半径 $r_2$ 和在相应于相同的推迟时间 $t'$ 的时刻 $t_2$ 发出去的辐射功率的数值相同. 这正意味着能量守恒，能量以光速向外行进. 注意，这个结果同辐射场与 $r$ 的一次方成反比这一事实有关. 因此，单位为 $J/(s\cdot m^2)$ 的输出能流 $|\boldsymbol{S}|$ 随 $r$ 平方的倒数而下降. 能量是分布在与 $r^2$ 成正比的球面积上的. 这两个因子 $r^{-2}$ 乘以 $r^2$ 彼此抵消，以致在半径以光速扩展的球面上每单位时间输出的总能量不变.

**辐射和“近区”场**　由运动电荷产生的与时间有关的电场和磁场的准确解含有变化与 $r^{-2}$ 和 $r^{-3}$ 成正比的场，以及变化与 $r^{-1}$ 成正比的“辐射”场. 在足够小距离时，与时间有关的与距离平方成反比的场和与距离立方成反比的场占优势. 它们有时就被称为“近区”场. 如果我们处在无线电天线或一个原子的“近区”中，这些场就是重要的. 在足够大的距离 $r$ 时，这些场比起与距离一次方成反比的场即辐射场来，就变得可忽略了. 因此，例如在远距离处，它们对于能流的净输出没有什么贡献. 在近区中它们对能流矢量 $\boldsymbol{S}(r, t)$ 有贡献. 它们的贡献给出一个部分时间向内行进和部分时间向外行进的能流通量，有点像驻波的情况. 因此，一个振动点电荷不产生一个“纯粹的”出射球面行波，而是产生一个行波和驻波二者的结合：在小距离上驻波占优势，在大距离上行波占优势. 一个远距离的探测器只受到行波的影响，一个靠近的探测器受到驻波和行波两者的影响.

**立体角的定义**　令 $dA$ 为处在观测点 $\boldsymbol{r}$ 上，并垂直于 $\boldsymbol{r}$ 的一个无穷小的面积. $dA$ 对原点所张的微分立体角 $d\Omega$ 的定义为

$$d\Omega=\frac{dA}{r^2}, \tag{144}$$

它以被称为球面度的量纲为一的单位表示. 现在我们来考虑一个中心在原点、半径为 $r$ 的球, 这个球的表面积是由许多无限小的面积 $dA$ 构成, 每一个 $dA$ 都垂直于把它和原点连接起来的半径矢量. 因此, 每一个无限小的面积给定一个无限小的立体角元. 球所张的总立体角可把所有的无限小的立体角相加起来而得到, 也就是由球的总面积除以 $r^2$ 给出:

$$\Omega = \int \mathrm{d}\Omega = \int \frac{\mathrm{d}A}{r^2} = \frac{4\pi r^2}{r^2} = 4\pi \text{ sr} \tag{145}$$

下面是式(145)的另一种推导. 根据式(140), 在球极坐标中无限小立体角 $\mathrm{d}\Omega$ 为

$$\mathrm{d}\Omega = \mathrm{d}\varphi \sin\theta \mathrm{d}\theta, \tag{146}$$

其中 $\mathrm{d}\varphi$ 和 $\mathrm{d}\theta$ 都是正的; 或者

$$\mathrm{d}\Omega = \mathrm{d}\varphi \mathrm{d}(-\cos\theta), \tag{147}$$

其中 $\mathrm{d}\varphi$ 和 $\mathrm{d}(-\cos\theta)$ 都是正的. $\varphi$ 角从零到 $2\pi$ 变化; $\theta$ 角从零到 $\pi$ 变化, $-\cos\theta$ 从 $-1$ 到 $+1$ 之间变化. 绕原点的任何封闭面所张的总立体角是

$$\begin{aligned}\Omega = \int \mathrm{d}\Omega &= \int_0^{2\pi} \mathrm{d}\varphi \int_{-1}^{+1} \mathrm{d}(-\cos\theta) \\ &= (2\pi) \times 2 = 4\pi \text{ sr}\end{aligned} \tag{148}$$

**辐射到一个微分立体角 dΩ 中的功率** 我们可以用立体角的定义把式(137)写成简单的形式:

$$\mathrm{d}P(\boldsymbol{r},t) = \frac{q^2}{4\pi\varepsilon_0 c^3}\boldsymbol{a}^2(t')\sin^2\theta(t')\frac{\mathrm{d}\Omega}{4\pi}. \tag{149}$$

**电偶极辐射** 如果 $q$ 的运动是沿着固定方向 $\hat{\boldsymbol{x}}$ 的简谐运动, 所得的辐射就称为电偶极辐射. 这时我们有

$$\begin{aligned} x(t') &= x_0\cos\omega t', \\ \boldsymbol{a}(t') &= \hat{\boldsymbol{x}}\ddot{x}(t') = -\omega^2\hat{\boldsymbol{x}}x(t'). \end{aligned} \tag{150}$$

辐射到一个立体角 $\mathrm{d}\Omega$ 中并对一个振动周期取平均的功率为

$$\begin{aligned}\mathrm{d}P(\boldsymbol{r}) &= \frac{q^2}{4\pi\varepsilon_0 c^3}\langle \boldsymbol{a}^2(t')\rangle \sin^2\theta\frac{\mathrm{d}\Omega}{4\pi} \\ &= \frac{q^2}{4\pi\varepsilon_0 c^3}\omega^4\langle x^2(t')\rangle\sin^2\theta\frac{\mathrm{d}\Omega}{4\pi}.\end{aligned} \tag{151}$$

在整个立体角上积分, 就得到向所有方向辐射的总功率的时间平均值. 于是, 我们简单地在式(151)中用 $\Omega = 4\pi$ 代替 $\mathrm{d}\Omega$, 用 $\sin^2\theta$ 的平均值 2/3 代替 $\sin^2\theta$, 就得到

$$P = \frac{2}{3}\frac{q^2}{4\pi\varepsilon_0 c^3}\omega^4\langle x^2(t')\rangle. \tag{152}$$

**原子发射光的自然线宽度** 我们能用式(152)得到一个发射电偶极辐射的激发原子自由衰变寿命的简单经典估计. 说来真够稀奇, 尽管我们没有明显地用量子理

论，所得结果却与实验观测值相符合.

我们考虑一个简单的经典原子模型. 这个原子有一个电荷为 $q = -\mathrm{e}$ 和质量为 $m$ 的电子，这个电子由弹簧常量为 $m\omega_0^2$ 的弹簧束缚在一个重的"原子核"上. 如果在时间为零时这个原子得到一个激发能 $E_0$，它就以频率 $\omega_0$ 做弱阻尼简谐运动.（我们忽略了由于阻尼造成的频率 $\omega_0$ 的微小变化，也就是我们避免麻烦不去用 $\omega_1^2 = \omega_0^2 - \frac{1}{4}\Gamma^2$ 代替 $\omega_0^2$.）原子的能量为

$$E(t) = E_0 \mathrm{e}^{-t/\tau}. \tag{153}$$

平均寿命的倒数 $1/\tau$ 等于单位时间能量减少的分数：

$$\frac{1}{E}\left(-\frac{\mathrm{d}E}{\mathrm{d}t}\right) = \frac{1}{\tau}. \tag{154}$$

能量 $E(t)$ 由下式给出：

$$E(t) = \frac{1}{2}m\omega_0^2 x^2(t) + \frac{1}{2}m\dot{x}^2(t). \tag{155}$$

我们可以忽略在一周中 $E(t)$ 的变化，并用时间平均值代替式(155)右面的瞬时量：

$$\begin{aligned} E(t) &= \frac{1}{2}m\omega_0^2\langle x^2(t)\rangle + \frac{1}{2}m\langle \dot{x}^2(t)\rangle \\ &= \frac{1}{2}m\omega_0^2\langle x^2\rangle + \frac{1}{2}m\omega_0^2\langle x^2\rangle, \end{aligned}$$

即

$$E(t) = m\omega_0^2\langle x^2\rangle. \tag{156}$$

现在我们假定阻尼完全是由于电磁辐射的辐射能的损失而产生的. 辐射是电偶极辐射，由式(152)给出的辐射功率为

$$-\frac{\mathrm{d}E}{\mathrm{d}t} = P = \frac{2}{3}\,\frac{e^2}{4\pi\varepsilon_0 c^3}\omega_0^4\langle x^2\rangle. \tag{157}$$

把式(154)、式(156)和式(157)结合起来就得到一个发射光的原子的**自然线宽度**：

$$\Delta\omega = \frac{1}{\tau} = \frac{P}{E} = \frac{2}{3}\,\frac{e^2}{4\pi\varepsilon_0 c^3}\,\frac{\omega_0^2}{m}, \tag{158}$$

这里我们用到了对于一个阻尼振动来说，（在辐射的傅里叶谱中）在最大功率一半处的全频宽度等于平均寿命的倒数这一事实. 式(158)适用于阻尼完全是由辐射产生的任何阻尼电偶极辐射. 对于一个发射可见光的原子，我们可以取

$$\lambda_0 = 5\ 000\ \text{Å} = 5\times10^{-5}\ \text{cm},$$

$$\nu_0 = \frac{c}{\lambda_0} = \frac{3\times10^{10}\ \text{cm/s}}{5\times10^{-5}\ \text{cm}} = 6\times10^{14}\ \text{Hz}.$$

对于 $e$ 和 $m$，我们取电子电荷 $\mathrm{e} = 1.6\times10^{-19}\,\mathrm{C}$ 和质量 $m = 9.1\times10^{-31}$ kg. 于是我们得到

$$
\begin{aligned}
\tau &= \frac{3}{2}\ \frac{4\pi\varepsilon_0}{e^2}\ \frac{mc^3}{\omega_0^2} \\
&= \frac{3}{2}\times\frac{4\pi\times 8.85\times 10^{-12}}{(1.6\times 10^{-19})^2}\times\frac{9.1\times 10^{-31}\times(3\times 10^8)^3}{(2\pi)^2(6\times 10^{14})^2}\mathrm{s} \\
&\approx 1.127\times 10^{-8}\mathrm{s}
\end{aligned}
\tag{159}
$$

对于发射可见光的自由衰变原子来说，记住 $\tau\sim 10^{-8}$s 是重要的.

下面是一个我们可以应用电偶极辐射的结果的问题.

**为什么天空是蓝色的？** 我们考虑被空气中单个原子散射到我们眼睛中的太阳光对频率的依赖关系. 我们将发现，蓝色比红色散射得强些. 这就是为什么天空是蓝色的理由.（日落的时候天空是红的，这是因为蓝色大量地被散射掉了，剩下红色.）你们可以像下面这样很容易地自己来演示这种颜色效应. 拿一个装水的玻璃碗或水瓶，以及一个手电筒，滴几滴牛奶到水里，然后搅混它. 打亮手电筒，使光束以这样的方式透过水，你或者能借助于悬浮的牛奶分子的散射从侧面看到光束，或者能透过水直视手电筒电珠. 注意散射光的淡蓝色(那就是蓝色的天空). 注意直视看到的手电筒电珠的淡红色(这就是日落). 渐渐地加牛奶，一次加几滴，以模拟渐渐地增加的烟雾的效应.

考虑一个"经典牛奶分子"中的电子，它处在稳恒状态，被手电筒产生的电磁行波的电场所驱动. 如果手电筒的光束沿 $\hat{z}$ 方向，行波中的电场只有 $x$ 分量和 $y$ 分量. 让我们只考虑手电筒光束中电场的 $x$ 分量.（$y$ 分重给出类似的结果.）

而且，我们只考虑单色光，即只考虑"白光"中的一个傅里叶分量(白光包括所有可见光区域的频率，以及其他我们不能用我们的眼睛觉察的频率). 这样，牛奶分子所处位置上的电场 $E_x(t)$ 由下式给出：

$$E_x = E_0\cos\omega t. \tag{160}$$

假定牛奶分子的一个"电子"被常数为 $m\omega_0^2$ 的弹簧束缚在牛奶的核上. 我们忽略阻尼(也就是假定驱动频率 $\omega$ 不靠近共振频率 $\omega_0$)，则电子的运动方程是

$$m\ddot{x} = -m\omega_0^2 x + qE_x. \tag{161}$$

在稳恒态，$x(t)$是频率为 $\omega$ 的简谐振动，因此 $\ddot{x}(t)$是$-\omega^2 x(t)$. 于是方程(161)给出

$$
\begin{aligned}
-m\omega^2 x(t) &= -m\omega_0^2 x(t) + qE_x, \\
x(t) &= \frac{qE_x(t)}{m(\omega_0^2-\omega^2)}.
\end{aligned}
\tag{162}
$$

简谐振动 $x(t)$ 发射偶极辐射. 总辐射功率由式(152)给出：

$$
\begin{aligned}
P &= \frac{2}{3}\ \frac{e^2}{4\pi\varepsilon_0 c^3}\omega^4\langle x^2\rangle \\
&= \frac{2}{3}\ \frac{e^2}{4\pi\varepsilon_0 c^3}\omega^4\left[\frac{-e}{m(\omega_0^2-\omega^2)}\right]^2\langle E_x^2\rangle.
\end{aligned}
\tag{163}
$$

在学习经典玻璃分子的折射率时(4.3 节)时，我们知道有

效角频率 $\omega_0$ 远大于相当于可见光的频率 $\omega$. 因此在式（163）中我们可取 $\omega_0 \gg \omega$. 这样，我们就看到散射功率正比于驱动频率的四次方，也就是与驱动波长的四次方成反比：

$$P \propto \omega^4 \propto \frac{1}{\lambda^4}. \tag{164}$$

**蓝天定律**　式（164）称为“瑞利蓝天定律”. 波长为6 500 Å 的红光与波长为4500Å 的蓝光的波长比率为 65/45 = 1.44. 1.44 的四次方是 4.3. 因此根据式（164），蓝光的散射效率大约是红光的四倍. 这就是为什么天空是蓝色的原因. 天空为什么如此亮呢？请看补充论题8.

**散射积分截面**　假定你有一个半径为 $R$ 的弹子球位于以速度 $v$ 向 $\hat{z}$ 方向行进的一大束均匀钢弹子球中. 那些撞到这个弹子球的钢球就从束里弹性地散射出去. 它们所携带的能量也从原来束里离开，走向另外的方向. 单位时间里被散射掉的弹子球的总数等于每平方厘米每秒入散弹子球数通量乘以这个弹子球的积分截面 $\sigma = \pi R^2$：

$$\text{每秒散射的弹子球数} = \sigma \times (\text{入射弹子球数通量}). \tag{165}$$

因为假定弹子球弹性地散射，每一个被散射的弹子球有与入射弹子球同样的能量. 因而我们就能用一个弹子球能量乘以式（165）的两边，于是式（165）变为

$$\text{每秒散射的能量} = \sigma \times (\text{入射能流通量}). \tag{166}$$

对式（166）做适当解释，我们能定义被经典牛奶分子弹性散射的光的积分截面：单位时间的“散射”能量被定义为被驱动电子的辐射功率 $P$，而且入射能流通量就是电磁能流 $S_z$. 因此，与式（166）类比，我们用下式作 $\sigma_{\text{散射}}$ 的定义：

$$P = \sigma_{\text{散射}} \cdot \frac{1}{\mu_0 c} \langle E_x^2 \rangle. \tag{167}$$

比较式（167）和式（163），我们得到

$$\sigma_{\text{散射}} = \frac{\mu_0 c P}{\langle E_x^2 \rangle} = \frac{2}{3} \frac{e^4}{4\pi\varepsilon_0^2 m^2 c^4} \tag{168}$$

因此，式（164）（它说明当 $\omega_0 >> \omega$ 时，散射强度正比于 $\omega^4$）用式（168）来表示就更为精确，式（168）给出了（对于这个经典模型）光被一个原子弹性散射的积分截面对于频率的依赖关系. 量 $e^2/mc^2$ 有长度量纲.（它必须有长度量纲，因为 $\sigma$ 有长度平方的量纲，而且 $\sigma$ 对于频率的依赖关系是以量纲为一的比率出现的.）由于历史的原因，它被称为电子的经典半径 $r_0$，或电子的洛伦兹半径：

$$\begin{aligned} r_0 &= \frac{e^2}{4\pi\varepsilon_0 mc^2} \\ &= \frac{(1.6 \times 10^{-19})^2}{4 \times 3.14 \times 8.85 \times 10^{-12} \times 9.1 \times 10^{-31} \times (3 \times 10^8)^2} \text{m} \\ &= 2.812 \times 10^{-15} \text{m}. \end{aligned} \tag{169}$$

**经典汤姆孙散射截面**　如果一个电子用弹簧常量为零的弹簧束缚在核上，它就完全不能被束缚住，它是自由的．如果弹簧常量是零，$\omega_0$ 也就是零．于是，光被自由电子散射的弹性散射截面即所谓经典汤姆孙散射截面，就由式（168）中令 $\omega_0=0$ 而得到

$$\begin{aligned}\sigma_{\text{汤姆孙}} &= \frac{8}{3}\pi r_{\mathrm{n}}^2 \\ &= \frac{8}{3}(3.14)(2.812\times10^{-15}\mathrm{m})^2 \\ &= 6.6\times10^{-29}\ \mathrm{m}^2 \\ &= 0.66\times10^{-24}\ \mathrm{cm}^2\end{aligned} \tag{170}$$

一个 $10^{-24}\mathrm{cm}^2$ 的横截面对你来说好像不大，但在某些物理学分支（核物理）里，在历史上某个时期里，它大得好像是一个谷仓（barn）的边，因此它就被称为靶恩（barn）或简称靶：

$$1\ \text{靶} = 10^{-24}\ \mathrm{cm}^2. \tag{171}$$

（核截面通常用毫靶作单位．）这样，式（170）所给出的汤姆孙截面就很容易记住了，汤姆孙截面是很大的，它是 2/3 靶．

## 习题与课外实验

7.1　证明 7.2 节中式（34）所给出的恒等式成立．这个恒等式是以“交叉行波”来描写波导中的波的基础，它说明这样一个事实：三维简谐行波构成一个描写三维波的函数的“全集”．当然，三维驻波也构成一个全集．

7.2　（a）证明折射率为 1.52 的玻璃的内反射临界角大约是 41.2°.

（b）折射率为 1.33 的水的临界角是多少？等腰直角三角形的水棱镜（如图 7.3 所示）是否能使光反向而没有任何损失（由于折射到空气中去）？首先假定水一直伸展到空气，然后再考虑作为你的水棱镜侧边的玻璃显微镜承物片．

7.3　反向水棱镜（课外实验）．用两个显微镜承物片和一些油灰或胶带做一个水棱镜，把手电筒光射到水表面上，检验习题 7.2（b）的结果．

7.4　证明图 7.3 所示的反向玻璃棱镜，在垂直入射以外的其他入射角也能工作，那就是，它使光返回到与入射方向相反的方向．

7.5　计算被图 7.3 所示的玻璃棱镜反向的波长为 5 500 Å 的可见光的平均穿透距离（平均振幅衰减距离 $k^{-1}=\delta$）．（穿透距离是指垂直于后面的玻璃 - 空气界面的距离．）假定入射光线是如图所示那样垂直入射的，取折射率为 1.52．［答：$\delta=2.2\times10^{-5}$ cm.］

7.6　真空中的光．我们发现，对于波导中的光（或微波），如果频率低于截止频率，$z$ 方向（沿着波导）是“波抗性”的，另外两个方向不是“波抗性”的．

在原则上是否可以用某种巧妙的方法建造一个“一般化的波导”，其中的波在三个方向 $x$，$y$ 和 $z$ 全是波抗性的?

7.7 纤维光学. 在玻璃纤维作成的波导中迂回地传送光是可能的. 光之所以被密封在玻璃中，是因为光在玻璃-空气界面上是掠射，它以比临界角大的角度入射. 可是，如果纤维直径太小，那么纤维就变成了其中光频率低于截止频率的波导. 假定纤维有一个正方形截面（像个矩形波导)，那么，如果纤维是色散性的，也就是，如果要它传输可见光行波，试估计纤维的最小边长. [答：边长 $>1.7\times10^{-5}$ cm（对 $\lambda=5\,000$ Å). ]

7.8 从电离层反射的临界角. 以真空取代图7.4中 $z=0$ 左边的玻璃. 以电离层的等离子体取代 $z=0$ 右边的空气；这样的电离层是理想化的，它有一个明显的边界（以及均匀的组成). 证明对于每一个入射角 $\theta_1$ 都有一个与之有关的截止频率 $\omega_{截止}$，而且在垂直入射时截止频率就是等离子体的振荡频率 $\omega_p$. 证明对于等离子体振荡频率 $\omega_p$ 以上的每一个频率 $\omega$，都有一个全反射的临界角，当入射角比此临界角大时，波在电离层中呈指数形的. 作为一个例子，设等离子体的振荡频率为 $u_p=25$ MHz，求出对于微波频率 $\nu=100$ MHz 的临界角. [答：对于固定 $\theta_1$，$\omega_{截止}=\omega_{\mathrm{p}}/\cos\theta_1$；对于 $\omega_{\mathrm{p}}$ 以上的固定频率 $\omega$，$\cos\theta_{临界}=\omega_p/\omega$. ]

7.9 鱼看水上面的世界（课外实验). 做这个实验你需要一个平静的水塘或是家庭游泳池，要不然（在公共游泳池里)，你必须是游泳池中第一个游泳者，那时的水面还是平静的. 戴一个脸罩（一个潜水员玻璃面罩）向水下游，然后翻过身来向上看. 作为一个问题，估计你（那时）将看到什么.

7.10 水波的相速度和水深的关系. 如果你有一个沿 $z$ 方向长 25 cm 的矩形水缸（或是在里面涂了一层涂料的硬纸板盒之类的东西). 你让缸里的水达到平衡高度，并激发最低的正弦模式（如图7.5所示).

(a) 深水波的相速度（用 cm/s 作单位）是多少?（记住，即使波是驻波，你也能定出相速度.)

(b) 对于这样的模式和这个水缸，利用由7.3节中式（72）给出的准确的色散关系（对于小振幅波)，作一个相速度（用 cm/s 作单位）与水深 $h$（cm）的关系图，在这图上画明“深水极限”. 在同一个图上，也标绘出浅水相速度的表达式，标绘时，就好像这个表达式对于所有的 $h$ 都适用而与波长无关. 你们的准确图解将表明浅水和深水相速度之间的“过渡”.

7.11 水波的色散律（课外实验). 找一个矩形桶，它沿 $x$ 方向的长度大约是 30 cm.（从 15 ~ 60 cm 都行.）它的深度至少是它的长度的 2/3（以便你能达到深水极限). 最合适的桶是鱼缸. 最廉价的桶则是硬纸板盒（例如鞋盒、帽盒或其他包装盒). 如果你在盒子里层喷上一层防水漆，它就能用较长时间而不会弄得那么湿. 纸盒的变形所引起的阻尼会减少模式的寿命，因此纸盒的实验效果不如玻璃（或硬塑料）缸理想. 用玻璃缸时，能透过缸壁看到里面的一切，这也是用玻璃缸的优点．不过，用纸盒也是可以的．

（a）最低模式，这已在图 7.5 中绘出．试对于你的水桶计算这个模式的 $\lambda$．对于你的桶计算这个模式的 $\delta$．对于你的水桶的这个模式，如同在习题 7.10 中讨论过的那样，标绘出相速度 $v_\varphi=\lambda\nu$ 的理论表达式与水深 $h$ 的函数关系．（利用 7.3 节中式（72）的“准确”色散关系．）现在把水装到某个任意的高度 $h$．搅拌一些咖啡渣到里面，以便你能看到各处水的运动．轻轻地来回推动水桶以激发最低模式．一旦看到最低模式，你就停止．测量频率（一个普通的手表就足够用了）．计算你的实验得到的 $v_\varphi$ 的结果，并在你的相速度的理论表达式的图上标出实验所得到的点．对于不同的 $h$ 值重复这个实验．你应该至少有一个“浅水”实验点，至少有一个“深水”实验点，以及至少有一个在过渡区 $h=\delta$ 处的实验点．

（b）第二个最高模式．如果你有一个硬纸板桶，你就能激发在桶的中心 $x=0$ 处（图 7.5）有 $\psi_y$ 的波腹而且桶长为一个波长的模式．你怎样才能激发这种模式呢？如果你的桶是刚性的，你是不可能激发这种模式的（至少不是那么容易）．为什么不能呢？因为，在那种情况下，第二个容易激发的模式是 $L$ 等于三个半波长而且在 $x=0$（图 7.5）处有一个节点的模式．试对于这个桶计算这个模式的 $\delta$．计算所预期的频率．现在，试着以这个频率摇动桶以激发这个模式．一旦你学会怎样去激发它，就去测量这个模式的自由振荡频率．

（c）瞬间拍，做这个实验你需要一个节拍器．可以去借一个来；也可以用一个长度可变的弦悬挂一个肉汁罐头或其他东西自己做一个，让摆锤去碰一张纸以产生响声．按照这个节拍器的嘀嗒声的节拍均匀地轻轻摇动桶．一小段一小段地改变弦的长度（或节拍器的频率），使其频率扫过在上面（b）部分描述过的第二个模式的共振频率．你应该注意在驱动力和自然振动频率之间的拍频的瞬间拍．当你达到共振频率时，它将是明显的．（你还会注意到，在这些实验中有许多东西用“小振动”理论是不能说明的！）你也许可以估计出共振宽度 $\Delta\omega$．（我没有试过．）在任何情况下，通过（粗略地）测量这个模式的平均衰变时间和利用阻尼模式的带宽和衰变期之间的著名关系 $\Delta\nu\Delta t\approx 1$，计算共振宽度．

7.12　像 7.4 节中式（79b）之后所提示的那样，求出 $\boldsymbol{B}$ 的经典波动方程．

7.13　太阳的辐射压力．已知太阳常数（地球大气层外边）为 1.94 cal/(cm$^2$ · min)（即 $1.35\times10^3$ J/(s · m$^2$)），在以下（a）和（b）两个假设下，以 N/m$^2$ 为单位，计算作用于地面的辐射压力（在垂直入射时）．把这个结果和海平面上的空气大气压做比较．

（a）地球是“黑”的，它吸收所有的光．

（b）地球是一面理想镜子，它反射所有的光．

［答：（a）大约 $5\times10^{-11}$ atm（1 atm $\approx10^5$ N/m$^2$）．］

7.14　辐射压力．（首先做习题 7.13．）太阳作用于地球的辐射压力在太阳与地球之间给出了一个有效的排斥力．

（a）证明这个有效的排斥力满足平方反比定律．因此，如果地球离开两倍远，那么作用于地球的净（斥）力将像万有引力那样小至原来的1/4.

（b）复习开普勒定律．证明这个定律可以写成 $\omega^2R^3=MG$ 的形式（对圆轨道），这里 $\omega$ 是一个围绕太阳运行的行星的角频率，$R$ 是太阳到行星的距离，$M$ 是太阳的质量，$G$ 是引力常数.

（c）考虑一个球形“黑体”，它的质量密度为 $\rho$，半径为 $r$，在一个圆形平衡轨道上绕太阳运转．证明对于这个球开普勒定律必须加以“修正”，改写成 $\omega^2R^3=MG-\frac{P}{4\pi c}\frac{3}{4\rho r}$，其中 $P$ 是太阳的总电磁输出功率.

（d）已知太阳常数（习题7.13），并已知太阳离地球约1.5亿km，试以J/s为单位计算 $P$.

（e）假设在绕太阳的圆轨道上有个“尘埃粒子”．取它的质量密度与水的密度一样（$1.0\text{g/cm}^3$）．对于什么样的粒子半径 $r$，把它推向外的辐射压力等于把它拉向内的万有引力？对于这样的尘埃粒子会发生什么现象（对于更小的粒子呢）？

（f）设有一颗由一些小的尘埃粒子或冰块或别的东西组成的“彗星”，这些组成物都有同样的质量密度和半径．当它经过太阳时，这样的彗星会改变它的形状吗？（我们不再是谈圆轨道，而是在讨论椭圆轨道，但你还是可以猜测到答案.）

（g）据说彗星的（在离开太阳的方向上延伸的）长尾巴是由辐射压力产生的．如果有一颗彗星（尘埃粒子云）在一个圆的平衡轨道上运动．这个彗星中的所有粒子都有共同的角频率，但不是都有同样的平衡半径，即彗星从 $R_1$ 延伸到 $R_2$；在这里 $R_1$ 离太阳最近，$R_2$ 离太阳最远．假如你能测出 $R_1$ 和 $R_2$（只是用望远镜观看彗星伸展的大小），试说明你怎样用这些数据和较易得到的别的资料来求出粒子半径大小 $r$ 的分布（或分布的两个极限）：假定所有的粒子都是“黑”的，并具有水的密度．当然，所有这些还不足以证明在决定作用在尘埃粒子和彗星尾巴上的向外压力时，辐射压力比其他因素，例如比太阳发射的质子的“太阳风”更重要.

7.15　太阳光航行．假定你想设计一艘太阳航船，使太阳对它的引力正好和辐射压力相抵消，以致它能在太空自由“翱翔”．假定这艘航船是用包铝塑料制成的．设航船的质量密度为2.0 g/cm³（铝的密度为2.7 g/cm³，塑料的密度大约是1 g/cm³），假若没有负载，航船只需要支撑它自己的重量．假定太阳光被全反射．试证明能静止在空中的这艘航船（在惯性体系中）的厚度 $d$ 必须满足下式：

$$\rho d=\frac{2P/4\pi c}{MG},$$

式中的符号如习题7.14所述．（从习题7.13）试证明 $P=3.8\times10^{26}$ W，证明（把开普勒定律用于地球，取 $R=149$ 百万km，$v=$每年一次）$MG=1.3\times10^{26}\ \text{cm}^3/\text{s}^2$．证明当 $\rho=2$ 时，要求 $d$ 的厚度大约是 $10^{-4}$ cm（除非我做错了）．这是一个微米，是我们希望的1/100～1/10．设我们还想要支持一个负载．看来，似乎我们需要让它做某种轨道运动以防止落向太阳. 证明这个问题的结果给出在太阳四周翱翔的密度为 2.0 的“反光立方尘埃粒子”的大小，如果它有一面朝向太阳的话.

7.16　点电荷的辐射. 试用“丸药盒积分”得到 7.5 节的式（125）：$E_{\perp}/E_{\parallel}=v_{\perp}t/c\Delta t$，见 7.5 节式（127）下面的讨论.

7.17　来自“偶极”无线电天线的电偶极辐射. 考虑画在图 7.11 上的无线电发射器和天线. 在整个天线长度 $l$ 上的电流假定是均匀的. 从振荡器到天线的两条引线是紧紧地靠在一起或是互相缠绕的. 因此，输出引线和输入引线的净电流实际为零. 与天线相比，引线实际上不辐射. 天线两端的小球是电容器，它是用来收集来自电流 $I$ 中的累积电荷这两个球不是一定需要的；如果没有的话，电荷累积在导体的尾端，会使电流不是完全均匀，但我们对此可以忽略不计. 天线长度 $l$ 与电磁辐射的波长比较起来是很小的.

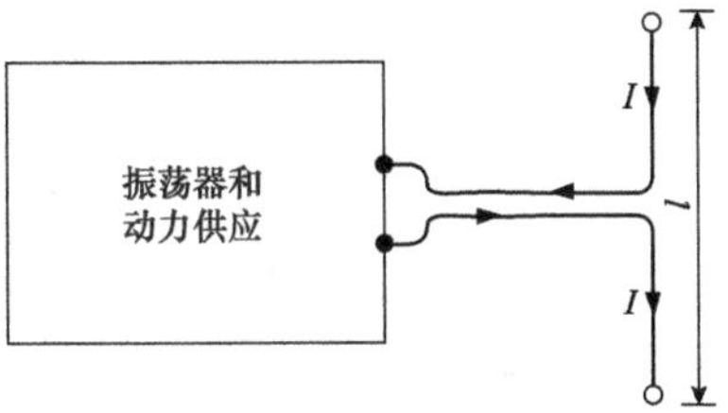

图　7.11

（a）证明在远距离观测点 $\boldsymbol{r}$ 上，辐射电场 $\boldsymbol{E}$ 由下式给出：

$$\boldsymbol{E}_{辐射}(\boldsymbol{r},t)=-\frac{l\dot{\boldsymbol{I}}_{\perp}(t')}{rc^2},\quad t'=t-\frac{r}{c},$$

这里 $\boldsymbol{I}$ 是一个矢量，它的方向和大小就是天线中电流的方向和大小. $\boldsymbol{I}_{\perp}$ 是 $\boldsymbol{I}$ 在从天线到远距离观测点的视线 $\hat{\boldsymbol{r}}$ 的横方向上的投影. [提示：你可以用下面的方法导出这个公式：设想一个等价的点电荷，它以等价的速度 $\boldsymbol{v}(t')$ 运动，给出的结果与 $\boldsymbol{I}$ 的结果相同.]

（b）证明对于波数$k$，振荡器负载的特征阻抗 $Z$（也就是认为与它接上的电阻负载）由下式给出：

$$Z=(kl)^2\cdot 20\Omega,$$

这里我们记住 $c^{-1}$静电系电阻单位 $=30\Omega$.

7.18　牛奶分子所致的光散射（课外实验）. 把一个玻璃瓶装满水，使手电筒的光从旁边射到水里，注意看被散射约 90°角的光，并且也透过水看手电筒灯泡. 加几滴牛奶到水里，并搅拌它们. 一面观察一面加上更多的牛奶. 注意散射的光变成了淡蓝色，而透过的光是淡黄色或淡红色. 解释这个现象. 注意，当你倒入足够（或太多的）牛奶到水里后，散射的光就再看不到是淡蓝色的，它看上去是淡白色的，像雾或烟. 然而，“日落”总是保持越来越红. 解释这个现象. 最后，当加进去的牛奶浓到你完全看不到手电筒灯泡时，散射光是白色的. 这时你也不能在液体里“看到”手电筒的“光束”，“空气”变成了“白云”. 试解释之. 用你的偏振片来看散射的光.（在第 8 章里我们将解释它!）

7.19　薄层电荷的辐射. 假定在 $z=0$ 处的 $xy$ 平面上均匀布满了密度为 $\sigma$ 的正

电荷薄层，所有的电荷以同样的振幅和频率沿 $x$ 方向振动.

（a）用高斯定理证明，对于正 $z$，$E_z\ (z,\ t)=2\pi\sigma$，而不管电荷是一起振动还是同时静止.（这就像在玩具弹簧近似中拉长的弹簧那样，那里张力的 $z$ 分量是常数，与运动无关.）

（b）画一个电力线草图来证明辐射场是

$$\frac{E_x(z,t)}{E_z(z,t)}=-\frac{\dot{x}(t')}{c},$$

这里 $\dot{x}(t')$ 是在延迟时间 $t'=t-(z/c)$ 时电荷中任何一个电荷的速度. 因此，在正 $z$ 方向的辐射场是

$$E_x(z,t)=-2\pi\sigma\frac{\dot{x}(t')}{c}.$$

（不用草图，你可以用高斯的丸药盒论证得到.）注意这样一个特殊的事实，在单个点电荷辐射的情况，辐射场是正比于“推迟”加速度，而在这里，辐射场却是正比于较早的（推迟）速度，你能不能对“所发生的一切”做一个定性的解释？（提示：考虑分布在平面上的各个点电荷的贡献.）

7.20 薄层电荷的辐射. 试把平面上所有点电荷的贡献加起来（积分）来推出习题7.19的结果，为了使你的积分收敛，我们假定薄层的厚度不是严格为零，而是厚度为 $d$（在这里 $d$ 与波长 $\lambda$ 相比是很小的）. 假定薄层吸收或散射辐射（它必然如此），并且假定平均振幅衰减常数为 $\kappa$，证胆这给出指数衰减因子：

$$\text{指数衰减因子}=\mathrm{e}^{-\partial r},\quad \alpha\equiv\frac{\kappa d}{z}$$

设$k$是波数，$r$ 是从点电荷贡献到观测点的距离，这个观测点位置到薄层的垂直距离为 $z$. 引进定义 $\varphi=kr-kz$. 注意，对于在 $x=y=z=0$ 的点电荷，即最靠近 $x=y=0$，$z=z$ 处的观测点的点电荷，$\varphi=0$. 证明，如果 $x(t')$ 是由下式的实部给出：

$$x(t')=x_0\mathrm{e}^{\mathrm{i}\omega t'}$$

那么平面上半径为 $\rho$、径向厚度为 $\mathrm{d}\rho$ 的环对于 $E_x$ 的贡献可以变成如下形式：

$$\mathrm{d}E_x=2\pi kx_0\mathrm{e}^{\mathrm{i}(wt-kz)}\mathrm{e}^{-\mathrm{i}\varphi}\mathrm{e}^{-\beta\varphi}\mathrm{d}\varphi$$

其中，

$$\beta\equiv\frac{\alpha}{k}=\frac{\kappa d}{kz},$$

这里我们已忽略了必须采用加速度在视线垂直方向上的投影这一事实.（这种忽略是根据下面的假定：对于小 $\varphi$，这个投影因子是1，我们能假定它是随着 $\varphi$ 的增加而较缓慢地减少，并且我们能把它归并到“实验”的衰变因子 $\mathrm{e}^{-\beta\varphi}$ 里去. 这一切都是可能的，因为当我们这样做时，可以取 $\beta=0$，并找到一个与 $\beta$ 无关的解答. 我们称这个因子 $\mathrm{e}^{-\beta\varphi}$ 为收敛因子. 为了得到一个解答，这样做是必需的，可是只要 $\beta$ 在数量上比1小很多，你用什么数值都无关紧要）其次，证明 $E_x$ 是由 $\varphi=0$

到$\varphi=\infty$对 $\mathrm{d}E_x$ 积分的实部．证明下式：

$$\int_0^\infty \mathrm{e}^{-\mathrm{i}\varphi}\mathrm{e}^{-\beta\varphi}\mathrm{d}\varphi=\frac{1}{\mathrm{i}+\beta}\approx -\mathrm{i},\quad 当\beta\ll 1 时.$$

最后，取实部，并证明你得到的结果和习题 7.19 的相同．因此，现在你可以解释“有效 90°相移”的物理来源，这使得总的场与在 $x=y=z=0$ 处的最近的点电荷的贡献相比在相位上推尺 90°，“平均”电荷实际上比最近的电荷远离四分之一波长．

7.21　折射率的近似表达式．考虑一列平面波入射到一片电荷薄层上．电荷在一个薄平面即 $z=0$ 的 $xy$ 平面上．平面的厚度是 $\Delta z$，电荷的数密度是 $N$（以每立方厘米的粒子数作单位）．每个电荷有相同的电荷 $q$，质量 $m$，并且都束缚在弹簧常量为 $m\omega_0^2$ 的弹簧上．假设每个电荷都受到来自弹簧和入射平面波的力．忽略来自其他电荷的贡献（也就是忽略极化对于场的贡献）．取入射电场（在 $z=0$）是 $E_0\mathrm{e}^{\mathrm{i}\omega t}$的实部．求出向前方向的辐射场．把这个辐射场叠加到入射场上．证明在 $z=0$ 处总场由下式的实部给出（在这些近似下）：

$$E_{总}=E_0\mathrm{e}^{\mathrm{i}\omega t}\left[1-\frac{\mathrm{i}\omega 2\pi Nq^2\Delta z}{mc(\omega_0^2-\omega^2)}\right].$$

证明：如果你想象这个电荷层是一块厚度为 $\Delta z$、折射率为 $n$ 的板片，那么插入这块东西就引起了相当于时间推迟 $t_0$ 的相移，也就是在这片东西后面（$z=0$ 处）的场不是 $E_0\mathrm{e}^{\mathrm{i}\omega t}$而是 $E_0\mathrm{e}^{\mathrm{i}\omega(t-t_0)}$，这里

$$\omega t_0=\frac{\Delta z}{\lambda}2\pi(n-1)=k\Delta z(n-1).$$

证明当 $\omega t_0\ll 1$ 时它给出

$$n-1=\frac{2\pi Nq^2}{m(\omega_0^2-\omega^2)}.$$

证明这个公式就是我们在 4.3 节导出的更为正确的结果中把 $n$ 趋向于 1 的近似式．

7.22　圆偏振的平面行波的角动量．像下面那样简单地导出著名的结果 $J=W/\omega$：假设平面波是由所有电荷都做相同的圆周运动的电荷层产生的．每个电荷都在一个无摩擦力的管中被迫做固定半径 $r$ 的圆周运动．当电荷损失能量时，它就慢下来．因此它们的角速度减小，它们的能量损失，从而角动量减少，所有这些都是由于损失转变为了辐射．（可是它们总是有 $v\ll c$．）证明做圆周运动的电荷的角动量的损失等于能量的损失乘以 $\omega^{-1}$．

7.23　在一个强度为 1 000 W/cm$^2$ 的均匀单色光束中，单位体积的能流通量、能量密度以及线动量对时间的平均值各是多少？

7.24　一个电子以 $10^{14}$ Hz 的频率做简谐振动，振幅为 $10^{-8}$ cm，它的总平均辐射功率是多少？［答：近似为$\frac{1}{3}\times10^{-17}$ W.］

7.25　一个物体怎样能够吸收光能而不吸收线动量？又怎样能够吸收线动量而吸收的能量可以忽略？怎样才能够吸收角动量而可忽略吸收的能量？

7.26　假设你有一个超导振荡器和天线，发射波长为100 cm的微波辐射．在$t=0$时你移去补充辐射能量损耗的功率源．在线路的任何地方都没有普通的电阻．求出天线中电子的阻尼简谐振荡的平均衰变时间．利用习题7.17的结果．［答：令$L$是在振荡的$LC$电路中的电感，这个电路给出了振荡频率．令$l$是天线长度（$l \ll \lambda$），则

$$\frac{1}{\tau}=\frac{2}{3}\frac{l^2}{L^2}\frac{\omega^2}{c^3}.$$

这可以与质量为$m$的单个电荷$e$的衰变周期的倒数表达式相比较：

$$\frac{1}{\tau}=\frac{2}{3}\frac{e^2}{4\pi\varepsilon_0 m}\frac{\omega^2}{c^3}.$$

7.27　一个远在约16 km处的无线电台辐射出50 W的竖直偏振的无线电波．如果天线长20 cm，并指向竖直方向，那么在你的接收天线中，驱动电子的瞬时电压的最大值是多少？忽略所有来自地面、建筑物等的波反射．

7.28　史密斯-珀塞尔光源．一窄束动能为300 keV的电子平行于金属衍射光栅的平面掠射行进，这光栅的刻痕间距为$d=1.67\ \mu m$．电子束沿垂直于刻痕的方向行进．随同一个给定电子行进的“镜像”感应电荷无论何时遇到一个刻痕都要突然偏转，因为感应电荷必须沿着这个平面，因此，当电子经过刻痕时，一个“辐射扭折”就从每一个刻痕里传播出来．假定观察者与电子束成$\theta$角，沿着电子束的$\theta=0$.

（a）证明观察者收到的是辐射脉冲，各脉冲之间的间隔为$\tau$，而$T=(d/v)-(d\cos\theta)/c$；证明波长就等于$d(\beta^{-1}-\cos\theta)$.

（b）在给定角度$\theta$处，你会以为这就是观察到的唯一波长吗？（考虑在时间间隔$T$到达的辐射脉冲对于时间依赖关系的傅里叶分析．）

（c）若在$\theta=15°$观察到300 keV的电子，把有关数据代入，你预计会看到些什么颜色？

（d）你预计光会被偏振吗？

现在读一下史密斯和珀塞尔（《电磁学》的作者）的有趣的实验，*Phyz. Rev.* **92**，1069（1953）.

7.29　驻水波的形式．在课文中我们用直觉的论证证明了，如果驻波中竖直位移对$x$的依赖关系是$\sin kx$，那么水平位移对$x$的依赖关系必定为$\cos kx$.

（a）用代数方法求得同样结果．假设

$$\psi_y=\cos\omega s\sin kxf(y),$$
$$\psi_x=\cos\omega t[\cos kzg(y)+\sin kxh(y)].$$

证明$h(y)$必然是零．

（b）证明对于驻波中水滴运动得到的结果相当于沿着一条直线来回做简谐振动．

7.30　假设在海洋表面有振幅为 3 m、波长为 9 m 的行波．如果你是一条鱼（或带有全套水下呼吸器的潜水员），并且如果你希望你运动的振幅是 15 cm，你应在水面下多深处游泳？［答：大约 4.5 m.］

7.31　水行波的形式．假定 $\psi_y$ 的形式是

$$\psi_y = A\cos(\omega t - kx)f(y),$$

这里 $f(y)$ 是 $y$ 的未知函数．现在假定水是守恒的，不可压缩的，没有气泡的．证明 $\psi_y$ 和 $\psi_x$ 由 7.3 节中式（75）和式（76）给出．

7.32　当我们考虑驻波时曾得到水波的色散律为 7.3 节式（72）．对于行波，色散律是什么？

7.33　表面张力波的色散律．水的表面就像一张拉开的膜．在平衡时，沿 $x$ 方向的张力就是表面张力常数 $T = 7.2 \times 10^{-2}$ N/m 乘以沿"不感兴趣的" $z$ 方向的长度 $L$．如果表面有凸曲率，表面张力就贡献一个向下的压力．证明正弦波的向下压力是

$$p = Tk^2\psi_y.$$

证明水的重量给出一个压力，这个压力是常数（平衡时的数值）加上如下的贡献：

$$p = \rho g\psi_y.$$

证明表面张力对于单位质量单位位移的回复力 $\omega'$ 的贡献，可以用 $Tk^2$ 代替 $\rho g$ 从重力回复力的结果得到．然后证明完整的色散关系由下式给出：

$$\omega^2 = \left(gk + \frac{T}{\rho}k^3\right)\left[\frac{1 - \mathrm{e}^{-2kh}}{1 + \mathrm{e}^{-2kh}}\right].$$

7.34　平面电磁波．证明对于真空中的电磁平面波，给出 $E_y$ 和 $B_x$ 关系的麦克斯韦方程在以下的意义上等价于给出 $E_x$ 和 $B_y$ 关系的麦克斯韦方程：只要把坐标轴绕 $z$ 轴（传播轴）旋转 90°，一组方程就可由另一组方程得到．画一个草图来表示 $\boldsymbol{E}$ 和 $\boldsymbol{B}$ 以及 $x$ 和 $y$ 轴的指向．

7.35　真空中的电磁驻波．证明如果 $E_x(z, t)$ 是驻波

$$E_x = A\cos\omega t\cos kz,$$

则 $B_y(z, t)$ 是驻波 $A\sin\omega t\sin kz$.

7.36　电磁驻波中的能量关系．假定一个驻波具有习题 7.35 给出的形式．求出电能量密度和磁能量密度以及坡印亭矢量与空间和时间的函数关系：考虑从 $E_x$ 的一个节点到 $E_x$ 的一个腹点的长度为 $\lambda/4$ 的区域．画出在时刻 $t = 0$，$T/8$，$T/4$ 在整个区域中 $E_x$，$B_y$ 对 $z$ 的依赖关系的草图．画出在以上各时刻在整个区域中的电、磁能量密度以及总能量密度的草图．给出在以上各时刻的坡印亭矢量 $S_z$ 的方向和大小.

7.37　弦上波的一级耦合线性微分方程组．考虑一根线质量密度为 $\rho_0$、平衡张力为 $T_0$ 的连续均匀弦．你们知道，这样的一根弦能携带速度为 $v = \sqrt{T_0/\rho_0}$ 的非色散波．引进波量 $F_1(z, t)$ 和 $F_2(z, t)$ 的定义如下：

$$F_1(z,t) \equiv -\frac{T_0}{v}\frac{\partial\psi_x}{\partial_z}, \quad F_2(z,t) \equiv \rho_0 \frac{\partial\psi_x}{\partial t}.$$

因此 $F_1$ 是 $1/v$ 乘以从 $z$ 的左边作用于 $z$ 的右边的横向回复力，而 $F_2$ 就是每单位长度的横向动量．证明 $F_1$ 和 $F_2$ 满足一级耦合方程：

$$\frac{1}{v}\frac{\partial F_1}{\partial t} = -\frac{\partial F_2}{\partial_z}, \quad \frac{1}{v}\frac{\partial F_2}{\partial t} = -\frac{\partial F_1}{\partial z}.$$

证明这两个方程有一个是“平庸的”，即实际上是一个恒等式．证明另一个方程等价于牛顿第二定律．注意这两个方程在形式上与麦克斯韦的两个关于 $E_x$ 和 $B_y$ 的方程相似，$E_x$ 相当于 $F_1$，$B_y$ 相当于 $F_2$．同样，如果我们知道狭义相对论，那么两个麦克斯韦方程之中的一个就能看作是一个“平庸的恒等式”．

7.38　对一条串珠弦上的纵波求出适当的波量 $F_1$（$z$，$t$）和 $F_2$（$z$，$t$），以使 $F_1$ 和 $F_2$ 满足习题7.37中同样形式的一级耦合方程．对声波也做同样的练习．对传输线中的电磁波也做同样的练习．（在最后一种情况下，耦合方程不单是与麦克斯韦方程“形式相似”，它们就是用电流和电压代替场 $E_x$ 和 $B_y$ 所表示的麦克斯韦方程．

7.39　通过直接积分证明 $\sin^2\theta$ 对所有方向的平均值是2/3，这里 $\theta$ 是给定方向与固定轴即“极”轴之间的夹角，这里的每个无限小的立体角（在平均中）带有一个正比于立体角的“权重”．在进行积分时，用球极坐标．

7.40　公路上的幻景．在炎热的夏天，你开车出外，常常会看到在很远的前方像是有水池，把天空或一辆驶近汽车的车灯的光反射过来．当你把车子开近些，（从公路表面计算的）反射角变得比某一临界角大时，反射忽然消失了．这些反射或“幻景”是由于光线从较冷的空气（密度较大）入射到靠近热的公路表面的热空气发生全内反射造成的．较热的空气密度较小，折射率较小．（回忆一下 $n^2-1$ 与空气密度成正比．）假定靠近公路表面的空气比公路上面几个英寸处的空气要热 $\Delta T$．作为一种近似，假定温度是做突变．取冷空气温度为 $T=300$ K（热力学温度），在接近公路处温度的增加 $\Delta T$ 是10 ℃．空气的折射率 $n$ 大约是1.000 3．令 $\varphi$ 是全内反射恰值临界角时的光线的入射角．$\varphi$ 从公路开始计算，也就是 $\varphi$ 等于90°减去从公路的法线算起的入射角．假定 $n-1 \ll 1$，推导下面公式：当 $\varphi \ll 1$ 时，$\varphi \approx [2(n-1)\Delta T/T]^{1/2}$．假如你的眼睛比公路高出1.2 m，你在前方多远处会看到水池靠近你的那一边？［答：大约300 m.］

7.41　波导．一个矩形波导内部横向大小是5 cm×10 cm.

（a）通过波导而不衰减的电磁波的最低频率以每秒兆周计是多少？

（b）画一个草图来表示这个波的电场的方向和电场大小随位置的变化.

（c）对于频率为不衰减通过的最低频率的5/4倍的波，求出相速度和群速度（以 $c$ 的倍数来表示）.

（d）对于频率为不衰减的最低频率的4/5的波，求出平均衰减长度.

7.42　电场反射系数. 可以做一个类比，使得传输线上每单位长度的电感相当于拉紧的弦的单位长度的质量，单位长度的电容的倒数相当于弦的张力；而且已知 $C=\varepsilon_r C_{真空}$ 和 $L=\mu_r L_{真空}$，以及真空相速度是 $c$.

（a）用与弦的类比证明折射率 $n$ 是 $(\varepsilon_r\mu_r)^{1/2}$，并证明传输线中的特征阻抗 $Z$ 是 $(\mu_r/\varepsilon_r)^{1/2}$，乘以真空中的阻抗值. 证明电场从真空到介质的反射系数是 $R=[1-(n/\mu_r)]/[1+(n/\mu_r)]$. 这也就是从真空垂直入射到介质表面上的平面波电场的反射系数.

（b）我们现在用麦克斯韦方程来更严格地推导（或要求你们推导）反射系数. 利用麦克斯韦方程和适当的线积分证明，只要在边界上的 $\partial \boldsymbol{B}/\partial t$ 不是无穷大（的确不是），切向电场在边界上就是连续的，因此，假定入射电磁波是电场沿 $x$ 方向线偏振的，证明 $E_{x(入射)}+E_{x(反射)}=E_{x(透射)}$.

（c）利用补充论题 9 中给出的有介质时的麦克斯韦方程，考虑$\dfrac{1}{\mu_0}\boldsymbol{B}-\boldsymbol{M}$ 场. 由 $\mu$ 的定义，这个场等于 $\boldsymbol{B}/\mu$，也称为 $\boldsymbol{H}$. 证明：只要 $\varepsilon_0\boldsymbol{E}+\boldsymbol{P}$ 对时间的偏导数不是无穷大（的确不是），$\boldsymbol{H}$ 的切向分量就是连续的. 证明：对于从真空入射的波，$B_{y(入射)}+B_{y(反射)}=(1/\mu_r)\ B_{y(透射)}$. 现在利用在介质中的 $B_y$ 是 $n$ 乘以 $E_x$ 这个事实，用在入射波和反射波中的 $B_y$ 和 $E_x$ 之间的关系去求出反射系数 $R=E_{x(反射)}/E_{x(入射)}$. 证明 $R=[1-(n/\mu_r)]/[1+(n+\mu_r)]$.

# 第 8 章　偏　　振

# 第8章　偏　　振

## 8.1　引言

在第7章中学过，电磁平面波中的电场和磁场是和传播方向$\hat{z}$垂直的. 有两个横向方向$\hat{x}$和$\hat{y}$. 相对于$\hat{x}$和$\hat{y}$沿某一方向取向的电场和磁场同与此方向相差90°方向上的场没有关系. 因此，在两个横向方向中，每一个方向上的场都可以有各种不同的数量（振幅）和各种可能的相对相位. 这两个独立横向场的振幅和相位的一个特定关系，就叫作一种偏振态.

当电磁波遇到物质（并与它发生相互作用）时，入射辐射的不同偏振态常会和这个物质发生不同的相互作用. 例如，有可能找到一种物质，其中的带电粒子可以沿$\hat{x}$方向自由运动，但完全不能沿$\hat{y}$方向运动. 在这种情况下，$E_x$能够对带电粒子做功，而$E_y$则不能. 因而，与$E_x$联系着的电磁波能量可以因转化为带电粒子的动能而减少，通过粒子和粒子的碰撞变成热能；但是$E_y$的振幅却不受影响. 或者，另一种可能性是，仅仅$E_x$的相位相对于$E_y$的相位有变化，能量却没有任何减少（也就是$E_x$的振幅没有减小）. 在所有这些非对称相互作用的场合，电磁辐射的偏振态都由于相互作用而有所变动或发生了变化. 这一事实有很多重要的影响. 通过研究偏振态未知的一束辐射投射到性能已经知道得很清楚的物质上所发生的效应，能够确定出辐射束的偏振态. 反之，测量一种物质所引起的某一已知偏振态的变化，能够对该种物质有所了解. 例如，银河系“我们的”旋臂中的磁场的方向，目前正是通过测量来自各个河外射电源的无线电波的偏振方向随射电源所在方位和辐射波长而变化的函数关系描绘出来的［参看 G. L. Berge 和 G. A. Seielstad，*Scientific American*，p. 46（June 1965）］.

重要的是要认识到，偏振概念仅适用于至少有两个独立“偏振方向”的波. 例如，考虑沿$\hat{z}$方向在空气中传播的声波，一旦知道了它的频率、振幅和相位常数，就再没有什么可标明的了. 我们知道，在声波中空气的位移是沿着传播方向的——这些波是纵波. 可是，通常我们并不说这些波是“纵向偏振的”，这种称呼是不妥当的. 偏振态这个名称是专门用来描述至少有两个不同偏振方向的那些波. 固体中传播的声波或一条玩具弹簧上的波动，存在着三种可能的偏振态：一种纵向偏振方向和两种横向偏振方向. 在这种情况下，可以有一种纵向偏振波或两种不同的横向偏振波（或者是所有三种偏振的一般叠加）.

## 8.2 偏振态的描写

我们研究的所有这些波都是由某个物理量构成的，该物理量偏离其平衡值的位移随位置和时间而变化．这个位移可用一个矢量 $\boldsymbol{\psi}(x, y, z, t)$ 来描写．我们通常研究的是平面波，它的 $\boldsymbol{\psi}$ 的形式是 $\boldsymbol{\psi}(z, t)$，其中的 $z$ 是沿传播方向量度的．（在这里包括驻波和行波．）$\partial\boldsymbol{\psi}(z, t)/\partial t$ 和 $\partial\psi(z, t)/\partial z$ 这两个量常常是具有最重要物理性质的两个量．我们已经看到，对于弦上的波和对于声波来说，的确是这样；在每一场合，$\boldsymbol{\psi}(z, t)$ 标定的都是介质粒子偏离其平衡位置的位移.

沿 $\hat{z}$ 方向传播的平面波的位移可写成如下形式：

$$\boldsymbol{\psi}(z,t)=\hat{\boldsymbol{x}}\psi_x(z,t)+\hat{\boldsymbol{y}}\psi_y(z,t)+\hat{\boldsymbol{z}}\psi_z(z,t). \tag{1}$$

对于弦上的横波，$\boldsymbol{\psi}$ 只有 $x$ 和 $y$ 两个分量．这种波称为有横向偏振的波．（事实上，一条弦上也可以有纵波，这是弦上张力的变化和弦上粒子纵向速度的变化．）对于空气中的声波，位移 $\boldsymbol{\psi}$ 是沿着传播方向 $\hat{z}$ 的．这些波都叫作纵波，但通常不称之为纵向偏振波．（事实上，在一个管子里也可能有横向声波，这些横波可以看成是从管子的一侧弹回到管子另一侧的纵波，而不是沿管子直下的纵波．净传播方向却是沿管子直下的，但是空气的振动既有横向分量也有纵向分量．）在平面电磁波的情况下，位移 $\boldsymbol{\psi}$ 是和 $\hat{z}$ 垂直的，如像在7.5节中已经看到那样．在那里我们知道，真空中平面波的 $\boldsymbol{E}$ 和 $\boldsymbol{B}$ 总是垂直于 $\hat{z}$．（$\boldsymbol{E}$ 和 $\boldsymbol{B}$ 也可以有纵向分量，例如，当这些波是封闭在波导或空腔中时．）

**横波的偏振** 从现在起，我们将只考虑如下形式的横波：

$$\boldsymbol{\psi}(z,t)=\hat{\boldsymbol{x}}\psi_x(z,t)+\hat{\boldsymbol{y}}\psi_y(z,t). \tag{2}$$

在下面的讨论中，我们将援用两个物理例子：一个是在拉紧的弦或玩具弹簧上的横波，另一个是真空中的平面电磁波．对于一条弦上的波来说，$\boldsymbol{\psi}(z, t)$ 代表的是弦的偏离平衡位置的瞬时横向位移．别的物理上有意义的量是横向速度 $\partial\boldsymbol{\psi}/\partial t$ 和弦上某一位置 $z$ 的左方作用于右方的横向力 $-T_0\partial\boldsymbol{\psi}/\partial z$．如果 $\boldsymbol{\psi}(z, t)$ 已知，以上这些量就都是知道的．对于平面电磁波，$\boldsymbol{\psi}(z, t)$ 代表横向电场 $\boldsymbol{E}(z, t)$．另一个物理上有意义的量是横向磁场 $\boldsymbol{B}(z, t)$；如果 $\boldsymbol{E}(z, t)$ 已知，它也就知道了．例如，我们总能够把一个一般的 $\boldsymbol{E}(z, t)$ 分解为沿 $+z$ 和 $-z$ 两个方向行进的两列行波的叠加．令 $\boldsymbol{E}^+$ 表示沿 $+z$ 方向行进的波对 $\boldsymbol{E}$ 的贡献，令 $\boldsymbol{E}^-$ 表示沿 $-z$ 方向行进的波对 $\boldsymbol{E}$ 的贡献，于是我们能写出

$$\boldsymbol{E}(z,t)=\boldsymbol{E}^+(z,t)+\boldsymbol{E}^-(z,t). \tag{3}$$

这样，我们从行波的研究（见7.4节）便知道，相应于 $\boldsymbol{E}^+$ 的磁场 $\boldsymbol{B}^+$ 等于 $\hat{\boldsymbol{z}}\times\boldsymbol{E}^+/c$，而相应于 $\boldsymbol{E}^-$ 的磁场 $\boldsymbol{B}^-$ 等于 $-\hat{\boldsymbol{z}}\times\boldsymbol{E}^-/c$．因此，相应于叠加式（3）的磁场是

$$\boldsymbol{B}(z,t)=\hat{\boldsymbol{z}}\times[\boldsymbol{E}^+(z,t)-\boldsymbol{E}^-(z,t)]/c. \tag{4}$$

我们在下面并不直接用到式（4），我们只是向你说明（或提醒你），一旦 $\boldsymbol{E}$ 已知

(假定是真空中的平面波)，$\boldsymbol{B}$ 就“自动地”（在麦克斯韦方程是“自动的”那种意义上）知道了.

**有效点电荷** 在平面电磁波情况下，另一种很有帮助的物理图景是：设想这些平面波是由一个处于坐标原点上的谐振点电荷所发出的，并假定这个原点足够远，以致它所辐射出来的波在足够好的近似下都是平面波. 如果电荷 $q$ 的瞬时横向位移由下式表示：

$$\begin{aligned}\boldsymbol{\psi}(t) &= \hat{\boldsymbol{x}}x(t) + \hat{\boldsymbol{y}}y(t) \\ &= \hat{\boldsymbol{x}}x_0\cos(\omega t+\varphi_1) + \hat{\boldsymbol{y}}y_0\cos(\omega t+\varphi_2),\end{aligned} \tag{5}$$

那么，根据对点电荷所发射的辐射的讨论（见7.5节）知道，电场 $\boldsymbol{E}$（$z$，$t$）是

$$\begin{aligned}\boldsymbol{E}(z,t) &= -\frac{q\boldsymbol{a}_{\perp}(t')}{4\pi\varepsilon_0 rc^2} \\ &= -\frac{q\ddot{\boldsymbol{\psi}}(t')}{4\pi\varepsilon_0 zc^2}.\end{aligned}$$

由于 $\ddot{\psi} = -\omega^2\psi$，所以有

$$\boldsymbol{E}(z,t) = \frac{q\omega^2\boldsymbol{\psi}(t')}{4\pi\varepsilon_0 zc^2} = \frac{q\omega^2\boldsymbol{\psi}\left(t-\dfrac{z}{c}\right)}{4\pi\varepsilon_0 zc^2}. \tag{6}$$

因此，当我们考虑平面电磁行波时，我们可以把 $\boldsymbol{\psi}$（$z$，$t$）看成是代表电场 $\boldsymbol{E}$（$z$，$t$），或者把它看成是代表（除掉一个已知的比例常数 $q\omega^2/4\pi\varepsilon_0 zc^2$ 而外）一个正电荷 $q$ 在较早的推迟时 $t'=t-z/c$ 的位移. 即使 $\boldsymbol{E}$（$z$，$t$）不真正是由单个电荷 $q$ 产生的，我们也能“发明”出这个电荷 $q$，用式（6）加以确定.（在对辐射源缺乏任何直接知识的情况下，我们就不能说它的辐射不是由有效电荷 $q$ 所产生的.）

**线偏振** 在横波（平面电磁波和弦上的横波）情况下，如果位移是沿着一条垂直于 $\hat{\boldsymbol{z}}$ 的固定直线往返振荡，这些波就叫作线偏振波. 这时有两个独立的横方向，彼此无关，可把它们取作 $\hat{\boldsymbol{x}}$ 和 $\hat{\boldsymbol{y}}$. 考虑 $z$ 的一个固定值. 这时我们不必说明所考虑的是驻波还是行波，或者同时有两者，也就是说，不需要标明在 $z$ 的不同数值处各振荡之间的相位关系，因为我们现在只考虑 $z$ 的单独一个数值. 这样，相应于线偏振平面波的振荡就可有如下两者之一的形式：

$$\boldsymbol{\psi}(t) = \hat{\boldsymbol{x}}A_1\cos\omega t, \tag{7}$$

$$\boldsymbol{\psi}(t) = \hat{\boldsymbol{y}}A_2\cos\omega t; \tag{8}$$

在这两个式子中我们已省去符号 $z$，并令相位常数等于零. 在更为一般化的情形，我们是在沿着一条既不是 $\hat{\boldsymbol{x}}$ 也不是 $\hat{\boldsymbol{y}}$ 的直线上有一种线偏振振荡. 这样的振荡总可以写成由式（7）和式（8）表示的两种独立线偏振振荡的叠加，在这个叠加里，$x$ 和 $y$ 两个分量的相位常数相同（否则相差 $\pi$）：

$$\boldsymbol{\psi}(t) = \hat{\boldsymbol{x}}A_1\cos\omega t + \hat{\boldsymbol{y}}A_2\cos\omega t, \tag{9}$$

即

$$\boldsymbol{\psi}(t)=(\hat{\boldsymbol{x}}A_1+\hat{\boldsymbol{y}}A_2)\cos\omega t. \tag{10}$$

矢量（$\hat{\boldsymbol{x}}A_1+\hat{\boldsymbol{y}}A_2$）的数值和方向都与时间无关．所以，像式（10）所表示的这种 $\psi$（$t$）是代表沿某一固定直线上的振荡．这种振荡的振幅 $A$ 是

$$A=\sqrt{A_1^2+A_2^2}. \tag{11}$$

$\psi(t)$ 的方向（对线偏振来说）总是或者沿着 $+\hat{\boldsymbol{e}}$，或者（半周后）沿是 $-\hat{\boldsymbol{e}}$，这里的 $\hat{\boldsymbol{e}}$ 是单位矢量：

$$\hat{\boldsymbol{e}}=\frac{A_1}{A}\hat{\boldsymbol{x}}+\frac{A_2}{A}\hat{\boldsymbol{y}}. \tag{12}$$

$\hat{\boldsymbol{e}}$ 是单位矢量是因为

$$\begin{aligned}\hat{\boldsymbol{e}}\cdot\hat{\boldsymbol{e}}&=\frac{(A_1\hat{\boldsymbol{x}}+A_2\hat{\boldsymbol{y}})^2}{A^2}\\&=\frac{A_1^2\hat{\boldsymbol{x}}\cdot\hat{\boldsymbol{x}}+A_2^2\hat{\boldsymbol{y}}\cdot\hat{\boldsymbol{y}}+2A_1A_2\hat{\boldsymbol{x}}\cdot\hat{y}}{A^2}\\&=\frac{A_1^2+A_2^2}{A^2}\\&=1.\end{aligned} \tag{13}$$

图8.1所示为一个线偏振波（在固定 $z$ 处）的位移 $\psi(t)$.

**线偏振驻波**　假定我们要描写一个线偏振的“纯”驻波．它在（例如）$z=0$ 处有一个 $\psi$ 的节点．为此，我们用 $\sin kz$ 乘［式（10）所示］固定 $z$ 处的线偏振位移：

$$\psi(z,t)=(\hat{\boldsymbol{x}}A_1+\hat{\boldsymbol{y}}A_2)\sin kz\cos\omega t. \tag{14}$$

**线偏振行波**　为了描写沿（例如）$+z$ 方向传播的行波，我们在固定 $x$ 处的线偏振位移表达式中用 $\omega t-kz$ 代替 $\omega t$：

$$\boldsymbol{\psi}(z,t)=(\hat{\boldsymbol{x}}A_1+\hat{\boldsymbol{y}}A_2)\cos(\omega t-kz). \tag{15}$$

**圆偏振**　如果在一种横波中位移沿着一个圆周运动，这种波就叫作圆偏振波．我们首先来考虑一个固定的 $z$ 值．我们（仍然）不指明这些波是沿着 $+\hat{z}$ 还是沿着 $-\hat{z}$ 传播（连是否行波也不指明）．如果你的右手四指弯曲指向转动方向，而你的大拇指指向 $+\hat{z}$ 的方向，这个振荡就叫作沿 $+\hat{z}$ 方向做圆偏振．（与此类似，我们也以右手螺旋法则来定义沿 $-\hat{z}$ 方向的圆偏振．）沿 $+\hat{z}$ 的圆偏振的振荡

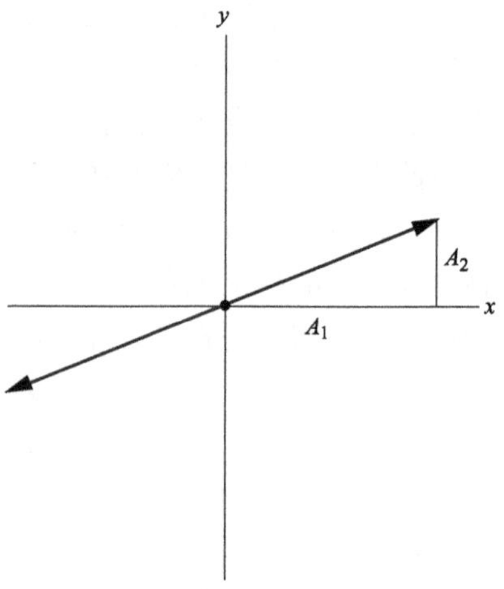


图8.1　线偏振．式（9）和式（10）所示的固定 $z$ 处的位移 $\psi$（$t$）沿双箭头所指的直线上做谐振荡

可表示成一个沿 $\hat{x}$ 做线偏振的振荡和振幅与之相同的另一个沿 $\hat{y}$ 做线偏振振荡的叠加.（照例）取右手坐标系的 $x$、$y$、$z$ 轴，使得 $\hat{x}\times\hat{y}=\hat{z}$，我们就看出，对于沿 $+\hat{z}$ 的圆偏振来说，$\hat{x}$ 振荡超前 $\hat{y}$ 振荡 90°：

$$\begin{aligned}\boldsymbol{\psi}(t)&=\hat{x}A\cos\omega t+\hat{y}A\cos\left(\omega t-\frac{\pi}{2}\right)\\&=\hat{x}A\cos\omega t+\hat{y}A\sin\omega t.\end{aligned}\tag{16}$$

与此类似，对于沿 $-\hat{z}$ 的圆偏振来说，$\hat{x}$ 振荡落后 $\hat{y}$ 振荡 90°：

$$\begin{aligned}\boldsymbol{\psi}(t)&=\hat{x}A\cos\omega t+\hat{y}A\cos\left(\omega t+\frac{\pi}{2}\right)\\&=\hat{x}A\cos\omega t-\hat{y}A\sin\omega t.\end{aligned}\tag{17}$$

按照关于平面电磁波的讨论（见 7.4 节），圆偏振平面波带有角动量 $\boldsymbol{J}=\pm(W/\omega)\hat{z}$，其中 $W$ 是能量，$\omega$ 是角频率. 角动量的正负号和场的转动方向相同. 因此，对于沿 $+\hat{z}$ 的圆偏振来说，角动量是沿着 $+\hat{z}$ 的；对于沿 $-\hat{z}$ 的圆偏振，角动量是沿着 $-\hat{z}$ 的.（在直到此处的讨论中，$\hat{z}$ 固定于空间的一个方向. 上面的讨论对行波的每个传播方向都成立；对驻波来说，它也成立.）弦或玩具弹簧上的圆偏振波自然也带有角动量.

图 8.2 所示为在固定 $z$ 处圆偏振振荡的位移 $\boldsymbol{\psi}(t)$.

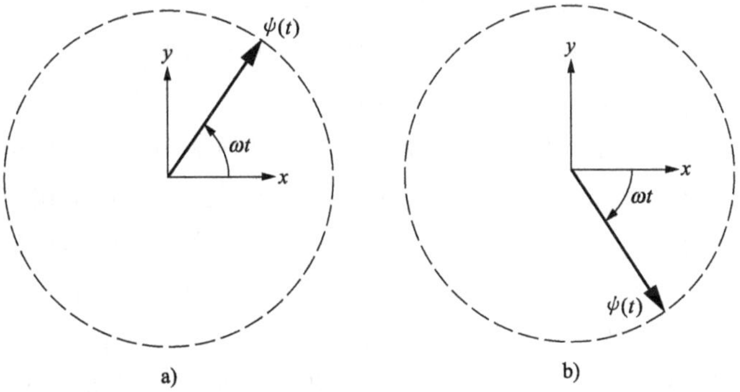


图 8.2 圆偏振

a）沿 $+\hat{z}$ 的圆偏振和角动量，这里的 $\hat{z}$ 固定于空间中，和传播方向无关 b）沿 $-\hat{z}$ 的圆偏振和角动量

**圆偏振驻波** 用 $z$ 的一个正弦函数乘以固定 $z$ 的适当圆偏振振荡［由式（16）给出］，就得到一个偏振（和角动量）沿着 $+\hat{z}$ 的圆偏振驻波. 因此，对于一个在（例如）$z=0$ 处有一个节点并沿着 $+\hat{z}$ 圆偏振的驻波来说，我们有

$$\boldsymbol{\psi}(z,t)=\left[\hat{x}\cos\omega t+\hat{y}\cos\left(\omega t-\frac{\pi}{2}\right)\right]A\sin kz.\tag{18}$$

**圆偏振行波** 一个圆偏振（和角动量）沿 $+\hat{z}$ 的圆偏振行波，可以在式（16）给出的圆偏振振荡中用 $\omega t-kz$（对于沿 $+\hat{z}$ 传播的情况来说）替换 $\omega t$ 十分容易地

得到

$$\boldsymbol{\psi}(z,t)=A\left\{\hat{\boldsymbol{x}}\cos(\omega t-kz)+\hat{\boldsymbol{y}}\cos\left[\left(\omega t-\frac{\pi}{2}\right)-kz\right]\right\}. \tag{19}$$

与此类似，如果我们要有一个沿 $-\hat{z}$ 传播的波，我们就用 $\omega t+kz$ 来替换 $\omega t$；如果我们要有一个角动量沿 $-\hat{z}$ 的波，我们就在式（17）所给出的圆偏振振荡中用 $\omega t-kz$ 或 $\omega z+kz$ 来替换 $\omega t$.

**圆偏振行波手征的规定** 假定有一个沿 $+\hat{z}$ 方向传播的圆偏振行波. 设想其角动量也在 $+\hat{z}$ 方向上，因而（对电磁波来说）场或（对玩具弹簧上的波来说）位移的转动方向按右手螺旋法则是沿着 $+\hat{z}$. 这种偏振称为“右旋”偏振是自然的，我们把这种规定叫作角动量约定. 按照角动量约定，一个圆偏振行波，如果它的角动量是沿着传播方向，就叫作右旋波；如果角动量是和传播方向相反，叫作左旋波. 不过，这个常规与光学中惯用的常规是相反的. 例如，你的光学工具箱中的圆偏振片上标有的“左手”字样，就是按照和这个常规相反的惯例标定的. 光学常规可叫“螺旋形常规”或简称“螺旋式常规”. 采用螺旋式常规的理由，可通过考虑摇动一条玩具弹簧在其上产生圆偏振行波而看出. 设想你摇动玩具弹簧的一端，做快速圆周运动，你看过去，这个圆运动是顺时针的. 一个圆偏振波包就离开你沿着玩具弹簧传下去. 它的转动方向是顺时针的，角动量沿着传播方向. 按照角动量常规，这个波是右旋的. 现在想象地拍摄一张快照，“让运动停止在原地”，观察玩具弹簧的瞬时形状. 这时它是右手螺旋还是左手螺旋呢？光学常规是利用螺旋的手征命名偏振的旋转方向. 遗憾的是，这种手征却是一个左手螺旋的手征！（要看清楚这一点，想一想当正在发出波时你的手和玩具弹簧的运动. 想想这时你的手附近玩具弹簧的位形. 离你手不远下游处玩具弹簧当时的角位置正相当于你的手在略早些时刻的角位置；它落后于你的手当时的位置. 离你更远处的玩具弹簧落后得更多，因为那里的波是在更早些时刻发出的. 在固定时刻沿弹簧走下去，你就画出一个左手螺旋.）因此，螺旋式常规标示出来的旋转方向是与角动量常规的手征相反的. 角动量常规容易想象一些. 至于光学常规，只要记住它是螺旋式的就容易记忆了.

摆弄一条玩具弹簧以获得关于各种不同横向偏振的实在经验，肯定是有教益的. 要得到驻波，可以把弹簧一端拴在电线杆上，而摇动另一端. 要模拟“自由”端，可以把玩具弹簧的一端同长约 10 m 的一根弦连接，而把弦的另一端系在电线杆上. 线偏振或圆偏振驻波都很容易产生出来，谐行波就难以产生，因为使玩具弹簧终止在一个阻抗得到匹配的波阻性负载上是不容易的. [我猜想，把一根长弦（以使尾端“自由”）同正在搅动几桶水的一些合适的泡沫塑料（“没有质量的”）活塞或叶片组合起来，能够获得成功.] 可是，我们很容易在玩具弹簧上发出一个脉冲或波包，并跟踪观察它从固定端或自由端的反射.

**横偏振态的性质** 摆弄一条玩具弹簧做实验或者研究前面的各个公式，不难验证横偏振态具有如下性质（这些性质对于平面电磁波也同样成立）：

1）在线偏振波中，固定 $z$ 处的位移每周两次经过零.

在驻波中，所有各点同时经过零.

在行波中，所有各点都有相同的运动，但点与点之间有相应于波在两点间传播时间的相移.

2）在圆偏振的驻波或行波中，固定 $z$ 处位移的数值不变.

如果玩具弹簧携带一个圆偏振行波，在某一固定时刻 $t$ 做瞬时拍照就能显示出玩具弹簧的形状像个拔塞钻.

如果玩具弹簧上有一个圆偏振驻波，玩具弹簧就总是完全处在一个平面中. 一次瞬时拍照无法分辨出这时的形状与一个线偏振驻波形状或一个线偏振行波形状的区别.（在略晚些时刻再做一次瞬时拍照，连前一次拍照一起，就能确定这三种波中究竟是哪一种出现了.）

3）一个在玩具弹簧上行进的、沿 $+\hat{z}$（固定于空间的一个方向）圆偏振的波包，它在一端反射后出现的反射波的圆偏振也沿着这同一方向. 不管从固定端或从自由端（或从任何种负载）反射回来都如此. 因而，相对于固定方向 $\hat{z}$ 的转动方向在反射过程中保持不变. 这一点可以直接从角动量守恒看出来. 一个玩具弹簧的固定端或自由端不可能作用任何力矩，因此，相对于固定 $+\hat{z}$ 轴的角动量在反射下保持不变. 自然，波的旋转特性反过来了，因为在反射时传播方向反向. 电磁辐射有和这个玩具弹簧同样的行为. 也就是说，圆偏振的光或微波或任何其他电磁辐射，相对于一个固定方向 $\hat{z}$ 的转动方向在反射180°时不改变，但其手征，即相对于传播方向的转动方向，却倒过来了. 光的手征在反射时反向这件事对你来说并不新奇. 你照镜子时，你的右手看起来就像一只左手. 这个例子表面上似乎和圆偏振光相对于一个固定方向 $\hat{z}$ 的转动方向（在从镜子反射时）保持不变这件事并无明显关系，但是事实上这两者是相关的. 两者都可以看成是在波和反射介质（在玩具弹簧的情况下是波和墙壁，而在电磁辐射的情况下是波和镜子里的电子）的相互作用下，垂直于 $\hat{z}$ 的动量保持守恒的结果.（可是请参看课外实验8.27.）

**一般横偏振——椭圆偏振** 在一个固定 $\hat{z}$ 处，一个一般的横偏振振荡的形式是

$$\boldsymbol{\psi}(t)=\hat{\boldsymbol{x}}A_1\cos(\omega t+\varphi_1)+\hat{\boldsymbol{y}}A_2\cos(\omega t+\varphi_2). \tag{20}$$

如果 $\varphi_2$ 等于 $\varphi_1$ 或 $\varphi_1\pm\pi$，就得到线偏振. 如果 $\varphi_2$ 等于 $\varphi_1-\frac{1}{2}\pi$，而 $A_2$ 等于 $A_1$，就得到沿 $+\hat{z}$ 的圆偏振. 如果 $\varphi_2$ 等于 $\varphi_1+\frac{1}{2}\pi$，而 $A_2$ 等于 $A_1$，就得到沿 $-\hat{z}$ 的圆偏振. 在 $A_2$ 和 $A_1$ 不相等而 $\varphi_2$ 和 $\varphi_1$ 为任意的一般情况下，位移 $\boldsymbol{\psi}$ 就描出一个椭圆径迹. 这点可看出如下：把 $\psi_x$ 和 $\psi_y$ 叫作 $x$ 和 $y$，则 $x$ 是 $A_1\cos(\omega t+\varphi_1)$ 而 $y$ 是 $A_2\cos(\omega t+\varphi_2)$. 展开每一个余弦，使 $x$ 是 $\cos\omega t$ 和 $\sin\omega t$ 的某个线性组合，而 $y$ 是另一个线性组合. 求解这两个线性方程以解出 $\sin\omega t$ 和 $\cos\omega t$. 结果就得到 $\sin\omega t$

和 $\cos\omega t$ 每一个都是 $x$ 和 $y$ 的一个（不同的）线性组合．把 $\sin\omega t$ 的平方与 $\cos\omega t$ 的平方相加（等于1）得到一个含有 $x^2$、$y^2$ 的 $xy$ 的二次式．这种式子叫作圆锥曲线．如果 $x$ 和 $y$ 的可能数值是有限制的（在这里就如此），这个圆锥曲线就是一个椭圆．（见习题8.1）图8.3示出当改变式（20）中的相对相位 $\varphi_1-\varphi_2$ 时所出现的情况．（利用干净的玻璃纸条你可以表演相对相位对偏振的影响．见课外实验8.16.）

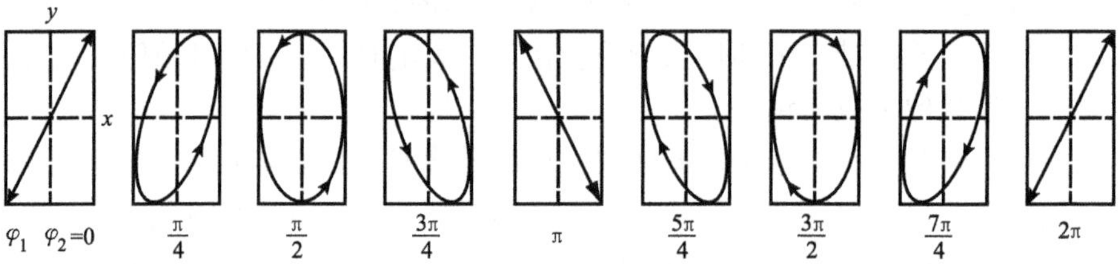


图8.3　一般偏振．$y$ 运动的振幅取为 $x$ 运动的两倍．$y$ 运动落后于 $x$ 运动多少，由标示的相位常数 $\varphi_1-\varphi_2$ 给出

**复数记法**　如果在波的叠加中有好几个相位常数，使用复数有时就比较方便．为了举例说明这一点，考虑一个在 $+\hat{z}$ 方向传播的电磁谐行波：

$$\begin{aligned}\boldsymbol{E}(z,t)&=\hat{\boldsymbol{x}}E_x(z,t)+\hat{\boldsymbol{y}}E_y(z,t)\\&=\hat{\boldsymbol{x}}E_1\cos(kz-\omega t-\varphi_1)+\hat{\boldsymbol{y}}E_2\cos(kz-\omega t-\varphi_2).\end{aligned}\tag{21}$$

容易看出，式（21）所示的电场正是下面复数波函数的实数部分：

$$\boldsymbol{E}_c(z,t)=e^{i(kz-\omega t)}(\hat{\boldsymbol{x}}E_1e^{-i\varphi_1}+\hat{\boldsymbol{y}}E_2e^{-i\varphi_2}).\tag{22}$$

$e^{i(kz-\omega t)}$ 可以从 $\boldsymbol{E}_c$ 的总表达式中作为因子分解出来，这一事实有时有助于求出涉及好几个不同的波叠加起来的表达式．我们总是先回到实数电场 $\boldsymbol{E}$，再把结果应用到物理实例．（麦克斯韦方程中没有 $\sqrt{-1}$，不存在像强度为 $\sqrt{-1}$ V/cm 的电场这种东西.）

**复数波函数和复数振幅**　实数部分为电场 $\boldsymbol{E}$ 的复数量 $E_c$，可以看成是一个叠加：

$$\boldsymbol{E}_c(z,t)=A_1\boldsymbol{\psi}_1(z,t)+A_2\boldsymbol{\psi}_2(z,t),\tag{23}$$

其中，

$$\boldsymbol{\psi}_1(z,t)=\hat{\boldsymbol{x}}e^{i(kz-\omega t)},\quad \boldsymbol{\psi}_2(z,t)=\hat{\boldsymbol{y}}e^{i(kz-\omega t)},\tag{24}$$

$$A_1=E_1e^{-i\varphi_1},\quad A_2=E_2e^{-i\varphi_2}.\tag{25}$$

**正交归一波函数**　波函数 $\psi_1$ 和 $\psi_2$ 组成一个正交归一波函数的全集．形容词“全”的意思是，任何谐行波都可以展开成 $\psi_1$ 和 $\psi_2$ 的具有适应复常数系数 $A_1$ 和 $A_2$ 的一个叠加．形容词“正交归一”的意思是

$$\boldsymbol{\psi}_1^*\cdot\boldsymbol{\psi}_1=\boldsymbol{\psi}_2^*\cdot\boldsymbol{\psi}_2=1,\quad \boldsymbol{\psi}_1^*\cdot\boldsymbol{\psi}_2=\boldsymbol{\psi}_2^*\cdot\boldsymbol{\psi}_1=0,\tag{26}$$

其中星号指复共轭（即用 $-i$ 替换 i）．于是有

$$\boldsymbol{\psi}_1^*\cdot\boldsymbol{\psi}_1=[\hat{\boldsymbol{x}}e^{-i(kz-\omega t)}]\cdot[\hat{\boldsymbol{x}}e^{i(kz-\omega t)}]=\hat{\boldsymbol{x}}\cdot\hat{\boldsymbol{x}}=1,$$

$$\boldsymbol{\psi}_1^* \cdot \boldsymbol{\psi}_2 = [\hat{\boldsymbol{x}} e^{-i(kz-\omega t)}] \cdot [\hat{\boldsymbol{y}} e^{i(kz-\omega t)}] = \hat{\boldsymbol{x}} \cdot \hat{\boldsymbol{y}} = 0.$$

由于正交归一条件式（26），复矢量 $\boldsymbol{E}_c$ 绝对值的平方有一个十分简单的表达式：

$$\begin{aligned} |\boldsymbol{E}_c|^2 &\equiv (\boldsymbol{E}_c^*) \cdot (\boldsymbol{E}_c) \\ &= (A_1^* \boldsymbol{\psi}_1^* + A_2^* \boldsymbol{\psi}_2^*) \cdot (A_1 \boldsymbol{\psi}_1 + A_2 \boldsymbol{\psi}_2) \\ &= |A_1|^2 + |A_2|^2 \\ &= E_1^2 + E_2^2. \end{aligned} \tag{27}$$

**用复数表示的对时间求平均的能流通量**　被一束电磁行波照射的一个光电倍增管探测器的计数率正比于该束辐射的时间平均能流通量．更确切地说，对于角频率 $\omega$，面积为 $A$、光阴被转换效率为 $\varepsilon$ 的探测器的平均计数率 $R$（以每秒计）将是

$$R = \frac{\langle S \rangle}{\hbar\omega} \cdot A \cdot \varepsilon, \tag{28}$$

其中，对时间平均的能流通量（以 $J/m^2$ 为单位）是

$$\langle S \rangle = \frac{4\pi\varepsilon_0}{\mu_0} \langle E^2 \rangle, \tag{29}$$

和

$$\begin{aligned} \langle \boldsymbol{E}^2 \rangle &= \langle (\hat{\boldsymbol{x}} E_x + \hat{\boldsymbol{y}} E_y)^2 \rangle \\ &= \langle \boldsymbol{E}_x^2 \rangle + \langle \boldsymbol{E}_y^2 \rangle \\ &= \frac{1}{2} E_1^2 + \frac{1}{2} E_2^2. \end{aligned} \tag{30}$$

式（30）最后一行的因子 1/2 来自式（21）中谐振荡平方的时间平均．

比较式（27）和式（30）我们看到，如果我们希望用实部为电场 $\boldsymbol{E}$ 的复量 $\boldsymbol{E}_c$ 来表示的话，只要我们用 $\boldsymbol{E}_c$ 的绝对值平方的一半来代替 $\boldsymbol{E}$ 平方的时间平均值，我们就能得到时间平均的能流通量的正确表达式：

$$\boldsymbol{E} = \mathrm{Re}\boldsymbol{E}_c \equiv \boldsymbol{E}_c \text{ 的实部}, \tag{31}$$

$$\langle \boldsymbol{E}^2 \rangle = \frac{1}{2} |\boldsymbol{E}_c|^2, \tag{32}$$

其中

$$\begin{cases} \langle \boldsymbol{E}^2 \rangle = \langle E_x^2 \rangle + \langle E_y^2 \rangle, \\ |\boldsymbol{E}_c|^2 = |E_{xc}|^2 + |E_{yc}|^2. \end{cases} \tag{33}$$

**偏振光的其他完备表示**　最一般的偏振态可表示为沿 $\hat{\boldsymbol{x}}$ 和沿 $\hat{\boldsymbol{y}}$ 做线偏振的波的叠加．自然，存在着无限多个（固定在惯性系中的）方向可供选择为 $\hat{\boldsymbol{x}}$．因此，可利用的线偏振表达式也有无限多个．在复数记法中（臆想地）可以说有无限多个正交归一波函数 $\psi_1$ 和 $\psi_2$ 的全集，我们可用它们来构成给出 $\boldsymbol{E}_c$ 的（有复系数的）叠加的基函数．例如，如果把原有的 $\hat{\boldsymbol{x}}$ 和 $\hat{\boldsymbol{y}}$（从 $\hat{\boldsymbol{x}}$ 到 $\hat{\boldsymbol{y}}$ 的方向）旋转一个角度 $\varphi$，便得到单位矢量 $\hat{\boldsymbol{e}}_1$ 和 $\hat{\boldsymbol{e}}_2$；容易证明

$$\begin{cases}\hat{\boldsymbol{e}}_1=\hat{\boldsymbol{x}}\cos\varphi+\hat{\boldsymbol{y}}\sin\varphi,\\ \hat{\boldsymbol{e}}_2=-\hat{\boldsymbol{x}}\sin\varphi+\hat{\boldsymbol{y}}\cos\varphi.\end{cases}\tag{34}$$

与沿 $\hat{\boldsymbol{e}}_1$ 和 $\hat{\boldsymbol{e}}_2$ 线偏振的线偏振表达式相对应的正交归一波函数的全集就是

$$\boldsymbol{\psi}_1=\hat{\boldsymbol{e}}_1\mathrm{e}^{\mathrm{i}(kz-\omega t)},\quad \boldsymbol{\psi}_2=\hat{\boldsymbol{e}}_2\mathrm{e}^{\mathrm{i}(kz-\omega t)}.\tag{35}$$

核对一下，你能看出 $\psi_1$ 和 $\psi_2$ 满足正交归一条件式（26）.

**圆偏振表示**　谐行波的一般偏振态也可表示成具有适当振幅和相位常数的右旋和左旋两个圆偏振分量的一个叠加. 例如，沿 $\hat{\boldsymbol{x}}$ 线偏振的波可以写成如下两种等效形式中的任何一种：

$$\boldsymbol{E}=\hat{\boldsymbol{x}}A\cos(kz-\omega t)\tag{36}$$

或

$$\boldsymbol{E}=\frac{A}{2}\left\{\hat{\boldsymbol{x}}\cos(\omega t-kz)+\hat{\boldsymbol{y}}\cos\left[\left(\omega t-\frac{\pi}{2}\right)-kz\right]\right\}+\frac{A}{2}\left\{\hat{\boldsymbol{x}}\cos(\omega t-kz)+\hat{\boldsymbol{y}}\cos\left[\left(\omega t+\frac{\pi}{2}\right)-kz\right]\right\}.\tag{37}$$

（含 $\hat{\boldsymbol{y}}$ 的两项振幅相等但相位差为180°，两者加起来等于零.）式（36）所示的 $\boldsymbol{E}$ 的表达式是一个振幅为 $A$ 的线偏振表达式. 式（37）所示的 $\boldsymbol{E}$ 的表达式是角动量沿 $+\hat{z}$ 和 $-\hat{z}$ 的两个圆偏振分量的叠加，每个分量的振幅为 $\frac{1}{2}A$. 和式（36）及式（37）类似的复数表达式是

$$\boldsymbol{E}_c=A\hat{\boldsymbol{x}}\mathrm{e}^{\mathrm{i}(kz-\omega t)}\tag{38}$$

和

$$\boldsymbol{E}_c=\frac{1}{2}A\{\hat{\boldsymbol{x}}\mathrm{e}^{\mathrm{i}(kz-\omega t)}+\hat{\boldsymbol{y}}\mathrm{e}^{\mathrm{i}\{kz-[\omega t+(\pi/2)]\}}\}+\frac{1}{2}A\{\hat{\boldsymbol{x}}\mathrm{e}^{\mathrm{i}(kz-\omega t)}+\hat{\boldsymbol{y}}\mathrm{e}^{\mathrm{i}\{kz-[\omega t+(\pi/2)]\}}\}.\tag{39}$$

现在利用以下两个事实

$$\begin{cases}\mathrm{e}^{\mathrm{i}(\pi/2)}=\cos\dfrac{\pi}{2}+\mathrm{i}\sin\dfrac{\pi}{2}=\mathrm{i},\\ \mathrm{e}^{-\mathrm{i}(\pi/2)}=\cos\dfrac{\pi}{2}-\mathrm{i}\sin\dfrac{\pi}{2}=-\mathrm{i}\end{cases}\tag{40}$$

把式（39）改写成较简洁的形式：

$$\boldsymbol{E}_c=\frac{1}{2}A[(\hat{\boldsymbol{x}}+\mathrm{i}\hat{\boldsymbol{y}})\mathrm{e}^{\mathrm{i}(kz-\omega t)}]+\frac{1}{2}A[(\hat{\boldsymbol{x}}-\mathrm{i}\hat{\boldsymbol{y}})\mathrm{e}^{\mathrm{i}(kz-\omega t)}].\tag{41}$$

现在，我们就可以定义一个正交归一圆偏振波函数的全集如下：

$$\psi_+=\left(\frac{\hat{\boldsymbol{x}}+\mathrm{i}\hat{\boldsymbol{y}}}{\sqrt{2}}\right)\mathrm{e}^{\mathrm{i}(kz-\omega t)},$$

$$\psi_-=\left(\frac{\hat{\boldsymbol{x}}-\mathrm{i}\hat{\boldsymbol{y}}}{\sqrt{2}}\right)\mathrm{e}^{\mathrm{i}(kz-\omega t)}.\tag{42}$$

容易核对，$\psi_+$ 和 $\psi_-$ 是正交归一的，即

$$\psi_+^* \cdot \psi_+ = \psi_-^* \cdot \psi_- = 1;$$

$$\psi_+^* \cdot \psi_- = \psi_-^* \cdot \psi_+ = 0. \tag{43}$$

于是，谐行波的最一般的偏振态就可写成

$$\boldsymbol{E}_c(z,t) = A_+\boldsymbol{\psi}_+ + \boldsymbol{A}_-\boldsymbol{\psi}_-, \tag{44}$$

其中 $A_+$ 和 $A_-$ 是复数常数. 对于相应于式（38）的线偏振的特殊情形，我们看到 $A_+$ 和 $A_-$ 是

$$A_+ = A_- = \frac{1}{\sqrt{2}}A. \tag{45}$$

在一束谐行波中的光电倍增管的时间平均计数率 $R$，可以用任何波函数全集配以复系数来表示. 因此，不同 $\hat{\boldsymbol{x}}$, $\hat{\boldsymbol{y}}$ 线偏振表示［见式（28）~式（33）］，我们可以使用 $+z$, $-z$ 角动量表示：

$$R = \frac{\langle S\rangle}{\hbar\omega}A \cdot \varepsilon, \tag{46}$$

其中 $A$ 是面积（不是振幅!），$\varepsilon$ 是效率；而

$$\langle S\rangle = \frac{4\pi\varepsilon_0}{\mu_0}\langle \boldsymbol{E}^2\rangle, \tag{47}$$

$$\langle \boldsymbol{E}^2\rangle = \frac{1}{2}|\boldsymbol{E}_c|^2, \tag{48}$$

$$|\boldsymbol{E}_c|^2 = |A_+\boldsymbol{\psi}_+ + A_-\psi_-|^2 = |A_+|^2 + |A_-|^2.$$

我们将很少使用复数波函数. 我们在这里引出它们的主要目的，是为了以后学习第四卷《量子物理学》当需要在思维方面做重新调整时你们会容易些.（量子物理学中所使用的波函数几乎总是复数. $-1$ 的平方根直接出现在量子力学的波动方程中.）

## 8.3 偏振横波的产生

在这一节里，我们考察几种产生所期望的偏振态的方法. 控制辐射过程是控制偏振的最容易的方法；例如，摇动一个玩具弹簧或者从你自己设计的一个天线发射电磁波，就可产生所期望的偏振态. 但是，也可能遇到你不能控制辐射过程的情况. 在那种情况下，无论你的光是从电灯泡来的还是从太阳来的. 问题是要从已有的各种不同态的复杂叠加中挑选出你所希望的一种偏振态. 或许，用一个偏振片就可以把你不希望的那些偏振态吸收掉. 或者，你可以安排得使光线反射后你所不希望的偏振成分可以忽略，然后你只使用反射后的辐射，这种选择反射就是蓝天偏振化的缘故，也是光从水、玻璃、混凝土或者膝盖上反射后偏振化的缘故.

**通过选择发射产生偏振** 当你摇动一个玩具弹簧的时候，你通过控制摇动的方向而控制波的偏振态. 同样，由一根天线发射的无线电波或微波的偏振，则取决于

电子在天线中的运动. 如果天线是一段垂直于 $\hat{z}$ 的直的金属线，沿电线振荡的电子在那个方向“摇动”电力线，那么，向 $\hat{z}$ 传播的电磁波就是电场与天线平行的线偏振波. 向其他方向传播的那些辐射，则是沿着在垂直于传播方向上的天线投影方向的线偏振波，如果同时有一根沿 $\hat{\boldsymbol{x}}$ 的直天线和另一根沿 $\hat{\boldsymbol{y}}$ 的直天线，并且假定它们由数量相等、相位相同的电流所驱动，那么，向 $\pm\hat{z}$ 方向传播的辐射将是在 $\hat{\boldsymbol{x}}$ 和 $\hat{\boldsymbol{y}}$ 之间45°方向偏振的线偏振波. 如果 $x$ 方向的电流，振幅与 $y$ 方向的电流振幅相同，而相位超前90°，那么，无论是向 $+\hat{z}$ 还是向 $-\hat{z}$ 方向传播的电磁辐射都将是角动量沿 $+\hat{z}$ 的圆偏振. 这时向 $+\hat{z}$ 方向发射的辐射将是右旋的（根据角动量约定），而向 $-\hat{z}$ 方向的辐射将是左旋的. 这种辐射与单独一个振动着的“等效点电荷” $\boldsymbol{q}$ 做圆周运动时所产生的辐射

$$\boldsymbol{\psi}=A[\hat{\boldsymbol{x}}\cos\omega t+\hat{\boldsymbol{y}}\sin\omega t] \tag{49}$$

（在足够大的距离处）是无法区别的. 式中 $q$ 的圆周运动振幅 $A$（以及相位常数）通过8.2节式（6）与辐射圆偏振电场相联系. 这个两根天线体系向任何方向发射的辐射的偏振同式（49）所示的从等效点电荷的运动所得到的辐射的偏振情况完全一样. 从一个一般的观察点看去，经过投影的等效电荷的圆运动就像是（并且是）椭圆运动. 因此，对于一般的发射方向，偏振是椭圆偏振. 例如，在垂直于 $\hat{z}$ 轴的方向上的发射，其偏振是线偏振（“退化椭圆”的特殊情况）. 所有这些结果都可以直接从对辐射点电荷的讨论（7.5节）得到，不过要注意两个条件：①必须离天线足够远，以便可以忽略“近区”电场；②天线必须比波长短得多，从而可以只用一个等效电荷代表天线中所有电子的运动.（对于一根长度有几个波长的天线，电子在天线的不同部位贡献出不同的相位，这时就要选用一个以上的等效电荷. 与单个谐振电荷的“偶极”辐射相对应，我们就有所谓的“多极”辐射.）

**通过选择吸收产生偏振**　如果开始时有个一般的偏振态，那么，产生一种给定的偏振的一个方法，就是设法除去波动中不希望有的分量. 办法是：让不希望有的分量对某些“运动着的部件”做功，而所希望有的分量不做功. 例如，考察一个玩具弹簧上的驻波. 假定 $\hat{z}$ 是水平的（沿着玩具弹簧），$\hat{\boldsymbol{y}}$ 是竖直的，$\hat{\boldsymbol{x}}$ 是水平的. 把一根竖直的极轻的（聚苯乙烯泡沫塑料）推动杆与一个极轻的活塞相连接，使之扰动一只桶中的水. 活塞将被振动的 $y$ 方向分量驱动. 如果原来是在 $x$ 和 $y$ 两个方向振动强度相同的驻波，那么 $y$ 振动会很快衰减，有关能量转变为水桶中的热（又要我们不再通过摇动来使它们重新产生）.

**导线束**　对于微波，我们可以通过一束沿 $\hat{\boldsymbol{y}}$ 轴张紧的平行导线来实现选择吸收，如图8.4所示. 假定入射电磁辐射（微波辐射）的电场有 $x$ 和 $y$ 两个分量. 我们不妨分别考虑导线对这两个分量的效应. 先考虑沿导线方向的 $y$ 分量. 入射辐射的电场沿导线方向驱动电子. 导线（如果它是由铜或银或者任何其他金属良导体制成的）的作用好比一个电阻负载. 传导电子达到收尾速度所需的时间远短于微波周期（例如，我们可以假定它的频率是1 000 MHz）. 电场对电子做功. 这些电

子把它们的一部分能量通过碰撞传给铜晶格．它们也辐射．结果是，其向前方向的辐射与入射辐射干涉相抵，实际上相消为零．被驱向 $\hat{y}$ 方向运动的电子所引起的向后方向的辐射给出一反射波．（实际上，$E$ 沿 $\hat{y}$ 的入射辐射中只有很小一部分能量转变为导线的热，大部分反射回到 $-\hat{z}$ 方向．）这样，导线束就消除了 $y$ 分量．

现在考察沿 $\hat{x}$ 方向的情况．电子不能沿 $\hat{x}$ 自由运动，因为它们不能离开导线．电子不像沿 $\hat{y}$ 运动那样达到一个稳定的收尾速度，而是迅速在导线的 $+x$ 和 $-x$ 边缘建立起表面电荷．当表面电荷的场足以抵消（导线内）入射场时，电子停止运动．这些情况发生的时间短于微波周期．因此，电子总是处于（或近乎处于）不带速度或加速度的静电平衡状态．它们既不吸收能量，也不辐射．因此，辐射的 $x$ 分量不受影响．

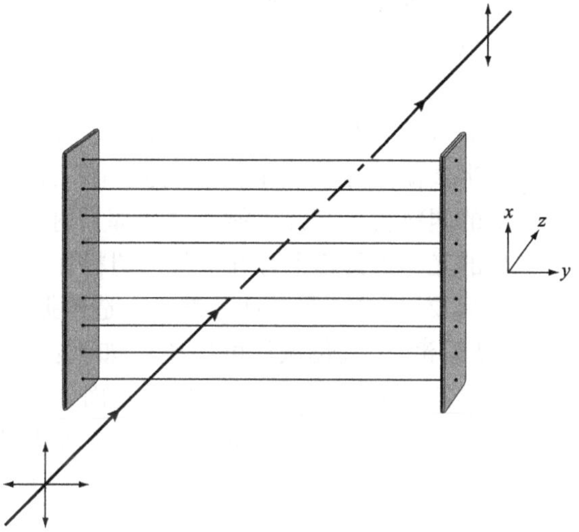

图 8.4　导线束吸收 $E$ 沿着 $\hat{y}$ 的那些微波

你也可能想到表面电荷也会在导线的 $+y$ 端建立起来的情况．然而，由这些端电荷产生的场（它倾向于消除导线内沿 $\hat{y}$ 方向的入射场），可以通过使 $y$ 方向的导线足够长的办法而在我们感兴趣的（近线束中心）区域内小到我们所期望的程度．

对于 $\lambda \approx 5\times10^{-5}$ cm 的可见光，制作间隔小于 $\lambda$ 的平行导"线"是不容易的．但是毕竟还是有人做过了！[⊖]

**偏振片**　1938 年，兰德（Edwin H. Land）发明了偏振片，它的作用多少有点像导线栅格．在生产过程中，是把由长的碳氢链所组成的塑料薄片沿一个方向尽力拉伸，这样就把它里面的分子排成线列．然后，将此薄片浸入含有碘的溶液中，碘附着在长的碳氢链上．碘所提供的传导电子只能沿着链运动，而不能在垂直于链的方向上运动．于是，在沿碳氢链的方向上就有了有效的"导线"．沿导线的电场分量将被吸收，而垂直于导线的分量则能透过去，只稍许被减弱．［绳索与栅栏的简单比喻有时被用来说明一束导线对入射电磁波的作用．绳索在栅栏的间隔中穿过．对于绳索波，如果绳索的横向速度是沿栅条的横方向，那么波就被吸收．绳索波上绳索的横向速度相当于电磁波中的磁场．因此，一个记忆办法是，记住垂直于导线

⊖ G. R. Bird 和 M. Parrish, Jr., *J. Opt*, *Soc. Am.* 50, 886 (1960)，从掠射方向把金蒸发到一个约每毫米 2000 条平行刻痕的塑料衍射光栅上．沉淀在刻痕对面一侧的金就构成平行导"线"．

的磁场被吸收，这也就是平行于导线的电场被吸收．这不是一个很好的记忆办法，因为，我们必须记住使绳索碰击栅条的是横向速度（而不是张力的横向分量），而且还必须记住与绳索速度相当的是磁场，而不是电场（它相当于横向张力）．这个记忆办法反而要求比简单的正确解释记住更多的东西．]

因而，偏振片有一个轴（在薄片内）称为易透射轴．如果 $\boldsymbol{E}$ 沿这个轴，则光线几乎不被吸收地透过去．如果 $\boldsymbol{E}$ 垂直于易透射轴，光线几乎完全被吸收．易透射轴垂直于塑料的拉伸方向，即垂直于“导线”．

当你通过一个偏振片看一张白纸时，看上去纸是灰色的．这是因为来自纸的光线中有一半被偏振片吸收了，看上去当然纸就要暗些．一张清洁的玻璃纸（或者其他清洁的塑料膜）却几乎能透过全部入射光线．

在你的光学工具箱中有五个灰色塑料片．把它们拿出来看看，其中一片是圆偏振镜（以后要讨论），另外四片就是人造偏振式 HN-32 线偏振镜，或者称为偏振片（现在就要讨论）．圆偏振片可以验明如下：将一个硬币（或任何发亮的金属片）放在桌上，把一个灰塑料片放在硬币上面，透过塑料片去看硬币，然后把塑料片翻过来再看．硬币看上去是否同前次一样？如果是的，那么这个塑料片就不是圆偏振片．（圆偏振片所显示的奇妙的不对称性，以后再讨论）．把两个偏振片面对面地重叠起来，握置在眼前，透过它们去看白炽光．让一个偏振片相对于另一个旋转，当光线完全消失时，就说这两个偏振片处于“正交”位置．这时，它们的易透射轴相互成 90°．

当两个偏振片的易透射轴相互平行时，通过第一个偏振片的大部分光线也通过第二个偏振片．在理想情况下，我们可以指望得到以下的结果．从灯泡发出的光是“非偏振的”．这意味着，沿横向方向 $\hat{\boldsymbol{x}}$ 的线偏振强度和沿垂直于横向方向的 $\hat{\boldsymbol{y}}$ 的强度相等（这里 $\hat{\boldsymbol{x}}$ 是任意横向方向，任意 $\hat{\boldsymbol{x}}$ 和 $\hat{\boldsymbol{y}}$ 就构成描写偏振光的完全表示）．如果第一个偏振片的两个表面上都涂有理想的阻抗匹配的非反射层，全部碳氢链都完全平行，并且其厚度足以完全吸收掉不希望有的偏振分量，那么就会有 50% 的灯光强度从它透过去．然而，偏振片上并没有涂非反射层，所以大约会有 4% 的强度损失在每一表面上．［塑料的折射率大致和玻璃相同，即大约是 1.5．因此，从每一表面反射的强度是 $[(n-1)/(n+1)]^2 \approx 0.04$．当我们对一个适当的色带取平均时，我们可以忽略两表面之间的干涉效应．这样，总损失就是 8%．］如果碳氢链完全排列成线，那就不会有附加的损失．这样的人造偏振片的标号是 HN-46，表示能透过 46% 的入射非偏振光．你的偏振片标号为 HN-32，表示原来的 100% 强度中大约有 32% 能通过第一个偏振片；这也就是说非偏振的入射光线的所希望有的分量中能有大约 64% 通过．（在色谱的大部分上，只有小于 $10^{-4}$ 的另一个分量的强度能透射过去．）如果第二个偏振片与第一个平行，那么会有大约 64% 的入射强度透过它，因为这时全部入射光线都有能透过的正确偏振方向．于是，通过两个平行的 HN-32 线偏振镜的强度大约就是

$$I_{出} = I_{入} \times 0.32 \times 0.64 = 0.21 I_{入}, \tag{50}$$

这里 $I_{入}$ 是入射的非偏振光强度.

**理想偏振镜——马吕斯定律**　理想偏振镜是指 HN-50 偏振片.（它并不存在，不过它比实在的偏振片容易讨论一些.）我们略去所有由于表面反射而损失的强度. 我们假定不希望有的分量完成被吸收，而所希望有的分量（$\boldsymbol{E}$ 平行于易透射轴，即垂直于碳氢链）完全透过. 如果线偏振光沿 $\hat{z}$ 方向垂直入射，横向电场振幅为 $\boldsymbol{E}$，并且假定 $\hat{\boldsymbol{e}}$ 是理想偏振镜的易透射方向，那么，只有振幅分量（$\boldsymbol{E} \cdot \hat{\boldsymbol{e}}$）$\hat{\boldsymbol{e}}$ 能透过. 透射能量流 $I_{出}$ 比入射流 $I_{入}$ 小一个因子 $(\boldsymbol{E} \cdot \hat{\boldsymbol{e}})^2/(\boldsymbol{E}^2)$：

$$I_{出} = I_{入} \cos^2\theta \equiv I_{入} (\boldsymbol{E} \cdot \hat{\boldsymbol{e}})^2, \tag{51}$$

其中 $\hat{\boldsymbol{E}} \equiv \boldsymbol{E}/|\boldsymbol{E}|$ 是 $\boldsymbol{E}$ 方向的单位矢量. 式（51）通常称为马吕斯定律. 参看图 8.5.

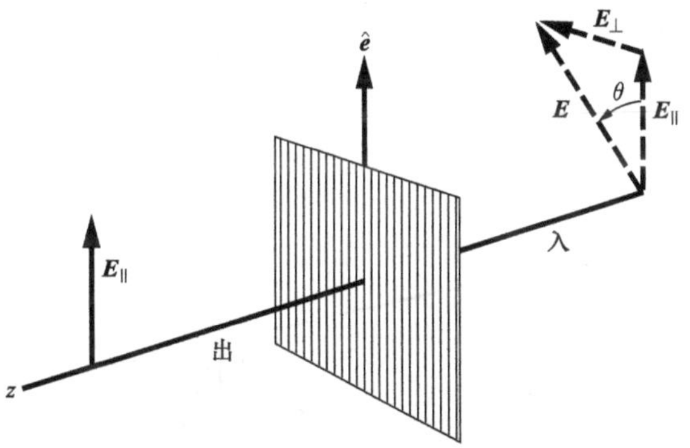


图 8.5　理想偏振镜. $\boldsymbol{E}$ 的易透射轴沿 $\hat{\boldsymbol{e}}$. $\boldsymbol{E}$ 平行于 $\hat{\boldsymbol{e}}$ 的那个分量 $\boldsymbol{E}_{\parallel}$ 透射过去. 另一个分量 $\boldsymbol{E}_{\perp}$ 完全被吸收

易透射轴各为 $\hat{\boldsymbol{e}}_1$ 和 $\hat{\boldsymbol{e}}_2$ 并彼此成 90°角的两个前后放置的偏振片 1 和 2，被称为处于“正交”的偏振片. 第一个偏振片让平行于 $\hat{\boldsymbol{e}}$ 和 $\boldsymbol{E}$ 通过，第二个偏振片则把这个场完全吸收掉，于是没有光透过这两个偏振片. 可是，如果把第三个偏振片插入这两个正交的偏振片之间，只要 $\hat{\boldsymbol{e}}_3$ 不与 $\hat{\boldsymbol{e}}_1$ 或 $\hat{\boldsymbol{e}}_2$ 平行，透过它们的传输场就不为零. 见习题 8.3. 你也可以从你的光学工具箱中取出三个偏振片来验证一下.

**单一散射引起的偏振**　在晴朗的日子里，通过一个偏振片观看蓝天. 将偏振片靠近眼睛，以便你可以看到很大一片天空. 旋转偏振片，寻找天空中看上去像一条黑带的极暗区. 来自天空这部分的光线是强烈偏振的.（粗略地）测量你的头与太阳的连线和你的头与蓝天上最大偏振区的连线之间的夹角.（你会发现它大约是 90°.）测量偏振方向.（你可以通过偏振片看一个偏振性质已知的源而找到偏振片的易透射轴. 例如，看从窗玻璃反射的光或看从木地板或塑料地板反射的光. 如我们在本节稍后将指出的，这种反射光的偏振方向平行于反射面，例如，平行于地板.）

对蓝天偏振的解释如下. 令 $\hat{z}$ 为光线从太阳到一个给定空气分子的传播方向（见图 8.6）. 太阳光的电场是非偏振的.（你可以这样来验证：在卡片上戳一个小洞，拿着这张卡片，通过小洞的太阳光就在地板上形成一个亮斑. 在小洞前放一个偏振片，使之旋转，试寻找地板上亮斑强度的变化. 不要看太阳!）空气分子中电子的作用有点像被入射光驱动的振子．因此，它的振荡是沿 $\hat{x}$ 和 $\hat{y}$ 两个方向的运动的叠加（垂直于 $\hat{z}$ 的方向）．振荡电子向一切方向辐射，但是各方向的辐射并不完全相等．从前面 7.5 节的讨论中我们已经知道，单独一个振动点电荷所辐射的电场，其振幅和偏振方向正比于振动电荷运动的“投影”振幅．一个望着辐射振动电荷的观察者所见到情形就是这样．所谓运动的“投影”振幅，我们指的是电子运动矢量在垂直于从振动电荷到观察者的传播方向 $\hat{r}$ 上的分量的振幅．如果 $\hat{r}$ 沿着 $\hat{y}$，那么，观察者只能看到电子运动的 $\hat{x}$ 分量，因而他看到的是沿 $\hat{x}$ 的 100% 的线偏振．这个强度只是他沿 $\hat{z}$ 轴看回去因而能同时看到电子的 $\hat{x}$ 和 $\hat{y}$ 运动时的一半．[在我们这个例子中，直接沿 $\hat{z}$ 轴看回去是有困难的，因为这样将被太阳弄花眼睛．不过，你可以从各种角度去看，从而会明白，如果接近对着太阳的方向看去，天空将是非偏振化的．如果你去看大散射角的光线（接近 180°），所看到的情形也一样．] 这个偏振过程的图解见图 8.6.

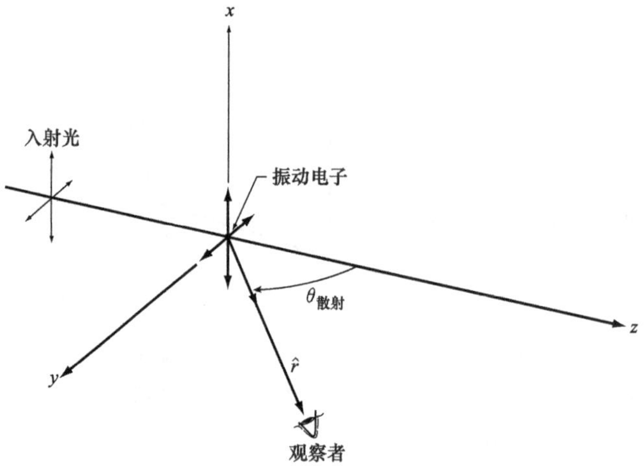


图 8.6　单一散射引起的偏振，$\hat{y}$ 轴选择处在 $\hat{z}$ 和 $\hat{r}$ 的平面上．观察者能看到电子投影在 $\hat{x}$ 轴上的全部运动，但他看到的投影在 $\hat{y}$ 上的振幅却只是真实的 $\hat{y}$ 运动的 $\cos\theta_{散射}$．在 $\theta_{散射}=90°$处，散射辐射 100% 沿 $\hat{x}$ 偏振

蜜蜂可以不用偏振片而定出蓝天的偏振方向，并以此确定航向[一]．有些人（但不是我）也能不用偏振片定出偏振方向，他们能看到“海丁谔刷子”(Haidinger’s brush)[二].

---

㊀ Karl von Frish, Bees, *Their Vision*, *Chemical Sense*, *and Language* (Cornell University Press, Ithaca, N. Y., 1950).

㊁ M. Minnaert, *Light and Colour* (Dover Publications, Inc. New York, 1954). 这是一本专写“户外家庭实验”的十分有趣的书.

**通过多次散射消除偏振性** 当探照灯光束穿透一般的（即有烟雾的）大气时，我们“从侧旁”看到的天蓝色的反射光是偏振的，其机制与蓝天一样. 如果大气有浓雾，探照灯光就不再是蓝色，而是白色，而且不是偏振的. 太阳光从白云、白糖或白纸上反射时，也不是偏振的. 虽然在恰好正确的角度上做一次散射能给出强偏振的散射光，但这并不意味着多次散射结果会更好！如果光在一块玻璃板上以适当的角度反射，你能得到 100% 的线偏振光. （这将在下一节中讨论.）但是，如果你将玻璃碾成粉末，那么，从表面给定部位来到你眼睛的光曾遭受过多次反射，并透入粉末玻璃中相当大的深度. 结果，你看到电子在所有方向上（垂直于你的视线）的振动，因为它们除了被来自光源的原始光的激发外，还受到从各种方向入射到它们上面的辐射的激发. 这些电子甚至受到透入一小段距离，经多次反射后再返回的光的驱动. 在两个正交的偏振片之间插入一张普通的半透明蜡纸，你就可以很好地证实经多次散射而消除偏振的事实. 蜡纸几乎完全消去了第一片偏振片所产生的偏振光的偏振性. 蜡纸多次散射光线的事实可以通过把蜡纸放在印有字的书页上的简单实验看出. 如果蜡纸紧贴印刷书页，你可以容易地看清下面的黑字. 如果蜡纸向上移动 2.5cm，字迹就变得模糊不清. 为解释这一点，想象从书页上的字迹到你眼睛的“黑光”像一小束手电光，这束光被蜡纸漫射了. 另一个好的实验，是让一束手电光通过蜡纸去照射某个东西. 你在蜡纸后面移动手电筒，使它越来越远离蜡纸，并看透射光斑的大小. 一片透明的玻璃或塑料不能多次散射入射光（不论它靠近印刷品与否，你总可以透过它阅读），因而不是消偏振的.

**通过镜面反射引起的偏振——布儒斯特角** 在一块普通的窗玻璃或光滑的水面上看某物的反射. 用一块偏振片检验反射光的偏振性. 你将发现，对于折射率 $n=1.5$ 的玻璃，在入射角（从入射线到表面法线量度）约为 56°时，或者对于水（折射率约 1.33），在入射角约为 53°时，反射光是平行于表面的 100% 的线偏振光. 这个特殊的入射角称为布儒斯特角. 如果入射是在布儒斯特角方向，把偏振片旋转到适当的位置，便可以完全消除这种反射光. （如果你适当地摆正偏振片的取向，把它靠近一只眼睛以便能看到广阔的角度范围，你将能看到以布儒斯特角为中心的一条“消光”带.）

对于任意的入射角，入射角 $\theta_1$ 与折射角 $\theta_2$ 之间的关系由斯涅耳定律表示：

$$n_1\sin\theta_1 = n_2\sin\theta_2. \tag{52}$$

而入射线和反射线同法线成相等的角度. （这称为镜面反射定律.）因此，对于 $\theta_1+\theta_2$ 等于 90°的特殊入射角 $\theta_1$，反射线与折射（即透射）线成 90°角，如图 8.7 所示. 玻璃中电子振荡的方向垂直于透射线的方向（因为这是其驱动力的方向）. 对于任意入射角，电子运动垂直于入射平面（在图 8.7 中垂直于纸面）的分量对于看反射光（玻璃中被驱动电子所辐射的光）的观察者而言，是完全“可以看见的”，因为这个运动分量是垂直于从电子到观察者的传播方向的（即反射线的方向）. 然而，电子运动在入射面上的分量不垂直于反射线的方向. 只有投影在垂直于反射线方向上的运动分量才对反射辐射有贡献．在以布儒斯特角入射时，电子运动在入射面上的分量严格地沿着电子到观察者的方向，因而对反射光无贡献．因此，反射光完全是垂直于入射面偏振的．从图 8.7 我们看到，这个条件相应于$\theta_1+\theta_2$等于90°．所以式（52）给出［利用$n_1=1$，$n_2=n$ 和 $\sin\theta_2$ 等于 $\sin(90°-\theta_1)$即 $\cos\theta_1$］

$$\tan\theta_1=n,\quad \theta_1=\text{布儒斯特角}. \tag{53}$$

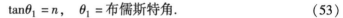

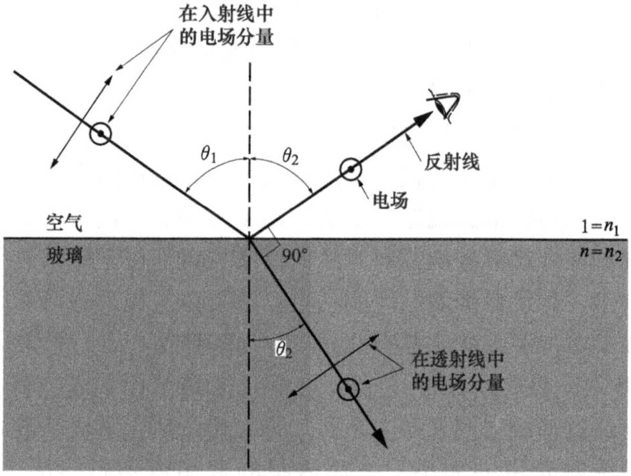


图 8.7　布儒斯特角．角度是对玻璃（$n=1.5$）画出的．反射光 100% 在垂直于入射面（即入射线和法线构成的平面）的方向上偏振，圆点表示电场是向着纸外偏振的

**镜面反射光的相位关系**　入射光、透射光和反射光之间的相位关系是令人感兴趣的，我们已把它们表示在图 8.8 上．这些相位关系可以理解如下．透射波永远有与入射波一样的相位．我们可以通过弹簧上的反射波与透射波的类比来理解这一点．入射波提供驱动力，并产生一个具有正的透射系数的透射波，因为由入射波所提供的驱动力是与原来产生入射波的驱动力类似的．（对垂直入射时的反射和透射的一个比较定量的讨论，见 5.3 节）．透射波主要起因于原始光源，但也部分起因于玻璃中受驱动的电子的辐射．反射波则完全起因于受驱动的电子的辐射．我们知道，在垂直入射时，对于（由空气到玻璃）电场的反射系数是负的（见 5.3 节）．我们也知道反射的电场必然是由正比于电子运动投影的贡献的叠加所构成，如观察者在反射光方向上看到的那样．电子的运动正比于透射电场，所以，只要我们说，对于从空气入射到玻璃的光，看反射光的观察者看到的振幅是透射场的振幅的负的投影，投影垂直于观察者的视线方向，那么，垂直入射时的相位关系便都正确地表达出来了．这个陈述不仅对垂直入射有效，而且对任何入射角都有效．它正确地给出布儒斯特角，也给出了对于所有其他入射角的相位关系．（它给出的强度只是近似的．）用两个偏振片和一个显微镜承物片你能很容易地证实图 8.8 中的相位关

系.（见课外实验 8.26.）

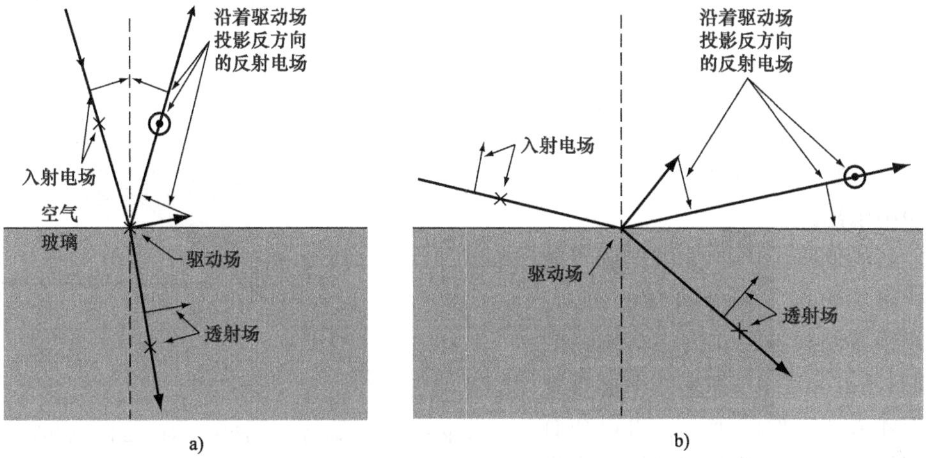


图 8.8　从玻璃反射的光的相位联系

a）$\theta_1$ 小于布儒斯特角　b）$\theta_1$ 大于布儒斯特角（图中圆点表示 $\boldsymbol{E}$ 的方向是从纸面向外，叉号表示 $\boldsymbol{E}$ 从纸面向里，纸面上的箭头就表示 $\boldsymbol{E}$ 的方向.）

**镜面反射光的强度关系**　我们将不推导这些关系式㊀. 利用偏振片和一个显微镜承物片你能容易地证实垂直于入射面的线性偏振分量的反射强度随着入射角从 0°（垂直入射）增加到 90°（掠入射）而逐渐增强. 在垂直入射时，大约 4% 的强度从每一个表面上反射，因而约有两倍于此的强度从有两个表面的显微镜承物片反射. 在掠入射时，基本上 100% 的光都被反射. 对于在入射面上偏振的分量，它在承物片两个表面上反射的强度从垂直入射时的 8% 减少到布儒斯特角（56°）时的零，然后再逐渐增加到掠入射时的几乎 100%. 见课外实验 8.26.

**用于激光器的布儒斯特窗**　布儒斯特角的一个有趣的应用，是用以设计有 100% 透射的玻璃窗，称为布儒斯特窗. 假如你有一个仪器，在其中有必要或者为了方便，需要使一束光通过一个玻璃窗. 在垂直入射时，只有约 92% 的入射强度透过玻璃窗.（在每一表面上约损失 4%.）这在某些情况下是容许的，但是，对于反射镜在窗外的气体激光器来说却是不能容忍的，在那里也许希望光线穿过窗口 100 次，而 $0.92^{100}$ 只有大约 0.000 3. 一个巧妙的办法是使窗倾斜，让入射光束以布儒斯特角入射. 垂直于入射平面的偏振分量部分地反射，部分地透射. 在经过多次通过窗口的透射以后，它将由于反射而几乎完全从光束中消失了. 另一方面，平行于入射平面的偏振分量是完全透过的：在布儒斯特角时反射系数等于零. 因此，即使多次穿过窗口，这个分量受到的损失仍可忽略. 净得的结果是一半光几乎全部

㊀ 这些被称为费涅耳公式的关系的出色推导，已由费曼（R. Feyman）给出. 见 *The Feyman Lectures on Physics*, vol. I, chap. 33（Addison Wesley, Reading, Mass, 1963）.

丢失，一半光几乎全部保留下来，从而激光器所发射的光是100%线偏振的．在任何学校物理系里都能看到的那些廉价的气体激光器，一般都有布儒斯特窗．找一个这样的激光器，用一个偏振片检验其输出的偏振性．关上激光器，并揭开盖子看看布儒斯特窗．（有一些激光器不用布儒斯特窗，它们的输出不是线偏振的．）布儒斯特窗的作用在图8．9中示出．

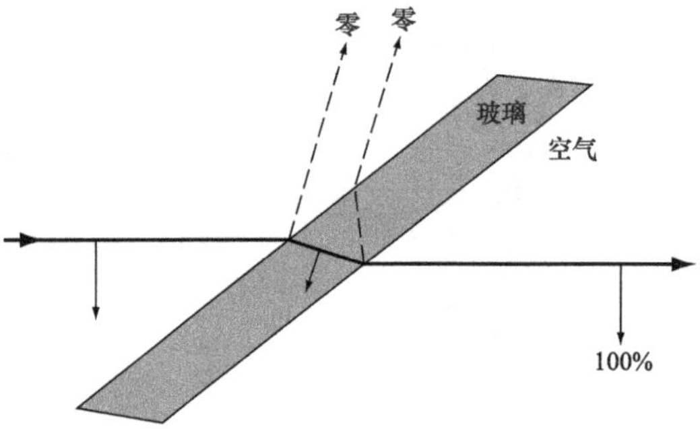

图8.9　布儒斯特窗．此图是对 $n=1.5$ 画的

**虹的偏振**　虹的偏振比蓝天的偏振更为富丽．一个有趣的练习，是去预言偏振是径向的还是切向的（相对于虹而言）．如果你不愿等到下雨才去证实你的预言，可以在有太阳的时间（或者在夜间用一个光源）用一个浇花喷头进行实验，关于如何解释虹的行为，参看 M. Minnaert, *Light and Colour*（Dover Publications Inc., New York, 1954）.

## 8.4　双折射

在8.3节中，我们学习了怎样利用选择吸收或选择反射（选择的意义，是指一种偏振分量比另一种偏振分量吸收或反射得更多一些）去改变一束电磁波的偏振态．在这一节里，我们将学习通过改变这两个分量的相对相位而改变偏振态．

**塞璐玢**　取两个偏振片，使它们正交，这样就没有光通过．然后在正交的两个偏振片之间放进一张普通的玻璃纸（糖果纸、面包纸或任何别的透明塑料纸都可以）．现在光通过了！因为玻璃纸是完全透明的，完全没有偏振片那样的“暗”样子，它不会吸收光，所以它改变光的偏振的唯一可能的方式是改变不同偏振分量的相对相位．（那就没有强度损失，你自己很容易说明．）

现在保持偏振片正交，转动它们之间的玻璃纸片．你应该发现，（在转动180°中）有相互成90°的两个角度，玻璃纸有最大的效应，而在相互也成90°的另两个角度上，玻璃纸没有效应．因此玻璃纸有两个特殊方向，相互成90°并都在玻璃纸平面上．这两个方向和光的不同偏振分量所引进的相对相移的性质有关．

现在来证明，并非所有透明的塑料都有这种独特的性质．找一块家用塑料布［例如莎纶包装布（Saran Wrap）］或者干洗机中用来保护衣服的一块有弹性的聚乙烯．试把它放在正交偏振片之间．你将发现，它只有微弱的效应，没有多少光通过去（有一些效应，但要比玻璃纸的效应小得多）．既然（或者如果）这块塑料没有“光轴”，即塑料片平面上没有特殊的方向，现在来设法使它产生一个特殊的方向．把一块这种有弹性的塑料布（如莎纶包装布）拉长，再把它放在正交的偏振片之间，并使拉长方向与正交偏振片的轴成 45°. 现在你将得到很强的效应.

下面是对拉长的莎纶包装布的这种行为的解释. 在拉长之前，塑料的长的有机分子像一团面条那样混乱地分布在各个方向上. 然而，经过拉长，分子趋向于被拉直并排列成行. 在一个长链有机分子中的电子，与它们在两个垂直方向的振动相比，在沿碳氢链方向的振动有不同的“有效弹簧常量（弹性系数）”. 所以，分子的极化率对于沿碳氢链方向和沿垂直于碳氢链方向的位移来说是不同的. 经过拉长后，分子的长链方向趋向于沿拉长方向. 垂直于拉长方向的两个方向中，有一个方向可位于塑料薄片的平面上.（另一个方向垂直于薄片，无关紧要.）沿拉长方向的电场的电极化率（单位体积内单位入射电场所感应的极化强度）因而将不同于垂直于拉长方向的电场的电极化率. 因此在这两个方向上的介电常数是不同的，从而在这两个方向上的折射率也是不同的.

**延迟板的慢轴和快轴** 拉长方向以及垂直于它（并位于薄片平面上）的方向，这两个方向称为光轴. 产生两个折射率中较大那个折射率的光轴（$\boldsymbol{E}$ 方向沿着它）称为慢轴.（较大的折射率表示较慢的相速度.）另一个光轴称为快轴. 我们把两个折射率相应地叫作 $n_{\mathrm{f}}$ 和 $n_{\mathrm{s}}$（f 代表快，s 代表慢），$n_{\mathrm{s}}>n_{\mathrm{f}}$. 具有这些性质的塞璐玢（玻璃纸）、塑料或其他物质的薄片称为延迟板.

现在让我们来考虑延迟板对入射电磁平面行波的效应. 首先让我们把入射电场分解为沿慢轴 $\hat{\boldsymbol{e}}_{\mathrm{s}}\equiv\hat{\boldsymbol{x}}$ 和快轴 $\hat{\boldsymbol{e}}_{\mathrm{f}}\equiv\hat{\boldsymbol{y}}$ 的两个正交分量，假定 $z<0$ 为真空而延迟板从 $z=0$ 开始，并延伸到 $z=\Delta z$，其后我们又有真空. 假定入射波在 $z=0$ 的电场的振荡由复量

$$\boldsymbol{E}_c(0,t)=\mathrm{e}^{\mathrm{i}\omega t}[\hat{\boldsymbol{x}}A_{\mathrm{s}}\mathrm{e}^{\mathrm{i}\varphi_{\mathrm{s}}}+\hat{\boldsymbol{y}}A_{\mathrm{f}}\mathrm{e}^{\mathrm{i}\varphi_{\mathrm{f}}}] \tag{54}$$

的实数部分给出. 振幅 $A_{\mathrm{s}}$ 和 $A_{\mathrm{f}}$ 与相位常数 $\varphi_{\mathrm{s}}$ 和 $\varphi_{\mathrm{f}}$ 是当我们把入射电场分解为沿 $\hat{\boldsymbol{x}}$ 和 $\hat{\boldsymbol{y}}$ 的线性偏振分量时得到的.（因为这些振幅和相位常数是任意的，式（54）表示一般的偏振.）现在考虑在延迟板里面，在 $z=0$ 和 $\Delta z$ 之间的透射波. 我们忽略在第一个表面上由于反射的损失，因而在式（54）中就只有 $\omega t-kz$ 来代替 $\omega t$. 但我们必须记住对于沿 $\hat{\boldsymbol{e}}_{\mathrm{s}}$ 的 $\boldsymbol{E}$ 和对于沿 $\hat{\boldsymbol{e}}_{\mathrm{f}}$ 的 $\boldsymbol{E}$，$k$是不一样的. 因此，注意到$k$是正比于折射率的，并等于 $n\omega/c$，在延迟板里面我们有

$$\boldsymbol{E}_c(z,t)=\mathrm{e}^{\mathrm{i}\omega t}[\hat{\boldsymbol{x}}A_{\mathrm{s}}\mathrm{e}^{\mathrm{i}\varphi_{\mathrm{s}}}\mathrm{e}^{-\mathrm{i}n_{\mathrm{s}}\omega z/c}+\hat{\boldsymbol{y}}A_{\mathrm{f}}\mathrm{e}^{\mathrm{i}\varphi_{\mathrm{f}}}\mathrm{e}^{-\mathrm{i}n_{\mathrm{f}}\omega z/c}]. \tag{55}$$

**相对相位延迟** 当波到达板在 $z=\Delta z$ 的输出面的时刻，相对于如果板处于真空（$n=1$）时应有的相位，每个分量都有一个相位延迟. 对于 $s$ 分量，这个延迟由（$n_{\mathrm{s}}-1$）$\omega\Delta z/c$ 给出：

$$E_{\mathrm{s}}\text{ 相对于真空的相位延迟}=(n_{\mathrm{s}}-1)\frac{\omega\Delta z}{c}. \tag{56}$$

类似地，我们有

$$E_{\mathrm{f}}\text{ 相对于真空的相位延迟}=(n_{\mathrm{f}}-1)\frac{\omega\Delta z}{c}. \tag{57}$$

从式（56）减去式（57），我们得到 $E_s$ 相对于 $E_f$ 在相们上的延迟：

$$
\begin{aligned}
E_s \text{ 相对于 } E_f \text{ 的相位延迟} &= (n_s - n_f)\frac{\omega\Delta z}{c} \\
&= (n_s - n_f)2\pi\frac{\Delta z}{\lambda_{\text{真空}}},
\end{aligned}
\tag{58}
$$

其中 $\lambda_{\text{真空}}$ 是真空中的波长.

**四分之一波片**　考虑下面的例子，它将帮助你保持符号正确. 假定入射线偏振光的 $\boldsymbol{E}$ 在 $\hat{\boldsymbol{e}}_s$ 和 $\hat{\mathbf{e}}_f$ 之间的45°线上，则 $A_s$ 和 $A_f$ 是相等的，并且 $\varphi_s$ 和 $\varphi_f$ 相等. 假定板的厚度正好使慢分量相对于快分量有一个1/4周期的延迟，也就是使它相对于快分量有 $\pi/2$ 的相位延迟. 这种延迟板称为四分之一波片. 在板后面出现的波，对于慢分量和快分量具有相等的振幅，并且快分量在相位上比慢分量超前90°. 这意味着，我们有从 $e_f$ 向 $e_s$ 方向转动的圆偏振光. 这些结果都包含在式（55）中，并如图8.10所示.

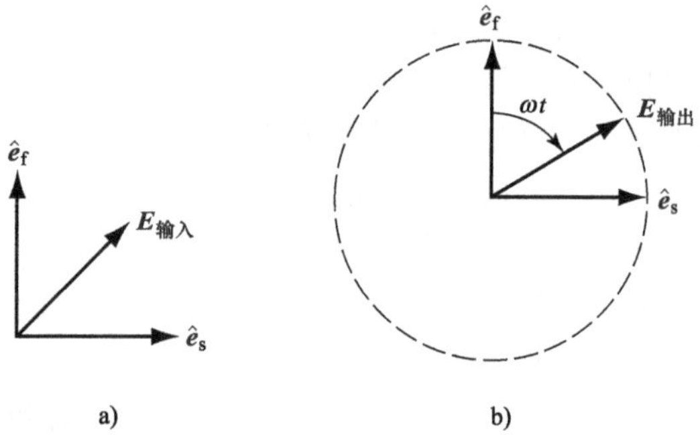


图8.10　四分之一波片. 入射线偏振光的 $\boldsymbol{E}$ 与每一光轴成45°角
a）入射　b）出射. 这个结果是当传播方向是从纸面向内或向外时得到的

保持符号正确，取决于你对延迟板的理解. 下面是另一种论证方式，它可以帮助你确信对于四分之一波片，转动方向确如图8.10中所示. 如果偏振的两个分量在真空中行进，则在任何给定的局域位置 $z$ 和时间 $t$，沿 $\hat{\boldsymbol{x}}$ 的振荡和沿 $\hat{\boldsymbol{y}}$ 的振荡两者都对应于光源发射的同一个较早的延迟时间. 这两个偏振分量现在通过一块 $n_s$ 大于 $n_f$ 的板. 在板的输出处，$E_s$ 的瞬时值必然是在比同一地点（在板背后）$E_f$ 的同一瞬时值在一较早的延迟时间发射的. 这是因为，携带 $E_s$ 的行波和携带 $E_f$ 的行波一样也行进了同样的距离，但它是以较慢的相速度行进的，因此它必须较早地开始. 因此 $E_f$ 对应于发射的较近的时间，在振荡的相位上比 $E_s$ 有较大的提前，因此 $E_f$ 超前于 $E_s$，这些相位关系示于图8.11上.

**延迟板的性质**　你应该使你自己确信下列一些陈述和“规则”的真实性.（你不必记住它们. 你应该充分理解它们，即使忘记了答案也可以在需要时随时把它们推想出来.）

1）半波片（厚度是四分之一波片的两倍）将线性偏振光转换为线性偏振光，输出的偏振方向可以从输入的偏振方向在一个光轴上反射得到.（我们几乎总是不关心是哪个轴，即不管绝对相位. 我们不在乎振幅方向上的负号.）那就是，半波片使入射振幅的线性分量的相对正负号倒过来了.

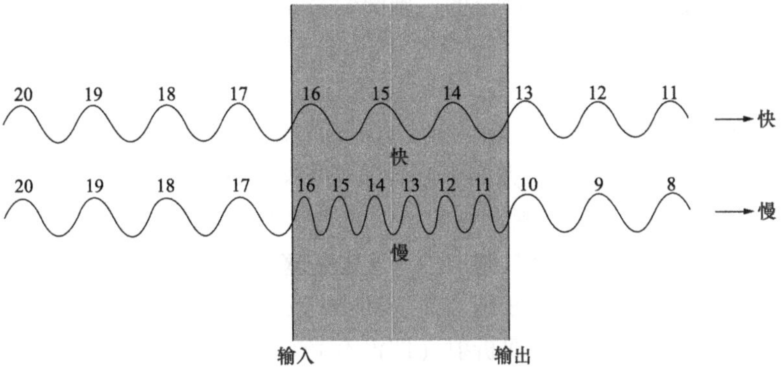


图 8.11 慢偏振分量的快偏振分量的相对相位延迟. 整数据给出光源的辐射时间. 在延迟板的输入端, 两个偏振分量如图所示具有同样的发射时间. 在输出端出现的慢分量是在第 10 周发射的, 而同一时间出现的快分量是在第 13 周发射的. 快分量超前慢分量三个整周期

2）半波片将右旋圆偏振光转换为左旋圆偏振光，反之亦然.

3）四分之一波片将偏振位于 $\hat{\boldsymbol{e}}_s$ 和 $\hat{\boldsymbol{e}}_f$ 之间某处的线偏振光转换为从 $\hat{\boldsymbol{e}}_f$ 到 $\hat{\boldsymbol{e}}_s$ 方向转动的椭圆偏振光. 如果入射的偏振方向和 $\hat{\boldsymbol{e}}_s$ 及 $\hat{\boldsymbol{e}}_f$ 成 45°，输出的偏振便是圆偏振的.（注意：这表示，如果我们将图 8.10 中的 $\boldsymbol{E}_{入射}$ 的线性偏振转过 90°角，输出将以频率 $\omega$ 在图 8.10 中指出的相反方向上转动，使用“规则”去看这种情况，只是改变图 8.10 中 $\hat{\boldsymbol{e}}_f$ 或 $\hat{\boldsymbol{e}}_s$ 中之一的正负号，以使 $\boldsymbol{E}_{入射}$ 又是在 $\hat{\boldsymbol{e}}_s$ 和 $\hat{\boldsymbol{e}}_f$ 两单位矢量之间. 因此，规则指出输出的转动是从 $\hat{\boldsymbol{e}}_f$ 到 $\hat{\boldsymbol{e}}_s$.）

4）四分之一波片将圆偏振光转换为线性偏振光. 为了得到一个简单的规则，慢轴与快轴的符号这样标记，以使入射的圆偏振光的转动是从快轴到慢轴. 然后，四分之一波片将圆偏振光转变为偏振方向与 $\hat{\boldsymbol{e}}_s$ 及 $\hat{\boldsymbol{e}}_f$ 的中线方向成 90°角的线偏振.（$f$ 振动已经在相位上超前 1/4 周期. 经过四分之一波片后，它超前 1/2 周期.）

5）延迟板不影响 $\boldsymbol{E}$ 沿 $\hat{\boldsymbol{e}}_s$ 或 $\hat{\boldsymbol{e}}_f$ 的线偏振入射光的偏振态.

6）延迟板不能把“非偏振“光（你直接从灯泡或太阳得来的那种光）转换为偏振光. 我们将在 8.5 节中研究非偏振光. 现在，我们只是笼统地说，当你在观察时间间隔内取平均的时候，对于非偏振光，其 $x$ 分量和 $y$ 分量之间的相位关系是“杂乱的”. 由延迟板引入的相对相位移动仍然留下和以前一样杂乱的相位关系，即 $\varphi_x$ 和 $\varphi_y$ 有杂乱的关系，因而 $\varphi_x$ 和 $\varphi_y+\Delta\varphi$ 也一样杂乱.

7）如果将一片起偏振镜和一片四分之一波片按后者的光轴与起偏振镜的易透射方向成 45°的方式面对面地粘一起，你就能得到一个圆偏振镜. 非偏振光必须射在这个夹心的偏振镜的一面.

8）产生右旋圆偏振光的圆偏振镜将以 100% 的效率（忽略反射引起的小损失）透过行进在相反方向上（即入射在四分之一波片的一面）的右旋圆偏振光，但将完全吸收入射到四分之一波片面上的左旋圆偏振光.（这个事实可以用螺钉模具与螺钉的比喻来记忆. 一个能将圆柱形的“非偏振”的棒旋刻为右旋螺钉的螺钉模具，也可以向相反方向“传递”一个右旋螺钉；但是，一个左旋螺钉以相反方向挤过它便会被完全磨光螺纹.）这一事实有一些有趣的后果. 见课外实验 8.18.

我们已经考虑了用在一上方向上被拉长的塑料薄片做成的延迟板. 假定你是（我们希望是）用一片莎纶塑料制成的. 你的光学工具箱中的四分之一波片和半波片，就是偏振片公司用这种材料制造的. 这也是塞璐玢取得其光学性质的那种加工方法（塞璐玢从两个滚子之间挤压出来，其中的分子因此排列成线）. 一块普通的窗玻璃是各向同性的，不呈现双折射（即没有光轴）. 但是如果你考虑用一片夹在两个正交偏振片之间的受有应力的玻璃板，你将在某些位置看到透射光. 安全玻璃内部有很强的应力. 因而能呈现有趣的双折射花样. 塑料制的三角板和碟子，在放到正交偏振片之间时，也显示出美丽的彩色应力花样. 颜色效应部分是由于折射率随颜色（即波长）改变而引起的，但多半是由于相移随波长改变引起的.

大部分结晶材料都呈现双折射. 如果（像拉伸的塑料）它们只有一个各向异性方向，便称为单轴的. 各向异性轴的方向称为“非常”方向. 另外两个垂直于各向异性轴的方向称为“寻常”方向. 对于沿 e 和 o 两个方向（e 指“非常”，o 指“寻常”）的电场，相应的折射率称为 $n_e$ 和 $n_o$. 各向异性轴可以是快轴也可以是慢轴，这取决于晶体结构. 表 8.1 给出对于波长为 5 890 Å 的光（由受激钠原子所发射的黄光）的折射率的一些例子.

**表 8.1　某些单轴晶体及其折射率**

| 物质 | $n_e$ | $n_o$ | $e$ 轴 |
|---|---|---|---|
| 石英 | 1.553 | 1.544 | 慢轴 |
| 方解石 | 1.486 | 1.658 | 快轴 |
| 冰 | 1.307 | 1.306 | 慢轴 |

**旋光性**（课外实验）　下面是一个有趣的课外实验. 在一个玻璃瓶或玻璃杯（不是塑料杯）中装上大约 5 cm 卡罗（Karo）玉米糖浆（在任何一家杂货店里都可买到）. 瓶子下面放一光源，再在瓶的下面和上面各放一个偏振片. 现在通过糖浆观察，你将看到美丽的颜色效应. 现在做定量研究. 从你的光学工具箱中取出一个红色或绿色的明胶滤色片，以便在适当小的波长范围内做实验.（你可以从光学工具箱取出的一个爱德蒙（Edmund）衍射光栅，在放进和不放滤色片的情况下看一个灯泡，以判断你用的是什么样的颜色带.）改变糖浆的深度，你会发现线偏振光仍保持为线偏振，只是偏振方向（当你面向光源时）顺时针转动了大约每25mm糖浆 30°. 这个现象称为旋光性.

现在来解释这种现象. 由第一个偏振片产生的线偏振光是等量的右旋圆偏振与左旋圆偏振的叠加（见图 8.12）.

$$
\begin{aligned}
\boldsymbol{E}_{\mathrm{c}} &= E_0\hat{\boldsymbol{x}}\mathrm{e}^{\mathrm{i}\omega t} \\
&= \frac{E_0}{2}\{\hat{\boldsymbol{x}}\mathrm{e}^{\mathrm{i}\omega t}+\hat{\boldsymbol{y}}\mathrm{e}^{\mathrm{i}[\omega t-(1/2)\pi]}\}+\frac{E_0}{2}\{\hat{\boldsymbol{x}}\mathrm{e}^{\mathrm{i}\omega t}+\hat{\boldsymbol{y}}\mathrm{e}^{\mathrm{i}[\omega t+(1/2)\pi]}\}.
\end{aligned} \tag{59}
$$

糖分子具有螺旋结构. 所有由玉米做的糖都有相同的螺旋手征. 螺旋不论从哪一端看都有相同的手征. 因此, 杂乱取向的糖分子溶液的净螺旋手征与单个分子的一样. 由于分子的螺旋结构, 糖溶液对于右旋圆偏振及左旋圆偏振的行波有不同的折射率. 当线偏振波通过糖溶液时, 其中一个圆偏振分量在相位上超前于另一个分量. 粗略考虑一下就可以相信, 线偏振旋转的方向与快的圆偏振分量旋转的方向相同 (快的那个就是折射率较小的一个). 下面是思考题: 如果我们让光通过糖溶液, 再用一平面镜反射它, 让它折回并从反方向通过溶液, 将会出现什么现象? 旋转是加倍还是变为零?

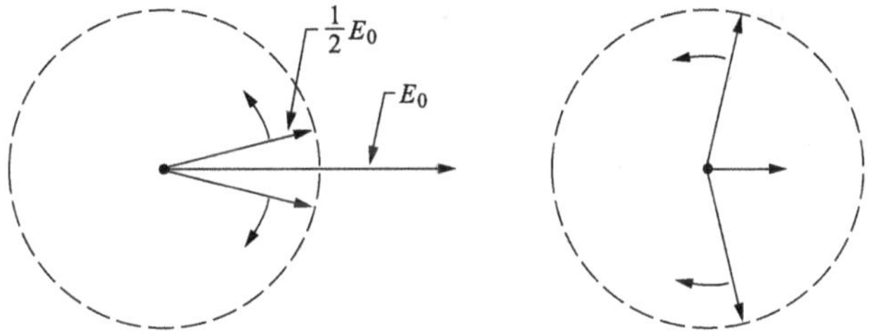


图 8.12 振幅是 $E_0$ 的线偏振是振幅各为$\frac{1}{2}E_0$ 的左旋和右旋圆偏振的叠加, 这个线偏振的方向依赖于这两个圆分量的相对相位

**巴斯德的第一个伟大发现** 路易·巴斯德 (Louis Pasteur) 的第一个伟大发现是: 消旋酸, 即一种非旋光型的酒石酸, 是数量相等的右旋酒石酸与左旋酒石酸的混合物. 他在显微镜下成功地识别出外消旋型酒石酸混合物中的右旋晶体与左旋晶体, 并用一把精细的镊子把这两种晶体分成两堆. 当溶入水时, 一堆晶体使偏振光的偏振面旋转的方向与葡萄制成的天然酒石酸使偏振面旋转的方向相同. 另一堆使偏振面向相反方向旋转相同的量. 这种类型的酒石酸过去还从未见过. ㊀

研究今天活有机体中螺旋有机分子的单向手征, 对于解决地球上生命演化的历史无疑是一个重要的线索. 一切现有的 DNA 分子 (生命的原料) 都是右手螺旋! 为什么? 是由于最初的偶然性吗? 地球上是否曾有过相等的右旋和左旋的原始 DNA? 右旋 DNA 是否学会了把左旋型的吃光? 还没有人知道. ㊁

**金属反射** 在观察到从玻璃或水这类电介质的镜面反射有很强的偏振性 (在布儒斯特角时为 100%) 之后, 人们多少有些惊奇地发现, 从普通的镀铝镜或镀银

---

㊀ 巴斯德的这个实验和其他伟大实验的记述, 可参看 Rene Dubos, *Pasteur and Modern Science* (1960).

㊁ 对生命有机体中和基本粒子弱衰变相互作用中, 手征所起作用的一个精采说明, 可参看 Martin Gardner, *The Ambidextrous Universe* (1964).

镜（或者任何诸如此类的类银物质，如汽车的镀铬层或餐刀）的反射基本上没有偏振性. 这是因为，类银金属对两种偏振光都几乎完全反射. 这就是为什么它看上去像银子，倘若它对一种偏振光的反射小于另一种偏振光，那它就会显得较暗.（要看到这一点，可在玻璃旁放一面银镜，在玻璃下面放些暗的东西，然后在玻璃的布儒斯特角附近去看二者.）

一块光亮的金属不能从非偏振光产生偏振光的事实，不应导致我们轻易相信它对于偏振光没有影响. 一张玻璃纸（塞璐玢）虽不能从非偏振的入射光产生偏振光，但却能改变入射偏振光的偏振态. 一块光亮的金属也是如此. 你可以做一个简单的课外实验来证实这一点，即通过金属反射来使线偏振光变为圆偏振光. 见课外实验8.28.

## 8.5 带宽度、相干时间及偏振

在本节中，我们将讨论原子所发射的光的偏振. 我们将采用一个电子被一个重核束缚的经典图像. 在这个图像中，电子做振荡并发射经典电磁波，犹如原子是一个小的无线电火线. 这个经典图像忽略了光发射的“颗粒性”，即忽略了光是以被称作光子的“团块”形式发射与吸收的事实. 除此以外，经典图像能给出许多同精致复杂的量子理论相同的结果. 两者的主要区别是，在经典理论中，我们把电磁波看作携带有连续的能量流；而在量子理论中，能量流是不连续的. 然而，麦克斯韦方程组（经典电磁理论的方程组）的确给出了平均能量流的正确预言. 在经典理论中，我们认为电磁辐射的电场和磁场是完全“真实的”，它们的平方给出波的“实际的”能量密度. 量子理论则把经典能量密度重新解释为光子的平均数乘以一个光子的能量.（当给定体积中平均光子数小于1时，其含义是找到一个光子的概率.）你们将在《量子物理学》卷中学习量子理论. 我们只给你们这些提示，以便让你们相信我们在经典图像中得到的结果在量子理论中仍然成立，即时，只需把能量流适当地重新解释为概率流和光子能量的乘积.

**发射偏振辐射的经典原子** 让我们考虑一个位于 $x=y=z=0$ 的单个经典原子. 电子的振荡可分解为沿 $\hat{\boldsymbol{x}}$、$\hat{\boldsymbol{y}}$ 和 $\hat{\boldsymbol{z}}$ 的运动. 观察发射光的观察者位于 $z$ 轴正方向某个较远的地方. 观察到的电磁波（光）只是电子运动的 $x$ 分量和 $y$ 分量所贡献的.

假定在 $t=0$ 时，电子（例如）通过碰撞被激发振动. 在 $t=0$ 之后，电子以自然频率 $\omega_0$ 自由振动. 所发射辐射的偏振态依赖于运动的 $x$ 分量与 $y$ 分量的振幅，以及 $x$ 运动和 $y$ 运动的相对相位. 电子并非永远振动. 它通过辐射以一平均衰减时间 $\tau$（能量减少e倍的时间，也称为平均寿命）损失能量. 在几个平均寿命时间之后，电子损失了它大部分能量，其后的辐射就可以忽略. 在它辐射的这个时间（$\tau$ 数量级）内，其 $x$ 分量和 $y$ 分量保持不变的相对相位.（它们都以相同的频率振动，并且我们假定在此期间原子不受干扰.）因此，所发射辐射的偏振性在此期间保持不变.

在以后的某个时间，原子可能受到第二次碰撞，再激发电子运动．这个运动是在 $\hat{x}$、$\hat{y}$ 和 $\hat{z}$ 方向上都以相同的自然频率 $\omega_0$ 振动的叠加，其振幅与相位常数取决于碰撞情况．如果原子是在气体中，并且从各个方向受到的轰击相同，我们就可以假定，在相继的激发中，$x$ 和 $y$ 的振幅与相位之间实际上不相关联．所以，在第二次激发后的第二次时间间隔（$\tau$ 数量级）中所发射的辐射的偏振态与第一次激发后所发射的偏振态无关.

**偏振态的持续时间** 现在假定，我们不是有一个原子而是有许多原子在某一瞬时被激发，它们都位于 $x=y=z=0$ 附近的一个小区域内，那么，在 $z$ 轴上远处的观察者看到的电磁波是这些个别原子所发射的波的叠加．“瞬时”这个词指的是一个时间间隔，它比平均衰减时间 $\tau$ 短，但却包含很多个频率为 $\omega_0$ 的振荡．假定观察者用 $E_x$ 和 $E_y$ 的振幅以及 $E_z$ 和 $E_y$ 之间的相对相位来描写辐射：在任何“瞬时”，$E_x$ 是所有原子在这一瞬时辐射贡献的叠加；$E_y$ 也是如此．所有原子都以相同的主频率 $\omega_0$ 振荡，但振幅与相位常数各不同．所以，叠加的 $E_x$ 具有主频率 $\omega_0$，以及具有依赖一切做贡献的原子的振幅与相位常数的振幅和相位常数．（对 $E_y$ 也如此.）在任何比 $\tau$ 小得多的时间间隔中，所有振动原子都只损失其能量的一小部分，它们维持相同的相位常数．因此，给出 $E_z$（或 $E_y$）的叠加的振幅和相位在小于 $\tau$ 的时间间隔内没有多大改变．总的电磁波的偏振状态在小于 $\tau$ 的时间间隔中保持不变．特别是，$E_x$ 和 $E_y$ 的相对相位保持不变．现在假定我们等候几个平均寿命 $\tau$，然后再考察总波的偏振状态．在经过很多个平均寿命的长时间间隔之后，（在时间间隔开始时）正在辐射的那些原子衰减到零，并由新的原子所取代．（“新的”原子中有多少是又被激发的老的原子，并无关系.）新的原子的运动与老的没有关联，除了我们为简单起见可以假定新原子的平均激发能与老的一样外．当我们把所有原子辐射的 $x$ 分量相加时，我们得到总波的 $x$ 分量 $E_x$．它应该与从老的一组原子中得到的 $E_x$ 有大致相同的振幅．但是，新的 $E_x$ 的相位常数完全不能由老的 $E_x$ 的相位常数预言．$E_y$ 也是如此．而且，因为新的一组原子的 $x$ 与 $y$ 运动的相对相位与老的一组 $x$ 与 $y$ 运动的相对相位之间没有任何关联，我们看出 $E_x$ 和 $E_y$ 的相对相位在比 $\tau$ 长的时间间隔后以完全不能判断的“杂乱”方式“漂移”.

我们曾经假定原子中的电子在衰减时间 $\tau$ 内做自由振荡．我们也曾假设原子是静止的．因而单独一个原子所发射的辐射的傅里叶谱有一个大约等于 $\tau^{-1}$ 的带宽 $\Delta\omega$．（对于发射可见光的原子，典型的平均衰减时间约为 $10^{-8}$s，给出的带宽约为 $10^8$ rad/s.）在气体放电管中，原子不是静止的，而是以 $10^5$ cm/s 数量级的速度行进．这个速度给出一个多普勒相移，其正负号由原子朝观察者运动还是远离观察者运动而定．多普勒“加宽”给出的带宽大于“自然”宽度 $\tau^{-1}$ 大约 100 倍．而且，碰撞常常使原子在有机会衰减之前中断辐射过程．在这种情况下，带宽由于“碰撞加宽”而进一步增大.

**相干时间** 在考虑到一切“频率加宽”的因素时，我们最后得到的某个带宽 $\Delta\omega$ 可能远大于 $\tau^{-1}$. 在这种情况下，偏振态大致不变的时间不是自然衰减时间 $\tau$，而是我们称之为相干时间的 $t_{相干}$，它由下式给出：

$$\boxed{t_{相干} \approx \frac{1}{\Delta\nu}.} \tag{60}$$

我们可以理解式（60）如下. 只要 $E_x$ 和 $E_y$ 的相对相移的变量小于 $2\pi$，那么偏振态基本保持不变. 所以，相干时间 $t_{相干}$可以由带的极大频率和极小频率发生 $2\pi$ 相移的时间近似地给出：

$$\Delta\omega t_{相干} \approx 2\pi, \tag{61}$$

此式与式（60）一样.

有限带宽 $\Delta\omega$ 存在的事实，未必表示在数量级为（$\Delta v$）$^{-1}$的时间间隔以后偏振将会改变. 例如，在辐射原子和观察者之间可以有一个偏振片. 这时，虽然带宽仍然是 $\Delta\nu$，观察者看到的辐射的 $x$ 的分量与 $y$ 分量却保持不变的相位关系. 这是因为，$x$ 分量与 $y$ 分量不再是“独立的”. 偏振片好比“检查了”入射辐射的 $x$ 分量与 $y$ 分量，并且在任何瞬时只“为透射选择了”入射辐射的 $z$ 分量与 $y$ 分量的那些部分，它们以适当的相位关系叠加起来，在偏振片内沿垂直于“导线”的方向上容易驱动电子. 入射辐射的 $x$ 和 $y$ 分量中具有能使电子“沿导线”方向被驱动的相对相位的那些部分被吸收掉了.

下面是另一个例子. 假设我们有两个完全相同的气体放电光源，发出具有相同的主频率 $\omega_0$、相同的带宽与相同的平均强度的光. 用一个合适的玻璃板或一个“半镀银”平面镜，我们可以做这样的安排，使两光源在观察者看来是一个叠加在另一个之上的（即其像是叠加的）. 来自每一光源的光线最后都沿 $+z$ 方向向着观察者行进. 现在我们在每一光源前放一偏振片，以使一个光源给出的辐射沿 $\hat{\boldsymbol{x}}$ 进行线偏振，而另一个给出的辐射沿 $\hat{\boldsymbol{y}}$ 进行线偏振（在两束光线最终进入 $+z$ 方向之后）. 如果观察者在比相干时间（$\Delta\nu$）$^{-1}$短很多的时间间隔测量偏振，他将发现某种特定的偏振态. 如果他等候比（$\Delta\nu$）$^{-1}$长的一段时间，并另做偏振测量，他将发现偏振态与上次测量的完全没有关联. 事实上，观察者将发现，基本上不可能区分这种辐射和撤除一个光源并同时从留下的光源那里撤除偏振片所得到的辐射.

**非偏振辐射的定义** 现在我们准备讲一讲“非偏振”光是什么意思. 非偏振光是两个偏振分量（$x$ 和 $y$ 分量，或者右旋和左旋分量）“独立地”（即相位不是锁定的，与用一片偏振片不同）发射的光，两个偏振分量的振幅和相对相位是用在比相干时间（$\Delta\nu$）$^{-1}$长的时间间隔内取平均的技术测量的. 所谓“真正的”非偏振光是没有的. 把“非偏振光”改变为“完全偏振光”，你所要做的只是去发明一种技术，它允许你在相位有机会漂移之前去测量偏振性.

**偏振的测量** “偏振量”的定量描写表示的是在测量期间所保持的相位与振幅之间的关联程度，这可以给出如下. 假定我们在线偏振表达式中用 $E_1$、$E_2$、$\varphi_1$ 和

$\varphi_2$ 来表示瞬时偏振态，这里 $\boldsymbol{E}$ 是下式的实数部分：

$$\boldsymbol{E}_c = e^{i(\omega_0 t - k_0 z)}(\hat{\boldsymbol{x}}E_1 e^{i\varphi_1} + \hat{\boldsymbol{y}}E_2 e^{i\varphi_2}). \tag{62}$$

我们可以把此式写成在一个小的频带中的严格谐波的连续的傅里叶叠加. 但是，我们也可以把式（62）看作一个近似的谐波，其主频率为 $\omega_0$，振幅与相位常数分别为 $E_1$、$E_2$，$\varphi_1$ 和 $\varphi_2$，它们并不是完全不随时间改变，而是变化很慢（以某种不能预料的方式）.

现在让我们来考虑，如何只用强度测量去表示 $E_1$、$E_2$、$\varphi_1$ 和 $\varphi_2$.（我们用“强度”这个词作为能量流的同义词.）那是最容易进行的一种测量. 我们设想我们有一些偏振片和四分之一波片，还有一个可以为任何实验安排测量光子通量（单位时间通过单位面积的光子数）的光电倍增管. 平均光子通量正比于平均经典能流通量. 平均经典能流通量又正比于电场平方在一个周期中的平均值. 假定我们有一个光阴极面积已知的和探测效率已知的光电倍增管，因此可以测定光束入射在光阴极上的电场的时间平均平方值.

**测量时间**　令 $T$ 是下面就要描述的所有测量的总的时间间隔，我们将称之为测量时间. 这就是我们测定所有感兴趣的常数 $E_1$、$E_2$、$\varphi_1$ 和 $\varphi_2$ 所需的时间间隔. 我们要在偏振态有机会变化之前完成这项测量. 所以，我们假定测量时间 $T$ 远小于相干时间 $\Delta\nu^{-1}$. 我们的描述好像是要拖拖拉拉做“一整天”的实验，但情况并不一定是这样. 我们（用足够巧妙的设计）应该有可能安排得使我们可以同时测量每一个量. 这时，对测量时间 $T$ 的基本限制应该是仪器的分辨时间. 如果仪器是典型的光电倍增管，分辨时间约为 $10^{-9}$ s. 所以，我们就应该可以测量相干时间大于 $10^{-9}$ s（例如 $10^{-8}$ s）的辐射的“瞬时”偏振态.

**四个常数的测量**　我们应当留一些事情让实验者去做. 因此，我们将不具体说明他应该如何在数量级为 $10^{-8}$s 的时间 $T$ 内去完成（现在就要描述的）测量. 下面就是测量的（从容的）步骤，可用于寻找描写光束的四个常数，只要光束的频率与方向已知. 假定我们除了有一只已校正的光电倍增管之外，还有一个理想的偏振片（或一个已校准的偏振片）和一个四分之一波片. 步骤如下：

1）把偏振片放在光电倍增管前面. 选择任意两个横向轴 $\hat{\boldsymbol{x}}$ 和 $\hat{\boldsymbol{y}}$. 把易透射轴转到 $\hat{\boldsymbol{x}}$ 方向. 测量光子计数率的时间平均值. 结果给出

$$\langle E_z^2 \rangle = \frac{1}{2}E_1^2. \tag{63}$$

2）旋转偏振片到 $\hat{\boldsymbol{y}}$ 轴，测量计数率. 这就给出

$$\langle E_y^2 \rangle = \frac{1}{2}E_2^2. \tag{64}$$

3）旋转偏振片到 $\hat{\boldsymbol{x}}$ 和 $\hat{\boldsymbol{y}}$ 轴之间的 45°方向，称此方向为 $\hat{\boldsymbol{e}}$. 单位矢量 $\hat{\boldsymbol{e}}$ 由下式给出：

$$\hat{\boldsymbol{e}} = \frac{\hat{\boldsymbol{x}} + \hat{\boldsymbol{y}}}{\sqrt{2}}. \tag{65}$$

透过偏振片的电场分量是 $\hat{e}$ 和入射场 $\boldsymbol{E}$ 的标量积．利用复数 $\boldsymbol{E}_c$，我们从式（65）和式（62）得到

$$\hat{\boldsymbol{e}}\cdot\boldsymbol{E}_c(z,t)=\mathrm{e}^{\mathrm{i}(\omega_0 t-k_0 x)}\left(\frac{E_1}{\sqrt{2}}\mathrm{e}^{\mathrm{i}\varphi_1}+\frac{E_2}{\sqrt{2}}\mathrm{e}^{\mathrm{i}\varphi_2}\right). \tag{66}$$

现在，透射过来的光子通量给出的是测量值：

$$\langle(\hat{\boldsymbol{e}}\cdot\boldsymbol{E})^2\rangle=\frac{1}{2}\left[\frac{1}{2}E_1^2+\frac{1}{2}E_2^2+E_1E_2\cos(\varphi_1-\varphi_2)\right]. \tag{67}$$

因为我们已经由式（63）和式（64）确定了 $E_1^2$ 和 $E_2^2(E_1$ 和 $E_2$ 是正实数)，我们看到式（67）给出的是 $\cos(\varphi_1-\varphi_2)$．

我们仍需要 $\sin(\varphi_1-\varphi_2)$ 以确定相对相位．（我们一般对绝对相位不感兴趣．）我们用四分之一波片来得到它．

4）让偏振片的 $\hat{e}$ 留在 $\hat{x}$ 与 $\hat{y}$ 轴之间的45°方向．于是式（66）给出透射场．现在，在偏振片前面插入一个四分之一波片，使其慢轴沿 $\hat{x}$ 或 $\hat{y}$．为了明确起见，假定慢轴沿 $\hat{y}$．因此，由式（62）给出的 $\boldsymbol{E}_c$ 中要用 $\varphi_2-\frac{1}{2}\pi$ 来代替 $\varphi_2$．（$\varphi_1$ 和 $\varphi_2$ 都获得了一个不感兴趣的常数，我们也丢弃了．）所以，由式（66）给出的 $\hat{\boldsymbol{e}}\cdot\boldsymbol{E}$ 中要用 $\varphi_2-\frac{1}{2}\pi$ 代替 $\varphi_2$．现在，在四分之一波片加偏振片的体系后面测量光子通量．通量由一个类似于式（67）的表达式给出，$\varphi_2$ 要用 $\varphi_2-\frac{1}{2}\pi$ 来代替．于是我们定出

$$\langle(\hat{\boldsymbol{e}}\cdot\boldsymbol{E})^2\rangle=\frac{1}{2}\left[\frac{1}{2}E_1^2+\frac{1}{2}E_2^2-E_1E_2\sin(\varphi_1-\varphi_2)\right]. \tag{68}$$

因此，我们通过式（63）、式（64）、式（67）和式（68）所表示的测量完全确定了 $E_1$、$E_2$ 和 $\varphi_1-\varphi_2$．这些就是在测量时间 $T$ 远短于相干时间时得到的结果．

正如我们前面已经提到的，如果光束在它到达探测设备之前先通过一个起偏振镜（例如一个偏振片或者一个圆起偏振镜），那么，偏振相干时间就不像 $\Delta\nu^{-1}$ 那么短了．相反，偏振相干时间是无限长（至少，在不撤去偏振片时是如此）．于是，你可以做包含在以上描述中的那些从容的测量，你也可以用你的眼睛代替光电倍增管．你应该练习使用你的光学工具箱中的工具去确定一个偏振未知的光源的偏振态．如果光源是线偏振、圆偏振或椭圆偏振的，而且相干时间大于你测量所需的几分钟，那么，你便可以用你的眼睛、一个偏振片和一个四分之一波片完全确定偏振态．（你也可以用圆起偏振镜和半波片．）

我们对偏振的一般测量的描述要比许多实际情况中所需要的更一般些．例如，如果光线是沿某一横向方向的线偏振，则利用一般的笛卡儿坐标的 $\hat{x}$ 和 $\hat{y}$ 方向就太笨了．只要你发现光是线偏振的，你将自然地在心里把 $\hat{x}$ 定为沿偏振方向．那时，相对相位 $\varphi_1-\varphi_2$ 是没有关系的，因为沿 $\hat{y}$ 的振幅是零．类似地，如果你发现（譬

如说）光是圆偏振的，并且是右旋，那么，使用线偏振表达式（在上面的一般描述中所用的表达式）去描述光就是愚蠢的.

**圆起偏振镜** 在你的光学工具箱中，同起偏振镜是一个线偏振镜和一个四分之一波片黏合而成的双层片．起偏振镜的易透射轴与四分之一波片的光轴成45°角．“输入”端是双层片的线偏振镜那一面，输出端是四分之一波片那面．如果你用一个灯泡发出的非偏振光照明输入端，你得到的是左旋光（用螺旋的光学常规）．这样，当你看灯泡时，除了那些对应于电子做圆周运动在你看来是逆时针的（如果你能看到它们）光而外，起偏振镜吸收了所有的光．如果你在输出端的后面加上你的半波片，你能把这束左旋（螺旋）光变为右旋光．如果你让左旋光在平面镜上以接近正入射的角度让它反射回来，你将使它变为右旋光.

你可以让你的圆偏振镜“倒向工作”作为一个检偏振镜使用．因此，它让那些和它所产生的光（在“朝前”工作的时候）具有同样手征的光“通过”，而吸收那些有相反手征的光．对此我们可以理解如下．慢的线偏振分量相对于快的线偏振分量的相位延迟，是和穿过四分之一波片的方向无关的．当圆偏振镜朝前工作时，线性起偏振镜同其后面的四分之一波片产生的圆偏振 $\boldsymbol{E}$ 从 $\hat{\boldsymbol{f}}$ 转向 $\hat{\boldsymbol{s}}$．如果这束光在一平面镜上反射，它继续相对于固定在空间的一个轴沿原来方向转动（根据角动量守恒)．当它返回通过四分之一波片时，相位推迟如前，于是在光沿相反方向再次到达线起偏振镜的时候就给出一个附加的落后90°的相位延迟．这意味着这束光是在与它沿线偏振镜的易透射轴的原始方向成90°的方向上线偏振的，因为其中一个线性分量相对于另一个分量经受了个正负号反向．这束光因此被吸收了．这就解释了当你把圆起偏振镜输入端朝上放在平面镜或金属片上时，为什么它看上去是“黑的”（实际上是深蓝色)．平面镜使手征颠倒过来了．与此类似，当光入射在输出表面上时，任何右旋（螺旋）光被你的起偏振镜［它产生左旋（螺旋）光］吸收．另一方面，如果左旋（螺旋）光入射在你的左旋起偏振镜的输出表面上，沿着四分之一波片的 $\hat{\boldsymbol{s}}$ 轴的线性分量会超前于 $\hat{\boldsymbol{f}}$ 分量．四分之一波片把这种超前从90°降低到零．因此，当光到达线性起偏振镜时，$\hat{\boldsymbol{s}}$ 和 $\hat{\boldsymbol{f}}$ 线性分量是同相的，光全部透过线性起偏振镜．它显现出线性偏振，并且有其全部光强（略去我们通常忽略的损失).

下面是一个例子．假定你透过一个偏振片去看一个光源，绕着视线转动偏振片，光的强度没有发生变化．而且，假定你是透过你的左旋偏振镜看光源（倒向工作)，强度不变．（在这个阶段你能总结出什么?）然后，你把你的半波片放在光源和你的左旋起偏振镜之间，再重复上述测量，这时光被完全吸收．结论：它是左旋圆偏振光.

**四分之一波片和半波片** 从你的光学工具箱中取出两个透明塑胶片中的一片，把它和一个偏振片面对面叠合起来，让它的边缘和偏振片的边缘成45°．让偏振片向着光源，通过这两片看一个灯泡或天空．在透明塑胶片的另一侧放第二个偏振片．转动第二个偏振片．然后用另一个塑胶片重复这个实验．哪一片是四分之一波片，哪一片是半波片？使透明塑料片的边缘与偏振片的边缘平行，再做这个实验．

你的波片是从四分之一波长延迟片上切下来的，但后者上面的标记并不是“四分之一波长延迟镜”，而是写着“延迟值为（140 ± 20）nm”．1 nm = $10^{-9}$ m = $10^{-7}$ cm = 10 Å．因此，延迟值是 1 400 Å．如果波长是 4 × 1 400 Å = 5 600 Å（它是绿光)，那就是四分之一波片．如果波长不是 5 600Å，那它就是波长的别的分数．让我们去搞清延迟片上的标记是什么意思．穿过厚度为 $\Delta z$ 的折射率为 $n_s$ 与 $n_f$ 的延迟片的 $s$ 和 $f$ 分量之间的相对相位延迟 $\Delta\varphi$ 是

$$\Delta\varphi = 2\pi(n_s - n_f)\frac{\Delta z}{\lambda}. \tag{69}$$

对于一个四分之一波片，相位延迟对应于$\frac{1}{4}$周期，即$\frac{1}{2}\pi$rad．因此，四分之一波片必须有

$$(n_s - n_f)\Delta z = \frac{1}{4}\lambda_0. \tag{70}$$

标记指出的是（$n_s - n_f$）$\Delta z$ 为$\frac{1}{4}\lambda_0$，这里 $\lambda_0$ 是 5 600 Å．那是“空间延迟”，与 $\lambda$ 无关（遍及大部分可见区)．这正表示，在一个恰当的近似下，$n_s - n_f$ 是与波长无关的．对于一个任意的（可见的）波长，我们于是有

$$\Delta\varphi = \frac{\pi}{2}\,\frac{5\ 600\ \text{Å}}{\lambda}. \tag{71}$$

与此类似，你的半波片有延迟值（280 ± 20）nm.

**非偏振光**　如果你用你的光学工具箱中的工具去测定来自灯泡的光的偏振性，你将发现，线偏振镜在绕视线的任何角度上给出的强度均不变；即使在光源与偏振镜之间插入一个四分之一波片，光的强度上也没有任何改变．利用式（63)、式（64)、式（67）和式（68）的 $x$、$y$ 线性偏振表示，这些事实的含义是（我们在测量到的量上面画一“横线”，以提醒我们测量是发生在“测量时间” $T$ 期间内)

$$\begin{aligned}\frac{1}{2}\overline{E_1^2} &= \frac{1}{2}\overline{E_2^2}\\ &= \frac{1}{2}\left[\frac{1}{2}\overline{E_1^2} + \frac{1}{2}\overline{E_2^2} + \overline{E_1E_2\cos(\varphi_1 - \varphi_2)}\right]\\ &= \frac{1}{2}\left[\frac{1}{2}\overline{E_1^2} + \frac{1}{2}\overline{E_2^2} - \overline{E_1E_2\sin(\varphi_1 - \varphi_2)}\right].\end{aligned} \tag{72}$$

换句话说，对 $x$ 轴和 $y$ 轴的任何选择方式，$E_x^2$ 的时间平均等于 $E_x^2$ 的时间平均，而 $\cos(\varphi_1 - \varphi_2)$ 和 $\sin(\varphi_1 - \varphi_2)$ 的时间平均是零．当然并没有这样的 $\varphi_1 - \varphi_2$ 角，其正弦和余弦都是零！式（72）中的主要内容，是所加的那些横线，它表明对时间间隔 $T$ 取时间平均．相对相位使它的时间平均的余弦和它的时间平均的正弦是零

的原因，在于相对相位在我们做实验的长时间 $T$ 内是杂乱无章的. 它能取 $-\pi$ 和 $+\pi$ 之间的所有值（相对相位只在 $2\pi$ 区间内确定），因而正弦和余弦取正和取负的次数一样多，所以平均值为零.

如果我们（对于一个有典型的多普勒增宽的气体放电光源）能在小于 $10^{-10}$ s 的时间内完成测量，我们就会得到非常不同的结果. 我们会发现，光在任何“瞬时”是完全偏振的，这里所说的一个瞬时包括许多振荡，但与带宽的倒数（相干时间）相比是很小的.

可以用一个玩具弹簧来模拟非偏振光. 以一种方式摇动玩具弹簧一会儿，然后以另一种方式摇动一会儿. 取照相曝光时间为 $T$. 如果 $T$ 比一种不变的摇动方式的时间短很多，照片将显示弹簧是完全偏振的. 如果 $T$ 很长，那么任何看照片的人都将说“玩具弹簧是非偏振的”；这正表明 $T$ 太长了.

**部分偏振** 如果 $T$ 与相干时间相比既不短也不长，这种辐射就称为部分偏振的. 在那种情况下，在给出 $\overline{E_x^2}$、$\overline{E_y^2}$、$\overline{\cos(\varphi_1-\varphi_2)}$ 和 $\overline{\sin(\varphi_1-\varphi_2)}$ 的四个强度测量结果之间有某种可以觉察的区别. 有许多不同的方法可以用来表示在测量时间 $T$ 内偏振已经被“冲掉”了. 例如，可以用下式作为“部分偏振强度 $P$”的定义：

$$P^2 \equiv [\overline{\sin(\varphi_1-\varphi_2)}]^2 + [\overline{\cos(\varphi_1-\varphi_2)}]^2. \tag{73}$$

这里 $\overline{\sin(\varphi_1-\varphi_2)}$ 和 $\overline{\cos(\varphi_1-\varphi_2)}$ 由给出式（63）、式（64）、式（67）及式（68）结果的强度测量确定. 如果 $T$ 比相干时间小，那么 $P$ 为 1；如果 $T$ 比相干时间大，那么 $P$ 为零. 对于中间的 $T$，$P$ 处在零与 1 之间. 当然，$P$ 并不是完全的表述，完全的表述需要所有四个测量.

## 习题与课外实验

8.1 按照 8.2 节中式（20）后面概述的步骤，证明式（20）表示的是沿椭圆路径的位移 $\psi(t)$.

8.2 从一个水银放电管中发出的非偏振光通过你的绿色明胶滤波片隔离出绿线来. 一些缝和透镜形成一条沿 $+x$ 方向传播的平行光束. 光束在 $z=0$ 处被很好地限定住了. 在 $z=100$ 处有一个计量光束中光子数目的光电倍增管. 平均计数率是 64 次/min：$R=64$.

（a）我们在 $z=10$ 处放入一个快轴沿 $\hat{x}$ 方向的四分之一波片. 现在的 $R$ 是多少？（略去由于反射等引起的少量损失.）

（b）我们在 $z=20$ 处放入一个易透射轴沿 $(\hat{x}+\hat{y})/\sqrt{2}$ 方向的线性起偏振镜. 现在的 $R$ 是多少？（注意：在这道习题里当我们陆续放入东西时. 我们保留所有原有的东西不动. 标明 $z$ 的位置正是有助于一直保持这种次序.）

（c）我们在 $z=30$ 处加上一个快轴沿 $\hat{x}$ 方向的半波片. $R$ 是多少？

(d) 我们在 $z=40$ 处加上一个易透射轴沿 $\hat{\boldsymbol{x}}$ 方向的线性起偏振镜. $R$ 是多少?

(e) 现在在 $z=50$ 处加上一左旋圆起偏振镜. 可能的最大计数率（起偏振镜在向前的方向上工作）是多少? 可能的最小计数率是多少?

(f) 把 (e) 项中所用的左旋起偏振镜定在最大计数率处，在 $z=60$ 处插入一快轴沿 $(\hat{\boldsymbol{x}}+\hat{\boldsymbol{y}})/\sqrt{2}$方向的半波片. 之后，紧跟着又在 $z=70$ 处插入一易透射轴沿 $y$ 方向的线性起偏振镜. $R$ 是多少?

8.3　强度为 $I_0$（强度指的是每单位时间每单位面积的能流通量，对一种给定频率的光，它正比于光电倍增管的输出电流）的圆偏振光入射在一个偏振片上. 证明输出的强度（从偏振片后面射出的光强度）是$\frac{1}{2}I_0$.

8.4　偏振方向与 $\hat{\boldsymbol{x}}$ 成角度 $\theta$ 的线偏振光入射在一个易透射轴沿 $\hat{\boldsymbol{x}}$ 的偏振片上. 在这个偏振片的后面放入第二个易透射轴沿原来入射光的偏振方向的偏振片. 证明若输入强度为 $I_0$，则输出强度是 $I_0\cos^4\theta$.

8.5　强度为 $I_0$ 的圆偏振光入射在一个由三个偏振片组成的叠层板上. 第一个偏振片和第三个偏振片是正交的，即它们的易透射轴彼此成 90°. 中间一个偏振片与第一个偏振片的易透射轴成角度 $\theta$. 证明输出强度是$\frac{1}{2}I_0\cos^2\theta\sin^2\theta$.

8.6　$N+1$ 个偏振片排列成叠层板，这里 $N+1$ 是个很大的数目. 在叠层板中每一个偏振片的易透射轴的角度都比与它紧密相邻的前一偏振片大一个不变的角度 $\alpha$. 因而最后一个偏振片处在与第一片成角度 $\theta=N\alpha$ 的位置. 忽略在许多个面上由于反射引起的任何损失，并假定强度为 $I_0$ 的线偏振光，以它的偏振沿第一个偏振片的易透射轴方向入射在第一个偏振片上，求出输出强度. 取 $N$ 很大并在一适当的级数（泰勒展开）中只保留前几个有意义的项.　$\left[\text{答: } I=I_0\left(1-\frac{\theta^2}{N}+\text{更高项}\right).\right]$

这个答案意味着，即使 $\theta$ 是 90°，即第一个偏振片与最后一个偏振片正交时，只要我们有足够多的中间偏振片，输出强度仍等于输入强度. 我们可以“轻轻地”转动偏振面而毫无损失! 因而，若我们把大量的偏振片黏合在一起（用与偏振片有同样折射率的透明胶，以使反射极小），我们将有某种类似于一个巨大的糖分子的东西，它转动偏振面而不吸收任何能量.

另一种获得“宏观旋光性”的方式是把一些锡箔片扭曲成螺旋状（全部用相同的手征），把它们埋进聚苯乙烯泡沫里（对于一种无质量的、刚性的支撑自由电子的介质来说，这是它的一个好的近似），并让线偏振微波通过这个东西. 微波的偏振面将转动.

8.7　假定你有偏振方向沿 $\hat{\boldsymbol{x}}$ 的线偏振入射光. 你希望线偏振光的偏振方向与 $\hat{\boldsymbol{x}}$ 成 30°角，即沿着

$$\hat{\boldsymbol{e}}=\hat{\boldsymbol{x}}\cos30^\circ+\hat{\boldsymbol{y}}\sin30^\circ.$$

在下面两种情况下，（a）以损失某些强度为代价，（b）强度不损失也不用任何偏振片，你怎样才能得到这种透射场？

8.8 强度为 $I_0$ 的非偏振光入射在当中插有一半波片的两个正交偏振片上，（a）当延迟片的光学轴（例如慢轴）平行于偏振片之一的易透射轴时，（b）当波片的光学轴与偏振片之一的易透射轴成 45°角时，透射强度是多少？

8.9 回答与习题 8.8 同样的问题，但用四分之一波片.

8.10 （课外实验）在两正交偏振片之间转动各种不同的塑料片（绘图仪器、玻璃纸、苏格兰牌塞璐玢胶带等）测试双折射. 你怎样去说明你有可能找到一个四分之一波片或半波片？试做一下伸长莎纶包装纸以使它具有双折射效应的实验.

8.11 莎纶包装纸四分之一波片（课外实验）. 在食品杂货店内买一卷莎纶包装纸或手工包装纸（用来包三明治的透明的能伸长的塑料）. 约用六或七层平行叠起来，就可以作成一个很好的四分之一波片.（同样大小的四分之一波片——约 30 $cm^2$——可从偏振片公司买到.）对不同颜色可以加上或减去一层来达到“调谐”. 例如：如果是 5 600 Å（绿光），七层就是一个理想的四分之一波片；而八层对于波长 8/7（5 600 Å）= 6 400 Å（红光）将是理想的四分之一波片. 为了除去纸上的褶痕，你可以用胶带把包装纸贴紧在开有一个洞的硬纸板盒的边上.

8.12 延迟片对颜色的依赖关系（课外实验）. 精确地说，一个“半波片”只是针对某一特殊波长的半波片. 你们的光学工具箱中的半波片是针对 5600Å 的半波片. 取一明亮的白光线光源.（任何玻璃泡透明的白炽灯都可用，例如，可用一个 150 W 的具有直径为 1 mm、长为 2.5 cm 的螺旋状直灯丝的灯泡.）用你们的衍射光栅观看白光源.（把颜色沿垂直于光线源的方向扩展开来会得到最好的分辨率.）现在取两个平行的偏振片. 把半波片成 45°角放在两偏振片间. 于是，对于与此半波片相匹配的那种色光来说，它的线偏振光将被此半波片翻转 90°并吸收. 用你们的衍射光栅透过这块夹心板进行观察.（把每件东西都靠近一只眼睛.）你能否在绿色处看到暗带呢？那是 5 600 Å 的颜色！（注意：略微转动最后一个偏振片以使吸收带调到最黑.）

8.13 莎纶包装纸半波片（课外实验）. 用课外实验 8.11 中所描述的方法做一半波片. 它应由 12 到 15 层叠成（如果你们的莎纶包装纸类似于我的手工包装纸）. 或许你们能用课外实验 8.12 的方法“调整”这个波片，一层一层地增加层数，直到吸收带是在 5 600 Å 处（与你的光具箱中的半波片加以比较而决定）. 这将相当准确地告诉你每层包装纸的 $(n_s - n_f)\Delta z$ 的值.

8.14 玩具弹簧的偏振（课外实验）. 找一个玩具弹簧和一个同伴. 你和你的同伴各拿住玩具弹簧的一端.

（a）每人都摇动玩具弹簧，使它（从每人自己的方向看）都沿顺时针方向做圆周运动. 如果这还不能使你相信线偏振是相反的圆偏振的叠加的话，就再没有其他办法会使你相信了.

（b）每人都用一本书作为引导他的手（做直线运动）的直边，令一个同伴沿着与水平方向成45°角的方向摇动线偏振，并让另一个人与第一个人成90°角摇动线偏振.（选45°角是为防止重力引起的大的不对称性.）一个人大声报数："一，二，三，四；一，二，三，四；…"每一周数四拍或每半周数四拍，使报"一"时他的手恰好运动到一个可重复的相位. 另一个人以相同相位，或以相差180°，或以相差90°摇动弹簧. 必须集中注意力，不要被你看到的东西扰得分散心意.

（c）把远端固定在某物上（你的同伴现在可以回家了），摇出一个包括一转或两转的圆偏振波包. 验证在反射时角动量守恒. 验证若角动量沿着传播方向，形状是左手螺旋形，则在反射时手征反转.

8.15　透明塞璐玢带半波片（课外实验）. 在一块显微镜承物片上粘上一层透明塞璐玢带（承物片是用来做机械支撑的）. 用课外实验8.12的方法把它用作一个半波片进行实验. 估计 $(n_s - n_f)\Delta z$ 值.

8.16　用透明塞璐玢带的一般偏振（课外实验）. 在一块显微镜承物片上粘上16层塞璐玢带. 可能会有些气泡，影响你透过它观看. 对此有一种办法加以改善. 在桌子上放一块清洁的显微镜承物片. 在承物片的中心滴一"滴"油（三合一油、矿物油或其他油）. 取一根两端比承物片长5.0~7.5 cm的塞璐玢带子，把它粘在承物片上，使油扩展开来以造成良好的光学接触. 在这样做的时候，把带子粘到桌子上. 在带子的中心区域滴一滴油. 现在再加上另一层带子.（在靠近没有油的两端区域带子会伸出粘住.）就这样，油、带子、油、带子、…. 在第16层带子上，再滴上一滴油，然后是最后一片显微镜承物片. 再加一条带子把承物片固定住，但不要把清洁的敏感的区域弄模糊了. 现在你有了具有平坦的外层玻璃表面及16层带子的一捆东西. 它应该是相当清洁的并易于透过光.

下面是实验. 用带子把偏振片贴在这捆东西的一个面上，并使偏振片的轴与带子的轴成45°角. 再用带子把衍射光栅粘下去. 把这捆东西固定在能观察你的明亮的白光光源处. 用你另一只手把一块线性起偏振镜（偏振片）放在这一捆的出口端，并平行于第一块偏振片.

（a）注意几个黑带！那些黑带全都具有被线性起偏振镜吸收的线偏振. 它们被2π的相对相位（沿快和慢苏格兰带轴的线偏振分量之间的相对相位）分开. 在相继的两个暗带之间的"亮"区具有从零到2π变化的相对相位，并因而扫过所有如8.2节中图8.3所示的各种各样的偏振.

（b）把后面一块"检偏振"用的偏振片旋转90°. 黑区变成亮区和亮区变成黑区！为什么？

（c）用你的圆起偏振镜代替偏振片，倒向工作把它当作一个检偏振镜，亦使它的输出端向着光源.（当你把它放在10分银币上而硬币变成暗蓝色时，则输入端朝上.）

（d）把线起偏振镜和圆起偏振镜放在把这两者之间的视场加以分开的位置上.

它们应该与第一个起偏振镜（与承物片成45°角）平行．把这捆东西这样移动——使你先透过圆偏振镜看，然后透过线性检偏振镜看．这些带移动黑带间距离的四分之一（即相位的π/2rad）．现在转动线偏振镜并重复上述动作．从圆到线性的带的位移的方向将反过来．用这种方法，你应该能使你自己确信，当你经过2π时，偏振是从（例如）右上方的线偏振变到右旋圆偏振，变到左上方的线偏振，变到左旋圆偏振，再变到右上方的线偏振．画一个偏振对颜色（波长）关系的草图，以双箭头表示线偏振，以圆箭头表示圆偏振．

8.17　透明玻璃纸带子——立奥偏振片滤波器（课外实验）（下面的实验需要四块偏振片）．如在课外实验8.16那样做个16层苏格兰带延迟器．用同样技术做一个8层延迟器及一个4层延迟器．我们把这几捆东西命名为16LR（16层延迟器），8LR和4LR．我们把偏振片线性起偏振镜命名为P，并令P（45°）表示P的易透射轴与带子的轴成45°角．称衍射光栅为DG．现在做下面的实验．

（a）做一块由DG：P（45°）：16LR：P（45°）组成的叠层板，观察你的白光源．这正就是课外实验8.16．现在在16LR的位置上改用8LR重复这个实验．

（b）在这一捆东西的16LR的出口那一端加上8LR和另一块P，使得你有一捆DG：P（45°）：16LR：P（45°）：8LR：P（45°）．观看线源．

（c）现在在（b）项的那捆的出口处再加上4LR：P（45°），再进行观察，注意，你是在用连续的滤波器扫出“旁带”！你最后以一个带通滤波器告终．（如果你希望的话，你可以用你的胶滤波片把一些东西清除出去．）带宽由16LR捆给出．如果你想要一半的带宽，你就需要一个32LR．（即使用了矿物油并且非常小心，要透过我的那一捆来看开始也有一点困难．）这种滤波器是B. F. 立奥在1932年发明的．天文学家们是用由石英延迟板而不是用由苏格兰带子延迟板作成的立奥滤波器．作为典型，他们得到的带宽为1 Å，其中心在（例如）氢原子巴耳末线系的$H_\alpha$谱线处，波长为6 563 Å．它被用来对太阳拍照．总的透射滤波强度是16LR、8LR以及4LR各滤波器强度透射曲线的乘积．（这个顺序不重要．你可以使滤波器向前或向后工作．）这一点如图8.13所示．

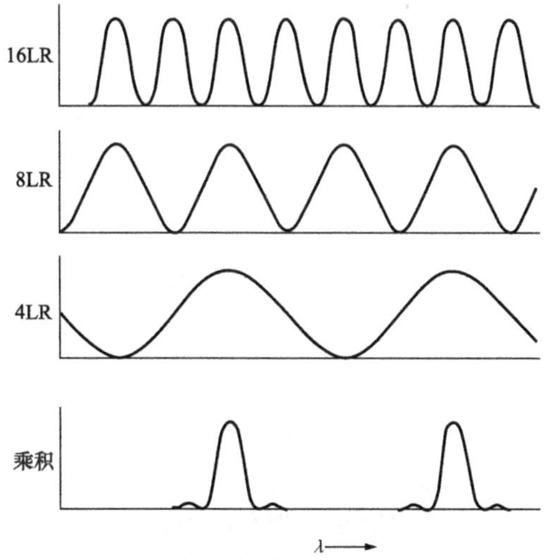


图8.13　立奥滤波器．16LR曲线给出由P（45°）：16LR：P（45°）一捆造成的滤波器的透射强度．8LR和4LR两条曲线是代替16LR分别用8LR和4LR的滤波器的相应曲线．如图所示，当用整捆时，透射曲线是这三条曲线的乘积

问题：告诉我们，为什么总的透射强度曲线为各个滤波器的强度透射

曲线的乘积. 为什么（例如）不对三个滤波器（当只有一个存在时）的三个振幅相加，然后对此取平方，然后再取时间平均值？

8.18　圆起偏振镜（课外实验）.

（a）把你的圆起偏振镜放在一张铝箔（在任何杂货店中都能买到）或一面普通的镜子或发亮的小刀上. 转动圆起偏振镜使铝箔看上去呈“黑”色（或暗蓝色）. 把它翻过来再观察它.（用一个偏振片照样再重复以上步骤.）把它翻回到“黑”的位置上. 现在把起偏振镜略微举起，离开金属，使光线能不透过起偏振镜到达金属. 当你慢慢地把它举起来脱离金属和把它放回去时，注视起偏振镜的“影子”或“像”. 解释你看到的现象.

（b）取铝箔并在其上做一 V 形折痕. 用大部分光来自一定方向（一盏灯或一个窗户）的光照明. 把圆起偏振镜放在铝箔上，部分盖在铝箔上的有折痕处，部分盖在铝箔上的无折痕处. 注意折痕现在看上去是亮的，而铝箔的其余部分仍是暗的. 解释之！（提示：当你在一面镜子前看你的右手时，它看上去像只左手. 在把两个镜子连接成直角而形成的一个槽形“双镜”内，它看上去像什么呢？）

（c）现在取一块铝箔，并把它胡乱地对折使其皱起来形成一“粗糙”表面. 在它上面放上圆起偏振镜. 靠近看它. 解释“它在大尺度上是去偏振的，但在小尺度上是完全偏振的”这一说法. 解释“它有几分类似于在大时间尺度上光是去偏振的而在充分小的时间尺度上光是完全偏振的”这一说法.

（d）把起偏振镜放在一张普通白纸上. 你能否在这种方式下区分一个偏振片和一个圆起偏振镜？解释之.

（e）再把圆起偏振镜放在光滑的金属表面上. 在起偏振镜和金属之间插入你的半波板. 首先预计一下你会看到什么，然后做实验. 用四分之一波片重复上述实验.（注意：你们已经学过，每种颜色被延迟不同数量. 用绿明胶滤波片能提高几分效果. 只要你了解“黑”是一种近似的描述，那实际上并不是必要的.）

8.19　光的角动量. 假定（按角动量约定）右旋圆偏振光入射在一吸收板上. 这个板用垂线悬挂起来，光线的方向向上并射在板的下侧.

（a）如果圆偏振光束有 1 W 平均波长为 5 500 Å 的可见光，并假定所有这些光都被板吸收，作用在板上的力矩是多少？（用 N · m 为单位给出答案.）回忆一下力矩是角动量的变化率，因此这个板当然正在吸收辐射的角动量.

（b）假定你用一普通的镀银镜子的表面代替吸收板，使得光线与它原来的方向成 180°反射回来. 现在的力矩是多少？

（c）假定板是一透明半波片. 光线穿过板后并不再射中任何其他东西. 力矩是多少？（略去在板表面的反射.）

（d）假定板是一个在其顶面镀了银的透明半波片，使得透过半波片的光线从镜子反射回来再通过半波片. 力矩是多少？

（e）板是一个透明半波片. 板上面是一块固定的（即不附着在半波片上）在它顶

面上镀银的四分之一波片，能把反射光通过板反射回来．作用在板上的力矩是多少？

（f）你怎样才能得到最大力矩？

（g）假定悬挂着板的线和板一起有 10 min 的自然扭转振荡周期．你如何设计一个实验来“放大”力矩的影响，使你能最后做出像样的测量？（我们只要求有独创性的思想，而不要求详尽的技术设计．）现在去读一下贝思（R. A. Beth）实际上是怎样做这个实验的．见《Physical Review》50，115（1936）．

8.20　散射引起的偏振（课外实验）．

（a）在一只装有水的玻璃广口瓶内滴几滴牛奶．用手电筒光束透过液体照射，观看由“牛奶分子”散射的带蓝色色彩的光．用你的线偏振镜测试偏振．对 90°散射（具有 90°偏向角的散射）、小角（近 0°）散射以及大角（近 180°）散射做这个实验．（注意：你应该贴一小片胶带或某些东西在你的线性起偏振镜上以标明易透射轴．可以观看在入射角接近 45°角（这足够接近布儒斯特角）时从玻璃、木头、塑料地板或任意色彩鲜明的表面上的镜式反射光找到这个轴．

（b）使手电筒光束（用一块带孔的硬纸板校直使得光束范围小于偏振片）线偏振，并观看在与光束成 90°的平面上从不同方向散射的光（或转动手电筒前面偏振片）．

（c）研究图 8.6 和它的说明．引进分数偏振 $P$ 的定义：

$$P=\frac{I(\hat{\boldsymbol{x}})-I(\hat{\boldsymbol{y}})}{I(\hat{\boldsymbol{x}})+I(\hat{\boldsymbol{y}})},$$

其中 $I(\hat{\boldsymbol{x}})$ 是沿 $\hat{\boldsymbol{x}}$ 方向偏振的散射光强度，而 $I(\hat{\boldsymbol{y}})$ 是观察者看到的沿 $\hat{\boldsymbol{y}}$ 的投影方向偏振的散射光强度．证明 $P$ 和图 8.6 中散射角 $\theta_{散射}$ 之间的关系为

$$P=\frac{1-\cos^2\theta_{散射}}{1+\cos^2\theta_{散射}}.$$

注意，在散射角为 0°和 180°时 $P$ 为零，在 90°时 $P$ 为 1．

（d）加少量牛奶，使光束更白．观看在 90°处的偏振，那里它是大．加更多的牛奶．解释会发生什么现象．你预料从白云散射的太阳光是偏振的吗？试做实验，并观看之．

8.21　虹的偏振（课外实验）．它是偏振的吗？你可用花园水龙头中喷出的蒙蒙水雾来代替雨．

8.22　月光和地光（课外实验）．当月亮呈现半圆时，其明亮部分正在与你眼睛约成 90°散射太阳光．我们知道，对于 90°散射，蓝天几乎是完全线偏振的．你预料半圆月的光是偏振的吗？做实验．现在设想一下从月亮看地球是“半地球”的情况如何．地光是偏振的吗？（在地球转动中你可以跟踪 24 h.）［答：有时是；它与时间和气候有关．为什么？］

8.23　假定一线偏振光束入射在以角速度 $\omega_0$ 绕光束的轴转动的半波片上．证明出射光是线偏振的，其偏振方向以 $2\omega_0$ 转动．

8.24 （课外实验）透过一块偏振片观看一个灯泡．光是偏振的吗？现在在灯泡和偏振片之间插入一片玻璃纸（或是四分之一波片或半波片）．现在的光是偏振的吗？从一镀银的金属如桌上的小刀反射光，反射光是偏振的吗？

8.25 通过寻求布儒斯特角来测量折射率（课外实验）．你需要一个灯泡（或许要用一块有一个洞的硬纸板盖着它以得到一适合的小源），一块玻璃，一张桌子，一个硬纸板箱或某种可测量你眼睛位置的东西，以及一块单一的偏振片．把那块玻璃平放在桌上并观看灯泡的反射．（你将看到两种反射，一个是从前表面来的，另一个是从后表面来的．如果你希望的话，可以把玻璃的后表面喷上黑漆以消去从后表面来的反射．）改变角度，直至偏振片揭示出反射光是全偏振的为止．测量适当的距离，并由布儒斯特角公式 $\tan\theta_B = n$ 得出折射率．用这个简陋的装置，你不能测得比几度更准确的角度，因而你可能不能以此区别玻璃的还是光滑水表面的布儒斯特角．

8.26 玻璃的镜式反射光的相位关系（课外实验）．我们现在来证实图 8.8 中所示的那种关系．除了在桌面上的玻璃和光之间我们放上一片其易透射轴对水平方向转过 45°的偏振片外，实验装置一如课外实验 8.25．（建议：为方便支撑起见，在显微镜承物片上放一小块未硬化的油灰或镶玻璃用的混合物，并把偏振片的角粘在油灰里．显微镜承物片可用作反射光的玻璃表面．）

假定你的眼睛在显微镜承物片上透过一块偏振片反过来观看灯泡，偏振片的易透射轴是从“上右角到下左角．”在你改变承物片或灯泡位置以改变入射角时，一直检验反射光的偏振．你将发现接近垂直入射时，反射光的偏振是沿“上左到下右”的．当你移动承物片并趋近于布儒斯特角时，偏振保持为线性，但将向水平方向转动．在布儒斯特角时它变成水平的，然后当你越过布儒斯特角变为掠入射时，它继续沿同一方向转动，亦即它变成“下左到上右．”于是，在从垂直入射变到掠入射时，如图 8.8 所预示，偏振转动了 90°．（在垂直入射时，两个分量是同样好地被反射，这必然是如此，因为，就像通常所说的，它们不知道哪一个是哪一个．因此，偏振是在 45°角处．在掠入射时，两个分量几乎完全反射，故它们同样好地被反射，因而偏振是在 45°角处．）有趣的是，在这整个实验里偏振保持线性．这意味着，在入射面的那些分量和与它垂直的平面内的那些分量之间没有引进 0°或 180°以外的相位移动．因而，入射波在被反射时总是经历一个纯波阻负载．那正是我们对透明介质的反射所期待的结果．

8.27 角动量守恒（课外实验）．垂直入射的反射把右旋圆偏振光改为左旋圆偏振光．（当你注视镜子中你的右手时，它看来像一只左手．）掠入射会怎样呢？在反射后手征是相同的呢，还是反过来呢？用图 8.8 预计一下答案．

（a）现在做这个实验．（把你的四分之一波片和一个偏振片用塞璐玢带粘在一起以造成一个圆起偏振镜．使你的圆起偏振镜倒向工作以作为一个检偏振镜．必须查明你所制造的圆偏振镜相对于在光具箱内那个圆起偏镜的手征．）在掠入射时，你的手看起来像什么？“你必定怀疑用强度测量能作出涉及符号即相位的预言”，这个富有“哲理性”的说法意味着什么？这一陈述与你在镜子内看到的你的手的方式有何关系呢？

(b) 用线偏振做类似的实验. 用一块偏振片作“右上”线偏振光. 在掠入射时观察它的反射. 反射光是“右上”的还是“右下”的？如果你观察沿着“右上”的一支铅笔的像，它的像看起来是怎样的呢？是“右上”还是“右下”？与上一“哲学”陈述有何关系？

8.28 相位在金属反射中的变化（课外实验）. 实验装置与课外实验8.26类似，但不用玻璃，而用任何的平坦而发亮的金属板，例如餐刀或厨房菜刀的不锈钢刀面，或任何镀铬或镀银的物体.（不要用一面普通的镜子，即有后表面的玻璃，它不行.）你将需要两块偏振片和一个四分之一波片. 首先证实 ∥（平行）或 ⊥（垂直）的（即相对于入射面是平行或垂直的）线偏振光在反射时保持它的偏振.（这类似于延迟板对偏振平行或垂直于光轴的线偏振光的作用，偏振不受任何影响.）其次，使入射光与入射面成45°作线偏振. 这样选定入射角，如果灯泡比桌面高0.3 m，小刀就离灯泡约1 m. 现在用你的偏振片或四分之一波片（或使你的带有或不带有半波片的圆起偏振镜倒向工作，用作一个检偏振镜）检验反射光. 你将发现偏振是椭圆的. 改变入射角，你能够找到一点，在其上反射光的偏振几乎是完全圆偏振的. 如果你现在从45°起再把起偏振的偏振片倾斜5°或10°，向垂直方向倾斜易轴以使得平行分量略有增加，你可以得到完全圆偏振的反射光.（为抵消平行分量不像垂直分量那样完全反射，这一略微的倾斜是必要的.）

从易透射轴的“右上”方向到“左上”方向转动起偏振的偏振片，使反射光的手征反过来.

下面是这个现象的一个定性解释. 金属是波抗性介质. 入射光的两个偏振分量几乎是整个地被反射的. 有一个与场穿透波抗性介质到约一个指数衰减距离（在平均意义上）然后再转向返回来所要求的时间相对应的相移. 由于下述原因，平行和垂直的偏振分量的相位移动不同. 垂直分量平行于表面；电子在平行于表面的方向上自由运动，它们的运动抵消了入射辐射，时间推迟和相位移动是由电子的惯性引起的. 因而垂直分量具有一个由这一时间推迟引起的相位移动. 现在考虑平行分量. 在接近垂直入射时，平行分量几乎平行于表面，因而它的行为类似于垂直分量，相位推迟与垂直分量相同. 在反射时两个分量除由穿透引起的相位移动而外，都得到了一个负号. 因而入射的“右上”（如从金属反射体反过来观察灯泡时所见）偏振经反射后变成了“左上”偏振. 但是，现在假定我们不是近垂直入射，故电场的平行分量并不平行于表面，我们能够把它再分解为平行于表面的分量和垂直于表面的分量. 平行于表面的分量继续按通常的方式行动，并如前述经历一个相位推迟；但垂直于表面的分量的行为却按完全不同的方式进行：电荷不能自由地在垂直于表面的方向上运动. 表面获得了一层表面电荷，而且这些电荷很快趋于静止．对于垂直于表面的运动，由于运动是如此之小，因而由平行于表面运动的电子的惯性引起的时间推迟不存在．因此平行分量的这一部分的反射时间推迟可以忽略．

要使这个解释很完整，我们必须能够计算每一分量的相位推迟，并看一下它是如何依赖于入射角的．那是困难的．

8.29 旋光性．假定你让线偏振光透过一长度为 $L$ 的卡罗玉米糖浆，并发现当 $L=5$ cm 时，红光转了45°．现在让这个经过糖浆的光从一面镜子反射回来，并让它反向通过糖浆，因此总长度是10 cm．（如果你做这个实验，反射角不正好是180°，那么可透过“实糖浆”和“像糖浆”二者观看“灯泡的像”．为了控制实验，你可以移动你的头以便单独透过“像糖浆”观察．）问题：经过两次透射后，线偏振是与原来方向成0°呢还是90°？

8.30 找你的四分之一波片的快轴（课外实验）．已知你的圆起偏振镜造成左旋光（按光学螺旋常规；或按角动量常规是右旋光）．找出你的四分之一波片的快轴．（你一旦找到它，可在它上面划一刻痕或粘一片胶带．）

8.31 莎纶包装纸分子的有效弹簧常量（课外实验）．拉伸一张莎纶包装纸，把它放在偏振片后面，并使它和偏振片快轴成45°．不要拉得太厉害，我们不希望有超过 $\pi/2$ 的相对相移．现在确定一下椭圆偏振光的手征．你可以用你的圆超偏振镜和半波片做这件事．当你了解了手征后，你就知道了拉伸的轴是慢轴还是快轴．假定拉伸使分子的长线度沿拉伸方向排列成线，现在你能推想出沿分子的长方向折射率是更大还是更小．大折射率意味着大的介电常数，表示有大的分子极化率，弱的有效弹簧常量（只要光的频率小于在分子中电子的有效自然振动频率，这正是可见光在玻璃中的情况．在我们这里，可假定也是这种情况．）这样一来，若（例如）结果表明拉伸轴为慢轴，它表示对于沿着分子振动的有效弹簧常量小于对于垂直于分子振动的有效弹簧常量．实验的结果是什么？

8.32 冰洲石（方解石晶体）（课外实验）．取一大块（2.5 cm左右的厚度）好的冰洲石．（在任何矿石或玉石店中可看到．）在纸上画一黑铅笔点，把晶体放在纸面上，通过晶体看这个点，你将看到两个黑点．现在隔一个线性起偏振镜看这两个点．它们每一个都是100%偏振的！在你观看两个黑点时，绕一竖直轴转动晶体．这时一个点转动，而另一个不动！这个非常的点具有沿着光轴的 $\boldsymbol{E}$ 矢量，它就是移动的那一个点．现在用你的两只眼睛和你对深度的感觉去决定两个点中哪一个更靠近你．用一片玻璃或画一张草图（或用一个水缸，例如养鱼缸）使你自己相信，当通过折射率 $n$ 大于1的物质看时，物体看起来更近些．更靠近你因而有更大的折射率的是非常的点还是寻常的点呢？你的实验结果和8.4节中表8.1的折射率相符合吗？把铅笔作为空间中的标记，并在垂直入射处向下看，证明寻常的点没有横位移．于是，垂直进入表面以后连续垂直于表面，而且垂直于表面透出的光线是寻常光线．非常光线不垂直于表面行进．用时间反演的论据证明，一条离开实点并在表面上垂直入射的非常光线必然以垂直入射离开射出表面，即使它倾斜地在晶体内行进也是如此.（对晶体在纸上的任何取向，顶面和底面都是平行的.）非常光线是弯曲企图变得更加平行于光轴呢，还是它企图变得更加垂直呢？（想想折射率.）非常光线的折射的物理解释如下. 把入射的非常光线的 $\boldsymbol{E}$ 分解为沿光轴的分量和垂直分量. 对于 $\boldsymbol{E}$，沿着这两个方向的折射率是不同的，因而极化率也不同. 于是，受驱动电子的振荡振幅是不同的，因而它们不辐射相同的数量.（或者，一个运动分量不辐射和另一个分量相同的量.）当你叠加由于电子的这两个运动分量引起的辐射场时，它们给出一个在一"斜的"方向行进的波. 你们现在所要做的全部事情，就是搞清楚光线是以哪种方式倾斜的. 这个结果和你的实验观察符合吗？

8.33 北欧人的航海. 在高纬度处（指北极圈以内），磁罗盘不再可靠了. 太阳也很难用于航海，甚至在中午它也可能低于地平线. 航线上的驾驶员有时靠一个"曙暮光罗盘"导航，它根据蓝天偏振随方向的变化把低于地平线的太阳的位置定下来. 这个罗盘有一个偏振片. 某些天然的晶体具有类似于偏振片的性质，一种这样的物质是电气石，另一种是堇青石. 当通过一堇青石晶体观察线偏振光时，偏振沿易透射轴时晶体是透明的（具有淡黄色），偏振与易透射轴成90°时晶体是暗蓝色的. 这种物质称为"二向色"物质.

九世纪的北欧海盗既没有罗盘也没有偏振片可供作航海导航. 晚上他们用恒星. 白天，当太阳不被云层遮蔽时他们用太阳. 根据古代斯堪的纳维亚的传说，北欧的航海者采用的是不可思议的"太阳石"，甚至当太阳被挡在云层后面时，也总是能够定出太阳位置. 这种"太阳石"是什么？长时期以来一直是个谜. 这个谜可能已经被一个丹麦考古学家（他了解这些北欧人）和一个十岁的小孩（他了解曙暮光罗盘. 他的父亲是斯堪的纳维亚航线系统的航海者的头头）解决了. 在考古月刊上考古学家陀奇尔德·兰斯科（Thorkild Ramskou）写道："……但它看来可能是一种仪器，它在多云的天气里能指明太阳在何处." 那个孩子读到了这些话，他听起来这种东西就像是曙暮光罗盘. 孩子的父亲，约根·詹逊（Jorgen Jensen）把这个意见交给了兰斯科. 兰斯科和丹麦王室珠宝商搜集和试验了在斯堪的纳维亚找到的不同的二向色晶体. 结果最好的"太阳石"是堇青石. 兰斯科发现，他能把太阳定位到 ±2.5°，并追踪太阳直至它比水平线低 7°.

下面是这个问题：根据1967年7月14日出版的《时代》（*Time*）杂志第58页上的说法，古代斯堪的纳维亚传说中不管天气怎样，太阳位置永远可以被不可思议的"太阳石"所确定. 你相信这种说法吗？试解释之.

8.34 偏振"投影算符". 如果把一个其易透射轴沿 $\hat{x}$ 的线偏振片放在一个包含有所有各种偏振的混合光束内，偏振片吸收所有不具有沿 $\hat{x}$ 线偏振的光. 在起偏振镜后面有一个"输出"，为沿 $\hat{x}$ 线偏振的光所组成. 我们称这块偏振片为一"投影算符"，它把 $\hat{x}$ 偏振无损耗地（略去小反射）"投影出来"，并把它传递到它的输出端．注意，这个“$x$投影算符”可以向前工作的也可以是向后工作的，亦即偏振片的每个面都可以用作输入端．现在考虑一片圆起偏振镜，它由一线性起偏振镜（输入端）粘在一个四分之一波片上组成，四分之一波片的光轴与偏振片的易透射轴成45°角．这个起偏振镜输出（例如）右旋光，但它吸收任何右旋入射光的一半．如果使它向后工作，它通过入射右旋光而吸收左旋光．但当它通过入射在四分之一波片面上的右旋光时，它把它作为线偏振光送出偏振片面外，因而它不是我们称为偏振投影算符的东西．这里是习题：发明圆偏振投影算符，一个是对左旋光的，一个是对右旋光的．右旋投影算符应无损耗地（略去小量反射）透射入射右旋光，并应作为右旋光输出它．它应吸收左旋光．问题：你的圆偏振投影算符是可逆的吗？你能把每一面用作输入端吗？

8.35　炫目的光的消除（课外实验）．假定你希望通过一个玻璃窗照手电筒，使它照明窗外远处的某些东西．你怎样才能摆脱讨厌的从玻璃作镜式反射的光使人炫目呢？假定不是这样，而是你在晚上用手电筒光束照明，企图通过雨看某些东西．用以消除玻璃炫目的光的办法也能用来消除从雨滴反射光的刺眼吗？假定不用可见光，你用同一天线系统发射和吸收10 cm微波，即用雷达，你如何能在两根沿$x$和$y$取向的天线中安排相位关系，以消去从雨滴反射的炫目的光？

8.36　透明塑料的颜色（课外实验）．找一片具有两个光泽面的透明塑料，例如一个塑料的冰箱盘子或其他容器．在入射角是45°或差不多是45°时，观看天空的镜式反射．你看到颜色了吗？（在底下放暗的布或纸，以减小背景反射．）在你眼睛前面放一个偏振片以提高效果．解释颜色的来源．

# 第 9 章　干涉和衍射

# 第 9 章　干涉和衍射

## 9.1　引言

到目前为止，我们的讨论主要是一维的，其意义是，从一个地方发射的一列波只能通过一条路径到达另一个地方. 现在我们将讨论一些情况，其中从一个发射源到达探测器，可有几条不同的路径. 这导致所谓干涉或衍射现象，这些现象是由于所取路径不同而有不同相移的波引起了相长叠加和相消叠加而产生的.

在 9.2 节中，我们讨论具有同一频率和一个恒定相位关系的两个点源所发射的波在一个探测器上的叠加. 例子是用两个螺钉头轻轻抖动一盆水的表面所发出的水波，或是用一个线源或点源照明的在两条缝的边缘中感应电流所发射的光（课外实验 9.18），或是由同一声频振荡器驱动的两个扬声器所发出的声波.

在 9.3 节中我们讨论两个“独立”源之间的干涉，“独立”源是指我们不能把它们的相位控制得保持有确定关系的源. 我们发现干涉图样只在数量级为 $(\Delta\nu)^{-1}$ 的时间间隔内保持不变，其中 $\Delta\nu$ 是源的频率带宽. 然而，借助于足够快的测量，人们能够确定这种干涉图样.

在 9.4 节中我们求出，当源为多个独立的发射部分所组成，而且探测器是对长的时间间隔［即比 $(\Delta\nu)^{-1}$ 长］作平均时，源的大小在什么限度内能与点源相似，其行为仍类似于点源. 其结果可在一个很容易的课外实验（课外实验 9.20）中验证. 另一个课外实验（课外实验 9.21）演示了洛埃镜的相干性.

在 9.5 节中，我们粗略地推导出一个结果：空间宽度为 $D$ 的一束光相对于它行进的主要方向会有一个角发散（“宽度”），数量级为 $\Delta\theta \approx \lambda/D$. 这一事实在数学上是和宽度为 $\Delta t$ 的时间脉冲具有一个数量级为 $(\Delta t)^{-1}$ 的频宽这一事实（由傅里叶分析理论）有关的.

在 9.6 节中我们用惠更斯作图法求出单缝或多缝的干涉图样，着重点是光学现象和电学现象. 那里有几个课外实验，涉及衍射光栅和各种不同的衍射图样. 做这些实验，学生们最好有一个“指示灯”，即一个有透明玻璃壳和一根大约 7.5 cm 长的直灯丝的灯泡（在许多杂货店或铁器店中可买到）. 大多数实验可用一个这样的灯泡作为线光源.

在 9.7 节中我们研究所谓“几何”光学. 我们首先从光的波动性质推出镜面反射定律和斯涅耳折射定律. 然后我们讨论各种不同的反射镜、棱镜和薄透镜.

## 9.2　两个相干点源之间的干涉

**相干源**　包含有干涉的最简单的情况是两个完全相同的点源处在不同的位置上. 它们中的每一个都向一个开阔的均匀介质中发射同一频率的简谐行波. 若每一个源都有一个完全确定的频率（不是有一个主要的频率和一个有限的频带宽），则这两个源之间的相对相位（即它们之间的相位常数之差）不随时间而改变. 这时我们说这两个源是相干的.（即使它们有不同的频率，只要每一个都是单色的，它们也是"相干的"，因为它们的相对相位总是完全确定的.）若每一个源都有同样的主要频率且每一个都有一个有限的带宽 $\Delta\nu$，那么，若这些源是"独立"的，两个源的相对相位将只在数量级为 $(\Delta\nu)^{-1}$ 的时间内保持不变. 另一方面，两个源彼此之间在相位上可以是"锁住"的，因为它们是被一个共同的驱动力所驱动. 在这种情况下，即使每一个源的相位常数将在一种不受控制的方式下在时间 $(\Delta\nu)^{-1}$ 内移动一个数量级为 $2\pi$ 的相位（其中 $\Delta\nu$ 是共同驱动力的带宽），相对相位仍将保持不变. 于是，这些源仍称为相干源，即使它们不是单色的.

作为两个相干波源的例子，考虑接触着水面的两根杆. 如果这两根杆在竖直振动中受到相同的驱动，它们在水上产生表面张力波. 因为它们被一个共同的源所驱动，这两根杆的相对相位不变. 作为两个相干源的另一个例子，考虑两个全同的无线电天线. 它们被同一个振荡器以不变的相对相位驱动. 即使振荡器不是完全单色的，这两个天线电流的相对相位仍保持不变. 作为两个相干可见光源的例子，考虑在一个不透明的屏上有两个小洞或两条平行狭缝，而在屏的一侧由远距离"点"光源照明的情况. 在缝的边沿上，由点源发射的电磁辐射（光）的电场感生了电流. 于是这两个缝就被称为相干光源. 如图 9.1 所示.

在所有这些例子里，我们需要一个能对波起响应的探测器. 在水的表面张力波的情况下，我们可以用一块浮在水面上的很小的软木，软木的竖直位移能被测量出来. 在无线电波的情况下，我们可以用接收天线、谐振电路和示波器所组成的探测器. 在可见光的情况下，我们可以用我们的眼睛，或者照相乳胶，或者能测量输出电流的光电倍增管. 在任何情况下，探测器都感受到一个总的波，这总的波是分别从两个源来的两个波的线性叠加.

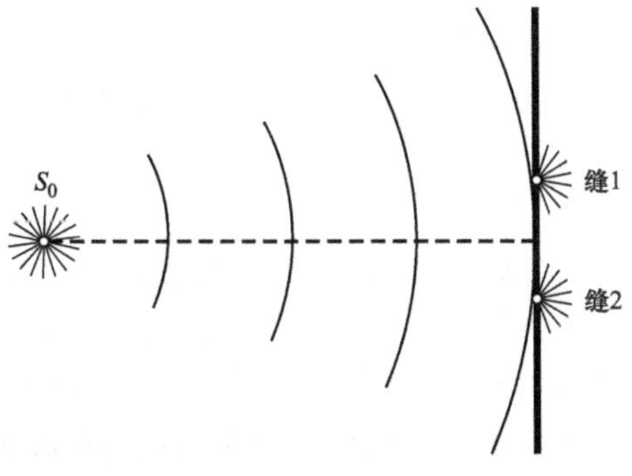


图 9.1　两个相干光源. 在缝 1 和缝 2 边上的电流是被点源 $S_0$ 发射的入射波所驱动. $S_0$ 的相位常数可以漂移或突然变化，但缝电流的相对相位保持不变

**相长和相消干涉**　对探测器的某些

位置，当一个源所发出的波峰（或波谷）到达时，总是同时有另一个源所发出的波峰（或波谷）到达．这样的位置称为一个相长干涉区或称为一个干涉极大区．在另外的一些位置，一个源的波峰到达时总是同时有另一个源的波谷到达，因而我们就有一个相消干涉区或一个干涉极小的区域．因为（按照假定）这两个源保持一个不变的相对相位，一个区域若在一给定时间为一相长干涉区，它将总是相长干涉区；同样，一个区域在一给定时间如果是一个相消干涉区，它在所有时间内总保持为相消干涉区．

**干涉图样** 由不同的干涉极大区或极小区组成的图样称为干涉图样．即使波是行波，干涉图样在刚才指出的意义上仍是驻定的．注意，即使把驱动两条天线的振荡器关闭一下，再以一个新的相位常数重新打开它，天线电流的相对相位仍保持不变．与此类似，若关上再打开驱动两条缝的点源，缝的电流仍保持不变的相对相位，从而干涉图样不变．另一方面，若使点源这样移动，以使它以不同的数量改变它和第一个缝及和第二个缝之间的距离，感生电流的相对相位将改变，干涉极大和极小的位置将改变，亦即干涉图样将改变．与此类似，如果我们在无线电振荡器和天线之一当中插入一个推迟电缆，从而改变天线电流的相对相位，在这种情况下这将改变干涉图样．

**近场和远场** 在我们将要考虑的大多数情况下，探测器和两个源之间的距离远大于两个源之间的距离．于是我们称探测器是在源的远场处．我们一般常考虑远场，因为我们能做出使问题简化的几何近似．只要我们关心的是距离对波幅的影响，我们就能说两个全同的源基本上是在和探测器相同的距离上．在这种情况下，只要源是全同的，每一个源都将贡献一个行波，两个行波的振幅基本上相同．

所以，在探测器的一个给定位置上（通常称为场点 $P$），总波函数对时间的依赖关系可由两个简谐振荡的叠加给出，这两个振荡具有相同的频率和振幅，但（一般地）有不同相位常数．（在一给定场点上）这两个相位常数依赖于两个振荡源的相位常数，也依赖于各个源和场点之间的波长数目．如果从场点 $P$ 到一个源之间的距离等于到另一个源之间的距离，或者它们只差一个波长的整数倍，而且，若两源的振动是同相的，则 $P$ 是在干涉极大处，而且它的简谐振动的振幅为每一个源单独存在时的振幅的两倍．（若这两个源的振动相位相差180°，$P$ 是在干涉节点上，振幅为零．）如果从场点 $P$ 到一个源的距离超过从它到另一个源的距离 $(1/2)\lambda$（加上波长的任意整数倍），且如果这两个源的振动同相，则 $P$ 处在干涉节点上并且具有零振幅．这里含有一个近似，即认为两个源各自贡献的振幅严格相等，虽然事实上，它们会由于对场点的距离稍有不同而有微小的差异，而且振幅随距离而下降．因此，在干涉极小处的振幅一般并不严格为零．

能用在远场中的第二个重要的简化假定是这样一种近似，即从源1到场点 $P$ 的方向与源2到 $P$ 的方向近似平行．当我们（在下面）计算两个点源的干涉图样时，我们将利用这个近似．我们现在给出一个近似的判据，它有助于决定在一给定情况下用远场近似是否恰当．我们考虑一个场点 $P$，从这个 $P$ 点到源 1 的方向垂直于源 1 和源 2 的连线．（见图 9. 2.）当我们能够认为源 2 到 $P$ 的方向平行于源 1 到 $P$ 的方向时，远场近似就可适用．在这种情况下，我们能认为两个波对 $P$ 点贡献的相对相位实质上是和两个源的相对相位相同（按图 9. 2 的几何安排）．若从源 2 到 $P$ 的距离 $L_{2P}$超过距离 $L_{1P}$半波长（或更多），这个近似就严重地破坏了，因为当这两个源同相时，两个波对 $P$ 点贡献的相位就差 180°（或更大）．

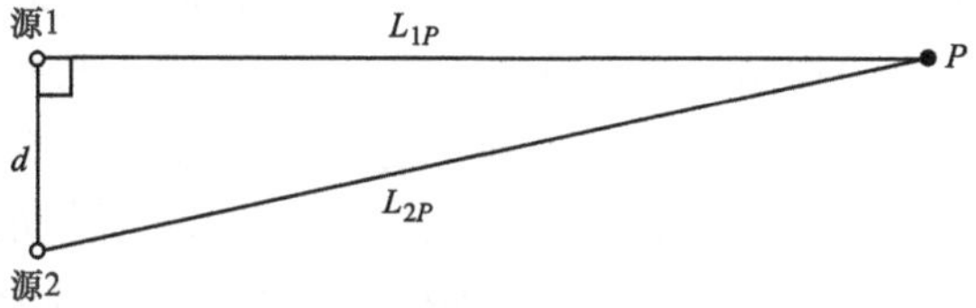


图 9. 2　远场．如果对如图所示的位形，$L_{2P}$超过 $L_{1P}$的值远小于一个波长，则在 $P$ 点的探测器是处在两个源的远场中

**近和远之间的“边界”**　让我们粗略地定义源和场点之间的“边界距离” $L_0$，使得当 $L_{1P}$和 $L_{2P}$远大于 $L_0$ 时，远场近似就是个好的近似．于是 $L_0$ 是远场区域和近场区域之间的边界．对边界距离 $L_0$ 的自然选择是当 $L_{2P}$准确地比 $L_{1P}$大半个波长时的 $L_{1P}$．对于这个近似的边界，我们得到一个近似的表达式如下：根据图 9. 2，我们有（准确地）

$$L_{2P}^2 = L_{1P}^2 + d^2,$$

即

$$L_{2P}^2 - L_{1P}^2 = (L_{2P} - L_{1P})(L_{2P} + L_{1P}) = d^2.$$

但是，对于我们有关的情况，$L_{2P}$和 $L_{1P}$彼此近似相等，且都基本等于 $L_0$，而 $L_{2P}$比 $L_{1P}$大$\frac{1}{2}\lambda$：

$$d^2 = (L_{2P} - L_{1P})(L_{2P} + L_{1P}) \approx \left(\frac{1}{2}\lambda\right)(L_0 + L_0).$$

于是我们得到一个粗略的判据，当场点 $P$ 与这些源的距离远大于 $L_0$，而 $L_0$ 满足关系式

$$\boxed{L_0\lambda \approx d^2} \tag{1}$$

时，我们就能认为满足远场近似是合理的．

**用一个会聚透镜来得到远场干涉图样**　你们将从实验上研究可见光的双缝干涉图样．（见课外实验 9. 18.）如图 9. 1 那样产生两个相干源．一个典型的两缝间距是 1/2 mm．我们来计算一下为满足双缝的远场条件，在下游处的场点必须离开这些缝多远．以 $\lambda = 5\ 000$ Å 和 $d = 1/2$ mm 代入式（1），我们得到

$$L_0 \approx \frac{d^2}{\lambda} = \frac{(0.5 \times 10^{-1}\ \text{cm})^2}{5.0 \times 10^{-5}\ \text{cm}} = 50\ \text{cm}.$$

于是人们预期或许离开缝 $10L_0 \approx 5$ m 处就应该是远场. 但这是不方便的，也是不必要的；下面说明我们怎样能把你的探测器就摆在双缝之前而得到一个远场图样：探测器是你的眼睛，它主要包含一个光敏的表面（网膜）和一个透镜.（我们将在9.7节中研究透镜.）这透镜有一个可变焦距，它随着眼球的调节肌肉的张弛而变化. 当你注视一个远距离的物体时，调节肌肉松弛（对一只正常的眼睛而言），于是透镜弯成这样的形状，使得从一个远距离点源发出的接触到透镜表面不同部分的光线都聚焦在视网膜上.（如果透镜的折射率或是太强或是太弱，这些光线将不在视网膜上聚焦，远距离的物体就变得模糊不清.）由于这个源是远距离的，这些光线几乎是平行的. 但这个（调节肌肉松弛了的）同一透镜将使任何平行光线在视网膜上聚焦，不管它们是否从一个"远距离点源"发出. 透镜的聚焦作用如图9.3所示. 结果是（正像在9.7节中要证明的那样）虽然从源1到 $P$（在图9.3中）的真正距离小于从源2到 $P$ 的距离，但波长数目是相等的. 由于从 $S_1$ 到 $P$ 经过透镜中的路径长度较大，而在透镜中的波长又比在空气中短，所以这个结果是可能的. 点 $P$"从效果上看"是在无穷远处，其意义是，在离开源1和源2的如图所示的平行光线经过相同数目的波长达到探测点 $P$. 因此点 $P$ 是处在一个干涉极大处（假定源1和源2的振动同相），其情况等同于整个区域都具有恒定的折射率，而 $P$ 处在右边无限远处.

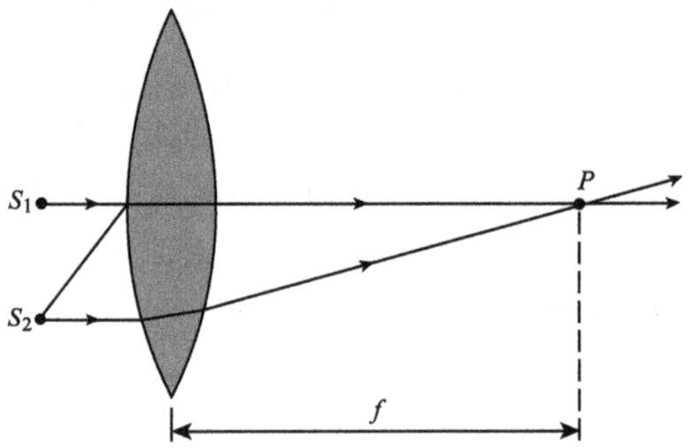


图9.3　会聚透镜. 从源1和源2射来的两平行光线在 $P$ 点聚焦，只要这两个源以同一相位常数振荡就行. 对厚度比焦距小的透镜，透镜中心到焦点 $P$ 的距离叫作焦距 $f$

从现在起，我们将假定 $P$ 是在源1和源2的远场处，这或是由于 $P$ 实际上离开源很远，或是由于我们用了一个透镜，使它"等效地"离开源很远.

**远场干涉图样**　图9.4表示在一个远场点 $P$ 处探测两个发射电磁波的点源的情况. 我们将只去看一个平面上的干涉图样，这个平面包含两个源和场点 $P$. 我们的结果也适用于两个"线"源（在光的情况下，由两条缝组成），或两根无限长电天线，或水中的表面波.

**主极大**　当从源1和源2到场点 $P$ 的距离 $r_1$ 和 $r_2$ 远大于源间距离 $d$ 时，沿着从两个源到点 $P$ 的视线的两条光线接近平行，如图所示，二者和 $z$ 轴的夹角实际上相同，都是 $\theta$. 在此情况下，路径差 $r_2 - r_1$ 实际上等于 $d\sin\theta$. 于是，若两源振动同相，当 $d\sin\theta = 0$，$\pm\lambda$，$\pm 2\lambda$ 等时，$P$ 处在相长干涉区. 在 $\theta = 0$ 处的干涉极大称为主极大或零级极大. 在两边的第一个极大值，即在 $d\sin\theta$ 为 $\pm\lambda$ 处，称为第一级极大，如此类推. 相消干涉区域，在那里总波恒为零，称为节点. 它们出现在当

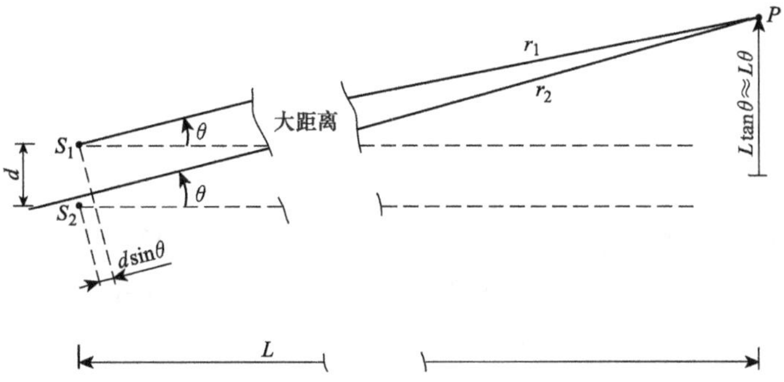


图 9.4　在远场点 $P$ 处探测两个点源所发射的波

路径差 $d\sin\theta$ 为 $\pm\frac{1}{2}\lambda$，$\pm\frac{3}{2}\lambda$ 等的角度处.

现在我们假定，两个源除相位可以不同外，都做同样的简谐“振动”，按此假定推导出在 $P$ 点的总电场的表达式. 我们将想象这是两个振动的点电荷的源. 我们考虑一个单一偏振分量，且取它垂直于从源到点 $P$ 的视线的两个独立方向中的任一方向. 我们无须指明偏振的特征，因为所得到的这些结果与这种或那种（或任何其他种）偏振（例如左旋圆偏振或右旋圆偏振）无关. 然而，为具体起见，我们考虑线偏振分量沿 $\hat{\boldsymbol{y}}$ 的情况，这里 $\hat{\boldsymbol{y}}$ 垂直于图 9.4 的平面. 于是，点电荷 1 和 2 的运动具有 $y$ 分量:

$$\begin{cases} y_1(t) = y_0\cos(\omega t + \varphi_1), \\ y_2(t) = y_0\cos(\omega t + \varphi_2). \end{cases} \tag{2}$$

场点 $P$ 位于由图 9.4 给出的角 $\theta$ 和距离 $r$ 处，这里我们取 $r$ 等于 $r_1$ 和 $r_2$ 的平均值 (即我们选坐标的原点在两个源的当中). 在场点 $P$ 处由早些时的推迟运动 $y_1(t_1')$ 所产生的辐射场 $E_1(t)$ 为

$$\begin{aligned} E_1(t) &= -\frac{q\,\ddot{y}_1(t_1')}{4\pi\varepsilon_0 r_1 c^2} \\ &= \frac{\omega^2 q y_0\cos(\omega t_1' + \varphi_1)}{4\pi\varepsilon_0 r_1 c^2}. \end{aligned} \tag{3}$$

由 $y_2(t_2')$ 产生的辐射场 $E_2(t)$ 由类似的表达式给出. 在远场近似下，我们取 $r_1$ 和 $r_2$ 都等于平均距离 $r$:

$$r \equiv \frac{1}{2}(r_1 + r_2), \tag{4}$$

$$\begin{cases} E_1(t) = A(r)\cos(\omega t_1' + \varphi_1), \\ E_2(t) = A(r)\cos(\omega t_2' + \varphi_2), \end{cases} \tag{5}$$

$$A(r) \equiv \frac{\omega^2 q y_0}{4\pi\varepsilon_0 r c^2}. \tag{6}$$

在更迟的时间 $t$ 探测到的辐射的发射时间 $t'_1$ 和 $t'_2$ 为

$$\begin{cases}\omega t'_1 = \omega\left(t - \dfrac{r_1}{c}\right) = \omega t - kr_1, \\ \omega t'_2 = \omega\left(t - \dfrac{r_2}{c}\right) = \omega t - kr_2.\end{cases} \tag{7}$$

**由路程差产生的相对相位** 因为路程差 $r_2 - r_1$ 依赖于角度 $\theta$，所以在 $P$ 点两个波的相对相位依赖于 $\theta$. 正是这个相对相位随角度的变化给出了干涉图样. 这个由路程差产生的相对相位是重要的，因而我们给它一个符号 $\Delta\varphi$：

$$\begin{aligned}\Delta\varphi &= \omega t'_1 - \omega t'_2 \\ &= k(r_2 - r_1) \\ &= k(d\sin\theta) \\ &= 2\pi\frac{d\sin\theta}{\lambda},\end{aligned} \tag{8}$$

其中 $d\sin\theta$ 是路程差，如图9.4所示. 式（8）中所有各行的表示在数学上都是等价的，但它们相应于不同的图像，它们中的每一个都应该独立地去研究. 在第一行，我们认为是发射时间不同；在最后一行，我们认为相位差是 $2\pi$ 乘以路程差中的波长的数目；在第二和第三行，我们认为它是每单位距离相位的弧度数（波数 $k$）乘以路程差. 除了用式（8）给出的 $\Delta\varphi$ 外，当然还有两个源振动的相位差 $\varphi_1 - \varphi_2$.

在 $P$ 点的总场 $E$ 是 $E_1$ 和 $E_2$ 的叠加：

$$\begin{aligned}E(r,\theta,t) &= E_1 + E_2 \\ &= A(r)\cos(\omega t'_1 + \varphi_1) + A(r)\cos(\omega t'_2 + \varphi_2) \\ &= A(r)\cos(\omega t + \varphi_1 - kr_1) + \\ &\quad A(r)\cos(\omega t + \varphi_2 - kr_2).\end{aligned} \tag{9}$$

**“平均”行波** 我们也可不把 $E$ 表示为两个从源1和源2出射的球面行波的叠加，而把它表示为一个单个的“平均”出射球面行波，这个波的振幅被调制为传播方向 $\theta$ 的函数，而其相位常数是两个源的相位常数 $\varphi_1$ 和 $\varphi_2$ 的平均值. 为表明这一点，我们利用三角函数恒等式

$$\begin{aligned}\cos a + \cos b &= \cos\left[\frac{1}{2}(a+b) + \frac{1}{2}(a-b)\right] + \\ &\quad \cos\left[\frac{1}{2}(a+b) - \frac{1}{2}(a-b)\right] \\ &= 2\cos\frac{1}{2}(a+b)\cos\frac{1}{2}(a-b),\end{aligned}$$

令其中

$$a = \omega t + \varphi_1 - kr_1$$
$$b = \omega t + \varphi_2 - kr_2.$$

于是

$$\frac{1}{2}(a+b)=\omega t+\frac{1}{2}(\varphi_1+\varphi_2)-k\cdot\frac{1}{2}(r_1+r_2)$$
$$=\omega t+\varphi_{平均}-kr, \tag{10}$$
$$\frac{1}{2}(a-b)=\frac{1}{2}(\varphi_1-\varphi_2)-\frac{1}{2}k(r_1-r_2)$$
$$=\frac{1}{2}(\varphi_1-\varphi_2)+\frac{1}{2}\Delta\varphi. \tag{11}$$

从而式（9）变为

$$E(r,\theta,t)=\left\{2A(r)\cos\left[\frac{1}{2}(\varphi_1-\varphi_2)+\frac{1}{2}\Delta\varphi\right]\right\}\cos(\omega t+\varphi_{平均}-kr)$$
$$=A(r,\theta)\cos(\omega t+\varphi_{平均}-kr), \tag{12}$$

其振幅 $A(r,\theta)$ 由下式给出：

$$A(r,\theta)=2A(r)\cos\left[\frac{1}{2}(\varphi_1-\varphi_2)+\frac{1}{2}\Delta\varphi\right],$$
$$\Delta\varphi=k(r_2-r_1)=2\pi\frac{d\sin\theta}{\lambda}. \tag{13}$$

**光子通量** 在场点 $P$ 的光子通量正比于时间平均的能流通量 $\langle S\rangle$. 如果像我们刚考虑的那样，我们只有沿 $\hat{\boldsymbol{y}}$ 的单个偏振分量，则能流通量为

$$\langle S\rangle=\frac{1}{\mu_0 c}\langle \boldsymbol{E}^2\rangle, \tag{14}$$

而

$$\boldsymbol{E}=\hat{\boldsymbol{y}}E(r,\theta,t). \tag{15}$$

于是

$$\langle \boldsymbol{E}^2\rangle=\langle[A(r,\theta)\cos(\omega t+\varphi_{平均}-kr)]^2\rangle$$
$$=\frac{1}{2}A^2(r,\theta), \tag{16}$$

其中

$$A^2(r,\theta)=\left\{2A(r)\cos\left[\frac{1}{2}(\varphi_1-\varphi_2)+\frac{1}{2}\Delta\varphi\right]\right\}^2. \tag{17}$$

**双缝干涉图样** 让我们令 $r$ 不变，注视光子通量随角度 $\theta$ 的变化. 根据式（14）~式（17），我们有［称光子通量为 $I(\theta)$］：

$$I(\theta)=I_{\max}\cos^2\left[\frac{1}{2}(\varphi_1-\varphi_2)+\frac{1}{2}\Delta\varphi\right]. \tag{18}$$

按照式（18），强度随相对相位之半的余弦的平方而变化，这里的相对相位部分是振动源的，部分是由路程差对角度的依赖而产生的.

**同相振动源** 若 $\varphi_1$ 和 $\varphi_2$ 相等，双缝（或两个点源）图样对角度的依赖关

系是

$$I(\theta)=I_{\max}\cos^2\frac{1}{2}\Delta\varphi \tag{19}$$

$$=I_{\max}\cos^2\left(\pi\frac{d\sin\theta}{\lambda}\right).$$

图9.5所示为两个源相距为许多个波长（$d>>\lambda$）的假定下，在$\theta=0$附近的区域的角分布，这个假定使当$\theta$仍然很小时，$I(\theta)$也经过了许多极大值和极小值．这使得我们能够作一个图，在其中在同一个小的区域（$\theta=0$附近）里画出几个极大值和极小值.

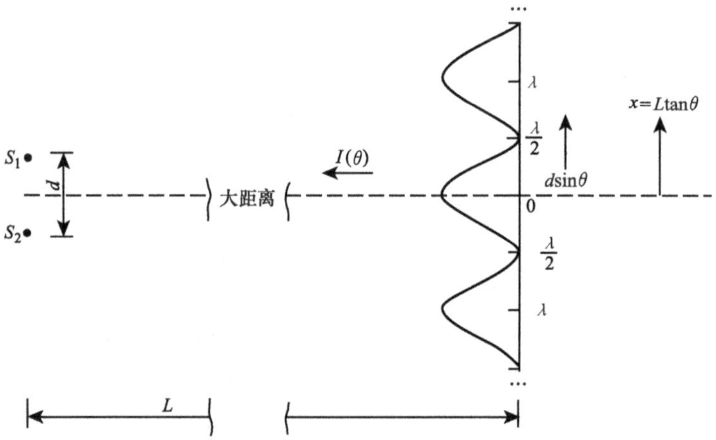


图9.5　两个同相振动源的叠加强度．间距$d$远大于$\lambda$

**异相振动源**　若$\varphi_1$和$\varphi_2$相位差为$\pm\pi$，则它们的相位差的一半是$\pm\frac{1}{2}\pi$，于是式（18）给出

$$I(\theta)=I_{\max}\sin^2\frac{1}{2}\Delta\varphi$$

$$=I_{\max}\sin^2\frac{\pi d\sin\theta}{\lambda}. \tag{20}$$

在图9.6中我们画出当$d$是许多个波长时，$\theta=0$附近的情况，以使在近$\theta=0$处$I(\theta)$出现几个极大.

**近$\theta=0°$处的干涉图样**　当你用双缝观察一个线光源时，通常不能准确地说出$\theta=0$发生在什么地方．故图9.5和图9.6包含的信息比通常可得到的信息更多（最低限度在课外实验里如此）．重要的信息是相继的极大之间的角度间隔或在一个探测屏（例如，它可以是你的网膜）上相应的空间间隔．在图9.5和图9.6中，相继极大对应于路程差增加一个波长，亦即$d\sin\theta$增加一个量$\lambda$．对近于0°的$\theta$，我们可以用$\alpha$角近似$\sin\theta\approx\theta$．于是相继的极大之间的角度间隔是$\lambda/d$ rad．我们称

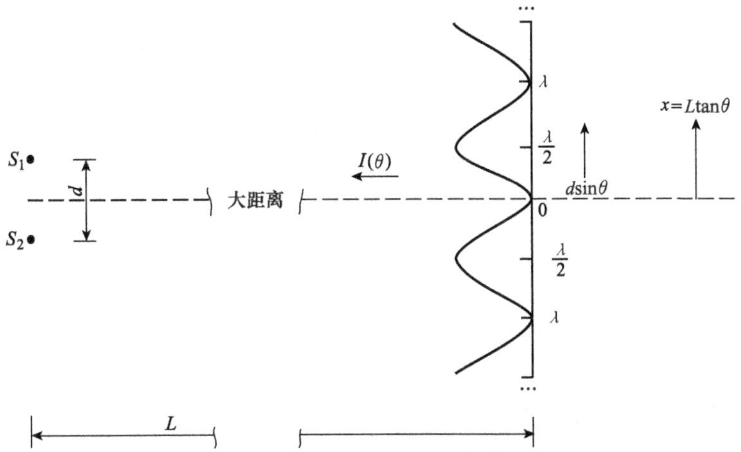


图 9.6　两个相位差 180°的异相振动源的叠加强度

它为角间隔 $\theta_0$：

$$\theta_0 \approx \frac{\lambda}{d}. \tag{21}$$

让我们称相继极大间的相应的空间距离为 $x_0$．按图 9.5 或图 9.6，当 $\theta$ 近于 0°时，$x_0$ 是距离 $L$ 乘 $\theta_0$：

$$x_0 \approx L\theta_D \approx L\frac{\lambda}{d}. \tag{22}$$

**能量守恒**　若源 2 被关上，$P$ 点的电场只由源 1 给出：

$$E = E_1 = A(r)\cos(\omega t + \varphi_1 - kr_1). \tag{23}$$

于是光子通量正比于

$$\begin{aligned}\langle E_1^2\rangle &= A^2(r)\langle\cos^2(\omega t+\varphi_1-kr_1)\rangle\\ &= \frac{1}{2}A^2(r),\end{aligned} \tag{24}$$

它与 $\theta$ 无关．类似地，如果只开启源 2，光子通量正比于

$$\langle E_2^2\rangle - \frac{1}{2}A^2(r). \tag{25}$$

当同时开启两个源时，光子通量正比（比例常数同上）于

$$\begin{aligned}\langle E^2\rangle &= \langle(E_1+E_2)^2\rangle\\ &= \frac{1}{2}A^2(r,\theta)\\ &= \frac{1}{2}\left\{2A(r)\cos\left[\frac{1}{2}(\varphi_1-\varphi_2)+\frac{1}{2}\Delta\varphi\right]\right\}^2\\ &= A^2(r)\cdot 2\cos^2\left[\frac{1}{2}(\varphi_1-\varphi_2)+\frac{1}{2}\Delta\varphi\right].\end{aligned}$$

利用式（24）和式（25），我们把上式写成

$$\langle E^2 \rangle = [\langle E_1^2 \rangle + \langle E_2^2 \rangle] 2\cos^2\left[\frac{1}{2}(\varphi_1 - \varphi_2) + \frac{1}{2}\Delta\varphi\right], \tag{26}$$

其中

$$\Delta\varphi = 2\pi d \sin\theta / \lambda. \tag{27}$$

即当两个源都开启时，能流通量是角调制因子

$$2\cos^2\left[\frac{1}{2}(\varphi_1 - \varphi_2) + \frac{1}{2}\Delta\varphi\right]$$

乘以由每一个源的单独作用所产生的流量之和．若在 $\theta = 0°$ 和 $\theta = 360°$ 间有许多极大值和极小值，角调制因子为零和2的次数相等，因而它的平均值为1．为产生许多极大值和极小值，两个源间的距离必须为很多个波长．于是我们看出，当两个源的距离为许多个波长时，发射的总能量（在所示图的平面上）正好等于这两个源独立存在时所给出的能量之和．这是合理的．

**一加一等于四**　然而，我们来考虑两个源十分靠近的情况．令它们之间的距离 $d$ 远小于一个波长．如果源是同相的，式（26）和式（27）给出

$$\langle E^2 \rangle \approx 2[\langle E_1^2 \rangle + \langle E_2^2 \rangle]. \tag{28}$$

于是，总能量值不是两个源独立给出的能量值之和，而是这个和的两倍．这可能看起来很奇怪．是否它破坏了能量守恒呢？不．这里问题的意义在于，当另一个源就放在它的上面（并同相振动）时，每一个源发射的能量是它单独振动时的两倍．为什么能这样呢？我们曾规定用与距离 $d$ 无关的式（2）描述每一个源的运动．输出的能量加倍，并不是由于每一个源的运动改变，而是由于每一个源感受到的阻抗已经加倍了．这是为什么？这是因为由辐射场加于一根天线中的电子的阻尼力（以两个射电天线为例）并不完全是这根天线辐射的场所产生的，而是这根天线的辐射场所产生的力再加上另一天线正在发射的场所产生的力．由于这两个电流同相（按假设），而且这两根天线非常接近，加于一根天线中电子的净阻力将两倍于另一天线不存在时的情况下的阻力．为保持原来的速度，动力供应必须是两倍，于是我们得到由动力供应提供的两倍的功．由于这对于每根天线都成立，这就是在总能量发射中增加两倍的原因．

**一加一等于零**　如果两个源的振荡相位差180°，并且一根天线几乎放在另一根上面，你将得到总波幅几乎是零．在一根天线刚好在另一根上面的极限情况下，根据式（20），输出为零．动力供应不做功，没有能量辐射出去．由一根天线发射的场推动另一根天线中的电子，从而有帮助振荡器的作用．在两天线的间距为零的极限情况下，两根天线中的电子彼此互相推动，从而无须振荡器的推动．于是，能量从一根天线到另一根天线传送，再反过来，就成了一个“封闭”系统．这样，天线就成为振荡器共振回路的一部分，动力供应只需补充天线阻尼产生的损耗．辐射阻尼——特征阻抗——已变为零．

## 9.3 两个独立源之间的干涉

**独立源和相干时间** 假定两个源中的每一个都有主角频率 $\omega_0$ 和带宽 $\Delta\omega$. 再进一步假定这两个源是独立的. 就是说，它们不是被一个共同的驱动力所驱动. 于是，没有任何条件使它们准确地保持同相. 在两根无线电天线的情况下，每根天线都是分别由一个振荡器和动力供应驱动的. 在可见光源的情况下，有两个独立的源，每个源来自不同的原子. 例如，我们可以用一个由玻璃管内的气体放电所构成的水银蒸气灯，这个玻璃管被一个不透明的外套所包围，而外套上开有两个小洞或缝. 每一个小洞被不同的气体原子所照明. 或者，也可以在一个普通灯泡前面放一不透明的材料并在其上挖出两个小洞或缝.（为了有一个相当的频带，可在两缝的前面放一个红颜色胶质滤波片.）

假定频带宽 $\Delta\nu$ 远小于主频率 $\nu_0$. 于是在时间间隔 $(\Delta\nu)^{-1}$ 中，在频率 $\nu_0$ 处就有许多振动. 时间间隔 $(\Delta\nu)^{-1}$ 是相干时间 $t_{相干}$，这是在频带的两极值处为得到相位差约 $2\pi$ 的频率分量所要求的时间间隔. 若 $t_{相干}$ 规定为

$$\Delta\omega \cdot t_{相干} \approx 2\pi, \tag{29}$$

我们看到 $t_{相干}$ 是 $2\pi/\Delta\omega$，亦即 $t_{相干}$ 是 $(\Delta\nu)^{-1}$. 对小于 $(\Delta\nu)^{-1}$ 的时间间隔，我们能够想象两个源的相对相位实际上保持不变. [因为我们假定 $\nu_0(\Delta\nu)^{-1}$ 很大，在这样一个时间间隔里可能有许多振动.]

**“不相干”和干涉** 让我们只考虑两源之间的距离 $d$ 远大于波长 $\lambda$ 的情况. 于是当两个源的相对相位为零时出现的干涉图样类似图 9.5. 而当相对相位为 180°时出现的干涉图样则类似于图 9.6. 若相对相位在 0 和 180°之间，干涉图样处在图 9.5 和图 9.6 所示的之间.

如果所用探测器需要一个长的时间才能探测在一给定位置的强度，例如眼睛（它的分辨时间约 1/20 s），则时间平均强度对 $\theta$ 的图将表明与 $\theta$ 无关，因为当时间远比 $(\Delta\nu)^{-1}$ 长时，干涉图样将取处在图 9.5 和图 9.6 两个极端之间的所有状态，而 $d\sin\theta$ 的每一个值都已经受相同的时间平均强度. 于是人们可以说这两个点源是“不相干”的. 时间平均的能流通量（光子通量）就正好是人们从每一个源单独存在时得到的通量之和. 由于在测量过程中要对长时间做平均，干涉图样被“冲掉”了. 这个事实可用代数表达出来，只要注意到：如果在相对相位 $\varphi_1-\varphi_2$ 取所有可能值，而让在 0 到 $2\pi$ 中间的每一个小的相对相位的间隔耗费的时间大致相同，则 2.9 节的式 (26) 就给出 $\langle E^2\rangle \approx \langle E_1^2\rangle + \langle E_2^2\rangle$，并与 $\theta$ 无关. 这可从对固定的 $\Delta\varphi$ 且对 $\varphi_1-\varphi_2$ 从 0 到 $2\pi$ 均匀分布时的

$$\left\langle \cos^2\left[\frac{1}{2}(\varphi_1-\varphi_2)+\frac{1}{2}\Delta\varphi\right]\right\rangle = \frac{1}{2} \tag{30}$$

推出.

显而易见，没有“内禀的”不相干源．“不相干性”只是一个测量过程的结果，如果具有观察可与（$\Delta\nu$）$^{-1}$相比较或小于（$\Delta\nu$）$^{-1}$的时间的技术，在衍射图样本来可以得到一些信息，但是测量把这些信息扔掉了．对于可见光，相干时间数量级是 $10^{-9}\sim10^{-8}$ s（对在气体放电管中由独立辐射原子组成的源来说），因此，必须采用某些实验技巧在图样变化之前测量干涉图样．布朗和特威斯在一个非常漂亮的实验中做到了这一点．⊖

**布朗和特威斯实验** 使得布朗和特威斯能在一个小于 $10^{-8}$s 的时间内有效地“读出”干涉图样的方法如下：在 $x$（如图 9.5 和图 9.6 所示）的不同值处用两个光电倍增管，且使距离 $x_1-x_2$ 可以改变．一个光电倍增管的输出电流 $I_1$ 被另一个的输出电流 $I_2$ 所倍增，它们均在一快速电路中，这个电路能跟上数量级为 $10^{-8}$ s 的时间内发生的电流涨落．（换句话说，这个快速电路具有 100 MHz 的带宽．）乘积 $I_1I_2$ 被“瞬时”确定，亦即在时间间隔为 $10^{-8}$s 中确定，但这个乘积的平均值 $\langle I_1I_2\rangle$ 是对一个长达几分钟的时间间隔中取平均的．两个光电倍增管之间的距离 $x_1-x_2$ 可变，而电流乘积的时间平均值是对每一个间隔距离作出的．最后，画出时间平均乘积对 $x_1-x_2$ 的图．现在，在每一个光电倍增管中的瞬时电流正比于光能的通量，亦即正比于在那个光电倍增管处的 $I(\theta)$．我们首先考虑距离 $x_1-x_2$ 是零的情况，因而每个光电倍增管经受同样的瞬时光通量．让我们对两个电流的乘积作一个很粗略的平均．让 $I(\theta)$ 只取在图 9.7 中所标明的 $a$，$b$，$c$，$d$ 点的值．以名称 $a$，$b$，$c$，$d$ 称呼相应的电流，并给它们以这样的单位，使得 $a=0$，$b=1/2$，$c=1$ 和 $d=1/2$．对“瞬间”（间隔约为 $10^{-8}$ s）的 1/4，PM1（光电倍增管 $I$）有相应于 $a$ 的电流 $I_1$．同时，因为 PM2 和 PM1 在同一地点，所以 $I_2$ 也等于 $a$．在干涉图样的移动中，时间过去 1/4，每一个光电倍增管都有相应于 $b$ 的电流；再过去时间的 1/4，相应于 $c$；再过去时间的 1/4，相应于 $d$．于是对于 $x_2=x_1$ 的两个电流乘积的时间平均值（在粗略的近似下）为

$$\begin{aligned}(I_1I_2)_{\text{平均}}&=\frac{1}{4}(aa+bb+cc+dd)\\&=\frac{1}{4}\left(0\times0+\frac{1}{2}\times\frac{1}{2}+1\times1+\frac{1}{2}\times\frac{1}{2}\right)\\&=\frac{3}{8}.\end{aligned}\tag{31}$$

现在让我们来求出当间隔距离 $x_1-x_2$ 是在一个“瞬时”的干涉极大和与它相邻的极小值之间，亦即当它是 $x_0$ 的一半时，$I_1I_2$ 的平均值，这里 $x_0$（见图 9.7）是瞬时双缝干涉图样中相继的极大值之间的距离．［$x_0$ 由 9.2 节中的式（22）给

⊖ R. H. Brown 和 R. O. Twiss：“The Question of Correlation between Photons in Coherent Light Rays”，*Nature* **178**，1447（1956）．更近的实验用激光器见 R. Pfleegor 和 L. Mandel：“Interference of Independent Photon Bcams” *Phys. Rev.*，**159**，1084（1967）．

出.] 若 $x_2 - x_1 = \frac{1}{2}x_0$，则在 PM1 具有电流 $a$ 的时刻，PM2（见图 9.7）有电流 $c$. 当 PM1 的电流为 $b$ 时，PM2 的电流为 $d$，其余类推. 因而，PM1 的四个代表性电流 $a$，$b$，$c$，$d$ 的时间平均值为

$$(I_1 I_2)_{平均} = \frac{1}{4}(ac + bd + ca + db)$$

$$= \frac{1}{4}\left(0 \times 1 + \frac{1}{2} \times \frac{1}{2} + 1 \times 0 + \frac{1}{2} \times \frac{1}{2}\right) = \frac{1}{8}. \tag{32}$$

我们看到，当 $x_2 - x_1$ 为零时，$(I_1 I_2)_{平均}$ 比当 $x_2 - x_1$ 是瞬时图样两相继极大值之间距离的一半时大 3 倍. 于是我们看到，画出 $(I_1 I_2)_{平均}$ 对 $x_2 - x_1$ 的图将能确定相对相位

$$\Delta\varphi = 2\pi d \sin\theta / \lambda.$$

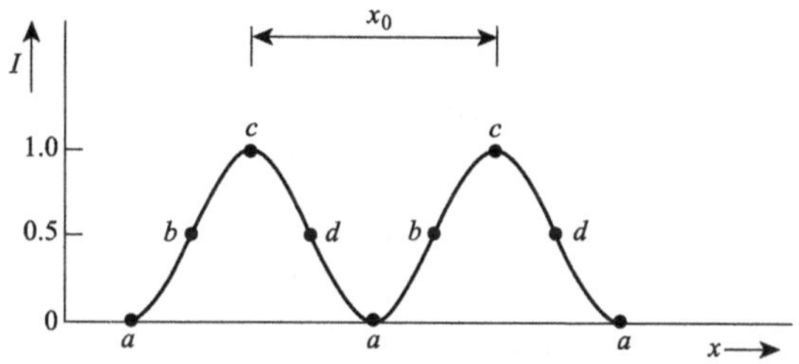

图 9.7　在给定"时刻"的强度对 $x$ 的关系，持续时间间隔小于 $(\Delta\nu)^{-1}$

布朗和特威斯技术的关键是：在乘积 $I_1 I_2$ 中，每个电流只在数量级为 $10^{-8}$ s 的时间中做平均，而在这个时间里电流基本上不变. $\langle I_1 I_2 \rangle$ 在几分钟的时间间隔取平均，恰好就是对几十个相干时间（譬如说 $10^{-6}$ s）取平均所得的结果.（对更长的时间取平均是为了使光电倍增管的噪声平均掉，也还有其他实验上的理由.）另一方面，由于每个光电倍增管在平均时间内对整个干涉图样取样，乘积 $\langle I_1 \rangle \langle I_2 \rangle$ 与 $x_1 - x_2$ 无关. 必须做的事，是要找出哪些 $x_1 - x_2$ 距离相应于当 $I_2$ 大时 $I_1$ 也大和当 $I_2$ 小时 $I_1$ 也小（像当 $x_1 - x_2$ 是零时）的情况，以及找出哪些距离相应于当 $I_2$ 大时 $I_1$ 小和反过来的情况.

用光子的说法，我们发现，在 $x_1 = x_2$ 的条件下，当光电倍增管 1 "新近"（在 $10^{-8}$ s 以内）探测到一个光子时，在光电倍增管 2 中探测到一个光子的概率大于平均值；而在 $x_1 - x_2 = \frac{1}{2}x_0$ 时，它小于平均值. 用很粗略的和"半经典的"话来讲，例如，如果我们有一个强度相当于约 100 个光子的波和另一个强度也相当于约 100 个光子的波相互干扰，而且这两列波碰巧在空间上重叠，它们的叠加能给出相当于 400 个光子的总强度（完全相长干涉）或零的总强度（完全相消干涉）. 这在实验上（用布朗和特威斯技术）是可以和波列永不重叠，因而通常近似地永远有 100 + 100≈200 个光子的情况相区别的. 从这种表达方式显而易见，这个实验之所以可以做出，是因为有一个强光源（以增加两个光子波列之间重叠的机会）及具有窄带宽的光子［因为波列的长度实际上等于 $c$ 乘以平均衰变时间 $\tau$（即 $c/\Delta\nu$），而长

波列意味着有更多的机会重叠].

## 9.4 一个“点”光源能有多大?

图9.1中示出人们如何能从一个“点”光源辐射到一个不透明的屏的两条缝上而得到两个相干光源（两个相对相位保持不变的源）. 另一方面，如果源是这样宽大，以致一个缝主要被一组原子照明，而另一个缝被另一组独立的原子照明，则这两个缝就会是完全不相干的，亦即它们的相位是互不关联的[对于比 $(\Delta\nu)^{-1}$ 更长的测量时间来说]. 这两个极端如图9.8所示.

**经典点源** 我们能得到的最近似的点源是一个单个原子. 根据经典图像，这个原子在所有方向辐射电磁波，并且在图9.8a中以相同的相位驱动两缝的电流.（量子理论给出在效果上相同的结果.）一个实际的光源将有巨大数目的辐射原子. 若它们全部都准确地处在同一点上，我们就有一个点源.（它甚至比单个真正原子更像一个经典点源.）但在任何实际的源中，原子是处在一个有限大小的区域内. 一个仍能被看成“有效”点源的光源（就是说，在被这个“点”源照射的双缝中，两缝的电流仍保持恒定的相对相位）能有多大呢?

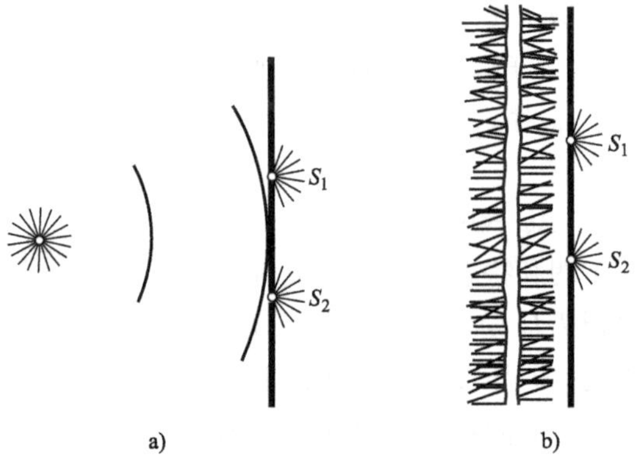


图9.8 a）源1和源2是由一个点源驱动的，且保持恒定相对相位. 它们是相干的. b）源1和源2是由不同的相互独立的两组原子的辐射驱动的. 当测量时间比 $(\Delta\nu)^{-1}$ 长得多时，它们是不相干的

**简单的扩展源** 让我们考虑一个十分简单的不是点源的源. 它包含三个独立的点源 $a$，$b$，$c$，它们的主频率、带宽和平均强度都相同，排列如图9.9所示. 假定开始时只开启点源 $a$. 于是缝1和缝2以相同的相对相位（在图中它们是零）被驱动，且对任何时间间隔都相干. 然后再开启 $c$. 源 $c$ 是一个与源 $a$ 具有同样频率和带宽的光源，但与源 $a$ 的相位没有相互关系，故 $c$ 和 $a$ 对远比 $(\Delta\nu)^{-1}$ 长的时间不能保持恒定的相对相位. 尽管如此，由于源 $c$ 正像源 $a$ 那样以零的相对相位驱动两缝的电流，缝1和缝2的相对相位在所有时间内都仍保持为零. 缝的电流可以认为是由两个源产生的电流的叠加，若每个源在两个缝电流之间贡献的相对相位为零，则叠加后也是零. 于是我们得出结论：我们能沿着 $a$ 和 $c$ 的连线扩展点源而不破坏缝1和缝2的相干性.

现在考虑将源 $a$ 和 $b$ 均开启（而 $c$ 关上）的情况. 源 $a$ 和 $b$ 是具有相同的主频

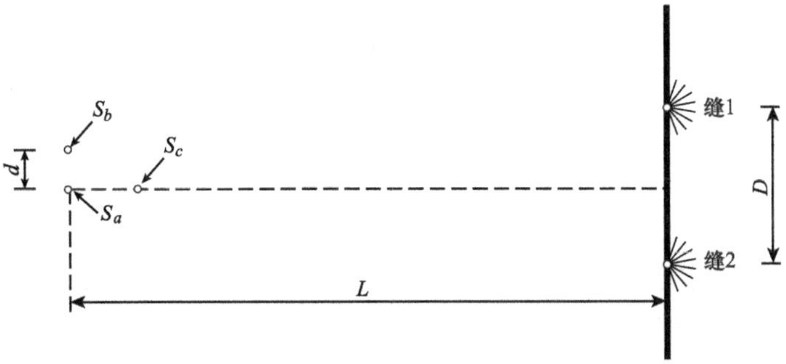


图 9.9　相干性. 缝 1 和缝 2 由三个独立源 $a$, $b$ 及 $c$ 所驱动. 为使缝 1 和缝 2 相干，这三个源必须合并成一个点吗

率和带宽以及相同平均强度的独立源. 在任何远比 $(\Delta\nu)^{-1}$ 更短的时间间隔内，每一个源的振幅和相位保持不变. 假定在一个给定时刻（一个时刻的意思是这样一个时间间隔，它比相干时间 $(\Delta\nu)^{-1}$ 短，但又长到足够具有至少一个完全的快速振动，这样我们才能讲出振幅和相位是什么意思)，$b$ 的振幅凑巧比 $a$ 小得多. 于是可以相当好地近似认为两个缝只被 $a$ 照射，因而两缝电流具有零的相对相位. 现在让我们等待一个比源 $a$ 和源 $b$ 的相干时间更长的时间，再来看看. 假定这次的情况是 $a$ 和 $b$ 振动的振幅几乎相等. 在这种情况下，这个带有两条缝的屏就被两源干涉图样所照射，像我们在图 9.5 ~ 图 9.7 中所看到的那样. 极大和极小的位置依赖于源 $a$ 和源 $b$ 的相对相位. 这里重要的问题是，两个缝（1 和 2）是否仍按零相对相位被驱动. 我们知道，当我们从一个相干极大到下一个时，干涉图样的振幅改变正负号. [据 9.2 节式（13），振幅 $A(r,\theta)$ 正比于 $\frac{1}{2}(\varphi_1-\varphi_2)+\pi d\sin\theta/\lambda$ 的余弦. 当 $d\sin\theta$ 增加一个量 $\lambda$，正像在两个相继的干涉极大之间时那样，它变号.] 我们看出，只有当它们的距离远小于两源相干图样的相继干涉极大的距离 $x_0$ 时，两个缝的驱动才在大部分时间内是零相对相位的.（甚至当缝非常接近时，也可以出现照射它们的两个源的图样的零落在两个缝之间的情况，在这种情况下，它们的驱动相位相差 180°. 可是，当两缝越接近在一起时，出现这种情况的时间所占的比例就越来越小.）于是我们要求

$$D \ll x_0, \tag{33}$$

这里 $x_0$ 是两个相继极大之间的空间距离，根据 9.2 节，它由式（22）给出

$$x_0 = L\frac{\lambda}{d}. \tag{34}$$

**相干条件**　这样，在满足相干条件

$$D \ll \frac{L\lambda}{d}, \tag{35}$$

即

$$d \ll \frac{L\lambda}{D}, \tag{36}$$

即

$$L \gg \frac{dD}{\lambda} \tag{37}$$

的情况下，包含点 $a$，$b$ 和 $c$ 的“扩展源”可视为一个有效点源. 这些公式中用哪种形式最合适，决定于什么参数是在实验上可变动的. [你能用一个很容易的课外实验证实式（37）. 在那个实验中 $L$ 是变数. （见课外实验 9.20.）] 记住相干条件的最容易的方法是记住下述形式：

$$\boxed{dD \ll L\lambda,} \tag{38}$$

它说明两个横宽度 $d$ 和 $D$ 的乘积必须小于两个纵长度 $L$ 和 $\lambda$ 的乘积.

若源是由在 $a$ 和 $b$ 之间的大量数目的点所组成，以致这个源具有宽度 $d$，那么，如果式（38）可用到端点 $a$ 和 $b$，便也可用到整个源（即如果相距为 $d$ 的 $a$，$b$ 相干，则相距比 $d$ 更小的点源也是相干的）. 与此类似，在我们（以后）考虑屏上有几个或多个缝，而不只是有两个缝时，相干条件式（38）能用于整个一系列缝，只要取最外两缝之间的距离为 $D$.

## 9.5 一个“束”行波的角宽度

一个行波“束”是在给定方向行进且具有一有限的横向宽度的多个波的图样. 在一抛物面反射镜的焦点上放一个小的电磁辐射源，就能造成一手电筒的可见光束或一雷达微波束. 这个小的源以刚好合适的相位关系驱动在反射镜的金属表面上的电子，使得从表面上的所有点反射的辐射沿束的方向相长干涉. 得到一个光束的另一方法，是使从一个小的或远距离的源（例如太阳）射来的光在一个小的平面镜上反射. 或者，我们也能用一个不透明屏上的一个洞来代替反射镜. 如果这个源距离足够远和足够小，入射到镜（或洞）上的辐射可近似地看成是平面波，即所有辐射都准确地朝同一方向行进的波. 于是镜子反射“平面波的一部分”. 与此类似，在抛物面镜焦点处的小源的情况，如果源足够小且镜子是理想抛物面，这个束（在一定近似下）就像一个都在同一方向行进的“平面波的一段”. 所有这些讨论对于声波和水波同样有效.

**波束的角宽度是受衍射限制的** 有一个有趣的和很重要的问题：人们能否借助非常精细的设计造成一束波，刚好像平面波的一个“截面段”？（其意义是说，所有波都准确地沿同一方向行进，因而我们有一个理想的以同样宽度一直连续前进的完全平行的波束.）不能. 在一理想抛物面的焦点上的点源无论多小，束中的辐射都不会是完全平行的. 如果“主”方向沿 $z$，而束的空间宽度（在一个给定 $z$ 值处，例如在反射镜上）为 $D$，则传播方向将有一个角分布，“在半极大强度处的全宽度”约为 $\lambda/D$.（我们将在下面证明这一点.）与此类似，如果我们有一个从远距离点源投射到宽度为 $D$ 的洞（或宽度为 $D$ 的镜）上的理想平面波，则透射束的角宽度约为 $\lambda/D$. 只有假定 $D$ 是无限大（或 $\lambda$ 是零），角宽度才为零. 我们说束的角宽度是受衍射限制的. 图 9.10 所示为某些束的例子. 注意，若束的原来宽度是 $D$，并且所有企图保持束尽可能平行的措施都已办到，在束行进了一大段距离 $L$ 后，宽度 $W$ 近似是原始宽度 $D$ 加上 $L$ 乘角全宽度 $\lambda/D$. 对足够大的 $L$，我们可略去原始宽度 $D$，因而有

角全宽度：
$$\boxed{\Delta\theta \approx \lambda/D,} \tag{39}$$

束宽度：
$$W \approx L\frac{\lambda}{D}. \tag{40}$$

图 9.10 中四个图的每一个都可用来或者表示声波、水波，或者表示电磁波（例如，波长 $5\times10^{-5}$ cm 的可见光，或波为 10 cm 的微波）.

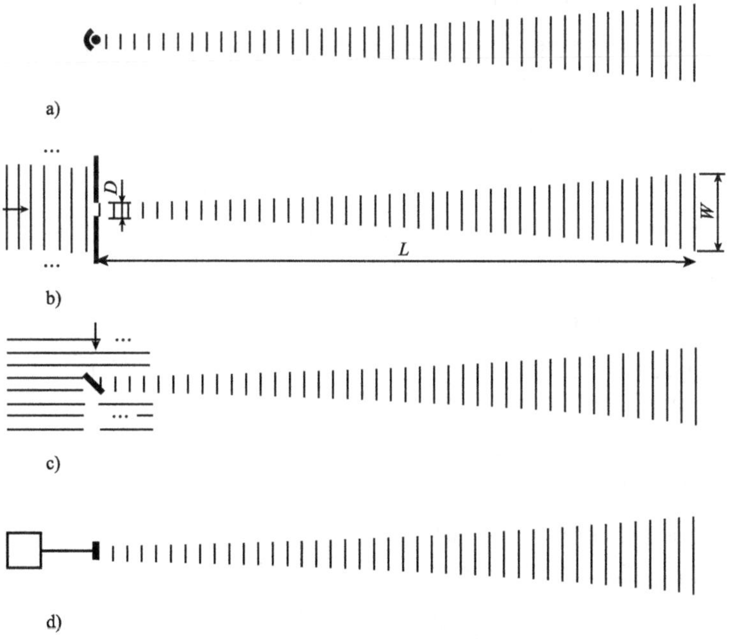


图 9.10　衍射. 宽度为 $D$ 的束具有角宽度 $\approx\lambda/D$，且在行进了距离 $L$ 时扩展了 $W\approx L\dfrac{\lambda}{D}$ 的数值

a）由点源和抛物面反射镜形成的束　b）由平面波射在不透明的屏的洞上形成的束
c）由平面波射在平面镜上形成的束　d）由所有部分同相振动的平面辐射器发射的束

**一个波束是一干涉极大**　这里有式（39）的一个粗略的推导：（在 9.6 节中将给出严格的推导.）所得的结果与波的种类无关，也与波是怎样产生的无关. 我们可以取最简单的源，它可以是在图 9.10d 中表示的那种平面辐射器. 对于声波，这

可以是在空气中的一个振动活塞. 对于电磁波，它可以是一个有限大小的电荷振动片，例如一个平面天线阵. 在任何情况下，整个辐射器是相干的. 那就是说，所有“运动部分”彼此同相运动. [如果不是这种情况，角宽度将大于式 (39) 所给出的值. 在一个不相干辐射器的极限下，那就完全没有束.] 在束的主方向上，离辐射源足够远的场点基本上与辐射器的所有部分等距离. 因此，从辐射器所有部分来的波以同样的相位相加，我们得到一个相长干涉的极大. 这就是波束主方向的定义.（如果人们改变辐射器表面的相对相位，就能在不是垂直于辐射器表面的方向上“驾驭”这个束. 这正是图 9.10c 出现的情况，这里入射波的不同相位驱动与入射波倾斜 45°角的镜子的不同部分，因而最大相长干涉区——反射束的方向——不垂直于镜子，但是它却满足“镜式反射”定律.）

**束的角宽度**　在不完全处在波束方向上的远距离的场点上，不具有完全相长干涉. 为了看清在干涉图样的什么地方有第一个零值，我们把辐射器分成两半，顶部和底部. 近似地把辐射器看成两个相干点（或线）源，一个在顶部那一半的当中，另一个在底部那一半的当中. 这两个源的横向距离为$\frac{1}{2}D$. 当路径长度差是波长的一半时，即当$\frac{1}{2}D\sin\theta$是$\frac{1}{2}\lambda$时，出现第一个干涉零值（处在沿波束方向的主极大的这边或那边的第一个零值）. 对于小角度，取 $\sin\theta=\theta$，从而得到

$$\boxed{\text{到第一个零的半角宽度}=\lambda/D,}\tag{41}$$

如图 9.11 所示.

下一个极大出现在什么地方呢? 若图 9.11 中的点 1 和点 2 真正是点（或线）源，则下一个极大值就将出现在源 2 到场点的路径长度超过源 1 到场点的路径长度一个波长的地点. 的确，顶半部和底半部这时是同相的，但它们每一个的贡献都是零! 这是因为，如果把顶半部和底半部再分成两半，于是整个辐射器分成四个 1/4 部分，第一个 1/4 的贡献与第二个 1/4 的贡献因相位差 180°而相消，第三个与第四个相位也相差 180°从而相消. 因此，第一个次极大实际上不是出现在当我们把它分为相位差为 2π 的两部分贡献时（因为这样就有四个 1/4 的贡献，相继的两个 1/4 相位差为 π），而是出现在我们把辐射器分成三个 1/3，而相邻的 1/3 彼此间相位差 π 时. 三个中的两个彼此相消，但三个中的第三个保留着. 因而第一个次极大的振幅比主极大的振幅至少小一个因子 1/3（实际上

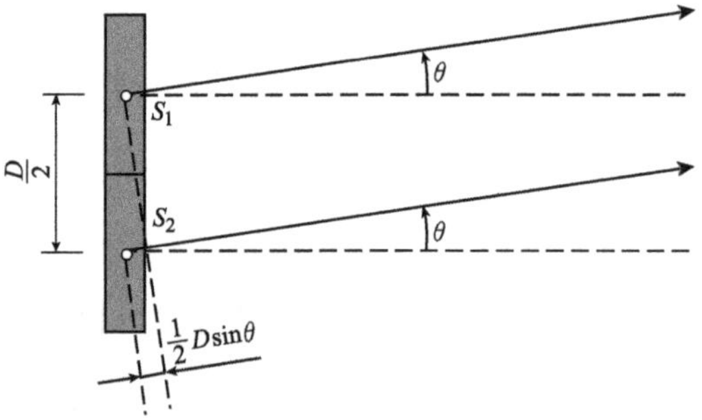


图 9.11　平面辐射器. 源 1 代表上半部的贡献，源 2 代表下半部的贡献

小得更多，因为留下来的1/3贡献的内部还有相差）. 我们看到，次极大比给出波束方向的中心极大有小得多的振幅. 当研究精确的图样时，将发现第一个零的半角宽度等于在约半极大强度处的全角宽度，它正是我们在式（39）中规定过的束的角宽度. 于是我们就粗略地导出了式（39）.（在9.6节的图9.14中给出精确结果.）

**应用：激光束与手电筒光束的对照**

假定有一个直径 $D=2$ mm、波长为6 000 Å 的受衍射限制的激光束，此束的直径在15m的距离处将增至多大？束的角展度是

$$\Delta\theta\approx\frac{\lambda}{D}=\frac{6\times10^{-5}\ \text{cm}}{0.2\ \text{cm}}=3\times10^{-4}\text{rad}.$$

角展度乘距离 $L=15\ \text{m}=1\ 500\ \text{cm}$ 给出空间展开 $W\approx(1\ 500\times3\times10^{-4})\text{cm}\approx0.5\ \text{cm}=5\ \text{mm}$.（这能很好地在教室中用激光演示出来.）如果你有一束在透镜的焦点处放上一个“点”灯丝形成的手电筒光，而且是直径为2 mm的“笔光”型的光束，那么，为使这个手电筒光束受衍射限制，灯丝必须是怎样小呢？若灯丝不是一个点，则灯丝的不同部分给出“独立”的光束. 结果，由灯丝的有限大小产生的角展度近似地为灯丝的宽度除以焦距 $f$：

$$\Delta\theta\approx\frac{\Delta x}{f}.$$

如果我们要求得到一个受衍射限制的（而不是受灯丝大小限制的）开始时宽度为2 mm的手电筒光束，则我们要求由灯丝产生的 $\Delta\theta$ 小于衍射宽度. 按上述计算，它约为 $3\times10^{-4}$ rad. 对于一束典型的“笔光”，灯丝离透镜约为0.5 cm，即 $f\approx0.5$ cm. 因此灯丝必须有的横向线度 $\Delta x$ 为

$$\Delta x<f\Delta\theta\approx[(0.5)(3\times10^{-4})]\text{cm}\approx1.5\times10^{-4}\ \text{cm}.$$

这样小的灯丝是很难做到的.

## 9.6 衍射和惠更斯原理

**干涉和衍射之间的区别** 在9.5节中我们讨论了受衍射限制的束的角宽度. 我们对一列无限平面波射到一个不透明的屏上的一个孔上（图9.10b）或射到一面镜子上（图9.10c）所产生的或者由一平面辐射器（图9.10b）发出的平面波所产生的衍射图样给出了一个粗略的推导. 在上几节中讨论了由两个点源或线源所产生的干涉图样. 干涉图样和衍射图样之间的不同是什么？实际上，并没有什么不同. 由于历史上的原因，由有限数目的分立的相干源的贡献叠加所产生的振幅和强度图样通常称为干涉图样. 由相干源的“连续”分布的贡献叠加所产生的振幅和强度图样通常称为衍射图样. 于是我们说，从两个狭缝来的是干涉图样，从一个宽缝来的是衍射图样，从两个宽缝来的是干涉和衍射图样的结合.

在9.5节中，我们假定一列平面波入射到屏上的一个孔（见图9.10b）所产生的受衍射限制的波束等价于与这个孔具有同样大小且所有部分都以相同的相位和振幅振动的平面辐射器（见图9.10d）所产生的衍射光束．在本节中我们将证实这种等价性．在这样做时，将发现这种等价性并不是严格的，但它是一个有用的近似，可使衍射图样计算大为简化．它只能在孔宽度远大于波长时成立．在那种情况下．它对计算发射到离束的方向不太大的角度上的辐射，因而对计算离这孔或等价的辐射器足够远的下游处的束流的强度和振幅，效果会是很好的．如果你希望了解孔本身内部的场，它就没有任何用处．利用这种假定的等价性所作的计算技巧，称为惠更斯作图法．我们将用它来计算当平面波（例如，由远距离点源产生的）射到一个不透明屏上的一个洞时所产生的衍射图样．

**一个不透明的屏是怎样工作的**　所有电磁辐射的最终起源都是振动的带电粒子．在任何给定点的总电（和磁）场，是由所有这些源即所有振动电荷所产生的波的叠加．在现在这个问题中，源中的一个是远距离的点源，它产生入射到屏上的平面波．我们称这个源为源 $S$．在不透明屏后面的总波幅为零（按假设，这正是不透明屏的意思）．这个总波是从 $S$ 来的波与从屏的物质中的振动电子发出的波的叠加．这就是说，这屏并不消灭从 $S$ 来的入射波．它的电子被入射的辐射驱动（同样也被屏中其他电子发出的辐射驱动），而所有这些波的叠加，即从 $S$ 和从所有这些电子射来的波的叠加，使屏后的场为零．如果你觉得这很奇怪，你可以回想一下在一个金属良导体内部静电场为什么是零．这导体并不是消灭外来的驱动场．那个场仍然在导体的内部，但电荷（在建立稳定平衡之前）在导体中移动并静止于表面上，直到最后面电荷的场与入射场的叠加给出在导体内的总场为零．所有电磁场都从荷电粒子而来，而在一个不透明屏后面的这样一个“零”场也是叠加的结果．

如果你把一个带电粒子的电力线想象为从这个点电荷以光速射出的一小束子弹流，你将会遇到麻烦．小子弹不服从叠加原理．它们不能毫无干扰地彼此通过．两粒子弹不能叠加出为零的子弹．用这个会使人误解的想象图像，你也许会把静电场中的一个金属导体的效果想象为一种“使子弹停止”的东西，就像一种盔甲一样．按照同样的思路，你也可以把一个对入射光不透明的屏不正确地想象为一种使光停止的盔甲，它把光消灭，转化为热（如果屏是黑色的）或使子弹反射回来（如果屏是亮的金属薄片）．这是一个坏的图像．不只是你可能有这种图像，还有别人也有，但它是错的，要抛弃它．

**亮的和黑的不透明屏**　各种不透明屏有两个极端．一个极端是一种亮而不透明的屏（如一片不透明的铝箔）．金属中的电子被局部（当地）的电场所驱动，结果它们发射电磁波．在前进方向（入射辐射的方向），入射波和从电子来的波叠加的结果为零．在反方向，它给出一个反射波．在没有任何共振时，一个给定电子的运动完全由弹性振幅产生，因此速度和在它的位置上的总电场相位相差90°，从而在任何一个完整周期中都没有功作用在电子上.（电子改变辐射能的方向，而且从长期看它不吸收任何能量.）

另一极端是黑的不透明屏.（例如黑卡片或一片涂上一层“胶体石墨”）（悬浮在水中的烟炱的显微镜承物片.）这里，电子也是被入射的辐射驱动的，它们也受到介质的阻力并经常按收尾速度运动. 在前进方向它们的辐射与入射辐射相位差180°，彼此叠加给出场为零的结果（经过足够厚的屏后）. 一个给定电子的速度永远是与在它位置上的总电力同相，结果对电子做净功. 对电子做的功转移给介质，使它变热. 没有净反射波：在反方向上屏中不同层的贡献的叠加为零.

**不透明屏上一个洞的影响** 我们在不透明的屏上开一个小洞（或缝）. 首先让我们标记要被移去的物质. 这个缝称为缝1，因而把这个要除去的物质标记为塞子1. 在塞子1上面的屏和下面的屏分别记为 $a$（上面）和 $b$（下面）. 在屏后的总场（它是零），就是由源 $S$ 和从 $a$、$b$ 和塞子1物质中辐射的场的叠加. 于是，在拿走缝1的物质之前，我们有

$$E=0=E_S+E_a+E_b+E_1. \tag{42}$$

这种情况如图9.12所示.

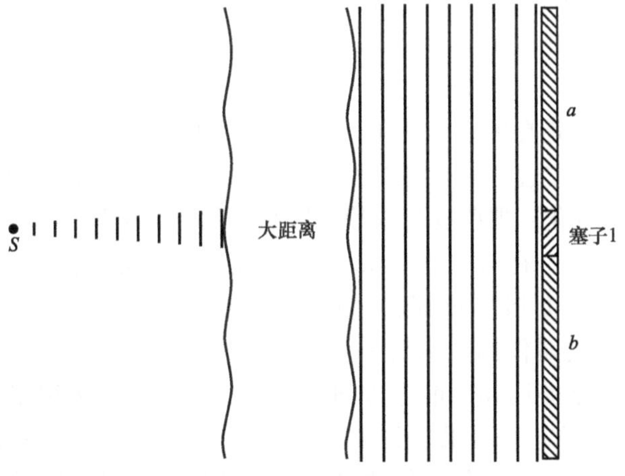


图9.12 从远距离点源来的平面波射到不透明屏上. 由在 $S$、$a$、$b$ 和塞了1处的电荷产生的场的叠加给出了屏后的场为零

现在我们拿走塞子在缝1中的物质. 假定在区域 $a$ 和 $b$ 中电子的运动不因塞子拿走而改变.（这是一个近似，因为在区域 $a$ 和 $b$ 的电子是被在它们位置上的总场所驱动，而这个总场要包括在塞子中的电子所辐射的场. 在 $a$ 和 $b$ 中在缝的边沿上几个波长内的那些电子深受移去塞子的影响，因为从一给定电子来的辐射随着离电子的距离的增加而减小，因而最近邻的是最重要的.）在这个假设下，屏后的总场不再是由式（42）给出的加起来是零的叠加，而是这个叠加减去塞子1的贡献：

$$\begin{aligned} E &= E_S + E_a + E_b \\ &= (E_S + E_a + E_b + E_1) - E_1 \\ &\approx 0 - E_1 \\ &\approx -E_1. \end{aligned} \tag{43}$$

我们看到，剩下来的场——它是从源 $S$ 和屏剩下的物质 $a$ 和 $b$ 来的贡献的叠加——刚好等于（除了一个负号外）当塞子未取走时塞子当初辐射的场. 于是我们可以代替源和具有缝的屏，想象只有塞子自己，既没有源 $S$ 也没有剩下的屏，在塞子中的电子都以相同的相位和振幅振动（正如当塞子在原地存在时那样），从而求得在屏后的场. 这给了我们一个计算在一个不透明屏上的缝所产生的干涉图样的简单方法. 这个方法是容易的，这是因为我们并不企图了解在塞子中电子振动的振幅和相位常数沿着束方向随位置变化的函数关系.（当然，屏有一定厚度.）如果我们知道了那些，我们就对从塞子中"返回"的辐射有了发言权，即我们能区别一个亮的和黑的不透明屏. 但这里我们却仅假定由塞子产生的场 $E_1$ 是由无限薄的振动电荷层所产生的，且所有振动都具有相同的相位和振幅.

**惠更斯原理** 这种计算方法称为惠更斯原理. 它可以用任意数目的缝也可以只用单个宽缝. 它的基础是式（42）和式（43）. 注意，在想象上取代的薄的"辐射塞子"只在屏后给出正确的干涉图样. 一个实际的"辐射塞子"，即一"片"天线，在所有方向辐射. 一个实际的有一个洞的不透明屏有或多或少的反方向（反射）辐射，取决于它是亮的还是黑的. 惠更斯塞子不能用来计算左边的场（如图所示，令入射辐射从左边射来），因为我们略去了在塞子的前表面和后表面之间发生的相位和振幅的变化. 那些变化依赖于屏是亮的还是黑的.

还要指出另一点：在写下式（43）时，我们曾假定 $E_a$ 和 $E_b$ 在塞子存在与拿走后都不变. 如上面指出过那样，这只是近似正确的. 如果我们有（例如）单个宽缝，且用惠更斯作图法来计算屏右边和在缝本身的场，我们发现下面情况：如果离屏右边足够远和离前进方向足够近，而且屏宽为很多个波长，则对正确的解答（即实验测定的结果）说来，惠更斯作图法是个很好的近似. 如果是在缝本身的近旁，则对正确的解答说来，惠更斯作图法是个很差的近似. 如果就在缝上，则在余下的屏物质中最重要的移动电荷就正是最靠近缝边上的那些，因为它们最接近. 但这正就是那些最受拿走塞子的影响的电荷. 在缝上，特别是靠近缝的边沿，场图样可以是十分复杂的，在缝边沿附近最靠近的振动电荷起支配作用. 你可能会问："为什么不去准确地求解这个问题?"这是很困难的. 你必须在所有真空区域中和在物质区域中使用麦克斯韦方程，准确标明物质的性质，并满足每一处的边界条件. 不存在一般的求解方法，而且只有很少这类问题被准确地解出过.

**用惠更斯作图法对单缝衍射图样的计算** 我们希望去计算当一列平面波（例如，由远距离点源发射的波）射到一个缝上时所产生的衍射图样. 用惠更斯作图法，我们想象以一个发出辐射的物质的板——惠更斯塞子——来代替入射平面波（或远距离点源）和屏物质．因为我们有一个跨越这块板的连续分布的振动电荷，我们应该对板的无穷小的元的贡献做积分（叠加）．不用对连续分布做积分，我们也能（并将）考虑对 $N$ 个等距放置的等同"天线"的单独贡献求和．在 $N$ 趋于无穷大的极限下，我们就将有一个辐射源的连续分布．（用 $N$ 个分立源而不用连续分布的方便之处是，对 $N$ 个天线或 $N$ 个窄缝产生的辐射图样，对从 $N=2$ 到无限多的任意的 $N$，我们能同时得到解．）

令单个宽缝的总宽度为 $D$，则 $D$ 就是包括 $N$ 个惠更斯天线的天线阵的区域的宽度．令相邻天线间的距离为 $d$．则有 $D=(N-1)d$．假定入射平面波是在 $+z$ 方向而 $N$ 个缝是沿 $x$ 方向，如图 9.13 所示．

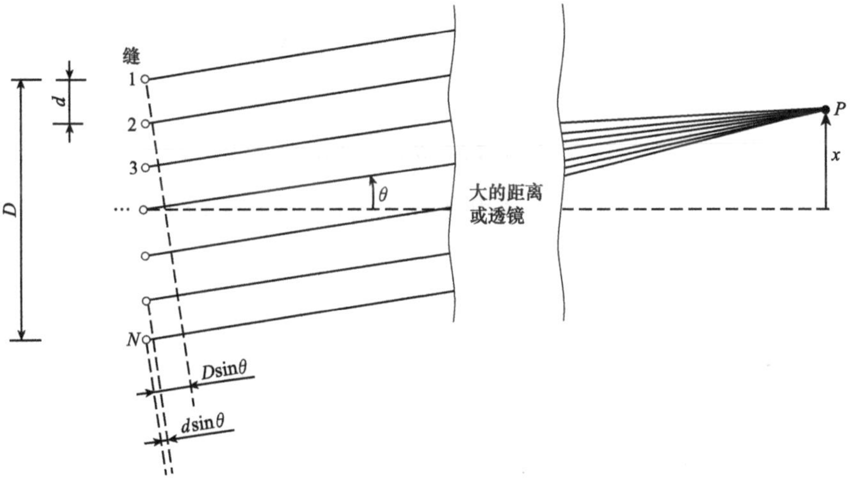


图 9.13　电荷全做同相振动的 $N$ 根天线或 $N$ 条狭缝

在一远距离场点 $P$ 处，每一根天线给出一个具有同一振幅 $A(r)$ 的贡献．（因为 $P$ 距离足够远，因而能假定，在振幅和距离的关系上，所有天线的距离均近似相同．）所有天线均同相振动（按假定）．因此，在点 $P$ 的电场 $E$ 由叠加给出如下：

$$E=A(r)\cos(kr_1-\omega t)+A(r)\cos(kr_2-\omega t)+\cdots+A(r)\cos(kr_N-\omega t). \tag{44}$$

我们希望用从这个天线阵的平均位置传播的且具有被作为发射角的函数所调制的振幅的单个出射行波来重新表示 $N$ 个出射行波的叠加．（这正是在 9.2 节中我们考虑两个点源的干涉图样时所做过的．对 $N=2$，现在的推导应该再产生那些结果．）用复数能简化代数运算．场 $E$ 是复量 $E_c$ 的实部，其中

$$E_c=A(r)e^{-i\omega t}(e^{ikr_1}+e^{ikr_2}+\cdots+e^{ikr_N}). \tag{45}$$

但按图 9.13，

$$\begin{cases} r_2 = r_1 + d\sin\theta, \\ r_3 = r_1 + 2d\sin\theta, \\ \vdots \\ r_N = r_1 + (N-1)d\sin\theta. \end{cases} \tag{46}$$

于是式（45）变为

$$\begin{aligned} E_c &= A(r)\mathrm{e}^{-\mathrm{i}\omega t}\mathrm{e}^{\mathrm{i}kr_1}(1 + \mathrm{e}^{\mathrm{i}k(r_2-r_1)} + \mathrm{e}^{\mathrm{i}k(r_3-r_1)} + \cdots) \\ &= A(r)\mathrm{e}^{-\mathrm{i}\omega t}\mathrm{e}^{\mathrm{i}kr_1}S, \end{aligned} \tag{47}$$

其中

$$\begin{aligned} S &\equiv 1 + \mathrm{e}^{\mathrm{i}k(r_2-r_1)} + \mathrm{e}^{\mathrm{i}k(r_3-r_1)} + \cdots \\ &= 1 + a + a^2 + \cdots + a^{N-1}, \end{aligned} \tag{48}$$

而

$$a \equiv \mathrm{e}^{\mathrm{i}k(r_2-r_1)} = \mathrm{e}^{\mathrm{i}k(d\sin\theta)} = \mathrm{e}^{\mathrm{i}\Delta\varphi}, \tag{49}$$

这里

$$\Delta\varphi = kd\sin\theta = \frac{2\pi}{\lambda}d\sin\theta \tag{50}$$

是从相邻天线来的波（在 $P$ 处）的相对相位．式（48）中给出的几何级数 $S$ 满足关系式

$$\begin{aligned} aS - S &= a^N - 1, \\ S &= \frac{a^N - 1}{a - 1} \\ &= \frac{\mathrm{e}^{\mathrm{i}N\Delta\varphi} - 1}{\mathrm{e}^{\mathrm{i}\Delta\varphi} - 1} \\ &= \frac{\mathrm{e}^{\mathrm{i}(1/2)N\Delta\varphi}}{\mathrm{e}^{\mathrm{i}(1/2)\Delta\varphi}} \frac{\mathrm{e}^{\mathrm{i}(1/2)N\Delta\varphi} - \mathrm{e}^{-\mathrm{i}(1/2)N\Delta\varphi}}{\mathrm{e}^{\mathrm{i}(1/2)\Delta\varphi} - \mathrm{e}^{-\mathrm{i}(1/2)\Delta\varphi}} \\ &= \mathrm{e}^{\mathrm{i}(1/2)(N-1)\Delta\varphi} \frac{\sin\frac{1}{2}N\Delta\varphi}{\sin\frac{1}{2}\Delta\varphi}. \end{aligned} \tag{51}$$

于是式（47）变为

$$\begin{aligned} E_c &= A(r)\mathrm{e}^{-\mathrm{i}\omega t}\mathrm{e}^{\mathrm{i}k[r_1 + \frac{1}{2}(N-1)d\sin\theta]} \frac{\sin\frac{1}{2}N\Delta\varphi}{\sin\frac{1}{2}\Delta\varphi} \\ &= A(r)\mathrm{e}^{-\mathrm{i}\omega t}\mathrm{e}^{\mathrm{i}kr} \frac{\sin\frac{1}{2}N\Delta\varphi}{\sin\frac{1}{2}\Delta\varphi}, \end{aligned} \tag{52}$$

其中，量

$$r \equiv r_1 + \frac{1}{2}(N-1)d\sin\theta$$

$$= r_1 + \frac{1}{2}D\sin\theta \tag{53}$$

给出从 $P$ 到线阵中心的距离. 取式 (52) 的实部, 我们得到在 $P$ 点的场

$$E(r,\theta,t) = \frac{A(r)\sin\frac{1}{2}N\Delta\varphi}{\sin\frac{1}{2}\Delta\varphi}\cos(kr-\omega t)$$

$$\equiv A(r,\theta)\cos(kr-\omega t). \tag{54}$$

让我们核实一下, 当 $N=2$ 时, 式 (54) 给出与在 9.2 节中式 (12) 和式 (13) 相同的结果. 用等式 $\sin 2x = 2\sin x\cos x$, 取 $x=\frac{1}{2}\Delta\varphi$:

$$E(r,\theta,t) = A(r)\frac{2\sin\frac{1}{2}\Delta\varphi\cos\frac{1}{2}\Delta\varphi}{\sin\frac{1}{2}\Delta\varphi}\cos(kr-\omega t)$$

$$= \left(2A\cos\frac{1}{2}\Delta\varphi\right)\cos(kr-\omega t),$$

它与以前的结果一致.

**单缝衍射图样**　令 $N$ 趋于无限大. 保持 $D$ 不变. 距离 $d$ 趋于零. 相邻天线贡献的波之间的相对相移 $\Delta\varphi$ 趋于零. 在 $P$ 处第一根和第 $N$ 根天线之间贡献的总相移 $\Phi$ 准确地是 $(N-1)\Delta\varphi$. 当 $N$ 很大时, 这近似于 $N\Delta\varphi$:

$$\Phi = (N-1)\Delta\varphi = kD\sin\theta. \tag{55}$$

$$\Phi = N\Delta\varphi, \quad N \gg 1. \tag{56}$$

所以式 (54) 中的调幅变为

$$A(r,\theta) = A(r)\frac{\sin\frac{1}{2}N\Delta\varphi}{\sin\frac{1}{2}\Delta\varphi}$$

$$\approx A(r)\frac{\sin\frac{1}{2}\Phi}{\sin\left[\frac{1}{2}(\Phi/N)\right]}. \tag{57}$$

在 $N$ 足够大的情况下, 式 (57) 中 $\sin\frac{1}{2}(\Phi/N)$ 的泰勒展开式中除第一项外其余所有的项都可略去:

$$\sin\frac{1}{2}\frac{\Phi}{N} \approx \frac{1}{2}\frac{\Phi}{N}, \tag{58}$$

$$A(r,\theta)=NA(r)\frac{\sin\frac{1}{2}\Phi}{\frac{1}{2}\Phi}. \tag{59}$$

我们能够做进一步的简化．当 $N$ 趋于无限大时，必须令 $A(r)$ 趋于零而保持 $NA(r)$ 是常数，因为我们要求对连续线阵中的一个给定的无限小线元 $dx$，不管它含有多少天线，都给出相同的贡献（记住，我们是在惠更斯作图法中用天线）．注意到当 $\theta$ 趋于零时，$\Phi$ 趋于零，而比值 $\sin\frac{1}{2}\Phi/\frac{1}{2}\Phi$ 趋于1，我们就能在式（59）中消去 $N$ 和 $A(r)$ 后面的那个因子：

$$\frac{\sin x}{x}=\frac{x-\frac{1}{6}x^3+\cdots}{x}=1-\frac{1}{6}x^2+\cdots$$
$$=1，\text{对 } x=0;$$

于是按式（59）$A(r,\ 0)$ 等于 $NA(r)$ 乘以1．最后有

$$E(r,\theta,t)=A(r,0)\frac{\sin\frac{1}{2}\Phi}{\frac{1}{2}\Phi}\cos(kr-\omega t), \tag{60}$$

而

$$\Phi=2\pi\frac{D\sin\theta}{\lambda}. \tag{61}$$

从式（60）中易见，时间平均能流通量（对固定的 $r$）具有下述角依赖关系：

$$I(r,\theta)=I_{\max}\frac{\sin^2\frac{1}{2}\Phi}{\left(\frac{1}{2}\Phi\right)^2}. \tag{62}$$

式（60）和式（62）的振幅和强度图样画在图9.14中．

**受衍射限制的束的角宽度** 我们现在已经证实了在9.5节中给出的结果：宽度为 $D$ 的"束"的角宽度 $\Delta\theta$ 近似等于 $\lambda/D$．图9.14给出振幅和强度对 $\theta$ 作图的精确形状．强度图的主要特色是，强度很大的情况只出现在角度范围大约在 $\theta=-\frac{1}{2}\lambda/D$ 和 $\theta=\frac{1}{2}\lambda/D$ 之间，即

$$\Delta\theta=\frac{\lambda}{D}. \tag{63}$$

看一个单缝衍射图样的最简单方法如下：裁下两小张纸，每张都有个直边．每只手拿一张，并使两个直边平行以形成一可变宽度的缝．在保持缝平行于线源的情况下，通过这个缝观察一个线源或一个点源．用一只手把另一只手稳住，保持这个

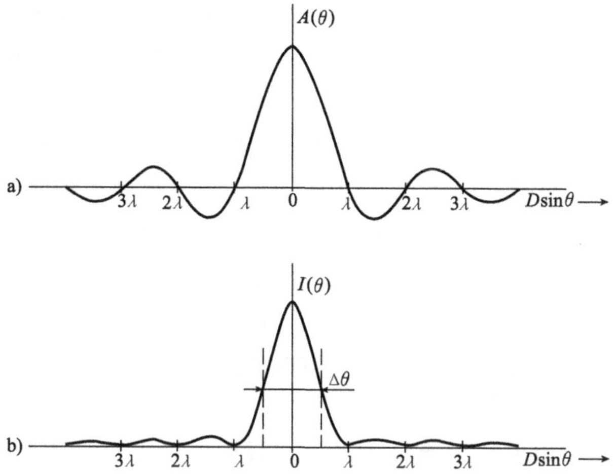


图 9.14　单缝衍射图样

a）振幅　b）强度．角带 $\Delta\theta$ 从 $-\frac{1}{2}\lambda/D$ 扩展到 $\frac{1}{2}\lambda/D$，近似地相应于（对小角）"在半强度处的全宽度"．强度下降一个因子 $(2/\pi)^2=0.41$，而不是 0.5

缝靠近你的眼睛的前面．改变缝宽，从"零"到"无限大"；这里"零"就是零，而"无限大"则是约 1 mm．一个更好的单缝，是看一只普通餐叉的两齿之间．把这个餐叉放在一只眼睛的前面．齿间距离太宽了，因而你必须转动餐叉直至投影缝宽为足够小．你能改变这投影缝的宽度，并观察图样的改变．做个很快的（和粗略的）测量，你就能（粗略）证实式（63）．见课外实验 9.17．

**人眼的角分辨**　取一根有毫米刻度的尺或在一张纸上做出一些标记（或注视某报纸），试找出刻线变得模糊不清无法分辨时你眼睛与它的距离（或者是你不能看清报纸上印刷符号时的距离）．典型的结果是，你会发现在 2 m 远处 1 mm 还能勉强分辨，而在 4 m 处就完全不行了．因而，对在视场中心（即直接注视刻线）的人眼说来，我们发现角分辨极限 $\Delta\theta\approx 1\ \text{mm}/2\ \text{m}=1/2\,000$．现在对着镜子，用一把尺靠近你的眼睛测量你的瞳孔的直径 $D$．典型的结果是 $D\approx 2$ mm．对于你的眼睛，角分辨的衍射极限是由从 远距离点源发射的入射平面波在你的视网膜上造成的像斑的角大小给出的．远距离点的像的角全宽度 $\Delta\theta$ 因而是

$$\Delta\theta(\text{衍射极限})\approx\frac{\lambda}{D}\approx\frac{5.5\times10^{-5}\ \text{cm}}{0.2\ \text{cm}}\approx\frac{1}{4\,000}.$$

因此，大脑（或者至少是我的）很可能是要求两个点有约为衍射宽度的两倍的角距离，才能看出它们是分开的点．

为了证实眼分辨率和衍射宽度之间的（粗略）一致性并不是偶然的，透过一张纸（或不透明箔）上的针孔观看，重复上面的实验．针孔直径应为约 1 mm（假定你的瞳孔约 2 mm）．你的角分辨率是否会变坏呢？会差 2 倍吗？

**瑞利判据**　若两个点具有衍射宽度 $\lambda/D$ 的角距离，按图9.14b，则一点的强度极大值将落在另一点的强度图样的第一个极小值上．在这种情况下，这两点称为根据瑞利判据刚好可以分辨．

一个远距离点在你视网膜上的像的实际横宽度近似地等于眼睛透镜的焦距乘像的角宽度．焦距 $f$ 是眼睛的内直径，约为3cm（当看远距离物体时）．所以，一远距离点的像斑的横宽度大约是 $f(\lambda/D)=3\times5.5\times10^{-5}/0.2=8\ \mu\text{m}$．你的眼睛能达到大致同衍射极限一样好，从这件事实可推断出，在网膜中心的那些光感受器（人们称之为光锥）相互分开的距离不大于 $8\mu\text{m}$．

在约240km高度的轨道上飞行的一位宇航员曾说过，他能看到下面飞过的乡村中的各个房子．你相信他吗？

**术语：夫琅禾费衍射和菲涅耳衍射**　在我们讨论由单缝或孔产生的衍射图样时，我们假定有入射平面波（从一远距离点源 $S$ 来的．），也假定我们在一给定角度上探测从缝发射的辐射．这意味着，我们考虑的是对探测点 $P$ 说来彼此平行地行进的波的叠加，而 $P$ 或者是离缝很远，或者是我们用透镜（例如你的眼睛透镜）使波在 $P$ 点聚焦（例如聚焦在你的视网膜上）．在这两种条件下——入射平面波和在给定方向发射的衍射波——观察到的衍射称为夫琅禾费衍射．如果不用透镜，点源 $S$ 和探测器 $P$ 两者都必须在缝的“远区”．为确定 $S$ 是否（例如）是在远区，想象一个平面通过狭缝，使平面的取向垂直于从 $S$ 到缝中心的视线．考虑从 $S$ 通过缝区域中的所有部分的所有直线的立体角锥．如果这些线都和上面所描述的平面相交在离 $S$“几乎相同”的距离，则 $S$ 是在缝的远区上．“几乎相同”距离的意思是说它们之差远小于半波长．在那种情况下，从 $S$ 来的辐射实际上与平面波没有区别．对于探测器地点 $P$ 也有类似的判据．

不难证明，对于宽度为 $D$ 的缝，距离为 $L$ 的点，在

$$L\lambda \gg \left(\frac{1}{2}D\cos\theta\right)^2$$

［其中 $(1/2)D\cos\theta$ 是缝的投影半宽度（垂直于从缝到点的视线投影）］时，处于远区．如果这两个条件中任何一个不满足，即或者点源 $S$ 或者探测点 $P$ 不处在缝的远区，则我们就有菲涅耳衍射（我们将不详细讨论它）．

**相干源横向空间依赖关系的傅里叶分析**　式（63）的结果能写成一个不同的有趣的形式．让我们设想行波的单一频率分量．我们可以使这个分量是严格单色的，这时带宽 $\Delta\omega$ 为零．传播矢量是什么呢？传播矢量的平方 $k^2$ 等于 $\omega^2/c^2$（对真空中的光线）．若 $\omega^2$ 有确定值，则 $k^2$ 必有一完全确定的值．但这并不意味着 $k$ 的每个分量都必须有一个确定值．$k^2$ 是它的分量的平方和：

$$k^2=k_x^2+k_y^2+k_z^2, \tag{64}$$

这里 $k_x$ 给出沿 $\hat{x}$ 方向单位距离的相位弧度数，$k_y$ 给出沿 $\hat{y}$ 方向单位距离的相位弧

度数，$k_z$ 给出沿 $\hat{z}$ 方向单位距离的相位弧度数．若波束是一沿 $+z$ 行进的真正的平面波，而不是受衍射限制的波束，则 $k_x$ 和 $k_y$ 为零．对传播矢量在 $xz$ 平面上并与 $z$ 轴成一小角度 $\theta$ 行进的受衍射限制的束的傅里叶分量，有 $k_y=0$，$k_x=k\sin\theta$ 和 $k_z=k\sin\theta$．对于小角 $\theta$，可近似取 $\sin\theta$ 为 0 及 $\cos\theta$ 为 1．于是对于 $x$ 分量有

$$k_x \approx k\theta. \tag{65}$$

但我们已经看到，这个束在主方向 $z$ 周围散开有一个角宽度：

$$\Delta\theta \approx \frac{\lambda}{D}, \tag{66}$$

因此 $k_x$ 的宽度是［结合式（65）和式（66）］

$$\Delta k_x \approx k\Delta\theta \approx k\frac{\lambda}{D} = \frac{2\pi}{D};$$

或者，把波束在 $x$ 方向的全宽度 $D$ 写成 $\Delta x$，有

$$\boxed{\Delta k_x \Delta x \geqslant 2\pi.} \tag{67}$$

（这个不等式提醒我们，衍射极限只是在当各个源相干且都同相时才达到.）

实际上，我们能够讲得更明确些．根据惠更斯作图法，我们有一个由沿 $x$ 从 $x=-\frac{1}{2}D$ 到 $x=+\frac{1}{2}D$ 均匀分布的源组成的辐射板．所有的源都有同一强度和同一相位．除了在宽度为 $D$、中心在原点的区域外，从 $x=-\infty$ 到 $+\infty$；源强度 $f(x)$ 对 $x$ 的图给出零值．因而它是一个在 $x$ 方向上的“方波”．我们应该能够用正弦式的空间依赖函数 $\sin k_x x$ 和 $\cos k_x x$ 的叠加对它做傅里叶分析，正像我们已经用过 $\sin\omega t$ 和 $\cos\omega t$ 对时间的方脉冲做傅里叶分析一样．在 6.4 节式（95）中，我们曾求得具有高度 $1/\Delta t$ 和宽度 $\Delta t$ 的时间方脉冲 $f(x)$ 的傅里叶变换为

$$B(\omega) = \frac{1}{\pi}\frac{\sin\frac{1}{2}\omega\Delta t}{\frac{1}{2}\omega\Delta t}. \tag{68}$$

与此类似，宽度 $D$ 和高度 $1/D$ 的 $x$ 的方脉冲 $f(x)$ 应有傅里叶变换

$$B(k_x) = \frac{1}{\pi}\frac{\sin\frac{1}{2}k_x D}{\frac{1}{2}k_x D}. \tag{69}$$

但

$$k_x D = kD\sin\theta = \Phi, \tag{70}$$

故

$$B(k_x) = \frac{1}{\pi}\frac{\sin\frac{1}{2}\Phi}{\frac{1}{2}\Phi}. \tag{71}$$

比较式（71）和式（60），我们看到在角 $\theta$（由 $k_x$ 给出）探测到的场的振幅是（除比

例常数外）在缝处的源强度（方波）的傅里叶变换．在缝处，振动振幅是$f(x)\cos\omega t$，这里$f(x)$是源强度（这里，它在缝的孔上是不变的）．在距离$r$和方向$\theta$处，这行波由以$\cos(\omega t-kr)$代替$\cos\omega t$和以它的傅里叶变换$B(k_x)$代替$f(x)$而得出．束的另一个横向线度$y$满足一个类似于式（67）的关系式，但需以$y$代替$x$．

**傅里叶分析的重要结果**　回忆一下上述按波矢的纵分量$k_z$傅里叶分析的结果和按频率做傅里叶分析的结果，就能总结出所有傅里叶分析的结果如下：

$$\begin{cases}\Delta k_x\Delta x\geqslant 2\pi,\\ \Delta k_y\Delta y\geqslant 2\pi,\\ \Delta k_z\Delta z\geqslant 2\pi,\\ \Delta\omega\Delta t\geqslant 2\pi.\end{cases}\tag{72}$$

傅里叶分析对计算衍射图样提供了一种有力的技巧．然而，在这里将不继续讨论它（见习题9.59）．

**两个宽缝的衍射图样**　做一个双缝．（一个好的办法是粘一片家用的铝箔到一显微镜承物片上，使它展平同承物片紧贴在一起．在箔上用另一承物片的直边引导剃刀片割开一条缝．第二条缝应做得和第一条缝尽量接近，只要不破坏第一条缝．小于1/2 mm的间隔是容易得到的．）把缝紧贴在一只眼睛的前面，在使用和不使用红色胶滤波片的两种情况下，注视你的线源．间隔狭窄的“干涉条纹”是与双缝衍射图样相对应的．它们的角距离为$\lambda/d$ rad（用小角近似$\sin\theta$等于$\theta$）．在同一承物片上做一与双缝同样宽度的单缝（即用同一剃刀片和同一刻划，或简单地使双缝的两个缝中的一个比另一个长）．比较单缝和双缝图样．注意双缝图样被单缝图样所调制（见图9.15）．实际上，除在单缝的主极大中而外，看到任何双缝图样常是相当困难的．（如果用红色滤波片且有一个好的双缝，你便可能成功．）

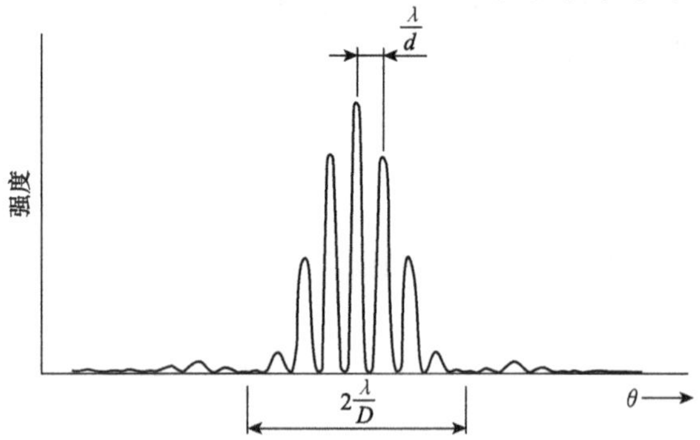


图9.15　双缝图样．在这个例子中缝距$d$是4乘每一个缝的宽度$D$．对角间距$\lambda/d$的表达式，对调制零点之间的全宽度$2\lambda/D$的表达式，用了小角近似$\sin\theta=\theta$

下面是图样形式的解释．每一个缝在探测器（你的网膜）上给出一个电场，它有一定的振幅和一定的相位常数．从整个一条缝贡献的相位常数与从在缝的中心微分的贡献（“天线”）相同．这一点是由于这个波具有因子$\cos(kr-\omega t)$这个事实得出的，这里$r$是从缝的中心到探测器的距离．［见9.6节中式（60）和式（53）．］振幅正比于$\sin\frac{1}{2}\Phi/\frac{1}{2}\Phi$，其中$\Phi$是从缝的相对着的两条边来的贡献的相位差. 当有两个这样的缝，它们相隔距离为 $d$ 时，只就相位来说，每个缝给出的贡献等于位于实际的缝的中心处的狭缝所给出的贡献. 只就振幅来说，有因子 $\sin\frac{1}{2}\Phi/\frac{1}{2}\Phi$. 因此，除了每一个缝贡献的恒定振幅 $A(r)$ 现在被一个常数乘 $\sin\frac{1}{2}\Phi/\frac{1}{2}\Phi$ 代替以外，图样正是以前找到的两个缝的图样. 换句话说，从两个无限窄的缝得到的双缝图样可通过乘上 $\sin\frac{1}{2}\Phi/\frac{1}{2}\Phi$ **调制**后得出. 把我们以前的对两个缝图样［9.2 节式（13）］的结果和调制因子结合起来，我们发现，若这两个缝被用同一相位所激发，辐射图样是

$$E(\theta,t)=A(\theta)\cos(kr-\omega t),\tag{73}$$

$$A(\theta)=A(0)\frac{\sin\frac{1}{2}\Phi}{\frac{1}{2}\Phi}\cos\frac{1}{2}\Delta\varphi,\tag{74}$$

$$\Phi=kD\sin\theta=2\pi\frac{D\sin\theta}{\lambda},\tag{75}$$

$$\Delta\varphi=kd\sin\theta=2\pi\frac{d\sin\theta}{\lambda};\tag{76}$$

其中 $D$ 是每个缝的缝宽，$d$ 是两缝之间的距离（从中心到中心），$r$ 是从观察点 $P$ 到两个缝中心之间的中点的距离. 如果 $D$ 趋于零，则中心极大“覆盖了整个视场”，而我们就得到 9.2 节中对两个狭缝的结果.

强度图样 $I(\theta)$ 正比于电场平方的时间平均值，即按式（73）和式（74）有

$$I(\theta)=I(0)\left(\frac{\sin\frac{1}{2}\Phi}{\frac{1}{2}\Phi}\right)^2\cos^2\frac{1}{2}\Delta\varphi.\tag{77}$$

因子 $\cos^2\frac{1}{2}\Delta\varphi$ 给出了极大值在角度上相距 $\lambda/d$ 时两个缝的图样迅速随角度变化的特征. 因子 $\left(\sin\frac{1}{2}\Phi/\frac{1}{2}\Phi\right)^2$ 给出角全宽度在 $\lambda/D$ 的近似半强度处或在 $2\lambda/D$ 的中心极大的每一边的零点之间的单缝调制. 数一下在“单缝调制”的中心极大处“两个缝”的花纹的数目，你能对你的双缝估计出比值 $d/D$. 在图 9.15 中画出了相应于式（77）的强度图样.

**多个全同的平行宽缝的衍射图样**　从我们对两个宽缝的情况的讨论中显然应该看出，多个全同的宽缝图样很容易得出，办法是首先假定每个缝都是狭窄的，然后乘上单缝振幅调制因子 $\sin\frac{1}{2}\Phi/\frac{1}{2}\Phi$.

**多缝干涉图样**　让我们考虑图 9.13 的 $N$ 根天线的干涉图样是怎样依赖于 $N$ 的.

（不妨将 $N$ 个狭缝看成 $N$ 根天线.）式（54）给出 $N$ 个狭缝的振幅，现重抄如下：

$$E(r,\theta,t)=A(r,\theta)\cos(kr-\omega t), \tag{78}$$

$$A(r,\theta)=A(r)\frac{\sin\frac{1}{2}N\Delta\varphi}{\sin\frac{1}{2}\Delta\varphi}, \tag{79}$$

$$\Delta\varphi=2\pi\frac{d\sin\theta}{\lambda}. \tag{80}$$

**主极大、中心极大、白光源** 式（79）中分母及分子趋于零的角度是 $\frac{1}{2}\Delta\varphi=0$，$\pm\pi$，$\pm2\pi$ 等. 这正是那些相应于所有 $N$ 根天线之间完全相长干涉时，路径长度增量 $d\sin\theta$ 为 0，$\pm\lambda$ 等时的角度. 这些称为主极大：

$$d\sin\theta=0,\pm\lambda,\pm2\lambda,\cdots,m\lambda\quad m=0,\pm1,\pm2,\cdots. \tag{81}$$

在 $\theta=0$ 处的极大称为中心极大或零级极大. $m=\pm1$ 称为第一级极大，其余类推. 中心极大与所有其他主极大有一个重要的区别，那就是所有缝给出的贡献都是同相的，与波长无关. 所以，对于白光源主极大是白的. 除了中心的一个主极大而外，对于所有其他主极大，极大的角度依赖于波长，即依赖于颜色.

在一个主极大处，叠加的振幅正好是 $N$ 乘每个缝贡献的振幅. 这在物理上是显然的. 它也可从式（79）推得：对中心极大，有 $\Delta\varphi=0$. 于是用 $\left(取\frac{1}{2}\Delta\varphi=x\right)$

$$\frac{\sin Nx}{\sin x}=\frac{Nx-\frac{1}{6}(Nx)^3+\cdots}{x-\frac{1}{6}x^3+\cdots}$$

$$=\frac{N\left[1-\frac{1}{6}(Nx)^2+\cdots\right]}{\left[1-\frac{1}{6}x^2+\cdots\right]}=N,\ 对\ x\to0. \tag{82}$$

对于 $m=+1$ 的一级极大，可以类似地证明当 $x$ 趋于 $\pi$ 时，$\sin Nx/\sin x$ 的极限是 $\pm N$. 为说明这一点，我们把它们按 $x$ 与 $\pi$ 之差的小角 $\epsilon$ 展开：

$$x=\pi-\epsilon,$$

$$\frac{\sin Nx}{\sin x}=\frac{\sin(N\pi-N\epsilon)}{\sin(\pi-\epsilon)}$$

$$=(-1)^{N+1}\frac{\sin N\epsilon}{\sin\epsilon}. \tag{83}$$

当 $\epsilon$ 趋于零时，我们得到这个比值的极限是 $(-1)^{N+1}N=\pm N$.

**主极大的角宽度** 当 $N$ 增加时，主极大的角宽度减小. 考察式（79）可给出从一个主极大到一边的第一个零点或到极大的另一边的第一个零点的角半宽度. 在主极大处，分子和分母均为零．当式（79）的分子中的正弦函数的变量$\frac{1}{2}N\Delta\varphi$增加 π 时，分子再度为零．（这时分母不为零．）于是当从一个主极大到第一个相邻的振幅零点时，相位增量 $\Delta\varphi$ 增加 $2\pi/N$．这意味着从一个主极大到第一个相邻的振幅零点，路径长度增量 $d\sin\theta$ 增加 $\lambda/N$．现在，在两个相继的主极大之间路径长度增量是 $\lambda$．于是我们看到，振幅从极大降到零，按 $\sin\theta$ 计算的间隔是在相继主极大之间按 $\sin\theta$ 计算的间隔（$\lambda/d$）的 $1/N$.

当 $N$ 很大时，或者 $N$ 为偶数（无论它是大还是小）时，容易看出为什么第一个零点（主极大的下一个）发生在当路径长度增量 $d\sin\theta$ 是 $\lambda/N$ 处．假定有六根天线．当前三根与后面三根成对抵消，即 1 与 4，2 与 5，3 与 6 相抵消时，出现第一个点零．这种相抵消在第 1 和第 4 根天线有 $1/2\lambda$ 路程差时发生（对于其他天线对也一样）．所以 1 与 2 有路程差 $\lambda/6$，即 $\lambda/N$．当 $N$ 是奇数时，由于天线不能完全配对，这种论证不能成立．在这种情况下，有一个"通过想象"而不是借助代数得到这个结果的方法，这就是在所贡献的振幅的复平面上作一矢量图．这样就不难看出，当 $\Delta\varphi$ 是 $2\pi/N$ 时，这 $N$ 个复振幅组合成一封闭的多边形，它给出总振幅为零．（习题 9.52.）在图 9.16 中示出了当缝距离 $d$ 固定时，衍射图样如何依赖于 $N$.

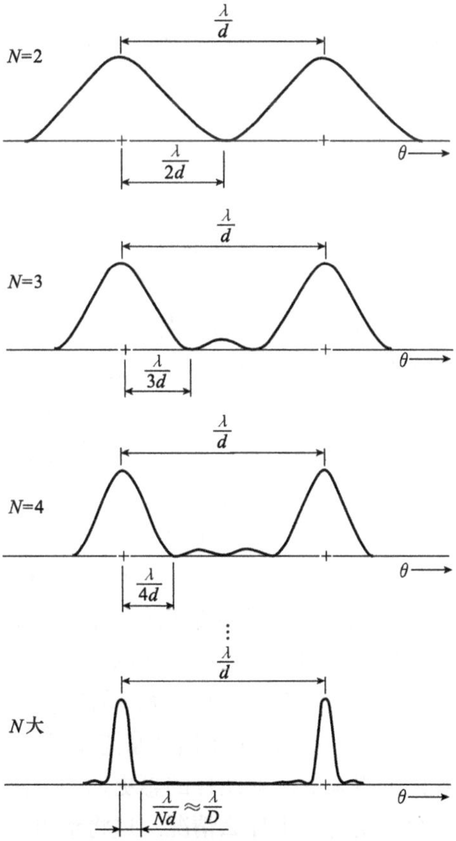


图 9.16　多缝干涉图样．画出了两个主极大．假定角度很小，故 $\sin\theta=\theta$．$N$ 很大时，每个主极大有在图 9.14b 中画出的单缝衍射图样的形状

当 $N$ 从 2 增大到 3 时，主极大变得更狭．这一点可以演示如下．把铝箔展平在承物片上，用剃刀片划三条缝，使其中的两条缝比第三条长，这样，在一只眼睛的前面略为挪动一下承物片，你就可以从一个双缝变成一个三缝．经过五、六次试验，你可能成功地（我做成功过）得到三条距离约相同、而 $d$ 小于 1/2mm 的合适的缝．（在每次试验后，都把这个排列对着光观察一下．用一个普通的廉价的放大率 2× 或 3× 的放大镜是有帮助的．）当你用双缝看你的线光源时，亮的条纹看来比隔开条纹的"黑"区域略微宽一些．当你移到三缝

时，亮区看来就比其间的黑区窄了．当然，如果你没有相当好的等距离的和均匀的缝，你将会得到我们没有讨论过的图样．

**透射型衍射光栅**　不用 $N$ 根天线或在一个不透明屏上的 $N$ 个缝，也可以在一宽度为 $D$ 的光滑的玻璃或塑料上划 $N$ 个平行的划痕．如果没有划痕，光线将给出相当于一个宽度为 $D$ 的单宽缝的衍射图样．这些划痕的作用类似于“天线”．它们给出一个“$N$ 划痕”干涉图样，除下面一点外，它们正就是我们刚刚得到的 $N$ 缝的图样．在中心极大处（在0°），我们得出的贡献不仅来自划痕，而且也来自划痕之间的所有透明物质．因此我们期望中心极大比其他主极大更亮．

通过一个衍射光栅看一个单色线光源，在每个主极大处有一个类似于图9.14b的单缝图样那样的强度轮廓（强度对角度图）．

你们的光学工具箱中的衍射光栅有与此相同的设计：每厘米有约5 300道划痕，即它的 $d = 1.9\times10^{-4}$ cm $= 1.9$ μm．对于波长约为5 500 Å 即0.55 μm 的绿光，你期望找到多少个主极大呢？根据式（81），主极大发生在 $\sin\theta$ 的值是0，$\lambda/d$ 等处．当然 $\sin\theta$ 不能大于1．对于我们的光栅，当 $\lambda = 0.55\mu\text{m}$ 时有 $d\approx3.5\lambda$．因而，若$\sin\theta = m\lambda/d$，我们能有 $m=0$，$\pm1$，$\pm2$ 和 $\pm3$，但不能有 $\pm4$．现在用你的光栅看一个灯泡．“正前面”的灯泡是中心极大．在 $\theta=0$ 处所有颜色重叠．在边上的颜色条纹是不同颜色的灯泡的像，对于第一级相应的角度为 $d\sin\theta=\lambda$，第二级为 $2\lambda$，等等．你看得见所有这三级吗？（如果你看到四级，一定是有错）．如果你想看白炽灯泡本身实际上的颜色，你不要用大灯泡，因为它的大小引起不同“颜色灯泡”的重叠．你可以在你的灯泡前放一个狭的竖直的缝（并这样保持光栅，使它的颜色向水平方向伸展）；或者，最好到任何五金店或杂货店去买一个“指示灯泡”．（它们有一个透明的玻璃壳，并且有一个约7.5 cm长的直灯丝．）

你能够很容易地测量你的光栅的 $d$，得到（例如）绿光波长为5 500 Å．用你的手和手臂，或用在手臂的长度处的一根尺，使光栅靠近你一只眼睛，看着灯泡并测量从中心极大到“绿色”处所张的弧度角（或它的正弦或正切）．然后用式（81）．你得到 $d\approx3.5\lambda$ 吗？对你的光栅的性质的进一步探讨，见课外实验．

**不透明障碍物所致的衍射**　图9.12所示为一点源 $S$ 和一个由 $a$，$b$，塞子1三部分组成的不透明屏．在屏后面的（零）场被看成是 $E_S+E_a+E_b+E_1=0$ 的叠加．当拿走塞子1后，场 $E_S+E_a+E_b$ 被认为与拿走塞子以前相同，即等于 $-E_1$（在塞子被拿走以前）．这给出了求出从拿走塞子1后的屏，也就是从一个具有和塞子同样形状的孔的屏得来的衍射图样的惠更斯构造法．现在考虑若在空间中保留塞子而把屏的其余部分拿走将发生什么情况．这将给出一个不透明障碍物的衍射图样．

在移走任何东西之前，有 $E_S+E_a+E_b+E_1=0$．现在移走 $a$ 和 $b$，并假定在塞子1的不透明障碍物中电子的运动不变．（这是一个近似，因为这些电子受到 $a$ 和 $b$ 中的电子的驱动，也受到 $S$ 的辐射的驱动．）这样，在塞子后面的场就是 $E_S+E_1$．在靠近塞子后面的区域内（下面将给出“靠近”的定义），场应当和整个屏都存在时一样，因为区域 $a$ 和 $b$ 这时仍然都离得比较远（比起塞子 1），给出的贡献都比 $E_S+E_1$ 小．因而，靠近塞子后面的区域实质上应该有零电场．这就是塞子的“影子”．它是由屏后面的一点处的场实际上只由 $S$ 和附近的电荷所产生这个事实引起的，在这种情况下，所有这些电荷都是塞子 1 的．于是，靠近屏后面的场 $E_1$ 和 $E_S$ 的叠加为零．因而，塞子 1 在从远距离源 $S$ 入射的平面波那同一方向上发射“一个平面波的一部分”，它的振幅等于从 $S$ 发出的平面波，而与平面波的相位常数相差 180°，从而在 $E_S+E_1$ 的叠加中相消为零．这就是影子产生的方式．不透明的障碍物并不“消灭”入射光，它在前进的方向上辐射一束“负振幅的光”（即对入射光来说是负的），与入射波相加在靠近障碍物后面处给出场为零．

**阴影能扩展到下游多远？**　塞子并不发射真正的“负振幅”的平面光波．因为它有一个有限的宽度（或直径 $D$）．相反，它发射的是一个“波束”，其方向与平面波 $E_S$ 相同，而其方向受衍射限制具有角散度，角全宽度为 $\Delta\theta=\lambda/\theta$．在这波束离开塞子行进了一个距离 $L$ 以后，它在它的横线度上散开了一个量 $W$，$W$ 大致是 $W\approx L\Delta\theta\approx L\lambda/D$．在波束散开时，它的振幅自然减小．（塞子中的每个点电荷给出一个反比于距离而下降的贡献．而且，假定塞子本身辐射，因为它辐射的能量散开到一个大区域，在任一点它的振幅就必然要减小．）只有当它的电场振幅在数量上与平面波 $E_S$ 相等（符号相反）时，它才能与 $E_S$ 相消而使场为零．因而，在足够远距离的下游以后，阴影自然消失．粗略地说，当束的衍射散开使它的宽度加倍时，我们可以说由受驱动的塞子发射的“负振幅”的光明显地减弱．这就给了我们一个粗略的“边界距离” $L_0$，在那里 $D\approx W_0$．但因为 $W_0\approx L_0\lambda/D$，我们有

$$\boxed{L_0\lambda\approx D^2.} \tag{84}$$

因而在 $L\ll L_0$ 时，在障碍物的后面（除了近边界处而外）我们预期会有一个很好的阴影．在近边界处，当拿走 $a$ 和 $b$ 时，$E_1$ 不改变的假定被严重破坏．在 $L\gg L_0$ 时，我们预期，要探测到障碍物的任何影响将是困难的，因为它的电场的贡献要比平面波 $E_S$ 小得多．为了容易地探测它，你可以利用定向信息，你可以采用一个透镜．平面波 $E_S$ 将聚焦在焦面上的一个小点上，点的大小由 $f\lambda/D_{透镜}$ 给出；这里 $D_{透镜}$是透镜的直径，$f$ 是焦距．从障碍物发出的负振幅光线给出一个宽度为 $f\lambda/D$ 的像．若 $D_{透镜}$远大于障碍物的大小 $D$，则由平面波产生的光点只把在像的中心周围的一个小区域弄暗．

你可以用一个手电筒光作为点源（把透镜拿掉，并把反光碗遮起来），并用一根针或头发作为障碍物来研究障碍物的衍射图样．使人吃惊的结果之一是，当你在距离 $L\gg L_0$ 时，你看到在阴影中心是“光亮的点”．见课外实验 9.34.

式（84）也能用来考察光波以外的波．你可以在一个起波纹的桶或浴盆内把一个障碍物放在行进水波束的路径上来考察它．对于 $L\ll L_0$，有轮廓分明的“阴影”；对于 $L\gg L_0$，阴影消失了．见课外实验 9.29.

## 9.7　几何光学

“几何光学”的名称指的是，只考虑光束的主方向而不考虑由衍射使光束散开的现象，在这样的近似下，研究光束在光学仪器（它有各种不同的反射面和折射面）中的行为.（“物理光学”的名称有时则用以指明那些考虑到光的波动特性的研究，因而它包括干涉和衍射.）几何光学的基本“定律”是镜式反射定律和斯涅耳折射定律. 当然，所有这些定律都是由光的波动性产生的，每一个结果都来自某一特殊的相长干涉.

**镜式反射**　每当一个平面波入射到一个平滑的物质表面时，就发生镜式反射；即：①在入射面（包含入射线和表面法线的平面）内有一反射线；②反射角等于入射角（两个角均从法线量起）.

镜式反射是由相长干涉产生的. 物质中的电子被入射波驱动，再发出辐射. 镜式反射的反射光线是相长干涉极大的方向.

考虑我们熟悉的天线线阵，就能很容易了解这一点. 我们让天线电流被一列不垂直入射的入射平面波的电场所驱动，如图9.17所示.

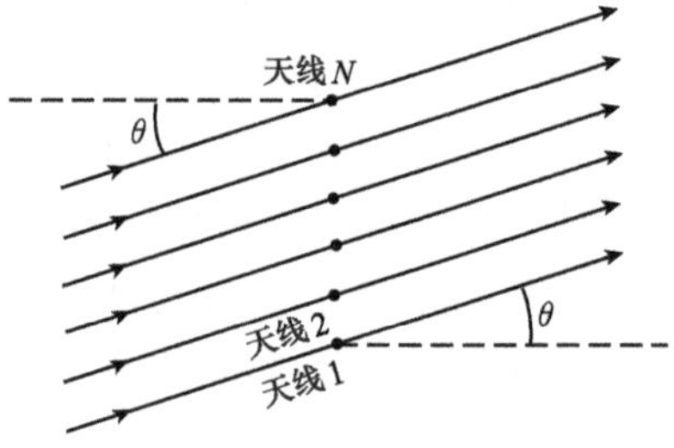


图9.17　由不垂直入射的平面波驱动的天线阵列，虚线垂直于天线平面. 箭头表示传播方向. 入射角是$\theta$

现在让我们估计一下只由天线电流所产生的远距离辐射场. 首先考虑中心干涉极大. 显而易见，这发生在入射束的传播方向上；天线1先于天线2被激发（同相），因而天线1的发射也比天线2的发射超前同样相位. 若天线辐射的传播方向与入射的传播方向相同，则在远距离点$P$来自天线1到$N$的辐射将准确地同相，从天线1发出的一定的波峰比从天线$N$发出的一个波峰走得更远些，但它刚好以准确的同一数量更早地发出.

从天线线阵的对称性显而易见，图9.17所示的天线的激发不但“在右边”（在图上）形成中心干涉极大，而且“在左边”也有一相应的极大. 这个“像”极大就是这个镜式的反射辐射. 我们从图9.18中看到，反射角等于入射角.

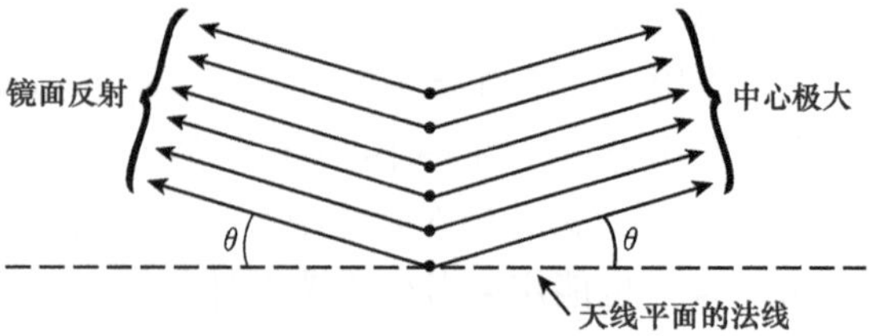


图9.18　按图9.17的相位联系被驱动的天线的干涉极大的方向

从任何光滑平面的镜式反射，都是由相长干涉所产生的；这种干涉的方式完全类似于互相距离很近的一些天线中发生的干涉.

**来自一规则线阵的非镜式反射** 中心极大和镜式反射极大并不是由图9.17和图9.18所示的天线阵列所产生的唯一干涉极大. 对透射和反射，除了有这些“零级”极大以外，还在一些方向上有极大，对这些方向，从相邻的天线到探测器的路程差比对零极极大的路程差大（或小）一个整数波长. 对透射波（在图9.18右边行进的），其干涉图样不过就是非垂直入射光在$N$缝透射衍射光栅上的干涉图样. 反射被的干涉图样类似于透射波，当然，反射的第零级（镜式反射）不像透射第零级（中心极大）那么亮. 你可以把光学工具箱中的透射衍射光栅作为反射光栅（把它靠近你的一只眼睛，并看一个点源的反射）来证实从一规则线阵的反射光有干涉图样存在. 零级（镜式）反射是很容易证实的，因为它是“白”的. 非零级反射极大类似于对同样非垂直入射角的透射极大.

如果相邻天线之间的距离小于一个波长，则对应于完全相长干涉的唯一方向是那些零级极大，即对应于中心极大和镜式反射的那些方向. 当研究几何光学和光学仪器时，经常要考虑可见光入射在玻璃或金属表面上的情形. “受驱动的天线”是表面上的原子，原子的空间距离约为$10^{-8}$cm. 因此，对于波长约为$5\times10^{-5}$cm的可见光. 只能得到零级极大.（对于从单晶表面反射的波长小于$10^{-8}$cm的X射线，可以得到更高级的极大.）因为我们将要考虑用可见光的光学仪器，从现在起假定只有镜式反射.

**点漂在一个镜子内的像——虚源和实源** 对于来自一个点源的辐射，等相位面是一些球面. 这些球面之一的一个充分小的区域，可以用一个平面来近似表示；我们可把通过这个小区域的（近似的）辐射平面波称为一根光线. 在图9.19中，我们用一面镜子看一个点源$S$. 进入眼睛透镜孔径（瞳孔）的辐射可想象为“一束光线”. 图9.19画出了这些光线中的两根. 每根光线都从镜子上镜式反射过来. 进入眼睛中的光线表现得就如从位于镜子后面的一个点源$S'$来的一样. 源$S'$称为虚源，因为在$S'$并不是真正有一个辐射源.（源$S$称为实源.）

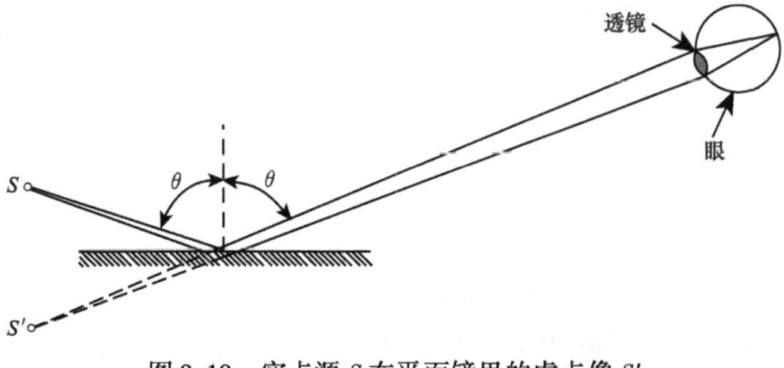


图9.19 实点源$S$在平面镜里的虚点像$S'$

**折射—斯涅耳定律—费马原理** 我们已经给出斯涅耳定律的两种推导. 一种推导是用简单的几何作图（4.3节）. 另一种推导是用沿边界上每单位长度的波峰数在边界的两边相同这一事实（7.2节）. 这两个推导用的都是平面波. 由于在几何

光学中我们总是利用光线，即窄光束，而不是利用平面波，这里我们将给出第三种推导，它是利用受衍射限制的波束而不是利用平面波．由衍射产生的波束的散开与此问题无关，我们将不说明它．

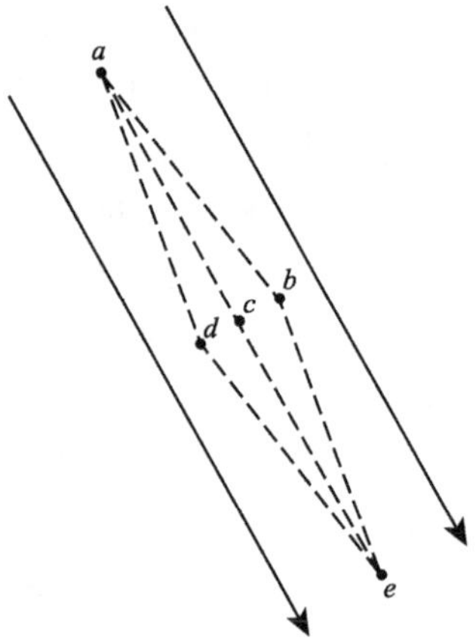

图 9.20　光束在玻璃中的传播．箭头沿着传播方向并给出束的宽度．点 $a$、$b$、$c$、$d$ 和 $e$ 是玻璃原子

首先考虑在一块折射率为 $n$ 的均匀玻璃中传播的光束，其简图如图 9.20 所示．考虑处于光束正当中的原子 $a$．它由束所驱动，并在所有方向上辐射．它的辐射也参与驱动原子 $b$、$c$ 和 $d$．它们的辐射叠加在一起协助驱动原子 $e$（它也在束的中心）．现在，这束光是相长干涉的结果．这意味着，对处于 $c$ 的两边足够近的 $b$ 和 $d$，所有三个原子 $b$、$c$ 和 $d$ 在 $e$ 处的贡献接近同相，因为所有这些原子均被 $a$ 驱动．换句话说，若 $a$，$c$ 和 $e$ 沿光线路径排列，而且 $b$ 和 $d$ 足够接近 $c$，以相速度 $c/n$ 行进的波从 $a$ 到 $b$ 到 $e$，从 $a$ 到 $c$ 到 $e$ 和从 $a$ 到 $d$ 到 $e$ 所经历的时间必然都接近于相等．如果不是这样，来自不同受驱动原子的辐射就不能叠加起来维持一个相长干涉的光束．

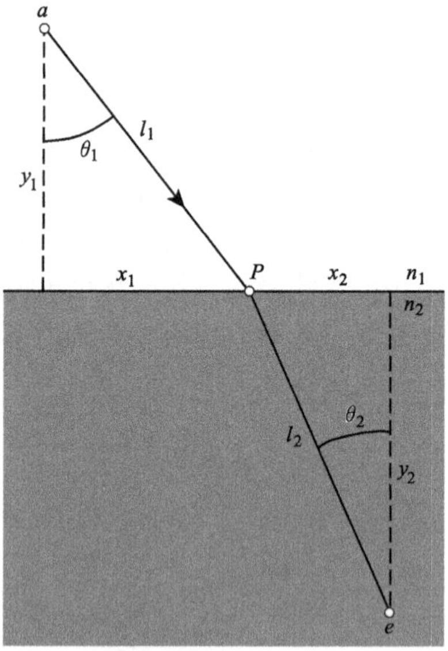

图 9.21　折射．光程长度 $n_1l_1+n_2l_2$ 随点 $P$ 的位置而变化．光线从 $a$ 到 $e$ 的真正路径可按费马原理改变 $P$ 的位置使光程长度极小而得到．在那种情况下，$aPe$ 是沿着干涉极大的，类似于图 9.20 的 $ace$

从图 9.20 显而易见，若 $a$、$c$ 和 $e$ 是沿着光线的，则邻近的路径 $abc$ 和 $ade$ 略长于路径 $ace$．说它们近似等于 $ace$ 这句话的意思，就是说，若（例如）$c$ 到 $b$ 有一小的横向位移 $x$，则路径 $abe$ 超过 $ace$ 一个正比于小量 $x$ 的平方，而不是正比于 $x$ 的一次幂的量．于是，在路径长度对参数 $x$ 所作的泰勒级数展开式中，一级导数项为零（在级数中，那一项给出对 $x$ 的线性贡献）．

实际上，起作用的并不是路径长度，而是传播时间．于是我们得到这样一条原理：光束沿传播时间对 $x$ 的导数为零的路径传播；这里 $x$ 是一个参量，它在束的路径（如 $\overline{ace}$）上为零，而在邻近的路径（如 $\overline{abe}$ 或 $\overline{ade}$）上不为零．这个条件要求，沿着束的传播时间是一个极值．这就叫作费马最短时间原理，或简称为费马原理．

我们现在来用费马原理推导斯涅耳定律．在图 9.21 中，我们画出了介质 1 中的原子 $a$

和介质 2 中的原子 $e$（它们类似于图 9.20 中的原子 $a$ 和 $e$）. 束与界面的交点记作 $P$，它是可变的. 路径 $\overline{aPe}$ 有两段，一段 $\overline{aP}$，要用去传播时间 $t_1=l_1n_1/c$；另一段 $\overline{Pc}$，要用去传播时间 $t_2=l_2n_2/c$. 距离 $ct_1$ 和 $ct_2$ 叫作光程长度 $n_1l_1$ 和 $n_2l_2$. 假如经过的总时间为极小，则总光程也是极小. 于是，我们的要求就是求出使

$$\text{光程}\equiv n_1l_1+n_2l_2=\text{极小} \tag{85}$$

的点 $P$. 从图 9.21，我们得到

$$\text{光程}=n_1(y_1^2+x_1^2)^{1/2}+n_2(y_2^2+x_2^2)^{1/2}. \tag{86}$$

现在让 $P$ 从它的光程极小的位置（现在还不知道）移开一个无限小距离. 假定 $d$（光程）是由这一位移引起的光程变化. 为了求出 $d$（光程），我们对式（86）求导数. 仅有的变量是 $x_1$ 和 $x_2$，因为 $P$ 处在界面上. $x_1$ 与 $x_2$ 之和当然是常数（因为原子 $a$ 和 $e$ 是固定的），因此，移动 $P$ 时，增量 $\mathrm{d}x_2$ 是增量 $\mathrm{d}x_1$ 的负值. 于是我们有

$$\begin{aligned}
d(\text{光程}) &= n_1\mathrm{d}l_1+n_2\mathrm{d}l_2\\
&= n_1\mathrm{d}(y_1^2+x_1^2)^{1/2}+n_2\mathrm{d}(y_2^2+x_2^2)^{1/2}\\
&= \frac{n_1x_1\mathrm{d}x_1}{(y_1^2+x_1^2)^{1/2}}+\frac{n_2x_2\mathrm{d}x_2}{(y_2^2+x_2^2)^{1/2}}\\
&= \frac{n_1x_1}{l_1}\mathrm{d}x_1+\frac{n_2x_2}{l_2}(-\mathrm{d}x_1).
\end{aligned} \tag{87}$$

在写式（87）时，我们忽略了包含 $\mathrm{d}x_1^2$、$\mathrm{d}x_1^3$ 等高次项. 现在我们假定，$P$ 使 $aPe$ 沿着束；于是，根据费马原理，光程对 $x_1$ 的一阶变分为零，于是式（87）给出

$$d(\text{光程})=0=\left(\frac{n_1x_1}{l_1}-\frac{n_2x_2}{l_2}\right)\mathrm{d}x_1,$$

即

$$n_1\frac{x_1}{l_1}=n_2\frac{x_2}{l_2},$$

或

$$n_1\sin\theta_1=n_2\sin\theta_2. \tag{88}$$

这就是斯涅耳定律.

现在我们来讨论一些基本的光学部件.

**椭球面镜**　在图 9.22 中，我们看到一个空心的旋转椭球面，它有一个镜式反射内表面，而且有一个点光源处在两个主焦点之一的 $F$ 上. 根据椭圆的定义，从 $F$ 到另一个焦点 $F'$ 的距离，对所有路径（除了没有反射的直接路径）都是一样的. 因此，焦点 $F'$ 就是来自 $F$ 的辐射所驱动的椭球表面电子所发出的辐射发生完全相长干涉的区域. 我们把这说成是 $F$ 处的源成像在 $F'$ 点.

$F'$ 处的像不是一个点；靠近 $F'$ 的一点处的合成场的相位与 $F'$ 处的相位相差是

在约 $\pm\pi$ 的范围内，只要该点处在以 $F'$ 为中心、半径约为 $\lambda/4$ 的球以内．因此，这个半径为 $\lambda/4$ 的球大致上就是 $F'$ 处的像的大小．

**凹抛物面镜**　把图 9.22 中的椭球面的焦点 $F$ 和焦距 $f$ 想象为保持不变，而把焦点 $F'$ 向右移，于是椭圆被“拉长”．假如把 $F'$ 向右移动到无限远处，椭球面就化为抛物面．于是，$F$ 处发出的光线就形成平行束（因为它们仍然聚焦于无限远处的 $F'$）．这一情况画在图 9.23 中．

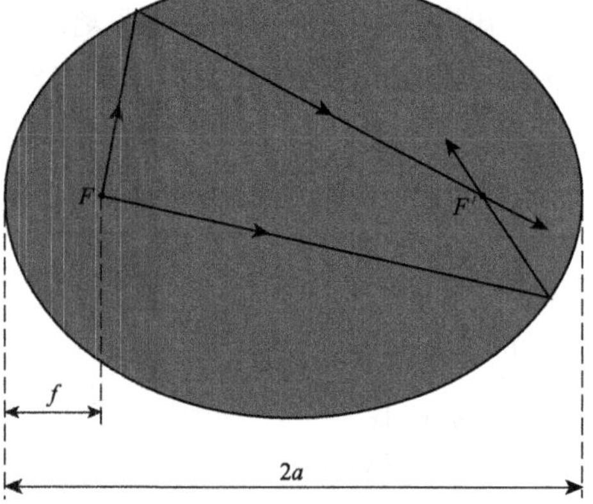


图 9.22　椭球面镜

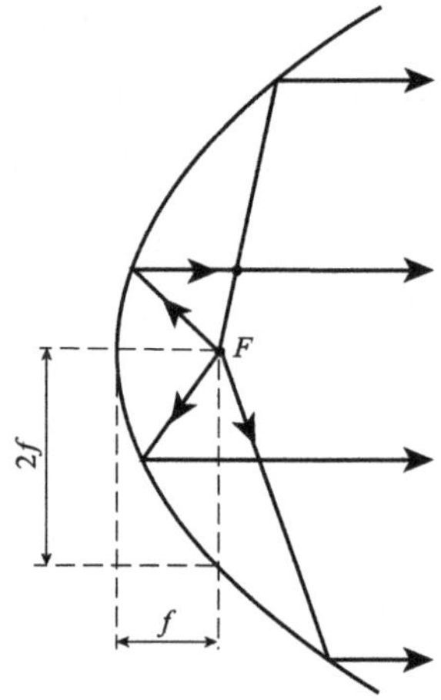


图 9.23　凹抛物面镜

假如这个抛物面镜的孔径直径为 $D$，那么 $F$ 处的点源并不形成理想的平行束．干涉极大的角宽度是 $\Delta\theta \approx \lambda/D$．如果 $D$ 是“无限大”，就得到从点源来的理想平面波．

反之，一入射平面波（在角度精确地确定了的），只有当 $D$ 是无穷大时，聚焦在 $F$ 处的像才是一个点．像的宽度是 $\Delta x \approx f\Delta\theta \approx f\lambda/D$．

**凹球面镜**　如果球面在顶点与抛物面相切，且在此点有与抛物面的曲率半径相同的半径，则该球面称为在抛物面的顶点处“密切”．不难证明，这样的密切球面的半径是 $2f$．（见图 9.24．）

**球面像差**　对于很小的孔径直径，$D \ll 2f$，球面镜基本上与一个想象的密切抛物面镜“相接触”．这时，$F$ 处的点源形成几乎平行的光束．对于大的孔径，球面对抛物面的偏离引起“球面象差”（见图 9.24．）

关于由凹面镜形成的像的讨论，请参看 PSSC

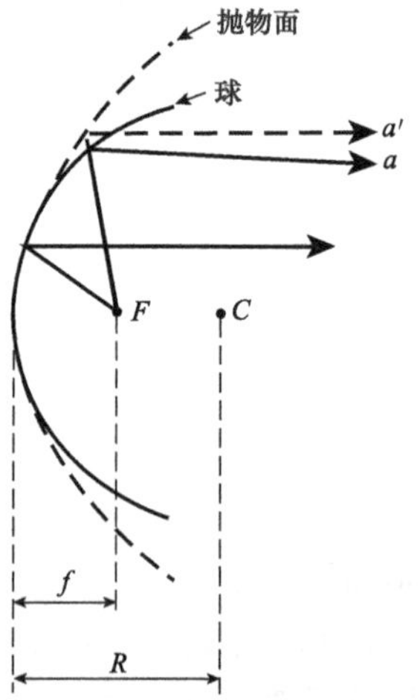


图 9.24　凹球面镜（与一个想象的被紧贴的抛物面镜“相切”）．球的中心在 $C$，半径是 $2f$．被球面反射的光线 $a$ 不平行于轴，被抛物面反射的光线 $a'$ 平行于轴．这是球面像差的图解

《物理》第2版第12章（D. C. 希斯公司，波士顿，1965）⊖. 你去买一块便宜的“修面镜子”，并使（例如）烛火或你的脸在镜中成像，你就能得到关于凹面镜的经验.（亮闪闪的新匙子的匙底差不多也一样能用.）至于有关凸面镜的经验，我们建议你们去摆弄圣诞树坛上的银球.（或者把匙子翻过来.）

**近法线入射在薄玻璃棱镜上的光线的偏转**　“薄”棱镜是这样的一种棱镜，它的楔形顶角 $\alpha$ 很小，使我们可以用小角近似 $\sin\alpha\approx\alpha$，$\cos\alpha\approx1$. 对近法线入射，我们对入射角也可以用 $\alpha$ 角近似. 于是，近法线入射的单色平面波“向棱镜底”偏转一个角 $\delta$：

$$\delta=(n-1)\alpha. \tag{89}$$

偏转角 $\delta$ 是一个独立于入射角的常数，只要我们保持近法线入射. 式（89）很容易按以下方式推导出来（见图9.25）：在棱镜底，波阵面以速度 $c/n$ 行进距离 $l$. 在顶点，速度增大到 $n$ 倍（因为那里的棱镜厚度是零），因此同一个波阵面在相同的时间里行进距离 $nl$. 于是，波阵面在顶部超前距离 $(n-1)l$. 这个距离被棱镜宽度 $W$ 除就是（对于小角）偏转角 $\delta=(n-1)(l/W)=(n-1)\alpha$，它就是式（89）.

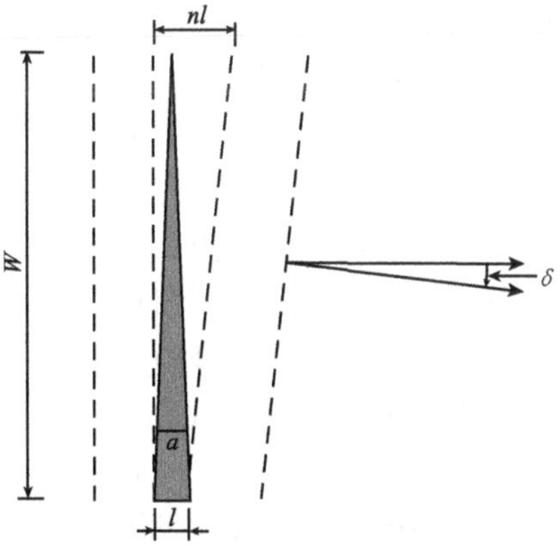


图9.25　薄棱镜引起的偏离

**棱镜的色散**　作为薄棱镜的一个例子，假定 $\alpha$ 是30°（对于这个角度，小角近似对于我们的目的来说仍然不太坏），$n$ 是1.50，那么，根据式（89），偏转角是15°. 这实际上是平均偏转，因为对于具有1.5的平均折射率的典型玻璃，波长0.45 μm的蓝光实际上具有比波长0.65 μm的红光的折射率大大约0.01. 因此，蓝光大约比红光多偏转 $0.01\alpha$. 对于30°的 $\alpha$，蓝光大约比红光多偏转0.3°. 在弧度制中，由于30°大约是0.5 rad（1 rad = 57.3°），因此蓝光比红光多偏转约1/200 rad. 在一块离开30°的棱镜1 m远的屏幕上，蓝光与红光分开1/2 cm左右. 棱镜光谱仪就是利用玻璃棱镜的这种色散效应来分析光谱的. 在含有玻璃透镜的光学仪器中，色散会引起色差，亦即不同颜色的光线不聚焦在相同的地方. 我们可以不用折射透镜，而用一块抛物面镜使光线聚焦，以消除望远镜中的色差.（镜反射定律对一切颜色都成立）. 我们也可以用两种具有不同色散的玻璃来消除色差. 参看习题9.53.

**用薄透镜使旁轴光线聚焦**　假定有一个在空气中的透镜，它的两个凸球面与公共对称轴 $\hat{z}$ 正交. 离轴距离 $y=h$、平行于对称轴行进的光线由左面射入. 如果透镜是“薄的”，我们（根据定义）就可忽略光线通过透镜时引起的 $y$ 的变化；与焦

⊖ 中译本：《物理》，科学出版社. ——译者注

距相比，我们也忽略透镜的厚度．只考虑“旁轴”光线，指的是我们使 $h$ 比两个表面的曲率半径小很多，以便能对一切有关的角度应用小角近似．

让我们来寻求焦点 $F$，即求平行于对称轴的入射光线经透镜偏转后与对称轴的交点，如图9.26所示．我们看出，如果入射光线聚焦于 $F$，则它必然被偏转了一个小角

$$\delta = \frac{h}{f}. \tag{90}$$

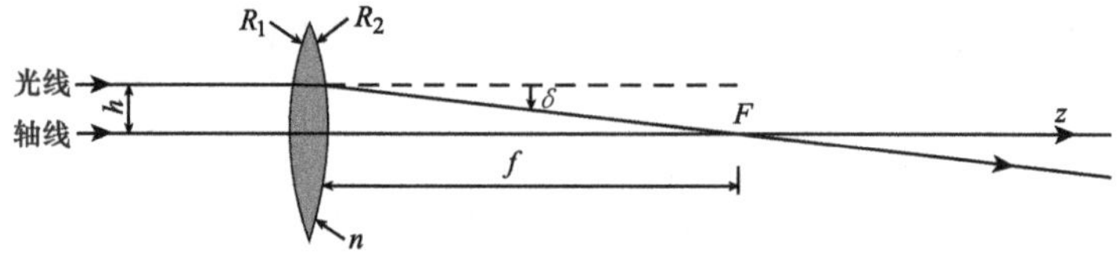


图9.26　薄透镜．入射光线平行于轴

**有一个焦点的必要条件**　于是我们看到，所有的平行的旁轴入射光线有一个共同的焦点的必要条件是偏转必须线性地正比于光线离开轴的位移 $h$．于是，如果式（90）对所有的 $h$ 都满足（当然总是假定角偏转很小），那么，所有的平行光线都将聚焦在透镜后的同一距离 $f$ 处．这个条件对于任何类似的聚焦问题都成立，例如，磁透镜对带电粒子束的聚焦也是如此．

还需要考察的是，具有球面的薄透镜是否满足 $f$ 独立于 $h$ 的式（90）．这可以按以下方式看出：只对图9.26中的光线来说，同样也可能是由一个等效的薄棱镜使它偏转的．第一个表面相对于（光线入射处的）垂直面的角是 $h/R_1$．第二个表面相对于垂直面有一反号的角 $h/R_2$．因此，等效棱镜角 $\alpha$ 是 $hR_1^{-1}+hR_2^{-1}$．等效薄棱镜产生的偏转是 $(n-1)\alpha$，于是得到

$$\delta = (n-1)h(R_1^{-1}+R_2^{-1}). \tag{91}$$

**透镜制造者的公式**　我们看到，式（91）满足焦点条件，也就是说，$\delta$ 正比于 $h$；焦距 $f$ 的定义如下［参看式（90）］：

$$\frac{1}{f} = (n-1)\left(\frac{1}{R_1}+\frac{1}{R_2}\right). \tag{92}$$

式（92）叫作透镜制造者的公式．

**焦平面**　现在考虑一束平行光线，它们不平行于对称轴，而与轴成一夹角 $\theta$．薄棱镜的偏转与入射角无关（对于小角）．因此，在距离透镜中心 $h$ 处射入透镜的光线偏线 $\delta = h/f$，与入射角无关．这就表明，任何平行束聚焦于透镜后面距离为 $f$ 的平面上的一点，这个平面叫作焦平面，而该点在该平面上离开轴的横向位移是 $f\theta$，如图9.27所示．

**点物的实点像**　我们已经找到了平行光束［即从左边无限远处的物点（源）来的光束］的点像．现在，让我们考虑一个物点 $o$，它在会聚透镜左方距离 $p$ 处，试寻找它在右方距离 $q$ 处的像 $I$．令 $o$ 在对称轴上，那么，$I$ 也将在轴上．现在考察图9.28．从图上容易看出，如果从一个由 $o$ 点指向 $+\hat{z}$ 方向的矢量开始，然后作旋

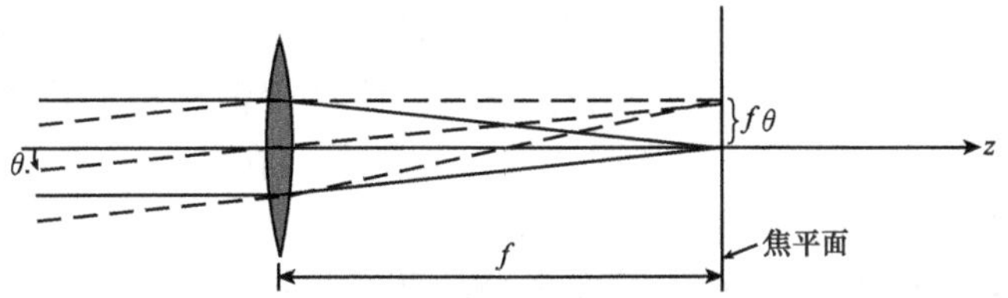


图 9.27　焦平面

转 $+\theta_1$，$-\delta$ 和 $+\theta_2$，就回到 $+\hat{z}$ 轴：

$$\theta_1 - \delta + \theta_2 = 0. \tag{93}$$

**薄透镜公式**　但是

$$\theta_1 = \frac{h}{p}, \qquad \theta_2 = \frac{h}{q}, \qquad 以及\,\delta = \frac{h}{f}.$$

（偏转与入射角无关，始终是 $h/f$.）因此式（93）给出

$$\frac{h}{f} = \frac{h}{p} + \frac{h}{q},$$

即

$$\boxed{\frac{1}{p} + \frac{1}{q} = \frac{1}{f}.} \tag{94}$$

式（94）就叫作**薄透镜公式**.

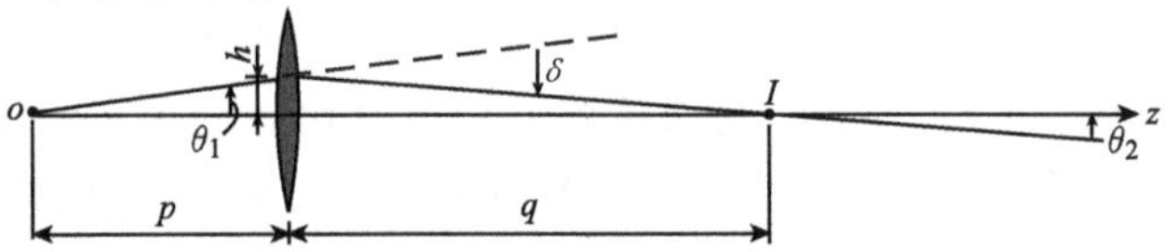


图 9.28　点物的实点像

**横向放大率**　如果使透镜绕通过透镜中心、垂直于图 9.28 纸面的轴做微小的旋转，那么薄透镜引起的光线的偏转角度保持不变. 这时，由物点来的、经过透镜中心的光线仍然没有偏转，而在距离中心 $h$ 处射入透镜的光线偏转了 $h/f$. 因此，如果使透镜绕它的中心做一个微小的旋转，图 9.28 中的物点和像点保持不变.（另一方面，如果使透镜在垂直于它的轴的方向上做微小的平移，那么像点将被平移. 考虑到经过透镜中心的光线不偏转，就可以求得新的位置.）假定我们不使透镜绕它的中心做一微小旋转，而是使透镜保持固定，并且使物点在垂直于透镜轴的方向上做微小的平移，那么，整个光线图就会绕着透镜中心转动（因为，对于近法线入射，偏转与入射角无关）. 于是我们看到，如果物点向上移动一个量 $y$，像点就将向下移动一个比 $y$ 大的量，这个量与 $y$ 的比等于"杠杆臂" $q$ 与 $p$ 之比. 我们将其称作**横向放大率**：

$$横向放大率 = -\frac{q}{p}. \tag{95}$$

式中，负号表示如果物点向上移，像点就向下移. 如果物体不是单个的点，而是一

个有线度的物体，例如有头、尾的小箭，我们就看到，像是倒过来的.

**会聚透镜**　图9.28中画的是一块会聚镜. 距会聚薄透镜的距离比焦距$f$大的物体的像是一个倒立的实像. 形容词“实”指的是，在像处确实有光. 与之相反，通常的平面镜中的像是“虚”像，镜面后没有光.

**虚像**　如果图9.28中的物点是在已画的薄会聚透镜左方距离$f$处，那么，离透镜中心$h$处的光线的偏转恰好是使得在透镜右方形成一束平行光束. 如果物点比$f$更近，那么偏转$h/f$就不足以使光线回向轴上. 因此，光线不再与轴相交，因而没有实像. 这束光线好像是从透镜左方的一个“虚”点射来的. 我们就说，有一个虚像. 参看图9.29. 容易证明（我们将让你们去做），虚像的位置仍然由薄透镜公式即式（94）给出，只要我们把$q$的负值解释为在透镜左方测出的距离.

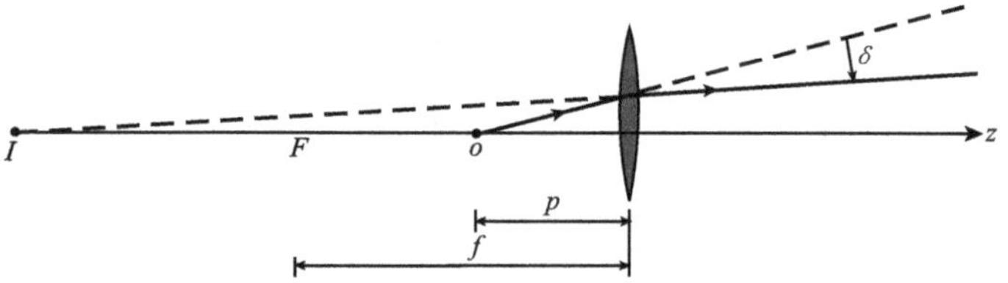


图9.29　点物的虚点像. 物体距离$p$小于焦距$f$

**发散透镜**　如果透镜的中部比边缘处薄，它就是一块发散透镜（假定它是一块在空气中的玻璃透镜）. 如果把透镜想象为是由一些薄棱镜所组成（如同我们曾对会聚透镜所作的那样），那么，每块棱镜的顶点都比底边更接近轴. 光线被偏转离开透镜的轴（不像在会聚透镜中那样偏转向轴）. 从左方入射的平行光束变为从透镜左方的虚焦点发散开来的发散光束，如图9.30所示. 容易证明（我们将让你们去做），所有薄会聚透镜的公式都适用于薄发散透镜，只要对负量的意义做出适当的解释. 因而，如果认为发散透镜具有负的焦距$f=-|f|$，就能用薄透镜的公式把物的距离和像的距离联系起来. 例如，图9.30相应于在公式

$$p^{-1}+q^{-1}=f^{-1}$$

中$p=+\infty$，$q=-|f|$以及$f=-|f|$.

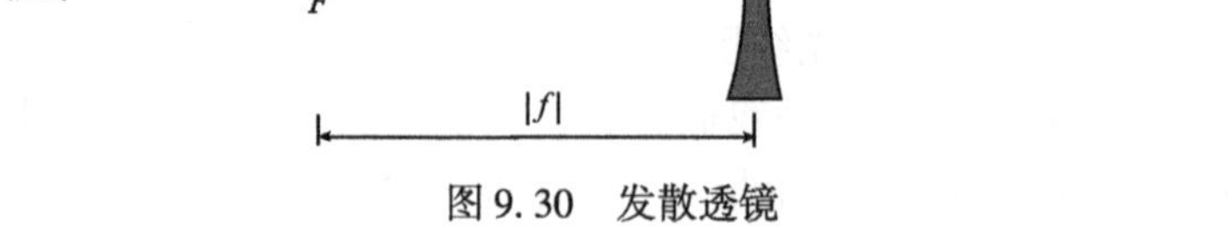

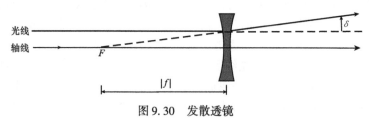

图9.30　发散透镜

**以屈光度为单位的透镜曲率**　焦距的倒数以米的倒数为单位时，叫作透镜曲率，以屈光度为单位. 于是，焦距50 cm的会聚透镜具有+2屈光度（+2$D$）的曲率. 焦距-50 cm的发散透镜具有-2$D$的曲率. 焦距的倒数（曲率）具有很好的

性质．它在以下意义上是线性的：如果一块薄透镜紧挨着另一块薄透镜，两块相接触的薄透镜的总曲率就是它们各自的曲率之和．这容易看出如下，第一块透镜使光线向轴偏转一个角度 $h/f_1$，这里 $f_1$ 对会聚透镜为正，对发散透镜为负．如果第二块透镜放在第一块透镜后面的出口处，那么光线就没有机会改变它与两块透镜的公共轴的横向距离 $h$．因此，它在和它射入第一块透镜相同的距离 $h$ 处射入第二块透镜．于是，第二块透镜产生的偏转是 $h/f_2$．两块透镜产生的总偏转是 $h/f_1+h/f_2$．这是能由焦距为 $f$ 的单块等效透镜产生的偏转，其中 $f$ 满足 $1/f=1/f_1+1/f_2$．因此，总曲率或总的等效焦距的倒数是各个曲率之和．当然，假如两块透镜之间有一段间隔，那么，光线就不像它在第一块透镜上那样在离轴相同的距离 $h$ 处射入第二块透镜．因此，串联的透镜的曲率，只有当我们能忽略两透镜之间的距离时，才能线性相加．

如果你戴着眼镜，你可以把它取下来，在水平面和竖直平面上（大致地）测量每一块透镜的曲率．利用一个远处的点源（或阳光）．如果透镜是正透镜，你就能使源在墙上或一张纸上形成一个像．每一块透镜在两个平面上的焦距是否一样？（如果它们不同，就说明透镜是"像散"透镜，也就说明你的偏离了标准的眼睛是散光的．）

眼睛的透镜到视网膜的距离 $q$ 大约是 3 cm．用米的倒数（$\mathrm{m}^{-1}$）为单位，就得到 $q^{-1}=(0.03\ \mathrm{m})^{-1}=33\ \mathrm{m}^{-1}$，亦即 $q^{-1}$ 大约是 33 个米倒数．对一个 $p=\infty$ 距离处的很远的物体聚焦了的眼睛具有透镜曲率 $f^{-1}$，它由 $f^{-1}=p^{-1}+q^{-1}=0+33\ \mathrm{m}^{-1}=33\mathrm{D}$ 给出．要对距离你眼睛 $p=25$ cm 处的物体聚焦，眼睛的调节肌肉必须增加 $p^{-1}=(0.25\ \mathrm{m})^{-1}=4\ \mathrm{m}^{-1}=4\mathrm{D}$ 的透镜曲率，给出大约 37D 的总曲率．如果你有调节性能很好的肌肉，你就能够使你的透镜曲率增加大约 10D，那么你就能对距离 $p=(10\mathrm{D})^{-1}=0.1\ \mathrm{m}=10$ cm 处的物体聚焦．于是，物体看上去更大，你能更好地看清它的细节．如果你能把它拿到离你眼睛 1 cm 内的地方，并且仍然把像聚焦在视网膜上，物体将显得比它在 25 cm 处大 25 倍；从而你就能分辨为 $\frac{1}{25}$ 的细节．没有一个人有这么好的调节性能．

**简易放大镜** 如果你有正常的视力，你把一件小物体放到离你肉眼 25 cm 处，你就能不费力地观察它．假如物体的高度是 $h$（单位为 cm），它对你眼睛的张角就是 $h/25$（rad），这就决定了视网膜上的像的大小．如果你能够把物体拿得更近些，它将在视网膜上产生一个较大的像．为了保持一个清晰的（即聚焦了的）像，调节肌肉必须增加透镜曲率．这是困难而令人疲乏的．现在使用一块焦距为 $f$（cm）的透镜．把透镜紧靠在眼睛前面．把物体拿近此．当物体处在透镜的焦面上时，物体上的每一点将给出穿过透镜进入你的眼睛的平行光束．这样你就容易聚焦，你的眼睛透镜可以放松了．我们让你们去证明，物体的角大小增加了 $25/f$ 倍（假定是小角，以便你们能够利用小角近似）．参看图 9.31．你们去买一块焦距为 2 cm 或 3

cm 的透镜，把它贴在显微镜承物片上，就可以制作一个便宜的放大镜.

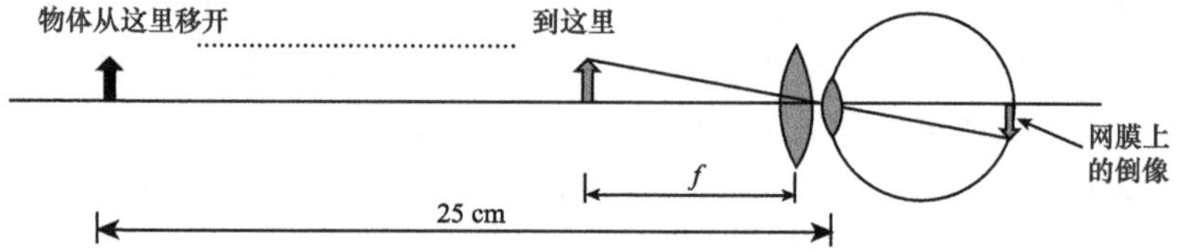


图 9.31　简易放大镜. 放大镜的放大率补充了眼睛透镜的放大率. 可以把物体移得更靠近眼睛，结果得到一个较大的像

**针孔放大镜**　取一片铝箔，在铝箔上作出一个直径约 1/2 mm 或更小些的针孔. 把它放在靠近你的眼睛前. 通过针孔看光源. 你看到一些“漂浮物”，它们是你眼睛里的细胞链的衍射图样. (你眨眼睛试着去消除它们，你就会明白它们不是一种表面现象.) 现在透过针孔观看一张被照得很亮的印有字的纸张. (如果你戴着眼镜，把它取下来. 这时你不需要眼镜，它毫无益处.) 移动纸张使它不断靠近你的眼睛. 注意使你看到的字保持“聚焦”，并且当它靠近时，它被放大！(最后它逐渐模糊起来，因为你的针孔还不够小.) 作一个像图 9. 31 那样的草图，用针孔代替透镜，就容易计算出放大率.

**你是否把物体看颠倒了?**　这里有一个方法，可以使你相信，你的视网膜上的像是颠倒的. 透过你的针孔看一个宽光源. 把一支铅笔尖放在针孔前面，观察它在你视网膜上的影子. 一切皆如预期的那样进行. 现在倒转次序，把铅笔尖放在针孔和你的眼睛之间. 移动铅笔，并注意影子移动的方向！现在画一个草图，并解释发生的现象.

**瞳孔练习**　当你透过针孔看一个宽源 (如天空) 时，你看到一个光亮的圆. 这个圆是你的瞳孔在你的视网膜上的投影. 你可以通过蒙上和敞开你的另一只眼睛 (那只不透过针孔观看的眼睛)，研究你的瞳孔的放大和收缩！当你敞开另一只眼睛，使光线进去，它的瞳孔就收缩. 透过针孔看的眼睛的瞳孔也是这样！你们能容易地发觉这些“和谐的”瞳孔收缩. 注意，当光线强度突然改变时，瞳孔收缩或放大所用的时间数量级为 1/2s.

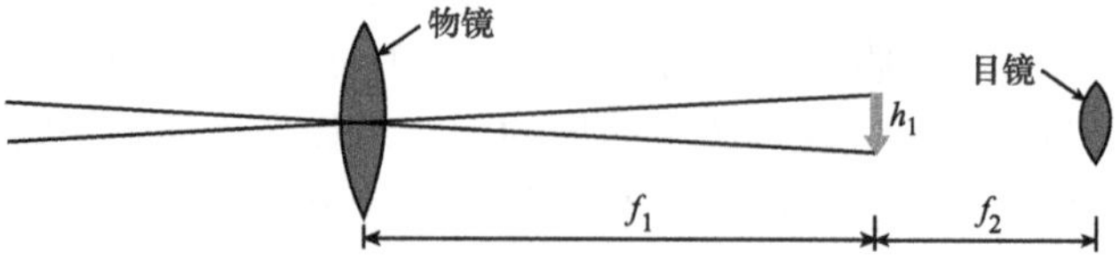


图 9. 32　望远镜

**望远镜**　望远镜由两块透镜组成如图 9. 32 所示. 第一块是“物”镜，它把远处的物体形成一个实像. 在一个很好的近似下，像是处于物镜的焦面内. 假如 $\theta_0$ 是远处物体的角大小，$f_1$ 是物镜的焦距，那么，物镜形成的像的高度 $h_1$ 就是 $h_1$ =

$f_1\theta_0$．望远镜的第二个透镜叫作**目镜**．它实际上是用来观察物镜所形成的实像的一个简单的放大镜．如果把目镜调节到使物镜所形成的像处在目镜的焦面上，那么像上的点就给出一束到眼睛里去的平行光．因此，眼睛是放松的，就像不用望远镜看远处的物体一样．高 $h_1$ 的像在目镜上张开的角大小是 $h_1/f_2$，这里 $f_2$ 是目镜的焦距．它比物体的张角 $\theta_0$ 大，其比值为 $(h_1/f_2)/\theta_0=(f_1\theta_0/f_2)\theta_0=f_1/f_2$．因此，角放大率是 $f_1/f_2$．

**显微镜**　显微镜和望远镜相似，也有一个把物体形成一个实像的物镜和观察这个像的一个目镜，如图 9.33 所示．被观察的昆虫几乎是（而不是严格地）在物镜的焦面上．像被形成在离物镜很远的距离处 $L$，比如说，$L\approx20$ cm．这个距离实际上就是显微镜镜筒的长度．放在距离物镜 $f_1$ 处附近的宽度为 $x$ 的虫子，在像点给出一个宽度为 $h_1=(L/f_1)x$ 的实像．这个像到目镜的距离是 $f_2$，并在目镜处张着一个角 $h_1/f_2$．如果用肉眼观察 25 cm 距离处的虫子，它张的角将是 $x/25$ cm．因此，放大率是 $(h_1/f_2)/(x/25)=25L/f_1f_2$．

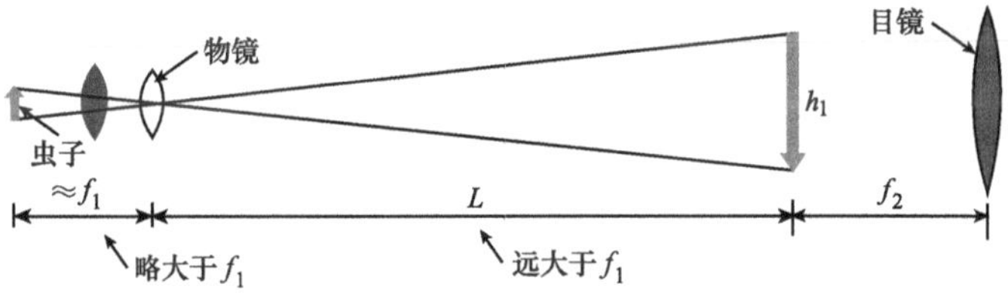


图 9.33　显微镜

**厚的球面透镜或圆柱面透镜**　小的幼儿食品玻璃广口瓶是个很好的圆柱面透镜．（我们推荐巧克力布丁．吃掉布丁，擦掉标签，用水或任何其他透明的液体灌满干净的广口瓶，就可成为圆柱面透镜．）我们在图 9.34 中画出由这种透镜形成的平行光束的一个像．

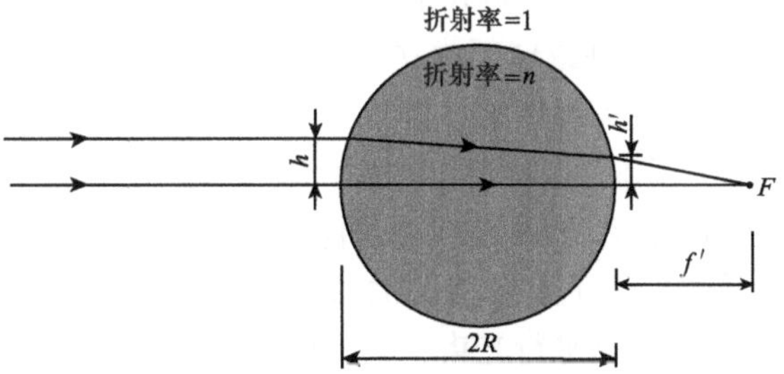


图 9.34　“厚”透镜的例子．焦点 $F$ 落在后表面外的距离 $f'$ 处．折射率：空气 = 1，透镜 = $n$

**在单个球面上的偏转**　让我们追踪通过这种透镜的平行光束．通过球或圆的中心的光线没有偏转．离中心线横向距离 $h$ 处的光线形成一个入射角 $\theta_i$；当 $h/R\ll1$ 时，$\theta_i=h/R$．这条光线在第一个表面处的偏转等于入射角 $\theta_i$ 减折射角 $\theta_r$．对于小的角度，斯涅耳定律 $n_1\sin\theta_1=n_2\sin\theta_2$ 变成 $n_1\theta_1=n_2\theta_2$．于是，**在一个表面上向法线的偏转**为

$$\delta=\theta_1-\theta_2$$

$$= \theta_1 \left(1 - \frac{\theta_2}{\theta_1}\right)$$

$$= \theta_1 \left(1 - \frac{n_1}{n_2}\right). \tag{96}$$

式（96）是普遍适用的（对于小角），而且对于追踪通过复杂体系的光线也是有用的．在这个例子里，我们发现，第一个表面处的偏转是

$$\delta = \frac{h}{R}\left(1 - \frac{1}{n}\right). \tag{97}$$

现在再追踪到后表面上的光线．它比在前表面时更靠近轴，靠近的距离是偏转 $\delta$ 乘以 $2R$．于是，它在距离 $h'$处到达后表面，距离 $h'$是

$$h' = h - 2R\delta = h - 2h\left(1 - \frac{1}{n}\right) = h\left(\frac{2}{n} - 1\right). \tag{98}$$

在后表面，光线再次向轴偏转．由于圆对于弦的对称性，出去的偏转和进来的偏转相同．于是，光线在横向距离 $h'$处，以与轴成 $2\delta$ 角的方向射出去．因此，它将在后表面外距离 $f'$处碰上轴，而

$$2\delta = \frac{h'}{f'}. \tag{99}$$

式（97）~式（99）给出

$$f' = \frac{h'}{2\delta} = \frac{h\left(\dfrac{2}{n} - 1\right)}{\dfrac{2h}{R}\left(1 - \dfrac{1}{n}\right)} = \frac{R}{2}\,\frac{2 - n}{n - 1}. \tag{100}$$

你们可以用式（100）和一只广口瓶测量水或（例如）矿物油的折射率．［式（100）对圆柱或球都成立．］参看课外实验 9. 42.

**列文虎克显微镜**　世界上第一个显微镜只不过是一颗小玻璃球．你们也能制作一个．（你们可以到化学用品商店去买一些透明的小玻璃球．要保证它们是透明的，而不是半透明的．）下面说明它是怎样工作的．把玻璃球紧靠着你的眼睛．把（要看的）虫子放在图 9. 34 中的焦点 $F$ 上．虫子的一点就给出进入眼睛的平行光束．由于它是平行光束，你就能放松你的调节肌肉，而光束将聚焦在视网膜上的一点．虫子上的另一点则将聚焦在视网膜上的另一点．让我们计算这块透镜的放大率．假定虫子具有横向线度 $x_{虫}$．由虫子两端点来的、通过球中心的光线没有被偏转．这就是说，虫子的角大小是 $x_{虫}$ 除以 $F$ 到球中心的距离：

$$\theta_{虫} = \frac{x_{虫}}{R + f'}. \tag{101}$$

这是相应于虫子的两端点在你视网膜上的像的平行光束之间的角度，因此这就是你用这个显微镜“看到”的角大小．当你不用显微镜观看虫子的时候，你必须把它拿到大约 25 cm 远处，才能舒服地使它聚焦．那时虫子的角大小是 $x_{虫}/25\text{ cm}$．因

此，角放大率是

$$M=\frac{25}{R+f'}=\frac{25}{R\left[1+\frac{1}{2}\left(\frac{2-n}{n-1}\right)\right]}$$

$$=\frac{50\ \text{cm}}{R}\left(1-\frac{1}{n}\right). \tag{102}$$

因此，如果 $R=1$ mm 以及 $n=3/2$（玻璃），我们就得到 $M=167$.

**苏格兰岩反向反射器**　如果 $n=2$，那么根据式（98），在横向距离为 $h$ 处射入的傍轴光线，在 $h'=0$ 处射在图 9.34 中所示的球的后表面上．于是，平行光束在后表面上严格聚焦．光束在这里部分被反射，部分被透射．察看图 9.35 即可知道，反射部分最后被转向 180°回到原来的方向上．用银质的反射物涂在后表面上，就可以使在后表面上的透射光大部分被反射回到玻璃中去．

叫作苏格兰岩的反射材料（它利用这一原理）在任何五金店里都能买到．它被用来作成明亮的路标，也有其他用途．用一块放大镜去察看它，你就会看到，它由许多镶嵌在黏性的银亮表面上的很多个小玻璃球组成，然后（对红色苏格兰岩）涂上清净的红色虫胶，或为产生其他效应涂上某些东西．结果表明，人们用玻璃易于获得的最大折射率大约是 $n=1.9$．它很接近于 2，因此它工作得相当好．

现在（1968 年），正在设计"下一代"世界上最大的液态氢泡室，它们（至少其中的一些）将在泡室的底部利用苏格兰岩使光线反向回到它们的源上．你很容易测量苏格兰岩的反向性质．参看课外实验 9.35.

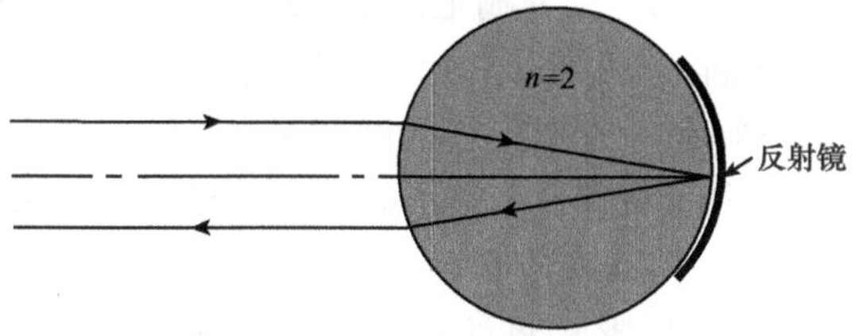


图 9.35　用一个具有折射率 $n=2$ 的理想苏格兰岩反射镜使光线反向

## 习题与课外实验

9.1　近场和远场．不用透镜，要能使用远场近似，你应当离开用可见光照射的、缝距 0.1 mm 的双缝多远？要对两个间隔 10 cm、并发射 3 cm 微波的微波天线使用远场近似，你应离开它们多远？

9.2　一个缝间距为 0.5 mm 的双缝，用从氦-氖激光器发出的波长 6 328 Å 的单色平行光束照射．缝外 5 m 处是一块屏．屏上的干涉条纹的间距是多少？

9.3　相应于平均衰变时间为 $10^{-8}$ s 的原子发出的光的经典波列（波包）的"平均长度"是多少？在通常的气体放电源里，原子并不自由地衰变，而是有一个来源于多普勒增宽和磁撞增宽的有效相干时间≈$10^{-9}$s．相应的经典波列的长度是多少？

9.4 如果可见光的“线”源实际上不是一条线，而是具有1 mm的宽度；要使被照射的两缝适当相干，源必须离开双缝多远？假定两缝的间距是1/2 mm.

9.5 当你勉强能用你的眼睛分辨两盏车前灯时，汽车离开你多远？

9.6 金星的直径约为12 800 km．当它作为“启明星”（或黄昏星）能用肉眼看到时，它大约和太阳一样远，即大约是一万五千万千米．肉眼看来，它好像“比一个点大”．你看到的是否是金星的真实大小？

9.7 眼睛的分辨能力（课外实验）．取两只同样功率的灯泡（比如150 W），一只灯泡有明净的玻璃泡和相当小的灯丝（≈2.5 cm×0.3 cm），另一只是直径≈7.5 cm的磨砂灯泡．通过实验求出你该走开多远，两盏灯的表观大小才会相同．（它应当是走过一条或两条大街那样远．）在这同样长的距离上，比较两只具有相同的实际大小，但功率相差2或3倍的磨砂灯泡的表观大小．你如何解释这个结果？为什么金星看上去比一个点大？（参看习题9.6）．

9.8 衍射光栅的莫阿图样（课外实验）．用一个白色线光源和两个完全一样的光栅．[最好的线源（不少实验要用它）是一个“指示灯”例如，一只40W左右的、在一个明净的玻璃泡里有一根7.5 cm长的直灯丝的指示灯就很好．你的光学工具箱里只有一个光栅，还可以再买到一些光栅.] 使线光源取竖直方向，透过一个光栅（把它靠近一只眼睛）观看，调节光栅的方向，使颜色在水平方向上展开．现在把第二个光栅叠在第一个光栅上．小心地转动它，使两个光栅的一级像严格重叠．只要细心，你就能（在1 min内）成功地获得穿过有颜色的一级像的“黑带”．下面是对它的部分解释．光栅上线的间距是$d$．假定两个光栅平面间的距离是$s$．把它们想象为两个中间隔有一个很小的距离的栅栏，或者把它们想象为两块完全相同、互相平行的屏．在某些角度上，两光栅的刻痕将相互遮住．在另一些角度上，一个光栅的刻痕（的投影）将处在另一个光栅的各刻痕的正中间．在这些角度上，每单位长度（即$d^{-1}$）上的有效刻痕数加倍．现在讨论物理过程：为什么你会得到黑带？这些黑带相应的角度，有效刻痕数是“单的”还是“双的”？给定每个光栅的每厘米的刻线数，即$d^{-1}$，你怎样确定间距$s$？给定$s$，你怎样确定$d$？

9.9 丝袜衍射图样（课外实验）．用一只透明丝（或尼龙）袜和一个白色的点光源．虽然一只很远处的路灯或许也可以充当点源，但是对于这个实验和其他实验，最合适的点源是用一只6 V的手电筒，例如，一只“野营者牌”手电筒，它有一个装有一根长1/2 mm左右的灯丝的灯泡．要获得一个好的点源，得去掉玻璃透镜，并用一块黑布或黑纸（为灯泡剪开一个洞）把抛物面反射镜覆盖起来．或者简单地在反射镜出来的光束的侧面看灯泡．

透过袜子看点源，根据你看到的图样，你就能确定平均线间距和不同角度上的线列数．把它折叠成许多层，再对光源看．你所看到的同心圆图样与X射线的

“粉末衍射图样”相似.

9.10　慢转密纹唱片衍射光栅（课外实验）. 白色点源以近掠射把光投射到一张 33r/min 的唱片上发生反射. 唱片上的密纹成了一个很好的反射光栅. 用唱片粗略地测量红光和绿光的波长. 描述你的方法. 你怎样才能容易地确定零级“镜式反射的”极大？

9.11　哪一侧有刻痕（课外实验）？你的衍射光栅塑料片，一侧是光滑的，另一侧有刻痕. 你用一只油腻的手指在光栅的一侧擦过之后，透过它观看一白色光源，然后把它擦干净，再试另一侧，这样你就能查明哪一侧有刻痕. 怎样解释这种做法？

9.12　考虑图 9.24 所示密切的球面镜和抛物面镜，取 $+\hat{z}$ 的方向（沿对称轴）向右，取 $x$ 垂直于 $z$；把 $x=z=0$ 取在镜子的顶点上.

（a）证明抛物面的焦距 $f$ 由

$$z=\frac{x^2}{4f}$$

给出.

（b）证明球面（当 $x\ll f$ 时）的焦距由

$$z=\frac{x^2}{4f}+\frac{x^4}{64f^3}+\cdots$$

给出.

（c）把孔径直径为 $D$ 和焦距为 $f$ 的球面镜和有相同的 $D$ 和 $f$ 的抛物面镜做比较. 对于球面镜，考虑由球面像差所引起的（靠近孔径边的）“最坏”光线的角偏转 $\delta\theta$.（$\delta\theta$ 是点源来的光线对 $\hat{z}$ 方向的偏转）. 证明，只要

$$D<4f\left(\frac{\lambda}{4f}\right)^{1/4},$$

$\delta\theta$ 就比衍射角宽度 $\Delta\theta\approx\lambda/D$ 小. 因此，（例如）对于可见光和 $f\approx130$ cm 的焦距，只要镜子的直径 $D$ 小于约 9 cm，球面镜就大致上和抛物面镜同样好.

9.13　一块厚度为 $t$、折射率为 $n$ 的玻璃板，放在观察者的眼睛和一个点源之间. 证明，点源看上去好像被移到更靠近观察者，比原来的距离减小约 $[(n-1)/n]t$. 用小角近似.

9.14　“角反射镜”由相互连接、构成长方形盒子的一只内角的三块平面镜组成. 证明，射在角反射镜上的光束不论是怎样的入射角，只要光束射中所有三个镜面，光束就被转向 180°，回到它的原来方向.

9.15　证明，垂直入射在角度为 $A$ 的劈形棱镜一个面上的平面波，被偏转一个角 $\theta_{偏}$，偏转角 $\theta_{偏}$ 满足

$$n\sin A=\sin(A+\theta_{偏}).$$

9.16　直径为 1 cm 的受衍射限制的激光束对着月球射去，月球上被照射区域

的直径有多大？（月球离地球的距离是384 000 km.）光波长取作6 328 Å. 忽略光在地球大气层内的散射.

9.17 单缝衍射图样（课外实验）. 用胶带把一片铝箔的四边粘在显微镜承物片上. 用剃刀片或锋利的小刀划一道缝. 把缝靠在一只眼睛前面，看一个白色线光源.（例如）在一张放在线源后面的纸上画刻度，从而得到一个刻度尺，用它估计中心极大的角全宽. 估计红光波长对绿光波长的比值，这些颜色是用你的彩色明胶滤光片提供的. 使用红色滤光片，用已测得的衍射图样的角宽度. 并假定 $\lambda$ 约6 500 Å，估计剃刀切口的宽度，亦即你的缝的宽度. 如果你有一块放大镜，你就可以把你的缝放在毫米尺上，直接估计缝宽度. 两种比较宽度的办法结果如何？

9.18 双缝的衍射图样和干涉图样（课外实验）. 用课外实验9.17中的技术，作两条间隔为1/2 mm或更小些的平行缝. 使一条缝比另一条缝长1/2 cm左右，那么你略微移动一下缝，就能很快地从双缝图样变到单缝图样. 于是，你就能知道，双缝图样中的哪一部分是由单缝的非零宽度产生的“单缝调制”. 为了易于看出变动缝间距 $d$ 的效应，以一个很小的斜角度在一条缝旁划另一条缝，使它们交叉成一个“V”字形. 你应当划许多缝（你做到第十次时，花10 s就能做一对缝），有些缝将比其他缝好.（拿缝对着光，察看它，如果它是坏的，看看它为什么是坏的.）

9.19 三缝图样（课外实验）. 只有当你用课外实验9.17和9.18中的技术制作了许多好的双缝之后，你才能做这个实验. 平行于前两条缝. 划第三条缝，不要使第三条缝和前两条一样长，以便使你略微平移一下，就能很快地从双缝变到三缝. 试图看到的重要东西是，当加上第三条缝时，强度极大变窄.［你可以买到很高级的一套缝，它包括单缝、双缝、三缝和四缝，还有一些可变宽度的缝以及多到80条缝的阵列，它们全装在叫作科内尔缝片演示器的简便滑座上.

9.20 相干性——“点”源或线源的大小（课外实验）. 用一个宽度已知的（估计过的）单缝. 把红色滤光片放在源上. 站在距离源足够远处，使你获得线条清晰的单缝图样. 现在走近源. 找出单缝图样“褪去”处的距离 $L$，［像在9.4节中讨论过的那样，在手电筒灯泡（假定它是你的点源）灯丝的不同部分变成独立光源的距离处，对于你的眼睛的分辨时间而言这些部分就是不相干的，在这样的距离处单缝图样就“褪去”了.］用你对源和缝的大小的估计，以及你测量到的图样消失处的距离 $L$，应用9.4节中导出的关系式 $d$（源）$D$（缝）$= L\lambda$，估计光的波长.

9.21 相干性——洛埃镜，“保证相干的双缝”（课外实验）. 如果你拿一块普通的双缝放在一只眼睛前面，朝着天空或磨砂灯泡那样的一个宽源看，你不会看到干涉图样. 为什么？现在我们设计一个双缝，你即使看一只磨砂灯泡，它也将产生一个双缝干涉图样. 首先用课外实验9.17中的技术制作一个单缝. 现在取第二块显微镜承物片，把它的边对着第一块承物片（有缝的那块承物片），并使它与缝平行，使得缝在第二块承物片上的镜像平行于第一条缝. 用一大团油灰或橡皮泥把第二块承物片粘在第一块上，使你能轻易地扭动第二块承物片去校准它，而你不去动它时它就不会动. 调节镜子（第二块承物片），设法获得缝和它的“缝像”之间的尽可能窄的间隙，例如1/2 mm. 这样做时，把这个装置放在离你头0.3 m左右的地方，以便当你把它放在一个光亮的背景前面校正镜子时，你可以容易地使你的眼睛聚焦在“双”缝上. 当你具有一个好的双缝时，把这个装置靠近一只眼睛，并对很远距离（即对光源）聚焦. 寻找三条或四条平行于“相干双缝”的“黑色条纹”. 这些是由实缝来的光和像缝来的光之间的相长干涉产生的干涉零点. 像缝当然永远和实缝完全相干.（为什么?）由于相位在反射中被倒转，缝电流和“像缝电流”相位相差180°. 因此镜平面上的条纹是“黑的”，是个干涉零点. 这里有一个应当用实验和“理论”答复的问题：“黑”线之间的“亮”线，是否完全同我们只用一个单缝看到的光亮的背景一样亮？是亮些？还是暗些？

9.22 回形针洛埃镜（课外实验）.（参看课外实验9.21）一只灯泡照明回形针，给出一个光亮的窄线源. 把回形针对着（并平行于）当镜子用的显微镜承物片的棱边. 当你获得了这种间隔小于1/2 mm的所谓“相干双缝”时，把它靠近一只眼睛，并寻找课外实验9.21中讨论过的暗干涉带. 它比课外实验9.21的方法需要更多些练习. 光线必须在镜上接近掠射. 灯光也必须布置得不让光源使你的眼睛看不清干涉图样.

9.23 二维衍射图样（课外实验）.

（a）透过一块普通的窗帘看远处的一盏路灯. 把窗帘转向一边，使投影下来的网间隔变成你所希望的那么小. 问题：直径20 cm（磨砂灯泡）的路灯，要给窗帘的两根邻近网丝相干的照明，灯要离开多远?

（b）透过各种类型的织物（丝手帕、尼龙短衬裤、雨伞等）看一盏路灯，或者看你的手电筒点源.

（c）透过两块你的光学工具箱中现有的类型的衍射光栅，看一个点源. 转动一块光栅，使它的线垂直于第一块光栅的线. 注意，在同两组线成45°处，我们得到一些（相当模糊的）亮点. 这些亮点是用两个光栅的叠加强度不曾得到过的新东西. 当然它们一定来源于两组线的振幅的叠加. 作一个草图，并解释这些“额外的点子”的来源. 两个交叉的光栅产生的衍射图样，与单晶衍射产生的图样相似. 你也许已经看过*L.*杰默为教育发展中心（EDC，以前的ESI）拍制的影片，它演示了单能电子束在单晶表面上的反射.（如果我们想检验一块单晶，那么反射波的技术要比对透射波的技术容易些. 你同样也能从爱德蒙科学公司买到一些反射栅. 它们除了涂了一层银用以增强反射而外，就像你的透射栅一样.）

9.24 衍射光栅——彩色滤光片的通带. 用你的衍射光栅，按如下的方法测量通过你的滤光片的红色波和绿色波的波长. 把一个线（或点）源挨着墙或挨着门放着. 在墙上离源的一侧0.3 m处作一个标记. 用滤光片遮住你的光栅，（或者把滤光片罩在源上，不过不要把它熔化了!）透过光栅看源. 对着源来回走动，直到所关心的颜色看上去和你在墙上的标记叠合时为止．测量相应的距离并计算 $\lambda$．这样校准透过你的红色、绿色、紫色滤光片的光的波长．记录下这些结果．（于是，如果你想做的话，你就可以用你的滤光片和光栅，求出其他颜色的光的波长，而不必重复这个实验中的几何测量）．

9.25　光谱线（课外实验）．倒一些食盐在一把潮湿的小刀或匙子（做此实验，可能要损坏它）上．把小刀放进煤气炉的火头里，透过你的衍射光栅看黄色的火焰（夜间在一个黑暗的屋子里这很容易的）．注意，黄色的钠火焰的一级（和较高级）的像，和零级"直接"像一样明锐、清晰．那是因为，这个黄光是带宽窄的"光谱线"．（实际上，钠的黄光是两条波长为 5 890 Å 和 5 896 Å 的"双线"．）现在看一支蜡烛．在零级上，它看不出与钠的火焰有很大的差别；它们都是黄色的．但是在一级衍射像上，烛火的颜色拉得很宽，而钠火的仍然很明锐．由炽热的碳粒子产生的烛火的"黄色"，有遍及（并超出）整个可见光区域的波长谱．

下面是其他一些明锐谱线的简易源，透过你们的光栅观看它们：

水银蒸气：荧光灯、水银蒸气路灯、太阳灯．（太阳灯使用方便，它可以直接旋在一个普通的110 V 的交流灯座上．它大概是最便宜的水银蒸气谱线源．

氖：为数众多的广告灯．氖有大量谱线；你们看到"很多特征谱线"．便宜的宽阔的单色源是NE-34 号 G. E. 灯泡，它可以直接旋在110 V 交流灯座上．此外还有，"回路连通测定器"，它可以插在任何的墙插座上；以及氖"夜灯"．

锶：氯化锶盐（价格大约25 美分/盎司，在化学供应商店可买到）；使它在几滴水中溶解，用你的破匙子把它放进煤气火焰里．这个红线的波长就是著名的长度标准．

铜：硫酸铜；来源和技术同氯化锶一样．它产生美丽的绿光．

烃：观看你的煤气火焰的一级光谱．就中有一个明锐、清晰的蓝色像，和一个明锐、清晰的绿色像．因此，火焰的"蓝"色是由一个或几个几乎是单色的谱线产生的．

9.26　单色卫生纸（课外实验）．烧一张卫生纸，透过你的（和往常一样，拿到靠近一只眼睛前的）衍射光栅观看它．注意那美丽清晰的"一级火焰"．它表明，柔和的黄光几乎是单色光，它只带有很少的一些由炽热的碳产生的"白光"的色谱．你所看到的黄光，是（我们希望）你已经熟悉的波长为 5 890 Å 和 5 896 Å的钠双线．

既然你已认清"钠的黄光"，再点燃一根普通的纸制火柴，并用你的光栅观看它．极大部分光是"炽热的碳的黄光"，它不是真正的黄色光，而是一个完整的"白的"颜色光谱．但是再仔细看！在炽热的碳光谱的黄光部分里，在下面紧靠着火柴纸片，这里的火焰看上去像"蓝色的"——即在亮得耀眼的炽热的碳光谱下面——你是否看到一个很小的卷曲的、明晰的单色火柴火焰？如果你没有看到，你再试一下！现在再烧其他的东西，并观看它．你很可能得出结论，所有的东西都是由盐制成的，或至少是含有盐的．

9.27 法布里-珀罗条纹（课外实验）．世界上最便宜的，几乎是单色的普通光源，可以由燃烧一卷卫生纸得到．你可用这个源看到法布里-珀罗条纹．燃烧纸．（屋子应当是黑暗的．也许，你还得顺便弄些水！）透过火焰，观看从近法线入射在一块玻璃（显微镜承物片或画框玻璃）上的火焰的像．你会看到指纹状的条纹．如果玻璃是光学平坦的，条纹将是以你眼球为中心的一些圆；在任何情况下，你都能容易地看到它们．如果你有一只煤气炉或本生灯，你在潮湿的小刀上洒些盐水把它投进火焰里，你就能得到更亮的单色钠源．于是，甚至在白天，你也能看到法布里-珀罗条纹．使用 NE-34 号 G. E. 氖灯泡，作为观看这种条纹的合宜的、稳定的、宽阔的单色源．

9.28 硬纸板管分光计-夫琅禾费谱线（课外实验）．用一个 45 ~ 60 cm 长的硬纸板管．把你的衍射光栅安置在一头上．把一个单缝安置在另一头．缝最好是用两片单面的剃刀片制成．用胶带把一块刀片粘牢在它的位置上；用没有硬化的油灰（任何五金店里都买得到的配窗用的混和物）把另一把刀片粘上，使你能容易调节它（要分辨率高，就使它窄一些；要比较明亮，就使它宽一些）．观看课外实验 9.25 中描述过的光谱．

问题：你是否能用这个分光计分辨钠双线（波长为 5 890 Å 和 5 896 Å）．

[答：不能．因为这个光栅产生的线间隔，恰好大致等于你眼睛瞳孔里的衍射产生的像的宽度．]

你是否能用一个更长的硬纸板管分辨它？

[答：不能．有两种提高分辨力的方法．一种方法是，取一个具有更小的线间距 $d$ 的光栅．另一种方法是增加使用的线条数，也就是增加所用的光栅的宽度 $D$．根据以上的设计，$D$ 是你瞳孔的宽度，大约是 2 mm．如果你再增加一只物镜直径 2 cm的望远镜，再假定进入物镜的所有光线都进入你眼睛的瞳孔，然后把衍射光栅放在物镜上，你的角分辨率 $\lambda/D$ 就增大了十倍．]

用这种简单的分光计．你能在太阳光谱里看到夫琅禾费线．在有阳光的日子里，到外面去．把半打白纸堆叠在地上（要不止一层，这样就使它“尽量白”．）用你的分光计观看这堆阳光照着的纸．用一件大衣或一条毯子盖在你头上挡住光；否则你很难看到一级光谱．再用管子的边去“掩盖”亮得耀眼的零级光．把缝调节到 1/2 mm 左右．寻找三条、四条或五条穿过连续的太阳光谱的暗线．如果你什么也没有看到，那么继续试验，如调节缝宽度，以得到合适的强度．另一个技术是，用几层蜡纸盖着缝，使用一个很窄的缝，朝着太阳附近的天空看，靠分光计对着太阳的远近不同，就可以变动强度．

你看到的暗的夫琅禾费线是吸收线．太阳外层气幔上的比较冷的原子，被炽热的太阳发出的连续光谱驱动．相应于原子的自然共振的那些频率，激发原子．它从连续谱中取走了共振频率的能量．外层大气实际上在这些频率上是不透光的，因此光谱在太阳光被完全吸收的颜色处有一些相应的“黑线”．一些最容易看到的线，是铁、钙和镁产生的，在黄色、绿色之间的一些相距很近的线；氢产生的蓝色、绿色中的H线，和烃产生的蓝色中的几条相距很近的线，与你用煤气火焰看到的发射谱线相似．钠D线也出现，不过很难看到（至少对于我）．要想知道在什么位置上找到它，那么就把盐倒在煤气火焰上，观看钠的发射谱线．它就是夫琅禾费光谱上“失去”的颜色．

9.29　水波的衍射（课外实验）．用一只在一透明灯泡内具有很小的灯丝的白炽灯，从上面照着浴缸，以便获得线条清晰的影子．轻轻晃动横放在水缸尽头的一根浮着的木棍或一块木板，产生行波，它们是“直波”——平面波的二维类似．把一只咖啡杯漂在上面，作为挡波的障碍物．估计杯子“影子”在下游的复原距离．假定你不知道杯子的直径．通过实验，用水波波长 $\lambda$ 乘上“复原”长度 $L_0$，并取平方根，（近似地）确定它的直径．（我们假定你们知道这个公式是从哪里来的．参看9.6节）．这是求出原子核直径的一种方法——通过测量它们的衍射“截面”．（注意：用我们所提出的粗略技术，要测量水波的波长，是相当困难的．比较容易的是，以可重复产生的频率（尽可能快）摇动木棍，然后测量频率．于是就可以从水波的色散关系求得波长，如4.2节中所列出的．）把你用截面测量的杯直径同直接的测量相比较，结果怎样？

9.30　从远距离点源来的“平面波”有多宽？我们经常说，远距离的点源来的行波，“像是”一个垂直于从点源到场点的射线的“有限区域中”的平面波．这个区域的范围多大？假定源在距离 $L$ 处，而且我们想考虑一个垂直于从源出来的射线的半径为 $R$ 的圆形平面区域．要使圆心和圆边缘的相位相差不到 $\Delta\varphi$rad，$R$ 可以有多大？

［答：圆心的相位超前于边缘的相位（中心离源较近）的数量为 $\Delta\varphi=\pi R^2/L\lambda$．因此，在圆的面积与 $L\lambda$ 相比很小的范围内，整个圆平面上的相位“相同”．］

9.31　目前世界上最大的抛物面射电天线是在西弗吉尼亚州绿岸镇的美国国家射电天文台，它是一个直径90 m的抛物面盘．对于著名的21 cm的氢辐射，用rad和（′）为单位（天文学家所用的单位），它的角分辨是多少？［答：一个点源看上去像距离90 m处的一只排球．］

9.32　望远镜的“出射光瞳”．假定你有一只由一块物镜和一块目镜组成的简单望远镜．角放大率是 $f_1/f_2$，这里 $f_1$ 和 $f_2$ 分别是物镜和目镜的焦距．证明，从远处的物体来的、射在非常大的直径的物镜上的光线，并不都进入你的眼睛．并证明，实际上，物镜的“有用直径”大约是你的瞳孔直径的 $f_1/f_2$ 倍．于是，在一只八倍的望远镜里，如果出射束是宽度为4 mm的平行束（是你眼睛的瞳孔宽度的两倍，这样使你的眼睛不必完全准直排列，而且使视场内的离开轴上的各点也能把所有的光传入你的眼睛），物镜的直径应该是32 mm．更大的直径是对物镜的浪费．

9.33　眼睛瞳孔的大小和脑力活动（课外实验）．如果有人给你看一张美丽的照片，根据爱克哈特·H．赫斯在《科学的美国人》（1965年四月号）46页上所说，你的眼睛的瞳孔的直径可能会增大30%．这样大的变化是很容易在你自己的瞳孔里探测出来的，办法是和9.7节中讨论的一样，用一片有针孔的铝箔遮住一只眼睛，用一个很亮的光源照射针孔．也许，由于你在想事情，就能改变你的瞳孔大小，而且这个改变同你在想些什么有关．可以让另一个人读点什么东西给你听（集中注意力听，而不要注意瞳孔的大小．）来做这个实验．

9.34 不透明的障碍物引起的衍射．为做好这个实验，要有一个白光点源，它由一只取下透镜和用黑布覆盖反光镜的6 V的手电筒组成．（灯丝的尺寸是1/2 mm左右．）源至少应该离开障碍物3 m，这样你才能在针孔大小的障碍物上得到相当好的“相干平面波”．检测“屏”是一块涂上一层苏格兰半透明魔力修补胶的显微镜承物片．把屏放在你面前0.3 m处或者是你发现看起来舒服的任何其他距离上，使物体的影子落在屏上．你的眼睛应该和光源以及屏上的像几乎排成一直线，以便利用从半透明的屏上以小的角度（几乎是朝前的方向）散射过来的大强度．除了观看美丽的条纹之外，实验的另一个目的是（粗略地）研究“影子长度”$L_0$这一概念，它由$L_0\lambda \approx D^2$给出，这里$D$是障碍物的宽度．尤其是要观看一根针（如果针宽度是1/2 mm，则对可见光$L_0 \approx 50$ cm,）和一根人的（你的）头发．［我的头发的宽度大约是1/20 mm．它给出$L_0 \approx 1/2$ cm.］

首先考虑针．把屏放在针的下游5～6 m处．于是衍射像就会足够大，以致你不必要用一块放大镜．轻微地晃动屏可能会有好处，这样可以消除魔力修补胶的不规则性引起的效应．注意看针头“影子”中心的有名的亮点和针杆中部的亮线．亮点或亮线比光亮的屏本身（完全在像外面的一点上）亮一些还是暗一些？接下来观察针的像，屏在离针下游仅5 cm处．（除非你有极好的眼睛，你需要一块放大镜．）注意，影子完全是黑的，在中心没有亮点．那是因为你比$L_0$近得多．像我们在9.6节中的讨论所预期的那样，在边缘处，它显示出条纹．

接下来考虑人的头发．把屏直接放在头发后面（即下游1 mm左右）．用一块放大镜观看影子．它应当是细致的、黑的，因为$L$和$L_0$相比很小．现在放到几厘米的距离处．你应该看到细致的条纹．放到下游5 m和6 m处．它是$L_0$的数百倍．根据我们的讨论，影子实际上应当“复原”，因而头发的像很难在由原来的光的背景上看出来．你们的眼睛是一个很灵敏的衬比探测器，因此你会看到一些东西．观看其他东西，如小刀刀口、铝箔上的孔等．

9.35 苏格兰岩（课外实验）．你在五金店里能买到一段红色苏格兰岩的黏性胶带．它被用来作装饰、安全反射镜、汽泡室等．用放大镜观看它．粘一段在墙上，用手电筒的光束照着它，把手电筒放在正对着你的鼻子的前面，使用能看到向后转了180°的光线．现在，仍然让光束照着胶带，同时慢慢地把手电筒移向一侧．这样你就能估计被反向的光束的角宽度．你为什么预料到有某种角宽度；也就是说，为什么不产生完全的反向呢？

9.36 相干和偏振．从非偏振的点源发射出光线．它先通过一个容易透射轴在

与 $x$ 和 $y$ 轴成 45°角的线偏振片，然后入射在一个双缝上．在每一条缝上罩着一个线偏振片，一条缝具有沿 $\hat{x}$ 方向的偏振轴，另一条缝具有沿 $\hat{y}$ 方向的偏振轴.

（a）假定你用肉眼观察干涉图样，你是否预期有通常的双缝干涉图样？你预期的是什么？

（b）接着假定你在一只眼睛前拿着一个线偏振片，观察干涉图样．你预期会看到什么？当你在你眼前转动偏振片时，会发生些什么？

（c）现在假定，你把一个圆偏振器倒过来当作分析器，通过它观看图样．你预期会看到什么图样？

你可以对这个问题做许多细微的改动：（i）把一个右旋圆偏振器放在一条缝上，把一个左旋圆偏振器放在另一条缝上；并重复上述各观测．（ii）紧靠缝后加上一个四分之一波片或半波片，等等.

9.37　双缝干涉仪．假定你用一块显微镜承物片遮住双缝中的一条缝，另一缝不用东西遮盖．如果承物片的厚度是 1 mm；证明，波长 5 000 Å 的单色光，在一条缝中相对于另一条缝推迟大约 1 000 个波长．如果要使双缝图样没有消除，那光线必须是相当单色的．要使两条缝上的相对相移，从波长带的一边到另一边相差小于 180°，需要多窄的波长带（以 Å 为单位）？你怎样才能用这一事实测量谱线的带宽？（你要测量什么，并对什么作图，以及你怎样从图上获得带宽？）

9.38　针孔放大器．推导针孔放大器的放大率公式．按下面方式检验公式：在一张纸上相隔 2 cm 处做两个记号，在另一张上相隔 2 mm 处做两个记号．把一个针孔放在一只眼睛前，另一只眼睛没有东西遮盖．两张纸都要从后面照射（至少这是最易于观看的）．两只眼睛都睁开，用一只眼睛透过针孔看 2 mm 的记号，并用你的另一只眼睛看 2 cm 的记号．把 2 mm 的记号拿近，直到你用你的两只眼睛使两组记号相叠合．测量相应的距离.

9.39　眼睛里的漂浮物（课外实验）．用宽源照射铝箔上的一个针孔，研究漂浮物．当你看到一个漂浮物时，试着眨眼睛去消除它．能够把它消除吗？“转”你的眼睛一、二次，你就看到漂浮物打圈圈！现在想办法搞清，它们离瞳孔近，还是离视网膜近：改变针孔到你眼睛的距离，光圈的大小就起变化（作一个有助于说明原因的草图）．任何与瞳孔相同的位置上的物体，表观大小会与瞳孔的投影改变有相同的比例．（为什么？）视网膜上的（或靠近视网膜的）任何东西，根本不会改变表观大小．（为什么？）漂浮物是怎样的？它们离视网膜近，还是离瞳孔近？现在设法估计它们的长度和直径．为了估计直径，把它们同在小孔和瞳孔之间放在你的瞳孔前的一根人的（你的）头发做比较．为此，你要有一个极其小的小孔，比你用一枚针易于制作的还要小．把一张铝箔皱起来，然后弄平它．寻找一个偶然出现的小孔．（你能辨别它是否很小——只有很少的光强透过就是很小.）现在观看一根头发．你应该看到它的影子，以及看到它边缘处的细致的衍射条纹．把它的大小和漂浮物的大小做比较．它们是否比头发细？（注意：人的头发的直径大约是

1/20 mm，即 50 μm（微米），一个典型的红细胞的直径为 5 μm 或 6 μm.）

9.40 弹子（课外实验）. 到玩具店去买一些玻璃弹子. 其中的一颗可以用作列文虎克放大镜. 把点光源放在 1 m 左右远处，用一颗弹子把它聚焦成一“点”. 焦点在弹子外多远？玻璃的折射率是多少？（换句话说，如果你取 $n=1.5$，焦点的位置是否和 9.7 节中推出的结果一致？）观看某一很小的东西. 用课外实验 9.38 的技术测量放大率.

9.41 平凸透镜. 平凸透镜有一面是个平面，另一面是个球（或圆柱）面. 推导从透镜的平面一侧入射的光线的焦点位置的公式.

9.42 测量液体的折射率（课外实验）. 用一只空的玻璃广口瓶，例如，幼儿食品广口瓶.（你也可以用一只坏了的灯泡的透明玻璃泡.）把注满透明液体的广口瓶竖直，从一侧照明它，我们就得到一个如 9.7 节中讨论过的厚圆柱面透镜. 使一只灌到半满的广口瓶平躺着，它就是个平凸透镜，平的一面是液体的表面. 用一点源或线源从上面对它照射. 测量焦点的距离. 用适当的公式求出折射率. 用水、酒精、矿物油做试验.

9.43 卫星照相机. 据报纸说，我们现在有一个卫星，它携带能分辨直径 0.3m 的物体的照相机. 如果卫星在约 241 km 的高度，透镜的直径必须多大？

9.44 反透镜（课外实验）. 一只充满空气并浸在水中的幼儿食品广口瓶是一个发散透镜. 用一只有玻璃侧面的鱼缸，或用一只普通的盘子，它有一个能把竖直向下的手电筒光束变成水平方向的光束的镜面. 在水里放一点牛奶，使你能看到光束. 用一只被一张有偏心孔的不透明硬纸板遮住的手电筒，获得合适的铅笔大小的光束.（手电筒灯泡通常在顶端是不规则的. 而且你也不需要从灯泡来的直接光，它的强度随距离平方的倒数下降；你要的是从抛物面反射镜来的平行光束.）你把牛奶悬浮在水中，以便看到光束，就可以研究空气、矿物油和玻璃的透镜.

9.45 颜色混合. 你的眼睛和大脑不对光做傅里叶分析（不像你的耳朵对声做傅里叶分析的方式）. 但是只要通过几次实践，你就能认识，单色光产生的颜色和混合波长产生的颜色之间的差别. 必理学上，“白”是一种“颜色”. 可是，衍射光栅告诉你，它是整个可见光波长的光谱.

（a）透过紫色滤光片观看东西，紫色滤光片让红色和蓝色光通过，但吸收绿色光.

（b）透过衍射光栅，观看两个相互独立的白色光源——线源或白炽灯泡. 变动你到两个源的距离，直到右边灯泡的左面的第一级谱能和左边灯泡的右面的第一级谱相叠合时为止. 于是你能叠合任何两个波长，并看到会得出什么样的“心理学”颜色. 为了叠合两个“纯”波长，你应该用两个线源（即指示灯）. 这样就得到一些美丽的颜色. 试做这个实验！（约瑟夫·多依尔提出了这个实验.）

9.46 一个点物离开一块曲率为一屈光度的正透镜 2 m. 像在什么地方？（物在透镜轴上.）

9.47 一块薄透镜当放大镜用，放大率是5．第二块薄透镜的放大率是7．当用两块透镜时（一块透镜紧挨着另一块透镜），这个放大镜的放大率是多少？是35？还是12？2？

9.48 纵向放大率．证明，在薄的正透镜轴上的一个点物，如果沿着轴移动一个距离 $dp$，那么像在同样的方向上移动 $dq$；这里 $dq$ 的大小是 $dp$ 的 $q^2/p^2$ 倍.

9.49 焦点景深．距离 $p$ 处的一个点物，在直径为 $D$ 的薄透镜后面距离 $q$ 处的照相胶片上，聚焦成一个点像．其他在距离 $p+\Delta p$ 处的点不会被聚焦在胶片上．它将在到达胶片之前（或之后）经过它的焦点，并将在胶片上产生一个“模糊的圆”.

（a）证明，不聚焦的点在胶片上的模糊的圆的直径 $d$ 为 $d\approx D(q/p^2)\Delta p$．于是，对于一个给定的“尚可忍受的”模糊的圆，亦即对于一个给定的 $d$ 值，和给定的 $q$ 和 $p$ 的值，“焦点景深”反比于透镜直径 $D$．小的 $D$ 给出一个大的焦点景深．焦距被直径除叫作“$f$ 数”．于是，大的 $f$ 数表示，在透镜上小的孔径“光圈”直径，从而产生一个大的焦点景深．对于等于零的 $D$，我们就有一个“针孔照相机”；于是这个公式表明，焦点景深是无限大．你验证，在某种程度上，当你用你的针孔放大器时，就发现，从 $p\approx 1$ cm 到无限远处的任何东西都在“焦点上”，你并不需要调节你的肌肉来聚焦.

（b）如果 $D$ 变得太小，我们就不能忽视衍射．证明衍射产生一个 $d\approx q\lambda/D$ 的模糊圆．现在假定你不受照相底片上的“颗粒密度”，或有关底片的任何其他东西的限制．再假定你也不受强度（它可能要求大的 $D$）的限制．把 $d^2_{平均}$ 定义为来自焦点景深和来自衍射对 $d$ 的二项贡献的平方之和．把 $d^2_{平均}$ 作为透镜直径 $D$ 的函数，保持其他的东西不变，求其极小．证明，对于给定的 $\lambda$、$p$ 和 $\Delta p$，最不模糊的像是由 $D$ 得出的，其中 $D^2=\lambda p^2/\Delta p$.

（c）忘掉衍射．假定你同时给两个人照相；一个人离开你 4.5 m，另一个人离开你 7.5 m．透镜焦距是 10 cm．你希望两个人上的模糊圆“在物体空间上”的直径都比 1 mm 小，亦即“人的”模糊圆直径比 1 mm 小．求出所需要的 $f$ 数．（用粗略近似；例如取 $p\approx 6$ m 作为平均.）

（d）在（c）项的几何中，衍射是否使像变得很坏？

[答：$f$ 数 $\approx 50$．衍射对模糊度的贡献，大致同焦点景深的贡献一样大.]

9.50 音叉的辐射图样——四极辐射（课外实验）．拿一只振动的音叉靠近你的耳朵．绕着它的长轴（把手的轴），使它快速转动，并倾听强度的极大和极小．把叉固定在一个管子的一头，这个管子事先已调到和音叉共振．绕着叉的长轴，慢慢地转动它．在旋转的 360° 中，你会发现四个零强离的角和四个强度极大的角．固定住音叉，使你处在零强度中．在不变动音叉和管子的相对位置的情况下，插进一片硬纸板，使管端的一半关闭，管子对音叉的一股提供向下开放的途径，而另一股就给挡住了．这时会发生些什么？为什么？现在把两个音叉相互敲击，在管子的每端处各固定住一个音叉，并注意听节拍. 当你建立了节奏后，把一个沿着它的长轴扭转 90°，你就从一个强度极大的角变到下一个强度极大的角. 节拍就不再继续“合拍”. 刚扭转过之后，在应该有一个拍子的时候，出现了两个拍子，以后拍子继续与原先的节奏不合拍. 除非你的听觉对保持稳定的节拍很敏感，否则你就难以觉察出新拍是不合老拍的，但是你应当不难听出你转动音叉时出现的“额外”节拍.（如果你数“1 加 2 加 3 加…”，1、2、3…数在拍的极大上，而“加”在零点上，这将对你有所帮助；于是，就不会使你受到你转动音叉时听到的东西的影响.）

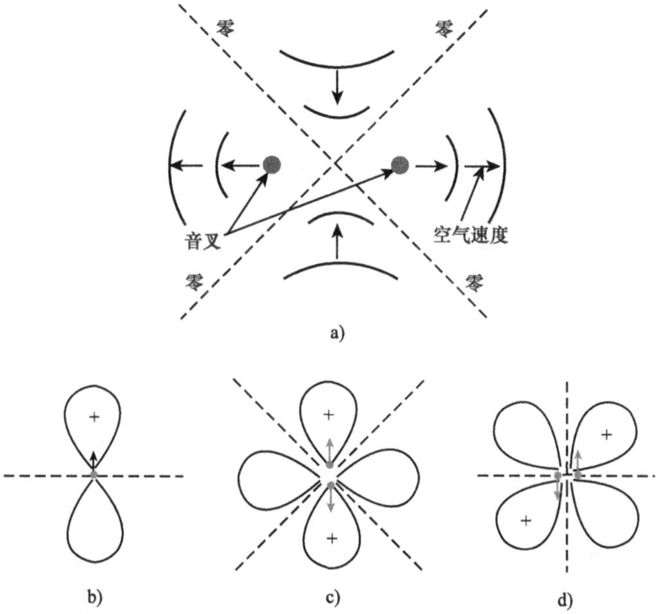


图 9. 36　音叉的辐射图样

a)、c)、d) 四极　b) 偶极

怎样解释？想想音叉是怎样对邻近的空气起作用的. 当两个股在离开时，它们把空气从股的外侧推开，同时给被推开的空气一个向外的速度. 与此同时，在两股之间的区域里形成了小量的空气亏缺，因为，当两个股向外扩展时，在它们之间留出了更多的空间. 空气从侧面冲入以填补空缺. 于是，对于处在两个股的平面上的空气，感生的空气速度向外，对于处在穿过两个股之间的平面上的空气，感生的空气速度向里. 在下一个半周中，股相互靠拢；股平面上的空气被往里吸，股之间平面上的空气则被挤了出来. 在这些方向之间的某处，必定有一个方向，其上的感生速度是零，亦即，速度图样在此有个节点. 这是你转动音叉时出现的四个极大和四个极小的一个解释. 图 9. 36 上所画出的辐射图样，是当股正在向外移的那个时刻的图样. 像这样的辐射图样，叫作四极辐射图样. 如果你只有一个股，而非两个股，那么极大和极小以及相对相位的辐射图样，就应当属于偶极辐射图样. 如果你取一个振荡着的偶极子（这里是声波偶极子，不过这个思想也可以用到无线电波或任何其他类型的波），把它的辐射叠加到一个相同的偶极子上，这个偶极子略微离开一个距离，并以相对第一个偶极子落后180°的相位振荡着，你就得到一个四极辐射. 根据相对于单个偶极子的波的图样的位移方向的不同，你能得到许多不同的四级图样. 但它们都有这些共同的特点：有四“叶”强强度，在强强度处我们得到来自两个偶极子贡献的相长干涉；相邻两叶的相位相差180°；叶之间有波节.（偶极图样只有两个叶和两个波节.）图上画出一个偶极图样和两个四极图样：图样9.36b所示是一给定时刻的偶极辐射波函数的极图；图样9.36c所示是通过叠加两个偶极子得到的，这两个偶极子沿着偶极叶的方向彼此间相对地略有移动，并以相差180°的相位振动；它是音叉的图样. 图样9.36d所示是通过叠加两个偶极子得到的，这两个偶极子沿着两偶极节点的方向彼此间相对地略有移动，并以相差180°的相位振荡.

9.51　假定你用面积为 $A_T$ 的平面无线电发射器的天线，产生了一束无线电波. 这一束波一个离发射器有很大距离 $D$，面积为 $A_R$ 的天线接收. 证明，发射功率 $P_T$ 和接收功率 $P_R$ 近似地由

$$\frac{P_R}{P_T}=\frac{A_R A_T}{\lambda^2 D^2}$$

相联系. 假定发射和接收天线都含有一个锥形微波“喇叭”，它们都有一个边长3m的方形的进口孔径. 假定微波频率是1 000 MHz，发射器和接收器之间的距离是18.5km. 接收功率对发射功率的比值是多少？

9.52　*N条全同的缝的干涉图样*. 振幅由9.6节中的式（54）给出. 对于 $\Delta\varphi$（相邻缝的贡献之间的相对相位）的“任意”值作一个图解，表示出相应的复振幅的和. 对于毗邻一个主极大的第一零点，作出个图解表示；然后用图解推出，对于这个零点，$\Delta\varphi=2\pi/N$. 由图解表示证明，叠加得出的相位常数，是第一个贡献和最后一个贡献的相位常数的平均值.

9.53　*色差修正*. 在一块“复合”透镜里使用两种不同的玻璃，你可以消除一些色差. 不考虑透镜，考虑一块薄棱镜. 设计一个由 $\alpha_1$ 和 $\alpha_2$ 角度的两个简易劈形组成的复合棱镜，使它能在波长 $\lambda_0=5\ 500$ Å 处产生某个所需的偏转 $\theta_0$，并且使偏转随波长的改变率为零. 假定这两种类型的玻璃的折射率是 $n_1(\lambda)$ 和 $n_2(\lambda)$，这里函数 $n_1(\lambda)$ 和 $n_2(\lambda)$ 是已知的. [答：$\alpha_1 dn_1/d\lambda=\alpha_2 dn_2/d\lambda$.]

现在，把棱镜对波长 $\lambda$ 的偏转 $\theta$，表达成量 $\lambda-\lambda_0$ 的泰勒级数. 级数只取到 $(\lambda-\lambda_0)^2$. 你怎样才能进一步减少色差（假如供给你所需要的任何东西）？

9.54　*在水下观看*（课外实验）. 用潜水员的面罩在水下观看东西. 试推导：各种物体看上去都好像是在它们的实际距离的四分之三处. 一个特别生动的表演是，观看一个在游泳池里的人，他的头在水上，他的身体则在水面下. 把你的面罩的下半部浸在水里，使水平线在你的眼睛处. 然后你就能够透过水上的空气观看那

个人的头，再突然略为下沉你的眼睛，你就能从水里观看那个人的身体.

9.55　水下眼镜（课外实验）. 当你把你的脸浸在水下，不用面罩观看时，所有的东西看上去都是模糊的，这是因为，从水到眼睛，折射率的改变不是很大. 为了简单起见，假定折射率没有改变. 再假定你的眼球没有多大效应，仿佛一切聚焦作用都在第一个空气到眼睛的界面上作出了.（这是一个粗略的近似. 实际上，在水下你在某个范围内能看得见.）假定第一个表面的焦距是 3 cm，并假定空气中的平行光束被聚焦在视网膜上. 当你在水下看时，你就失去了这个聚焦作用. 设计一副能在水下戴并使你能看得清楚的眼镜. 用折射率为 1.5 的玻璃. 证明，如果在水下使用时焦距是 3 cm，那么在空气中使用时焦距大约 1 cm. 如果把这种眼镜的透镜之一当作一块普通的放大镜，它的放大率是多少？假定你把一块普通的玻璃弹子当作透镜. 你想（把水中的平行光束）形成一个在弹子后表面之后 3 cm 处的像. 球的直径应该多大？[答：约 1.7 cm. 现在，去买一颗透明的玻璃弹子，并用它做试验（把弹子靠近一只眼睛）.]

9.56　散射光的干涉（课外实验）. 这里是获得美丽彩色干涉条纹的一个很简单的方法. 在一面普通镜子上擦一点滑石粉.（你也可以用一些面粉，或灰尘，或者你也可以对镜子哈气，以便得到凝结的水汽.）由镜子处后退 1 m 左右. 用一个小形的“笔形光线”手电筒照镜子，并观看灯泡的反射.（或者用任何手电筒，用你的手把反光镜的大部分盖住，以便有一个小于 1 cm 左右的源；或者，在夜里用一支蜡烛.）注意看条纹！移动光源使它比你眼睛离镜子还近，然后离远些，对光源的不同位置做试验. 条纹是由以下两类光线之间的干涉产生的：第一种类型的光线是，通过作为散射物的滑石粉颗粒时被散射，从镜面向着你的眼睛反射过来，而在回来经过粉的时候没有被散射；第二种类型的光线是，通过粉的时候没有被散射，在镜面上被反射，经过同一粒粉被散射到你的眼睛中来. 粉粒是透明的.（它们看上去是白的，和毛玻璃看上去是白的，是一样道理.）两种光线都在近乎向前的方向散射. 因此，两相干束都在给定颗粒中经过大致相同厚度的透明物质. 推导出下一观察结果：中心条纹（它指的是显然通过点源的像的条纹）总是一个干涉极大. 对于白光，它是白的. 只是在这个中心条纹的两侧几条条纹的距离外，条纹才开始带色. 条纹的几何外观不容易计算. 参看 A. J. de Witte，“Interference in Scattered Light”，*Am. Jour. Phys.* **35**，301（April，1967）.

9.57　测星干涉仪.（a）一个双缝后接一块透镜和一张照相底片，就能提供 $\delta\theta \approx \lambda/d$ 的角分辨率，这里 $\lambda$ 是光的波长，$d$ 是两缝的间距. 于是，我们就能探测发射可见光的天体的结构，只要它们所张的角度是 $\lambda/d$ 或更大些. 证明以上的说法.

（b）出现在地球大气层的空气里的旋涡的“气泡”具有不同于周围的空气的折射率. 当 $d$ 达到 30 cm 左右时，它们足以使从天体到两条缝的两条空气路径产生级为 $\pi$ 的相对相移.（于是，在通过大气层的整个路程上，这两空气路径相差 0.3 m 左右.）证明，对于地球表面的可见光，结果所得角分辨率的限度大约是 2 μrad.

（c）现在，让我们不用光学狭缝而用两根无线电天线来探测波长为30cm的波．不同透镜（透镜是用来使从两条缝来的光波到达同一个位置处，以便形成一个干涉叠加），让我们改用一些同轴电缆，或把每根天线来的信号通过空气转播（或转送）到中心接收站去．这个站代替了照相乳胶．证明，为了得到的分辨率与用缝间距30 cm对可见光所得的相同，无线电天线必须有约180 km的间距．

（d）现在，旋涡的空气泡的大小是1 m左右．一旦空气路径被分开许多米时，两条路径在通过大气时积累起来的无规则相移，实际上与路径间距无关．因此，初想起来，你可能会假定，大气对相距180 km左右的两根无线电天线的影响，应该和分开1 m左右的两条缝对可见光的效应大致相同；因而，人们或许会猜测，折射率在大气中的变化会消除两根无线电天线的角分辨率．无线电电波的空气折射率与光的空气折射率，确实相差不大．可是，30 cm波的相应的相对相移却是光波的几千分之一．情况为什么会这样？

（e）无线电干涉仪不受折射率随大气层变化的影响，因此我们可以增大天线间的间距，使它远大于180 km，从而所得到的分辨率要比用可见光的干涉仪更好．（当然，天体必须既发射可见光，也发射30 cm的波，我们才能用两种方法探测它．）于是，我们可以设想有一个无线电干涉仪，例如它的一个天线在纽约，另一个天线在加利福尼亚，这就给出了一条3 000 km左右的基线（天线间距），以及与之相应的角分辨率为$10^{-7}$ rad．可惜这里有这样一个新问题，即用电缆（来源于温度变化）或通过广播，把波从两个天线送到叠合信号以给出干涉的中心站去时，被送出的无线电电波有可变的相移．我们头上的大量空气，等效于一个厚约8 km的与海平面的密度相同的均匀层．纽约或加利福尼亚和某个在中西部的中心站之间的空气的量，比它大几百倍，于是它就不能工作．我们该怎么办？这里是N．勃鲁坦等人在"使用原子钟和磁带记录器的长基线干涉仪"，*Science* 卷156，1592页（1967，6月23日）提出的巧妙方法：在每一个站上有一台原子钟，例如，以1 000 MHz（即$10^9$ $s^{-1}$）振荡的氢微波激射器．这样的钟可以具有$10^{14}$分之一的稳定性，这就意味着，在$10^{14}$个周期里相位的随机漂移只相差一个周期．证明，这种钟在数量级为一天的时间内是稳定的（漂移不到一周）．

（f）假定我们要测量一个中心频率$\nu_0=1\ 000$ MHz（相应于30 cm的无线电波）、带宽$\Delta\nu=1$ MHz的恒星无线电波．每个站中的本机振荡器就在$\nu_0=1\ 000$ MHz上振荡．在每个站里，本机振荡器的信号都被叠加在从天线来的信号上．如果本机振荡器提供一个$\cos\omega_0 t$的电流，而且假如天线提供一个$A\cos(\omega t+\varphi)$的电流，那么对两个电流的叠加取平方并对一个快的周期（1 000 MHz）取平均，就给出功率$P=I^2R$的时间依赖关系为

$$P=1+A^2+2A\cos[(\omega_0-\omega)t-\varphi]$$

乘某个常数．证明这个公式．

（g）如果对于$t=1$天，$\nu_0 t$被确定到误差小于1个周期，那么，对$t=1$天，$P$

在较慢的"拍"频 $\nu_0-\nu$ 上就被确定到误差小于 1 个周期. 把振荡器的频率调节到所需的频带的中心. 于是, $\nu_0-\nu$ 对被探测的信号的频带的平均是零. 带宽 $\Delta\nu$ 大约是 1 MHz. 这个信号, $P$, 它具有从零到 1 MHz 左右的频率, 它被录在每个站上的一个磁带记录器上. (电视里用的磁带录像机具有对此够用的带宽.) 每个站录了一段时间 (不到一天) 之后, 可以用例如一架飞机, 把这两个记录磁带从这两个天线处送到物理学家的办公室去. 然后使这两个记录磁带同步运行, 并让它们一起播放以便把它们的信号叠加起来. 为了不致使相位的信息丢失, 就一定要既不使每一记录磁带遗失一周, 也不使一个记录磁带落后于另一个记录磁带一周 (在每个记录带上 $P$ 信号的振荡频率的一周). 这个信号具有从零到 1 兆周的频率成分, 因为这是原来的带宽. 因此, 两盘磁带必须以比 1 μs 更高的精确度同步. 而且, 当两盘磁带分别在它们的相应天线处录制时, 必须在它们上面做时间标记, 使得物理学家晓得, 在什么时刻输入的信号是同时的. 磁带上的时间记号, 必须比 1 μs 更精确. 电视里用的普通的磁带录像机有高于 1 μs 精确度的同步和时间标记, 这是容易达到的实用标准! 于是, 我们可以设想一个测星干涉仪, 它由一个在纽约的无线电天线 (它用一个本机氢微波受激信号器调制信号并把它录在磁带上) 和一个在加利福尼亚的相同站组成. 干涉仪随着地球的旋转, 横扫过天空. 每个天线电流里的相位常数 $\varphi$ 就是量 $k r$, 这里的 $r$ 基本上是从天线到恒星的距离. 于是, 对于信号的相同的频率成分 $\omega$, 纽约的天线 1 有一个由给定的恒星产生的电流 $A_1\cos(\omega t+k r_1)$, 加利福尼亚的天线 2 又有一个由同一个恒星产生的电流 $A_2\cos(\omega t + +k r_2)$. 为了简单起见, 假定天线在结构上全同, 而且被接收的振幅相等: $A_1 = A_2 = A$. 证明, 当记录磁带的输出电流 $P_1$ 和 $P_2$ 被叠加时, 合成电流 $P_1+P_2$ 正比于

$$1+A^7+2A\cos\frac{1}{2}(\omega_0-\omega)t\cos\frac{1}{2}k(r_1-r_2).$$

现在取这个电流的平方并在 $\nu_0-\nu$ 的一个周期中取平均. 证明, 结果得到的时间平均功率正比于 $(1+A^2)^2+A^2[1+\cos k(r_1-r_2)]$. $\cos k(r_1-r_2)$ 每当这一项经过一个周期, 加利福尼亚就离点恒星近 15 cm, 纽约离它远 15 cm (假定 $\lambda$ 是 30 cm). 如果有第二颗恒星 (或有某种内部结构), 只要它的 $k(r_1-r_2)$ 值与第一颗恒星的相差, 例如 $\pi$, 亦即, 只要它与第一颗恒星的角间距是 $\lambda/d$ 的数量级, 它将被分辨出来.

(h) 还有其他一些技术问题, 我们没有提到. 例如, 因为有许多射电恒星, 我们希望每个望远镜只对准天空的一个相同的小区域, 使得只有一颗星被对着. 我们怎样才能做这样安排呢? (假定每个望远镜的直径为 50 m).

(i) 这里还有另一个问题. 我们希望在干涉图样中能够分辨出"中心"条纹, 以便知道恒星的精确方向. [提示: 当你用一个双缝观看 (例如) 绿光的点源时, 很难区别出中心干涉条纹. 如果你用红光, 也是如此. 可是, 如果你用白光, 它既含有红光也含有绿光, 就容易区别出中心条纹了.] 这是为什么? 说明你怎样在每

个天线上能够使用两个探测频带（这就像使用红光和绿光），把它们的每一个和同一个本机振荡信号混合，对每个频带把相应的磁带关联起来，以及最后把两个频带的输出信号混合起来.

刚才讨论的这种射电恒星干涉仪，或许有一天会被用来极其精确地测量地球自转周期的涨落. 参看 T. Gold, *Science*, **157**, 302 (July 21, 1967), 以及 G. J. F. *MacDonald*, *Science*, **157**, 304 (July 21, 1967).

9.58　在调频无线电广播中把幅度调制变成相位调制.（这个习题与习题 9.59 有密切的关系.）

（a）一个振幅调制的电压具有这样的形式：

$$V(t)=V_0[1+a(t)]\cos\omega_0 t,$$

这里 $\omega_0$ 是载波频率，$a(t)$ 是调幅度. 一个相位调制的电压具有如下的形式：

$$V(t)=V_0\cos[\omega_0 t+\varphi(t)],$$

这里的 $\varphi(t)$ 是调制（即与时间有关的）相位“常数”. 证明，在这种调相波中，瞬时角频率由 $\omega(t)=\omega_0+\mathrm{d}\varphi(t)/\mathrm{d}t$ 给出. 因此，我们可把它叫作调频（FM）电压，而不叫作调相电压.

（b）调幅度 $a(t)$ 或调制相位 $\varphi(t)$ 含有被播送的信息，例如音乐. 让我们对音乐做傅里叶分析，再考虑一个单一频率为 $\omega_m$ 的傅里叶频率成分，这里下标 $m$ 表示“调制”. 然后用 $a_m\cos\omega_m t$ 代替 $a(t)$.（我们本来也应该考虑包括 $\sin\omega_m t$ 的项，但我们不这样做.）调幅电压变成

$$V(t)=V_0[1+a_m\cos\omega_m t]\cos\omega_0 t$$

$$=V_0\cos\omega_0 t+V_0 a_m\cos\omega_m t\cos\omega_0 t.$$

这个调幅电压，等效于载波频率 $\omega_0$、上旁带频率 $\omega_0+\omega_m$ 及下旁带频率 $\omega_0-\omega_m$ 的纯谐振动的叠加. 通过把 $V(t)$ 明显地写成这种叠加，证明以上的说法.

在调幅无线电中，这些频率被播送，并被你的无线电天线接收. 闪电和电剃刀也在同样的频率区域内播送，而且由于突然增大和减小一给定频率的振幅，对调幅也有贡献. 它产生“天电”，扰乱音乐. 如果我们把调幅电压改变成调相电压，天电就能大大地消除，由于闪电错误地改变了振幅，调相接收机就知道它不能是音乐的部分，因为音乐已经以不变的振幅被播送. 因此调相接收机可以调节滤掉振幅的突然改变，即滤掉天电.

下面是怎样把调幅电压转变成调相电压的说明. 把调幅电压接在一个通过包含载波 $\omega_0$ 而不包含两个旁带 $\omega_0\pm\omega_m$ 的窄带的带通滤波器的输入上. 载波一旦被这样同两个旁带隔离开来，它就在载波频率处受到一个四分之一周期的时间的推迟（或超前），亦即，它的相位就被移动 90°. 然后再度使它与保持不变的两个旁带叠加.（如果我们愿意，也可以增大或减小载波电压的振幅，但我们把它省略了.）于是，我们可以用 $\sin\omega_0 t$ 代替载波电压 $V_0\cos\omega_0 t$ 中的 $\cos\omega_0 t$. 相移和复合之后，获得

$$V'(t)=V_0\sin\omega_0 t+V_0 a_m\cos\omega_m t\cos\omega_0 t.$$

我们把 $a_m\cos\omega_m t$ 叫作 $\varphi(t)$，对给定的调制频率，它也是我们原来的 $a(t)$. 为简单起见，假定 $a(t)$ 亦即 $\varphi(t)$ 的大小远小于1. 于是，$\cos\varphi(t)\approx 1$，$sin\varphi(t)\approx\varphi(t)$.

(c) 证明上面的电压能够写成

$$V'(t)=V_0\sin[\omega_0 t+\varphi(t)],\varphi(t)=a_m\cos\omega_m t.$$

因而我们已经找到了把调幅转变成调频的（或相反的）技术：载波相对于两个旁带相移 ±90°. E. H. 阿姆斯特朗1936年的这个高超的发明，使调相无线电商品的生产成为可能.

(d) 证明，把调幅转变成调相（或相反的）另一种方法是，把一个旁带相移180°，同时使载波和另一个旁带保持不变.

9.59 相衬显微镜中把调相光转变成调幅光.

(a) 首先考虑一架普通的显微镜. 现在我们主要考虑的不是放大率，因此我们使放大率是1，办法如下. 在 $z=0$ 处放一块玻璃的显微镜承物片，使承物片处在 $xy$ 平面上. 在 $z=2f$ 处，放一块简单的透镜，这里 $f$ 是透镜的焦距. 在 $z=4f$ 处，放一块屏，或一块照相底板. 于是，显微镜承物片被成像在屏上. 放大率是1. 证明前面的论述.

(b) 现在把水滴里的一个变形虫放在显微镜承物片上，并使它在屏上成像. 可惜我们不能看到变形虫，因为它是透明的，它的折射率与浸没它的水相差不大. 因此我们用染料使变形虫着色. 这样就能够看到它，但是染料杀死了它，而我们却是想研究它的生命过程.

染料的作用是调制 $+z$ 处变形虫端点出来的光的振幅，亦即，调制它相对于在没有变形虫处通过显微镜承物片的光的振幅. 当没有染料时，在一给定的横向位置 $x$ 处，变形虫的 $+z$ 端的振幅，像没有变形虫时的振幅一样. 但是，相位是不同的，因为光通过变形虫的不同的量与 $x$ 有关，而变形虫的折射率与水的折射率不同. 于是，假定用沿 $+z$ 方向传播的单色光的平面波照射显微镜承物片，这束光已由放在一个透镜的焦点处的点源 $S$ 发射出来，然后由透镜形成一平行光束. （参看图9.37）假定正在变形虫的下游 $z=0$ 处，当没有变形虫时，对所有的 $x$，电场皆为

$$E(x,z,t)=E_0\sin\omega t.$$

当有变形虫时，有一个依赖于 $x$ 的相移 $\varphi(x)$. 于是，光在 $z=0$ 处的电场就为

$$E(x,z,t)=E_0\sin[\omega t+\varphi(x)].$$

因而没有染色的变形虫产生调相光. $z=2f$ 处的透镜在 $z=4f$ 处的屏上形成一个变形虫的像. 屏上的电场由 $z=0$ 处同样的表示式给出（忽略小的损耗，并不计较像的颠倒，亦即由 $-x$ 代替 $x$）. 于是，电场平方的时间平均值等于 $\frac{1}{2}E_0^2$，它与 $x$ 无关，因此我们不能看见像. 证明前面的两部分论述.

(c) 染剂可以调制振幅 $E_0$，但却杀死了变形虫. 为此我们打算把调相光转变成调幅光. 我们应怎样做呢？以习题9.58中讨论过的调幅电压转变成调相电压的

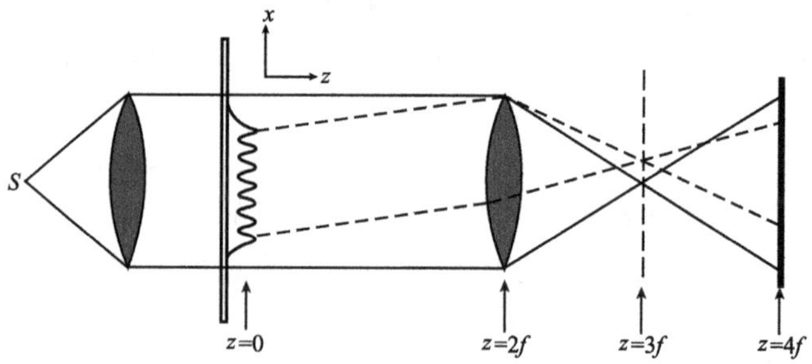


图 9.37　相衬显微镜．在这个例子中，我们把放大率选为1，物体的平面在 $z=0$ 处．像的平面在 $z=4f$ 处．物镜的焦平面在 $z=3f$ 处

类比做启发．我们可以说是打算处理它的逆问题，即把调相光转变成调幅光．（但是，你们应该注意到，我们在此处理的是空间上的调相 $\varphi(x)$，而不是时间上的调相 $\varphi(t)$．让我们暂时不管它！）参看习题 9.58 的结尾，我们发现，我们最后得到调相 $\varphi(t)=a_m\cos\omega_m t$，因为我们开始时用一个调幅 $a(t)=a_m\cos\omega_m t$．我们现在开始时用一个调相 $\varphi(x)$．让我们假定，对于所有的 $x$，$\varphi(x)$ 的大小远小于 1rad，亦即假定变形虫具有几乎等于水的折射率．证明，$z=0$ 或 $z=4f$ 处的调相光可以写成（对 $\varphi\ll1$）

$$E(x,z,t)=E_0\sin\omega t+E_0\varphi(x)\cos\omega t.$$

现在让我们对 $x$ 的依赖关系 $\varphi(x)$ 做傅里叶分析，并考虑波数 $k_m$ 的单个傅里叶成分．为此我们令 $\varphi(x)=a_m\cos k_m x$．于是，$z=0$ 或 $z=4f$ 处的调相光就为

$$E(x,z,t)=E_0\sin\omega t+E_0a_m\cos k_m x\cos\omega t.$$

这仍然是我们起先用的调相光，并且仍然在 $z=4f$ 处产生一个"看不见的"像．现在我们再度查看习题 9.58．作为类比，让我们用"载波光波"的名称称呼贡献 $E_0\sin\omega t$．于是我们看到，如果能把载波光波的相位相对于被调制的光（振幅为 $a_m$ 的光）移动 90°，就将产生调幅光．暂时不去管怎样具体实现它，让我们简单地用 $\cos\omega t$ 代替上一表达式中的载波光中的 $\sin\omega t$．于是，对于 $z=4f$ 处的屏上的光，有

$$\begin{aligned}E'(x,z,t)&=E_0\cos\omega t+E_0a_m\cos k_m x\cos\omega t\\&=E_0[1+a_m\cos k_m x]\cos\omega t\\&=E_0[1+a(x)]\cos\omega t\end{aligned}$$

这一调相光给出正比于电场平方的时间平均，即正比于

$$\frac{1}{2}E_0^2[1+a(x)]^2$$

的强度，它依赖于 $x$，于是可表明，变形虫的厚度和内部折射率是怎样依赖于 $x$ 的．因此我们能够看见变形虫．

(d) 只剩下一个"较小的"问题：怎样才能把载波光波同其余的光分开，使它的相位相对于其余的光移动 90°，然后在屏上把它和其余的波复合（叠加）——

所有这些要在 $z=0$ 到 $z=4f$ 之间完成？在把调幅电压转变成调相电压的情况下，这项技术是，用一个频率带通滤波器把载波频率 $\omega=\omega_0$ 与旁带 $\omega=\omega_0+\omega_m$ 分开. 因此，根据类比，我们必须找一个能把载波波数 $k_x=k_0=0$ 与旁带 $k_x=k_0\pm k_m$ 分开的波数带通滤波器. 后一论述会变得更加清楚易懂，如果我们把 $z=0$ 处的调相电场写成

$$E(x,z,t)=E_0\sin[\omega t+k_0x]+\frac{1}{2}E_0a_m\cos[\omega t-(k_0+k_m)x]+$$

$$\frac{1}{2}E_0a_m\cos[\omega t-(k_0-k_m)x],$$

这里 $k_0=0$，而且这里我们已经把驻波 $\cos k_mx\cos\omega t$ 写成具有 $k_x=+k_m$ 和 $k_x=-k_m$ 的两个行波的叠加. 试证明最后这个公式. 因此我们看到，$z=0$ 处的调相振荡产生三个行波. 载波具有 $k_x=0$；调制产生一个具有 $k_z=+k_m$ 的波，和一个具有 $k_z=-k_m$ 的波. 所有这三个行波基本上都有相同的 $k_z$ 值，这个值基本上是 $\omega/c$，因为我们假定，$k_x$ 与 $k_z$ 相比很小，亦即波基本上都沿着 $z$ 方向传播，因此，对所有这三个波，传播矢量的大小 $\omega/c=\sqrt{k_z^2+k_x^2}$ 基本上都等于 $k_z$.（在这个讨论中，我们省略了 $k_y$.）

（e）在图 9.37 中，我们画了一块玻璃显微镜承物片，并附有阿米巴厚度对 $x$ 的依赖关系的 $k_m$ 傅里叶分量. 载波是由点源 $S$ 产生的. 它的最外层的光线用实线画出. 具有 $k_x=+k_m$ 的上旁带用点线画出.（具有 $k_x=-k_m$ 的下旁带没有画出.）透镜把所有这三个几乎都是平面波的行波，在处于 $z=3f$ 的透镜的焦平面上，分开聚成几乎是点的像. 光线继续传播到 $x=4f$ 处的屏上，在此它们再度重合. 注意，在透镜的焦平面上（$x=3f$ 处），这三个波在空间上完全分开了. 这就是我们能处理载波而不影响旁带的位置！因而我们就有把给定 $k_x$ 分开的空间滤波器，它与用来分开给定 $\omega$ 的时间滤波器（傅里叶分析电路）相似. 现在我们既然在 $z=3f$ 处已有了在空间上与旁带分开的载波，把它的相位移动 90°而不影响旁带就应该是容易的了. 发明一种方法，使载波的相位相对于旁带移动 90°. 相衬显微镜这个杰出的发明，是于 1934 年由 F. Z. 泽尼凯作出的.

我们可以用一个更为抽象（因而也更为一般）的方式描述刚才讲过的步骤如下：在 $x=0$ 处，我们已经有一个振荡 $A(x)\cos[\omega t+\varphi(x)]$ 的振幅和相位常数对 $x$ 的函数关系.［在目前的例子里，在 $z=0$ 处，没有振幅调制，亦即，$A(x)$ 是常数. 而在其他一些包含衍射图样的例子里，$\varphi(x)$ 是常数.］我们把对 $x$ 的函数关系做傅里叶分析，求出 $z=0$ 处的驻波. 这些驻波相当于具有已知的 $k_x$ 和 $k_z$ 值的行波源. 我们然后用一块透镜，把对 $k_x$ 的依赖关系（在 $z=0$ 处）转变成对 $x$ 的依赖关系（在透镜外距离 $f$ 处的透镜焦平面上），使不同的 $k_x$ 聚焦在不同的 $x$ 处. 在这一焦平面上对 $x$ 的依赖关系于是就相当于对 $k_x$ 的依赖关系，$k_x$ 和 $x$ 之间具有一一对应的关系. 因此，在这一焦平面上对 $x$ 的依赖关系，等同于 $z=0$ 处的物平面上对 $x$ 依赖关系的傅里叶变换乘上一个常数. 对于任何其他的 $z$ 值这个结果不成立. 当波最终到达屏上（像平面上）时，它们再次具有和物平面上相同的对 $x$ 依赖关系（忽略

用 $-x$ 代替 $x$，并忽略放大率可能不等于1这一事实）．因此，在从物平面到透镜后的焦平面，再到屏上的过程中，对 $x$ 的依赖关系经历许多变换，即从物平面上对 $x$ 依赖关系变为物平面上对 $k_x$ 的依赖关系，再变为物平面上对 $x$ 依赖关系．在从物平面上对 $k_x$ 依赖关系变到物平面上对 $x$ 依赖关系时，经历的是傅里叶逆变换．因此可以说，在相衬显微镜中，我们从一给定的对 $x$ 依赖关系出发，对它做傅里叶变换、再处理它（移动部分傅里叶变换的相位，或许也放大或缩小它的振幅），然后做傅里叶逆变换．（如果我们使傅里叶变换保持不变，亦即不在焦平面上放置移相器，那么最后的结果和原光的对 $x$ 依赖关系一样．）用这一方法，可以得到许多在所谓“傅里叶变换光谱学”或“焦平面光谱学”中的显著效应．

(f) 用方才描述相衬显微镜的同样一般方式，描述把调幅电压转变成调相电压．

(g) 在讨论中，我们没有考虑变形虫和载波（在 $x$ 方向上）的总宽度．假定载波束宽是 $W$，并且变形虫具有总宽度 $w$．这些宽度对 $z=3f$ 处的焦平面上强度随 $x$ 的变化有什么影响，也就是说，如果有的话，对以前的结果要做怎样的修正？

(h) 假定不是把载波在焦平面上的相位移动90°，而是用一个在焦平面上的不透明的障碍物，把载波完全消除掉．那么，像的强度对 $x$ 的依赖关系将如何？

9.60　两块串联的薄透镜　给定两块曲率为 $f_1^{-1}$ 和 $f_2^{-1}$ 的薄透镜，把它们沿共同的轴串联起来，两块透镜间的间距是 $s$，两块透镜都是正透镜．（这结果是普遍成立的，只要对正负号做适当的解释．）考虑一平行于轴、离轴距离为 $h$ 的平行光线，入射到第一块透镜．比方说，光线从左面入射进来，透镜从左面起依次为1和2．第一块透镜使光线偏向轴．假定光线在与轴相交之前射在第二块透镜上．找出焦点 $F$，亦即光线离开第二块透镜后与轴相交的位置．证明，$F$ 的位置与 $h$ 无关（对于小角近似）．现在以如下方式定义位置 $P$（它表示“主平面”）：向前（向右）延长入射光线，向后延长出射光线（经过 $F$ 的光线），直到它们相交．它们在主平面 $P$ 上相交．令 $x$ 是第二块透镜右侧 $F$ 的距离．令 $y$ 是第二块透镜左侧的 $P$ 的距离．那么，$x+y$ 就是焦平面 $F$ 在主平面 $P$ 右侧的距离．这个距离叫作两块透镜的组合的焦距 $f$，两块透镜的组合被看作似乎是放在主平面 $P$ 上的单块薄透镜．用 $f_1$、$f_2$ 和 $s$ 表示出 $x$、$y$ 和 $f$．一旦你求出了从左向右的光线的 $f$ 和 $P$，再求从右向左传播的光线的 $f$ 和 $P$．这些焦距是否相同？主平面是否在同一位置？

[答：对于从左面入射的光线，

$$f^{-1}=f_1^{-1}+f_2^{-1}-sf_1^{-1}f_2^{-1};$$

$$x=(1-sf_1^{-1})f;$$

$$y = sf_1^{-1}f.$$

9.61　两块具有 $f_1 = +20$ cm 和 $f_2 = +30$ cm 的透镜，放置在相距 10 cm 处. 如果一个高 5 cm 的物体放在第一块透镜前 30 cm 处，求出：最后的像的（a）位置，（b）方位，（c）大小. 用画光路图的方法确定像在图上的位置.

9.62　远处的绿色物体，要用一只针孔照相机把它拍摄下来，从针孔到胶片的距离是 $D$. 如果要使相片有最大清晰度，针孔的近似直径为多少？

# 补 充 论 题

**1. 弱耦合全同谐振子的“微观”例子**

首先请阅读关于弱耦合的全同摆的1.5节，包括最后一段“特殊例子”，那一节是本论题的引文.

下面是从原子物理学和基本粒子物理学取来的弱耦合振子的一些例子. 每个例子都有彼此“弱耦合”的“两个全同的自由度”，因此就有频率为 $\omega_1$ 和 $\omega_2$ 的两个“简正模式”. 但是我们在此处理的不是宏观力学体系，牛顿定律是不够用的. 理解这些“微观”体系需要量子力学. 尽管如此，我们将要描述的微观体系的行为在数学上与两个弱耦合摆的行为仍极为类似. 可是，物理上的解释是极不相同的. 对于耦合的摆，一个摆的振幅的平方正比于那个摆的能量（动能加势能）. 能量以拍频形式从一个摆到另一个摆来回“流动”. 对于一个用量子力学描述的体系，某个自由度的振幅的平方（实际上是平方的绝对值，因为在量子力学中振幅总是复数）给出那个自由度被“激发”（即具有所有的能量）的概率. 这一概率以拍频率 $\nu_1-\nu_2$ 从一个自由度到另一个自由度来回“流动”. 能量本身是“量子化的”，它不能再细分为“流动”. 在摆的情况下，两个摆的总能量不变. 微观体系中与此相应事实是，这个或那个自由度被激发的总概率不变.（这个总概率是1，只要体系不以某种方式损失激发能量.）以下两个例子是很著名的，你们学习量子力学时，将再度遇到它们.

**氨分子** 氨分子 $NH_3$ 是由一个氮原子和三个氢原子组成的.（参看《电磁学》卷.）三个H原子构成一个等边三角形，这个三角形的平面叫作 $H_3$ 平面. N原子有两个可能的振动位置，分别相当于两个摆 $a$ 和 $b$. 一个（位置 $a$）在 $H_3$ 平面的一侧，另一个（位置 $b$）在另一侧. N原子不容易从 $a$ 到 $b$ 或反过来从 $b$ 到 $a$，因为在 $a$ 和 $b$ 之间有一个势能“山”即势垒. 在经典力学中（亦即根据牛顿力学而不是根据量子力学），$a$ 和 $b$ 是稳定平衡的位置，因而在 $a$ 处振动的N原子永远不能到达 $b$.（在摆的类比中，这相当于去除耦合弹簧. 因此，如果摆 $a$ 在振动，$b$ 是静止的，那么，忽略摩擦的话，这个条件将永远保持下去.）但是，量子力学引进了 $a$ 和 $b$ 之间的一种“耦合”，即它允许“势垒穿透”. 假定在时刻 $t=0$ 时，分子处于N原子确定地在 $a$ 上的量子力学态上. 因此，初始概率给定为 $|\psi_a|^2=1$，$|\psi_b|^2=0$（亦即，N在位置 $a$ 处振动的概率是1，在位置 $b$ 处的概率是零）. 可是人们发现，这个条件并不保持下去. 事实上，人们发现（通过解薛定谔方程），对于这一初始条件，在 $a$ 处找到N的概率 $|\psi_a|^2$ 和在 $b$ 处找到它的概率 $|\psi_b|^2$ 为

$$|\psi_a|^2=\frac{1}{2}[1+\cos(\omega_1-\omega_2)t],\tag{1a}$$

$$|\psi_b|^2=\frac{1}{2}[1-\cos(\omega_1-\omega_2)t],\tag{1b}$$

这里 $\omega_1$ 和 $\omega_2$ 是简正模式的频率. 式 (1) 与1.5节的式 (1.99) 非常类似. N在这处或那处的总概率当然是1, 我们把式 (1a) 和 (1b) 相加即可知道.

正如耦合的摆一样, 一个氨分子可以被 “起动”, 使它处在一个简正模式 (或另一个简正模式) 上. 结果是, 如果分子处在稍高频率的模式上 (把它叫作模式2; $\omega_2>\omega_1$), 那么它是不稳定的. 它倾向于放出电磁辐射, 并从叫作 “激发态” 的模式2变到叫作 “基态” 的模式1. 这种辐射可以被探测出来, 它的频率就是拍频 $\nu_2-\nu_1$, 其数值是

$$\nu_{拍}=\nu_2-\nu_1\approx 2\times 10^{10}\ \mathrm{s}^{-1}.$$

它相当于1.5 cm左右的波长 ($\lambda=c/\nu_{拍}$), 处在典型的 “雷达” 或 “微波” 区域内. 如果我们发送一束频率 $2\times 10^{10}\ \mathrm{s}^{-1}$ 的微波束通过氨气, 一些微波光子会引起从基态 (模式1) 到激发态 (模式2) 的跃迁. 这样, 通过激发分子, 在微波束和气体之间交换了能量. 与此类似, 一个被激发的分子也可以 “衰变” 到它的基态上, 从而给微波束增加一个光子. 微波束和氨气之间的这种能量交换为 “氨钟” 提供了基础. 从微波束吸收能量, 给钟 “上紧发条”. 以拍频从 $a$ 到 $b$ 以及从 $b$ 到 $a$ 的 “概率流”, 提供了钟的 “司行轮 (摆轮) 机构”. 氨钟和它的派生装置提供了世界上最精确的时间测量.

**中性K介子** 另一个具有类似于弱耦合摆的行为的迷人的体系, 是中性K介子体系. 中性K介子叫作 “奇异粒子”. 它们是很奇特的, 现在还没有完全被理解. 这一体系有两个自由度, 称为 $K^0$ 介子和 $\overline{K}^0$ 介子, 它们类似于两个摆. 它们 “相互耦合”, 因为它们中的任何一个都能通过 “弱相互作用” 和两个 $\pi$ 介子 (连同其他的一些东西) 相互作用. $\pi$ 介子 (或简称为 $\pi$ 子) 类似于弹簧. 因此就有两个简正模式, 称为 $K_1^0$ 介子和 $K_2^0$ 介子. 与我们以前讨论过的模式不同, 其中的一个模式 ($K_1^0$ 模式) 是强阻尼的, 另一个模式是弱阻尼的. (在第3章中讨论过阻尼体系.) 如果体系在 $t=0$ 开始时处在 $K_1^0$ 模式的概率是1, 这一概率随时间指数地减小, 为 $e^{-t/\tau_1}$, 一个与此相似 (但小得多) 的阻尼也出现在 $K_2$ 模式中. 与阻尼相应的 “概率的损失”, 是模式放射性衰变成其他粒子的结果. 例如, $K_1^0$ 主要衰变成两个 $\pi$ 子, $\tau_1$ 则是 $K_1^0$ 的平均衰变时间.

如果体系在 $t=0$ 开始时处在 $K^0$ 态 (把它叫作 $a$ 态) 的概率是1, 而且假定没有阻尼, 那么, 在其后时间体系处在同一态 ($K^0$) 上的概率应当由式 (1a) 给出. 在态 $b$ ($\overline{K}^0$) 上找到体系的相应概率应当由式 (1b) 给出. 由于有阻尼, 这些公式必须被修正为

$$|\psi(\mathrm{K}^0)|^2=\frac{1}{4}[\mathrm{e}^{-t/\tau_1}+\mathrm{e}^{-t/\tau_2}+2\mathrm{e}^{-(1/2)(t/\tau_1+t/\tau_2)}\cos(\omega_1-\omega_2)t], \quad (2a)$$

$$|\psi(\overline{\mathrm{K}}^0)|^2=\frac{1}{4}[\mathrm{e}^{-t/\tau_1}+\mathrm{e}^{-t/\tau_2}-2\mathrm{e}^{-(1/2)(t/\tau_1+t/\tau_2)}\cos(\omega_1-\omega_2)t]. \quad (2b)$$

注意，当 $\tau_1=\tau_2=\infty$（无阻尼）时，式（2）和式（1）完全相同.

一个有趣的练习是，给弱耦合摆设计一个只阻尼模式1的阻尼机构，以及另一个只阻尼模式2的阻力机构. 那么，摆的能量的公式将类似于公式（2），而不类似式（1）.

**2. 德布罗意波的色散关系**

描述能量确定的单个粒子的德布罗意波的形式为

$$\psi(z,t)=Af(z)\mathrm{e}^{-\mathrm{i}\omega t}, \quad (1)$$

在位置 $z$ 处的间隔 d$z$ 中找到粒子的概率是 $|\psi(z,t)|^2\mathrm{d}z$，它与 $t$ 无关. 如果粒子的势能是常数，我们就有“均匀介质”，从而 $f$（$z$）就是 $kz$ 的正弦函数：

$$\psi(z,t)=[A\sin kz+B\cos kz]\mathrm{e}^{-\mathrm{i}\omega t}. \quad (2)$$

把 $E=\hbar\omega$ 和 $p=\hbar k$（玻尔频率条件和德布罗意波数关系）代入能量的经典表达式，就得到势能 $V$ 不变的区域中粒子的色散关系. 例如，对于质量为 $m$ 的非相对论电子，能量 $E$、动量 $p$ 和势能 $V$ 之间的经典关系为

$$E=\frac{p^2}{2m}+V, \quad (3)$$

它给出德布罗意波的色散关系

$$\hbar\omega=\frac{\hbar^2k^2}{2m}+V. \quad (4)$$

**箱中的电子** 作为例子，设有一个封闭在从 $z=0$ 到 $z=L$ 的一维“箱子”中的电子. 在箱子里面，我们取 $V=V_1$（一个常数）. 对于比0小或比 $L$ 大的 $z$，我们取 $V(z)$ 为 $+\infty$. 因此，电子被封闭在箱中. 如果这个“束缚电子”表现得像一个经典粒子，它可以有由

$$\frac{p^2}{2m}=E-V_1 \quad (5)$$

给定的任意动能. 但是，真实的电子不是一个经典粒子. 处在一个“无限势阱”中的真实电子的可能束缚态正就是电子的德布罗意波的简正模式，也就是说，它们是具有由式（4）联系的频率和波长的驻波.

**驻波的形状像小提琴弦的形状** 驻波波数 $k$ 的序列是什么呢？在区间 $0\leqslant z\leqslant L$ 之外找到电子的概率是零，因而，刚在势阱之外，$|\psi(z,t)|^2$ 是零. 但是，$\psi(z,t)$ 是 $z$ 的连续函数，因而，在 $z=0$ 和 $z=L$ 处 $\psi$ 必须为零.（这些边界条件正与固定在 $z=0$ 和 $z=L$ 处的均匀小提琴弦的相同. 因此，德布罗意驻波有与理想小提琴弦完全一样的位形序列.）因此，$z=0$ 处的边界条件要求在式（2）中 $B=0$，于是

$$\psi(z,t)=\mathrm{e}^{-\mathrm{i}\omega t}A\sin kz. \quad (6)$$

$z=L$ 处的边界条件要求 $\sin k L=0$. 于是，可能的驻波由 $L=$ 一个半波波长、两个半波波长等给出：

$$k_1 L=\pi, k_2 L=2\pi, \cdots, k_n L=n\pi, \cdots. \tag{7}$$

如果电子处在单个模式上，那么在位置 $z$、时间 $t$ 找到粒子的每单位长度（以便我们可以去掉区间 $dz$）的概率是

$$|\psi(z,t)|^2=|e^{-i\omega t}A\sin kz|^2=|A|^2\sin^2 kz. \tag{8}$$

这一概率与时间无关，于是就说电子是处在一个“稳定态”上.

电子处在 $z=0$ 和 $z=L$ 之间任何处的概率是 1. 它给出依赖于 $|A|^2$ 的“归一化条件”：

$$1=\int_0^L |\psi|^2 dz=|A|^2\int_0^L \sin^2 kz dz=\frac{1}{2}|A|^2 L, \tag{9}$$

它确定 $|A|$. 因此，如果

$$A=|A|e^{i\alpha}=\sqrt{\frac{2}{L}}e^{i\alpha},$$

则

$$\psi(z,t)=\sqrt{\frac{2}{L}}e^{-i(\omega t-\alpha)}\sin kz, \tag{10}$$

这里 $\alpha$ 是一个没有确定的相位常数.

驻波频率由式（4）的色散关系给出：

$$\omega_n=\omega_0+\frac{\hbar k_n^2}{2m}, \quad \omega_0\equiv\frac{V_1}{\hbar}. \tag{11}$$

于是，电子能量 $E$ 就为

$$E_n=V_1+\frac{\hbar^2 k_n^2}{2m}=V_1+\frac{\hbar^2(n\pi/L)^2}{2m}, \quad n=1,2,3,\cdots. \tag{12}$$

**驻波频率不同于小提琴弦的频率** 由此可见，虽然驻波的形状与小提琴弦的形状相似，但其频率与小提琴弦的不同，不是最低模式频率的“谐频”. 这是因为，德布罗意波的色散关系与小提琴弦波的色散关系很不相同.

在补充论题图 1 中，我们画出了最低模式（叫作“基态”）和第二模式（叫作“第一激发态”）.

**不均匀介质** 如果势函数 $V(z)$ 不是一个与 $z$ 无关的常数，那么，相应于各模式（具有确定波频率，即确定粒子能量的态）的德布罗意驻波的形状就不是空间上的正弦函数. 于是，就没有把 $\omega$ 作为 $k$ 的函数给出的“色散关系”，因为空间的依赖关系不是式（2），而且没有相应于频率 $\omega$ 的单个波数 $k$. 要求出 $f(z)$，就必须解薛定谔微分波动方程. 这有点像 2.3 节中讨论过的连续弦的情况. 在那里我们发现，只有当介质是均匀的，各个模式的空间依赖关系才是正弦函数. 对于一根非均匀弦，驻波的空间依赖关系是由解下一微分方程得到的［2.3 节中的方程（2.59）；

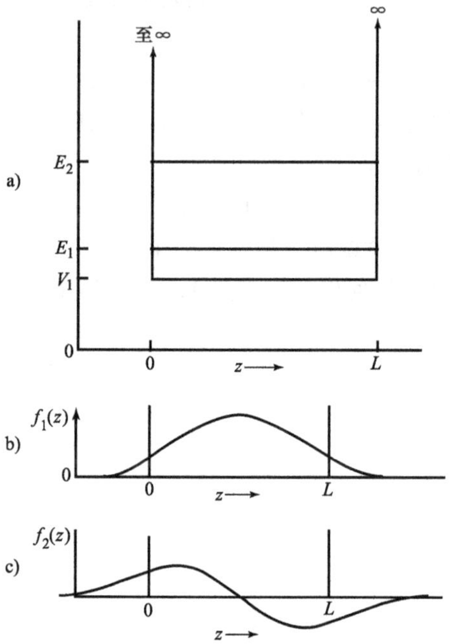


补充论题图1　束缚在一个无限势阱中的电子

a）$V(z)$ 的图，附加的水平直线 $E_1$ 和 $E_2$ 表示第一和第二模式（基态和第一激发态）的能量. 动能 $E_n - V_1$ 正比于 $n^2$，因此，我们把 $E_2 - V_1$ 画成 $E_1 - V_1$ 的四倍　b）基态波函数的空间依赖关系　c）第一激发态波函数的空间依赖关系

我们取张力 $T_0(z) = T_0 =$ 常数，质量密度 $\rho_0$ $(z)$ 不是常数]：

$$\frac{\mathrm{d}^2 f(z)}{\mathrm{d}z^2} = -\frac{\omega^2 \rho_0(z)}{T_0} f(z). \tag{13}$$

与之相似，对于一个非均匀势 $V(z)$，德布罗意驻波的空间依赖关系是通过解薛定谔方程得到的. 在这种情况下，它是

$$\frac{\mathrm{d}^2 f(z)}{\mathrm{d}z^2} = \frac{2m}{\hbar^2}[V(z) - \hbar\omega] f(z). \tag{14}$$

**3. 粒子穿透到空间上的一个“经典禁戒”区域**

经典粒子的（非相对论的）动能加势能可以写成

$$E = \frac{p^2}{2m} + V, \tag{1}$$

这里 $p^2/2m$ 是动能，$V$ 是势能. 假定，$V$ 在 $z=0$ 和 $z=L$ 之间是 $V_1$，从 $z=L$ 到 $z=+\infty$ 以及从 $z=0$ 到 $z=-\infty$ 是 $V_2$ $(V_2 > V_1)$.

假定经典粒子被“束缚”在补充论题2中描述过的“势阱“里. 如果粒子的

能量 $E$ 居于 $V_1$ 和 $V_2$ 之间的某处，情况就是这样；那么，如果这个经典粒子在某种情况发现它自己处在 $z=0$ 和 $z=L$ 之间的区域内，它就永远不能出来．它以 $p_z = \pm\sqrt{2m(E-V_1)}$ 的动量在墙与墙之间来回弹射，每当它碰到墙上时，$p_z$ 的正负号就改变．它不可能进入势是 $V_2$ 的区域，因为，在这些区域里，动能将是负的：

$$\frac{p^2}{2m} = E - V = E - V_2 = -(V_2 - E),\ 当\ E < V_2\ 时. \tag{2}$$

当然，对于一个经典粒子，负的动能是没有意义的．

真正的粒子不是经典粒子，它们既具有"粒子"的性质，又具有波的性质．德布罗意关系 $p=\hbar k$ 和 $E=\hbar\omega$ 给出色散关系：

$$\omega = \omega_0(z) + \frac{\hbar k^2}{2m},\ 当\ \omega > \omega_0\ 时, \tag{3}$$

和

$$\omega_0(z) \equiv \frac{V(z)}{\hbar}.$$

**与耦合摆的类比**　我们可以把它同耦合摆的色散关系做比较（在连续性近似下——参看 3.5 节）：

$$\omega^2 = \omega_0^2(z) + \frac{K^2\alpha^2}{M}k^2,\ 当\ \omega^2 > \omega_0^2\ 时 \tag{4}$$

和

$$\omega_0^2(z) \equiv \frac{g}{l}. \tag{5}$$

对于耦合摆，当 $\omega$ 小于 $\omega_0$ 时，这些波不是正弦波，它们是指数波．这种介质就称为波抗性的．色散关系就变成

$$\omega^2 = \omega_0^2 - \frac{K^2\alpha^2}{M}\kappa^2, \quad \omega^2 < \omega_0^2, \tag{6}$$

这里 $\kappa$ 是衰减常数，$\delta = 1/\kappa$ 是衰减长度．与此类似，对于德布罗意波，当 $\omega$ 小于 $\omega_0$ 时，色散关系变成

$$\omega = \omega_0(z) - \frac{\hbar\kappa^2}{2m}, \quad \omega < \omega_0. \tag{7}$$

于是，在我们的例子中，动能 $E-V$ 为

$$E - V_1 = \frac{\hbar^2 k_1^2}{2m}, \quad 0 \leqslant z \leqslant L \tag{8}$$

和

$$E - V_2 = -\frac{\hbar^2\kappa_2^2}{2m}, \quad 其他. \tag{9}$$

因此，对于粒子的正的动能，相应的德布罗意波是具有波数 $k_1$ 的正弦波（对于均匀介质），而对于粒子的负的动能，德布罗意波是具有衰减常数 $\kappa_2$ 的指数波．一

个束缚在这种“有限势阱”中的电子的各个可能态的波函数，在形状上，与 3.5 节中描述过的耦合摆的“束缚模式”很是相似．于是，基态波函数 $f(z)$ 在波数使 $kL$ 略小于 $\pi$ 的“正动能”区域（色散区域）内是正弦函数．在 $z=0$ 和 $z=L$ 处，这一正弦波函数光滑地与一个指数函数相连接，这个指数函数在离色散区域无穷远处衰减为零．（两个最低的稳定态画在补充论题图 2 上．）

从图中我们看到，在“经典禁戒”区中找到粒子的概率不是零．对小于零的 $z$，概率正比于 $|\exp[-\kappa_2(-z)]|^2$；对大于 $L$ 的 $z$，它正比于 $|\exp[-\kappa_2(z-L)]|^2$.

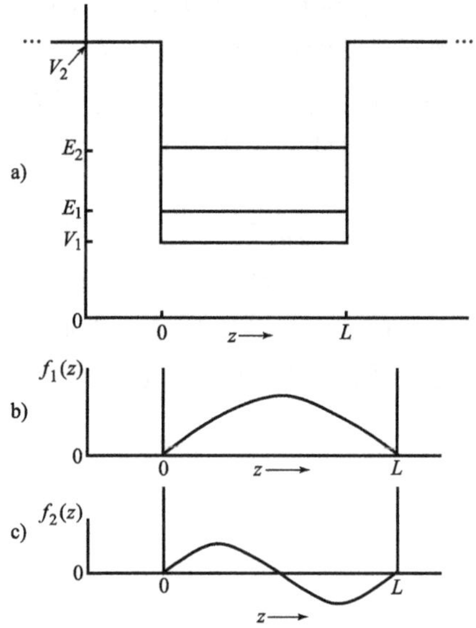


补充论题图 2　束缚在一个有限势阱中的电子．a）$V(z)$ 的图，附加的水平线 $E_1$ 和 $E_2$ 表示基态和第一激发态的能量　b）基态的空间依赖关系　c）第一激发态的空间依赖关系

注意，如果 $V_2$ 趋向 $+\infty$，那么根据（9），$\kappa_2$ 变成无穷大，衰减距离 $\delta_2$ 则趋向于零．这就是在补充论题 2 中讨论过的情况．在那种场合下，我们能够立刻写出允许模式的波数，然后从色散关系求得相应的能量．在目前的有限势阱的例子中，求出 $k$（阱内的）和 $\kappa$（阱外的）的允许值要做更多的工作．

**4. 德布罗意波的相速度和群速度**

对于一个处在不变势 $V$ 中的、能量为 $E$ 的非相对论性电子，色散关系是（参看补充论题 2）

$$\omega=\frac{\hbar k^2}{2m}+\frac{V}{\hbar}. \tag{1}$$

相速度是

$$\nu_\varphi(k)=\frac{\omega}{k}=\frac{\hbar k}{2m}+\frac{V}{\hbar k}. \tag{2}$$

经典粒子的速度是 $p/m$ 也就是 $\hbar k/m$．于是，式（2）写成

$$\nu_\varphi(k)=\frac{1}{2}\nu(\text{粒子})+\frac{V}{p(\text{粒子})}. \tag{3}$$

这是一个奇怪的关系．幸好，$\nu_\varphi(k)$ 不是直接可观测的量．量子力学中的粒子的速度被“波包”的速度所代替，而“波包”不只是由一个值而是由 $k$ 的几个邻近值组成．波包的传播速度由群速度 $\nu_\varphi$ 给出．于是，利用式（1），可求出

$$v_g = \left(\frac{\mathrm{d}\omega}{\mathrm{d}k}\right)_0 = \left(\frac{\hbar k}{m}\right)_0, \tag{4}$$

这里下标零表示在形成波包的带 $\Delta k$的中心处取$k$值导数的值．于是，我们看到，如果取粒子的动量为相应于波包中心的动量（$\hbar k$）$_0$，则 $v_g = v$（粒子）．

对于一个相对论性的自由粒子，能量、动量和静止质量 $m$ 之间的关系为

$$E^2 = (mc^2)^2 + (cp)^2, \tag{5}$$

它给出色散关系（应用 $E \approx \hbar\omega$ 和 $p \approx \hbar k$，这两个式子在相对论里也是正确的）

$$\hbar^2\omega^2 = (mc^2)^2 + (\hbar c k)^2. \tag{6}$$

相速度 $v_\varphi = \omega/k$具有值 $v_\varphi = \omega/k = E/p$，它等于 $c^2/v$（粒子），因此比 $c$ 大．群速度是

$$v_g = \frac{\mathrm{d}\omega}{\mathrm{d}k} = \frac{c^2 k}{\omega} = \frac{c^2 p}{E} = v(\text{粒子}). \tag{7}$$

相速度、群速度和光速之间的关系同电离层中的无线电波的关系一样，即 $v_\varphi v_g = c^2$．那是因为，色散关系是相似的．

**5. 德布罗意波的波动方程**

处在不变势区域内的德布罗意谐波（亦即稳定态）具有如下的形式：

$$\psi(z,t) = \mathrm{e}^{-\mathrm{i}\omega t}(A\mathrm{e}^{\mathrm{i}kz} + B\mathrm{e}^{-\mathrm{i}kz}). \tag{1}$$

于是

$$\frac{\partial\psi(z,t)}{\partial t} \approx -\mathrm{i}\omega\psi(z,t); \tag{2}$$

$$\frac{\partial^2\psi(z,t)}{\partial t^2} = -\omega^2\psi(z,t); \tag{3}$$

$$\frac{\partial\psi(z,t)}{\partial z} = \mathrm{e}^{-\mathrm{i}\omega t}(\mathrm{i}kA\mathrm{e}^{\mathrm{i}kz} - \mathrm{i}kB\mathrm{e}^{-\mathrm{i}kz}); \tag{4}$$

$$\frac{\partial^2\psi(z,t)}{\partial z^2} = -k^2\psi(z,t). \tag{5}$$

对于非相对论性粒子，色散关系为（参看补充论题2）

$$\hbar\omega = \frac{\hbar^2 k^2}{2m} + V. \tag{6}$$

以 $\mathrm{i}\hbar$乘式（2），并利用式（5）和式（6），可得到

$$\frac{\mathrm{i}\hbar\partial\psi(z,t)}{\partial t} = -\frac{\hbar^2}{2m}\frac{\partial^2\psi(z,t)}{\partial z^2} + V\psi(z,t). \tag{7}$$

式（7）是用均匀势中的谐波推导出来的，它给出一个是$kz$ 的正弦函数的空间依赖关系．我们没有理由要求，当 $V = V(z)$，即当 $V$ 是位置的一个函数时，式（7）仍然成立；但可以希望如此．薛定谔正是这样做的．他猜想，或许式（7）即使对于不是常数的 $V(z)$ 也成立．$V = V(z)$ 的式（7）叫作薛定谔方程（更确切地说，是与时间有关的、一维的薛定谔方程）．它在原子物理学中是行之有效的．

当不能忽略相对论效应时，我们不能用式（6），也不能用方程（7）. 对于自由的相对论性粒子，相对论性色散关系是

$$\hbar^2\omega^2=\hbar^2c^2k^2+(mc^2)^2. \tag{8}$$

用 $-\hbar^{-2}\psi(z,\ t)$ 乘式（8），并利用式（3）和式（5），就得到

$$\frac{\partial^2\psi(z,t)}{\partial t^2}=c^2\frac{\partial^2\psi(z,t)}{\partial z^2}-\frac{mc^2}{\hbar^2}\psi(z,t). \tag{9}$$

方程（9）叫作克莱茵-戈尔登方程. 注意，如果让 $m=0$，就得到速度为 $c$ 的非色散波的经典波动方程. 这相应于光子没有静止质量这一事实.

**6. 一个一维“原子”的电磁辐射**

首先复习补充论题2. 考虑在 $z=-L/2$ 和 $+L/2$ 处有无限高“侧壁”的一维势阱中束缚电子的稳定态. 现在假定，这个束缚电子碰巧处在基态和第一激发态的叠加态上：

$$\psi(z,t)=\psi_1(z,t)+\psi_2(z,t), \tag{1}$$

$$\psi_1(z,t)=A_1\mathrm{e}^{-\mathrm{i}\omega_1t}\cos k_1z,\ k_1L=\pi, \tag{2}$$

$$\psi_2(z,t)=A_2\mathrm{e}^{-\mathrm{i}\omega_2t}\sin k_2z,\ k_2L=\pi. \tag{3}$$

在位置 $z$、时间 $t$ 找到电子的（每单位长度）概率为

$$|\psi(z,t)|^2=|A_1\mathrm{e}^{-\mathrm{i}\omega_1t}\cos k_1z+A_2\mathrm{e}^{-\mathrm{i}\omega_2t}\sin k_2z|^2 \tag{4}$$

$$=A_1^2\cos^2k_1z+A_2^2\sin^2k_2z+2A_1A_2\cos k_1z\sin k_2z\cos(\omega_2-\omega_1)t.$$

我们看到，这个概率有一个以两个德布罗意频率 $\omega_1$ 和 $\omega_2$ 之间的拍频做谐振动的项. 实际上，不难完成以下的积分，从而得到 z 的空间平均值 $\bar{z}$：

$$\int_{-L/2}^{L/2}|\psi|^2\mathrm{d}z=(A_1^2+A_2^2)\frac{L}{2},$$

$$\int_{-L/2}^{L/2}z|\psi|^2\mathrm{d}z=\frac{16L^2}{9\pi^2}A_1A_2\cos(\omega_2-\omega_1)t,$$

$$\bar{z}=\frac{\int z|\psi|^2\mathrm{d}z}{\int|\psi|^2\mathrm{d}z}=\frac{32L}{9\pi^2}\frac{A_1A_2}{A_1^2+A_2^2}\cos(\omega_2-\omega_1)t,$$

亦即

$$\bar{z}=(0.36L)\frac{A_1A_2}{A_1^2+A_2^2}\cos(\omega_2-\omega_1)t. \tag{5}$$

**为什么辐射频率等于拍频** 如果电子具有电荷 $q=-e$，它将辐射出它做振荡的频率的电磁辐射. 我们从式（5）看到，电荷的平均位置以拍频 $\omega_2-\omega_1$ 振荡. 因此，辐射频率是在“跃迁”中所涉及的两个稳定态之间的拍频：

$$\omega_{辐射}=\omega_2-\omega_1. \tag{6}$$

**7. 时间相干和光学拍**

人们可以获得不同频率的波之间的干涉，同其他现象一样，这对于光学现象也成立. 假定我们具有两个产生电场 $E_1$ 和 $E_2$ 的光波 1 和 2，两者都（比方说）沿 $\hat{\boldsymbol{x}}$ 方向偏振.（于是我们可以省略矢量符号.）固定 $z$ 处的总场是 $E_1$ 和 $E_2$ 的叠加. 利用一个复场 $E_c$（$t$），我们有

$$E_c(t) = E_1 e^{-i\omega_1 t} e^{i\varphi_1} + E_2 e^{i\omega_2 t} e^{i\varphi_2}. \tag{1}$$

能流通量可以用光电倍增管（它的输出电流正比于入射能流通量）测量，它正比于以平均频率做“快”振荡的一个周期 $T$ 上 $E^2(t)$ 的平均值：

$$\begin{aligned}\langle E^2(T)\rangle &= \frac{1}{2}|E_c(t)|^2 \\ &= \frac{1}{2}\{E_1^2 + E_2^2 + 2E_1E_2\cos[(\omega_1-\omega_2)t + (\varphi_1-\varphi_2)]\}.\end{aligned} \tag{2}$$

于是，人们有可能指望测量以比较慢的拍频 $\omega_1 - \omega_2$ 变化的光电倍增管的电流. 对于带宽的要求是什么？记得我们的简单看法是，认为振幅和相位常数以一种不可预测的方式做缓慢地变化，（例如）在相干时间间隔内，$\varphi_1$ 无规则地漂移 $2\pi$ 的数量级. 这个相干时间间隔是振荡 1 的带宽的倒数：

$$t_{1(\text{相干})} \approx (\Delta\nu_1)^{-1}. \tag{3}$$

$$t_{2(\text{相干})} \approx (\Delta\nu_2)^{-1}. \tag{4}$$

显然，如果我们打算观测拍，那么，在拍周期期间，单个成分必须保持它们的相位大致不变. 因此，为了观测拍，两个相干时间和拍周期相比都必须很长，也就是说，两个带宽和拍频率相比都很小：

$$\begin{cases}\Delta\nu_1 < |\nu_1 - \nu_2| \\ \Delta\nu_2 < |\nu_1 - \nu_2|\end{cases}(\text{对于可观测的拍}). \tag{5}$$

除此之外，你们还必须能够探测光电倍增管中以拍频变化的电流. 心灵手巧也是有益的. 这个实验已经有人做出，而且是很巧妙的. ⊖

**8. 天空为什么是亮的？**

在 7.5 节中，当考虑光在单个空气分子上的散射与颜色的依赖关系时就已经知道天空为什么是蓝色的. 可是有一种论点，似乎证明天空应该是看不见的. 考虑太阳光的某一给定的单色成分，其电场驱动一个给定的空气分子. 空气分子中每个振动着的电子在所有方向上辐射波，其中有些传入某个观测者的眼睛. 但是，对于一个给定的分子（把它叫作 1 号），总会相应地有另一个离观测者再远半波长的分子（叫作 2 号）. 如果两个分子都以同样的振幅和相位常数被驱动，那么它们的波应该在观测者的位置上叠加成零. 对于近 90°的散射，我们显然可以满足这些相位和

---

⊖ A. T. Forrester, R. A. Gudmundsen, 和 P. O. Johnson, “Photoelectric Mixing of Incoherent Light.” *Phys. Rev.* **99**, 169 (1955).

振幅的条件，只要每单位体积内的空气分子的数目足够大，使得对于每个“1 号”的分子几乎总有一个“2 号”的分子.（对于接近零度的散射，离观测者远半波长的分子较早半个周期被激发，因此它们不产生相消干涉.）处在标准温度和压力下的空气，数密度大约是 $3\times10^{19}\ \mathrm{cm}^{-3}$，因此在边长 $5\times10^{-5}$ cm（蓝光的波长）的立方体中大约含有 $4\times10^{6}$ 个分子，也就是说，沿着边长等于一个波长的立方体的每条边上，大约有 100 个分子. 这看来比产生几乎完全相消干涉所需的数目还要充分，即使考虑到空气密度随离开地面的高度而指数地衰减也是如此. 因此，我们得出一个预言：相应于散射 90°的天空部分应当是“黑”的，而不是光亮的蓝色！

这个预言显然完全违背经验. 事实上，观测到的强度很接近于在个别空气分子散射的基础上计及分子数密度并把各个独立的分子贡献的强度加起来所预见的结果. 由于某种原因，预言的相消干涉不出现. 这是为什么？

下面是另一个与此有关的事实. 如果我们不用空气，而用玻璃或明净的水，那么对 90°散射预言的相消干涉确实会出现. 这就是为什么手电筒光束能以可忽略的强度损失通过明净的水（除了由衍射引起的光束的散开外）. 地面上空气的数量在重量上以及（近似地）在分子数上都大致相当于 10 m 高的水. 尽管如此，在明净的水中穿过 10 m 的手电筒光束所经受的 90°散射的数量却比在大气中穿过的太阳光经受散射的数量要小得多. 在水的情况下，我们把 90°散射的振幅加起来，从而得到预料的相消干涉. 在空气的情况下，看来应该加起来的是强度. 这是为什么？

答案在于，水分子的间距与空气分子间距比起来有很高的均匀性.（它与空气分子和水分子之间的差别没有关系：水蒸气的行为像气态的空气，液态空气的行为像液态的水.）水分子“彼此接触”，因而具有很一致的间距. 这就始终保证有一个“2 号”的分子消除一个给定的“1 号”分子的贡献（在观测者的位置上对它们辐射场的叠加而言）. 在空气的情况下，只是在平均上，每个“1 号”的分子才有一个“2 号”的分子；实际上则是有时有，有时没有，（空气分子数密度的均匀性的）涨落破坏了相干性. “预期的”90°散射的振幅的相消干涉不出现，代替它的是（非相干源总是这样）总强度为有贡献的源的强度之和.

下面是一个简化的推导. 考虑空间上的一个很小的区域，把它叫作区域 1. 再划出另一个同样大小的区域（把它叫作 2 号），它处在离太阳相同的距离处，并比区域 1 离观测者远半个波长.（我们现在考虑太阳光的单色成分.）假定这两个区域中的每一个与波长相比都很小. 那么，区域 1 中的所有分子都以同一相位被驱动. 每个分子都在观测者的位置处贡献一个场 $\boldsymbol{E}_1$. 如果在一给定时刻，区域 1 中有 $n_1$ 个分子，那么这些分子在观测者处产生的场是 $n_1\boldsymbol{E}_1$. 与此类似，区域 2 产生的场是 $n_2\boldsymbol{E}_2$. 由这两个区域产生的总场是叠加 $\boldsymbol{E}=n_1\boldsymbol{E}_1+n_2\boldsymbol{E}_2$. 由于两个区域都被同相驱动，而且在沿到观测者的方向上相距半个波长，因此得到 $\boldsymbol{E}_2$ 等于 $-\boldsymbol{E}_1$. 于是，在某一给定时刻，我们有

$$\boldsymbol{E}=n_1\boldsymbol{E}_1+n_2\boldsymbol{E}_2=(n_1-n_2)\boldsymbol{E}_1. \tag{1}$$

场 $E_1$ 是一个被驱动的空气分子辐射出来的场. 对于这个场, 可以写出（省略矢量记号, 因为我们对偏振不感兴趣）

$$E_1 = A_1 \cos(\omega t + \varphi). \tag{2}$$

因此, 两个区域 1 和 2 所贡献的场为

$$E = A\cos(\omega t + \varphi). \tag{3}$$

这里

$$A = (n_1 - n_2)A_1. \tag{4}$$

振幅 $A$ 的平均值或“期待”值是多少? $n_1$ 有时比 $n_2$ 大, 有时比 $n_2$ 小, 平均起来 $n_1$ 和 $n_2$ 是相等的, 因此, 平均起来 $A$ 是零. 如果 $n_1$ 和 $n_2$ 固定地保持在它们的平均值上, $E$ 将始终为零, 就不会得到 90°的散射. 但是, 如我们将看到的, 情况并不是这样.

现在让我们考虑散射过来的辐射的强度. 这一强度正比于辐射电场的平方. 让我们在一个振荡周期上取平均. （这个周期大约是 $10^{-15}$ s; 在这么短的时间间隔里, $n_1$ 和 $n_2$ 没有变化.）于是, 散射强度正比于振幅 $A$ 的平方. 除了不令人感兴趣的常数而外, 我们有

$$强度 = A^2 = (n_1 - n_2)^2 A_1^2. \tag{5}$$

现在考虑 $n_1 - n_2$ 上的涨落的效应. 如果在一个足够长的时间间隔上取平均, 使区域 1 和区域 2 有时间“尝试”不断变化的数密度, 那么就可看出, 从这两个区域来的强度的时间平均恰好是从留在区域 1 的单个分子得到的强度乘 $(n_1 - n_2)^2$ 的平均值. 用字母 $I$ 代表从两个区域来的强度的时间平均, 就有

$$I = \overline{(n_1 - n_2)^2} I_1, \tag{6}$$

这里 $I_1$ 是（留在区域 1 内的）单个分子的强度, 上横线则表示时间平均. 现在 $n_1$ 的平均值 $\bar{n}_1$ 等于 $n_2$ 的平均值 $\bar{n}_2$. 因此能写出

$$\begin{aligned}(n_1 - n_2)^2 &= [(n_1 - \bar{n}_1) - (n_2 - \bar{n}_2)]^2 \\ &= (n_1 - \bar{n}_1)^2 + (n_1 - \bar{n}_2)^2 - 2(n_1 - \bar{n}_1)(n_2 - \bar{n}_2).\end{aligned} \tag{7}$$

取平均后, 得到

$$\overline{(n_1 - n_2)^2} = \overline{(n_1 - \bar{n}_1)^2} + \overline{(n_2 - \bar{n}_2)^2} - 2\,\overline{(n_1 - \bar{n}_1)(n_2 - \bar{n}_2)}. \tag{8}$$

至此, 上述各式对空气和水都适用. 现在我们讲述两者的关键差别. 对于空气, 在 $n_1$ 上的涨落（在一给定时刻）与 $n_2$ 的完全无关这一意义上, 区域 1 和区域 2 是完全“无关的”. 这是因为, 区域 1 中的分子对区域 2 中的分子没有直接影响. （对于水, 情况不是这样, 所有的分子都是彼此接触的. 如果你想把一个分子推入区域 1 的一侧, 为了给它空出地方, 你必须把一个分子从另一侧推出去. 当你这样做的时候, 你甚至将推动整个区域 2 中的分子.）因此, 对于空气, $(n_1 - \bar{n}_1)$ 和 $(n_2 - \bar{n}_2)$ 的乘积的平均就是两个独立的平均值的乘积:

$$\overline{(n_1 - \bar{n}_1)(n_2 - \bar{n}_2)} = \overline{(n_1 - \bar{n}_1)} \cdot \overline{(n_2 - \bar{n}_2)} = (\bar{n}_1 - \bar{n}_1) \cdot (\bar{n}_2 - \bar{n}_2) = 0. \tag{9}$$

（关键的一步是要认识到, 对于空气, $n_1$ 上的涨落与 $n_2$ 上的涨落无关.）接下来我

们计算，$n_1$ 和 $n_2$ 在它们的平均值左右的方均涨落．在空气的情况下，区域1（或区域2）内有“充裕的空间”，分子之间并不拥挤．或许碰巧有过量的分子在一给定的时刻处在区域1中，它并不影响另一个分子是否能进来．在这种情况下，结果是（你将在《统计物理学》卷中学到）区域1（或区域2）中的分子数服从一个概率分布函数（叫作“泊松分布”），用这个分布函数，$n_1$ 与它的平均值的平方平均偏差等于它本身的平均值：

$$\overline{(n_1-\bar{n}_1)^2}=\bar{n}_1,\quad \overline{(n_2-\bar{n}_2)^2}=\bar{n}_2. \tag{10}$$

这个关系式对空气分子成立．但是，它对水分子不成立，这是因为，一旦有少量的过剩分子存在，就强烈地禁止任何附加的分子进来．对于水，我们代之而有

$$\overline{(n_1-\bar{n}_1)^2}\ll\bar{n}_1,\quad \overline{(n_2-\bar{n}_2)^2}\ll\bar{n}_2. \tag{11}$$

于是，对于空气，从两个区域来的时间平均强度为

$$\begin{aligned} I &= \overline{(n_1-n_2)^2}I_1 \\ &= \overline{(n_1-n_2)^2}I_1+\overline{(n_2-\bar{n}_2)^2}I_1+0 \\ &= \bar{n}_1I_1+\bar{n}_2I_1 \\ &= \bar{n}_1I_1+\bar{n}_2I_2. \end{aligned} \tag{12}$$

这一强度恰好是区域1中的空气分子贡献的强度加区域2中的分子贡献的强度之和．对于水，我们代之而有

$$I=\overline{(n_1-n_2)^2}I_1\ll\bar{n}_1I_1+\bar{n}_2I_2. \tag{13}$$

如果 $n_1$ 和 $n_2$ 始终严格相等，我们将具有“理想的刚性和均匀的水”，它将给出零强度．

伍德（R. W. Wood）用一个非常简单而巧妙的实验，演示了被空气散射90°的光线的强度正比于有贡献的分子数，它与式（12）预言的一样．你们可以容易地重复他的实验．例如，参看敏耐尔忒的《光和颜色》一书的描述［M. Minnaert, *Light and Colour*, paragraphs 172 and 174 (Dover Publications, Inc., New York, 1954)］.

**9. 物质介质中的电磁波**

我们的讨论将比正文中的讨论更为一般．我们将不回避对介电常数的吸收部分的讨论，也不回避使用复数．

**麦克斯韦方程**　一般形式的麦克斯韦方程为（用SI）：

$$\nabla\cdot\boldsymbol{B}=0, \tag{1}$$

$$\nabla\cdot\boldsymbol{E}=\frac{\rho_{总}}{\varepsilon_0}=\frac{\rho_{自由}}{\varepsilon_0}-\frac{1}{\varepsilon_0}\nabla\cdot\boldsymbol{P}, \tag{2}$$

$$\begin{aligned} \nabla\times\boldsymbol{B} &= \mu_0\boldsymbol{J}_{总}+\frac{1}{c^2}\frac{\partial\boldsymbol{E}}{\partial t} \\ &= \mu_0\boldsymbol{J}_{自由}+\left(\mu_0\ \nabla\times\boldsymbol{M}+\mu_0\frac{\partial\boldsymbol{P}}{\partial t}\right)+\frac{1}{c^2}\frac{\partial\boldsymbol{E}}{\partial t}, \end{aligned} \tag{3}$$

$$\nabla\times\boldsymbol{E}=-\frac{\partial\boldsymbol{B}}{\partial t}. \tag{4}$$

[关于方程（1），参看《电磁学》卷的方程（10.1）；关于方程（2），参看《电磁学》卷的方程（9.57）；关于方程（3），参看《电磁学》卷的方程（9.79），它在$\boldsymbol{M}$等于零时成立，以及参看方程（10.50），它在$\partial\boldsymbol{P}/\partial t$和$\partial\boldsymbol{E}/\partial t$等于零时成立；关于方程（4），参看《电磁学》卷的方程（10.30）.]

方程（1）~方程（4）的另一种写法如下：

$$\nabla\cdot\boldsymbol{B}=0, \tag{5}$$

$$\nabla\cdot(\varepsilon_0\boldsymbol{E}+\boldsymbol{P})=\rho_{自由}, \tag{6}$$

$$\nabla\times\left(\frac{1}{\mu_0}\boldsymbol{B}-\boldsymbol{M}\right)=\frac{\partial}{\partial t}(\varepsilon_0\boldsymbol{E}+\boldsymbol{P})+\boldsymbol{J}_{自由}, \tag{7}$$

$$\nabla\times\boldsymbol{E}=-\frac{\partial\boldsymbol{B}}{\partial t}. \tag{8}$$

$\varepsilon_0\boldsymbol{E}+\boldsymbol{P}$叫作$\boldsymbol{D}$，$\dfrac{\boldsymbol{B}}{\mu_0}-\boldsymbol{M}$叫作$\boldsymbol{H}$：

$$\varepsilon_0\boldsymbol{E}+\boldsymbol{P}\equiv\boldsymbol{D},\quad \frac{1}{\mu_0}\boldsymbol{B}-\boldsymbol{M}\equiv\boldsymbol{H}. \tag{9}$$

可是，我们将避免使用符号$\boldsymbol{D}$和$\boldsymbol{H}$.

**线性各向同性介质**　在一给定时间$t$，作用在位于一给定点$x$，$y$，$z$的点电荷$q$上的力为

$$\boldsymbol{F}=q\boldsymbol{E}+q\boldsymbol{v}\times\boldsymbol{B}, \tag{10}$$

这里$\boldsymbol{E}$和$\boldsymbol{B}$是瞬时局域场. 在讨论“连续”介质时，我们用在一个小的体积元内取平均的每单位电荷的平均力作为$\boldsymbol{E}$和$\boldsymbol{B}$的空间平均值的定义. 我们考虑这些场作用在一个“平均”电荷上，此平均电荷的电荷量和速度是在体积元内取的平均，并相当于体积元中的电荷密度和电流密度.

介质中的电荷和电流上的作用力，是由介质中的场$\boldsymbol{E}$和$\boldsymbol{B}$产生的. 这些作用力将修正电荷和电流的分布，并对$\boldsymbol{P}$和$\boldsymbol{M}$有贡献. 如果极化强度$\boldsymbol{P}$沿$\pm\boldsymbol{E}$方向，且磁化强度$\boldsymbol{M}$沿$\pm\boldsymbol{B}$方向，介质被称作各向同性的. 这也意味着，当$\boldsymbol{E}$等于零时$\boldsymbol{P}$等于零，当$\boldsymbol{B}$等于零时$\boldsymbol{M}$等于零. 同时，这还意味着，（例如）$P_x$只依赖于$E_x$，而不依赖于$E_y$或$E_z$.（在某些晶体中，如果用一个正比于$\boldsymbol{E}$的力推在原子内的电子上，它们的位移——它是$\boldsymbol{P}$的来源——不是沿着$\boldsymbol{E}$的方向，因为晶体的约束力使电子在某些方向上比其他方向容易移动.）于是，对于各向同性介质，我们（例如）有

$$P_x=\chi E_x+\alpha E_x^2+\beta E_x^3+\cdots. \tag{11}$$

对于足够弱的场，式（11）中的二次项和更高次项可以忽略. 这就是普通物质中通常的电磁场强度的情况.（对于足够强的场，例如用脉冲红宝石激光器能够产生的那种强场，$\boldsymbol{P}$的非线性贡献就可以探测出来并对之进行研究.）如果我们能忽略

式（11）中的 $\alpha E_x^2$、$\beta E_x^3$ 等项，介质就叫作是线性的．我们看到，“线性”不仅是介质的性质，而且也是出现的场的强度的性质．

**静场的 $\chi$、$\chi_m$、$\varepsilon$ 和 $\mu$ 的定义**　对于线性各向同性的介质，对于与时间无关的场来说，电极化率 $\chi$ 和磁化率 $\chi_m$ 的定义如下：

$$P_x(x,y,z)=\chi(x,y,z)E_x(x,y,z), \tag{12}$$

$$M_x(x,y,z)=\frac{\chi_m}{\mu}B_x(x,y,z). \tag{13}$$

介电常数 $\varepsilon$ 和磁导率 $\mu$ 的定义为

$$\varepsilon_0 E_x+P_x=\varepsilon E_x, \tag{14}$$

$$\frac{1}{\mu_0}B_x-M_x=\frac{1}{\mu}B_x. \tag{15}$$

结合这些定义，我们得到

$$\varepsilon=\varepsilon_0(1+\chi), \tag{16}$$

$$\mu=\mu_0(1+\chi_m). \tag{17}$$

[关于式（14），参看《电磁学》卷的式（9.38）．为得到式（15），参见《电磁学》卷关于 $\boldsymbol{M}=\chi_m\boldsymbol{H}$ 的式（10.55）和关于定义 $\boldsymbol{H}\equiv\frac{1}{\mu_0}\boldsymbol{B}-\boldsymbol{M}$ 的式（10.52）．再定义 $\boldsymbol{H}=\boldsymbol{B}/\mu$，就能得到式（15）．]

**与时间有关的场的电极化率和磁化率**　我们希望推广这些线性关系，使它们对于线性各向同性介质中的与时间有关的场也成立．我们也许会希望，一旦测量出（例如）静电场的 $\chi$，就可以直接推广式（12）而写出 $P_x(x,y,z,t)=\varepsilon_0\chi E_x(x,y,z,t)$，这里 $\chi$ 是根据静场测量获得的值．我们将看出，这一希望是几乎无望的．一般需要把场做傅里叶分析，分解成各种频率成分．电极化率和磁化率依赖于频率，因此，从各种不同的频率对 $\boldsymbol{P}$ 的贡献之和中无法提出一个公共因子来作为“整个场的”$\chi$．

既然我们已经发现，电极化率和磁化率都与频率有关，我们或许可以预期，能把式（12）推广成

$$P_x(x,y,z,\omega t)=\varepsilon_0\chi(x,y,z,\omega)E_x(x,y,z,\omega t). \tag{18}$$

$M_x$ 也有类似的表达式．可是，我们将发现，即使式（18）也过于简单化了，因为它意味着 $P_x$ 在每一时刻都正比于 $E_x$，亦即 $P_x$ 和 $E_x$ 是同相的（除了可能有一个负号外）．更一般地，我们必须计及可能有的 $P_x$ 与 $E_x$ 正交（亦即与 $E_x$ 的相位相差 $\pm 90°$）的成分．我们将发现，$P_x$ 中和 $E_x$ 同相的部分不导致电磁能量被介质吸收．因此，我们将把 $P_x$ 的同相部分叫作“弹性”或“色散”部分．$P_x$ 中与 $E_x$ 正交的部分产生能量的吸收，因而叫作 $P_x$ 的“吸收”部分．我们可以把 $P_x(x,y,z,\omega t)$ 写成一个弹性部分与一个吸收部分的和．对于线性的各向同性介质，弹性部分正比于 $E_x(x,y,z,\omega t)$，其比例常数为 $\chi_{弹性}(x,y,z,\omega)$．吸收部分可取为正比于

$$E_x\left(x,y,z,\omega t-\frac{1}{2}\pi\right),$$

其比例常数为$\chi_{吸收}$ ($x$, $y$, $x$, $\omega$):

$$P_x(x,y,z,\omega t)=\varepsilon_0\chi_{弹性}(x,y,z,\omega)E_x(x,y,z,\omega t)+$$
$$\varepsilon_0\chi_{吸收}\left(x,y,z,\omega)E_x(x,y,z,\omega t-\frac{1}{2}\pi\right). \tag{19}$$

让我们考虑一个给定的位置，并从记号中省略 $x$、$y$、$z$. 假定在那个位置上我们有

$$E_x(\omega t)=E_0\cos(\omega t-\varphi). \tag{20}$$

那么，式 (19) 给出

$$P_x(\omega t)=\varepsilon_0\chi_{弹性}E_x(\omega t)+\varepsilon_0\chi_{吸收}E_x\left(\omega t-\frac{1}{2}\pi\right), \tag{21}$$

亦即
$$P_x(\omega t)=\varepsilon_0\chi_{弹性}E_0\cos(\omega t-\varphi)+\varepsilon_0\chi_{吸收}E_0\sin(\omega t-\varphi). \tag{22}$$

**线性各向同性介质的简单模型** 假定在一给定的固定位置的一个很小的邻域里，介质在每单位体积中含的 $N$ 个中性“原子”. 每个原子含有一个粒子（一个“电子”），它具有质量 $M$，电荷 $q$（$q$ 是包含正负号的代数符号），被一个弹簧常量为 $M\omega_0^2$ 的弹簧束缚在一个重得多的、具有一个与 $q$ 大小相等符号相反的电荷的“原子核”上.（我们也包括 $\omega_0$ 等于零的情况. 在这种情况下，我们有中性的“等离子体”.）我们忽略原子核的比较起来很小的运动，因此也忽略它对 $\boldsymbol{P}$ 的贡献. 原子没有磁矩，也没有由磁场感生的磁矩，因而磁化强度为零. 我们忽略各单个粒子的运动的涨落和不规则性，从而假定每个粒子的行为都像一个假想的“平均”粒子. 假定粒子 $M$ 受到的作用有那个弹簧、在其位置上的电场 $E_x(\omega t)$ 以及一个“阻尼力”[这个阻尼力计入了粒子通过碰撞（或通过辐射）传给其近邻而损失的能量]. 与力 $q\boldsymbol{E}$ 相比，忽略作用在粒子 $M$ 上的力 $q(\boldsymbol{v}/c)\times\boldsymbol{B}$. 这是因为，我们假定没有静磁场出现，而且我们假定了 $v/c$ 始终很小.（即使对于脉冲红宝石激光器所产生的强电场，也是这样.）因此，对于 $q$ 的运动的 $x$ 分量，我们有

$$M\ddot{x}=-M\omega_0^2x-MT\dot{x}+qE_x, \tag{23}$$

和

$$E_x(\omega t)=E_0\cos(\omega t-\varphi). \tag{24}$$

阻尼力 $-M\Gamma\dot{x}$ 表示振荡电荷向介质的能量转移. 这个能量不再存在于频率为 $\omega$ 的电磁场分量之中，也不再存在于频率为 $\omega$ 的 $M$ 的振荡能之中，而是以原子的平移能和转动能的形式存在，同时也以其他频率做“无规则”振动的形式存在. 它叫作热.

在写出式 (24) 时，我们就是假定了振幅 $E_0$ 和相位常数 $\varphi$ 只依赖于电荷 $q$ 的平衡位置，而同 $q$ 离开它的平衡位置的瞬时位移 $x(t)$ 无关. 因而，我们假定了 $q$ 的振荡幅度与给出 $E_x$ 的空间和时间依赖关系的电磁波的波长相比很小. 否则，我

们必须考虑 $E_0$ 和 $\varphi$ 对 $x$ 的依赖关系.

我们将假定，出现在“平均”电荷的运动方程（23）中的“局域场” $E_x$ 与出现在式（21）中的空间平均场 $E_x$ 是一样的. 气体和某些晶体就接近于这种情况.（在许多晶体中，给定电荷感受到的电场主要是由紧邻的一个电荷决定的. 一般说来，平均局域场不同于空间平均场.）

根据3. 2节，方程（23）的稳态的解具有下述形式：

$$x(t)=A_{弹性}\cos(\omega t-\varphi)+A_{吸收}\sin(\omega t-\varphi),$$

这里 $A_{弹性}\cos(\omega t-\varphi)$ 是 $x$ 位移的弹性分量，亦即与驱动力同相的部分；$A_{吸收}\sin(\omega t-\varphi)$ 是位移的吸收部分，亦即与驱动力成正交（有90°相位差）的部分. 弹性振幅和吸收振幅为

$$A_{弹性}=\frac{qE_0}{M}\frac{\omega_0^2-\omega^2}{(\omega_0^2-\omega^2)^2+\Gamma^2\omega^2},\tag{25}$$

$$A_{吸收}=\frac{qE_0}{M}\frac{\Gamma\omega}{(\omega_0^2-\omega^2)^2+\Gamma^2\omega^2}.\tag{26}$$

极化度 $P_x$ 是数密度 $N$ 乘以相应于 $q$ 离开它平衡位置的位移 $x$ 的偶极矩 $qx$，于是有

$$P_x(t)=Nqx(t),\tag{27}$$

或

$$P_x(t)=NqA_{弹性}\cos(\omega t-\varphi)+NqA_{吸收}\sin(\omega t-\varphi),\tag{28}$$

亦即

$$P_x(\omega t)=\frac{NqA_{弹性}}{E_0}E_x(\omega t)+\frac{NqA_{吸收}}{E_0}E_x\left(\omega t-\frac{1}{2}\pi\right).\tag{29}$$

比较式（29）和式（21），可求出

$$\chi_{弹性}=\frac{NqA_{弹性}}{\varepsilon_0E_0}=\frac{Nq^2}{\varepsilon_0M}\frac{\omega_0^2-\omega^2}{(\omega_0^2-\omega^2)^2+\Gamma^2\omega^2},\tag{30}$$

$$\chi_{吸收}=\frac{NqA_{吸收}}{\varepsilon_0E_0}=\frac{Nq^2}{\varepsilon_0M}\frac{\Gamma\omega}{(\omega_0^2-\omega^2)^2+\Gamma^2\omega^2}.\tag{31}$$

**在麦克斯韦方程中使用复量**　麦克斯韦方程不含有 $-1$ 的平方根. 所有的可观测量，如 $\boldsymbol{E}$ 或 $\boldsymbol{B}$ 或 $\boldsymbol{P}$ 或 $\boldsymbol{M}$，也都如此. 但是，通过使用复数，我们可以大大简化用来描述有吸收的介质中的电磁波的代数运算.

当吸收可以忽略时，式（21）简化成较简单的形式 $P_x(\omega t)=\varepsilon_0\chi(\omega)E_x(\omega t)$，这里 $\chi(\omega)$ 就是 $\chi_{弹性}$. 这是式（18）的形式，它又类似于对静场成立的线性关系，即式（12）. 在那种情况下，式（12）~式（17）所引进的介电常数和磁导率的定义也能用于与时间有关的场.

当吸收不能被忽略时，式（18）必须由式（21）所给出的更复杂的表达式所

代替．那是因为，当不能忽略吸收时，既要考虑 $\boldsymbol{P}$ 的“同相”部分，也要考虑 $\boldsymbol{P}$ 的“正交”部分（$\boldsymbol{M}$ 的也与此类似）．这时，必须分别留意 $\boldsymbol{E}(\omega t)$、$\boldsymbol{E}\left(\omega t-\frac{1}{2}\pi\right)$、$\boldsymbol{B}(\omega t)$、$\boldsymbol{B}\left(\omega t-\frac{1}{2}\pi\right)$，以及与 $\boldsymbol{E}(\omega t)$ 和 $\boldsymbol{B}(\omega t)$ 同相或正交的相应的极化强度和磁化强度．

完成这一“登记”的一个非常简洁的方法，是使用称作 $\boldsymbol{E}$、$\boldsymbol{B}$、$\boldsymbol{P}$ 和 $\boldsymbol{M}$ 的复量，并做这样的理解：实际的物理场是这些“复场”的实部．所有复场的时间依赖关系都取为 $\exp(-\mathrm{i}\omega t)$ 的形式，这里负号是在光学中的习惯用法．［在电机工程里，通常的习惯是用 $\exp(+\mathrm{i}\omega t)$．在量子力学中，总是习惯使用 $\exp(-\mathrm{i}\omega t)$．］于是，我们引进由下式给出（在给定位置）的复数量 $E_x$：

$$E_x(\omega t)=E_0\mathrm{e}^{\mathrm{i}\varphi}\mathrm{e}^{-\mathrm{i}\omega t}=E_0\cos(\omega t-\varphi)-\mathrm{i}E_0\sin(\omega t-\varphi). \tag{32}$$

相应于复场 $E_x$ 的物理场是 $E_x$ 的实部，因而按照式（32），它就等于 $E_0\cos(\omega t-\varphi)$．

用复数的时间依赖关系 $\exp(-\mathrm{i}\omega t)$ 带来的简化是，90°的相移只是相当于乘上 i 这一事实的结果：

$$\mathrm{e}^{-\mathrm{i}[\omega t-(1/2)\pi]}=\mathrm{e}^{\mathrm{i}(1/2)\pi}\mathrm{e}^{-\mathrm{i}\omega t}=\mathrm{i}\mathrm{e}^{-\mathrm{i}\omega t}.$$

于是

$$E_x\left(\omega t-\frac{1}{2}\pi\right)=\mathrm{i}E_x(\omega t). \tag{33}$$

**复数的电极化率** 不论是否使用复场，物理的极化强度总是由线性关系（对于线性的各向同性介质）

$$P_x(\omega t)=\varepsilon_0\chi_{弹性}E_x(\omega t)+\varepsilon_0\chi_{吸收}E_x\left(\omega t-\frac{1}{2}\pi\right) \tag{34}$$

与物理的电场相联系；式中所有的量都是实数，因而都是物理量．现在我们使用由式（32）给出的复数 $E_x(\omega t)$，并用复数的 $P_x$ 和 $E_x$（$\chi_{弹性}$和 $\chi_{吸收}$仍旧是实数）重新解释式（34）：

$$\begin{aligned}P_x(\omega t)&=\varepsilon_0\chi_{弹性}E_x(\omega t)+\varepsilon_0\chi_{吸收}E_x\left(\omega t-\frac{1}{2}\pi\right)\\&=\varepsilon_0\chi_{弹性}E_x(\omega t)+\mathrm{i}\chi_{吸收}\varepsilon_0E_x(\omega t),\end{aligned}$$

亦即

$$P_x(\omega t)=\chi(\omega)\varepsilon_0E_x(\omega t), \tag{35}$$

这里

$$\chi(\omega)=\chi_{弹性}+\mathrm{i}\chi_{吸收}. \tag{36}$$

沿 $x$ 方向的物理极化强度是由式（35）给出的复数量 $P_x$ 的实部．它涉及复数电极化率 $\chi_{弹性}+\mathrm{i}\chi_{吸收}$中的实部 $\chi_{弹性}$和虚部 $\chi_{吸收}$．当然，$\chi_{弹性}$和 $\chi_{吸收}$都是实数．）例如［在式（32）中取 $\varphi=0$］我们有

$$E_x = E_0 e^{-i\omega t} = E_0\cos\omega t - iE_0\sin\omega t, \tag{37}$$

$$\begin{aligned} P_x &= \chi\varepsilon_0 E_x = (\chi_{弹性} + i\chi_{吸收})\varepsilon_0(E_0\cos\omega t - iE_0\sin\omega t) \\ &= \varepsilon_0\chi_{弹性}E_0\cos\omega t + \varepsilon_0\chi_{吸收}E_0\sin\omega t + i\cdot(虚部). \end{aligned} \tag{38}$$

式（38）给出的 $P_x$ 的实部、式（37）给出的 $E_x$ 的实部以及实量 $\chi_{弹性}$ 和 $\chi_{吸收}$ 都满足对物理（因此是实的）场成立的式（34）.

**复数介电常数**　由于我们引进了复场 $E_x$ 和 $P_x$，因此代替比较复杂的表达式（34）得到了由式（35）给出的非常简单的表达式 $P_x=\varepsilon_0\chi E_x$. 付出的代价是，我们现在有由式（36）给出的复数电极化率 $\chi(\omega)$. 由于式（35）在形式上类似于式（12）（它对静场成立），我们可以推广由式（12）~式（17）给出的定义，使得它们对于与时间有关的场也成立. 这意味着，当不能忽略吸收时，如果要式（12）~式（17）成立，就必须使用复的介电常数和复的磁导率. 于是，根据式（16）和式（36），我们有

$$\varepsilon = \varepsilon_0(1+\chi_e) = \varepsilon_0(1+\chi_{弹性}+i\chi_{吸收}). \tag{39}$$

因而

$$\varepsilon_r = 1+\chi_e = 1+\chi_{弹性}+i\chi_{吸收}, \quad \varepsilon_r = \mathrm{Re}\varepsilon_r + i\mathrm{Im}\varepsilon_r,$$

这里

$$\mathrm{Re}\varepsilon_r = 1+\chi_{弹性}, \tag{40}$$

$$\mathrm{Im}\varepsilon_r = \chi_{吸收}. \tag{41}$$

当 $\omega=0$ 时，所有的量都约化为它们的静场值.

**线性各向同性介质的简单模型的复数介电常数**　对于我们的简单模型，我们有 $\boldsymbol{M}=\boldsymbol{0}$. 因此，根据式（13）、式（15）和式（17），有 $\chi_m=0$ 以及 $\mu_r=1$. 电极化率具有由式（30）和式（31）给出的实部（即弹性部分）和虚部（即吸收部分）. 于是，式（39）给出

$$\varepsilon = 1+\frac{Nq^2}{\varepsilon_0 M}\cdot\frac{\omega_0^2-\omega^2}{(\omega_0^2-\omega^2)^2+\Gamma^2\omega^2}+i\frac{Nq^2}{\varepsilon_0 M}\cdot\frac{\Gamma\omega}{(\omega_0^2-\omega^2)^2+\Gamma^2\omega^2}. \tag{42}$$

我们可以说，一旦决定使用复数，$q$ 的运动方程即方程（23）的解就变得十分简单：

$$\ddot{x}+\Gamma\dot{x}+\omega_0^2 x = \frac{q}{M}E_x = \frac{q}{M}E_0 e^{-i\omega t}, \tag{43}$$

其中 $E_0$ 是复数. 现在令 $x=x_0\exp(-i\omega t)$，那么有 $\dot{x}=-i\omega x$ 和 $\ddot{x}=-\omega^2 x$. 代入方程（43）就得到

$$(-\omega^2 - i\omega\Gamma + \omega_0^2)x = \frac{q}{M}E_x,$$

亦即

$$x(\omega t) = \frac{q}{M}\cdot\frac{1}{(\omega_0^2-\omega^2)-i\omega\Gamma}E_x(\omega t). \tag{44}$$

于是，复的电极化率为

$$\chi(\omega)=\frac{P_x}{\varepsilon_0 E_x}=\frac{Nqx}{\varepsilon_0 E_x}=\frac{Nq^2}{\varepsilon_0 M}\cdot\frac{1}{(\omega_0^2-\omega^2)-\mathrm{i}\omega\Gamma}. \tag{45}$$

复的介电常数 $\varepsilon_r$ 为

$$\varepsilon_r=1+\chi=1+\frac{Nq^2}{\varepsilon_0 M}\cdot\frac{1}{(\omega_0^2-\omega^2)-\mathrm{i}\omega\Gamma}. \tag{46}$$

你用 $(\omega_0^2-\omega^2)+\mathrm{i}\omega\Gamma$ 乘［式（46）中的］$\varepsilon_r-1$ 的分子和分母去把 $\varepsilon_r$ 写成 $\mathrm{Rc}\varepsilon_r+\mathrm{iIm}\varepsilon_r$ 这样的和，就容易验证式（46）和式（42）是等效的．有时，保留 $\varepsilon_r$ 在式（46）的形式中更为方便．

**线性各向同性介质的麦克斯韦方程** 我们从式（5）~式（8）所给出的一般的麦克斯韦方程出发，然后假定，$P_x$ 和 $E_x$ 以及 $M_x$ 和 $B_x$ 之间有由式（12）~式（17）给出的线性关系．只有当取 $\omega=0$ 时，这些关系才对实数量成立．我们已经看到，只有当把所有的量都取作复数时，它们才对任意的频率都成立．从而得到联系复场 $\boldsymbol{B}$ 和 $\boldsymbol{E}$（它们的实部是物理场）的麦克斯韦方程：

$$\nabla\cdot\boldsymbol{B}=0, \tag{47}$$

$$\nabla\cdot\boldsymbol{D}=\rho_{自由}, \tag{48}$$

$$\nabla\times\boldsymbol{H}=\frac{\partial\boldsymbol{D}}{\partial t}+\boldsymbol{J}_{自由}, \tag{49}$$

$$\nabla\times\boldsymbol{E}=-\frac{\partial\boldsymbol{B}}{\partial t}. \tag{50}$$

对于 $\varepsilon$ 和 $\mu$ 与频率有关的一般情况，这些方程都是关于某一给定频率 $\omega$ 的．由于物理的 $\rho_{自由}$ 和 $\boldsymbol{J}_{自由}$ 中的每一个都可以有正比于 $\cos\omega t$ 和 $\sin\omega t$ 的部分，因此它们一般是出现在以上方程中的复数量的实部．当然，在介质的 $\varepsilon$ 和 $\mu$ 与频率无关的特殊情况下，所有量都是实数．

**中性均匀线性各向同性介质的麦克斯韦方程** 在方程（48）和方程（49）中，介电常数和磁导率是频率 $\omega$ 的复函数，也是 $x$，$y$，$z$ 的复函数，因为我们不曾假定，在介质的所有位置上都有同样的性质．例如，在简单模型中，我们可以把数密度取作位置的函数，$N=N(x,\ y,\ z)$．现在讨论均匀介质这个特别简单而重要的情况，这里均匀是指 $\mu_r$ 和 $\varepsilon_r$ 不依赖于 $x$，$y$ 和 $z$．根据这些假定，方程（48）和方程（49）中的 $\varepsilon_r$ 和 $\mu_r$ 是常数．我们也假定介质是中性的，中性指的是 $\rho_{自由}$ 和 $\boldsymbol{J}_{自由}$ 都为零．（简单模型可以是中性气体、非晶形固体或等离子体．）于是，从式（47）~式（50）的麦克斯韦方程变成

$$\nabla\cdot\boldsymbol{B}=0, \tag{51}$$

$$\nabla\cdot\boldsymbol{E}=0, \tag{52}$$

$$\nabla\times\boldsymbol{B}=\mu\varepsilon\frac{\partial\boldsymbol{E}}{\partial t}, \tag{53}$$

$$\nabla\times\boldsymbol{E}=-\frac{\partial\boldsymbol{B}}{\partial t}. \tag{54}$$

注意，如果令 $\mu_r=1$ 和 $\varepsilon_r=1$，就得到真空的麦克斯韦方程．在那些我们感兴趣的情况中，$\mu_r$ 和 $\varepsilon_r$ 一般是复数，从而 $\boldsymbol{E}$ 和 $\boldsymbol{B}$ 也是复数．例如，对于简单模型，$\mu_r=1$，$\varepsilon_r$ 是复数．于是，$\boldsymbol{E}$ 和 $\boldsymbol{B}$ 都是复数，物理场则是它们的实部．

**波动方程** 方程（51）~方程（54）是一阶的线性微分方程，方程（53）和方程（54）是联系 $\boldsymbol{B}$ 和 $\boldsymbol{E}$ 的“耦合”方程．我们可以用以下办法获得二阶的非耦合方程．取方程（53）的旋度，然后利用方程（54），有

$$\nabla\times(\nabla\times\boldsymbol{B})=\mu\varepsilon\frac{\partial}{\partial t}(\nabla\times\boldsymbol{E})=-\mu\varepsilon\frac{\partial^2\boldsymbol{B}}{\partial t^2}. \tag{55}$$

同样，取方程（54）的旋度，再利用方程（53），有

$$\nabla\times(\nabla\times\boldsymbol{E})=-\frac{\partial}{\partial t}(\nabla\times\boldsymbol{B})=-\mu\varepsilon\frac{\partial^2\boldsymbol{E}}{\partial t^2}. \tag{56}$$

现在，对方程（55）左端使用矢量恒等式［见附录式（39）］

$$\nabla\times(\nabla\times\boldsymbol{C})\equiv\nabla(\nabla\cdot\boldsymbol{C})-\nabla^2\boldsymbol{C}, \tag{57}$$

同样也对方程（56）使用此矢量恒等式，并利用 $\nabla\cdot\boldsymbol{E}$ 和 $\nabla\cdot\boldsymbol{B}$ 都为零这个事实，就得到

$$\begin{cases}\nabla^2\boldsymbol{B}-\mu\varepsilon\dfrac{\partial^2\boldsymbol{B}}{\partial t^2}=0,\\[2ex] \nabla^2\boldsymbol{E}-\mu\varepsilon\dfrac{\partial^2\boldsymbol{E}}{\partial t^2}=0.\end{cases} \tag{58}$$

方程（58）实际上包括六个形式都为

$$\nabla^2\psi(x,y,z,t)-\mu\varepsilon\frac{\partial^2\psi(x,y,z,t)}{\partial t^2}=0 \tag{59}$$

的独立方程，这里 $\psi(x,\ y,\ z,\ t)$ 表示六个量 $E_x$，$E_y$，$E_z$，$B_x$，$B_y$ 和 $B_z$ 中的任何一个．

对于 $\varepsilon$ 和 $\mu$ 是正实数且与频率无关的特殊情形，方程（59）是非色散波的经典波动方程．真空就是这种情况，在那里我们有 $\mu=\varepsilon=1$．我们感兴趣的是均匀的中性各向同性的线性介质的一般情况，其中 $\varepsilon$ 和 $\mu$ 是复数并依赖于频率，在那种情况下，我们把 $\boldsymbol{E}$ 和 $\boldsymbol{B}$ 取作具有时间依赖关系 $\exp(-\mathrm{i}\omega t)$ 的复数量．于是，对所有六个由 $\psi(z,\ y,\ z,\ t)$ 表示的量，我们有

$$\psi(x,y,z,t)=\varphi(x,y,z)\mathrm{e}^{-\mathrm{i}\omega t}, \tag{60}$$

$$\frac{\partial^2\psi}{\partial t^2}=-\omega^2\psi. \tag{61}$$

把式（61）代入方程（59），并消去 $\exp(-\mathrm{i}\omega t)$，就得到空间依赖关系 $\varphi(x,\ y,\ z)$ 所满足的微分方程：

$$\nabla^2\varphi(x,y,z)+k^2\varphi(x,y,z)=0, \tag{62}$$

这里我们引进了复常数 $k^2$：

$$k^2=\mu\varepsilon\omega^2. \tag{63}$$

**复折射率** 我们进一步引进一个叫作复折射率平方的复常数 $n^2$，其定义为

$$n^2 = \frac{\mu\varepsilon}{\mu_0\varepsilon_0} \tag{64}$$

于是

$$k^2 = n^2 \frac{\omega^2}{c^2} = \mu\varepsilon\omega^2 \tag{65}$$

注意，既然 $\varepsilon$ 和 $\mu$ 是复数，因而 $k^2$ 和 $n^2$ 也是复数. 我们可以取 $k^2$ 或 $n^2$ 的平方根. 复数的平方根也是复数. 于是我们有复的 $k$ 和复折射率.

**平面波解** 方程（62）的通解可以写成形式为

$$\varphi(x,y,z) = \mathrm{e}^{\mathrm{i}\boldsymbol{k}\cdot\boldsymbol{r}} = \exp\mathrm{i}(k_x x + k_y y + k_z z) \tag{66}$$

的各项的叠加，这里

$$k_x^2 + k_y^2 + k_z^2 = k^2 = n^2 \frac{\omega^2}{c^2} = \mu\varepsilon\omega^2. \tag{67}$$

于是，方程（59）的通解可以写成形式为

$$\psi(x,y,z,t) = \mathrm{e}^{-\mathrm{i}(\omega t - \boldsymbol{k}\cdot\boldsymbol{r})} \tag{68}$$

的平面行波的叠加，其中 $k^2$ 是复数.

**沿 $z$ 方向传播的平面波** 作为一个特例，我们考虑只有 $k_z$ 异于零的情况. 这时，通解有一个沿 $+z$ 方向传播的平面波和一个沿 $-z$ 方向传播的平面波：

$$\psi(z,t) = [A^+\mathrm{e}^{+\mathrm{i}kz} + A^-\mathrm{e}^{-\mathrm{i}kz}]\mathrm{e}^{-\mathrm{i}\omega t}, \tag{69}$$

这里 $+k$ 和 $-k$ 是 $k^2$ 的两个平方根，$A^+$ 和 $A^-$ 则是复常数. 因为我们要求 $\exp[\mathrm{i}(kz-\omega t)]$ 表示沿 $+z$ 方向传播的平面波，我们令 $k$ 是 $k^2$ 的具有正实部的平方根，假如 $k$ 具有实部的话. 如果 $k$ 是一纯虚数，我们就把 $k$ 认为是 $k^2$ 的等于 $+\mathrm{i}|k|$ 的那个平方根.

**平面波中 $\boldsymbol{E}$ 和 $\boldsymbol{B}$ 的关系** 式（69）必须对所有六个量 $E_x$，$E_y$，$E_z$，$B_x$，$B_y$，$B_z$ 中的任一个都成立，因为所有这些量都满足波动方程（59）. 在获得这个二阶波动方程时，我们弃掉了包括在一阶的麦克斯韦方程中的一些信息. 我们现在回到麦克斯韦方程，并收入所有的信息. 从 $\nabla\cdot\boldsymbol{B}=0$ 和 $\nabla\cdot\boldsymbol{E}=0$，我们推知 $B_z$ 和 $E_z$ 是常数（对于沿 $z$ 轴方向的 $k$）. 由于不考虑频率为零的特殊情况，因此常数是零. 因而只要考虑 $E_x$，$E_y$，$B_x$ 和 $B_y$ 为简单起见，我们只讨论 $E_x$ 不等于零而 $E_y$ 等于零的线偏振. 于是，根据式（69）有

$$E_x(z,t) = (E^+\mathrm{e}^{\mathrm{i}kz} + E^-\mathrm{e}^{-\mathrm{i}kz})\mathrm{e}^{-\mathrm{i}\omega t}, \tag{70}$$

这里 $E^+$ 和 $E^-$ 是复常数. 于是，从麦克斯韦方程（53）和方程（54），我们发现 $B_x$ 为零，而 $B_y$ 和 $E_x$ 由下式相联系：

$$\begin{cases} \dfrac{\partial B_y}{\partial z} = \mu\varepsilon\dfrac{\partial E_x}{\partial t}, \\ \dfrac{\partial B_y}{\partial t} = -\dfrac{\partial E_x}{\partial z}. \end{cases} \tag{71}$$

利用 $B_y$ 具有方程（69）所给出的形式这一事实，并用方程（71），我们求出

$$B_y(z,t)=\frac{n}{c}(E^+e^{ikz}-E^-e^{-ikz})e^{-i\omega t} \tag{72}$$

因此，如果已知 $E_x$［参看式（70）］，$B_y$ 就完全确定了［根据式（72）］．如果考虑 $E_y$ 不为零，也能得到类似的结果．一般的结果是，对于在 $\pm\hat{z}$方向上传播的分量，$\boldsymbol{B}$ 和 $\boldsymbol{E}$ 由下式相联系：

$$\boldsymbol{B}^+=+\hat{z}\times\left(\frac{n}{c}\boldsymbol{E}^+\right),\quad \boldsymbol{B}^-=-\hat{z}\times\left(\frac{n}{c}\boldsymbol{E}^-\right); \tag{73}$$

这里上标表示沿 $+\hat{z}$或 $-\hat{z}$方向的传播．在所有这些关系中，n 和$k$一般是复数．

**复折射率的数值示例**　假定有一种介质，对于某一给定频率它的 $\mu_r=1.0$ 和 $\varepsilon_r=1+i\sqrt{3}$，则

$$n^2=1+i\sqrt{3}=2\exp\left(i\frac{1}{3}\pi\right). \tag{74}$$

$$\begin{aligned}n&=\sqrt{2}\exp i\frac{\pi}{6}\\&=\sqrt{2}\left(\frac{1}{2}\sqrt{3}+\frac{1}{2}i\right)=1.225+0.707i,\end{aligned}$$

$$k=n\frac{\omega}{c}=1.225\frac{\omega}{c}+0.707i\frac{\omega}{c}.$$

假定波是沿 $x$ 方向线偏振的，并沿 $+z$ 方向传播，则 $E^-=0$.

我们取 $E^+=E_0$，这里 $E_0$ 是实数，于是，

$$E_x=E_0e^{i(kz-\omega t)}=E_0e^{-0.707(\omega/c)z}e^{i\omega[(1.225z/c)-t]},$$

$$B_y=\frac{n}{c}E_x=\frac{\sqrt{2}}{c}E_x\exp\left(i\frac{\pi}{6}\right).$$

在这个例子里，波是在 $+z$ 方向传播的．它的波长（在固定时刻 $t$ 相位增加 $2\pi$ 的距离）是它的真空波长的 $(1.225)^{-1}$．波振幅随距离指数地下降．磁场在数值上比电场大$\sqrt{2}$倍，比电场滞后60°的相角．

**平面波的反射和透射**　假定介质1和介质2是两种不同的均匀介质，以 $z=0$ 处的平面作分界面．介质1占有所有负 $x$ 的空间，介质2占有所有正 $z$ 的空间．有一列平面波由 $z=-\infty$ 处的源产生．它给出一个在介质1中沿 $+z$ 方向行进的入射波．此入射波在不连续处产生一反射波和一透射波．为简单起见，我们只考虑法线入射．假定入射波沿 $x$ 方向线偏振，并且 $E_x$ 的复振幅为1，而 $R_{12}$ 和 $T_{12}$ 是反射和透射的 $E_x$ 的复振幅，因而有

$$E_x(1)=1\cdot e^{i(k_1z-\omega t)}+R_{12}e^{-i(k_1z+\omega t)}, \tag{75}$$

$$E_x(2)=T_{12}e^{i(k_2z-\omega t)}. \tag{76}$$

式中 $E_x(1)$ 是 $E_x$ 在介质1中的总（亦即入射加反射）场，$E_x(2)$ 是 $E_x$ 在介质2

中的总（亦即透射）场，$R_{12}$和$T_{12}$则是待决定的未知复常数.

一旦知道$E_x$，就可以用式（72）求出两种介质中的$B_y$：

$$B_y(1)=\frac{n_1}{c}\mathrm{e}^{\mathrm{i}(k_1z-\omega t)}-\frac{n_1}{c}R_{12}\mathrm{e}^{-\mathrm{i}(k_1z-\omega t)},\tag{77}$$

$$B_y(2)=\frac{n_2}{c}T_{12}\mathrm{e}^{\mathrm{i}(k_2z-\omega t)}.\tag{78}$$

**$z=0$ 处的边界条件** 由于在$z=0$处有个不连续面，当考虑$z=0$的邻域时，我们就不应该使用均匀介质的麦克斯韦方程，而应使用线性各向同性介质的麦克斯韦方程（47）~方程（50）. 我们假定两种介质都是中性的，而且在不连续平面上没有面电荷和面电流. 有意思的是包含旋度的两个麦克斯韦方程：

$$\nabla\times(\boldsymbol{B}/\mu)=\frac{\partial(\varepsilon\boldsymbol{E})}{\partial t}=-\mathrm{i}\omega\varepsilon\boldsymbol{E},\tag{79}$$

$$\nabla\times\boldsymbol{E}=-\frac{\partial\boldsymbol{B}}{\partial t}=\mathrm{i}\omega\boldsymbol{B}.\tag{80}$$

这里，就我们的问题来说$\boldsymbol{E}=\hat{\boldsymbol{x}}E_x$及$\boldsymbol{B}=\hat{\boldsymbol{y}}B_y$. 根据斯托克斯定理，任何矢量$\boldsymbol{C}$满足

$$\int(\nabla\times\boldsymbol{C})\cdot\mathrm{d}\boldsymbol{A}=\oint\boldsymbol{C}\cdot\mathrm{d}\boldsymbol{l},\tag{81}$$

这里$\mathrm{d}\boldsymbol{A}$是表面区域的面积元，$\mathrm{d}\boldsymbol{l}$则是包围这个区域的周线上的线元. 我们使式（81）中的$\boldsymbol{C}\equiv\hat{\boldsymbol{y}}(B_y/\mu)$，同时采用一个周线（回路），它在$z=0$平面的一侧沿着$+y$的方向，在平面的另一侧反过来沿着$-y$的方向，而周线的两段之间的间距$\Delta z$很小. 当$\Delta z$趋向于零时，周线所包围的区域也趋向于零. 因此，只要$\nabla\times\boldsymbol{C}$不是无穷大（它不是无穷大），式（81）左面的面积分就趋向于零. 因此，式（81）右面的周线积分是零. 因此，$\boldsymbol{C}$在边界的切线方向的分量在边界两侧相同. 于是我们发现，$\boldsymbol{B}/\mu$的切线分量在边界的两侧相同，它在$z=0$处是“连续的”. 同样，$\boldsymbol{E}$的切线分量在$z=0$处是连续的.

$E_x$在$z=0$处的连续性给出［应用式（75）和式（76）］

$$1+R_{12}=T_{12}.\tag{82}$$

$H_y=B_y/\mu$在$z=0$处的连续性给出［应用式（77）和式（78）］

$$\frac{n_1}{\mu_1}(1-R_{12})=\frac{n_2}{\mu_2}T_{12}.\tag{83}$$

引进特征阻抗（除了一个比例常数外）的定义为

$$Z=\frac{\mu_{\mathrm{r}}}{n}=\frac{\mu_{\mathrm{r}}}{\sqrt{\varepsilon_{\mathrm{r}}\mu_{\mathrm{r}}}}=\sqrt{\frac{\mu_{\mathrm{r}}}{\varepsilon_{\mathrm{r}}}},\tag{84}$$

并解方程（82）和方程（83），就得到

$$R_{12}=\frac{Z_2-Z_1}{Z_2+Z_1},\ T_{12}=1+R_{12}.\tag{85}$$

在相对磁导率为1的特殊情况，有 $Z=n^{-1}$. 于是式（85）变为

$$R_{12}=\frac{n_1-n_2}{n_1+n_2},\quad T_{12}=1+R_{12}. \tag{86}$$

在介质1是 $n_1=1$ 的真空和介质2是具有复折射率 $n=n_R+\mathrm{i}n_I$ 的介质的特殊情形，式（86）给出

$$R_{12}=\frac{1-n}{1+n}=\frac{(1-n_R)-\mathrm{i}n_I}{(1+n_R)+\mathrm{i}n_I}\equiv|R|\exp\mathrm{i}\varphi. \tag{87}$$

反射波的振幅是入射波振幅的 $|R|$ 倍. 入射波的时间依赖关系 $\exp(-\mathrm{i}\omega t)$ 对于反射波变为 $\exp(-\mathrm{i}\omega t+\mathrm{i}\varphi)$，因而 $\varphi$ 是由反射引起的相滞后. 强度分数是 $|R_{12}|^2$，按照式（87），

$$|R_{12}|^2=\frac{(1-n_R)^2-n_I^2}{(1+n_R)^2+n_I^2}. \tag{88}$$

**例子：导体色散关系的简单模型**

假定能应用我们的简单模型. 把弹簧常量 $M\omega_0^2$ 取为零. 它意味着，“平均电荷”服从运动方程

$$\ddot{x}+\Gamma\dot{x}=\frac{q}{M}E_x. \tag{89}$$

首先考虑 $t=0$ 时突然加上的稳恒电场. 速度 $\dot{x}$ 随时间指数地上升，直达到在方程（89）中令 $\ddot{x}=0$ 而得到的“收尾速度”. 对于在 $t=0$ 时加上的（不变的）“直流”场 $E_x$，方程（89）的解是

$$\dot{x}=\frac{qE_x}{\Gamma M}(1-\mathrm{e}^{-\Gamma t});\ \dot{x}=\frac{qE_x}{\Gamma M},\ 当\ t\gg\Gamma^{-1}时. \tag{90}$$

因而，具有频率量纲的 $\Gamma$ 给出“达到收尾速度的速率”. 换句话说，$\Gamma^{-1}$ 是当电场突然变成一新的常数值时“瞬变”电流的平均弛豫时间.

**“纯电阻”频率区域**　对于“小的” $\omega$（意即 $\omega$ 与 $\Gamma$ 相比很小），电荷实质上总是在适应于瞬时场 $E_x$ 的收尾速度上. 在这种情况下，$\dot{x}$ 和 $E_x$ 之间的关系实际上与零频率（亦即直流）时相同. 这时介质就称为是纯电阻的. 于是式（90）给出

$$\dot{x}(t)=\frac{qE_x(t)}{\Gamma M},\quad \omega\ll\Gamma. \tag{91}$$

因而电流密度 $\boldsymbol{J}_x$ 正比于 $E_x$.（叫作欧姆定律.）“纯电阻的”电导率 $\sigma_{直流}$ 与 $\Gamma$ 的关系如下：

$$\boldsymbol{J}_x=Nq\dot{x}=Nq\left(\frac{qE_x}{\Gamma M}\right)\equiv\sigma_{直流}E_x, \tag{92}$$

也就是

$$\sigma_{直流}=\frac{Nq^2}{\Gamma M},\ \omega\ll\Gamma. \tag{93}$$

对于任意频率的一般情况，速度$\dot{x}$不会像直流情况那样只有与$E_x$同相的分量，而将也有与$E_x$正交的分量．因而，我们使用对时间的依赖关系都为$\exp(-\mathrm{i}\omega t)$的复数量．方程（89）的稳态解很容易获得．［在式（44）中令$\omega_0=0$.］复电导率$\sigma(\omega)$于是为

$$J_x=Nq\dot{x}=Nq(-\mathrm{i}\omega x)=-\mathrm{i}\omega P_x=-\mathrm{i}\omega\varepsilon_0\chi E_x\equiv\sigma(\omega)E_x. \tag{94}$$

因而

$$\sigma(\omega)=-\mathrm{i}\omega\varepsilon_0\chi=-\mathrm{i}\omega\varepsilon_0(\chi_{弹性}+\mathrm{i}\chi_{吸收})=\varepsilon_0\omega\chi_{吸收}-\mathrm{i}\varepsilon_0\omega\chi_{弹性}. \tag{95}$$

我们看到，如果$\sigma(\omega)$是实数，那么$\dot{x}$和$E_x$同相，而且$\sigma$正比于吸收的电极化率.

不把$\chi(\omega)$或$\sigma(\omega)$分成它们的实部和虚部，而把它们写成像式（45）那样具有复分母是比较方便的．于是有［令式（45）中的$\omega_0=0$］

$$\chi(\omega)=\frac{Nq^2}{\varepsilon_0M}\cdot\frac{1}{-\omega^2-\mathrm{i}\omega\Gamma}, \tag{96}$$

$$\sigma(\omega)=-\mathrm{i}\varepsilon_0\omega\chi(\omega)=\frac{Nq^2}{M}\cdot\frac{\mathrm{i}\omega}{\omega^2+\mathrm{i}\omega\Gamma}. \tag{97}$$

在$\omega\ll\Gamma$的极限下，与$\omega\Gamma$相比，可以忽略$\omega^2$，因此在纯电阻的或直流的极限下，有

$$\chi(\omega)=\mathrm{i}\frac{Nq^2}{\varepsilon_0M}\frac{1}{\omega\Gamma},\quad \omega\ll\Gamma \tag{98}$$

和

$$\sigma(\omega)=\frac{Nq^2}{M\Gamma}=\sigma(0)=\sigma_{直流},\quad \omega\ll\Gamma. \tag{99}$$

我们看到，对于纯电阻频率区域$0\leqslant\omega\ll\Gamma$，电导率$\sigma(\omega)$是实数，而且等于它的直流（零频率）值$\sigma(0)$．于是速度$\dot{x}$与$E_x$同相.

根据式（98），当$\omega\ll\Gamma$时，复电极化率$\chi(\omega)$是纯虚数．于是，当$\omega\ll\Gamma$时，折射率的复平方$n^2$为

$$n^2=1+\chi=1+\mathrm{i}\frac{Nq^2}{\varepsilon_0M}\frac{1}{\omega\Gamma}=1+\mathrm{i}\frac{\omega_p^2}{\omega\Gamma}, \tag{100}$$

这里

$$\omega_p^2\equiv\frac{Nq^2}{\varepsilon_0M}. \tag{101}$$

“纯电阻介质”有两个极限情形，它们具有在性质上不同的物理特征.

**情况1：“疏电阻介质”**

这意味着$\omega$、$\Gamma$和$\omega_p$满足如下各关系：

$$\omega_p\ll\Gamma,\quad \frac{\omega_p^2}{\Gamma}\ll\omega\ll\Gamma. \tag{102}$$

于是，根据式（100），有

$$n=\left(1+\mathrm{i}\frac{\omega_p^2}{\omega\Gamma}\right)^{1/2}\approx 1+\frac{1}{2}\mathrm{i}\frac{\omega_p^2}{\omega\Gamma}, \tag{103}$$

其中忽略了高次项. 于是

$$k=n\frac{\omega}{c}=\frac{\omega}{c}+\mathrm{i}\frac{1}{2}\frac{\omega_p^2}{c\Gamma}=\frac{\omega}{c}+\frac{\mathrm{i}}{2\varepsilon_0 c}\sigma_{直流}, \tag{104}$$

在最后的等式中应用了式（101）和式（93）. $k$的实部等于$\omega/c$，正与真空中的一样. 虚部比实部小得多. $k$的虚部使平面行波产生指数式衰减. 平均衰减长度与一个波长相比很大. 平面波的强度正比于复振幅平方的绝对值，因此，它以因子 exp$(-2k_I z)$随距离指数地衰减；这里$k_I$是$k$的虚部. 强度衰减了$e^{-1}$的距离$d\equiv(2k_I)^{-1}$由式（104）给出为

$$\frac{1}{d}\equiv 2k_I=\frac{\sigma_{直流}}{\varepsilon_0 c},\quad 亦即\ \frac{\rho_{直流}}{d}=\frac{1}{\varepsilon_0 c} \tag{105}$$

厚度为$d$、边长为$L$的一片方形疏电阻介质的“单位面积电阻”等于直流电阻率除以$d$. 根据式（105），它等于单位面积$\frac{1}{\varepsilon_0 c}=\frac{1}{8.85\times10^{-12}\times3\times10^{8}}\ \Omega\approx377\ \Omega$. 你们或许记得，每平方377 Ω是使平面电磁波“理想终止”的特征阻抗.（参看第5章.）当然，波不是恰好在强度的一个指数衰减长度$d$内被吸收，但是实际上没有波被反射，因而它最终都被吸收了.

更确切些说，由于$n$的实部基本上是1，虚部与1相比很小，因此，从真空垂直入射的平面波的反射强度分数为

$$|R|^2=\frac{(n_R-1)^2+n_I^2}{(n_R+1)^2+n_I^2}\approx\frac{0+n_I^2}{2^2+n_I^2}\approx\frac{n_I^2}{4}\ll 1. \tag{106}$$

利用式（103）和式（105），它变成

$$|R|^2\approx\frac{1}{16}\left(\frac{\omega_p^2}{\omega\Gamma}\right)^2=\left(\frac{\lambda}{4d}\right)^2\ll 1, \tag{107}$$

这里$\lambda\equiv c/\omega$是真空中的“约化”波长.

**情况2：“密电阻介质”**

这意味着有如下各关系式：

$$\omega\ll\Gamma,\quad \omega\ll\omega_p,\quad \omega\Gamma\ll\omega_p^2. \tag{108}$$

于是，根据式（100），$n^2$基本上是纯虚数. 当取$n^2$的平方根时，利用这样一个事实，即i的平方根等于

$$\left[\exp\left(\mathrm{i}\frac{1}{2}\pi\right)\right]^{1/2}=\exp\left(\mathrm{i}\frac{1}{4}\pi\right),$$

它等于$2^{-(1/2)}(1+\mathrm{i})$. 这就给出

$$n=\left[\mathrm{i}\frac{\omega_p^2}{\omega\Gamma}\right]^{1/2}=\left(\frac{\omega_p^2}{2\omega\Gamma}\right)^{1/2}(1+\mathrm{i})=|n|\frac{(1+\mathrm{i})}{\sqrt{2}}. \tag{109}$$

于是

$$k = n\frac{\omega}{c} = \sqrt{\frac{\omega}{c}}\left(\frac{\omega_p^2}{2c\Gamma}\right)^{1/2}(1+\mathrm{i}) \\ = \sqrt{\frac{\omega}{c}}\left(\frac{\sigma_{直流}}{2\varepsilon_0 c}\right)^{1/2}(1+\mathrm{i}). \tag{110}$$

因而$k$的实部和虚部是相等的，它们与$k$的真空值（亦即$\omega/c$）相比都很大. 振幅的平均穿透距离$k_I^{-1}$与真空波长相比很小. 结果，由真空入射到密电阻介质的平面波实际上没有吸收地被反射. 那是因为，穿透距离是如此之小，以致相对地说只有很少几个电荷感受到一些电场. 这些感受到电场的电荷是在收尾速度处，而且与$E_x$同相，因此是吸收能量的. 可是，吸收能量的电荷很少，所以波能“逃逸”出去而其强度几乎没有损失.

更确切地讲，反射强度分数为

$$|R|^2 = \frac{(n_R-1)^2+n_I^2}{(n_R+1)^2+n_I^2} \approx \frac{|n|^2-2n_R}{|n|^2+2n_R} \\ = \frac{|n|^2-\sqrt{2}|n|}{|n|^2+\sqrt{2}|n|} \approx 1-\frac{2\sqrt{2}}{|n|} \\ = 1-2\sqrt{2}\left(\frac{\omega\Gamma}{\omega_p^2}\right)^{1/2}. \tag{111}$$

这样一来，$|R|^2 \approx 1$，因为$\omega\Gamma \ll \omega_p^2$.

强度衰减 e 倍的长度$d \equiv (2k_I)^{-1}$为

$$d = \lambda\sqrt{\frac{\omega\Gamma}{2\omega_p^2}} \ll \lambda.$$

虽然$d$与波长相比很小，但它比对直流有每平方 337 Ω 的厚度还大到（$\lambda/2d$）倍. 因此，这个阻抗同给出理想终止的阻抗相比很小. 这就是$E_x$在反射时改变正负号的原因.

我们看到，疏电阻介质和密电阻介质之间在性质上有一个很大的差别. 疏电阻介质基本上是“黑的”，它几乎是全吸收的. 相反，密电阻介质的行为像一个很小的“集总”阻抗，它几乎产生完全的反射.

最后必须记住，我们所说的“疏”“密”只不过是针对不等式（102）和式（108）所表达的条件而言的. 这种称呼忽略了一个重要的事实，即一个给定的导体依赖于频率而有不同的性质. 例如，根据式（108），如果$\omega$足够小，那么任何导体的行为都像密电阻介质. 另一方面，导体在任何频率上都不能成为“疏”电阻介质，除非它有$\Gamma \gg \omega_p$. 如果满足这一条件，它只是在式（102）所给定的频率区域内才是疏电阻介质.

**纯弹性频率区域** 单个平均电荷的运动方程是方程（89）. 对于复的时间依赖

关系 $\exp(-\mathrm{i}\omega t)$，这个方程可以写成

$$-\mathrm{i}\omega\dot{x}+\Gamma\dot{x}=\frac{q}{M}E_x. \tag{112}$$

刚才讨论过的纯电阻频率区域是我们与 $\Gamma$ 相比较能忽略 $\omega$ 的区域. 纯弹性区域是与 $\Gamma$ 相比 $\omega$ 很大的区域. 因而对于纯弹性频率区域，有

$$\dot{x}=\frac{\mathrm{i}q}{\omega M}E_x,\quad \omega\gg\Gamma. \tag{113}$$

于是速度与力正交，并且在一个周期内没有对电荷做净功，即没有吸收. 复的电导率是一个由［利用式（113）］

$$J_x=Nq\dot{x}=\mathrm{i}\frac{Nq^2}{\omega M}E_x\equiv\sigma(\omega)E_x$$

亦即

$$\sigma(\omega)=\mathrm{i}\frac{Nq^2}{\omega M},\quad \omega\gg\Gamma \tag{114}$$

给出的纯虚数.［也参看式（97），其中与 $\omega^2$ 相比忽略 $\omega\Gamma$.］

复折射率的平方 $n^2$ 为

$$n^2=1+\chi=1-\frac{Nq^2}{\varepsilon_0 M\omega^2}=1-\frac{\omega_p^2}{\omega^2},\quad \omega\gg\Gamma. \tag{115}$$

有两个性质上不同的纯弹性频率区域.

**情况1：色散频率区域**

这意味着我们有

$$\Gamma\ll\omega_p\leqslant\omega. \tag{116}$$

于是根据式（115），有

$$0\leqslant n^2<1, \tag{117}$$

亦即

$$0\leqslant n\leqslant 1. \tag{118}$$

因而，对于一个处在它的色散频率区域内的导体，折射率 $n$ 是实数，并处在0和1之间. 介质是透明的，没有吸收. 相速度比 $c$ 大. 反射强度的分数等于 $(n-1)^2/(n+1)^2$.

**情况2：波抗性频率区域**

这意味着

$$\Gamma\ll\omega\leqslant\omega_p. \tag{119}$$

于是式（115）给出

$$-\frac{\omega_p^2}{\Gamma^2}\ll n^2\leqslant 0. \tag{120}$$

因此 $n^2$ 是负的，$n$ 是一纯虚数：

$$n=\mathrm{i}|n|=\mathrm{i}\left[\frac{\omega_p^2}{\omega^2}-1\right]^{1/2},$$

以及

$$k=n\frac{\omega}{c}=\mathrm{i}\frac{\omega}{c}|n|=\mathrm{i}|k|.$$

波抗性介质中的平面波具有下述形式：

$$E_x=[A^+\mathrm{e}^{-|k|z}+A^-\mathrm{e}^{+|k|z}]\mathrm{e}^{-\mathrm{i}\omega t}.$$

如果介质伸展到 $z=+\infty$，则 $A^-$ 等于零. 于是，由真空入射到这样一个介质的一列平面波必定被全部反射，而没有吸收. 更确切地说，反射强度的分数为

$$|R|^2=\frac{(n_R-1)^2+n_I^2}{(n_R+1)^2+n_I^2}\approx\frac{1+n_I^2}{1+n_I^2}=1.$$

在正文里，我们通过避免讨论吸收性介质而避免了讨论复折射率和复波数 $k$. 对于波抗性频率区域我们使用了符号 $\kappa$ 代替现在叫作波抗性区域的复 $k$ 的大小 $|k|$. 对于色散区域，我们使用了 $k$，它对应于现在的复 $k$ 为实数的时候.

**导体性质综述** 我们现在总结一下任何导体的性质（就我们的简单模型适用的范围而言）：

1）对于足够低的频率，任何导体都是密电阻介质，因此，它产生实际上吸收很小的全反射.

2）对于足够高的频率，任何导体都是色散性介质，因此是透明的.

根据达到收尾速度的速率、$\Gamma$ 和等离子体振荡频率 $\omega_p$ 的相对大小，导体大致能分成三类：

1）$\Gamma\gg\omega_p$ 的导体有一个它是疏电阻介质的频率区域. 在这个区域里，它能无反射地吸收波. 这种导体没有纯波抗性频率区域，因而这种导体在任何频率上都不能产生全反射.

2）$\Gamma\ll\omega_p$ 的导体有一个它是纯波抗性介质的频率区域. 在这个区域上，它能无吸收地产生全反射. 它没有使它成为疏电阻介质的频率区域，因此它永远也不能无反射地吸收一列平面波.

3）$\Gamma\approx\omega_p$ 的导体没有使它成为疏电阻介质的频率区域，也没有使它成为纯波抗性介质的区域. 当然，它仍然具有一般的性质，即对于足够低的 $\omega$，它是个密电阻介质，而对于足够高的 $\omega$，它是透明的.

**应用：固体银**

假定固体银能用我们的简单模型做近似；能运动的电荷是“传导电子”，它们由银原子的“价电子”提供. 价是一. 原子量是 107.9 g/mol. 质量密度是 10.5 g/cm$^3$. 阿伏伽德罗常量是 $6\times10^{23}$ mol$^{-1}$. 因而 $N$ 等于 $(6\times10^{23})\cdot(10.5)/(107.9)=5.8\times10^{22}$. 假定 $M$ 和 $q$ 是自由电子的质量和电荷，我们可求出

$$\omega_p = \sqrt{\frac{Ne^2}{\varepsilon_0 M}} = 1.36\times10^{16}\ \text{rad/s}.$$

电阻率$\rho_{\text{直流}}$是$1.59\times10^{-6}\ \Omega\cdot\text{cm}$. 于是，到达收尾速度的速率$\Gamma$为

$$\Gamma = \frac{Ne^2}{\varepsilon_0 M\sigma_{\text{直流}}} = \omega_p^2\rho_{\text{直流}} = 2.7\times10^{13}\ \text{s}^{-1}.$$

我们看到，对于固体银，$\Gamma \ll \omega_p$. 当$\omega \ll 2.7\times10^{13}$ rad/s时，根据模型，银是密电阻介质.（例如，对于微波就是这样.）当$\omega \gg 2.7\times10^{13}$ rad/s时，它是纯弹性的. 对于$\omega < 1.36\times10^{16}$ rad/s的纯弹性区域，它是纯波抗性的.（这个区域包括可见光.）对于$\omega > 1.36\times10^{16}$ rad/s的纯弹性区域，它是透明的.（这是远紫外和X射线区域.）当然，真正的银并不严格遵从这个模型.（一个缘故是，我们忽略了"束缚"电子的贡献.）

**应用：石墨**

我们假定，化学价是4，密度是2.0，原子量是12. 于是，这个简单模型给出

$$\omega_p = 0.36\times10^{17}\ \text{rad/s}.$$

电阻率$\rho_{\text{直流}}$是$1.41\times10^{-3}\Omega$，它给出

$$\Gamma = 1.6\times10^{17}\ \text{s}^{-1}.$$

当$\omega \ll 1.6\times10^{17}$ rad/s时，根据这个模型，石墨是纯电阻的. 当$\omega \ll 8\times10^{15}$ rad/s时，它是密电阻介质. 当$8\times10^{15} \ll \omega \ll 1.6\times10^{17}$时，它是稀电阻介质. 由于这个区域在频率上只覆盖到20倍，两个不等式不能都很好地满足，所以石墨在任何频率上都不是很疏的，因此在任何频率上都不是"全黑的". 石墨没有波抗性频率区域. 当$\omega \gg 1.6\times10^{17}$时，根据这个模型，它是透明的.

让我们预测一下可见光在理想石墨上的反射率$|R|^2$. 对于真空波长为5 500 Å的绿光，我们有$\omega = 2(3.14)(3\times10^{10})/(5.5\times10^{-5}) = 3.42\times10^{15}$ rad/s. 它不在由$\omega \ll 8\times10^{15}$给定的"密电阻介质"的频率区域内. 因此,我们不指望有近100%的反射率,也不指望有很小的反射率. 我们有

$$n^2 = \varepsilon_r = \varepsilon_{rR} + i\varepsilon_{rI},$$

$$\varepsilon_{rR} = 1 + \frac{\omega_p^2(\omega_0^2 - \omega^2)}{(\omega_0^2-\omega^2)^2 + \Gamma^2\omega^2} = 1 - \frac{\omega_p^2}{\omega^2 + \Gamma^2}$$

$$= 1 - \frac{(36)^2}{(3.42)^2 + (160)^2} = 0.951,$$

$$\varepsilon_{rI} = \frac{\omega_p^2\Gamma\omega}{(\omega_0^2-\omega^2)^2 + \Gamma^2\omega^2} = \frac{\omega_p^2(\Gamma/\omega)}{\omega^2 + \Gamma^2}$$

$$= \frac{160}{3.42}\,\frac{(36)^2}{(3.42)^2 + (160)^2} = 2.36,$$

$$n^2 = 0.951 + 2.36i = 2.55\exp i\varphi,$$

这里

$$\varphi = \arctan\frac{2.36}{0.951} \approx 68^\circ.$$

于是

$$n = \sqrt{2.55}\exp\left(\mathrm{i}\,\frac{1}{2}\varphi\right) = 1.60(\cos 34^\circ + \mathrm{i}\sin 34^\circ)$$

$$= 1.33 + \mathrm{i}0.90.$$

从而

$$|R|^2 = \frac{(n_2 - 1)^2 + n_I^2}{(n_R + 1)^2 + n_I^2} = \frac{(0.33)^2 + (0.90)^2}{(2.33)^2 + (0.90)^2} = 0.15.$$

因而,根据这个模型,一块磨光的石墨大约反射法向入射的绿色可见光强度的15%.

# 附　　录

## 1. 泰勒级数

我们假定，$f(x)$ 能写成如下形式的无穷级数：

$$f(x)=c_0+c_1(x-x_0)+c_2(x-x_0)^2+c_3(x-x_0)^3+\cdots, \tag{1}$$

这里 $c$ 是常数．那么，我们就说 $f(x)$ 被表示成“在点 $x_0$ 处的展开”．为了求出 $c_0$，令 $x=x_0$．于是，右端除第一项外所有的项都为零，从而 $c_0=f(x_0)$．为了求出 $c_1$，把式（1）对 $x$ 微分一次，然后令 $x=x_0$．这时除 $c_1$ 项外所有的项都为零，于是求出 $c_1=(\mathrm{d}f/\mathrm{d}x)_0$，这里下标零表示 $\mathrm{d}f/\mathrm{d}x$ 在 $x=x_0$ 处取值．与此类似，

$$(\mathrm{d}^m f/\mathrm{d}x^m)_0=m!\,c_m, \tag{2}$$

于是式（1）变成

$$f(x)=f(x_0)+(x-x_0)\left(\frac{\mathrm{d}f}{\mathrm{d}x}\right)_0+\frac{(x-x_0)^2}{2!}\left(\frac{\mathrm{d}^2f}{\mathrm{d}x^2}\right)_0+\frac{(x-x_0)^3}{3!}\left(\frac{\mathrm{d}^3f}{\mathrm{d}x^3}\right)_0+\cdots. \tag{3}$$

## 2. 常用级数

**sin*x* 和 cos*x***　在式（3）中利用 $\mathrm{d}(\sin x)/\mathrm{d}x=\cos x$，$\mathrm{d}(\cos x)/\mathrm{d}x=-\sin x$，$\cos 0=1$，$\sin 0=0$ 和 $x_0=0$，得到

$$\sin x=x-\frac{x^3}{3!}+\frac{x^5}{5!}-\cdots, \tag{4}$$

$$\cos x=1-\frac{x^2}{2!}+\frac{x^4}{4!}-\cdots. \tag{5}$$

**指数 e*^ax***　在式（3）中利用 $\mathrm{d}(\mathrm{e}^{ax})/\mathrm{d}x=a\mathrm{e}^{ax}$，$\mathrm{e}^0=1$ 和 $x_0=0$，得到

$$\mathrm{e}^{ax}=1+ax+\frac{a^2x^2}{2!}+\frac{a^3x^3}{3!}+\frac{a^4x^4}{4!}+\cdots. \tag{6}$$

**sinh*x* 和 cosh*x***　这两个函数可以用 $\mathrm{d}(\sinh x)/\mathrm{d}x=\cosh x$，$\mathrm{d}(\cosh x)/\mathrm{d}x=\sinh x$，$\sinh 0=0$，$\cosh 0=1$ 来定义．在式（3）中令 $x_0=0$，得到

$$\sinh x=x+\frac{x^3}{3!}+\frac{x^5}{5!}+\cdots, \tag{7}$$

$$\cosh x=1+\frac{x^2}{2!}+\frac{x^4}{4!}+\cdots. \tag{8}$$

**含有指数的一些关系**　如果在式（6）中令 $a=+1$，并与式（7）和式（8）相比较；然后对 $a=-1$ 也同样做，就求出

$$\mathrm{e}^x=\cosh x+\sinh x, \tag{9}$$

$$e^{-x}=\cosh x-\sinh x. \tag{10}$$

求解这两个式子可以得到

$$\cosh x=\frac{e^{x}+e^{-x}}{2}, \tag{11}$$

$$\sinh x=\frac{e^{x}-e^{-x}}{2}. \tag{12}$$

如果在式（6）中令 $a=+\mathrm{i}\equiv+\sqrt{-1}$，就得到

$$e^{\mathrm{i}x}=1+\mathrm{i}x-\frac{x^2}{2!}-\frac{\mathrm{i}x^3}{3!}+\frac{x^4}{4!}+\frac{\mathrm{i}x^5}{5!}-\frac{x^6}{6!}-\cdots. \tag{13}$$

与此类似，如果在式（6）中令 $a=-\mathrm{i}$，就得到

$$e^{-\mathrm{i}x}=1-\mathrm{i}x-\frac{x^2}{2!}+\frac{\mathrm{i}x^3}{3!}+\frac{x^4}{4!}-\frac{\mathrm{i}x^5}{5!}-\frac{x^6}{6!}+\cdots. \tag{14}$$

把式（13）和式（14）相加或相减，并与式（4）和式（5）的结果相比较，就得到

$$\frac{e^{\mathrm{i}x}+e^{-\mathrm{i}x}}{2}=\cos x, \tag{15}$$

$$\frac{e^{\mathrm{i}x}-e^{-\mathrm{i}x}}{2\mathrm{i}}=\sin x. \tag{16}$$

求解这两个式子就得到

$$e^{\mathrm{i}x}=\cos x+\mathrm{i}\sin x, \tag{17}$$

$$e^{-\mathrm{i}x}=\cos x-\mathrm{i}\sin x. \tag{18}$$

**tan$x$**　利用 $\tan x\equiv\sin x/\cos x$，$\mathrm{d}(\sin x)/\mathrm{d}x=\cos x$ 和 $\mathrm{d}(\cos x)/\mathrm{d}x=-\sin x$ 得到 $\mathrm{d}(\tan x)/\mathrm{d}x=(\cos x)^{-2}$，$\mathrm{d}^2(\tan x)/\mathrm{d}x^2=2\sin x(\cos x)^{-3}$，$\mathrm{d}^3(\tan x)/\mathrm{d}x^3=2(\cos x)^{-2}-6\sin^2 x(\cos x)^{-4}$等．然后，在式（3）中令 $x_0=0$ 就得到

$$\tan x=x+\frac{x^3}{3}+\frac{2x^5}{15}+\cdots. \tag{19}$$

**二项式级数 $(1+x)^n$**　利用

$$\mathrm{d}(1+x)^n/\mathrm{d}x=n(1+x)^{n-1},$$

$$\mathrm{d}^2(1+x)^n/\mathrm{d}x^2=n(n-1)(1+x)^{n-2},$$

$$\mathrm{d}^3(1+x)^n/\mathrm{d}x^3=n(n-1)(n-2)(1+x)^{n-3},$$

等等，并使式（3）中的 $x_0=0$，就得到

$$(1+x)^n=1+nx+\frac{n(n-1)x^2}{2!}+\frac{n(n-1)(n-2)x^3}{3!}+\cdots. \tag{20}$$

式（20）对于不论正的还是负的任何 $n$ 都成立，而且对于不论正的还是负的任何 $x$ 都成立，只要 $x$ 满足关系 $x^2<1$.

## 3. 简谐函数的叠加

在波现象中遇到以下 $N$ 个简谐函数的叠加：

$$u(t)=\cos\omega_1 t+\cos(\omega_1+\alpha)t+\cos(\omega_1+2\alpha)t+\cdots+\cos[\omega_1+(N-1)\alpha]t; \tag{21}$$

$$u(z)=\cos kz+\cos(kz+\beta)+\cos(kz+2\beta)+\cdots+\cos[kz+(N-1)\beta]. \tag{22}$$

它们都有如下的形式：

$$u=\cos\theta_1+\cos(\theta_1+\gamma)+\cos(\theta_1+2\gamma)+\cdots+\cos[\theta_1+(N-1)\gamma]. \tag{23}$$

我们希望找到式（23）的一个简便表达式．我们注意到，$u$ 能写成 $v$ 的实部，而

$$v=e^{i\theta_1}+e^{i(\theta_1+\gamma)}+e^{i(\theta_1+2\gamma)}+\cdots+e^{i[\theta_1+(N-1)\gamma]}=e^{i\theta_1}S, \tag{24}$$

这里 $S$ 是 $N$ 项的几何级数：

$$S=1+a+a^2+a^3+\cdots+a^{N-1},\text{其中 } a=e^{i\gamma}. \tag{25}$$

用 $a$ 乘 $S$，然后从 $aS$ 中逐项减去 $S$，得到

$$aS-S=a^N-1, \tag{26}$$

即

$$S=\frac{a^N-1}{a-1}=\frac{e^{iN\gamma}-1}{e^{i\gamma}-1}=\frac{e^{(1/2)iN\gamma}}{e^{(1/2)i\gamma}}\frac{(e^{(1/2)iN\gamma}-e^{-(1/2)iN\gamma})}{(e^{(1/2)i\gamma}-e^{-(1/2)i\gamma})}=e^{(1/2)i(N-1)\gamma}\frac{\sin\frac{1}{2}N\gamma}{\sin\frac{1}{2}\gamma}, \tag{27}$$

我们在最后一步利用了附录式（16）．把式（27）代入式（24），得到

$$v=e^{i[\theta_1+(1/2)(N-1)\gamma]}\frac{\sin\frac{1}{2}N\gamma}{\sin\frac{1}{2}\gamma}. \tag{28}$$

取实部，我们就得到所需要的结果

$$u=\cos\left[\theta_1+\frac{1}{2}(N-1)\gamma\right]\frac{\sin\frac{1}{2}N\gamma}{\sin\frac{1}{2}\gamma}. \tag{29}$$

这一结果，即式（29），能表达成另一个有用的形式．在式（23）中，$\theta_1$ 是第一项的幅角，最后一项的幅角 $\theta_2$ 则为

$$\theta_2\equiv\theta_1+(N-1)\gamma. \tag{30}$$

于是，第一个和最后一个幅角 $\theta_1$ 和 $\theta_2$ 的平均等于

$$\theta_{\text{平均}}\equiv\frac{1}{2}(\theta_1+\theta_2)=\frac{1}{2}\theta_1+\frac{1}{2}\theta_1+\frac{1}{2}(N-1)\gamma. \tag{31}$$

因而式（29）中的第一个因数恰好就是 $\cos\theta_{\text{平均}}$．利用这个结果，并利用 $\gamma$ 等于 $(\theta_2-\theta_1)/(N-1)$［根据式（30）］这一事实，可以把式（29）写成下述形式：

$$u=\cos\theta_{\text{平均}}\frac{\sin\left[\frac{1}{2}N(\theta_2-\theta_1)/(N-1)\right]}{\sin\left[\frac{1}{2}(\theta_2-\theta_1)/(N-1)\right]}. \tag{32}$$

式（29）突出了式（23）的和中连续的各项幅角之间的增量为 $\gamma$. 式（32）与式（29）等价，但它突出了第一项和最后项的贡献，即 $\theta_1$ 和 $\theta_2$，以及它们的平均. 注意，$\cos\theta_{平均}$是与式（23）这个叠加中的每一项形式均相同的简谐振动，但它不具有单位振幅，而是具有表达式

$$A(\theta_1,\theta_2,N)=\frac{\sin\left[\frac{1}{2}N(\theta_2-\theta_1)/(N-1)\right]}{\sin\left[\frac{1}{2}(\theta_2-\theta_1)/(N-1)\right]} \tag{33}$$

给定的振幅 $A(\theta_1,\ \theta_2,\ N)$. 于是，我们的结果的最简洁的表达式是

$$u=A(\theta_1,\theta_2,N)\cos\theta_{平均}. \tag{34}$$

当 $N=2$ 时，对于时间上的振荡［式（21）］，它相应于“拍”现象；对于空间上的振荡［式（22）］，它相应于双缝干涉图样. 对于时间上的振荡，较大的 $N$ 给出“调制”，此调制在 $N\to\infty$ 的极限下在 $u(t)$ 中给出一个“脉冲”行为. 对于空间上的振荡，较大的 $N$ 给出多缝干涉图样，极限 $N\to\infty$ 给出由宽度为许多波长的一个单缝引起的单缝衍射图样.

## 4. 矢量恒等式

我们将用 $A$、$B$ 和 $C$ 代表 $x$、$y$ 和 $z$ 的标量函数，即 $A(x,\ y,\ z)$、$B(x,\ y,\ z)$ 和 $C(x,\ y,\ z)$. 与之相似，$\boldsymbol{A}$、$\boldsymbol{B}$ 和 $\boldsymbol{C}$ 代表 $x$、$y$ 和 $z$ 的矢量函数. 因而，$\boldsymbol{A}$ 代表 $\hat{\boldsymbol{x}}A_x(x,\ y,\ z)+\hat{\boldsymbol{y}}A_y(x,\ y,\ z)+\hat{\boldsymbol{z}}A_z(x,\ y,\ z)$，这里 $\hat{\boldsymbol{x}}$、$\hat{\boldsymbol{y}}$ 和 $\hat{\boldsymbol{z}}$ 是单位矢量. 我们想知道，如何用 $\nabla$ 来运算，它即是一个矢量，也是一个“取导数”的算符. 技巧是，把含有 $\nabla$ 的式子写得使它既满足它的矢量方面，又满足它的“取导数”方面. 例如，在

$$\nabla(AB)=(\nabla A)B+A(\nabla B)=B\nabla A+A\nabla B \tag{35}$$

里，第一个等式来自乘积的微分规则：先使 $B$ 保持不变，然后使 $A$ 保持不变. 第二个等式去掉了括号，因为，根据习惯，$\nabla$ 只对它的右侧微分. 我们暂时可以用符号这样来表示它：当 $\nabla$ 只对 $\boldsymbol{A}$（或 $A$）作用时，把它写成 $\nabla_a$. 当它只作用在 $\boldsymbol{B}$（或 $B$）上时，写成 $\nabla_b$. 在这样的方法中，我们用附加的下标来照顾到乘积的微分规则，然后移动算符和矢量，使得不要微分的量“安全地”处在 $\nabla$ 的左侧，当我们这样做时，还要保证满足矢量规则. 最后抹去下标 $a$ 和 $b$. 于是

$$\nabla(AB)=\nabla_a(AB)+\nabla_b(AB)=B\nabla_a A+A\nabla_b B=B\nabla A+A\nabla B. \tag{36}$$

与之类似，

$$\nabla\times(\boldsymbol{A}B)=\nabla_a\times(\boldsymbol{A}B)+\nabla_b\times(\boldsymbol{A}B)=B\nabla_a\times\boldsymbol{A}-\boldsymbol{A}\times\nabla_b B=B\nabla\times\boldsymbol{A}-\boldsymbol{A}\times\nabla B. \tag{37}$$

在经过一些实践之后，你们就无须写出中间步骤.

现在我们想求出 $\nabla\times(\nabla\times\boldsymbol{C})$ 的恒等式. 假定你们知道恒等式

$$\boldsymbol{A}\times(\boldsymbol{B}\times\boldsymbol{C})=\boldsymbol{B}(\boldsymbol{A}\cdot\boldsymbol{C})-\boldsymbol{C}(\boldsymbol{A}\cdot\boldsymbol{B}) \tag{38a}$$

$$=\boldsymbol{B}(\boldsymbol{A}\cdot\boldsymbol{C})-(\boldsymbol{A}\cdot\boldsymbol{B})\boldsymbol{C}. \tag{38b}$$

我们可以利用这个规律，用 $\nabla$ 代替 $\boldsymbol{A}$ 和用 $\nabla$ 代替 $\boldsymbol{B}$. 我们必须小心地保持两个 $\nabla$ 都在 $\boldsymbol{C}$ 的左端，因为两个$\nabla$ 都应该微分 $\boldsymbol{C}$. 因而我们不能利用式（38a），我们必须利用式（38b）. 于是我们得到

$$\nabla\times(\nabla\times\boldsymbol{C})=\nabla(\nabla\cdot\boldsymbol{C})-(\nabla\cdot\nabla)\boldsymbol{C}. \tag{39}$$

用 $x$、$y$ 和 $z$ 的分量写出，式（39）就是

$$[\nabla\times(\nabla\times\boldsymbol{C})]_x=\frac{\partial(\nabla\cdot\boldsymbol{C})}{\partial x}-\nabla^2C_x, \tag{40}$$

以及对于 $y$ 和 $z$ 的类似的表达式. 其中

$$\nabla^2\equiv\frac{\partial^2}{\partial x^2}+\frac{\partial^2}{\partial y^2}+\frac{\partial^2}{\partial z^2}. \tag{41}$$

# 补 充 阅 读

## 1. 一般参考资料

（条目最后括号内的对照检索是伯克利物理学教程第Ⅲ卷的有关章节或习题）

美国物理学会，选印本，偏振光（美国物理学会，纽约，1963）. 所选取的 18 篇重印本既有趣而又重要.

美国物理学会，选印本，光的量子和统计概貌（美国物理学会，纽约，1963）. 其中包括正文中提及的布朗和屈维斯（Twiss）实验.

亚瑟·勃馁德（Arthur H. Benade），喇叭，弦乐器与和声（恩柯图书，科学研究丛书 S 11，道布尔迪有限公司，花园城，纽约，1960）. 作者是一个演奏长笛的物理学家，读来妙趣横生.

乔治·达尔文（George H. Darwin），潮汐与太阳系中的同类现象（W. H. 弗里曼公司，旧金山，1962）. 这本 1898 年的通俗经典著作非常精彩地描写了日内瓦湖的湖面波动，潮汐"内膛"，以及从潮汐解读出来的地球和月亮过去和未来的历史等.

唐纳德·菲因克（Donald G. Fink）和戴维·勒琴斯（David M. Lutyens），电视的物理学（恩柯图书，科学研究丛书 S8，道布尔迪有限公司，花园城，纽约，1960）.

温斯顿·科克（Winston Kock），声波和光波（恩柯图书，科学研究丛书 S40，道布尔迪有限公司，花园城，纽约，1965）.

莱恩德（E. H. Land），薄板偏振器发展的一些方面，*J. Opt. Soc. Am.* **41**, 957（1951）.

明纳尔特（M. Minnaert），野外的光和颜色，（多佛出版有限公司，纽约，1954）. 详述"户外课外实验"的经典著作.（一般参考资料；也见第 8 章和补充论题 8.）

物理科学研究委员会，物理学，第 2 版（海斯公司，波士顿，马萨诸塞州，1965）.

约翰·皮尔斯（John R. Pierce），电子和波（恩柯图书，科学研究丛书 S38，道布尔迪有限公司，花园城，纽约，1964）. 一本介绍电子学和通信的好书，作者是一个物理学家，对这两个科目都有显著贡献.

威廉·修克里夫（William A. Shurcliff）和斯坦利·巴拉德（Stanley S. Ballard），偏振光（穆曼藤图书 7，范诺斯屈恩特有限公司，普林斯顿，新泽西州

1964）叙述偏振光在许多物理学分支中的产生和利用的令人着迷和激动人心的事例.

伊凡·西蒙（Ivan Simon），红外辐射（穆曼藤图书12，范诺斯屈恩特有限公司，普林斯顿，新泽西州，1966）.

亚历克斯·史密斯（Alex G. Smith）和托玛斯·凯尔（Thomas D. Carr），行星系的射电探测（穆曼藤图书2，范诺斯屈恩特有限公司，普林斯顿，新泽西州，1964）.

伊丽莎白·伍德（Elizabeth A. Wood），光和晶体，光结晶学引论（穆曼藤图书5，范诺斯屈恩特有限公司，普林斯顿，新泽西州，1964）. 平装本；这是一本漂亮的小书，描述晶体研究，偏振显微镜的使用等. 实际上正是这片粘贴在书中的、用于课外实验的偏振片促使我一发不可收拾地创作“伯克利物理学教程”第Ⅲ卷中的课外实验.

## 2. 特殊参考资料

莱因哈特·比尔（Reinhard Beer），“用傅里叶谱学遥感探查行星大气”，*The Physics Teacher*，151页（1968年4月）.（见习题6.33.）

贝尔热（G. L. Berge）和西伊斯忒特（G. A. Seielstad），“银河系的磁场”，*Scientific American*，46页（1965年6月）.（见第8章.）

卜德（G. R. Bird）和帕里什（M. Parrish, Jr.），往塑料衍射光栅上蒸金，*J. Opt. Soc. Am.* **50**，886（1960）.（见第8章.）

勃鲁坦（N. Broten）等，使用原子钟和磁带录音机的长基线干涉量度学，*Science* **156**，1592（June 23，1967）.（见习题9.57.）

汉布瑞·布朗（R. Hanbury Brown）和特威斯（R. O. Twiss），“相干光线中的光子相关性问题”*Nature* **178**，1447（1956）.（见第9章.）

勃吉尔（B. A. Burgel），“波动力学的色散、反射和本征频率”*Am. J. Phys.* **35**，913（1967）.（见习题4. 14.）

卡尔弗特（W. Calvert），内希特（R. Knecht）和范赞德特（T. Van Zandt），“电离层探索者Ⅰ人造卫星：固定频率电离层探测卫星的首次观测结果”，*Science* **146**，391（Oct. 16，1964）.（见第4章.）

库恩（D. D. Coon），*Am. J. Phys.* **34**，240（1966）.（见第7章.）

玛丽亚（A. de Maria），斯特瑟（D. Stetser）和格伦（W. Glenn, Jr.），“超短光脉冲”，*Science* **156**，1557（June 23，1967）.（见习题6.23.）

维特（A. J. de Witte），“散射光的干涉”，*Am. J. Phys.* **35**，301（April 1967）.（见习题9. 56.）

雷恩·杜伯斯（Rene Dubos），巴斯德和现代科学（恩柯图书，道布尔迪有限公司，花园城，纽约，1960）.（见第8章.）

费曼（R. Feynman），*The Feynman Lectures on Physics*，第1卷，第33章（Addison Wesley，读物，马萨诸塞州，1963）.（见第8章.）

福雷斯特（A. T. Forrester），格特蒙逊（R. A. Gudmundsen）和约翰逊（P. O. Johnson），“非相干光的光电混合” *Phys. Rev.* **99**，1691（1955）.（见第1章和补充论题7.）

福勒（J. M. Fowler），布鲁克斯（J. T. Brooks）和拉姆（E. D. Lambe），“一维波演示”，*Am. J. Phys.* **35**，1065（1967）.（见第4章.）

马汀·加德纳（Martin Gardner），灵巧的宇宙（基础图书有限公司出版社，纽约，1964.），活的有机体和基本粒子弱衰变相互作用中的手征性报告. （见第8章）.

吉奥尔德曼因（J. A. Giordmaine），“光与光的相互作用”，*Scientific American*，p. 38（1964年4月）.（见习题1.13.）

古尔德（T. Gold），“精确测定地球转动周期的射电方法”，*Science* **157**，302（July 21，1967）.（见习题9.57.）

伊克哈特·赫斯（Eckhard H. Hess），“态度和瞳孔大小”，*Scientific American*，p：46（1965年4月）.（见习题9.33.）

洛夫洛克（J. Lovelock），希契科克（D. Hitchcock），菲尔戈特（P. Fellgett，Jr.）和孔涅（P. Connes），卡普兰（L. Kaplan）和吕恩（J. Ring），“从地球测定行星寿命” *Science Journal*，p. 56（1967年4月）.（见习题6.33.）

麦克唐纳（G. J. F. MacDonald），“精确测量地球转动对地球物理学的含意”，*Science* **157**，304（July 21，1967）.（见习题9.57.）

梅奥（J. S. Mayo），“脉冲电码调制”，*Scientific American*，p. 102（1968年3月）.（见6.2节.）

普弗里戈尔（R. Pfleegor）和曼德尔（L. Mandel），“独立光子束的相干”，*Phys. Rev.* **159**，1084（1967）.（见第9章.）

泼雷斯（F. Press）和哈克吕特（D. Harkrider），“喀拉喀托火山爆发引发的大气-海浪”，*Science* **154**，1325（Dec. 9，1966）.（见习题6.12.）

史密斯（S. J. Smith）和珀塞尔（E. M. Purcell），“局域化表面电荷通过光栅时发出的可见光”，*Phys. Rev.* **92**，1069（1953）.（见习题7.28.）

忒斯曼（J. R. Tessman）和菲因耐尔（J. T. Finnell），Jr.，*Am . J. Phys.* **35**，. 523（1967）.（见第7章.）

卡尔·冯·弗里施（Karl von Frisch），蜜蜂，它们的视觉，化学感觉和表达能力（康纳尔大学出版社，伊萨卡，纽约，1950）.（见第8章.）

# 重要常数

| | |
|---|---|
| 真空中光速[⊖] | $c=2.997\ 925\times10^{10}$ cm/s |
| | $\approx3\times10^{8}$ m/s |
| 基本电荷 | $e=1.6\times10^{-19}$ C |
| 普朗克常数 | $h=6.6\times10^{-34}$ J · s |
| “约化”普朗克常数 | $\hbar=h/2\pi=1.0\times10^{-34}$ J · s |
| 电子静止质量 | $m_{e}=9.1\times10^{-31}$ kg |
| 质子静止质量 | $m_{p}=1.7\times10^{-27}$ kg |
| 引力常数 | $G=6.7\times10^{-11}$ kg$^{-1}$ · m$^{3}$ · s$^{-1}$ |
| 海平面处的重力加速度 | $g\approx9.8$ m/s$^{2}$ |
| 玻尔半径 | $a_0=0.5\times10^{-10}$ m |
| 阿伏伽德罗常量 | $N_0=6.0\times10^{23}$ mol$^{-1}$ |
| 玻耳兹曼常数 | $k=1.4\times10^{-23}$ J/K |
| 标准温度 | $T_0=273$ K |
| 标准压强 | $p_0=1\text{atm}=1.01\times10^{5}$ N/m$^{2}$ |
| 标准状态下的摩尔体积 | $V_0=22.4\times10^{-5}$ m$^{3}$/mole |
| 标准状态下的热能$kT$ | $kT_0=3.8\times10^{-21}$ J |
| 标准状态下的空气密度 | $\rho_0=1.3\times10^{2}$ kg/m$^{3}$ |
| 标准状态空气中的声速 | $v_0=3.32\times10^{2}$ m/s |
| 标准状态空气中的声阻抗 | $Z_0=428$ (N/m$^{2}$)/(m/s) |
| 标准声强 | $l_0=10^{-2}$ W/m$^{2}$ |
| 以 10 为底的指数强度 | =1 贝耳 =10 dB |
| 一费米 | $=10^{-15}$ m |
| 一埃 | $=10^{-10}$ m |
| 一微米 | $=10^{-6}$ m |
| 一赫兹 | $=1\text{s}^{-1}$ |
| 一电子伏光子的波长 | $=1.24\times10^{-4}$ cm$\approx$12 345 Å |
| 一电子伏特 | $=1.6\times10^{-19}$ J |

⊖ 在从实用单位换算为静电单位时，我们近似地取光速为 $3.00\times10^{10}$ cm/s. 在需要更精确的转换因子时，在出现 3 的地方可以改用光速 $c$ 的这个更精确的值；同样，在出现 9 的地方，可以改用 $(2.998)^2$.

| | |
|---|---|
| 一瓦特 | =1 J/s |
| 一库仑 | |
| 一伏特 | |
| 一欧姆 | |
| 30 欧姆 | |
| 真空中的每方电磁波阻抗 | |
| 一法拉 | |
| 一亨利 | |

# 常用恒等式

$$\cos x+\cos y=\left[2\cos\frac{1}{2}(x-y)\right]\cos\frac{1}{2}(x+y)$$

$$\cos x-\cos y=\left[-2\sin\frac{1}{2}(x-y)\right]\sin\frac{1}{2}(x+y)$$

$$\sin x+\sin y=\left[2\cos\frac{1}{2}(x-y)\right]\sin\frac{1}{2}(x+y)$$

$$\sin x-\sin y=\left[2\sin\frac{1}{2}(x-y)\right]\cos\frac{1}{2}(x+y)$$

$$\cos(x\pm y)=\cos x\cos y\mp\sin x\sin y$$

$$\sin(x\pm y)=\sin x\cos y\pm\sin y\cos x$$

$$\cos 2x=\cos^2 x-\sin^2 y$$

$$\sin 2x=2\sin x\cos x$$

$$\cos^2 x=\frac{1}{2}(1+\cos 2x)$$

$$\sin^2 x=\frac{1}{2}(1-\cos 2x)$$

$$\sin x=x-\frac{1}{6}x^3+\cdots$$

$$\cos x=1-\frac{1}{2}x^2+\cdots$$

$$(1+x)^n=1+nx+\frac{1}{2}n(n-1)x^2+\cdots,x^2<1$$

$$\cos\theta_1+\cos(\theta_1+\gamma)+\cos(\theta_1+2\gamma)+\cdots+\cos[\theta_1+(N-1)\gamma]$$

$$=\cos\left[\theta_1+\frac{1}{2}(N-1)\gamma\right]\frac{\sin\frac{1}{2}N\gamma}{\sin\frac{1}{2}\gamma}$$

# SI 词头

| 因数 | 词头名称 | | 符号 |
|---|---|---|---|
| | 英文 | 汉文 | |
| $10^{12}$ | tera | 太(拉) | T |
| $10^{9}$ | giga | 吉(咖) | G |
| $10^{6}$ | mega | 兆 | M |
| $10^{3}$ | kilo | 千 | k |
| $10^{2}$ | hecto | 百 | h |
| 10 | deka | 十 | da |
| $10^{-1}$ | deci | 分 | d |
| $10^{-2}$ | centi | 厘 | c |
| $10^{-3}$ | milli | 毫 | m |
| $10^{-6}$ | micro | 微 | μ |
| $10^{-9}$ | nano | 纳(诺) | n |
| $10^{-12}$ | pico | 皮(可) | p |

# 电 磁 波 谱

| 电磁辐射的通用名称 | 实用单位* | | 数量级 | | |
|---|---|---|---|---|---|
| | $\lambda$ | $h\nu$, $\nu$, $\nu/c$ | $\lambda$/cm | $\lambda\nu$/Hz | $h\nu$/eV |
| 来自以下两方面的轫致辐射X射线(最大能量): | | | | | |
| 史丹福直线加速器 | 0.067 F | 18 Gev | $10^{-14}$ | $10^{24}$ | $10^{10}$ |
| 典型电子同步加速器 | 4 F | 300 Mev | $10^{-13}$ | $10^{23}$ | $10^{9}$ |
| γ射线: | | | | | |
| 中性π介子衰变 $\pi^0 \to 2\gamma$ | 19 F | 67 Mev | $10^{-12}$ | $10^{22}$ | $10^{8}$ |
| 受激核衰变 | 100 F | 10 Mev | $10^{-11}$ | $10^{21}$ | $10^{7}$ |
| X射线(受激原子或电子轫致辐射) | 0.1 Å | 100 kev | $10^{-9}$ | $10^{19}$ | $10^{5}$ |
| 紫外光(受激原子) | 100 Å | 100 ev | $10^{-6}$ | $10^{16}$ | $10^{2}$ |
| 可见光:暗蓝可见度极限红外 | 3 900 Å | 2.5 ev | $10^{-5}$ | $10^{15}$ | $10^{1}$ |
| 汞蒸气街灯的蓝色 | 4 358 Å | 22 940 $cm^{-1}$ | | | |
| 汞蒸气街灯的绿色 | 5 461 Å | 18 310 $cm^{-1}$ | | | |
| 汞蒸气街灯的黄色 | 5 770 Å | 17 330 $cm^{-1}$ | | | |
| 氦-氖激光的红光 | 6 328 Å | 15 800 $cm^{-1}$ | | | |
| 可见光:暗红可见度极限 | 7 600 Å | 1.6 ev | $10^{-4}$ | $10^{14}$ | $10^{0}$ |
| 来自以下三方面的主热辐射($h\nu \approx 3kT$): | | | | | |
| 太阳表面($T \approx 6000K$) | 1 μ | 1e v | $10^{-4}$ | $10^{14}$ | $10^{0}$ |
| 室温($T \approx 300K$) | 20 μ | 15 000 GHz | $10^{-3}$ | $10^{13}$ | $10^{-1}$ |
| 宇宙原始火球(3K) | 2 mm | 150 GHz | $10^{-1}$ | $10^{11}$ | $10^{-2}$ |
| 微波和射电波: | | | | | |
| 氨钟 | 1.5 cm | 20 GHz | $10^{0}$ | $10^{10}$ | $10^{-3}$ |
| 雷达(S带) | 10 cm | 3 GHz | $10^{1}$ | $10^{9}$ | $10^{-4}$ |
| 星际氢线 | 21 cm | 1.5 GHz | $10^{1}$ | $10^{9}$ | $10^{-4}$ |
| 超高频(UHF)†TV载波 | 37 cm | 800 Mc | $10^{1}$ | $10^{9}$ | $10^{-4}$ |
| | 75 cm | 400 Mc | $10^{2}$ | $10^{8}$ | $10^{-5}$ |
| 寻常TV载波(VHF)† | 1.5 ~ 5.5 m | 210 ~ 55 Mc | $10^{2}$ | $10^{8}$ | $10^{-5}$ |
| 商用FM射电载波(VHF)† | 2.8 ~ 3.4 m | 108 ~ 88 Mc | $10^{2}$ | $10^{8}$ | $10^{-5}$ |
| 10 m | 10m | 30Mc | $10^{3}$ | $10^{7}$ | $10^{-6}$ |
| 业余频带(HF)† | 100 m | 3 Mc | $10^{4}$ | $10^{6}$ | $10^{-7}$ |
| 商用AM射电载波(MF)† | 200 m | 1500 kc | $10^{4}$ | $10^{6}$ | $10^{-7}$ |
| 600 m | 600 m | 500 kc | $10^{5}$ | $10^{5}$ | $10^{-8}$ |
| 声波频率(VLF)† | 10 km | 30 kc | $10^{6}$ | $10^{4}$ | $10^{-9}$ |
| $10^4$ km | $10^4$ km | 30 cps | $10^{9}$ | $10^{1}$ | $10^{-12}$ |

*“实用”单位是实验最常用的单位．当不同领域交叉或当技术迅速改变时，同一个频率区域可能使用不同的名词和不同的单位．例如，X射线在光子领域中自然使用能量单位（ev，kev，Mev）；当X射线用于晶体衍射时，自然使用长度单位（Å）．另一个例子：激光现在主要被电气工程师开发，他们倾向于使用频率单位（Mc或MHz，GHz等），而光谱学家则可能愿用波长单位（Å，μ等）．

†U = ultra 超，H = high 高，F = frequency 频率，V = very 很，M = medium 中等，L = low 低．

†这是声频射电波的波长，不是空气中声波的波长．

# 索　　引

**K**



**L**

## Q

## T

**Y**

**图书在版编目（CIP）数据**

伯克利物理学教程：SI版．第3卷，波动学；翻译版/（美）克劳福德（Crawford，F. S.）著；卢鹤绂等译．—北京：机械工业出版社，2015.11（2024.5重印）

书名原文：Waves（Berkeley Physics Course，Vol. 3）

“十三五”国家重点出版物出版规划项目

ISBN 978-7-111-51543-2

Ⅰ．①伯…　Ⅱ．①克…②卢…　Ⅲ．①波动力学-教材　Ⅳ．①O4

中国版本图书馆CIP数据核字（2015）第220009号

机械工业出版社（北京市百万庄大街22号　邮政编码100037）
策划编辑：张金奎　责任编辑：张金奎　李　乐　任正一
责任校对：陈延翔　封面设计：张　静
责任印制：邓　博
北京盛通数码印刷有限公司印刷
2024年5月第1版第7次印刷
169mm×239mm・33.75印张・2插页・661千字
标准书号：ISBN 978-7-111-51543-2
定价：128.00元

电话服务
客服电话：010-88361066
010-88379833
010-68326294

网络服务
机　工　官　网：www.cmpbook.com
机　工　官　博：weibo.com/cmp1952
金　　书　　网：www.golden-book.com
机工教育服务网：www.cmpedu.com